全国中等职业学校机械类专业通用教材
全国技工院校机械类专业通用教材（中级技能层级）

计算机制图——AutoCAD 2018

人力资源社会保障部教材办公室组织编写

中国劳动社会保障出版社

简介

本书主要内容包括：AutoCAD 2018 基础知识、绘制平面图形、编辑平面图形、文字与表格、尺寸标注、参数化绘图、图块、绘制机械图样、三维建模等。

本书由赵京伟任主编，王雪任副主编，王希波、林清松、崔人凤参加编写，崔兆华任主审。

图书在版编目（CIP）数据

计算机制图：AutoCAD 2018 / 人力资源社会保障部教材办公室组织编写. -- 北京：中国劳动社会保障出版社，2020

全国中等职业学校机械类专业通用教材　全国技工院校机械类专业通用教材. 中级技能层级

ISBN 978-7-5167-4270-9

Ⅰ. ①计…　Ⅱ. ①人…　Ⅲ. ①计算机制图 – AutoCAD 软件 – 中等专业学校 – 教材　Ⅳ. ①TP391. 72

中国版本图书馆 CIP 数据核字（2020）第 078331 号

中国劳动社会保障出版社出版发行

（北京市惠新东街 1 号　邮政编码：100029）

*

北京市艺辉印刷有限公司印刷装订　新华书店经销

787 毫米 ×1092 毫米　16 开本　20.75 印张　491 千字

2020 年 12 月第 1 版　2023 年 12 月第10次印刷

定价：41.00 元

营销中心电话：400-606-6496

出版社网址：http://www.class.com.cn

http://jg.class.com.cn

前　言

为了更好地适应全国技工院校机械类专业的教学要求，全面提升教学质量，人力资源社会保障部教材办公室组织有关学校的一线教师和行业、企业专家，在充分调研企业生产和学校教学情况、广泛听取教师对教材使用反馈意见的基础上，对全国技工院校机械类专业通用教材进行了修订和补充开发。本次修订（新编）的教材包括:《机械制图（第七版）》《机械基础（第六版）》《机械制造工艺基础（第七版）》《金属材料与热处理（第七版）》《极限配合与技术测量基础（第五版）》《电工学（第六版）》《工程力学（第六版）》《数控加工基础（第四版）》《计算机制图——AutoCAD 2018》《计算机制图——CAXA 电子图板 2018》等。

本次教材修订（新编）工作的重点主要体现在以下两个方面:

第一，根据教学实践和科学技术的发展，合理更新教材内容。

根据机械类专业毕业生所从事岗位的实际需要和教学实际情况的变化，合理确定学生应具备的能力与知识结构，对部分教材内容及其深度、难度做了适当调整；根据相关专业领域的最新发展，在教材中充实新知识、新技术、新设备、新材料等方面的内容，体现教材的先进性；采用最新国家技术标准，使教材更加科学和规范。

第二，引入“互联网 +”技术，进一步做好教学服务工作。

在《机械制图（第七版）》《机械基础（第六版）》教材中使用了增强现实（AR）技术。学生在移动终端上安装 App，扫描教材中带有 AR 图标的页面，可以对呈现的立体模型进行缩放、旋转、剖切等操作，以及观察模型的运动和拆分动画，便于更直观、细致地探究机构的内部结构和工作原理，还可以浏览相关视频、图片、文本等拓展资料。在其他教材中使用了二维码技术，针对教材中的教学重点和难点制作了动画、视频、微课等多媒体资源，学生使用移动终端扫描二维码即可在线观看相应内容。

本套教材配有习题册、教学参考书、多媒体电子课件和在线题库组卷系统，可以通过职业教育教学资源和数字学习中心网站（http://jg.class.com.cn）下载电子课件等教学资源和使用在线题库组卷系统。

本次教材的修订（新编）工作得到了河北、辽宁、江苏、山东、广东、广西、陕西等省、自治区人力资源社会保障厅及有关学校的大力支持，在此我们表示诚挚的谢意。

人力资源社会保障部教材办公室

2018年7月

目　录

第一章 AutoCAD 2018 基础知识

AutoCAD 2018 是 Autodesk 公司推出的计算机辅助设计软件，它具有良好的工作界面和灵活、高效、快捷的绘图环境，已广泛应用于机械设计、电工电子电路、土木建筑、装饰装潢、城市规划、园林设计、服装鞋帽、航空航天、轻工化工等诸多领域。本章主要介绍 AutoCAD 2018 绘图的操作界面，图形文件的创建、打开、保存方法，命令的输入与执行和图形显示等方面的内容。

§1-1 认识 AutoCAD 2018 操作界面

一、启动 AutoCAD 2018

双击桌面上的 AutoCAD 2018 快捷图标，启动 AutoCAD 2018 应用程序，启动后的界面如图 1-1 所示。在界面的下面有了解和创建两个选项，单击创建选项的“开始绘制”，即可

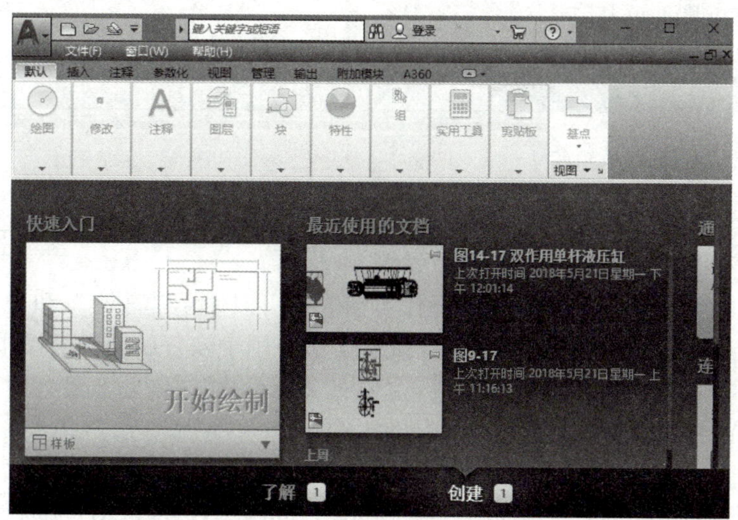

图 1-1 AutoCAD 2018 界面

进入 AutoCAD 的工作空间，如图 1–2 所示。为满足用户的使用需求，AutoCAD 2018 提供了“草图与注释”“三维基础”“三维建模”三种工作空间模式。“草图与注释”工作空间用于绘制二维图形，它也是 AutoCAD 2018 默认启动的工作空间，“三维基础”和“三维建模”用于绘制三维实体。

AutoCAD 2018 的“草图与注释”工作界面主要由标题栏、菜单栏、功能区、绘图区、命令窗口、状态栏、导航栏等组成，如图 1–2 所示。

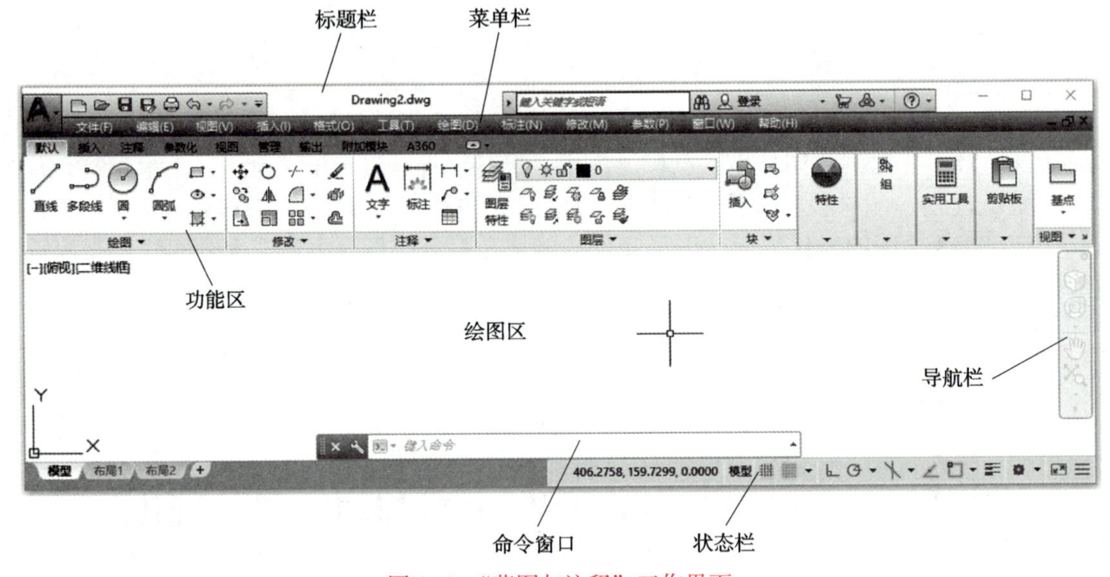

图 1–2 “草图与注释”工作界面

二、标题栏

标题栏位于 AutoCAD 操作界面的最顶部。如图 1–3 所示，标题栏主要包括菜单浏览器、快速访问工具栏、程序名称和文件名、窗口控制按钮等内容。

图 1–3 标题栏

快速访问工具栏在窗口的左上方，AutoCAD 的几个最常用的命令放在这里，包括新建、打开、保存、另存为、打印、放弃以及重做等。

当用户需要撤销或恢复已执行过的操作步骤时，可以使用“放弃”和“重做”命令。其中“放弃”命令用于撤销所执行的操作，“重做”命令用于恢复所撤销的操作。

“窗口控制”按钮位于标题栏最右端，主要有“最小化”“恢复 / 最大化”“关闭”按钮，分别用于控制 AutoCAD 窗口的大小和关闭。

三、菜单栏

菜单栏位于标题栏的下方，如图 1–4 所示。AutoCAD 共为用户提供了“文件”“编辑”“视图”“插入”“格式”“工具”“绘图”“标注”“修改”“参数”“窗口”“帮助”等 12

个主菜单。AutoCAD 的常用制图工具和管理、编辑工具等都分门别类地排列在这些主菜单中，用户可以非常方便地启动各主菜单中的相关菜单项，进行必要的图形绘制和编辑工作。具体操作方法是：在主菜单选项上单击鼠标左键，展开此主菜单，然后将光标移至需要启动的命令选项上，再次单击即可。

文件(F) 编辑(E) 视图(V) 插入(I) 格式(O) 工具(T) 绘图(D) 标注(N) 修改(M) 参数(P) 窗口(W) 帮助(H)

图 1-4 菜单栏

默认设置下，菜单栏是隐藏的。单击“快速访问工具栏”右侧的下拉按钮，在弹出的下拉菜单（图 1-5）中单击“显示菜单栏”，即可在屏幕上显示菜单栏；再次单击，则隐藏菜单栏。

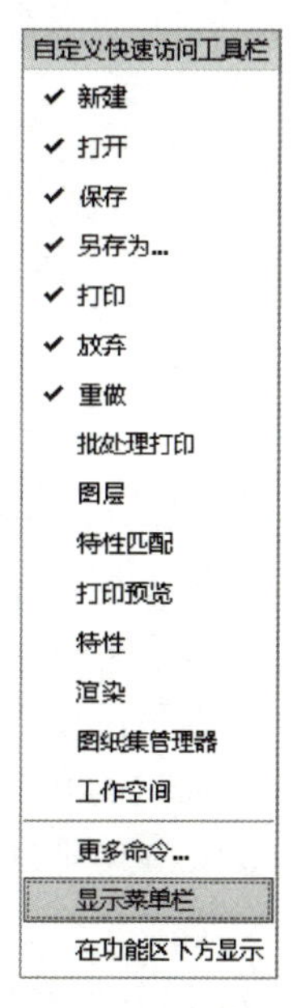

图 1-5 下拉菜单

四、功能区

AutoCAD 2018 的功能区位于标题栏下方，功能区主要包括“默认”“插入”“注释”“参数化”“视图”“管理”“输出”等几部分，其中最常用的是“默认”功能区。

单击“默认”选项，即可进入“默认”功能区，它包括“绘图”“修改”“注释”“图层”“块”“特性”“组”“实用工具”“剪贴板”和“视图”等 10 个选项卡，如图 1-6 所示。

五、绘图区

绘图区位于用户界面的正中央，即被功能区和命令窗口所包围的整个区域，此区域是用户的工作区域，图形的设计与修改工作就是在此区域内进行操作的。默认状态下绘图区是一个无限大的电子屏幕，无论尺寸多大或多小的图形，都可以在绘图区中绘制和灵活显示。

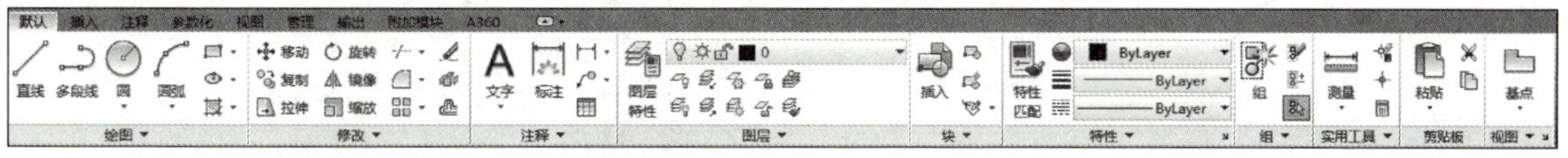

图 1-6 “默认”功能区

当移动鼠标时，绘图区会出现一个移动的十字符号，此符号为“十字光标”，它由“十字线”和“小方框”叠加而成。当执行绘图命令时“十字光标”变为“拾取点光标”(只有“十字线”)，如图 1-7 所示。

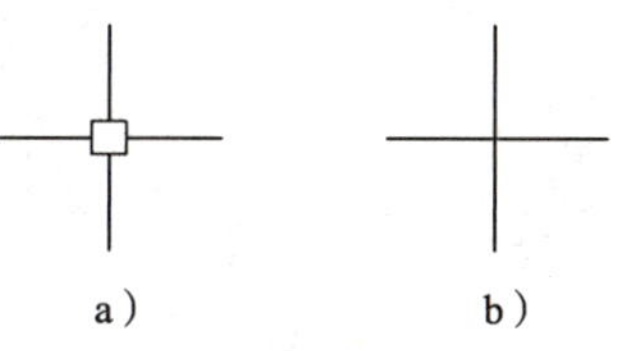

图 1-7 光标

a）十字光标 b）拾取点光标

六、命令窗口

命令窗口位于绘图区的下方，它是用户与 AutoCAD 软件进行数据交流的平台，主要功能是提示和显示用户当前的操作步骤，如图 1-8 所示。

指定第一个点:
指定下一点或 [放弃(U)]:
LINE 指定下一点或 [放弃(U)]:

图 1-8 命令窗口

七、状态栏

状态栏位于屏幕的最下方，包括当前光标的坐标和辅助工具栏，如图 1–9 所示。辅助工具栏的按钮主要提供一些辅助绘图功能，它包括栅格、捕捉模式、动态输入、正交模式、极轴追踪、等轴测草图、对象捕捉追踪、二维对象捕捉、线宽、切换工作空间、全屏显示等开关按钮。单击它们可在启用与不启用之间进行切换。

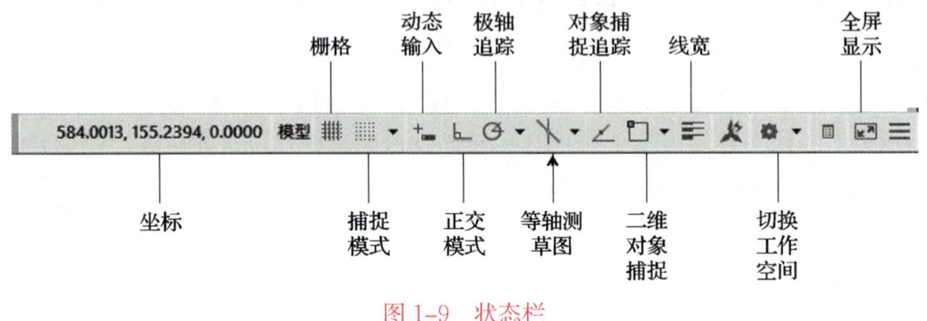

图 1–9　状态栏

八、导航栏

导航栏位于屏幕的右侧，包括平移、缩放、动态观察等工具，如图 1–10 所示。

九、右键快捷菜单

在 AutoCAD 2018 中，启动某项命令的方法往往有多种。如要打开“选项”对话框，除了通过菜单栏打开外，在绘图区内单击鼠标右键，在弹出的快捷菜单（图 1–11）中选择“选项（O）”命令，同样可以弹出“选项”对话框。

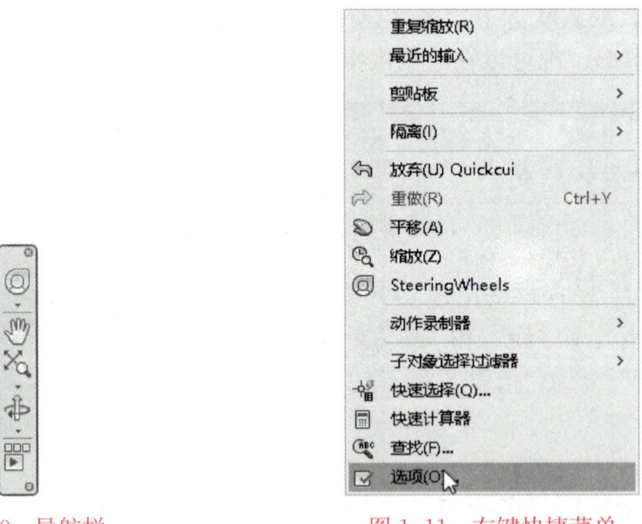

图 1–10　导航栏　　图 1–11　右键快捷菜单

AutoCAD 为用户提供了右键快捷菜单，在各种状态下单击鼠标右键即可弹出不同的快捷菜单，用户只需要单击菜单中的命令或选项，即可快速执行相应的命令。

根据操作过程的不同，右键菜单有三种。

◇ 默认模式菜单：在没有命令执行的前提下或没有对象被选择的情况下，单击右键显示的快捷菜单。

◇ 编辑模式菜单：在有一个或多个对象被选择的情况下单击右键显示的快捷菜单。
◇ 模式菜单：在一个命令执行过程中单击右键显示的快捷菜单。

§1-2 文件管理

本节介绍文件管理的基本知识，包括新建文件、打开文件、保存与另存文件、关闭文件等。

一、新建文件

启动 AutoCAD 2018 时，用户不会直接进入软件的绘图界面，必须新建文件。

1. 执行“新建”命令的方法

◇ 快速访问工具栏：单击“新建”按钮 。
◇ 菜单栏：选择“文件”→“新建”命令。
◇ 菜单浏览器：选择“新建”命令。
◇ 命令行：“NEW”。
◇ 快捷键：Ctrl + N。

【提示】

在命令行输入命令后，要按回车键，才可以执行该命令（以后不再提示）。

2. 新建图形文件的步骤

执行“新建”命令，弹出“选择样板”对话框，如图 1-12 所示。单击“打开（O）”按钮右侧的箭头，单击“无样板打开—公制（M）”按钮。系统新建一个 AutoCAD 2018 的公制图形文件，并自动命名为“Drawing1.dwg”。

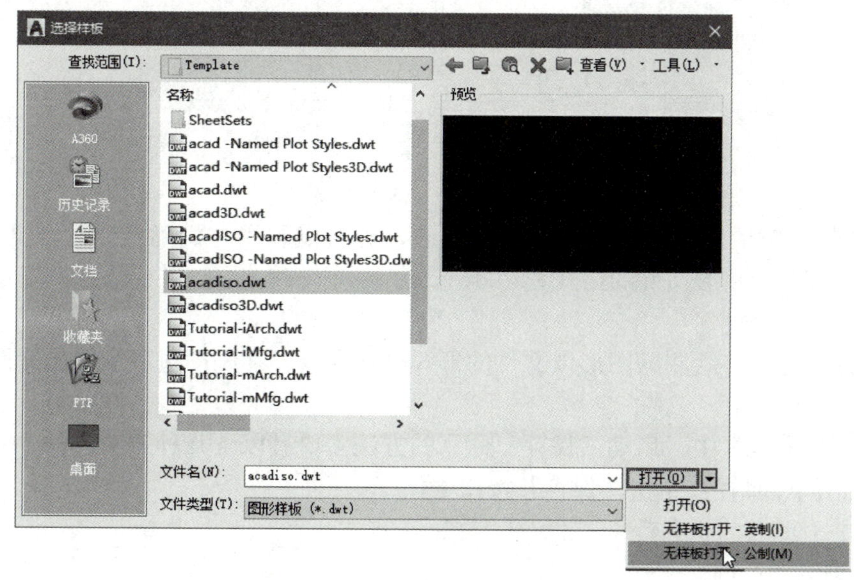

图 1-12 “选择样板”对话框

【提示】

如果在选择样板的“名称”窗口中选择“acadiso.dwt”图形样板，同样也可以新建公制图形文件。

二、打开文件

当用户需要查看、使用或编辑已经存盘的图形文件时，可使用“打开”命令将图形打开。在 AutoCAD 2018 中，启动“打开”命令的方法主要有以下几种。

◇ 快速访问工具栏：单击“打开”按钮 。

◇ 菜单栏：选择“文件”→“打开”命令。

◇ 菜单浏览器：选择“打开”命令。

◇ 命令行：“OPEN”。

◇ 快捷键：Ctrl+O。

在 AutoCAD 2018 中，当启动“打开”命令后，系统弹出“选择文件”对话框（图 1-13）。该对话框和 Office 中相应对话框的样式及操作方式是类似的。在此对话框中，用户可以打开对话框顶部“查找范围（I）”下拉列表，查找需要打开文件的路径，然后打开文件。

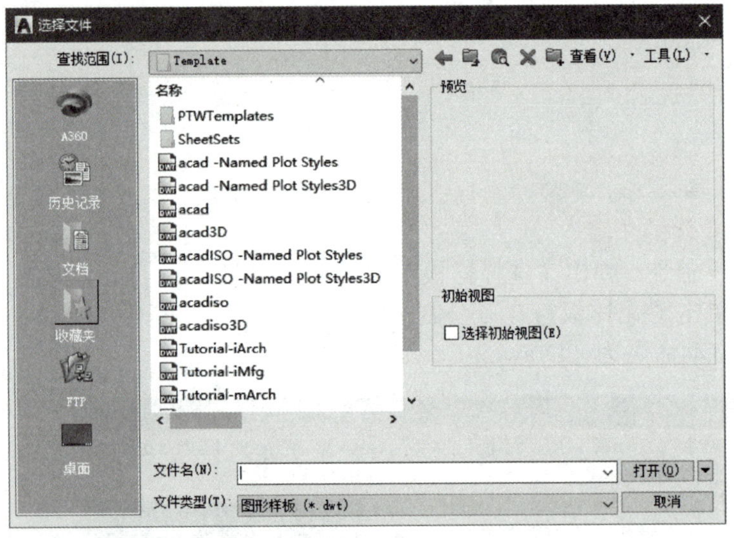

图 1-13 “选择文件”对话框

“选择文件”对话框的左边有文件位置列表，也可以利用它们确定要打开文件的位置。默认情况下，打开的图形文件的格式为“.dwg”。

三、保存与另存文件

保存文件是为了将绘制的图形以文件的形式进行存盘，在画图过程中和画完图后都可以保存文件。

在 AutoCAD 2018 中，启动“保存”命令的方法主要有以下几种。

◇ 快速访问工具栏：单击“保存”按钮 。

◇ 菜单栏：选择“文件”→“保存”命令。

◇ 菜单浏览器：选择“保存”命令。

◇ 命令行：“QSAVE”。

◇ 快捷键：Ctrl+S。

在 AutoCAD 2018 中，当启动“保存”命令后，系统会将当前图形文件以原文件名存入磁盘，不会给用户任何提示。如果当前图形文件名是缺省名且是第一次存储文件，则系统会弹出“图形另存为”对话框，如图 1-14 所示。用户可以在“保存于（I）”的下拉列表中设定文件的存储位置，在“文件名（N）”文本框中输入文件名。

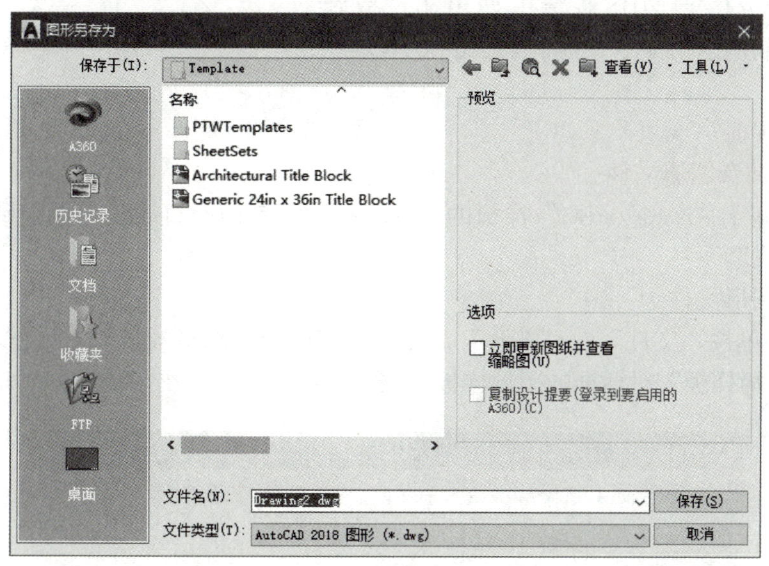

图 1-14 “图形另存为”对话框

此外，AutoCAD 2018 系统还提供了另外一种保存文件的命令，即“另存为”命令。启动“另存为”命令的方法主要有以下几种。

◇ 快速访问工具栏：单击“另存为”按钮 。

◇ 菜单栏：选择“文件”→“另存为”命令。

◇ 菜单浏览器：选择“另存为”命令。

◇ 命令行：“SAVEAS”。

◇ 快捷键：Ctrl+Shift+S。

“另存为”命令主要用于将当前的文件以新的文件名保存。

【提示】

默认状态下，AutoCAD 系统保存的文件格式为“*.dwg”。

四、关闭文件

绘图结束并已将文件保存后，需要关闭文件并退出 AutoCAD 2018。其操作的方法主要有以下几种。

◇ 单击 AutoCAD 2018 界面窗口右上角的“关闭”按钮 。

◇ 菜单栏：选择“文件”→“关闭”命令。

◇ 菜单浏览器：选择“关闭”命令。

◇ 命令行：“CLOSE”。

◇ 快捷键：Alt+F4。

如用户没有提前将绘制的图形进行保存，在执行“关闭”命令时，AutoCAD 2018 将弹出如图 1–15 所示的警示对话框。如单击“是（Y）”按钮，系统将弹出“图形另存为”对话框，用于对图形进行命名保存；如单击“否（N）”按钮，系统将放弃存盘，退出 AutoCAD 2018 程序；如单击“取消”按钮，系统将取消退出命令，返回到 AutoCAD 2018 的工作界面。

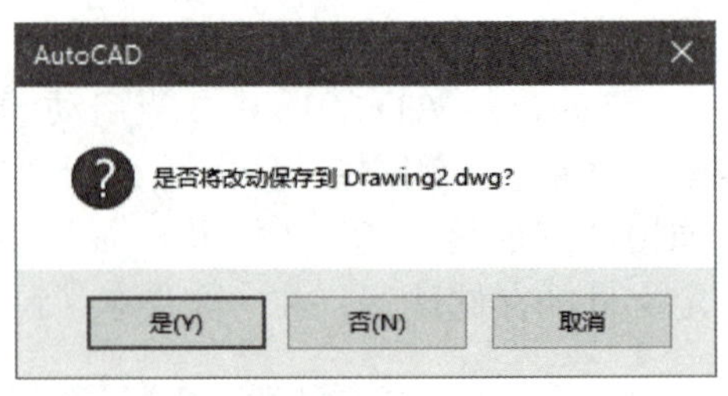

图 1–15　警示对话框

五、综合实训

1. 新建并保存图形文件

新建一个基于“acadiso.dwt”样板的文件，任意绘制两条直线，并保存到桌面上，文件名为“两条直线”。

（1）新建图形文件

1）选择菜单栏“文件”→“新建”命令，系统弹出“选择样板”对话框。

2）在“选择样板”对话框的图形样板列表中选择“acadiso.dwt”样板，如图 1–16 所示。

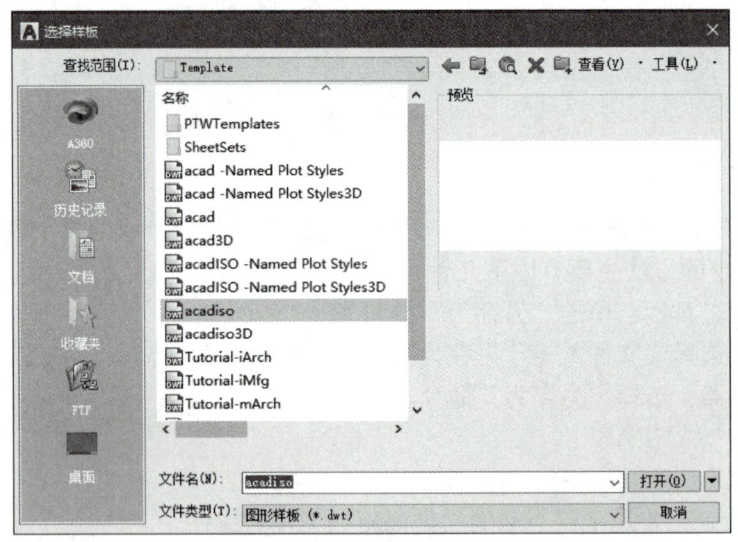

图 1–16　选择“acadiso.dwt”样板

3）单击“选择样板”对话框上的“打开（O）”按钮，即可新建一个“无样板 — 公制”空白文件，如图 1–17 所示。

（2）绘制直线

1）单击“默认”→“绘图”→“直线”按钮（图 1–18），启动“直线”命令。

2）在绘图区适当位置单击鼠标左键，拾取一点作为起点。

3）移动光标到另一位置。

4）再次单击鼠标左键拾取一点作为终点。

5）按回车键结束操作，如图 1–19 所示。

用同样的方法绘制另一条直线，如图 1–19 所示。

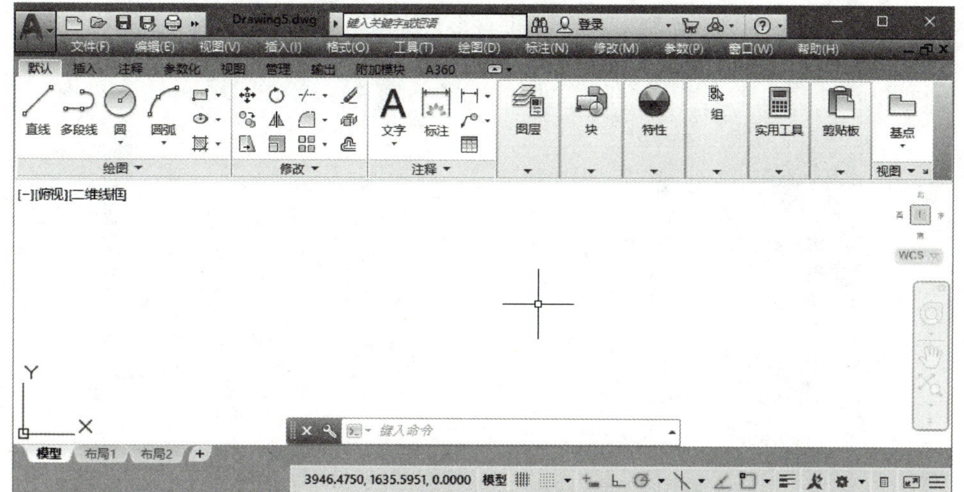

图 1–17 “无样板 — 公制”空白文件

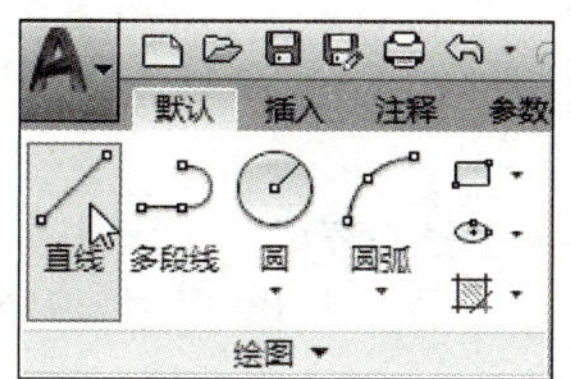

图 1–18 单击“直线”按钮

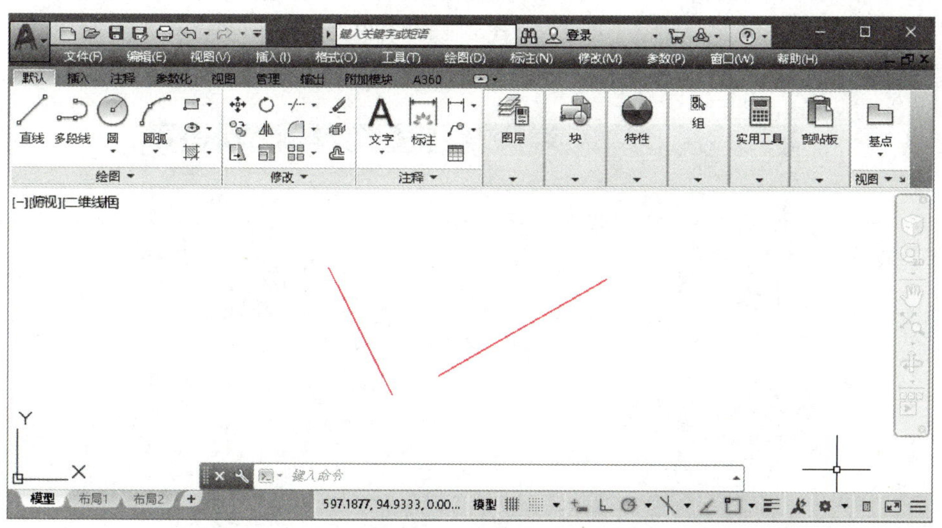

图 1–19 绘制两条直线

（3）保存文件

1）选择菜单栏“文件”→“保存”命令，系统弹出“图形另存为”对话框，如图 1–20 所示。

2）将新建的图形文件名改为“两条直线 .dwg”，单击对话框上的“桌面”按钮。

3）单击对话框上的“保存（S）”按钮，即可将当前文件保存到桌面上。

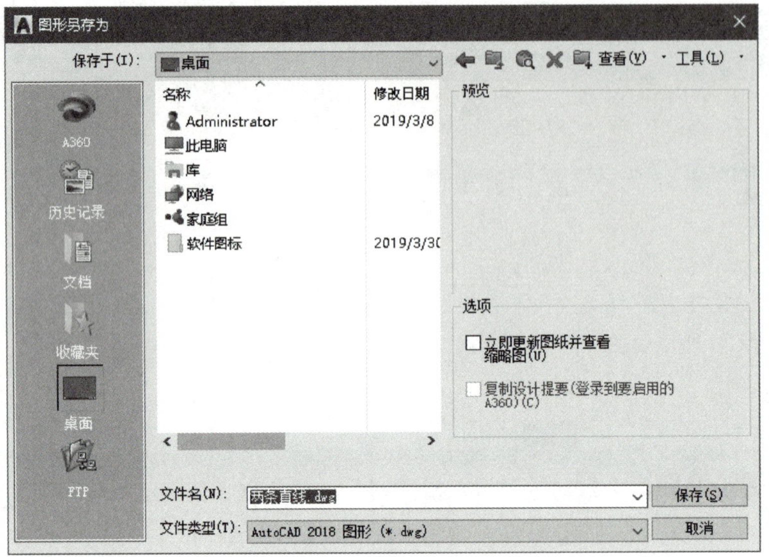

图 1-20　保存名为“两条直线 .dwg”的文件

2. 另存文件

打开图形文件“衬套”，并利用“另存为”命令修改其文件名且保存到桌面上。

※ 源文件：计算机制图——AutoCAD 2018 源文件 \ 第一章 \ 衬套①

（1）打开文件

1）选择下拉菜单“文件”→“打开”命令，系统弹出“选择文件”对话框。

2）在对话框的“查找范围（I）”栏中找到“计算机制图——AutoCAD 2018 源文件 \ 第一章”图形文件夹，在对话框“名称”栏的列表中选中文件“衬套 .dwg”，如图 1-21 所示。

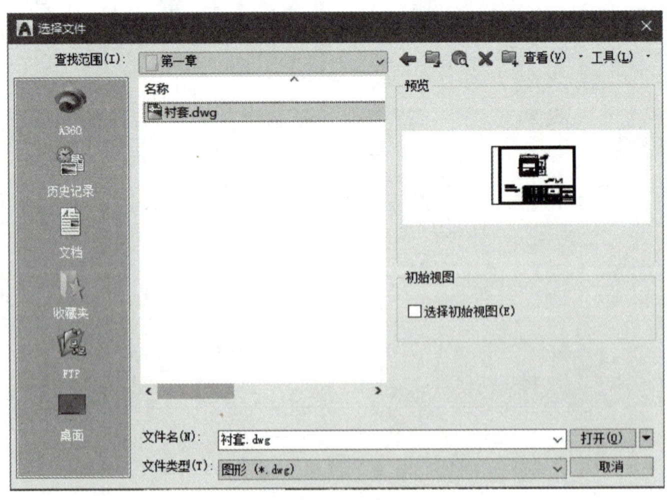

图 1-21　打开名为“衬套”的文件

① 本书源文件可在技工教育网（http://jg.class.com.cn）下载。

3）单击对话框上的“打开（O）”按钮，即可打开该文件，如图 1-22 所示。

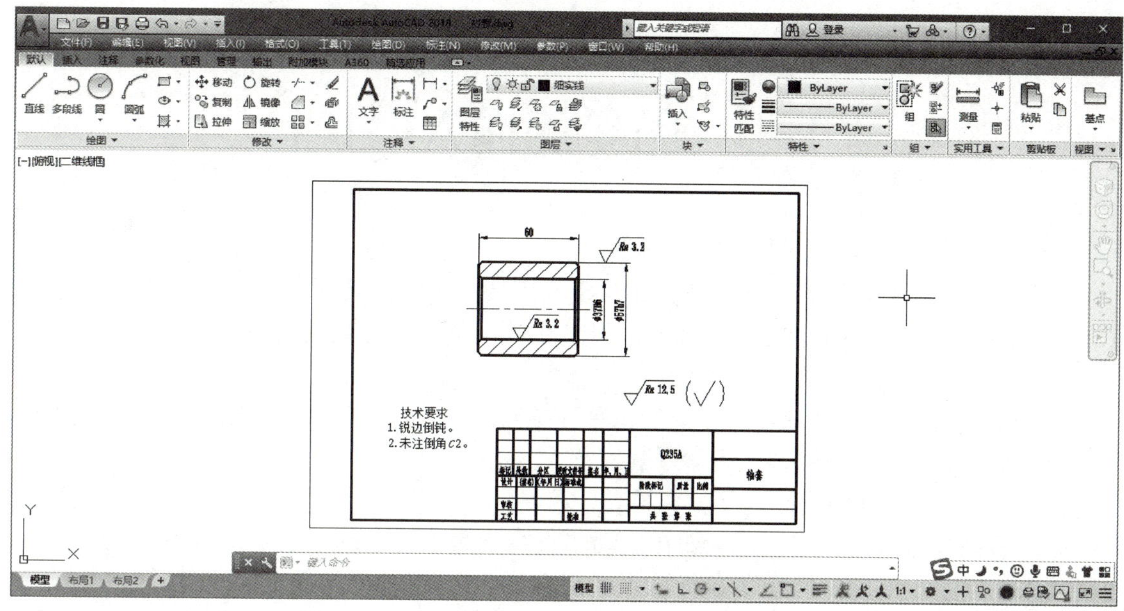

图 1-22　打开“衬套”文件

（2）用“另存为”命令修改文件名

1）在计算机 E 盘上新建一个“AutoCAD 2018 机械制图训练与实训”文件夹。

2）选择菜单栏“文件”→“另存为”命令，系统弹出“图形另存为”对话框。

3）将“图形另存为”对话框上“文件名（N）”列表框内的文件名“衬套.dwg”改为“轴套.dwg”，并将保存路径改为“E：/AutoCAD 2018 机械制图训练与实训 /”，如图 1-23 所示。

4）单击对话框上的“保存（S）”按钮，即可将图形文件另存到所指定的位置。

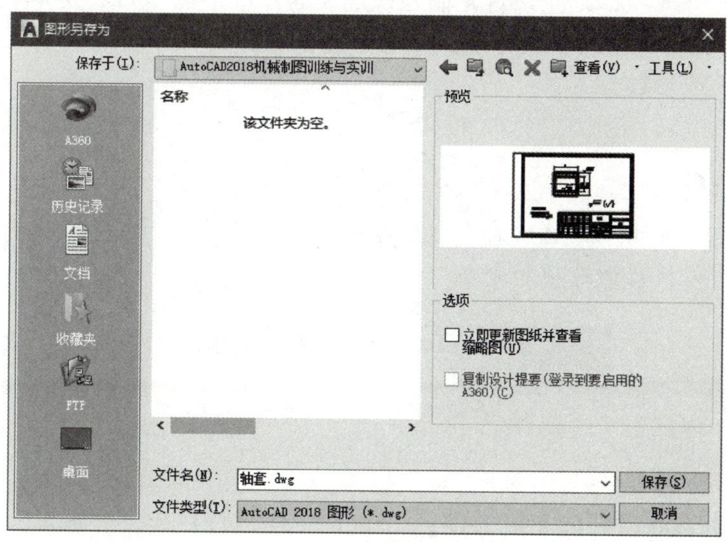

图 1-23　另存图形文件

§1-3　命令的输入与执行

使用 AutoCAD 绘图不但要准确，而且要速度快。本节主要介绍命令的不同操作方法，AutoCAD 用户应该尽可能掌握多种方法，并从中找出适合自己且快捷的方法。

一、启动命令的方法

AutoCAD 交互绘图必须输入必要的指令和参数。AutoCAD 为用户提供了多种命令输入方式，下面以绘制直线为例，介绍命令输入方式。

1. 在命令行输入命令名

命令字符可不区分大小写，例如在启动“直线”命令时，既可输入大写字母“LINE”，也可输入小写字母“line”。在命令行输入绘制直线命令“LINE”并按回车键后，系统给出如下提示。

命令：LINE
指定第一个点：　　　　　　　　　　　　　　// 在绘图区指定一点或输入一个点的坐标
指定下一点或[放弃(U)]：　　　　// 在绘图区指定直线的另一点或输入一个点的坐标
指定下一点或[放弃(U)]：　　　　　　　　　　　　　　　　　　　// 按回车键

执行命令时，在命令行提示中会出现相关的命令选项。命令行中不带括号的提示为默认选项（如上面的“指定下一点或”），因此可以直接输入直线的起点坐标或在绘图区指定一点。如果要选择其他选项，则应该首先输入该选项的标识字符（如“放弃”选项的标识字符“U”），然后按系统提示输入数据即可。在命令选项的后面有时还带有尖括号，其中的内容为系统默认的选项或参数。

【提示】

（1）在输入英文字母、数字及其他字符时，必须使用英文半角，不能使用全角字符。

（2）在命令行中显示多个选项时，方括号中的选项字符显示灰色底纹（图 1-24），单击带底纹的文字，可以执行该选项的命令。

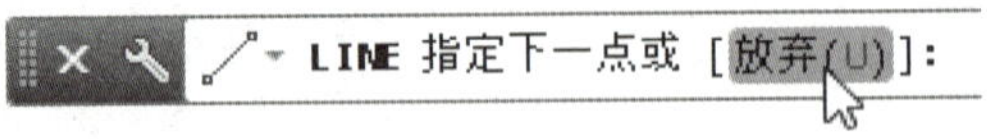

LINE 指定下一点或 [放弃(U)]：

图 1-24　命令行中带灰色底纹的字符

2. 在命令行输入命令缩写字母

在命令行输入直线命令的缩写字母“L”，也可以执行该命令。常见的命令缩写字母还有“C”（CIRCLE）、“A”（ARC）、“Z”（ZOOM）、“R”（REDRAW）、“M”（MOVE）、

“CO”（COPY）、“PL”（PLINE）、“E”（ERASE）等。

3. 在“绘图”菜单栏中选择对应的命令

AutoCAD 的各项命令在菜单栏中都有相应的菜单，打开菜单栏中“绘图”菜单，选择“直线（L）”命令（图 1-25），即可启动“直线”命令。

4. 单击功能区中对应的命令按钮

单击功能区中的“直线”按钮 ／，也可以启动“直线”命令。

5. 在绘图区打开快捷菜单

如果在前面刚使用过要输入的命令，可以在绘图区单击鼠标右键，打开快捷菜单，在“最近的输入”子菜单中选择需要的命令，如图 1-26 所示。“最近的输入”子菜单中存储最近使用的命令，如果经常重复使用某个命令，这种方法就比较快捷。

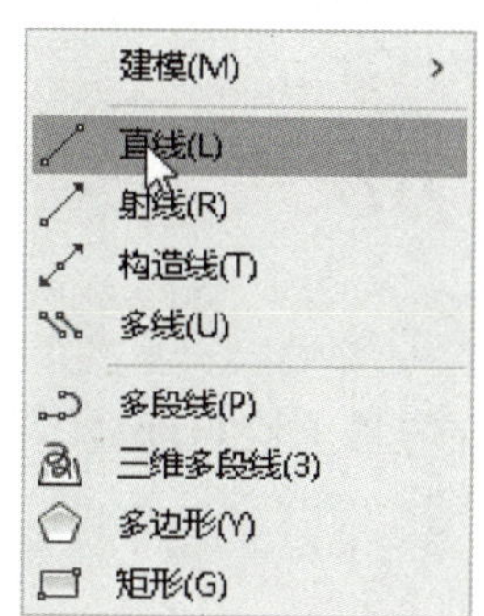

图 1-25　在“绘图”菜单中选择“直线”命令

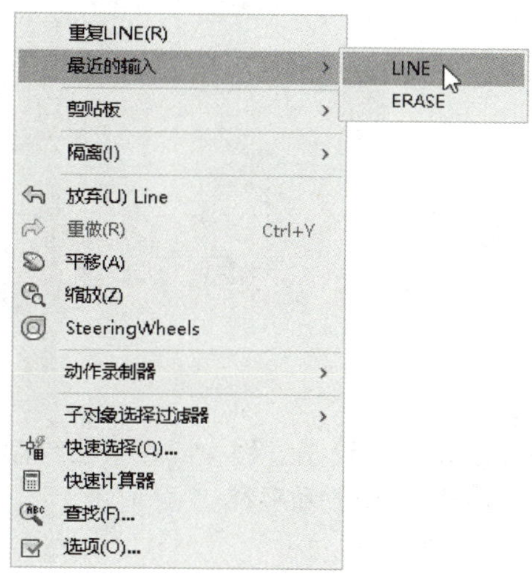

图 1-26　绘图区快捷菜单

二、命令的重复、撤销与重做

在绘图过程中经常会重复使用相同命令或者撤销用错的命令，下面介绍命令的重复、撤销和重做。

1. 命令的重复

重复调用上一个命令的方法主要有以下几种。

◇ 按回车键或空格键。

◇ 快捷键：Ctrl+J（或 Ctrl+M）。

2. 命令的撤销

使用“撤销”命令可以在命令执行的任何时刻取消或终止命令。执行“撤销”命令的方法有以下几种。

◇ 快速访问工具栏：单击“放弃”按钮 。

◇ 菜单栏：选择“编辑”→“放弃”命令。

◇ 快捷键：Ctrl+Z。

◇ 命令行：“U（或 UNDO）”。

3. 命令的重做

要将已被撤销的命令恢复，可以使用“重做”命令。执行“重做”命令的方法有以下几种。

◇ 快速访问工具栏：单击“重做”按钮 。

◇ 菜单栏：选择“编辑”→“重做”命令。

◇ 快捷键：Ctrl＋Y。

◇ 命令行：“REDO”。

AutoCAD 2018 可以一次执行多重放弃和重做操作。单击“快速访问”工具栏中的“放弃”按钮或“重做”按钮后面的小三角形，可以选择要放弃或重做的操作，如图 1-27 所示。

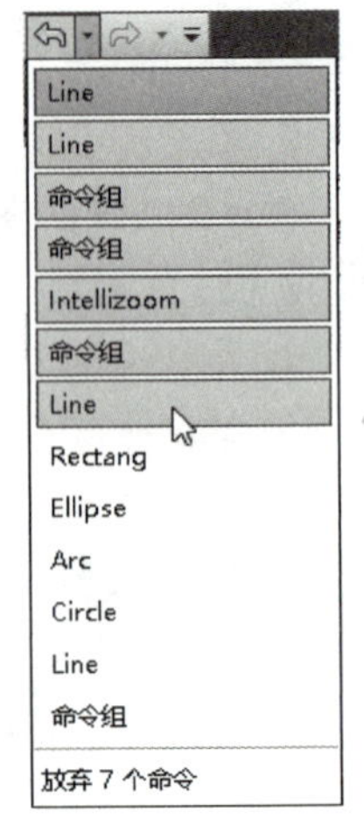

图 1-27　多重放弃选项

§1-4 显示图形

在 AutoCAD 绘图过程中或观察已绘制的图形时，需要在屏幕上恰当地显示图形，这就需要对图形进行缩放和平移。

一、缩放图形

“缩放”命令将图形放大或缩小显示，以便观察和绘制图形，该命令并不改变图形实际位置和尺寸，只是变更视图的显示比例。

1. 启动“缩放”命令的方法

◇ 功能区：选择“视图”→“导航”→“缩放”命令，如图 1-28 所示。

◇ 菜单栏：选择“视图”→“缩放”命令。

◇ 导航栏：单击“缩放”按钮的下拉箭头（图 1-29），在弹出的菜单中选择“缩放”命令选项。

◇ 命令行：“Z（或 ZOOM）”。

在命令行输入“Z”后，系统给出如下提示。

```
命令：ZOOM
指定窗口的角点，输入比例因子（nX 或 nXP），或者
[全部（A）/中心（C）/动态（D）/范围（E）/上一个（P）/比例（S）/窗口（W）/
对象（O）]<实时>：
```

2.“缩放”菜单常用选项的功能

◇ 全部：缩放以显示所有可见对象。

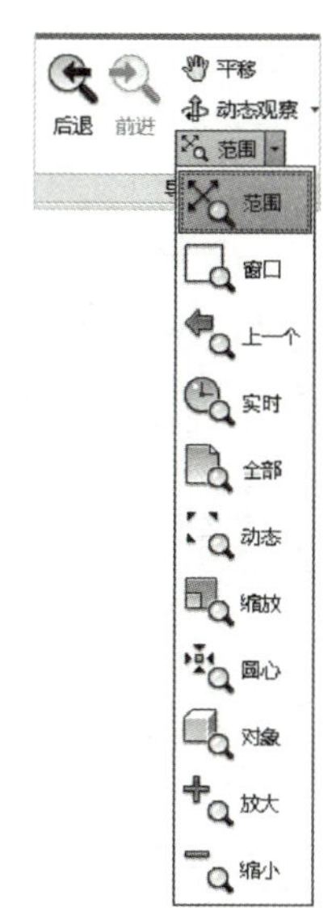

图 1-28　功能区“缩放”菜单

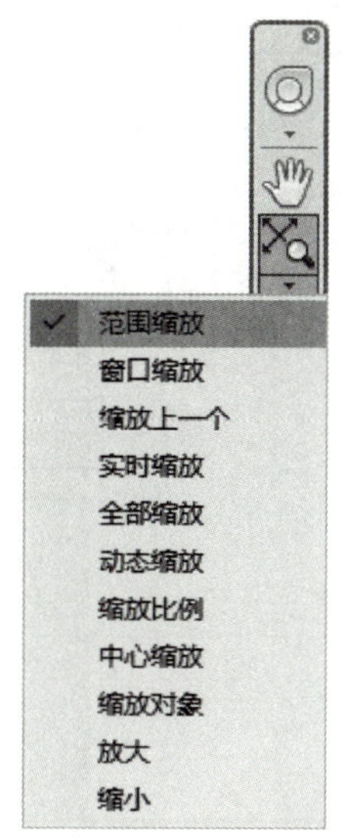

图 1-29　导航栏“缩放”菜单

◇ 范围：缩放以显示所有对象的最大范围。

◇ 上一个：缩放显示上一个视图。

◇ 窗口：缩放显示矩形窗口指定的区域。

◇ 对象：缩放以便尽可能大地显示一个或多个选定的对象并使其位于视图的中心。

◇ 实时：交互缩放以更改视图的比例，光标将变为带有加号和减号的放大镜。

二、平移图形

“平移”命令用于移动图形在屏幕上的显示位置，该命令不改变图形的实际位置。执行“平移”命令的方法有以下几种。

◇ 功能区：单击“视图”→“导航”→“平移”按钮。

◇ 菜单栏：选择“视图”→“平移”→各种平移命令。

◇ 导航栏：单击“平移”按钮。

◇ 命令行：“P（或 PAN）”。

【提示】

（1）直接利用鼠标也可以对图形进行放大、缩小和平移操作。向前滑动鼠标滚轮，图形以鼠标所在位置为中心进行放大；向后滑动鼠标滚轮，图形缩小，按住鼠标滚轮不放并移动鼠标可以实时平移图形。利用鼠标进行视窗操作是非常便利的，在实际绘图过程中最为常用。

（2）在没有命令执行的前提下或没有对象被选择的情况下，单击鼠标右键，弹出快捷菜单（图 1-30），选择“平移（A）”或“缩放（Z）”菜单，也可以对图形进行平移或缩放。

图 1-30　“平移”和“缩放”快捷菜单

三、综合实训

查 看 图 形

左半联轴器零件图如图 1-31 所示，下面查看图形的细节。

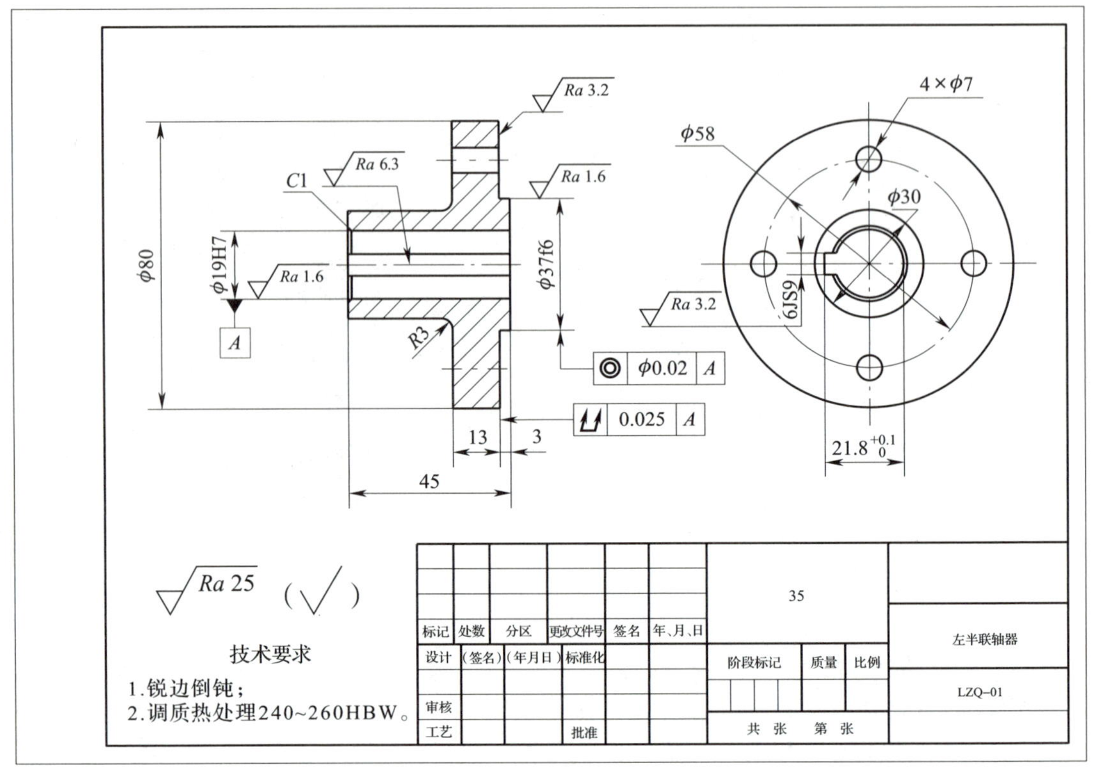

图 1–31　左半联轴器零件图

※ 源文件：计算机制图——AutoCAD 2018 源文件 \ 第一章 \ 左半联轴器零件图

1. 打开左半联轴器源文件，如图 1–31 所示。

2. 启动“平移”命令，用鼠标上下、左右移动图形，如图 1–32 所示。

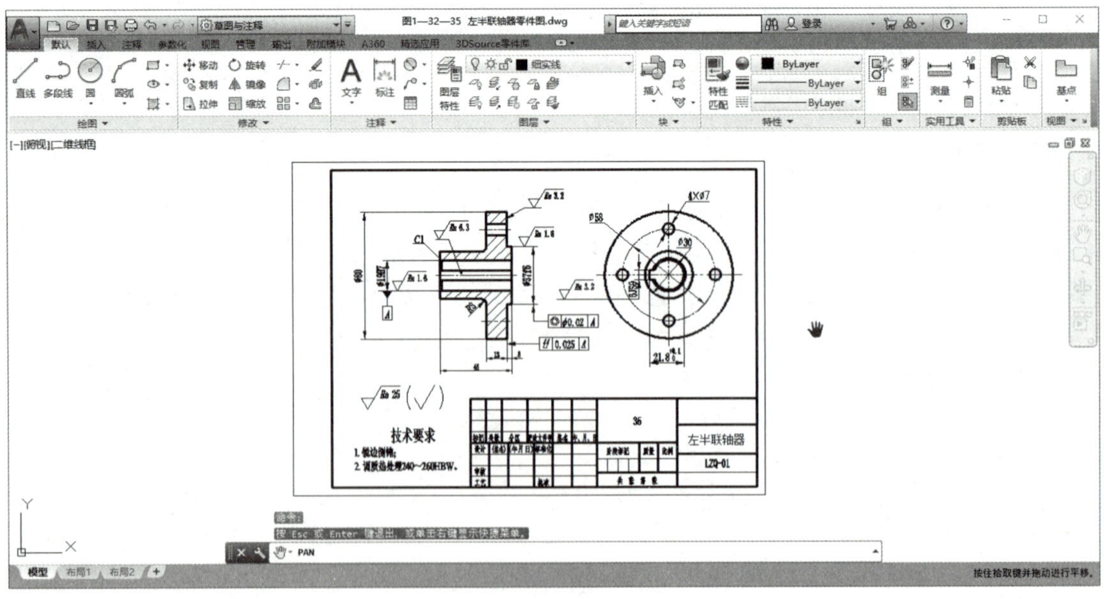

图 1–32　平移图形

3. 按回车键退出“平移”命令，按下鼠标中键，拖动鼠标，再次对图形进行平移。

4. 单击导航栏“窗口缩放”按钮 ，在标题栏所在的位置用鼠标拖出一个缩放窗口（图 1–33），单击鼠标左键，窗口缩放结果如图 1–34 所示。

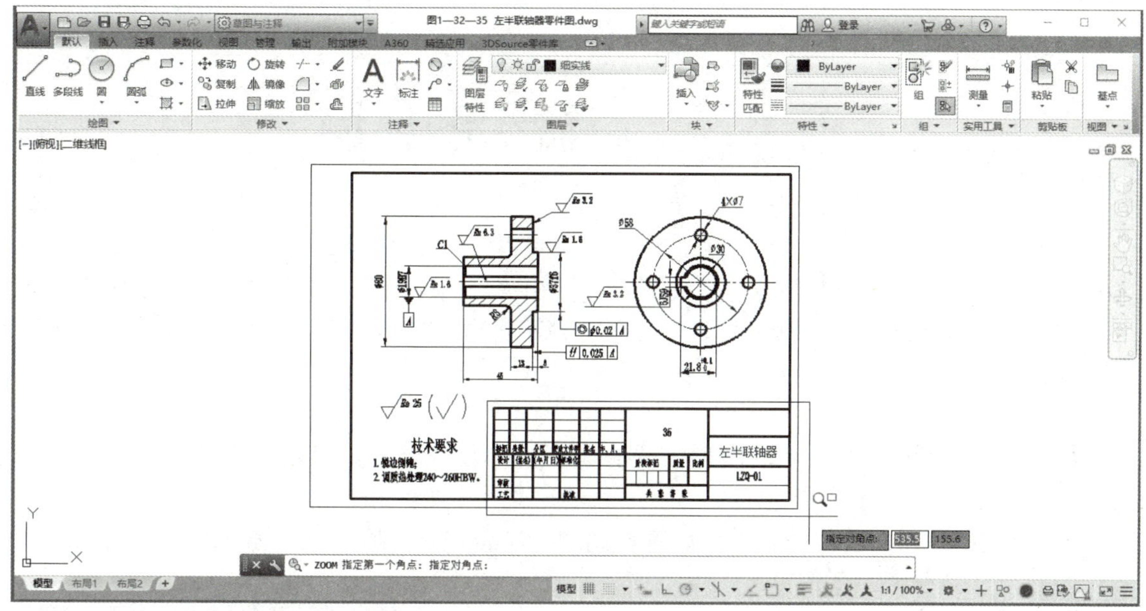

图 1–33　缩放窗口

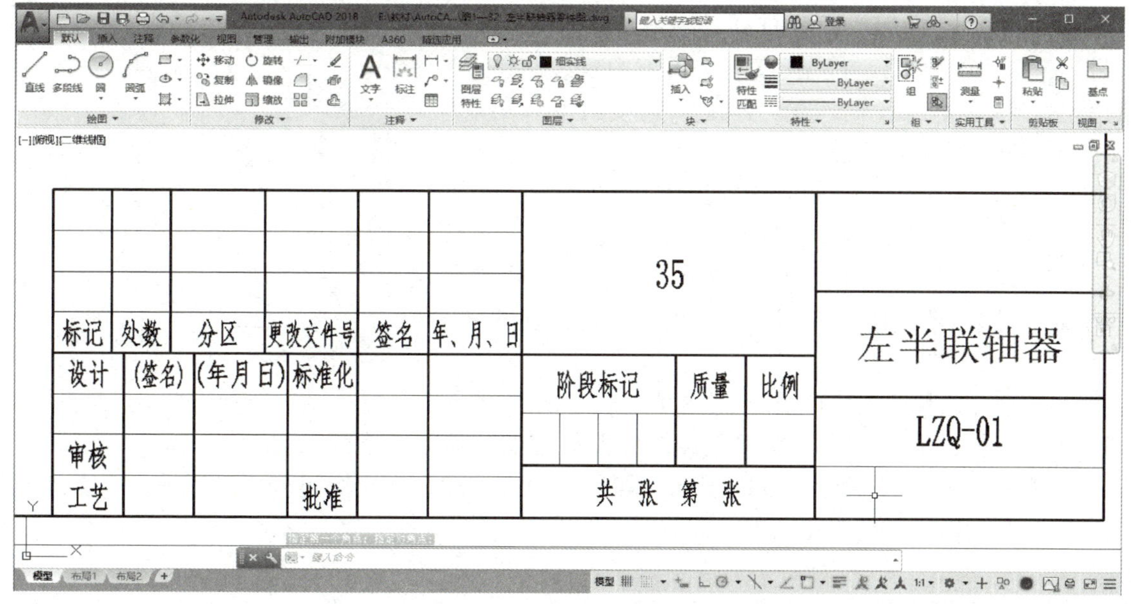

图 1–34　窗口缩放结果

5. 单击功能区“视图”→“导航”→“上一个”按钮 ，系统自动退回到上一次缩放的图形窗口。

6. 向上和向下转动鼠标滚轮中键对图形进行实时放大与缩小。

7. 单击鼠标右键，在弹出的快捷菜单中，选择“缩放”命令，向上移动光标对图形进行放大显示，向下移动光标对图形进行缩小显示。按下 Esc 键可结束“缩放”命令。

§1-5 设置绘图环境

AutoCAD 2018 的绘图环境与系统配置直接相关，通过设置系统配置可以改变窗口中各组成部分的显示状态。在一般情况下，用户绘图环境的设置主要是绘图的尺寸单位和绘图区域背景颜色设置。

一、设置图形单位

在 AutoCAD 屏幕上显示的图形需要有实际的单位才能确定其形状和大小，比如线性尺寸的单位是选择英寸还是毫米，角度尺寸的单位是选择“度 / 分 / 秒”还是“十进制度数”，所有这些在绘图前都需要进行设置。此外，还需要对绘图的精度进行设置。

1. 启动“单位”命令的方法

命令行：“UN（UNITS 或 DDUNITS）”。

菜单栏：选择“格式”→“单位”命令。

执行上述命令后，系统打开“图形单位”对话框（图 1–35），用户可以在“长度”选项组中对线性尺寸的类型、精度进行设置，在“角度”选项组中对角度尺寸的类型和精度进行设置。

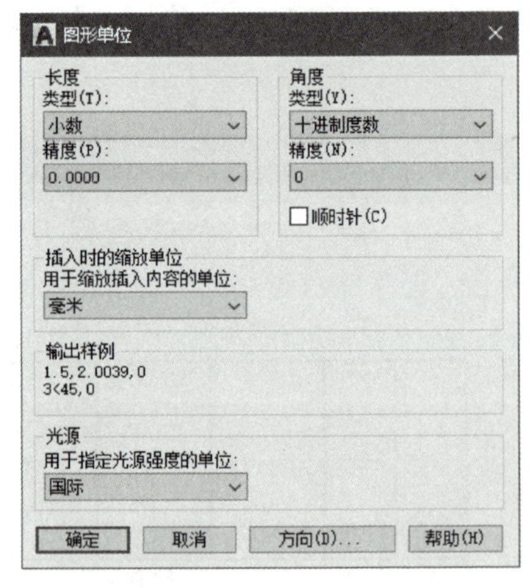

图 1–35 “图形单位”对话框

2.“图形单位”对话框常用选项功能

“图形单位”对话框常用选项的功能如下。

◇ 长度：“类型（T）”用于指定长度尺寸的类型，如小数、分数等。“精度（P）”用于指定测量长度的精度。

◇ 角度：“类型（Y）”用于指定角度尺寸的类型，如度 / 分 / 秒、十进制度数等。“精度（N）”用于指定测量角度的精度。

◇ 顺时针：用于设置角度的方向，如果选中该按钮，在绘图过程中就以顺时针为正角度方向，否则以逆时针为正角度方向。

3. 上机训练——设置图形单位

新建一个图形文件，设置长度类型为小数，精度为“0.00”；设置角度类型为“度 / 分 / 秒”，精度为“0d00′ 00″”。

（1）在命令行输入“UN”，打开“图形单位”对话框。

（2）在“长度”选项组“类型（T）”下拉列表框中选择“小数”，在“精度（P）”下拉列表框中选择“0.00”。

（3）在“角度”选项组“类型（Y）”下拉列表框中选择“度 / 分 / 秒”，在“精度（N）”下拉列表框中选择“0d00′ 00″”。

图形单位的各项设置如图 1-36 所示。

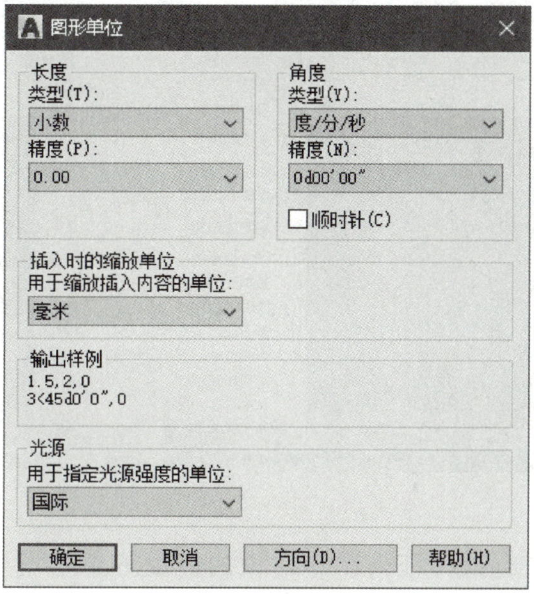

图形单位

长度
类型(T):
小数
精度(P):
0.00

角度
类型(Y):
度/分/秒
精度(N):
0d00′00″
☐顺时针(C)

插入时的缩放单位
用于缩放插入内容的单位:
毫米

输出样例
1.5,2,0
3<45d0′0″,0

光源
用于指定光源强度的单位:
国际

确定　取消　方向(D)...　帮助(H)

图 1-36　设置图形单位

（4）设置完成后，单击“确定”按钮。

二、设置绘图区背景颜色

1. 设置背景颜色的方法

在系统默认的情况下，绘图的背景区域颜色为黑色（图 1-37），用户可以根据自己的喜好和需要设置成不同的颜色。设置绘图区背景需要打开“选项”对话框。

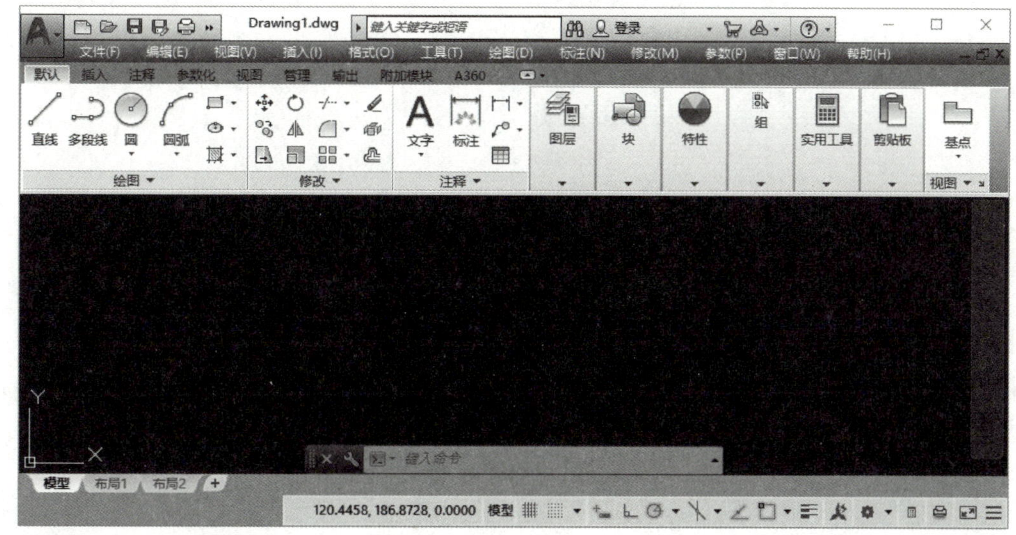

图 1-37　默认绘图区颜色

启动“选项”命令的方法主要有以下几种。

◇ 菜单栏：选择“工具”→“选项”命令（图 1–38）。

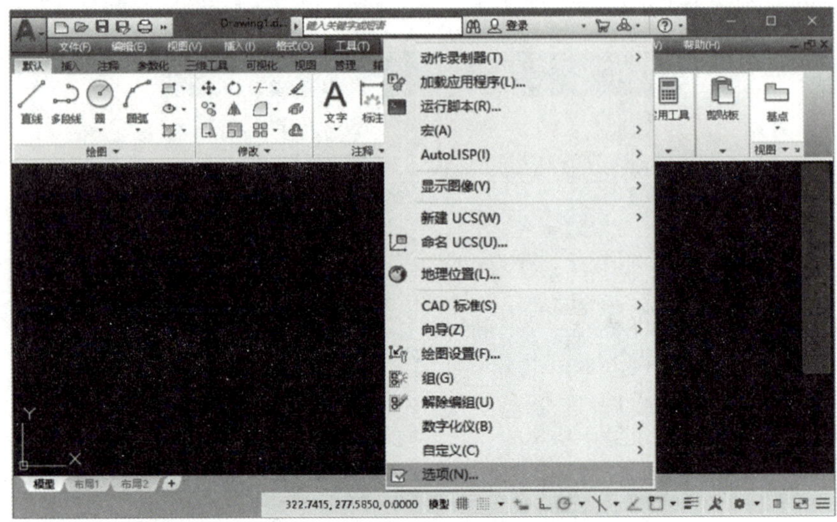

图 1–38　启动“选项”命令

◇ 快捷菜单：在没有选择任何图形对象的前提下单击鼠标右键，弹出快捷菜单（图 1–39），选择“选项（O）”命令。

◇ 命令行：“OP（或 OPTIONS）”。

图 1–39　快捷菜单

执行上述命令后，系统打开“选项”对话框（图 1–40），即可对绘图区的背景颜色进行修改。

2. 上机训练——设置绘图区背景颜色

（1）单击“选项”对话框上的“显示”选项卡，切换到“显示”设置界面，然后单击该界面上的“颜色（C）”按钮 颜色(C)... ，系统弹出“图形窗口颜色”对话框，如图 1–41 所示。

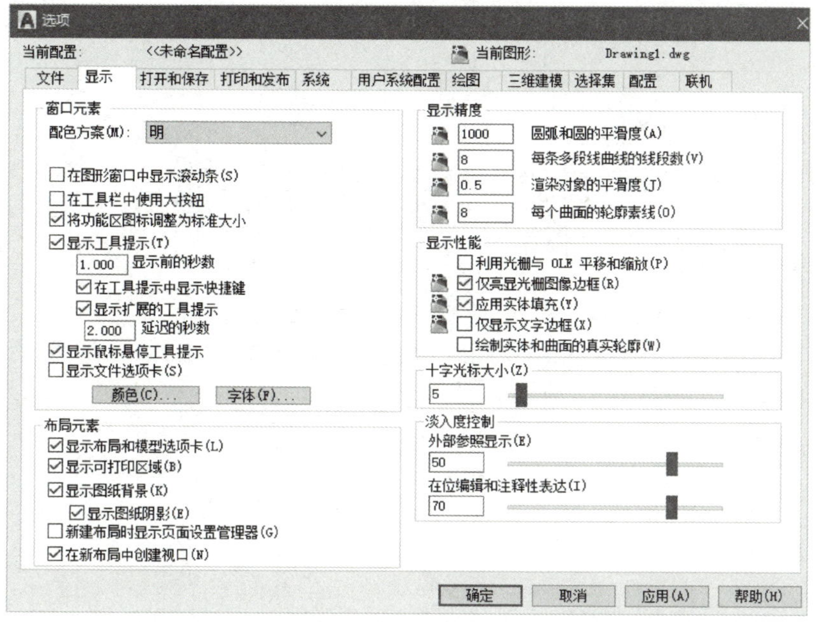

图 1-40 “选项”对话框

（2）在“图形窗口颜色”对话框的“颜色（C）”下拉列表中选择合适的颜色选项（如“白”），如图 1-41 所示。

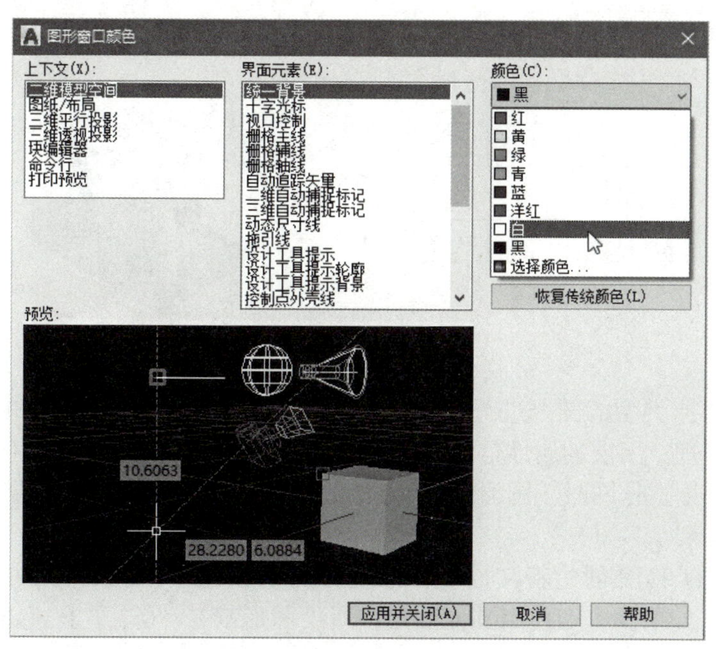

图 1-41 “图形窗口颜色”对话框

（3）单击对话框上的“应用并关闭（A）”按钮，系统返回“选项”对话框，绘图区域背景颜色设置完毕。

（4）单击“确定”按钮，完成绘图区背景颜色的设置，此时绘图区的背景变为白色。

§1-6 设置图层

在机械图样中，绘制图形可能需要用到粗实线、细实线、细虚线、细点画线、细双点画线等不同类型的图线，如图 1-42 所示。

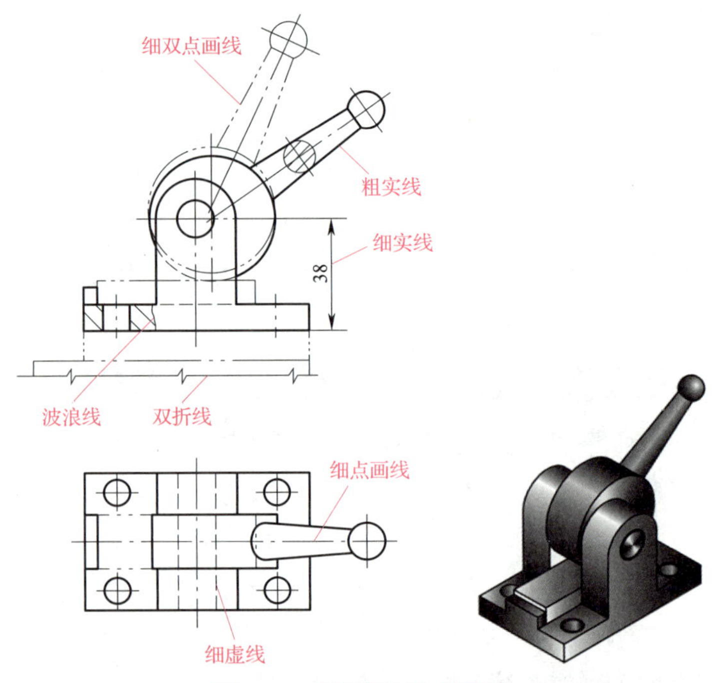

图 1-42 机械图样中的图线

为了便于对不同类型的图线进行管理，AutoCAD 设置了图层管理工具，以便将同类型的图线分别进行管理。图层的属性信息有颜色、线型、线宽等，用户可以对其属性信息进行编辑。当在某一图层上作图时，图形元素的颜色、线型和线宽就与当前图层完全一致。

一、创建新图层

在用 AutoCAD 2018 创建新文件时，系统会自动创建一个层名为“0”的图层，这是系统的默认图层，如果没有切换到其他图层，所绘图形都在“0”层上。如果用户要使用多个图层来组织自己的图形，首先需要创建新图层，步骤如下。

1. 打开“图层特性管理器”对话框

单击“默认”→“图层”→“图层特性”按钮（图 1-43），系统弹出“图层特性管理器”对话框（图 1-44）。

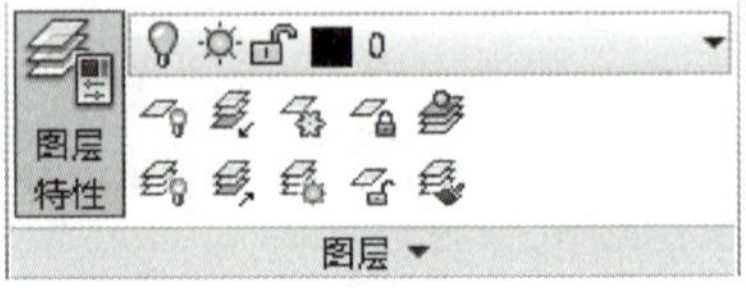

图 1-43 “图层”功能面板

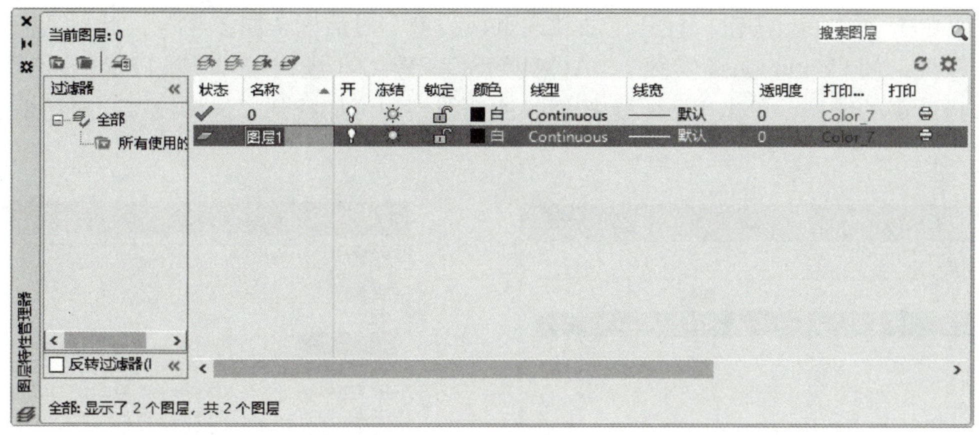

图 1–44 “图层特性管理器”对话框

2. 新建图层

单击“图层特性管理器”对话框上的“新建图层”按钮，在列表框中，系统会自动创建一个名为“图层 1”的新图层，如图 1–44 所示，此时“图层 1”文本框处于可编辑状态，为便于区分各个图层，可直接在文本框中输入新图层的辨识名字（如粗实线）。

二、设置图层

图层的设置一般包括图层颜色、图层线型和图层线宽三方面，其具体方法如下。

1. 设置图层颜色

“图层颜色”是指图层中图形对象的显示颜色。可以对不同的图层设置不同的颜色（也可设置相同的颜色），这样在绘制复杂的图形时，就可以通过不同的颜色来区分图线或图形。

在默认情况下，新创建图层的颜色被设为白色或黑色，这由系统的背景颜色决定，背景色为白色，则图层颜色为黑色，背景色为黑色，图层颜色就为白色。

改变图层颜色的方法是：

在“图层特性管理器”对话框中，单击与所选图层关联的颜色设置图标■白，打开“选择颜色”对话框（图 1–45），此对话框中包含各种颜色，用户可根据需要进行选择。

图 1–45 “选择颜色”对话框

2. 设置图层线型

“图层线型”是指图层上的图形对象的线型，如粗实线、细实线、细虚线、细点画线等都有各自的线型。在 AutoCAD 中，可以对各图层上的线型进行不同的设置，使各图层上图形对象的线型加以区分。设置图层线型的方法如下。

（1）在“图层特性管理器”中，单击与所选图层关联的线型设置图标 Continuous，系统弹出“选择线型”对话框，如图 1–46 所示。

（2）在“选择线型”对话框中可以选择一种线型或从线型库中加载更多的线型以供选择。

（3）单击 加载(L)... 按钮，打开“加载或重载线型”对话框（图 1–47），此对话框中包含了多种线型，如 Continuous（实线）、ACAD_ISO02W100（虚线）、CENTER（中心线）等，从中选择所需的线型，单击 确定 按钮，所选线型即可加载到“选择线型”对话框的列表中。

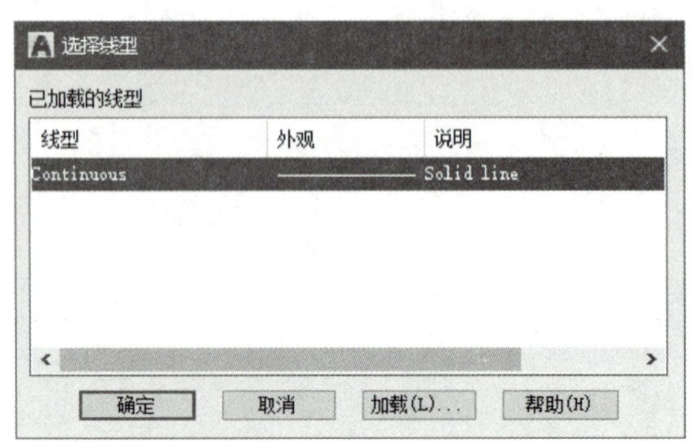

图 1–46 “选择线型”对话框

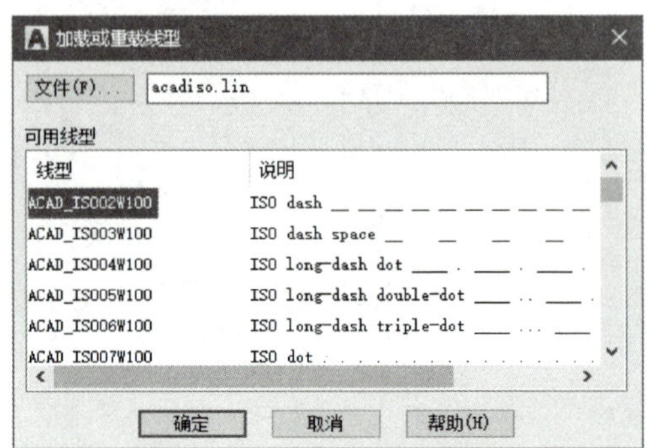

图 1–47 “加载或重载线型”对话框

3. 设置图层线宽

“图层线宽”是指图层上图形对象的线条宽度。在 AutoCAD 中，用户可以根据需要设置图层的线宽，其方法如下。

（1）在“图层特性管理器”中，单击所选图层的线宽设置图标 —— 默认（系统默认线宽为 0.25 mm），系统弹出“线宽”对话框（图 1–48）。

（2）在“线宽”对话框中选择合适的线宽，单击“确定”按钮。

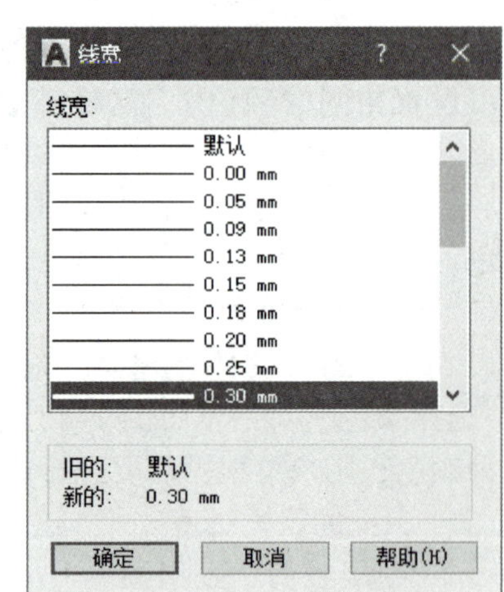

图 1–48 “线宽”对话框

三、删除图层

在绘图过程中，当不需要某些图层的时候，可以将其删除。删除图层的方法如下。

1. 打开“图层特性管理器”，选中将要删除的图层。

2. 单击“图层特性管理器”对话框上的图层删除按钮 。

四、当前图层

在 AutoCAD 2018 中，虽然允许用户设置很多图层，但当前绘图图层只能有一个，称之为“当前图层”，用户只能在当前图层上绘制图形，且绘制的图形的属性也从属于当前图层的属性。系统默认的当前图层为 0 层，因此在绘图时，应根据要绘制对象的属性把相应的图层设置为当前图层。例如绘制细点画线时，就要先把“细点画线”图层设置为当前图层，绘制粗实线时，就要把“粗实线”图层设置为当前图层。切换当前图层的方法如下。

1. 单击“图层”功能面板上方的“图层”列表框按钮，打开下拉列表（图 1–49）。

2. 选择要设置成当前图层的图层名称。

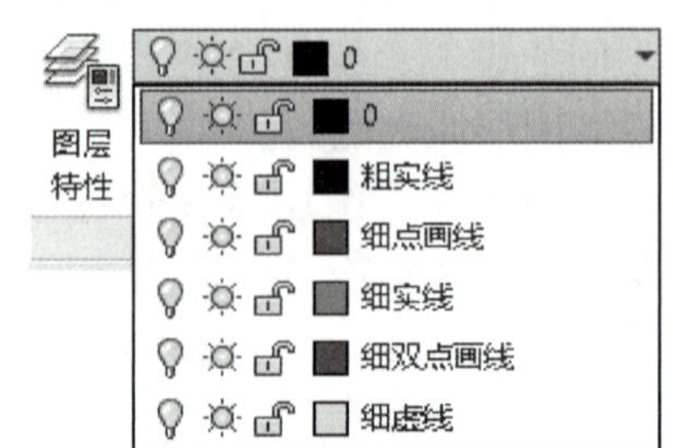

图 1–49 “图层”下拉列表

【提示】

上述方法只能在当前没有对象被选择的情况下使用。如在有对象被选择的情况下进行上述操作，则会把此对象原来所从属的图层属性更改为新选择图层的属性。

五、综合实训

创建样板

按照有关国家标准的规范要求，创建一个名为“制图样板”的样板文件，设置包括粗实线、细实线、细虚线、细点画线、细双点画线等类型的图线。

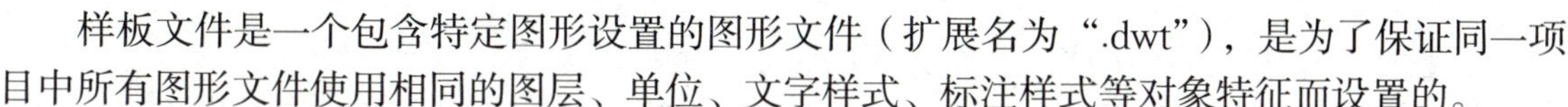

样板文件是一个包含特定图形设置的图形文件（扩展名为“.dwt”），是为了保证同一项目中所有图形文件使用相同的图层、单位、文字样式、标注样式等对象特征而设置的。

创建图形样板包含设置图层、绘图单位、文字样式、标注样式等操作，这里只对图层进行设置，具体步骤如下。

1. 新建图形文件

启动 AutoCAD 2018，单击“新建”按钮，打开“选择样板”对话框，单击“打开（O）”按钮右侧的箭头，单击“无样板打开 – 公制（M）”按钮，新建一个 AutoCAD 2018 的图形文件，系统自动命名为“Drawing1. dwg”。

2. 新建图层

创建粗实线、细实线、细虚线、细点画线、细双点画线等图层，如图 1–50 所示。

状态	名称	开	冻结	锁定	颜色	线型	线宽	透明度	打印...	打印
✔	0				白	Continuous	—— 默认	0	Color_7	
	粗实线				白	Continuous	—— 默认	0	Color_7	
	细实线				白	Continuous	—— 默认	0	Color_7	
	细虚线				白	Continuous	—— 默认	0	Color_7	
	细点画线				白	Continuous	—— 默认	0	Color_7	
	细双点画线				白	Continuous	—— 默认	0	Color_7	

图 1–50　创建图层

3. 设置图层颜色

根据国家标准《机械工程　CAD 制图规则》（GB/T 14665—2012）的规定，图线在屏幕上的颜色可按表 1–1 设置。将如图 1–50 所示图层按照标准规定进行设置，结果如图 1–51 所示。

表 1–1　图线在屏幕上的颜色

图线类型	粗实线	细实线	细虚线	细点画线	细双点画线
屏幕上的颜色	白色	绿色	黄色	红色	粉红色

状态	名称	开	冻结	锁定	颜色	线型	线宽	透明度	打印...	打印
✔	0				白	Continuous	—— 默认	0	Color_7	
	粗实线				白	Continuous	—— 默认	0	Color_7	
	细实线				绿	Continuous	—— 默认	0	Color_3	
	细虚线				黄	Continuous	—— 默认	0	Color_2	
	细点画线				红	Continuous	—— 默认	0	Color_1	
	细双点画线				洋红	Continuous	—— 默认	0	Color_6	

图 1–51　设置图层颜色

4. 设置图层线型

按照国家标准《机械制图　图样画法　图线》(GB/T 4457.4—2002)的规定设置线型，线型设置可以参照表 1–2。

表 1–2　　线型设置

图线类型	粗实线	细实线	细虚线	细点画线	细双点画线
CAD 线型	Continuous	Continuous	ACAD_ISO02W100	CENTER	JIS_09_08

下面以设置细点画线图层的线型为例说明设置线型的方法。

(1)在如图 1–52 所示的“细点画线”图层的线型位置上单击，打开“选择线型”对话框，如图 1–53 所示。

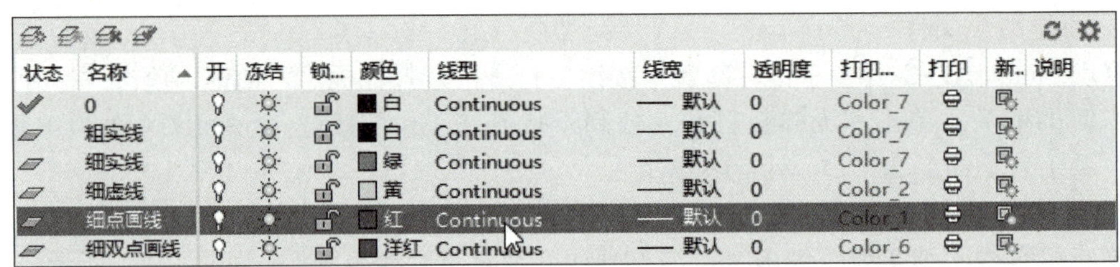

图 1–52　打开“选择线型”对话框

(2)单击“加载(L)”按钮(图 1–53)，打开“加载或重载线型”对话框，如图 1–54 所示。

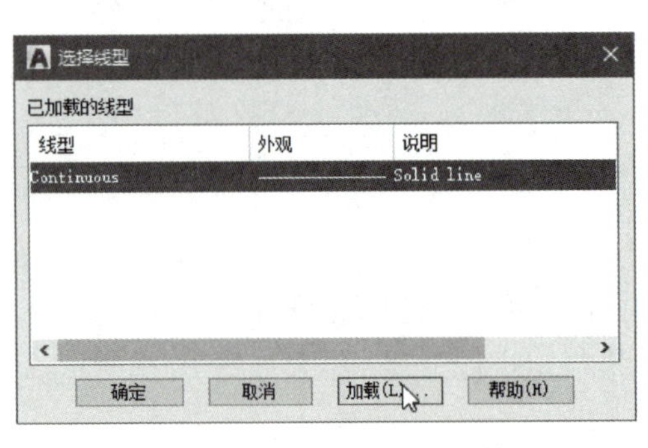

图 1–53　“选择线型”对话框

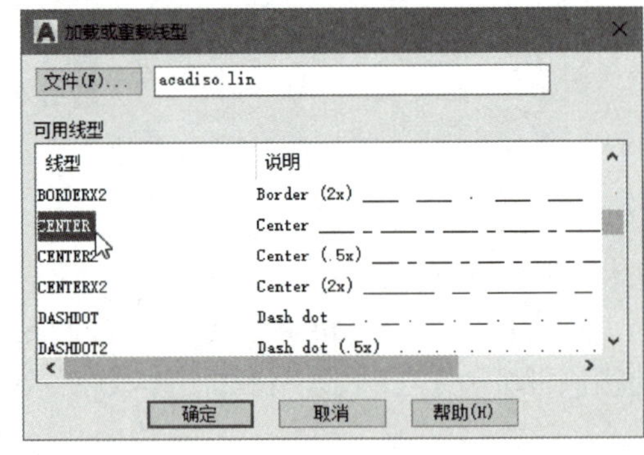

图 1–54　“加载或重载线型”对话框

(3)选择“CENTER”线型，单击“确定”按钮(图 1–54)。选择的线型被加载到“选择线型”对话框内，如图 1–55 所示。

(4)选择“CENTER”线型，单击“确定”按钮(图 1–55)，即将此线型加载给当前被选择的细点画线图层，结果如图 1–56 所示。

按照上述办法给细虚线和细双点画线图层加载线型，其结果如图 1–57 所示。

5. 设置图层线宽

根据机械制图国家标准的有关规定，将粗实线图层的线宽设置为 0.30 mm，将细实线、细虚线、细点画线、细双点画线图层的线宽设置为 0.15 mm，设置结果如图 1–58 所示。

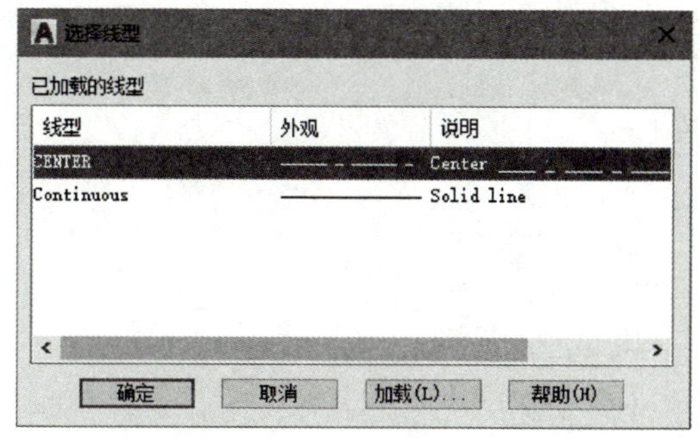

图 1–55　加载线型

状态	名称	开	冻结	锁定	颜色	线型	线宽	透明度	打印...	打印
✓	0				白	Continuous	默认	0	Color_7	
	粗实线				白	Continuous	默认	0	Color_7	
	细实线				绿	Continuous	默认	0	Color_3	
	细虚线				黄	Continuous	默认	0	Color_2	
	细点画线				红	CENTER	默认	0	Color_1	
	细双点画线				洋红	Continuous	默认	0	Color_6	

图 1–56　设置细点画线的线型

状态	名称	开	冻结	锁定	颜色	线型	线宽	透明度	打印...	打印
✓	0				白	Continuous	默认	0	Color_7	
	粗实线				白	Continuous	默认	0	Color_7	
	细实线				绿	Continuous	默认	0	Color_3	
	细虚线				黄	ACAD_ISO0...	默认	0	Color_2	
	细点画线				红	CENTER	默认	0	Color_1	
	细双点画线				洋红	JIS_09_08	默认	0	Color_6	

图 1–57　设置细虚线和细双点画线图层的线型

状态	名称	开	冻结	锁定	颜色	线型	线宽	透明度	打印...	打印
✓	0				白	Continuous	默认	0	Color_7	
	粗实线				白	Continuous	0.30 毫米	0	Color_7	
	细实线				绿	Continuous	0.15 毫米	0	Color_3	
	细虚线				黄	ACAD_ISO0...	0.15 毫米	0	Color_2	
	细点画线				红	CENTER	0.15 毫米	0	Color_1	
	细双点画线				洋红	JIS_09_08	0.15 毫米	0	Color_6	

图 1–58　设置图层线宽

6. 保存图形样板

通过前面的操作，图形样板已经完成设置，可以将其保存为图形样板文件。具体步骤如下。

（1）选择“文件”菜单中的“保存”（或“另存为”）命令，弹出“图形另存为”对话框。

（2）在“文件类型”栏中选择“AutoCAD 图形样板（*.dwt）”格式，如图 1–59 所示。

（3）在“文件名”栏中输入“制图样板”。

（4）选择文件保存位置（默认在 Template 目录下），单击“保存（S）”按钮。

保存完成后，弹出“样板选项”对话框（图 1–60），可以在“说明”文本框中输入对该样板的简短描述，单击“确定”按钮，完成图形样板的创建。以后的绘图工作就可以在此样板的基础上进行。

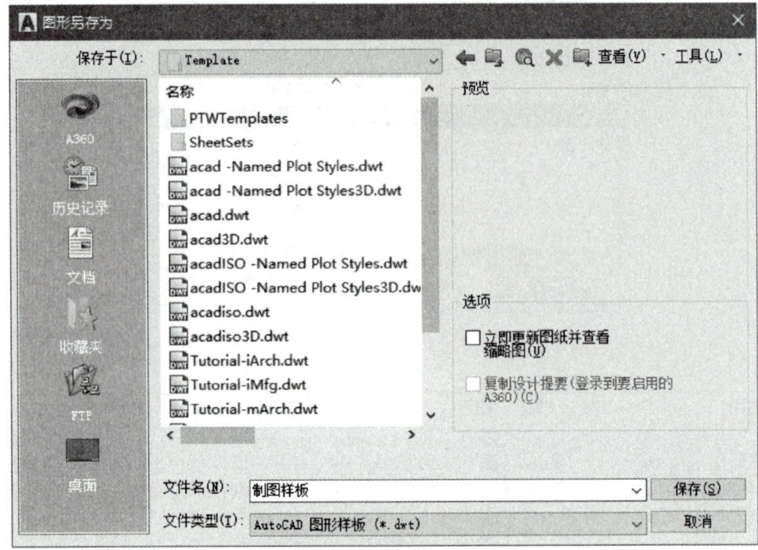

图 1-59　保存样板

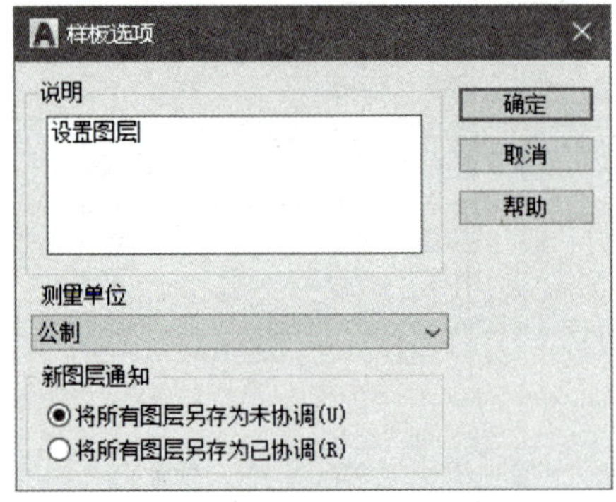

图 1-60　“样板选项”对话框

第二章 绘制平面图形

无论是简单的图形还是复杂的图形，都是由基本的图形元素（如直线、圆、圆弧、矩形、正多边形、样条曲线等）组成的，熟练掌握这些图形元素的绘制方法是制图的基础。本章主要学习制图中各类基本图形元素的绘制方法和技巧，为以后更加方便灵活地绘制复杂图形做好准备。

§2-1 绘制点与坐标系

一、绘制点

1. 设置点样式

点是最基本的图形单元，在机械图样中，点通常用来指定某个特殊的坐标位置，或作为绘制其他图形元素的起点或基础。点在 AutoCAD 中有多种不同的表示方式，用户可以根据需要进行设置。

执行“点样式”命令的方法主要有以下几种。

◇ 菜单栏：选择“格式”→“点样式”命令。

◇ 命令行：“PTYPE（或 DDPTYPE）”。

选择“点样式”命令后，系统打开“点样式”对话框，如图 2-1 所示。用户可以选择合适的点样式，也可以设定点的大小。

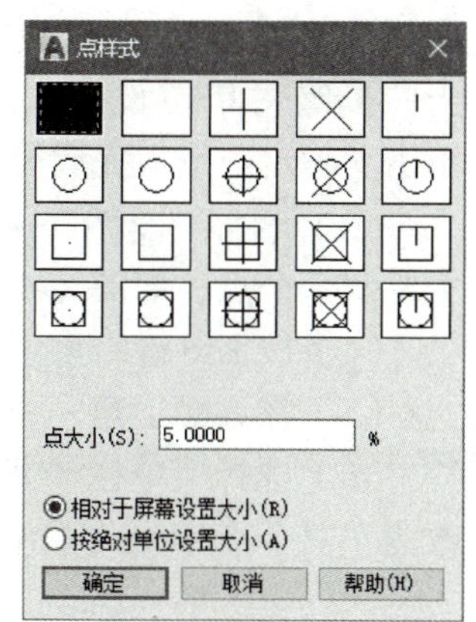

图 2-1 “点样式”对话框

2. 绘制单点

使用“单点”命令，一次绘制一个点对象，当执行该命令绘制一个单点后，系统自动结束此命令。

执行“单点”命令的方法主要有以下几种。

◇ 菜单栏：选择“绘图”→“点”→“单点”命令。

◇ 命令行：“PO（或 POINT）”。

3. 绘制多点

执行“多点”命令可以连续地绘制多个点对象，直到按下 Esc 键结束命令为止。执行“多点”命令的方法主要有以下几种。

◇ 功能区：选择“默认”→“绘图”→“多点”命令。

◇ 菜单栏：选择“绘图”→“点”→“多点”命令。

4. 上机训练——绘制点

将点样式设置为“×”，点的大小设置为“2.5”个绝对单位，在屏幕上任意绘制 3 个点。

（1）启动 AutoCAD 2018，单击快速访问工具栏上的“新建”按钮，打开“选择样板”对话框，单击“制图样板 1 .dwt”（图 2–2），新建一个 AutoCAD 2018 的图形文件。

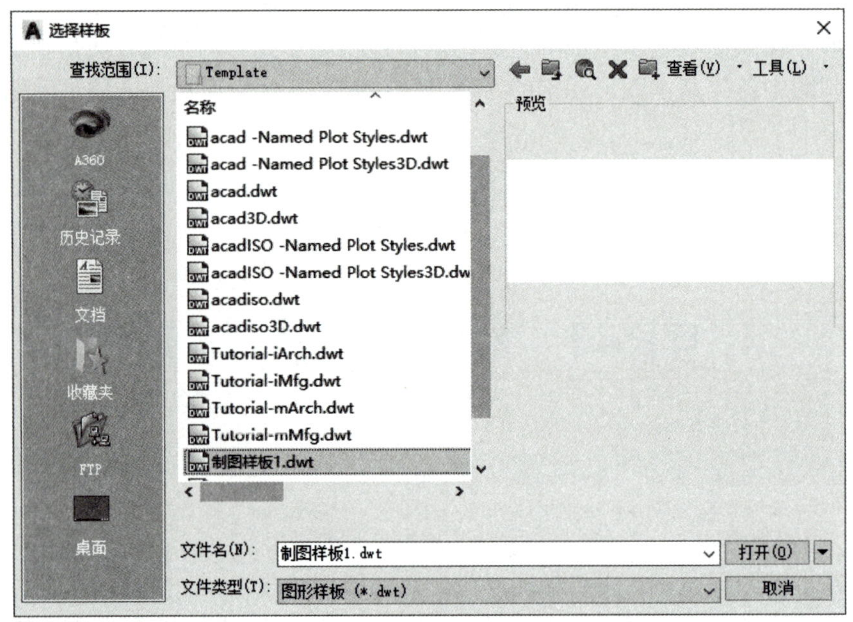

图 2–2　打开“制图样板 1 .dwt”

（2）执行“点样式”命令，打开“点样式”对话框。单击面板上的“×”，在“点大小（S）”文本框中输入“2.5”，单击“按绝对单位设置大小（A）”单选按钮，如图 2–3 所示。单击“确定”按钮完成设置。

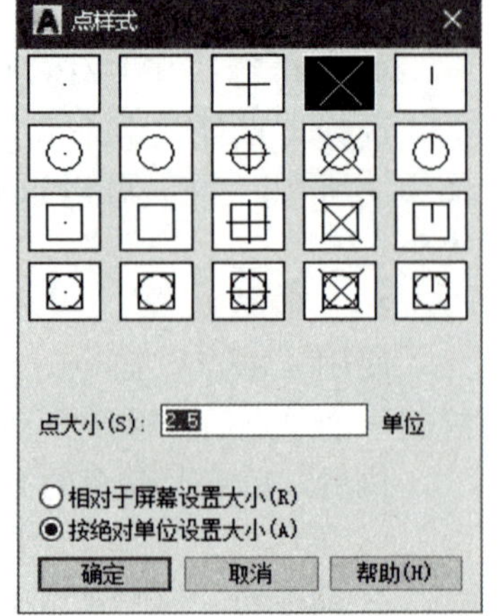

图 2–3　设置点样式

（3）单击“绘图”→“点”→“多点”按钮 ▫，在屏幕上绘制 3 个点，如图 2–4 所示。

（4）按 Esc 键结束“点”命令。

（5）在桌面上建一个自己的文件夹。

（6）选择菜单栏“文件”→“保存”命令，将图形文件名改为“三个点 .dwg”，并保存到自己的文件夹中。

二、坐标系

在绘图过程中要精确定位某个对象时，必须以某个坐标系作为参照，以便精确指定点的位置，使用 AutoCAD 提供的坐标系可以精确绘制图形。

AutoCAD 的默认坐标系为 WCS，即世界坐标系。此坐标系是 AutoCAD 的基本坐标系，它由两个相互垂直并相交的坐标轴 *X*、*Y* 组成，如图 2–5 所示。*X* 轴正方向水平向右，*Y* 轴正方向垂直向上（如果在三维空间工作，还有一个 *Z* 轴），坐标原点在绘图区左下角。

图 2–4　绘制点　　图 2–5　坐标原点

1. 绝对坐标

（1）绝对直角坐标

绝对直角坐标是以原点（0，0）为参照点来定位所有的点，其表达式为（*X*，*Y*），用户可以通过输入点的实际 *X*、*Y* 坐标值来定义点的坐标。

如 *B* 点的 *X* 坐标值为 35（即该点在 *X* 轴上的垂足点到原点的距离为 35 个图形单位），*Y* 坐标值为 15（即该点在 *Y* 轴上的垂足点到原点的距离为 15 个图形单位），那么 *B* 点的绝对坐标表达式为（35，15）。*B* 点在坐标系中的位置如图 2–6 所示。

（2）绝对极坐标

绝对极坐标是以原点作为极点，通过相对于原点的极长和角度来定义点的位置，其表达式为（$L<\alpha$）。*L* 为某点与原点之间的距离，即极长；α 为该点和原点的连线与 *X* 轴正方向的夹角。在默认设置下，AutoCAD 是以逆时针方向来测量角度的，即逆时针的角度为正值，顺时针的角度为负值。因此，*X* 轴的正向为 0°，*Y* 轴的正向为 90°。*X* 轴的负向为 180°，*Y* 轴的负向为 270°（−90°）。如 *D* 点的极坐标为 *D*（20<30），则 *D* 点在坐标系中的位置如图 2–7 所示。

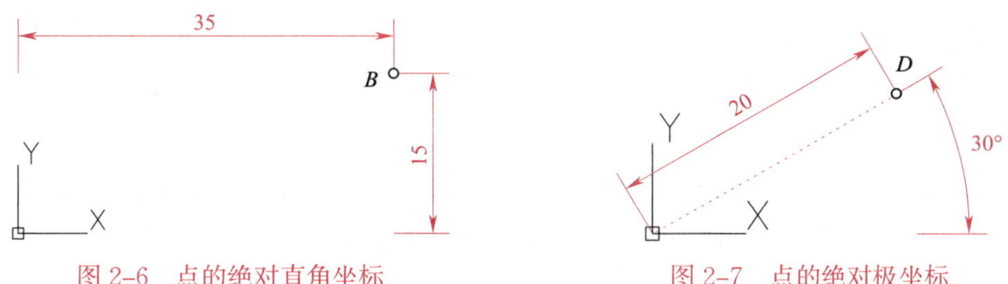

图 2–6　点的绝对直角坐标　　图 2–7　点的绝对极坐标

2. 相对坐标

（1）相对直角坐标

相对直角坐标是指相对于某一点的 *X* 轴和 *Y* 轴位移。它的表示方法是在绝对坐标表达式前加上“@”号，如 *A* 点相对于 *B* 点的相对直角坐标为 *A*（@ −13，8），则 *A* 点相对于 *B* 点的位置如图 2–8 所示。

（2）相对极坐标

相对极坐标是指相对于某一点的距离和角度。它的表示方法也是在绝对坐标表达式前加上“@”号，如 C 点相对于 D 点的相对极坐标为 C（@ 11<24），其中，相对极坐标中的角度是新点和上一点连线与 X 轴的夹角。C 点相对于 D 点的位置如图 2-9 所示。

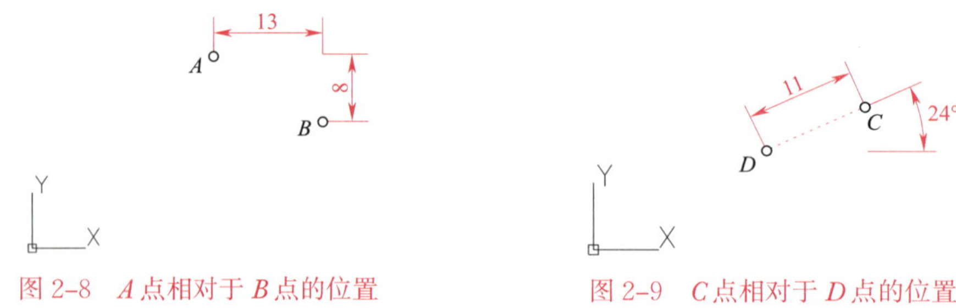

图 2-8　A 点相对于 B 点的位置　　　图 2-9　C 点相对于 D 点的位置

§2-2　绘制直线

直线是机械图样上最基本的图形要素之一，AutoCAD 为用户提供了非常方便的精确绘制直线段的命令。

一、启用“直线”命令

“直线”命令主要用于绘制一条或多条直线，也可以绘制首尾相连的闭合图形，执行“直线”命令的方法主要有以下几种。

◇ 功能区：单击“默认”→“绘图”→“直线”按钮 ⁄，如图 2-10 所示。

◇ 菜单栏：选择“绘图”→“直线”命令。

◇ 命令行：“L（或 LINE）”。

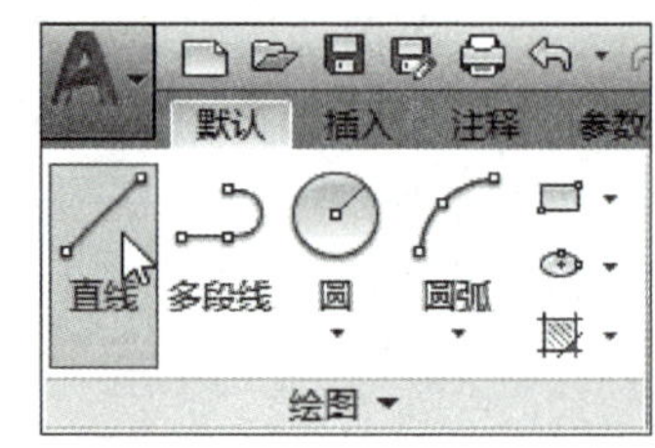

图 2-10　单击“直线”按钮

【提示】

将光标移到某个需要单击的按钮上，停留一段时间后，系统自动显示该按钮帮助信息的窗口（图 2-11），初学者可以使用 AutoCAD 的这个功能进行学习。

二、绘制直线的方法

AutoCAD 系统提供了很多种绘制直线的方法，如利用鼠标单击绘制直线、利用绝对直角坐标绘制直线、利用相对直角坐标绘制直线、利用绝对极坐标绘制直线和利用相对极坐标绘制直线。这五种方法归根到底都是利用确定点的坐标来绘制直线的，只是确定点的坐标的方式不同而已。

1. 利用鼠标单击绘制直线

该方法是通过单击鼠标左键在绘图区指定两点来绘制直线的。

单击“默认”→“绘图”→“直线”按钮，启动“直线”命令，系统给出如下提示。

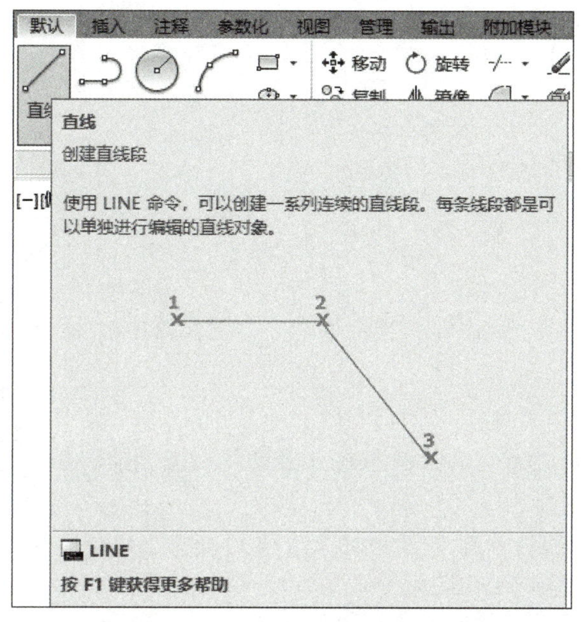

图 2-11 AutoCAD 2018 的帮助功能

```
命令：_line                                        // 启动“直线”命令
指定第一点：                   // 在绘图区适当位置单击左键，指定一点作为起点
指定下一点或［放弃（U）］：       // 移动光标到另一位置单击，指定一点作为终点
指定下一点或［放弃（U）］：                                   // 按回车键
```

绘制结果如图 2-12 所示。

2. 利用绝对直角坐标绘制直线

该方法是通过输入点的绝对直角坐标来绘制直线的。

单击“默认”→“绘图”→“直线”按钮，启动“直线”命令，系统给出如下提示。

```
命令：_line                                        // 启动“直线”命令
指定第一点：0，150          // 输入起点绝对直角坐标值“0，150”，按回车键
指定下一点或［放弃（U）］：150，200
                          // 输入终点绝对直角坐标值“150，200”，按回车键
指定下一点或［放弃（U）］：                                   // 按回车键
```

绘制结果如图 2-13 所示。

【提示】

在输入绝对坐标时，要关闭动态输入按钮，否则输入的是相对坐标。

3. 利用相对直角坐标绘制直线

该方法是通过输入点的相对直角坐标来绘制直线的。

单击“默认”→“绘图”→“直线”按钮，启动“直线”命令，系统给出如下提示。

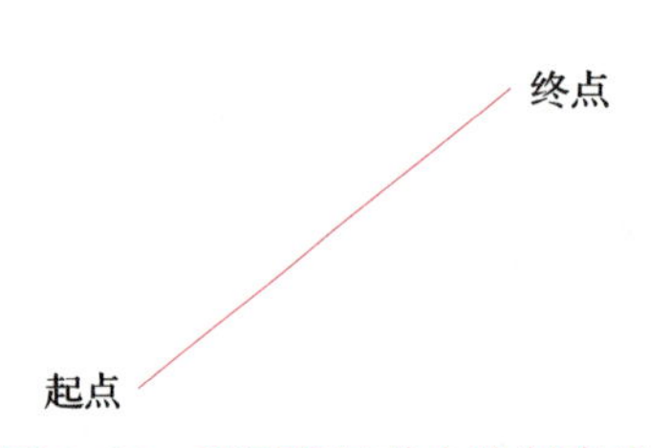

图 2-12　利用鼠标单击绘制直线

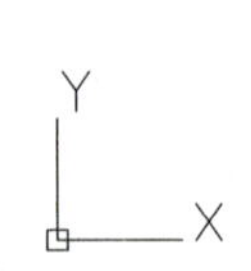

图 2-13　利用绝对直角坐标绘制直线

```
命令：_line                                              //启动“直线”命令
指定第一点：100，100     //输入起点 A 的绝对直角坐标值“100，100”，按回车键
指定下一点或［放弃（U）］：@ 100，100
                   //输入终点 B 相对于 A 点的直角坐标值“@ 100，100”，按回车键
指定下一点或［放弃（U）］：                                       //按回车键
```

绘制结果如图 2-14 所示。

4. 利用绝对极坐标绘制直线

该方法是通过输入点的绝对极坐标来绘制直线的。

单击“默认”→“绘图”→“直线”按钮，启动“直线”命令，系统给出如下提示。

```
命令：_line                                              //启动“直线”命令
指定第一点：0，0                 //输入起点绝对直角坐标值“0，0”，按回车键
指定下一点或［放弃（U）］：100<45
                              //输入绝对极坐标值“100<45”，按回车键
指定下一点或［放弃（U）］：                                       //按回车键
```

绘制结果如图 2-15 所示。

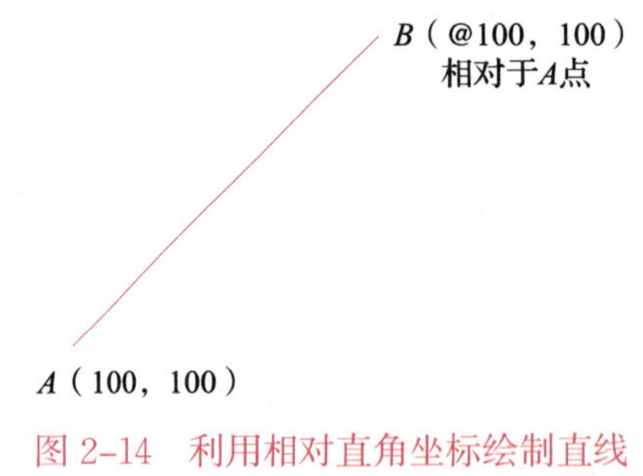

图 2-14　利用相对直角坐标绘制直线

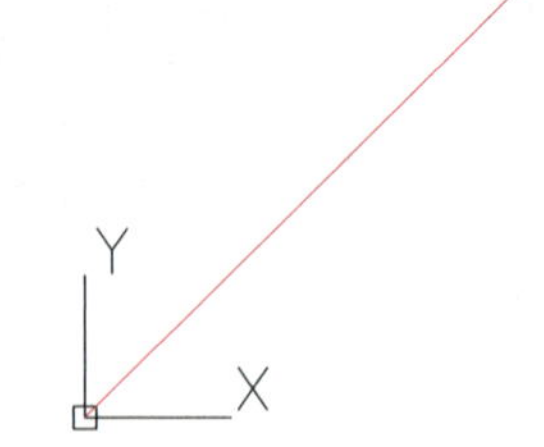

图 2-15　利用绝对极坐标绘制直线

5. 利用相对极坐标绘制直线

该方法是通过输入点的相对极坐标来绘制直线的。

单击“默认”→“绘图”→“直线”按钮，启动“直线”命令，系统给出如下

提示。

```
命令：_line                                        // 启动“直线”命令
指定第一个点：                  // 在屏幕适当位置单击，确定直线的起点 A
指定下一点或［放弃（U）］：@ 50<20
                              // 输入相对极坐标值“@ 50<20”，按回车键
指定下一点或［放弃（U）］：                                  // 按回车键
```

绘制结果如图 2-16 所示。

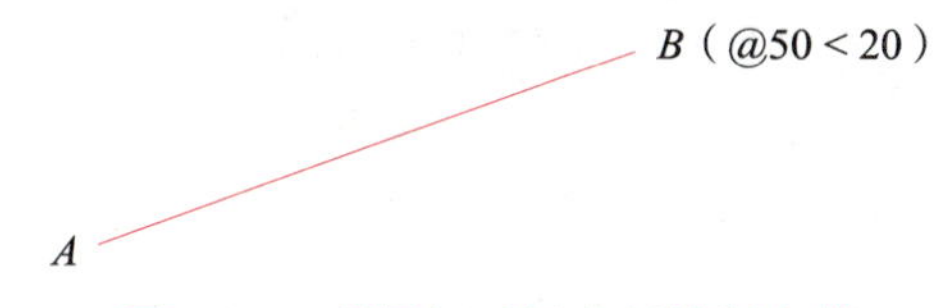

图 2-16　利用相对极坐标绘制直线

三、综合实训

1. 绘制平面图形

利用“直线”命令绘制如图 2-17 所示图形（不标注尺寸）。

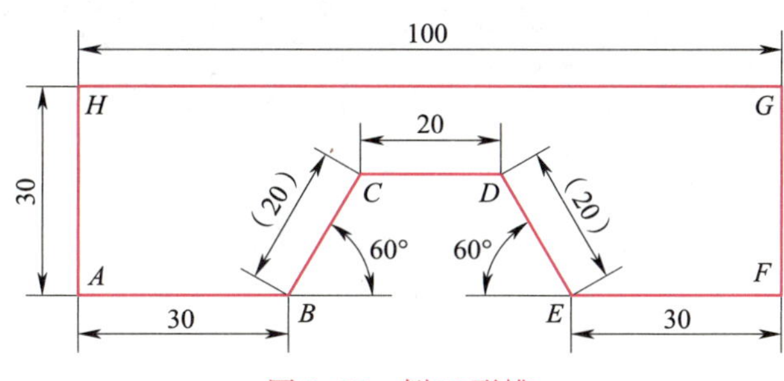

图 2-17　倒 V 形槽

（1）新建图形文件

打开“制图样板”，新建图形文件。

（2）绘制图形

单击“图层”列表框按钮，在下拉列表中选择“粗实线”图层（图 2-18），将该图层设置为当前图层，如图 2-19 所示。

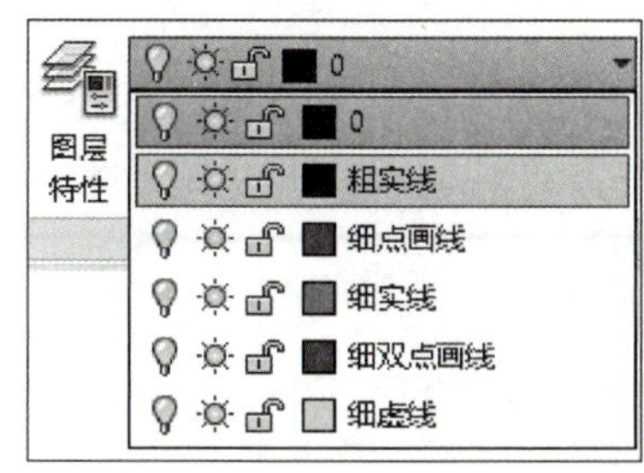

图 2-18　选择“粗实线”图层

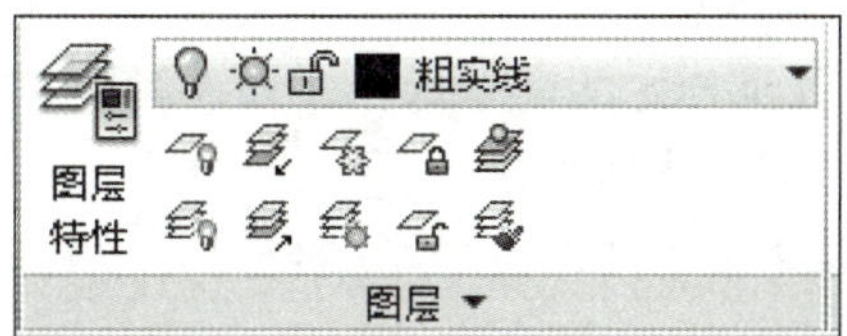

图 2-19　当前图层为“粗实线”

单击“默认”→“绘图”→“直线”按钮，启动“直线”命令，系统给出如下提示。

```
命令：_line                                                //启动“直线”命令
指定第一点：                          //在绘图区适当位置指定一点，确定起始点 A
指定下一点或［放弃（U）］：@ 30，0
                          //输入 B 点相对于 A 点的直角坐标“@ 30，0”，按回车键
指定下一点或［放弃（U）］：@ 20<60
                           //输入 C 点相对于 B 点的极坐标“@ 20<60”，按回车键
指定下一点或［闭合（C）/ 放弃（U）］：@ 20，0
                          //输入 D 点相对于 C 点的直角坐标“@ 20，0”，按回车键
指定下一点或［闭合（C）/ 放弃（U）］：@ 20<−60
                         //输入 E 点相对于 D 点的极坐标“@ 20<−60”，按回车键
指定下一点或［闭合（C）/ 放弃（U）］：@ 30，0
                          //输入 F 点相对于 E 点的直角坐标“@ 30，0”，按回车键
指定下一点或［闭合（C）/ 放弃（U）］：@ 0，30
                          //输入 G 点相对于 F 点的直角坐标“@ 0，30”，按回车键
指定下一点或［闭合（C）/ 放弃（U）］：@ −100，0
                       //输入 H 点相对于 G 点的直角坐标“@ −100，0”，按回车键
指定下一点或［闭合（C）/ 放弃（U）］：C      //输入“C”，按回车键，闭合图形
```

绘制结果如图 2–20 所示。

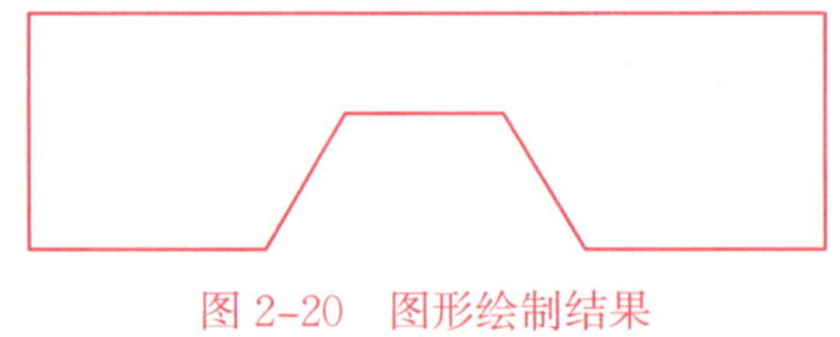

图 2–20　图形绘制结果

（3）保存图形

将文件名命名为“倒 V 形槽”，保存在桌面上或自己的文件夹内。

【提示】

AutoCAD 常用键盘命令

（1）回车键的用途

1）使用命令时，按下回车键表示命令输入完毕，开始执行命令。结束命令时，按下回车键结束命令。

2）当执行完某命令后按下回车键，可重复执行该命令。

（2）空格键的用途

空格键除了可以当回车键使用外，在输入文字时，用空格键输入空格。

（3）Esc 键的用途

在执行命令的过程中，如果要终止执行命令，可以按下 Esc 键。

2. 绘制轴套

利用“直线”命令绘制如图 2-21 所示轴套（不标注尺寸）。

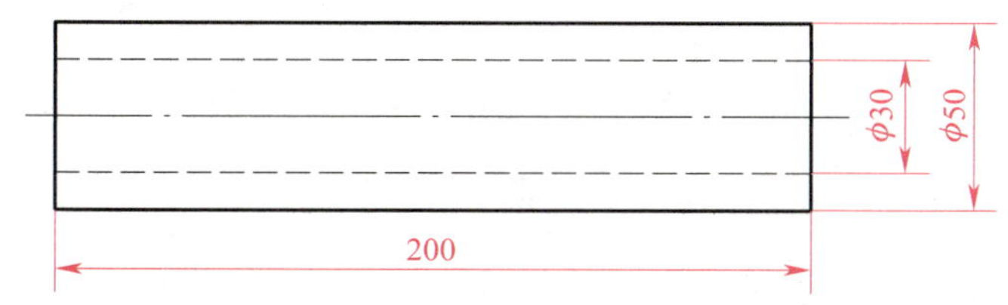

图 2-21 轴套的图形与尺寸

（1）新建图形文件

单击快速访问工具栏上的“新建”按钮，打开“选择样板”对话框，单击“制图样板”，新建图形文件。

（2）绘制粗实线

1）单击“图层”列表框按钮，将“粗实线”图层设置为当前图层。

2）单击“默认”→“绘图”→“直线”按钮，启动“直线”命令，系统给出如下提示。

```
命令：_line                                              // 启动“直线”命令
指定第一个点：100，100 // 输入直线第一点的绝对直角坐标值“100，100”，按回车键
指定下一点或［放弃（U）］：@ 0，50
                              // 输入第二点的相对直角坐标值“@ 0，50”，按回车键
指定下一点或［放弃（U）］：@ 200，0
                             // 输入第三点的相对直角坐标值“@ 200，0”，按回车键
指定下一点或［闭合（C）/ 放弃（U）］：@ 0，−50
                            // 输入第四点的相对直角坐标值“@ 0，−50”，按回车键
指定下一点或［闭合（C）/ 放弃（U）］：C                     // 输入“C”，按回车键
```

绘制结果如图 2-22 所示。

（3）绘制细虚线

1）将“细虚线”图层设置为当前图层。

2）启动“直线”命令，系统给出如下提示。

```
命令：_line                                              // 启动“直线”命令
指定第一个点：100，110 // 输入第一点的绝对直角坐标值“100，110”，按回车键
指定下一点或［放弃（U）］：@ 200，0
                             // 输入第二点的相对直角坐标值“@ 200，0”，按回车键
指定下一点或［放弃（U）］：                                      // 按回车键
```

绘制结果如图 2-23 所示。

图 2-22　绘制粗实线

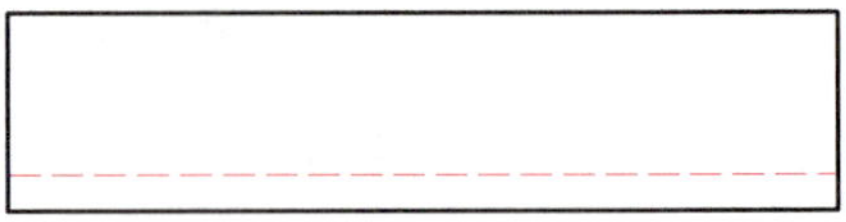

图 2-23　绘制第一条细虚线

3）启动“直线”命令，系统给出如下提示。

```
命令：_line                                              //启动“直线”命令
指定第一个点：100，140
                          //输入第一点的绝对直角坐标值“100，140”，按回车键
指定下一点或［放弃（U）］：@ 200，0
                          //输入第二点的相对直角坐标值“@ 200，0”，按回车键
指定下一点或［放弃（U）］：                                        //按回车键
```

绘制结果如图 2-24 所示。

（4）绘制细点画线

1）将“细点画线”图层设置为当前图层。

2）启动“直线”命令，系统给出如下提示。

```
命令：_line                                              //启动“直线”命令
指定第一个点：95，125
                            //输入第一点的绝对直角坐标值“95，125”，按回车键
指定下一点或［放弃（U）］：@ 210，0
                          //输入第二点的相对直角坐标值“@ 210，0”，按回车键
指定下一点或［放弃（U）］：                                //按回车键，结束命令
```

绘制结果如图 2-25 所示。

图 2-24　绘制第二条细虚线

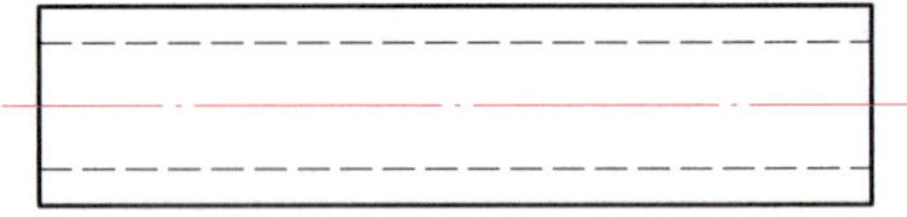

图 2-25　绘制细点画线

【提示】

一般情况下，在机械图样中的细点画线超出图形轮廓线 5 mm 左右。

（5）保存图形

将文件名命名为“轴套”并保存。

§2-3　绘制圆、圆弧和椭圆

圆、圆弧和椭圆等都是绘制机械图样最常用的图线，本节主要介绍其绘图命令。

一、绘制圆

在 AutoCAD 2018 中，可启动“圆”命令来绘制圆，启动“圆”命令的方法主要有以下几种。

◇ 功能区：选择“默认”→“绘图”→“圆”的下拉菜单中的某一个绘圆命令，如图 2-26 所示。

◇ 菜单栏：选择“绘图”→“圆”→“圆”的下拉菜单中的子菜单。

◇ 命令行：“C（或 CIRCLE）”。

利用“圆”命令绘制圆时，AutoCAD 系统提供了多种绘制圆的方式，下面介绍几种常用的方式。

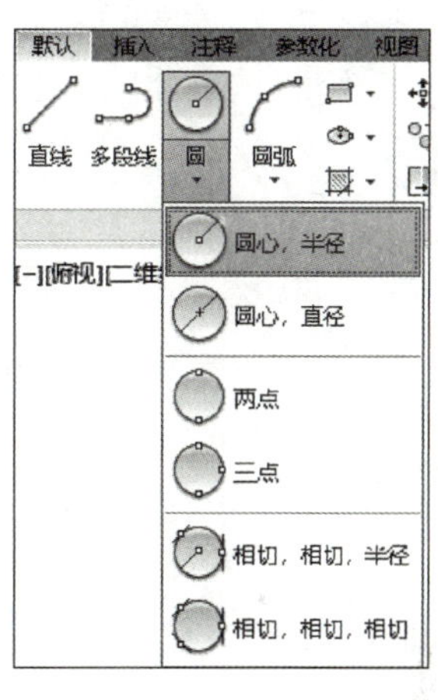

图 2-26　“圆”的下拉菜单

1. 利用“圆心、半径”命令绘制圆

该命令是通过确定圆心的位置及圆的半径来绘制圆，常用于已知圆的圆心及半径的情况。

下面利用“圆心、半径”命令绘制半径为 10 mm 的圆。

单击“默认”→“绘图”→“圆”→“圆心、半径”按钮（系统默认状态为“圆心、半径”），激活“圆心、半径”命令，系统给出如下提示。

命令：_circle
指定圆的圆心或［三点（3P）/ 两点（2P）/ 切点、切点、半径（T）］：
//在绘图窗口适当位置单击鼠标左键，指定一点作为圆心位置
指定圆的半径或［直径（D）］<10.0000>：10
//输入圆的半径“10”（图 2-27a），按回车键

圆的绘制结果如图 2-27b 所示。

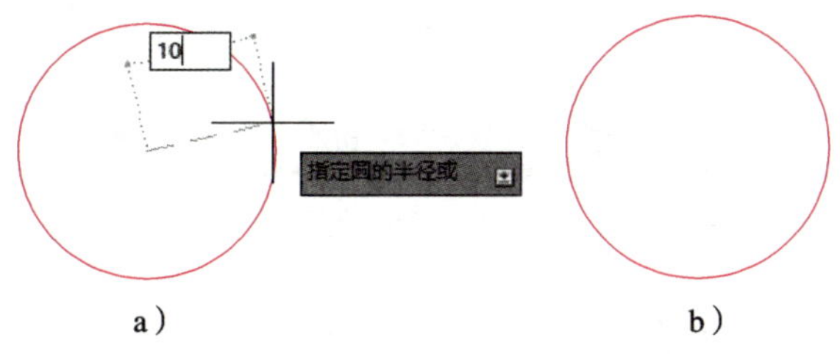

a）　b）

图 2-27　“圆心、半径”绘制圆

a）输入半径　b）绘制结果

2. 利用“圆心、直径”命令绘制圆

利用“圆心、直径”命令来绘制圆是通过确定圆心的位置及圆的直径的方式来绘制圆，常用于已知圆的圆心及直径的情况。

下面利用“圆心、直径”命令绘制直径为 15 mm 的圆。

单击“默认”→“绘图”→“圆”下方的下拉箭头，在弹出的“圆”命令的下拉菜单中选择“圆心、直径”命令，系统给出如下提示。

```
命令：_circle
指定圆的圆心或［三点（3P）/ 两点（2P）/ 切点、切点、半径（T）］：
                    // 在绘图窗口适当位置单击左键，指定一点作为圆心位置
指定圆的半径或［直径（D）］<10.0000>：_d 指定圆的直径 <20.0000>：15
                    // 输入圆的直径“15”（图 2-28a），按回车键
```

绘制结果如图 2-28b 所示。

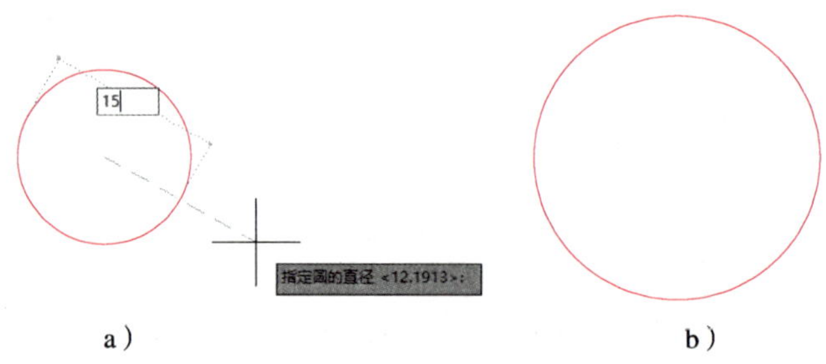

图 2-28 “圆心、直径”绘制圆

a）输入直径 b）绘制结果

3. 利用“相切、相切、半径”命令绘制圆

利用“相切、相切、半径”命令绘制圆是通过选择两个与圆相切的对象，并输入半径的方式来绘制圆。

如图 2-29a 所示，下面绘制一个半径为 20 mm 的圆与线段 *AB* 和 *AC* 相切。

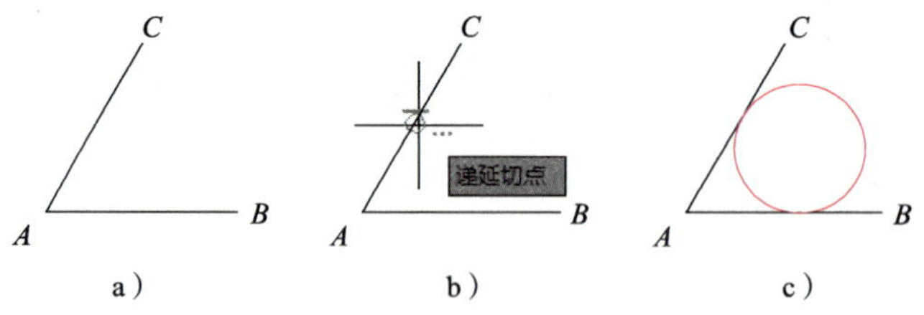

图 2-29 “相切、相切、半径”绘制圆

a）已知线段 b）选择圆的切点 c）绘制结果

※ 源文件：计算机制图——AutoCAD 2018 源文件 \ 第二章 \ “相切、相切、半径”绘圆

打开源文件，单击“默认”→“绘图”→“圆”下方的下拉箭头，在弹出的菜单中选择“相切、相切、半径”命令，系统给出如下提示。

```
命令：_circle
指定圆的圆心或［三点（3P）/ 两点（2P）/ 切点、切点、半径（T）]：_ttr
指定对象与圆的第一个切点：                    // 移动光标到线段 AC 上单击（图 2-29b）
指定对象与圆的第二个切点：                    // 移动光标到线段 AB 上单击
指定圆的半径 <14.5341>：  20                  // 输入圆的半径“20”，按回车键
```

绘制结果如图 2-29c 所示。

4. 利用“相切、相切、相切”命令绘制圆

利用“相切、相切、相切”命令绘制圆是通过选择三个与圆相切的对象来绘制圆。

下面绘制如图 2-30 所示三角形的内切圆。

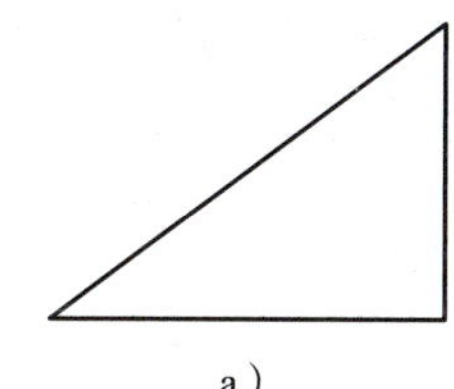

a）

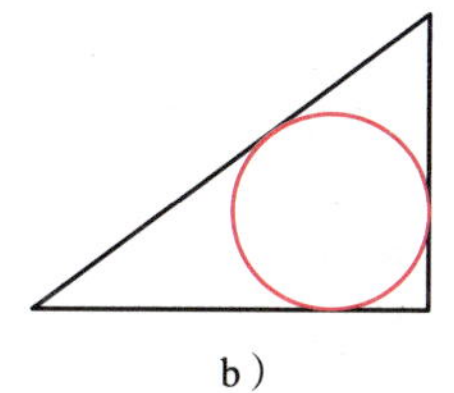

b）

图 2-30 “相切、相切、相切”绘制圆

a）三角形 b）绘制结果

※ 源文件：计算机制图——AutoCAD 2018 源文件 \ 第二章 \“相切、相切、相切”绘圆

单击“默认”→“绘图”→“圆”下方的下拉箭头，在弹出的菜单中选择“相切、相切、相切”命令，系统给出如下提示。

```
命令：_circle
指定圆的圆心或［三点（3P）/ 两点（2P）/ 切点、切点、半径（T）]：_3p 指定圆
上的第一个点：_tan 到                         // 拾取三角形上的任意一条边
指定圆上的第二个点：_tan 到                   // 拾取三角形上的第二条边
指定圆上的第三个点：_tan 到                   // 拾取三角形上的第三条边
```

绘制结果如图 2-30b 所示。

二、绘制圆弧

在 AutoCAD 2018 中，可以直接启动“圆弧”命令绘制圆弧。启动“圆弧”命令的方法主要有如下几种。

◇ 功能区：选择“默认”→“绘图”→“圆弧”的下拉菜单中的某一绘圆弧命令，如图 2-31 所示。

◇ 菜单栏：选择“绘图”→“圆弧”的下拉菜单中的子菜单。

◇ 命令行：“A（或 ARC）”。

利用“圆弧”命令绘制圆弧时，系统提供了 11 种绘制圆弧的方式，其中常用的几种方式如下。

1. 利用“三点”命令绘制圆弧

该命令是通过分别确定圆弧的起点、弧上一点、端点的方式绘制圆弧，其中“弧上一

点”为除起点和端点外的弧上任意一点。此方法为 AutoCAD 2018 默认的绘制圆弧的方法。

如图 2-32a 所示，利用“三点”命令，过△ ABC 的 3 个顶点绘制圆弧 $\overset{\frown}{ABC}$。

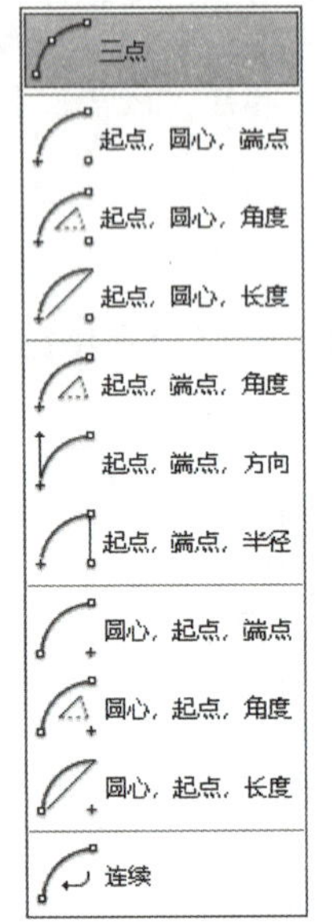

图 2-31 “圆弧”的下拉菜单

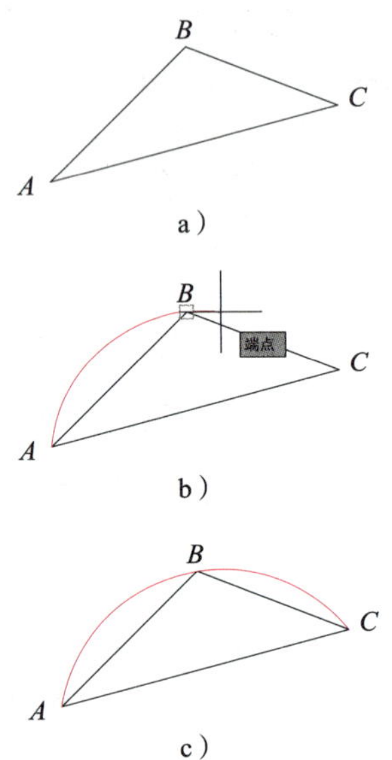

图 2-32 利用“三点”命令绘制圆弧

a）绘制圆弧前的图形 b）捕捉圆弧上一点 c）绘制结果

※ 源文件：计算机制图——AutoCAD 2018 源文件 \ 第二章 \ “三点”绘圆弧

打开源文件，单击“默认”→“绘图”→“圆弧”下方的下拉箭头，弹出“圆弧”命令菜单，单击“三点”按钮 ⌒，启动“三点”命令，系统给出如下提示。

命令：_arc

指定圆弧的起点或［圆心（C）］：　　// 捕捉 A 点为圆弧起点

指定圆弧的第二个点或［圆心（C）/ 端点（E）］：

// 捕捉 B 点作为圆弧上一点（图 2-32b）

指定圆弧的端点：　　// 捕捉 C 点为圆弧终点

绘制结果如图 2-32c 所示。

2. 利用“起点、圆心、端点”命令绘制圆弧

该命令是通过依次确定圆弧的起点、圆心及端点来绘制圆弧。

如图 2-33a 所示，下面利用“起点、圆心、端点”命令，以 O 点为圆心，绘制圆弧 $\overset{\frown}{AB}$。

※ 源文件：计算机制图——AutoCAD 2018 源文件 \ 第二章 \ “起点、圆心、端点”绘圆弧

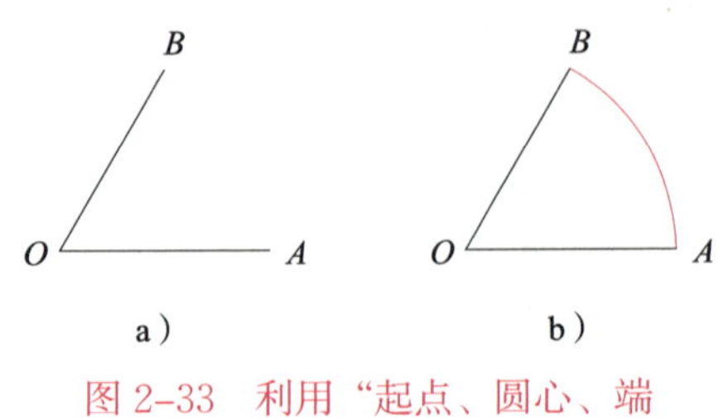

图 2-33 利用“起点、圆心、端点”命令绘制圆弧

a）绘制圆弧前的图形 b）绘制结果

打开源文件，单击“默认”→“绘图”→“圆弧”下方的下拉箭头，弹出“圆弧”命令菜单，单击“起

点、圆心、端点”按钮 ，系统给出如下提示。

```
命令：_arc
指定圆弧的起点或 [ 圆心（C）]：                    // 捕捉 A 点（图 2–33a）为圆弧起点
指定圆弧的第二个点或 [ 圆心（C）/ 端点（E）]：_c
指定圆弧的圆心：                                    // 捕捉 O 点（图 2–33a）为圆弧的圆心
指定圆弧的端点（按住 Ctrl 键以切换方向）或 [ 角度（A）/ 弦长（L）]：
                                                    // 捕捉 B 点（图 2–33a）为圆弧的端点
```

绘制结果如图 2–33b 所示。

【提示】

（1）如果 OA 与 OB 不相等，系统会将圆弧的终点自动调节到线段 OB 上或其延长线上。

（2）在利用该命令绘制圆弧时，系统默认按逆时针方向绘制，如果以 B 点（图 2–33）为起点顺时针绘制圆弧 $\overset{\frown}{AB}$，在选择 A 点时，要同时按住 Ctrl 键以切换方向。

3. 利用“起点、圆心、角度”命令绘制圆弧

该命令是通过确定圆弧的起点、圆心及圆弧角度值的方式来绘制圆弧。

如图 2–34a 所示，下面利用“起点、圆心、角度”命令，绘制一条以 O 点为圆心，角度为 30° 的圆弧 $\overset{\frown}{AB}$。

图 2–34　利用“起点、圆心、角度”命令绘制圆弧

a）绘制圆弧前的图形　b）绘制结果

※ 源文件：计算机制图——AutoCAD 2018 源文件 \ 第二章 \“起点、圆心、角度”绘圆弧

打开源文件，单击“默认”→“绘图”→“圆弧”下方的下拉箭头，单击“起点、圆心、角度”按钮 ，系统给出如下提示。

```
命令：_arc
指定圆弧的起点或 [ 圆心（C）]：                    // 捕捉 A 点（图 2–34a）为圆弧起点
指定圆弧的第二个点或 [ 圆心（C）/ 端点（E）]：_c
指定圆弧的圆心：                                    // 捕捉 O 点（图 2–34a）为圆弧的圆心
指定圆弧的端点（按住 Ctrl 键以切换方向）或 [ 角度（A）/ 弦长（L）]：_a
指定夹角（按住 Ctrl 键以切换方向）：30              // 输入角度值“30”，按回车键
```

绘制结果如图 2–34b 所示。

4. 利用“起点、端点、半径”命令绘制圆弧

该命令是通过确定圆弧的起点、端点及半径的方式来绘制圆弧。

如图 2–35a 所示，下面用“起点、端点、半径”命令绘制一条半径为 50 mm 的向上凸起的圆弧 $\overset{\frown}{AB}$（图 2–35b）。

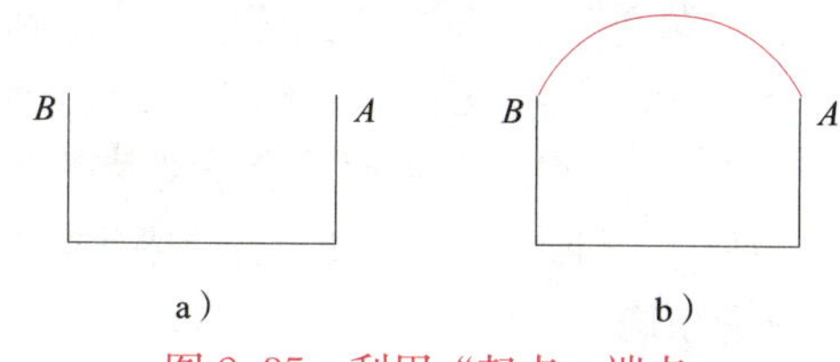

图 2–35　利用“起点、端点、半径”命令绘制圆弧

a）绘制圆弧前的图形　b）绘制结果

※ 源文件：计算机制图——AutoCAD 2018 源文件 \ 第二章 \ “起点、端点、半径”绘圆弧

打开源文件，单击“默认”→“绘图”→“圆弧”下方的下拉箭头，单击“起点、端点、半径”按钮，系统给出如下提示。

```
命令：_arc
指定圆弧的起点或 [ 圆心（C）]：                    // 捕捉 A 点（图 2-35a）为圆弧起点
指定圆弧的第二个点或 [ 圆心（C）/ 端点（E）]：_e
指定圆弧的端点：                                    // 捕捉 B 点（图 2-35a）为圆弧端点
指定圆弧的中心点（按住Ctrl键以切换方向）或 [ 角度（A）/ 方向（D）/ 半径（R）]：_r
指定圆弧的半径（按住 Ctrl 键以切换方向）：50
                                                    // 输入圆弧的半径“50”，按回车键
```

绘制结果如图 2-35b 所示。

【提示】

利用“起点、端点、半径”命令绘制图 2-35 所示圆弧时，必须沿逆时针方向由 *A* 点到 *B* 点画弧，若由 *B* 点向 *A* 点画弧，则圆弧为内凹，如图 2-36 所示。

三、绘制椭圆

“椭圆”是两条不等的椭圆轴所控制的闭合曲线，包含中心点、端点、长轴和短轴等几何特征，如图 2-37 所示。

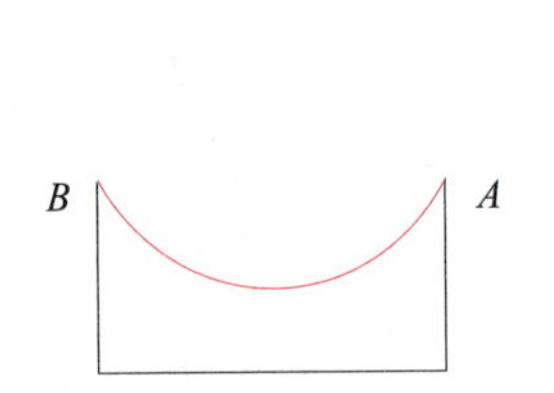

图 2-36　由 *B* 点向 *A* 点画弧

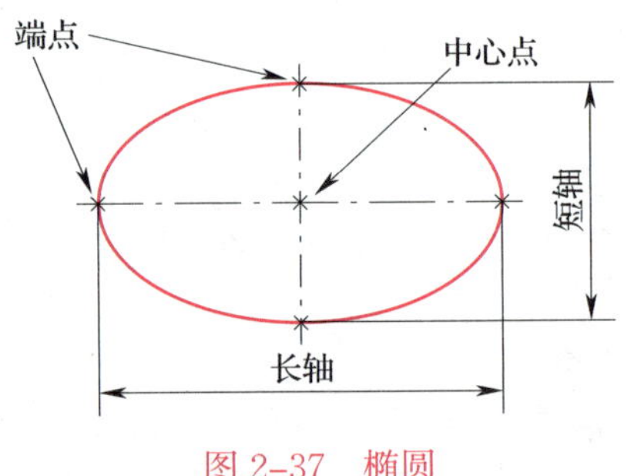

图 2-37　椭圆

执行“椭圆”命令的方法主要有以下几种。

◇ 功能区：选择“默认”→“绘图”→“椭圆”的下拉菜单中的某一绘椭圆命令，如图 2-38 所示。

◇ 菜单栏：选择“绘图”→“椭圆”的下拉菜单中的子菜单。

◇ 命令行：“EL（或 ELLIPSE）”。

1. 利用“轴、端点”命令绘制椭圆

所谓“轴、端点”命令绘制椭圆的方式是指定一条轴的两个端点和另一条轴的半轴长来精确绘制椭圆。

下面利用“轴、端点”命令绘制如图 2-39 所示椭圆。

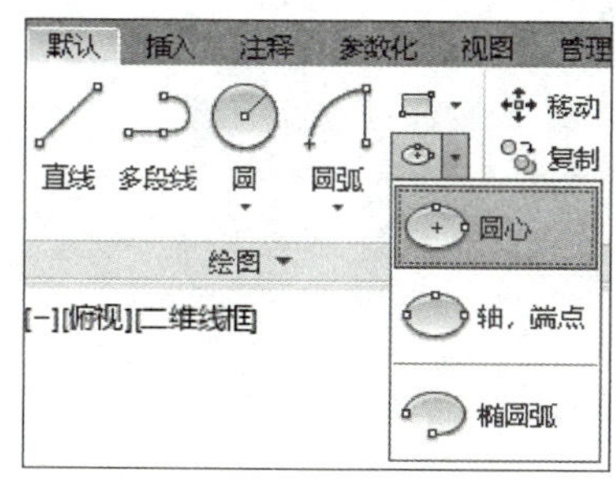

图 2-38 “椭圆”命令下拉菜单

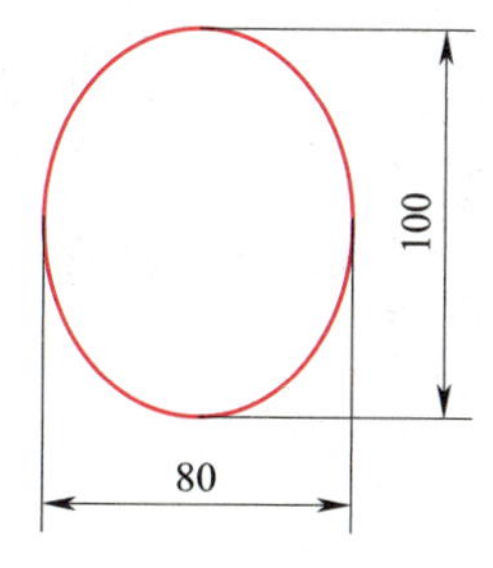

图 2-39 利用“轴、端点”命令绘制椭圆

打开“制图样板”，将粗实线图层设置为当前图层。单击“默认”→“绘图”→“椭圆”右侧的下拉箭头，弹出椭圆命令菜单，单击“轴、端点”按钮 ，启动椭圆的“轴、端点”命令，系统给出如下提示。

命令：_ellipse

指定椭圆的轴端点或［圆弧（A）/ 中心点（C）］：

// 在绘图区适当位置单击鼠标左键，指定一点作为水平轴的起始点

指定轴的另一个端点：@ 80，0

// 输入另一轴端点的相对坐标“@ 80，0”，按回车键

指定另一条半轴长度或［旋转（R）］：50 // 输入垂直轴的半轴长“50”，按回车键

绘制结果如图 2-40 所示。

2. 利用“圆心”命令绘制椭圆

利用“圆心”命令绘制椭圆是指用中心点、第一个轴的端点和第二个半轴的长度来创建椭圆，可以通过单击所需距离处的某个位置或输入长度值来指定距离。

下面利用“圆心”命令绘制如图 2-41 所示椭圆。

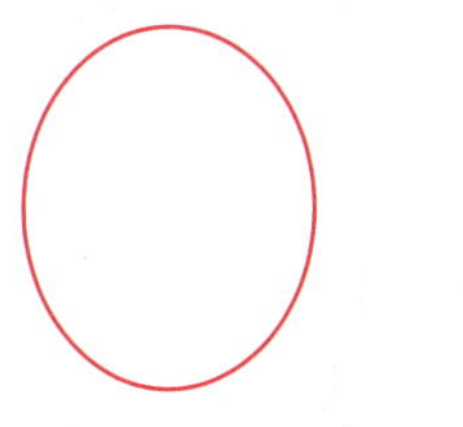

图 2-40 利用“轴、端点”命令绘制椭圆的结果

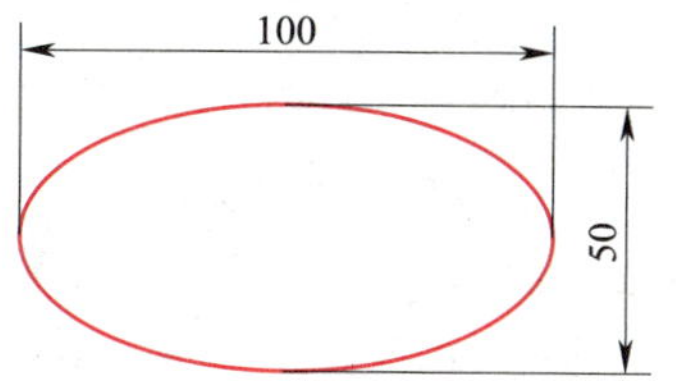

图 2-41 利用“圆心”命令绘制椭圆

打开“制图样板”，将“粗实线”图层设置为当前图层，单击“默认”→“绘图”→“椭圆”右侧的下拉箭头，弹出椭圆命令菜单，单击“圆心”按钮 ，启动椭圆的“圆心”命令，系统给出如下提示。

命令：_ellipse
指定椭圆的轴端点或［圆弧（A）/ 中心点（C）］：_c
指定椭圆的中心点：　// 在屏幕上适当位置单击鼠标左键，指定一点作为椭圆中心点
指定轴的端点：@ 50，0 // 输入椭圆长半轴端点的相对坐标“@ 50，0”，按回车键
指定另一条半轴长度或［旋转（R）］：25// 输入椭圆的短半轴长度“25”，按回车键

绘制结果如图 2-42 所示。

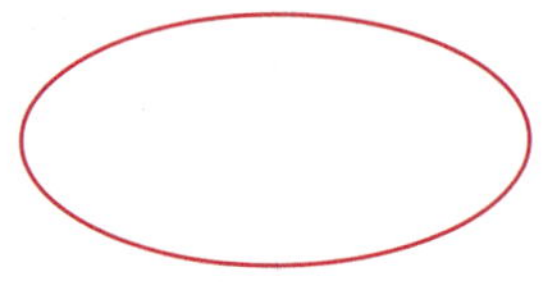

图 2-42　利用“圆心”命令绘制椭圆的结果

§2-4　绘制矩形和正多边形

矩形和正多边形都是绘制机械图样时经常遇到的几何图形，本节将介绍其 CAD 作图方法。

一、绘制矩形

在 AutoCAD 2018 中，除了用绘制直线段的方法绘制矩形外，系统还提供了直接绘制矩形的命令，用户可以直接启动“矩形”命令来绘制矩形，AutoCAD 系统会把创建的矩形看作是一个单一的复合对象，而不是一个由四条直线段组合而成的对象。启动“矩形”命令的方法主要有以下几种。

◇ 功能区：单击“默认”→“绘图”→“矩形”按钮 ▭。
◇ 菜单栏：选择“绘图”→“矩形”命令。
◇ 命令行：“REC（或 RECTANG）”。

下面利用“矩形”命令绘制一个长 40 mm、宽 30 mm 的矩形。

单击“默认”→“绘图”→“矩形”按钮，启动“矩形”命令，系统给出如下提示。

命令：_rectang
指定第一个角点或［倒角（C）/ 标高（E）/ 圆角（F）/ 厚度（T）/ 宽度（W）］：
// 在绘图区适当位置单击，确定矩形的第一个角点 A（图 2-43）
指定另一个角点或［面积（A）/ 尺寸（D）/ 旋转（R）］：d
// 输入“d”，按回车键
指定矩形的长度 <10.0000>：　40　// 输入矩形的长度“40”，按回车键

指定矩形的宽度 <10.0000>： 30　　　　　// 输入矩形的宽度“30”，按回车键
指定另一个角点或［面积（A）/ 尺寸（D）/ 旋转（R）］：
　　　　　　　　　// 移动光标，在 A 点的右上侧单击，确定另一角点 B 的位置

矩形绘制结果如图 2–43 所示。

二、绘制正多边形

正多边形是指由相等的边、角组成的闭合图形，如正三角形、正五边形、正六边形、正八边形等。绘制正多边形可用“多边形”命令。

1. 启动“多边形”命令的方法

◇ 功能区：单击“默认”→“绘图”→“多边形”按钮（图 2–44）。
◇ 菜单栏：选择“绘图”→“多边形”命令。
◇ 命令行：“POL（或 POLYGON）”。

在绘制正多边形时，有“内接于圆”和“外切于圆”两种形式。

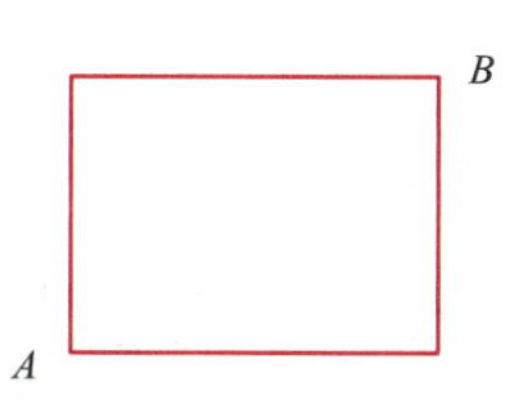

图 2–43　矩形绘制结果

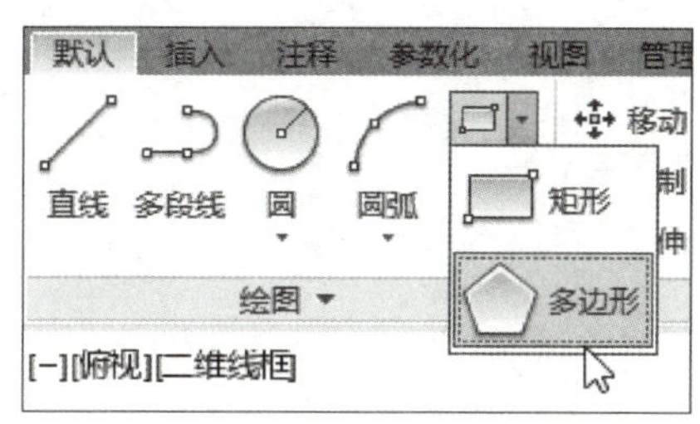

图 2–44　“多边形”命令按钮

2. “内接于圆”方式绘制正多边形

“内接于圆”为系统默认方式，在指定了正多边形的边数和中心点后，直接输入正多边形外接圆的半径，即可精确绘制正多边形。

下面绘制一个边长为 100 mm 的正六边形。

单击“默认”→“绘图”→“多边形”按钮，启动“多边形”命令，系统给出如下提示。

命令：_polygon
输入侧面数 <4>：6　　　　　// 输入正多边形的边数“6”，按回车键
指定正多边形的中心点或［边（E）］：
　　　　　　　　　// 在绘图区单击鼠标左键，指定一点作为中心点
输入选项［内接于圆（I）/ 外切于圆（C）］<I>：　　　　　// 按回车键
指定圆的半径：100　　　　　// 输入外接圆半径“100”，按回车键

正六边形绘制结果如图 2–45 所示。

3. “外切于圆”方式绘制正多边形

当确定了正多边形的边数和中心点之后，也可用“外切于圆”方式绘制正多边形。

下面绘制一个对边距为 200 mm 的正六边形。

单击“默认”→“绘图”→“多边形”按钮，启动“多边形”命令，系统给出如下提示。

```
命令：_polygon
输入侧面数 <4>：6                              // 输入正多边形的边数“6”，按回车键
指定正多边形的中心点或 [边（E）]：
                                  // 在绘图区单击鼠标左键，指定一点作为中心点
输入选项 [内接于圆（I）/ 外切于圆（C）] <C>：C       // 输入“C”，按回车键
指定圆的半径：100                               // 输入内切圆半径“100”，按回车键
```

正六边形绘制结果如图 2-46 所示。

【提示】

在绘制正多边形时，当选定中心点位置后，屏幕上会自动弹出“输入选项”快捷菜单（图 2-47），单击其中的某一个选项，即可确定所绘制正多边形是内接于圆还是外切于圆。

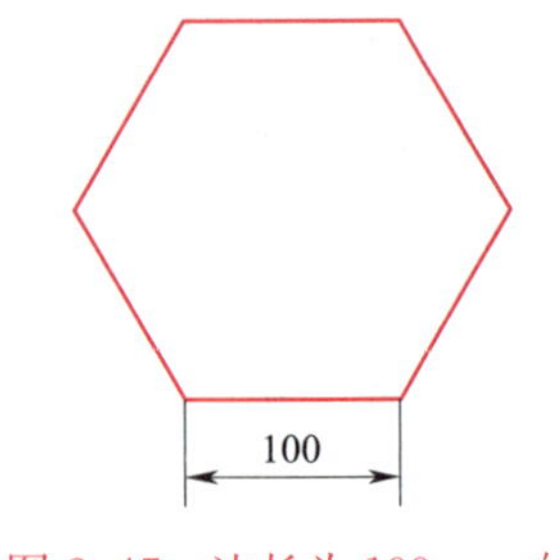

图 2-45　边长为 100 mm 的正六边形绘制结果

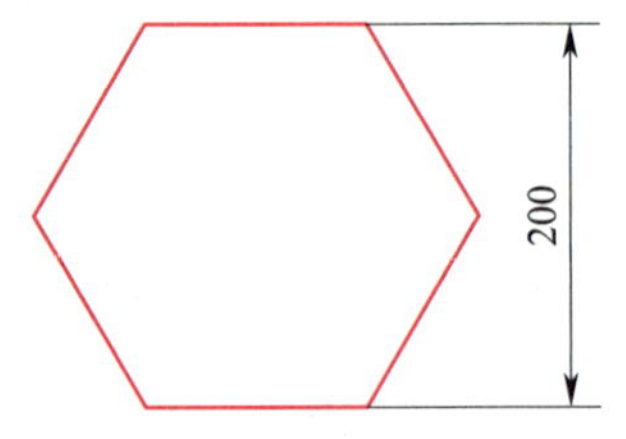

图 2-46　对边距为 200 mm 的正六边形绘制结果

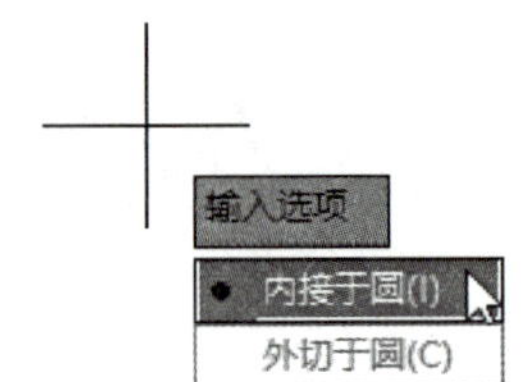

图 2-47　正多边形的“输入选项”快捷菜单

§2-5　辅助绘图工具

为了快速、精确地绘制平面图形，AutoCAD 系统提供了许多辅助绘图工具，如正交模式、极轴追踪、对象捕捉、对象捕捉追踪、动态输入等工具，它们都放置在工作界面右下侧的辅助工具栏中。

一、正交模式

在用 AutoCAD 绘图过程中，经常需要大量地绘制水平直线和竖直直线，但是在非正交模式下，很难保证直线的两个端点严格地沿水平方向或垂直方向对齐。为此，AutoCAD 提

供了正交功能，“正交模式”功能用于将光标强行控制在水平或竖直方向上，以绘制水平和竖直的线段。

1. 启动“正交模式”命令的方法

◇ 辅助工具栏：单击“正交模式”按钮 。

◇ 命令行：“ORTHO”。

◇ 快捷键：F8（或 Ctrl+L）。

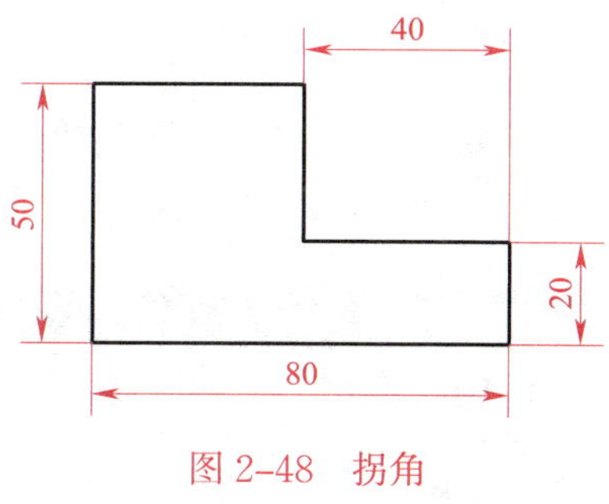

图 2-48　拐角

2. 上机训练——绘制拐角

利用正交模式绘制如图 2-48 所示拐角。

（1）打开“制图样板”，将“粗实线”图层设置为当前图层。单击辅助工具栏上的“正交模式”按钮 ，启动正交模式。

（2）启动“直线”命令，系统给出如下提示。

```
命令：_line
指定第一个点：　　　　　　　　　　　　　　// 在绘图区指定一点作为起点
指定下一点或［放弃（U）］：50　　　　　　// 向下移动光标，输入“50”，按回车键
指定下一点或［放弃（U）］：80　　　　　　// 向右移动光标，输入“80”，按回车键
指定下一点或［闭合（C）/ 放弃（U）］：20
　　　　　　　　　　　　　　　　　　　　// 向上移动光标，输入“20”，按回车键
指定下一点或［闭合（C）/ 放弃（U）］：40
　　　　　　　　　　　　　　　　　　　　// 向左移动光标，输入“40”，按回车键
指定下一点或［闭合（C）/ 放弃（U）］：30
　　　　　　　　　　　　　　　　　　　　// 向上移动光标，输入“30”，按回车键
指定下一点或［闭合（C）/ 放弃（U）］：C　　// 输入“C”，按回车键，闭合图形
```

绘制结果如图 2-49 所示。

图 2-49　拐角绘制结果

二、对象捕捉

在直线段、圆、椭圆、矩形、正多边形等几何对象上都有几个确定其位置、形状和大小的特殊点，AutoCAD 为用户提供了强大、方便的“对象捕捉”功能，使用此种捕捉功能，可以非常方便快速地捕捉到图形上的各种特征点。

1. 启动“对象捕捉”命令的方法

◇ 菜单栏：“工具”→“绘图设置”→在对话框中打开“对象捕捉”选项卡，勾选“启用对象捕捉（F3）（O）”复选框。

◇ 辅助工具栏：单击“对象捕捉”按钮 。

◇ 快捷键：F3。

2. 设置对象捕捉

AutoCAD 为用户提供了 14 种对象捕捉功能，如图 2-50 所示，使用这些功能可以非常方便地将光标定位到图形的特征点上。在“对象捕捉模式”区域勾选需要的选项，即可开启该捕捉功能。

（1）设置“对象捕捉”的方法

◇ 菜单栏：选择“工具”→“绘图设置”→“草图绘制”→“对象捕捉”命令，如图 2-50 所示。

◇ 辅助工具栏：右键单击“对象捕捉”按钮 ，或左键单击“对象捕捉”按钮右侧的下拉箭头，在弹出的快捷菜单（图 2-51）中勾选需要的选项。

◇ 命令行：“OSNAP（或 DDOSNAP）”。

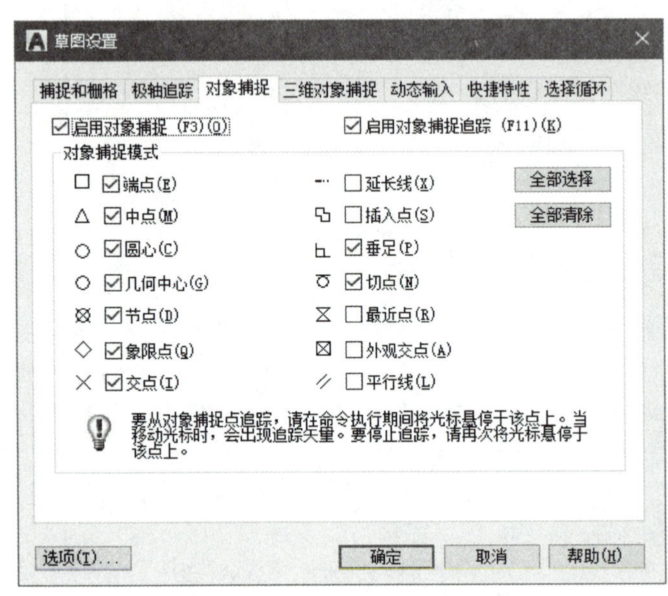

图 2-50 “草图设置”对话框

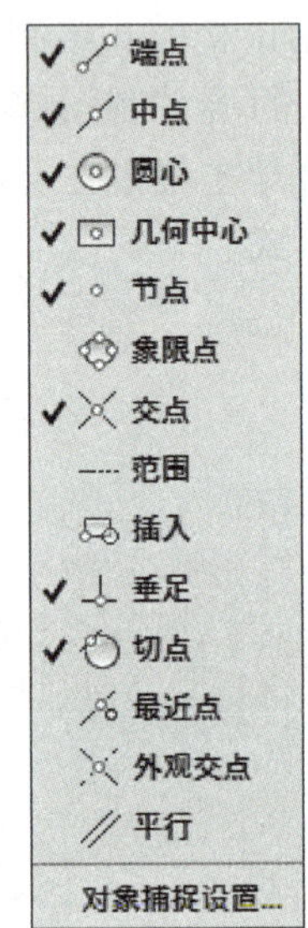

图 2-51 “对象捕捉”快捷菜单

（2）“对象捕捉”的主要功能

◇ 端点：用于捕捉图形的端点，如线段的端点，矩形、多边形的角点等。

◇ 中点：用于捕捉对象的中点，如线段或圆弧的中点。

◇ 圆心：用于捕捉圆、圆弧或圆环的圆心。

◇ 几何中心：用于捕捉矩形、正多边形的几何中心。

◇ 象限点：用于捕捉圆或圆弧的象限点，如图 2-52 所示。

◇ 交点：用于捕捉对象之间的交点。

◇ 垂足：用于捕捉对象的垂足，绘制对象的垂线。

◇ 切点：用于捕捉圆或圆弧的切点，绘制对象的切线。

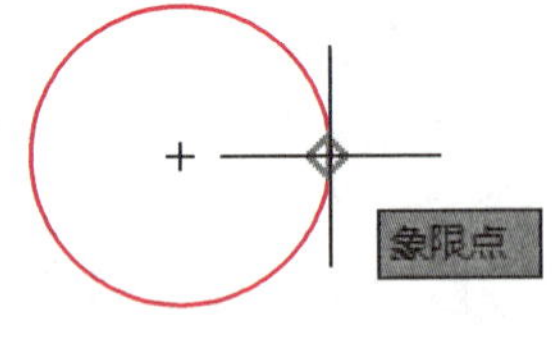

图 2-52 象限点

【提示】

（1）单击“对象捕捉”设置菜单（图 2-51）下方的“对象捕捉设置”按钮，也可以打开“草图设置”对话框，并定位在“对象捕捉”选项卡界面。

（2）一旦设置了某种捕捉模式后，系统将一直保持着这种捕捉模式，直到取消为止。

（3）在设置对象捕捉功能时，只需要选中常用的捕捉选项即可，不要开启全部捕捉功能，否则会给绘图带来不便。

3. 上机训练——利用“两点”命令绘制圆

利用“两点”命令绘制过直线两端点的圆。

“两点”命令是通过确定圆的直径的两个端点的方式来绘制圆，当直径位置确定后，圆的位置及大小也相应得以确定。

（1）打开“制图样板”，将“粗实线”图层设置为当前图层。

（2）绘制一条适当长度的直线，如图 2–53a 所示。

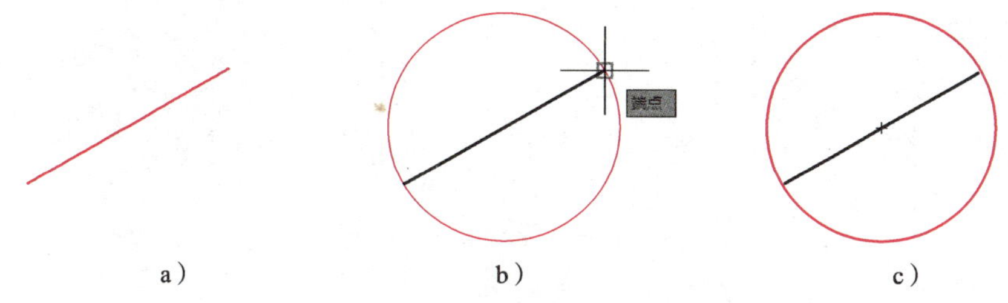

图 2–53　利用“两点”命令绘制圆

a）已知直线　b）捕捉端点　c）绘制结果

（3）单击“默认”→“绘图”→“圆”下方的下拉箭头，弹出“圆”命令菜单，选择“两点”命令，系统给出如下提示。

命令：_circle

指定圆的圆心或［三点（3P）/ 两点（2P）/ 切点、切点、半径（T）］：_2p 指定圆直径的第一个端点　　// 拾取左下点

指定圆直径的第二个端点：　　// 拾取右上点（图 2–53b）

绘制结果如图 2–53c 所示。

三、临时捕捉

为了方便绘图，AutoCAD 提供了“临时捕捉”功能。所谓“临时捕捉”是指执行一次命令后，系统只能捕捉一次。如果需要再次捕捉点，则需要再次执行该命令。

1. 启动“临时捕捉”命令的方法

按住 Ctrl 或 Shift 键的同时单击右键即可打开“临时捕捉”快捷菜单，如图 2–54 所示。单击菜单中的相应命令，即可启动捕捉该类特征点的“临时捕捉”命令。

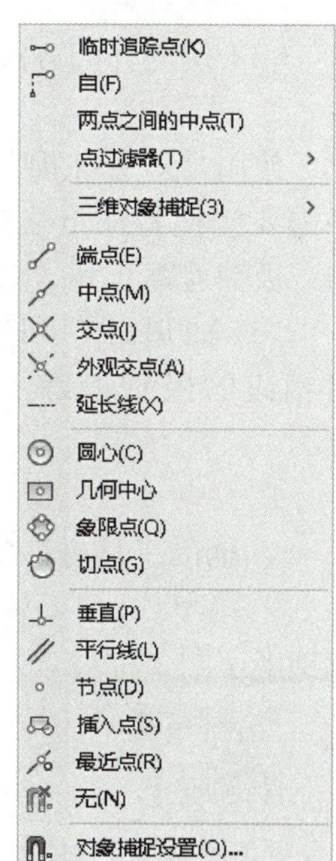

图 2–54　“临时捕捉”快捷菜单

2. 上机训练——绘制两圆的公切线

如图 2–55 所示，绘制两圆的公切线。

※ 源文件：计算机制图——AutoCAD 2018 源文件 \ 第二章 \ 绘制两圆的公切线

（1）打开源文件，如图 2–56 所示。

（2）将“粗实线”图层设置为当前图层。启动“直线”命令，系统给出如下提示。

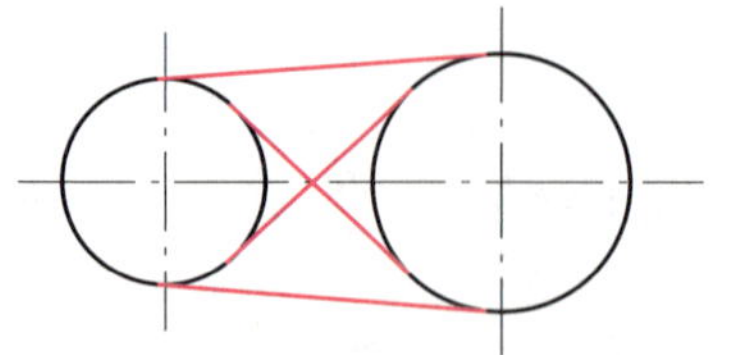

图 2-55　绘制两圆的公切线

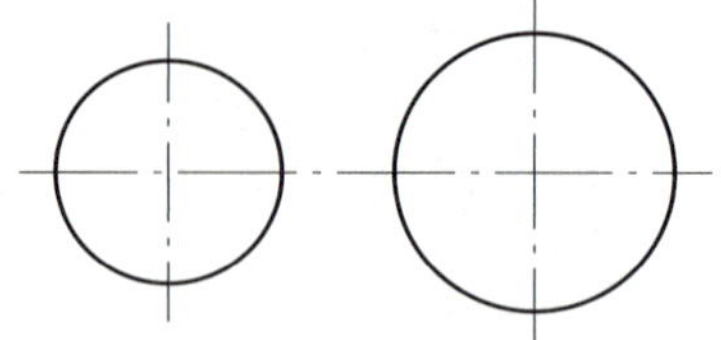

图 2-56　绘制公切线前的图形

命令：_line
指定第一个点：_tan 到
//按住 Shift 键的同时单击右键，在弹出的“临时捕捉”快捷菜单中选取“切点”，捕捉小圆（图 2-57a）
指定下一点或［放弃（U）］：_tan 到　　　　//用同样的方法捕捉大圆（图 2-57b）
指定下一点或［放弃（U）］：　　　　//按回车键

绘制结果如图 2-57c 所示。

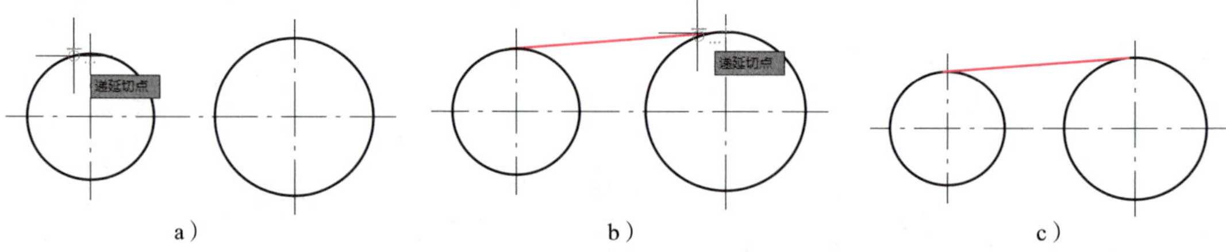

a）　b）　c）

图 2-57　绘制两圆的公切线

a）捕捉小圆　b）捕捉大圆　c）完成切线绘制

（3）用同样的方法绘制其他 3 条切线，如图 2-55 所示。

四、极轴追踪

使用“对象捕捉”功能只能捕捉对象上的特征点，如果需要捕捉特征点之外的目标点，则需要使用 AutoCAD 的“极轴追踪”和“对象捕捉追踪”功能。

“极轴追踪”可以根据当前设置的追踪角度，引出相应的极轴追踪点线，追踪定位目标点，如图 2-58 所示。

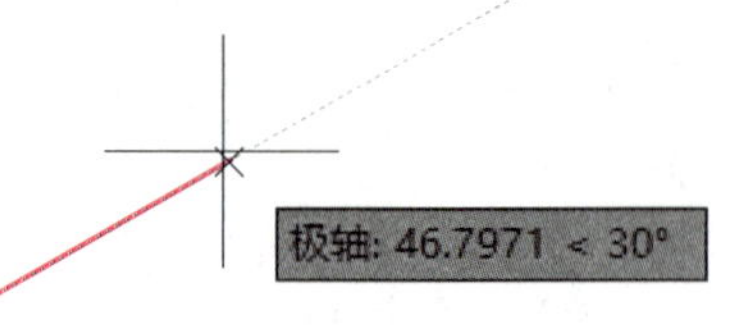

图 2-58　极轴追踪的效果

1. 启动“极轴追踪”功能的方法

◇ 辅助工具栏：单击“极轴追踪”按钮 。

◇ 菜单栏：“工具”→“绘图设置”，在打开的“草图设置”对话框中展开“极轴追踪”选项卡（图 2-59），勾选“启用极轴追踪（F10）（P）”复选框。

◇ 快捷键：F10。

【提示】

“正交模式”和“极轴追踪”不能同时打开，因为前者是使光标限制在水平或垂直轴上，而后者则可以追踪任意方向的矢量。

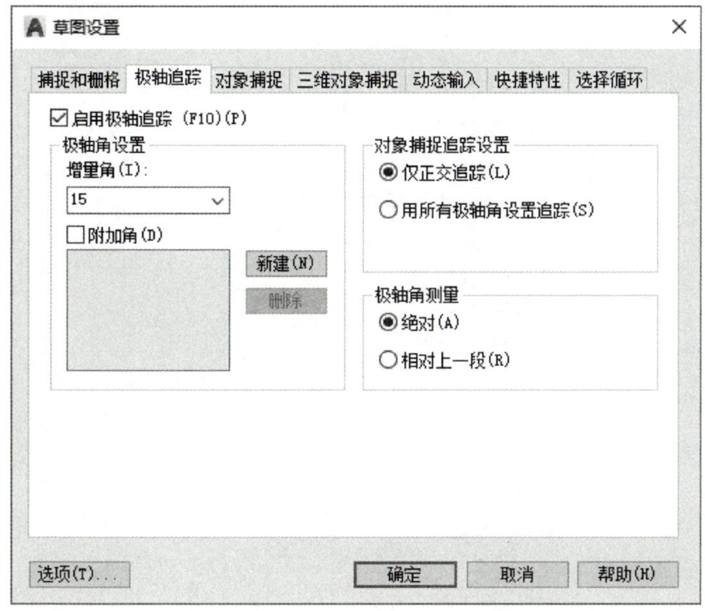

图 2-59 “极轴追踪”选项卡

2. “极轴追踪”参数设置

单击辅助工具栏的“极轴追踪”按钮右侧的下拉箭头，可以打开“正在追踪设置”菜单，用户可以勾选需要的增量角，如图 2-60 所示。单击菜单下方的“正在追踪设置”按钮，打开“草图设置”对话框的“极轴追踪”选项卡，同样可以对增量角进行设置。

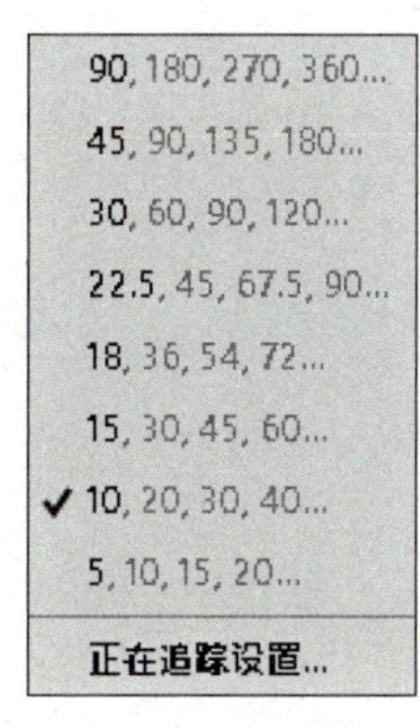

图 2-60 常用追踪角度

【提示】

AutoCAD 不但可以在增量角方向上出现极轴追踪点线，还可以在增量角的倍数方向上出现极轴追踪点线。

AutoCAD 系统预设了常用的增量角（图 2-60），如果需要选择预设角度之外的角度值，则需要在“草图设置”对话框的“极轴追踪”选项卡中进行设置（图 2-61），具体步骤如下。

（1）勾选“附加角（D）”复选框。

（2）单击“新建（N）”按钮。

（3）在附加角文本框中输入追踪角度的数值，如“33”。

如果要删除用户添加的角度值，在选取该角度值后，单击“删除”按钮即可。用户只能删除自己定义的附加角，系统预设的增量角不能被删除。

3. 上机训练——绘制菱形

绘制如图 2-62 所示菱形。

（1）打开“制图样板”，将“粗实线”图层设置为当前图层。

（2）单击辅助工具栏上的“极轴追踪”按钮右侧的下拉箭头，勾选 15° 或 30° 增量角。单击“极轴追踪”按钮，启动极轴追踪模式。

（3）启动“直线”命令，系统给出如下提示。

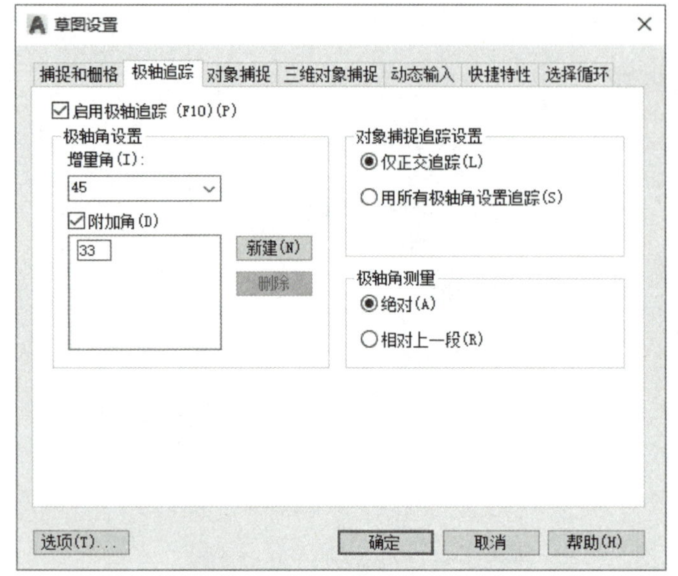

图 2-61　设置任意增量角

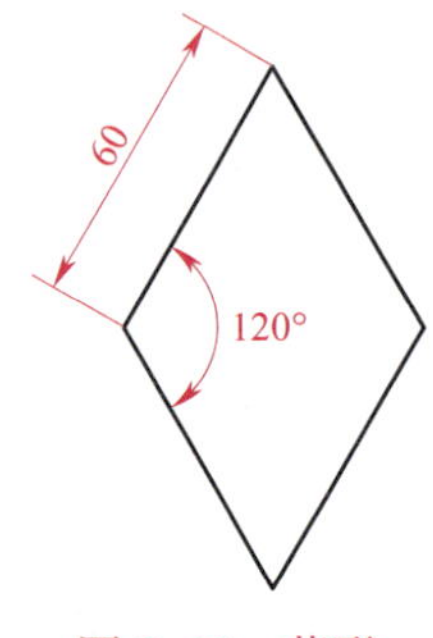

图 2-62　菱形

命令：_line
指定第一个点：　　　　　　　// 在绘图区单击鼠标左键，指定一点作为直线的起点
指定下一点或［放弃（U）］：60
　　　　　　// 在 60° 方向引出极轴追踪点线（图 2-63a），输入“60”，按回车键
指定下一点或［放弃（U）］：60
　　　　　　// 在 300° 方向引出极轴追踪点线（图 2-63b），输入“60”，按回车键
指定下一点或［闭合（C）/ 放弃（U）］：60
　　　　　　// 在 240° 方向引出极轴追踪点线（图 2-63c），输入“60”，按回车键
指定下一点或［闭合（C）/ 放弃（U）］：C　　　// 输入“C”，按回车键，闭合图形

绘制结果如图 2-63d 所示。

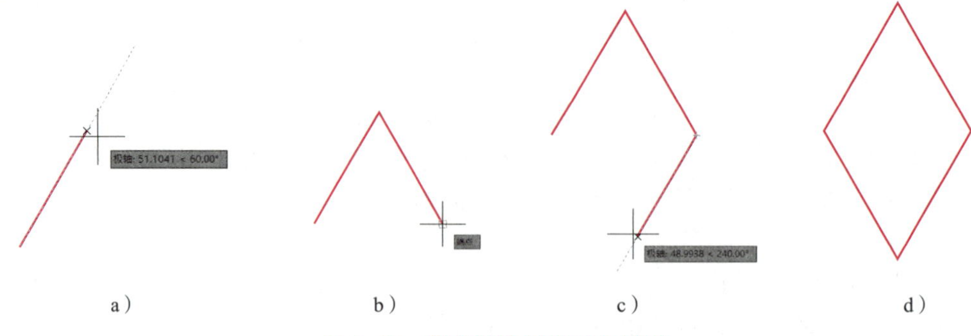

图 2-63　菱形的绘制步骤与结果

五、对象捕捉追踪

“对象捕捉追踪”是指以捕捉到的特殊位置点为基点，按指定的极轴角或极轴角的倍数

对齐要指定点的路径，如图 2-64 所示为捕捉点极轴角为 0°、15° 和 90° 时的状态。“对象捕捉追踪”必须配合“对象捕捉”功能一起使用，即使状态栏中的“对象捕捉”和“对象捕捉追踪”按钮都处于打开状态。对象捕捉的极轴角的设置与“极轴追踪”相同。

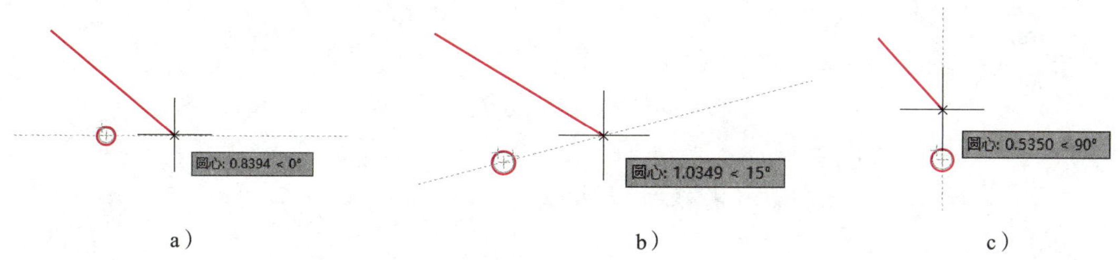

图 2-64　对象捕捉追踪

a）追踪点的 0° 极轴角　b）追踪点的 15° 极轴角　c）追踪点的 90° 极轴角

1. 启动“对象捕捉追踪”功能的方法

◇ 辅助工具栏：单击“对象捕捉追踪”按钮 ∠。

◇ 菜单栏：“工具”→“绘图设置”，在打开的“草图设置”对话框中单击“对象捕捉”选项卡（图 2-65），勾选“启用对象捕捉追踪（F11）（K）”复选框。

◇ 快捷键：F11。

2. 上机训练——绘制五边形

绘制如图 2-66 所示五边形。

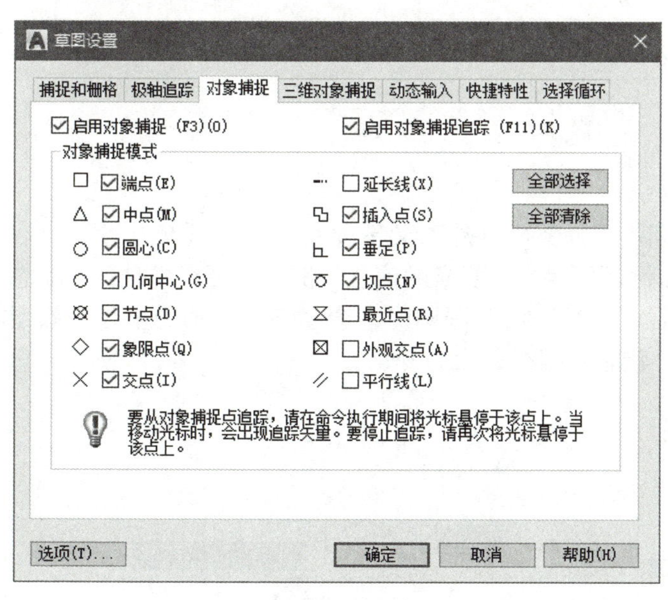

图 2-65　“对象捕捉”选项卡

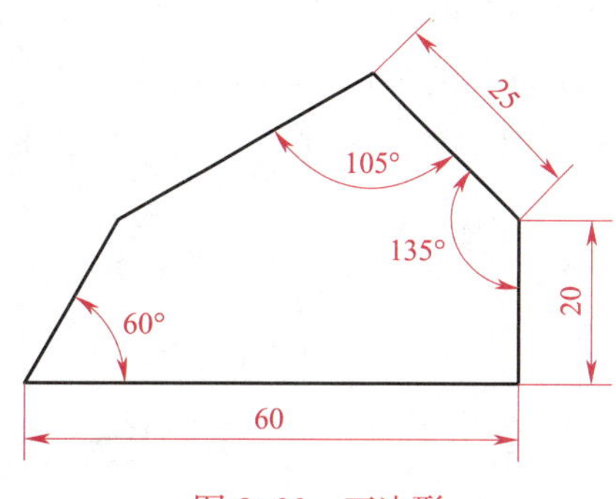

图 2-66　五边形

（1）打开“制图样板”，将“粗实线”图层设置为当前图层。

（2）单击“极轴追踪”按钮右侧的下拉箭头，勾选 15° 增量角。启动极轴追踪、对象捕捉和对象捕捉追踪功能。

（3）启动“直线”命令，系统给出如下提示。

```
命令：_line
指定第一个点：                              // 在绘图区单击鼠标左键，指定一点作为起点
指定下一点或［放弃（U）］：60                // 向右移动光标，输入“60”，按回车键
指定下一点或［放弃（U）］：20                // 向上移动光标，输入“20”，按回车键
指定下一点或［闭合（C）/ 放弃（U）］：25
                     // 极轴追踪 135° 方向（图 2-67a），输入“25”，按回车键
指定下一点或［闭合（C）/ 放弃（U）］：
  // 捕捉 210° 方向极轴追踪线与 A 点 60° 方向对象捕捉追踪线的交点（图 2-67b），
                                                                单击鼠标左键
指定下一点或［闭合（C）/ 放弃（U）］：                       // 捕捉 A 点，按回车键
指定下一点或［闭合（C）/ 放弃（U）］：                                 // 按回车键
```

绘制结果如图 2-67c 所示。

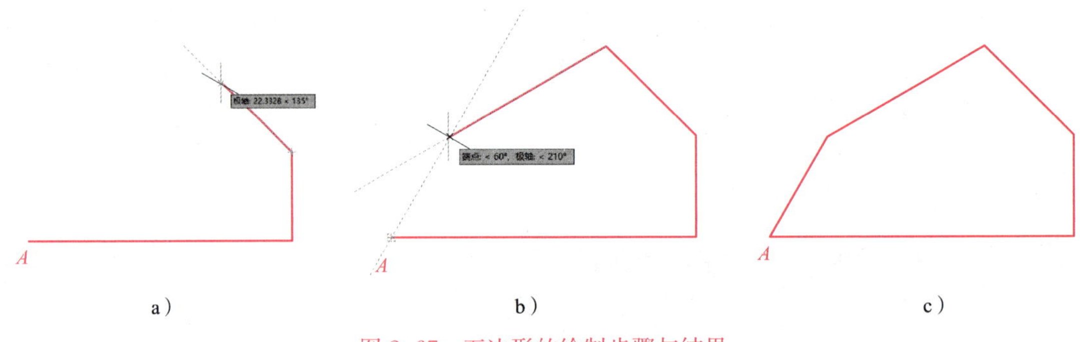

图 2-67　五边形的绘制步骤与结果

六、动态输入

AutoCAD 2018 的“动态输入”是除了命令行以外，又一种友好的人机交互方式。启用“动态输入”功能，可以直接在光标附近显示绘制要素的信息。例如，画直线时，会动态显示直线的长度和倾斜角度；用“圆心、半径”命令画圆时，会动态显示圆的半径。如图 2-68 所示为在关闭和开启“动态输入”状态时图线显示的变化。

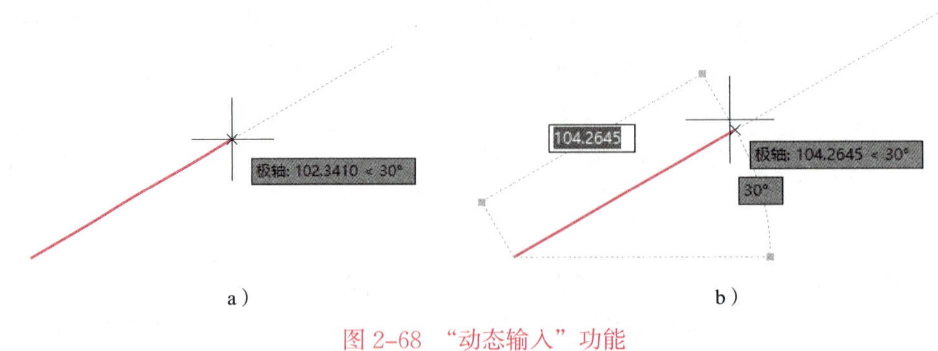

图 2-68　“动态输入”功能

a）关闭“动态输入”　b）开启“动态输入”

1. 启动“动态输入”功能的方法

单击辅助工具栏上的“动态输入”按钮 ，可以启动或关闭“动态输入”。在动态输入模式下，可以非常方便地绘制图形。

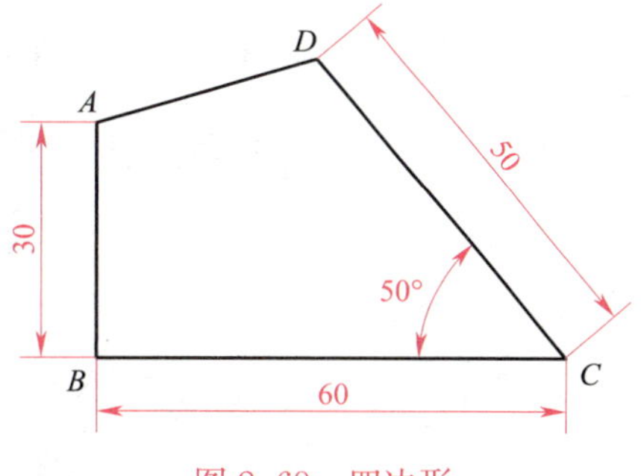

图 2-69　四边形

2. 上机训练——绘制四边形

在“动态输入”模式下，绘制如图 2-69 所示的四边形。

（1）将“动态输入”和“对象捕捉”设置到“开启”的状态。

（2）单击“默认”→“绘图”→“直线”按钮，启动“直线”命令，系统给出如下提示。

```
命令：_line
指定第一个点：                          // 在绘图区适当位置单击鼠标左键，确定 A 点位置
指定下一点或［放弃（U）］：30            // 向下移动光标，输入“30”，绘制线段 AB
指定下一点或［放弃（U）］：60            // 向右移动光标，输入“60”，绘制线段 BC
指定下一点或［闭合（C）/ 放弃（U）］：130
          // 移动光标到适当位置，先输入线段 CD 的长度“50”，然后按下 Tab 键，
                                   激活角度选项，输入“130”，绘制线段 CD
指定下一点或［闭合（C）/ 放弃（U）］：              // 捕捉 A 点，绘制线段 DA
指定下一点或［闭合（C）/ 放弃（U）］：                           // 按回车键
```

绘制结果如图 2-70 所示。

七、选择对象

AutoCAD 2018 支持三种选择对象的方式：点选择、窗口选择和窗交选择。

1. 点选择

“点选择”是最基本、最简单的一种选择方式，此种方式一次只能选择一个对象。将光标移动到所选的对象上单击，即可选中该对象，被选中对象的图线变宽并呈现深蓝色（图 2-71 中为红色）。

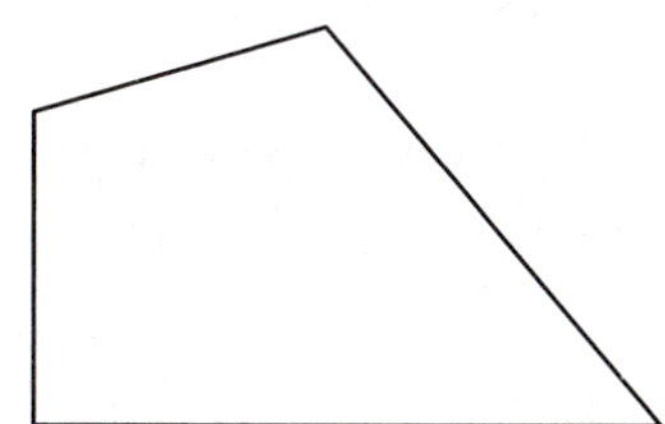
图 2-70　四边形绘制结果

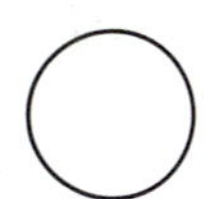
图 2-71　点选择对象

2. 窗口选择

“窗口选择”一次可以选择多个对象，方法是从左向右拉出一矩形选择框，选择框以实线显示，内部以浅蓝色填充（图 2-72 中为红色）。此选择方法能把完全位于框内的对象选中，如图 2-73 所示。

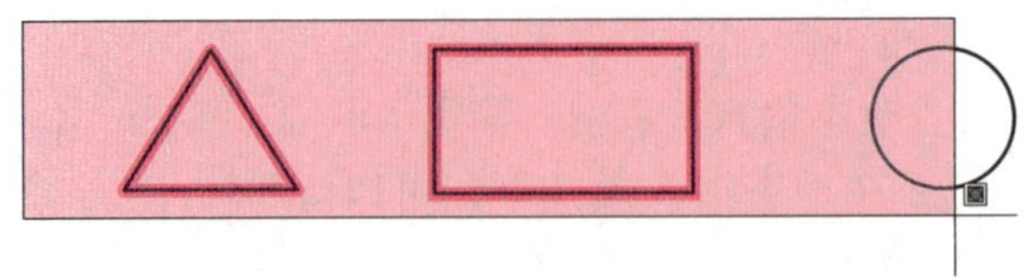

图 2-72　窗口选择

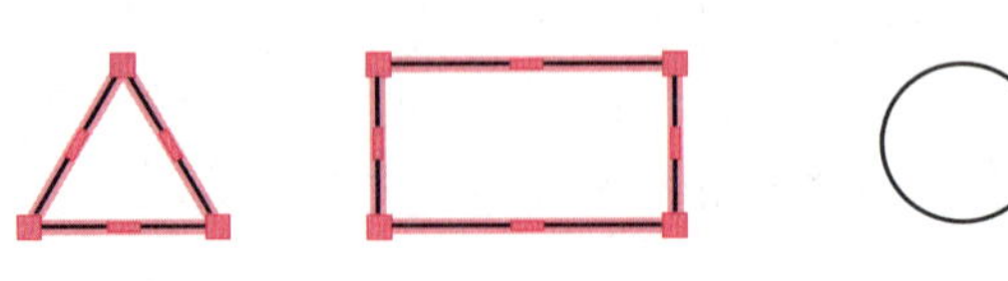

图 2-73　窗口选择结果

3. 窗交选择

“窗交选择”一次也可以选择多个对象，方法是从右向左拉出一矩形选择框，选择框以点线显示，内部以浅绿色填充（图 2-74 中为灰色）。此选择方法能把所有与选择框相交和完全位于框内的对象都选中，如图 2-75 所示。

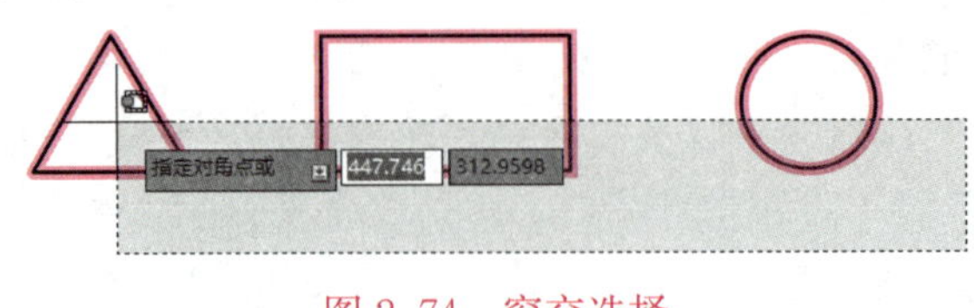

图 2-74　窗交选择

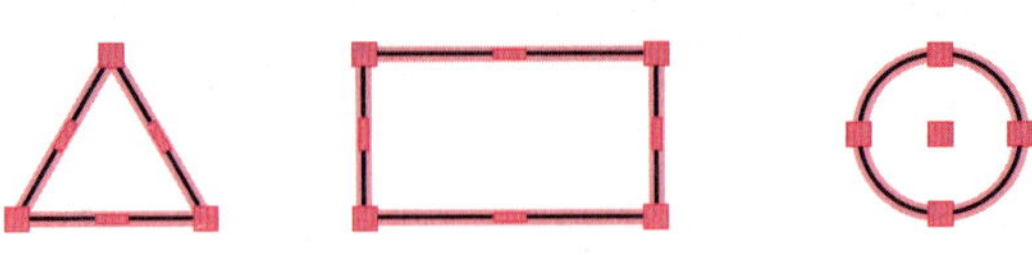

图 2-75　窗交选择结果

4. 使用“夹点”编辑图形

“夹点”编辑是一种常用且简单的编辑功能，通过编辑图形上的夹点，可以快速编辑图形。用户只需单击图形上的任何一个夹点，即可进入夹点编辑模式，此时所单击的夹点为红色。

（1）用夹点拉长直线

如图 2-76 所示，绘制一条直线，然后选择直线，单击直线的右上点进入夹点编辑模式，单击自动弹出的快捷菜单中的“拉长”，即可在该直线的延长线上拉长直线。

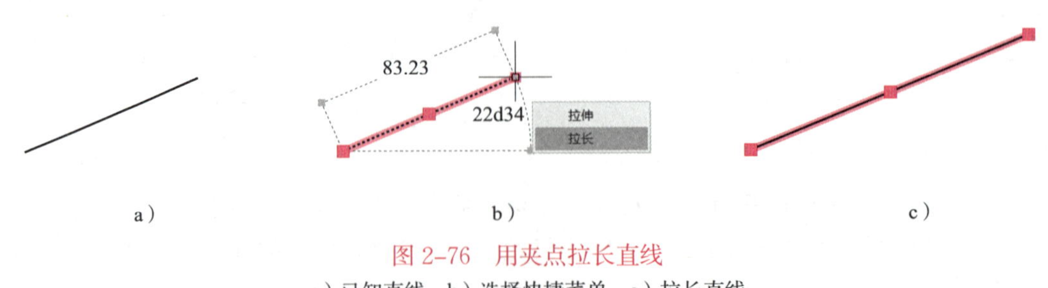

图 2-76　用夹点拉长直线

a）已知直线　b）选择快捷菜单　c）拉长直线

（2）用夹点编辑圆

绘制一个圆，如图 2-77 所示。如果选中圆的任意一个象限点作为编辑的夹点，移动鼠标就可改变圆的大小。如果输入新的半径尺寸（如输入“50”）后回车，即可得到赋予新值（半径 50 mm）的圆。

【提示】

（1）在编辑夹点时，如果输入相应的相对坐标值，可对编辑对象进行精确编辑。

（2）在选择对象后，如果将直线中心、正多边形的几何中心或圆的圆心作为编辑夹点，可对该对象进行移动。

八、综合实训

绘制如图 2-78 所示顶尖。

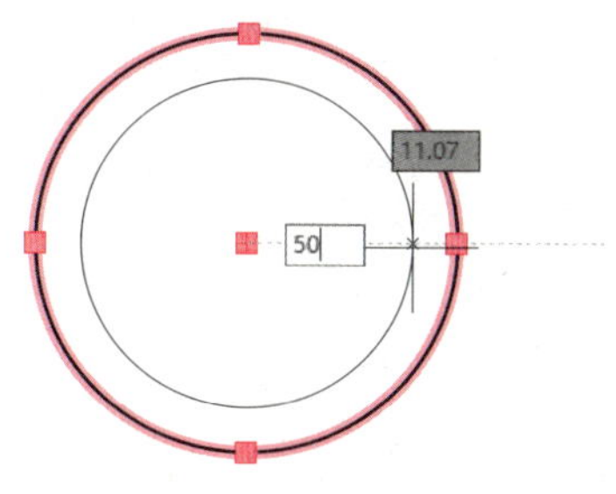

图 2-77 用夹点编辑圆

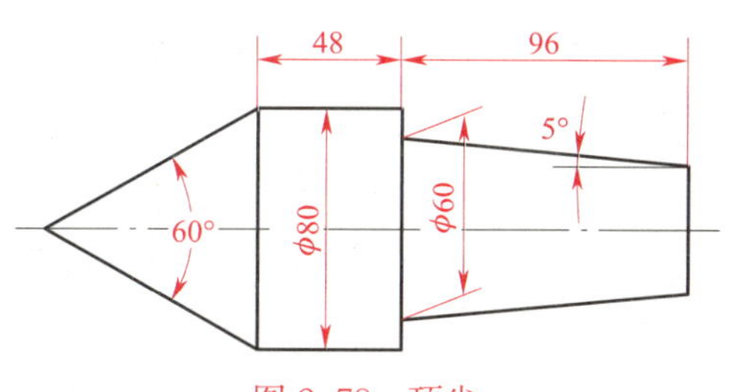

图 2-78 顶尖

1. 新建图形文件

打开“制图样板”，新建一个图形文件。将辅助工具栏上的“极轴追踪”“对象捕捉”“对象捕捉追踪”“动态输入”“显示线宽”设置为开启状态。

【提示】

在本书中，此后的内容默认“极轴追踪”“对象捕捉”“对象捕捉追踪”“动态输入”设置为开启状态。读者可以根据自己的习惯和作图需要进行灵活设置。

2. 绘制轴线

（1）将“细点画线”图层设置为当前图层。

（2）在命令行输入“L”，启动“直线”命令，绘制轴线，系统给出如下提示。

```
命令：L
LINE
指定第一个点：                          // 在绘图区适当位置单击鼠标左键，确定直线的起点
指定下一点或［放弃（U）］：235           // 向右移动光标，输入“235”，按回车键
指定下一点或［放弃（U）］：              // 按回车键
```

绘制结果如图 2-79a 所示。

3. 绘制正三角形

（1）将“粗实线”图层设置为当前图层。

（2）单击“多边形”按钮，启动“多边形”命令，系统给出如下提示。

```
命令：_polygon
输入侧面数 <4>：3                              // 输入正多边形的边数“3”，按回车键
指定正多边形的中心点或 [ 边（E）]：E    // 输入“E”，按回车键，启动“边”选项
指定边的第一个端点：10
   // 先捕捉轴线的左端点，然后向右移动光标（图 2-79b），输入“10”，按回车键
指定边的第二个端点：80
                       // 沿 330° 方向移动光标（图 2-79c），输入“80”，按回车键
```

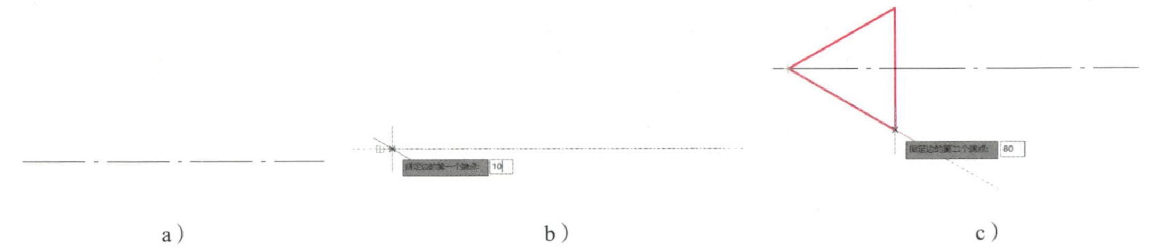

a）　　　　b）　　　　c）

图 2-79　绘制轴线及正三角形

a）绘制轴线　b）指定正三角形的左端点　c）绘制正三角形

4. 绘制矩形

启动“直线”命令，绘制矩形的上、右、下三条边，系统给出如下提示。

```
命令：_line
指定第一个点：                                          // 捕捉 A 点，单击鼠标左键
指定下一点或 [ 放弃（U）]：48        // 水平向右移动光标，输入“48”，按回车键
指定下一点或 [ 放弃（U）]：
         // 捕捉过 B 点的竖直追踪线和过 C 点的水平追踪线的交点，单击鼠标左键
指定下一点或 [ 闭合（C）/ 放弃（U）]：                  // 捕捉 C 点，单击鼠标左键
指定下一点或 [ 闭合（C）/ 放弃（U）]：
                              // 按回车键（或按空格键），结束“直线”命令
```

绘制结果如图 2-80 所示。

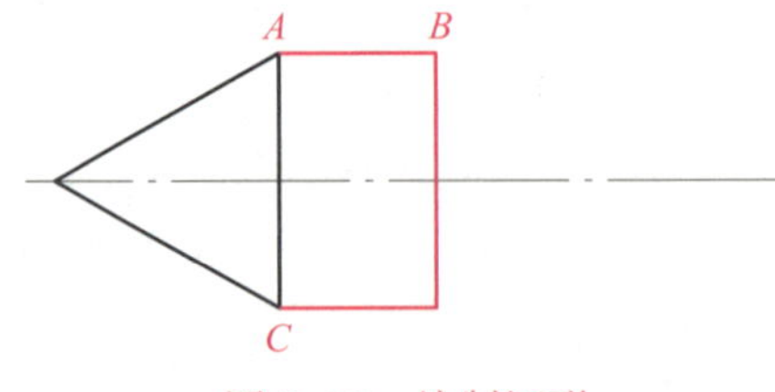

图 2-80　绘制矩形

5. 绘制梯形

（1）绘制梯形右侧轮廓线

按空格键重新启动“直线”命令，系统给出如下提示。

```
命令：_line
指定第一个点：96                  //捕捉 D 点，向右移动光标，输入“96”，按回车键
指定下一点或［放弃（U）］：                  //竖直移动光标到适当位置，单击鼠标左键
指定下一点或［放弃（U）］：                                            //按回车键
```

绘制结果如图 2-81 所示。

（2）拉伸轮廓线

选择刚刚绘制的轮廓线，单击下侧夹点（图 2-82a），向下移动光标到适当位置，单击鼠标左键，即可拉伸直线，如图 2-82b 所示。

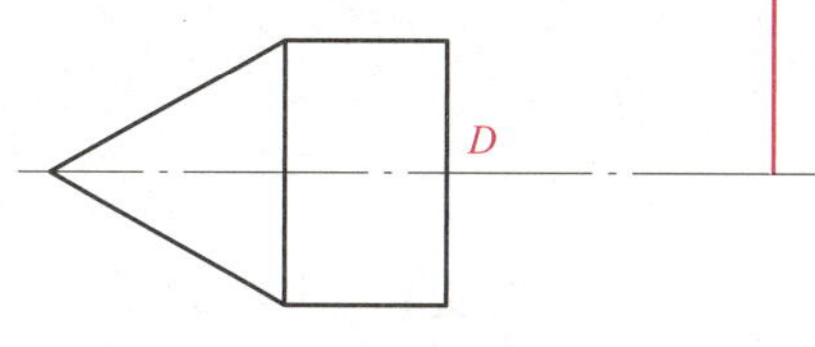

图 2-81　绘制梯形右侧轮廓线

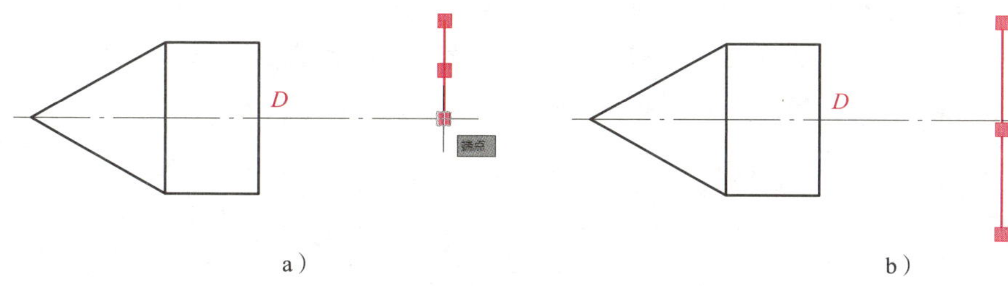

图 2-82　通过编辑夹点拉伸直线

a）点选直线　b）拉伸直线

（3）绘制梯形上侧的轮廓线

设置“极轴追踪”的增量角为 5°（图 2-83）。启动“直线”命令，系统给出如下提示。

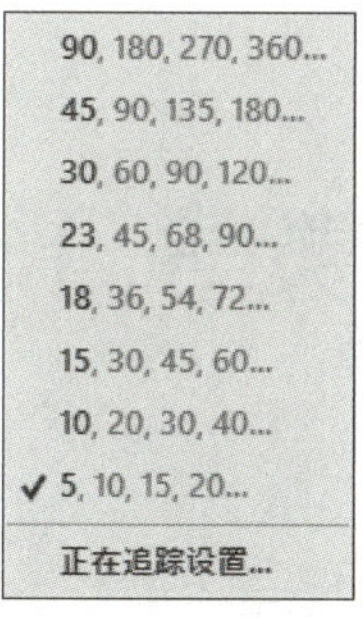

图 2-83　设置“极轴追踪”的增量角

```
命令：_line
指定第一个点：30
              //捕捉 D 点，向上移动光标，输入“30”（图 2-84a），按回车键
指定下一点或［放弃（U）］：
              //捕捉顺时针方向 5°的追踪线与右侧轮廓线的交点，单击鼠标左键
指定下一点或［放弃（U）］：                                            //按回车键
```

绘制结果如图 2-84b 所示。

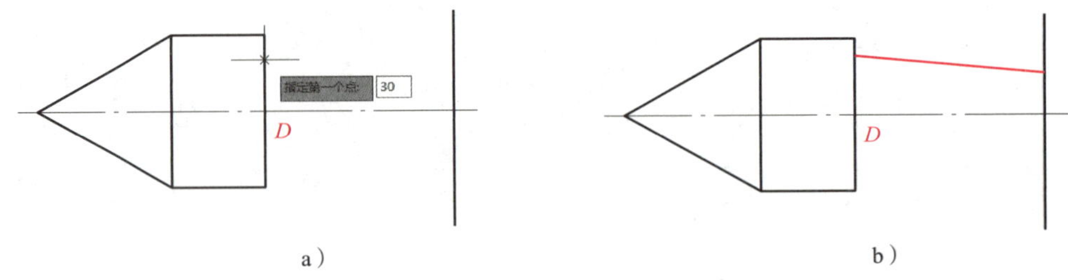

图 2-84　绘制梯形上侧的轮廓线

a）指定第一个点　b）绘制结果

（4）绘制梯形下侧的轮廓线

用同样的方法完成下侧轮廓线的绘制，如图 2-85 所示。

（5）编辑梯形右侧轮廓线

选择梯形右侧轮廓线，单击上侧夹点，向下移动光标到 *E* 点。单击下侧夹点，移动光标到 *F* 点。按 Esc 键结束编辑，如图 2-86 所示。

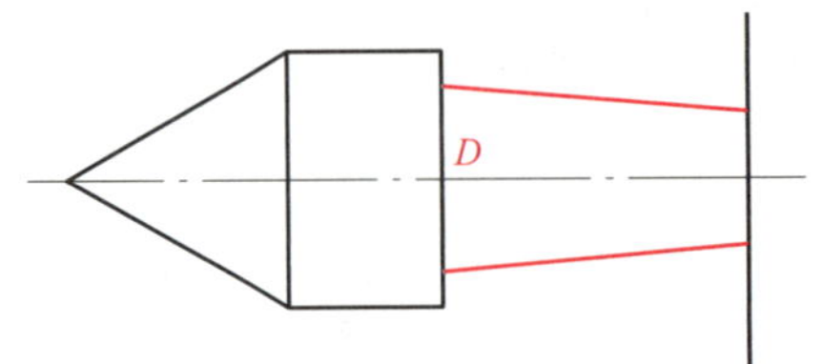

图 2-85　绘制梯形下侧的轮廓线

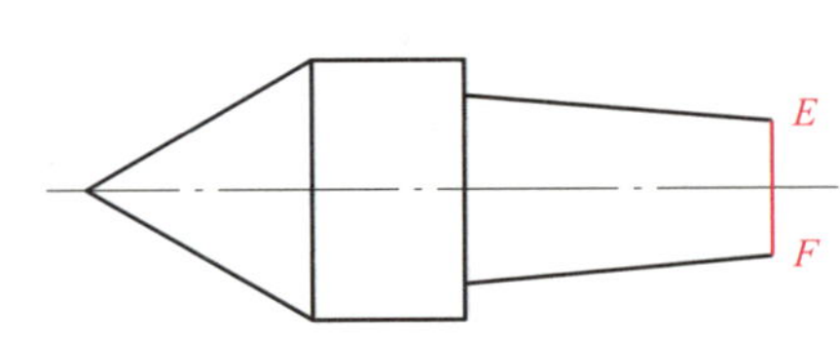

图 2-86　编辑梯形右侧轮廓线

§2-6　定数等分和定距等分

定数等分和定距等分用于等分对象，被等分的对象可以是直线段、圆、圆弧及样条曲线等。

一、定数等分

“定数等分”命令用于按照指定的等分数目等分对象。对象被等分的结果仅仅是在等分点处放置了点的标记符号，而源对象并没有被分成多个对象。

1. 启动“定数等分”命令的方法

◇ 功能区：单击“默认”→“绘图”→“定数等分”按钮，如图 2-87 所示。

◇ 菜单栏：选择“绘图”→“点”→“定数等分”命令。

◇ 命令行：“DIV（或 DIVIDE）”。

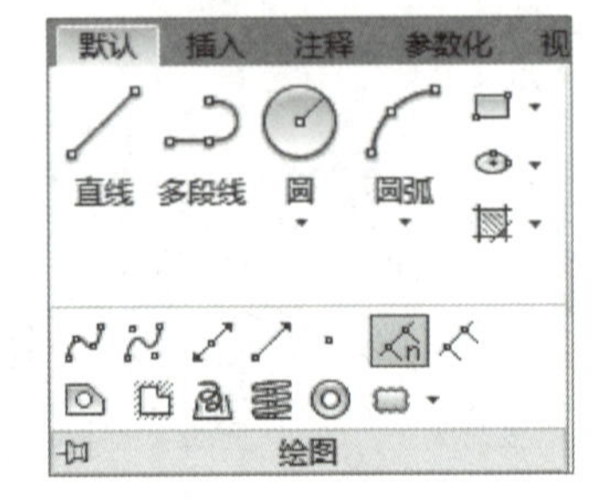

图 2-87　“定数等分”按钮

2. 上机训练——等分线段

如图 2-88 所示，对一条长度为 100 mm 的线段进行五等分。

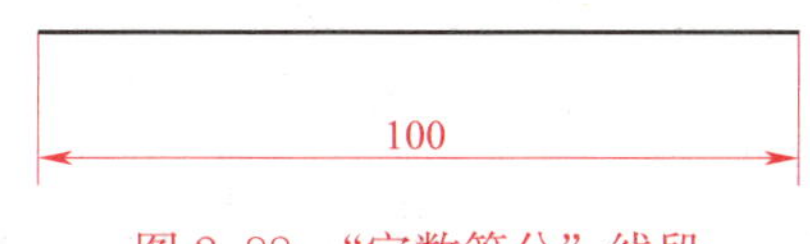

图 2-88 “定数等分”线段

（1）打开“制图样板”，新建一个图形文件。

（2）将“粗实线”图层设置为当前图层。绘制一条长度为 100 mm 的线段作为等分对象。

（3）选择“格式”→“点样式”命令，将当前点样式设置为“⊠”。

（4）单击“默认”→“绘图”→“定数等分”按钮，启动“定数等分”命令，系统给出如下提示。

```
命令：_divide
选择要定数等分的对象：                    // 选择刚刚绘制的线段
输入线段数目或［块（B）］：5              // 输入“5”，按回车键
```

等分结果如图 2-89 所示。

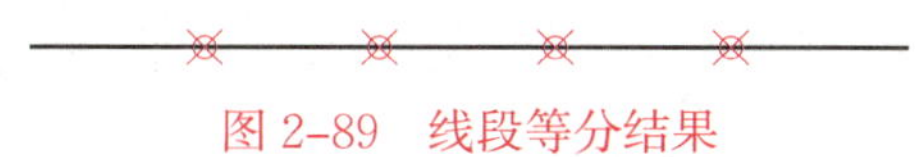

图 2-89 线段等分结果

二、定距等分

“定距等分”命令用于按照指定的距离等分对象。

1. 启动“定距等分”命令的方法

◇ 功能区：单击“默认”→“绘图”→“定距等分”按钮（图 2-87）。

◇ 菜单栏：选择“绘图”→“点”→“定距等分”命令。

◇ 命令行：“ME（或 MEASURE）”。

2. 上机训练——绘制定位块

绘制如图 2-90 所示定位块。

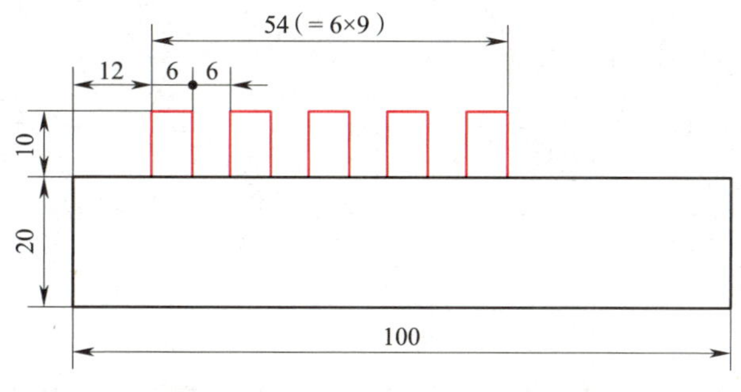

图 2-90 定位块

（1）打开“制图样板”，新建一个图形文件。

（2）将“粗实线”图层设置为当前图层。启动“直线”命令，绘制一个 100 mm×20 mm 的矩形，如图 2-91 所示。

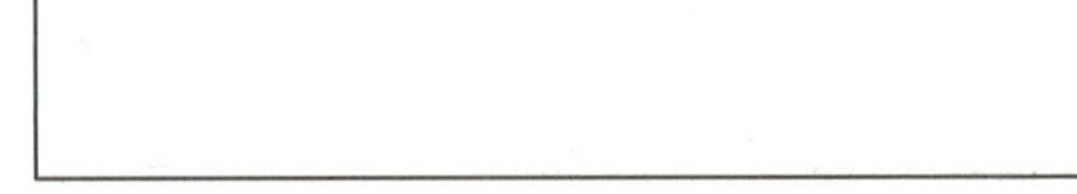

图 2-91　绘制 100 mm × 20 mm 矩形

【提示】

在使用“定数等分”和“定距等分”命令时，不能用“矩形”命令绘制矩形，否则被等分的将是整个矩形线框。

（3）选择“格式”→“点样式”命令，将当前点样式设置为“⊠”。

（4）单击“默认”→“绘图”→“定距等分”按钮 ，启动“定距等分”命令，系统给出如下提示。

命令：_measure
选择要定距等分的对象：　　//选择矩形上方的横线
指定线段长度或［块（B）］：6　　//输入“6”，按回车键

等分结果如图 2-92 所示。

图 2-92　“定距等分”线段

（5）启动“直线”命令，绘制左侧第一个小矩形，系统给出如下提示。

命令：_line
指定第一个点：　　//捕捉左侧第二个等分点，单击鼠标左键
指定下一点或［放弃（U）］：10　　//竖直向上移动光标，输入“10”，按回车键
指定下一点或［放弃（U）］：
　　//捕捉水平追踪线与第三个等分点的竖直追踪线的交点，单击鼠标左键
指定下一点或［闭合（C）/放弃（U）］：　　//捕捉第三个等分点，单击鼠标左键
指定下一点或［闭合（C）/放弃（U）］：　　//按回车键

绘制结果如图 2-93 所示。

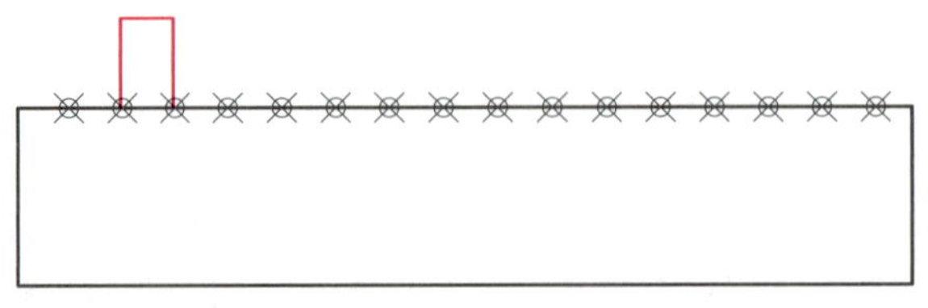

图 2-93　绘制左侧第一个小矩形

（6）用同样的方法绘制其他 4 个小矩形，绘制结果如图 2-94 所示。

（7）选择各等分点，按 Delete 键删除各等分点，结果如图 2-95 所示。

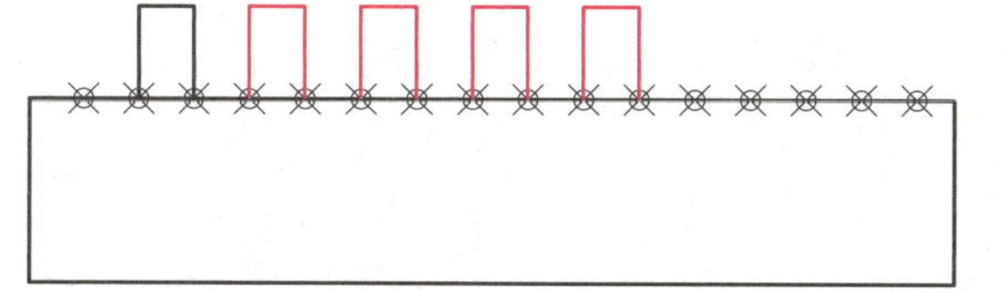

图 2-94　绘制其他 4 个小矩形

图 2-95　删除各等分点

【提示】

如果用户需要删除对象，可以在选择对象后按 Delete 键。

三、综合实训

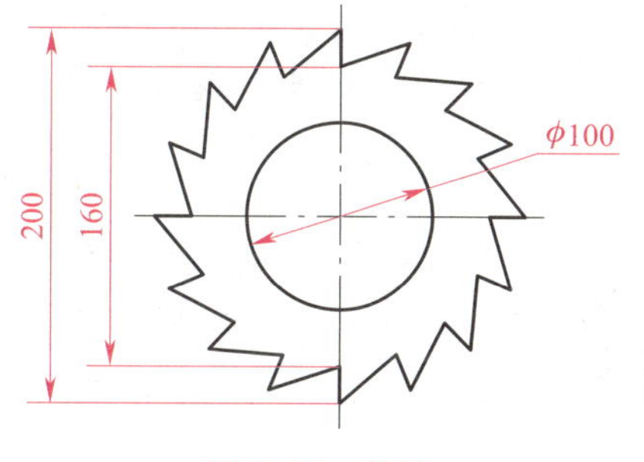

图 2-96　棘轮

绘制如图 2-96 所示棘轮。

1. 打开“制图样板”，新建一个图形文件。

2. 将“细点画线”图层设置为当前图层。启动“直线”命令，绘制两条长度为 220 mm 的中心线，系统给出如下提示。

```
命令：_line
指定第一个点：          // 在绘图区适当位置单击鼠标左键，指定水平中心线的第一点
指定下一点或［放弃（U）］：220                    // 输入“220”，按回车键
指定下一点或［放弃（U）］：                 // 按回车键，结束“直线”命令
命令：LINE                                 // 按回车键，重启“直线”命令
指定第一个点：110    // 捕捉水平中心线的中点，向上移动光标，输入“110”，按回车键
指定下一点或［放弃（U）］：220          // 向下移动光标，输入“220”，按回车键
指定下一点或［放弃（U）］：                                   // 按回车键
```

绘制结果如图 2-97 所示。

3. 将“粗实线”图层设置为当前图层。绘制 ϕ100 mm、ϕ160 mm 和 ϕ200 mm 圆，如图 2-98 所示。

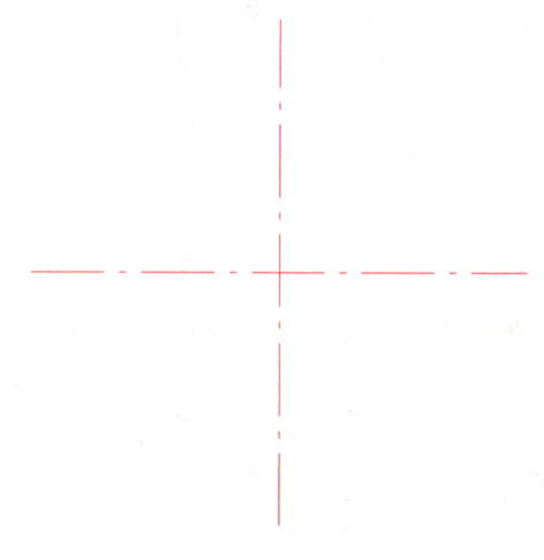

图 2-97　绘制中心线

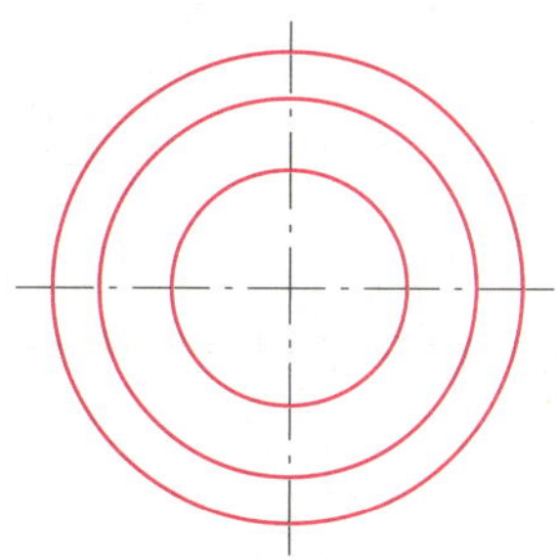

图 2-98　绘制 ϕ100 mm、ϕ160 mm 和 ϕ200 mm 圆

4. 将当前点样式设置为“⊠”，启动“定数等分”命令，系统给出如下提示。

```
命令：_divide
选择要定数等分的对象：                                   // 选择 φ200 mm 圆
输入线段数目或［块（B）］：16                           // 输入“16”，按回车键
命令：DIVIDE                                  // 按回车键，重启“定数等分”命令
选择要定数等分的对象：                                   // 选择 φ160 mm 圆
输入线段数目或［块（B）］：16                           // 输入“16”，按回车键
```

等分结果如图 2–99 所示。

5. 启动“直线”命令，连接相应各等分点，如图 2–100 所示。

【提示】

在作图时必须保证对象捕捉设置勾选“节点”，否则无法捕捉等分点。

6. 选择 ϕ160 mm 圆、ϕ200 mm 圆和各等分点，按 Delete 键删除，结果如图 2–101 所示。

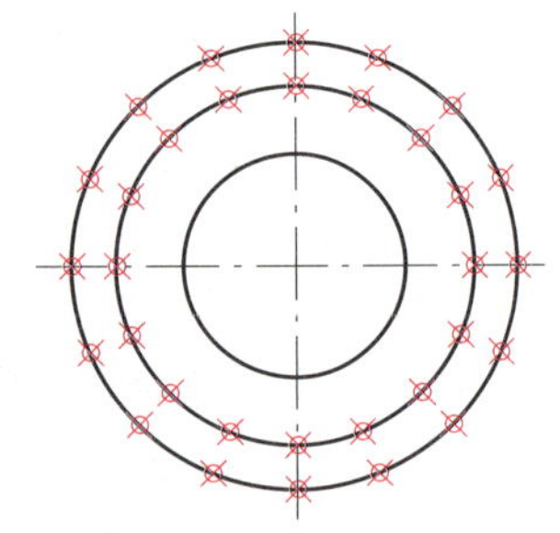

图 2–99　ϕ160 mm 和 ϕ200 mm 圆等分结果

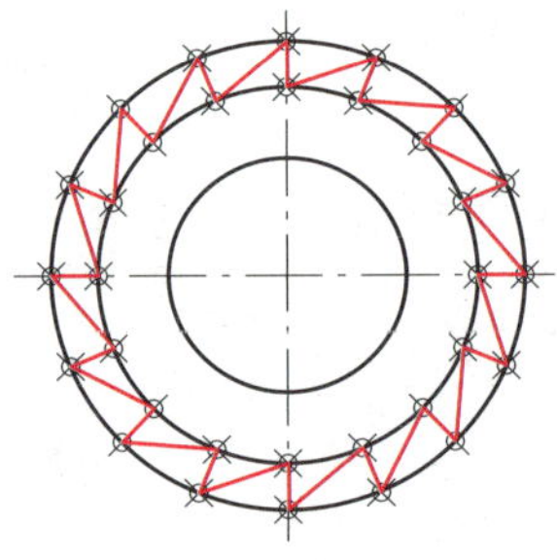

图 2–100　连接各等分点

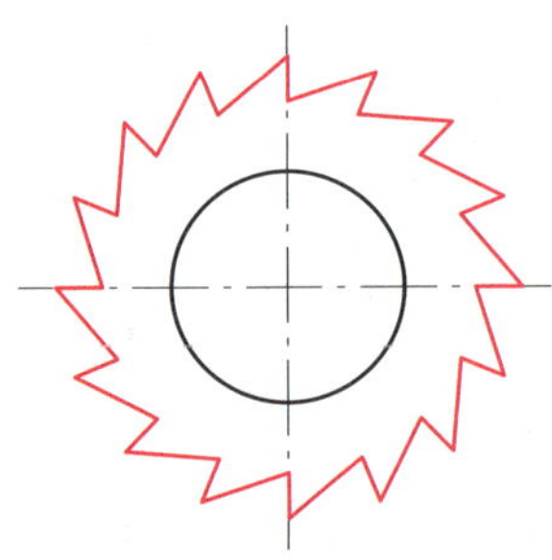

图 2–101　删除辅助线和各等分点

§2–7　绘制多段线和样条曲线

一、绘制多段线

“多段线”是指由一系列直线段或圆弧线段连接而成的一种特殊折线，如图 2–102 所示。

“多段线”命令用于绘制由若干直线和圆弧连接而成的折线或曲线，无论一条多段线包含多少条直线或弧，整条多段线都是一个单一的复合对象，可以统一对其进行编辑。

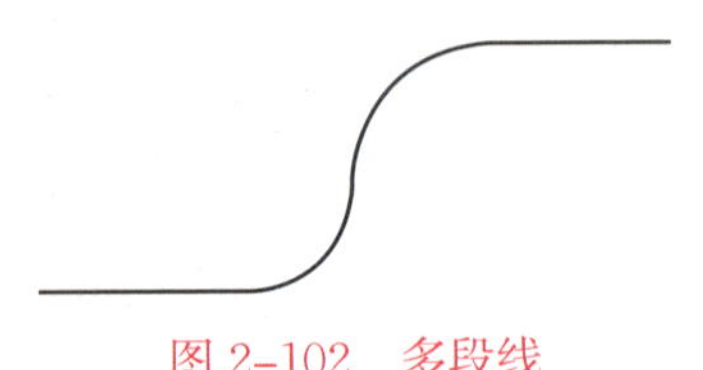

图 2–102　多段线

1. 启动“多段线”命令的方法

◇ 功能区：单击“默认”→“绘图”→“多段线”按钮 。

◇ 菜单栏：选择“绘图”→“多线段”命令。

◇ 命令行：“PL（或 PLINE）”。

2. 上机训练——绘制键

绘制如图 2-103 所示键的图形。

（1）打开“制图样板”，新建一个图形文件。

（2）将“细点画线”图层设置为当前图层。启动“直线”命令，绘制键的中心线，如图 2-104 所示。

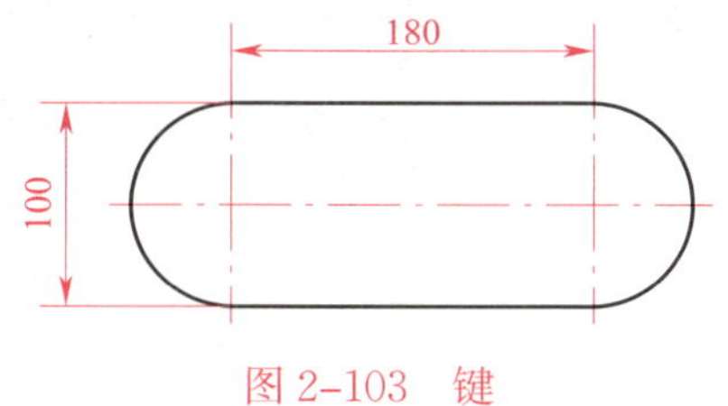

图 2-103　键

图 2-104　绘制键的中心线

（3）将“粗实线”图层设置为当前图层。单击“默认”→“绘图”→“多段线”按钮 ，启动“多段线”命令，系统给出如下提示。

命令：_pline

指定起点：50

//捕捉左侧圆弧的圆心，向下移动光标，输入“50”，按回车键（图 2-105a）

当前线宽为 0.0000

指定下一个点或［圆弧（A）/半宽（H）/长度（L）/放弃（U）/宽度（W）］：

//向右移动光标，捕捉右侧竖直中心线上的垂足，单击鼠标左键（图 2-105b）

指定下一点或［圆弧（A）/闭合（C）/半宽（H）/长度（L）/放弃（U）/宽度（W）］：A

//输入“A”，按回车键

指定圆弧的端点（按住 Ctrl 键以切换方向）或

［角度（A）/圆心（CE）/闭合（CL）/方向（D）/半宽（H）/直线（L）/半径（R）/第二个点（S）/放弃（U）/宽度（W）］：CE　　//输入“CE”，按回车键

指定圆弧的圆心：　　//捕捉右侧圆弧的圆心，单击鼠标左键

指定圆弧的端点（按住 Ctrl 键以切换方向）或［角度（A）/长度（L）］：

//向上移动光标，在竖直中心线上单击鼠标左键（图 2-105c）

指定圆弧的端点（按住 Ctrl 键以切换方向）或

［角度（A）/圆心（CE）/闭合（CL）/方向（D）/半宽（H）/直线（L）/半径（R）/第二个点（S）/放弃（U）/宽度（W）］：L

//输入“L”，按回车键

指定下一点或［圆弧（A）/闭合（C）/半宽（H）/长度（L）/放弃（U）/宽度（W）］：

//向左移动光标，捕捉左侧竖直中心线上的垂足，单击鼠标左键（图 2-105d）

指定下一点或[圆弧(A)/闭合(C)/半宽(H)/长度(L)/放弃(U)/宽度(W)]:A
//输入"A",按回车键
指定圆弧的端点(按住 Ctrl 键以切换方向)或
[角度(A)/圆心(CE)/闭合(CL)/方向(D)/半宽(H)/直线(L)/半径(R)/第二个点(S)/放弃(U)/宽度(W)]:CE //输入"CE",按回车键
指定圆弧的圆心: //捕捉左侧圆弧的圆心,单击鼠标左键
指定圆弧的端点(按住 Ctrl 键以切换方向)或[角度(A)/长度(L)]:
//捕捉左侧圆弧与下侧直线的交点,单击鼠标左键(图 2-105e)
指定圆弧的端点(按住 Ctrl 键以切换方向)或
[角度(A)/圆心(CE)/闭合(CL)/方向(D)/半宽(H)/直线(L)/半径(R)/第二个点(S)/放弃(U)/宽度(W)]: //按回车键

绘制结果如图 2-105f 所示。

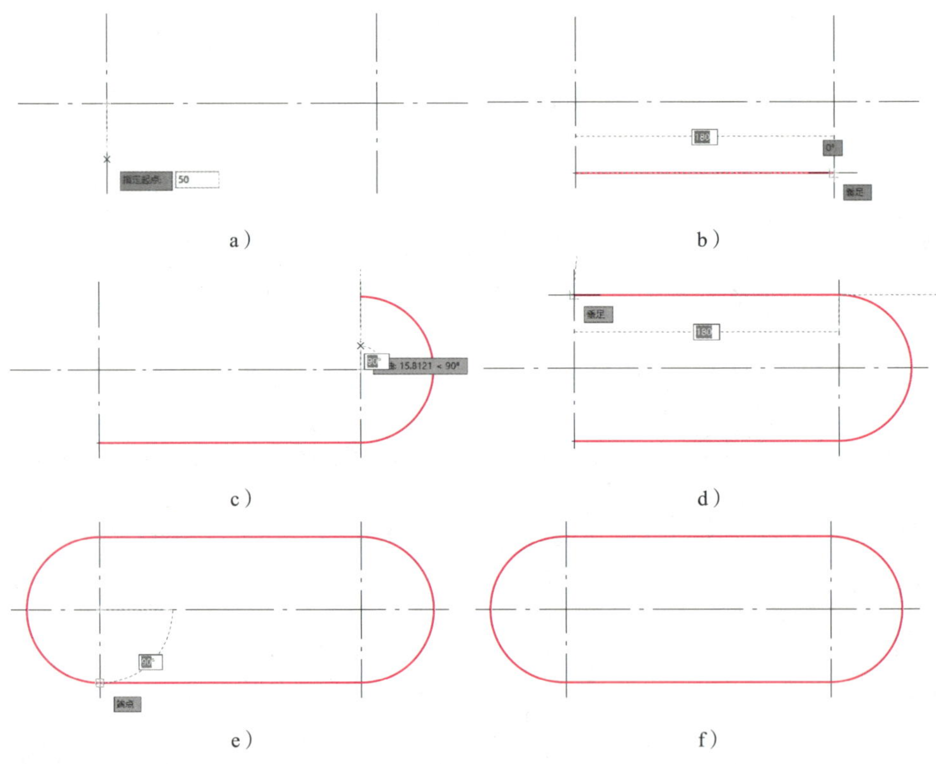

图 2-105 绘制键的轮廓

【提示】

绘制多段线时,如果上一段是直线,这一段是圆弧,则圆弧与直线相切;如果上一段是圆弧,这一段是直线(或圆弧),它们同样与上一段圆弧相切。

3. "多段线"命令中常用选项的功能

◇ 圆弧:此选项用于绘制圆弧并添加到多段线中。

◇ 长度：此选项用于指定多段线的长度，其方向与上一段相同或是沿上一段圆弧的切线方向。

◇ 角度：用于指定要绘制圆弧的圆心角。

◇ 圆心：用于指定圆弧的圆心。

◇ 闭合：用于用直线或圆弧封闭多段线。

◇ 方向：用于取消直线与圆弧的相切关系，改变圆弧的起始方向。

◇ 直线：用于切换直线模式。

◇ 半径：用于指定圆弧的半径。

◇ 第二个点：用于选择三点画弧方式中的第二个点。

二、绘制样条曲线

样条曲线主要用于绘制相贯线、截交线以及波浪线。绘制样条曲线可以使用“样条曲线拟合”或“样条曲线控制点”命令。在启动“样条曲线拟合”或“样条曲线控制点”命令后，必须给定 3 个以上的点来确定一条样条曲线。

1. 启动“样条曲线拟合”命令的方法

◇ 功能区：单击“默认”→“绘图”→“样条曲线拟合”按钮 ∾。

◇ 菜单栏：选择“绘图”→“样条曲线”→“拟合点”命令。

◇ 命令行：“SPL（或 SPLINE）”。

2. 上机训练——绘制波浪线

利用“直线”命令和“样条曲线”命令绘制如图 2-106 所示图形。

（1）打开“制图样板”，新建图形文件。

（2）将“粗实线”图层设置为当前图层。利用“直线”命令绘制下方、左侧和上方直线。

（3）将“细实线”图层设置为当前图层。单击“默认”→“绘图”→“样条曲线”按钮，启动“样条曲线”命令，系统给出如下提示。

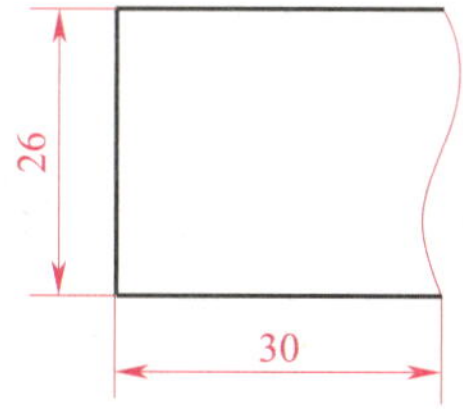

图 2-106　绘制波浪线

```
命令：_SPLINE
当前设置：　方式 = 拟合　节点 = 弦
指定第一个点或 [ 方式（M）/ 节点（K）/ 对象（O）]：M
输入样条曲线创建方式 [ 拟合（F）/ 控制点（CV）]< 拟合 >：FIT
当前设置：　方式 = 拟合　节点 = 弦
指定第一个点或 [ 方式（M）/ 节点（K）/ 对象（O）]：
                        // 拾取上方直线的右端点，作为样条曲线的第一点
输入下一个点或 [ 起点切向（T）/ 公差（L）]：
                  // 移动光标，在适当位置拾取一点，作为样条曲线的第二点
输入下一个点或 [ 端点相切（T）/ 公差（L）/ 放弃（U）]：
                  // 移动光标，在适当位置拾取一点，作为样条曲线的第三点
……                                          // 选取适当数量的拟合点
输入下一个点或 [ 端点相切（T）/ 公差（L）/ 放弃（U）/ 闭合（C）]：
                   // 移动光标，拾取下方直线右端点，作为样条曲线的终点
```

输入下一个点或［端点相切（T）/公差（L）/放弃（U）/闭合（C）]:
//按回车键，结束点的拾取

样条曲线绘制结果如图 2–107 所示。

【提示】

绘制样条曲线的方法有两种，即使用拟合点创建样条曲线和使用控制点创建样条曲线，如图 2–108 所示。

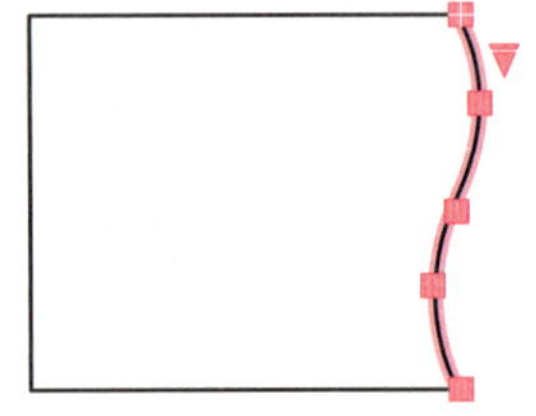

图 2–107　样条曲线绘制结果

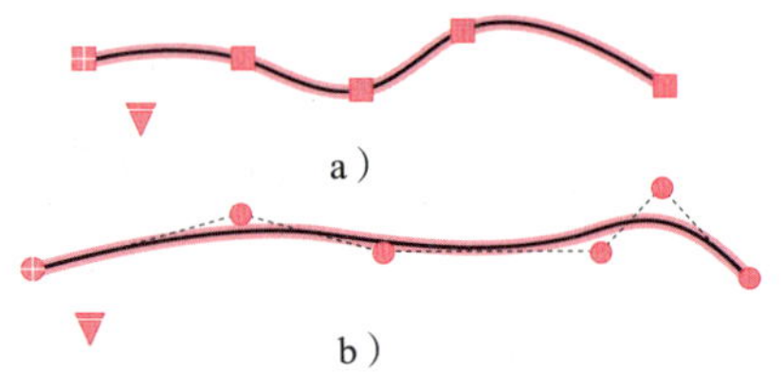

图 2–108　样条曲线
a）使用拟合点创建的样条曲线
b）使用控制点创建的样条曲线

§2-8　图案填充

"图案填充"命令用于将某一个图案填充到封闭区域，从而使该区域表达一定的信息，如图 2–109 所示。

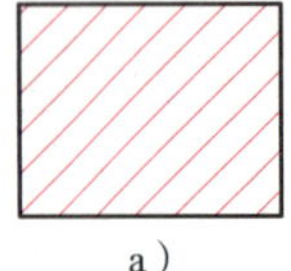
a）

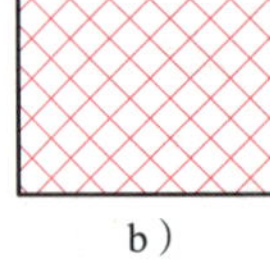
b）

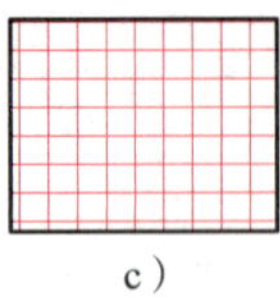
c）

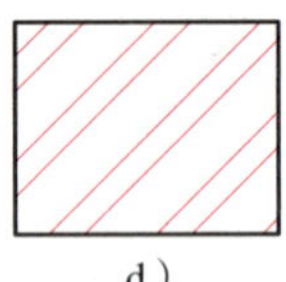
d）

图 2–109　不同材料的剖面符号
a）金属材料　b）非金属材料　c）线性绕组元件　d）砖

一、启动"图案填充"命令的方法

◇ 功能区：单击"默认"→"绘图"→"图案填充"按钮 。

◇ 菜单栏：选择"绘图"→"图案填充"命令。

◇ 命令行："BH（或 HATCH 或 BHATCH）"。

利用上述任意一种方法启动"图案填充"命令，即可打开"图案填充创建"对话框，如图 2–110 所示。

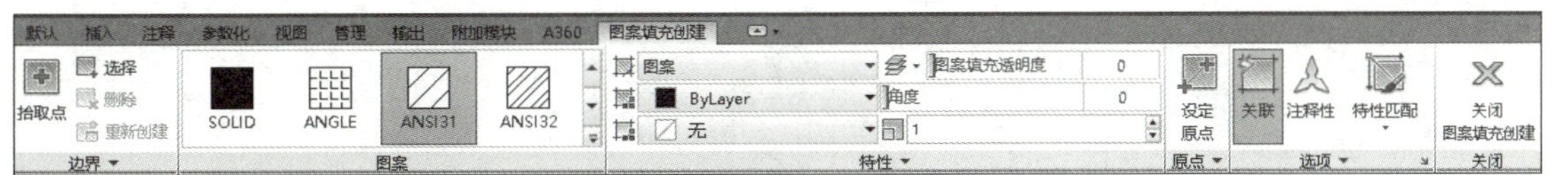

图 2–110 “图案填充创建”对话框

二、“图案填充创建”对话框常用选项的功能

◇ 角度：用来指定所填充图案的旋转角度（默认为“0”），正值为逆时针方向，负值为顺时针方向。

◇ 比例：用来确定所填充图案的放大系数，以调整填充线条的疏密，数值越大线条密度越稀疏，反之越密集。

三、综合实训

绘制如图 2–111 所示断面图。

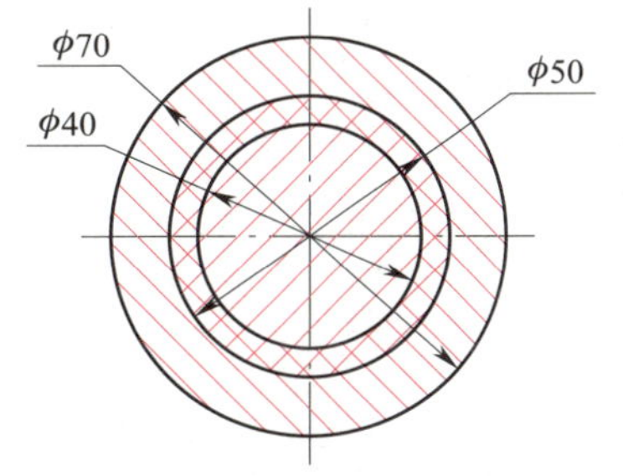

图 2–111 图案填充实例

1. 新建图形文件

打开“制图样板”，新建图形文件。

2. 绘制中心线

将“细点画线”图层设置为当前图层，启动“直线”命令，绘制圆的中心线，如图 2–112 所示。

3. 绘制轮廓圆

将“粗实线”图层设置为当前图层，绘制轮廓圆，如图 2–113 所示。

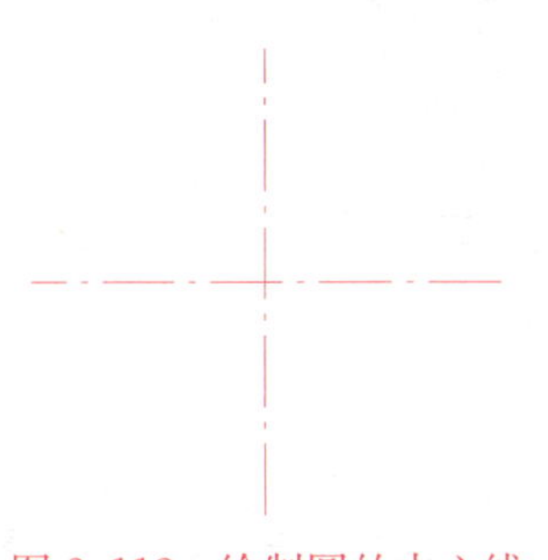

图 2–112 绘制圆的中心线

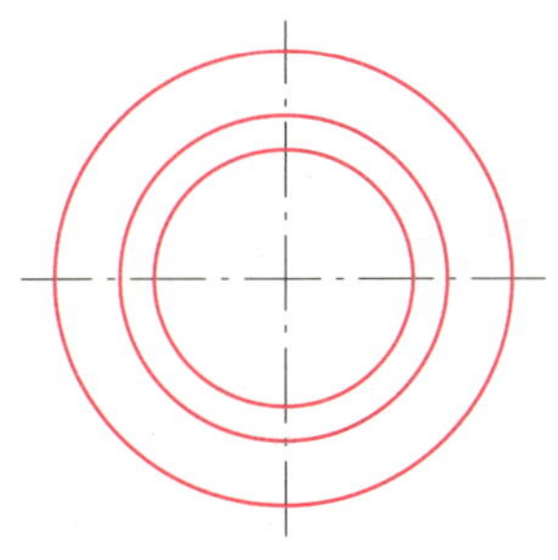

图 2–113 绘制轮廓圆

4. 填充 φ40 mm 圆与 φ50 mm 圆之间区域的剖面线

（1）将“细实线”图层设置为当前图层。

（2）单击“默认”→“绘图”→“图案填充”按钮，弹出“图案填充创建”对话框。单击“图案”功能区右侧的下拉箭头，在展开的图案面板中选择“ANSI37”（图 2–114），其他参数采用默认值。

（3）中心线把填充区域分割为 4 个分区域，将光标分别移到这 4 个分区域内，单击鼠标左键拾取内部任意一点，完成对整个填充区域的拾取，如图 2–115a 所示。

（4）按回车键，完成图案填充，如图 2–115b 所示。

5. 填充 φ40 mm 圆内区域的剖面线

（1）按回车键（或空格键）重启“图案填充”命令。

（2）在“图案”功能区选择“ANSI31”。特性功能区的“角度”采用默认值“0”，“比例”修改为“1.5”。

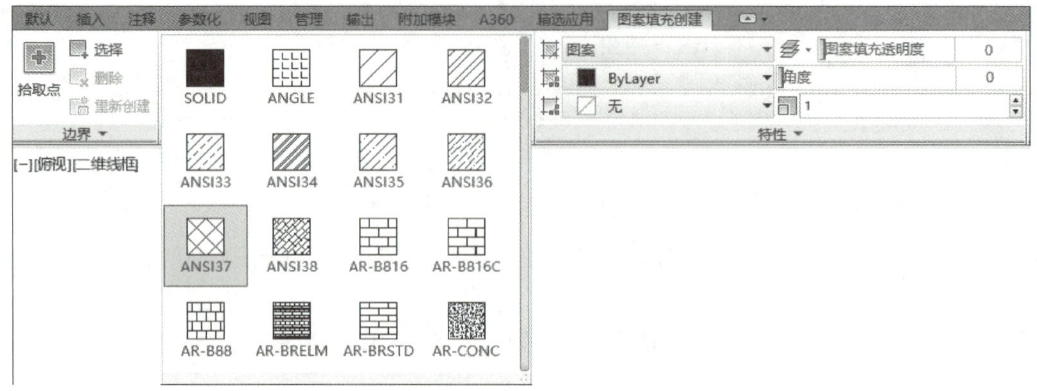

图 2-114　选择填充图案

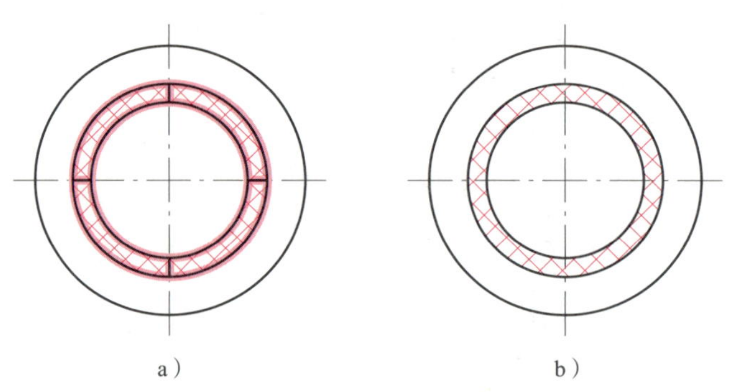

图 2-115　图案填充

a）拾取填充区域　b）图案填充结果

（3）中心线同样把填充区域分割为 4 个分区域，在这 4 个区域内分别单击鼠标左键，完成对填充区域的拾取。

（4）按回车键完成图案填充，如图 2-116 所示。

6. 填充 ϕ50 mm 圆与 ϕ70 mm 圆之间区域的剖面线

填充 ϕ50 mm 圆与 ϕ70 mm 圆之间区域的剖面线的方法与填充 ϕ40 mm 圆内区域的剖面线相同，只是将“角度”修改为 90°，填充结果如图 2-117 所示。

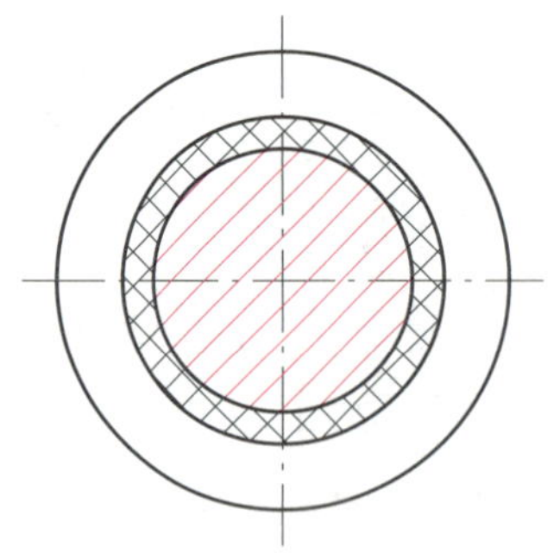

图 2-116　填充 ϕ40 mm 圆内区域的剖面线

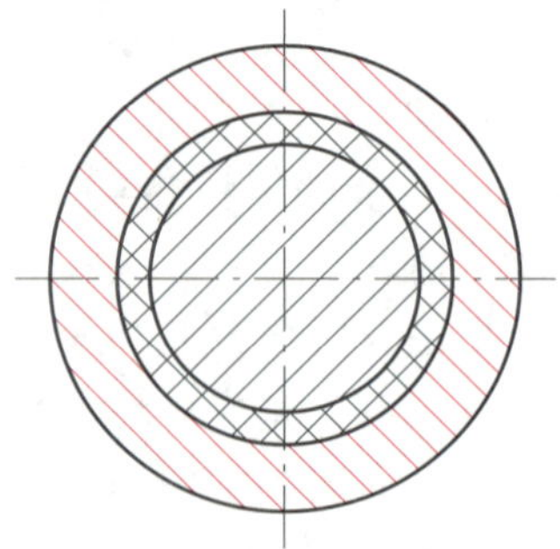

图 2-117　填充 ϕ50 mm 圆与 ϕ70 mm 圆之间区域的剖面线

第三章 编辑平面图形

二维图形的编辑操作配合绘图命令可以更方便快捷地绘制复杂图形对象，提高绘图效率。常用的二维编辑命令有移动、复制、旋转、镜像、修剪、延伸、分解、合并、偏移、删除、阵列、缩放、打断、打断于点、倒角和圆角等。

§3-1 移动、复制和旋转

一、移动

“移动”命令用于在不改变图形对象大小和形状的情况下，将图形对象从一个位置移动到另一位置上。

1. 启动“移动”命令的方法

◇ 功能区：单击“默认”→“修改”→“移动”按钮 ✥。

◇ 菜单栏：选择“修改”→“移动”命令。

◇ 命令行：“M（或 MOVE）”。

2. 上机训练 1——移动圆

如图 3-1a 所示，利用“移动”命令将圆移动到右侧，并使圆心与直线的右端点重合。

（1）启动“直线”命令，绘制一条直线，如图 3-1 所示。

（2）启动“圆”命令，绘制一个圆，如图 3-1 所示。

（3）单击“默认”→“修改”→“移动”按钮 ✥，启动“移动”命令，系统给出如下提示。

图 3-1 移动圆

a）移动前 b）移动后

```
命令：_move
选择对象：找到 1 个                                   // 选择圆，作为移动对象
选择对象：                                            // 按回车键，结束移动对象的选取
指定基点或 [ 位移（D）] < 位移 >：                     // 拾取圆心，作为移动基点
指定第二个点或 < 使用第一个点作为位移 >：
                                       // 移动光标，拾取直线右端点，作为移动的目标点
```

移动结果如图 3-1b 所示。

3. “移动”命令中常用选项的功能

◇ 基点：此选项是通过两个特征点来确定对象的移动方向和移动距离，第一个点作为基点，第二个点作为目标点。此方式为系统默认的移动方式。

◇ 位移：此选项是通过输入一个位移矢量来移动对象，输入的位移矢量决定了被移动对象的移动距离和移动方向。

4. 上机训练 2——位移图形

将如图 3-2a 所示的圆按图示方向和尺寸移动，如图 3-2b 所示。

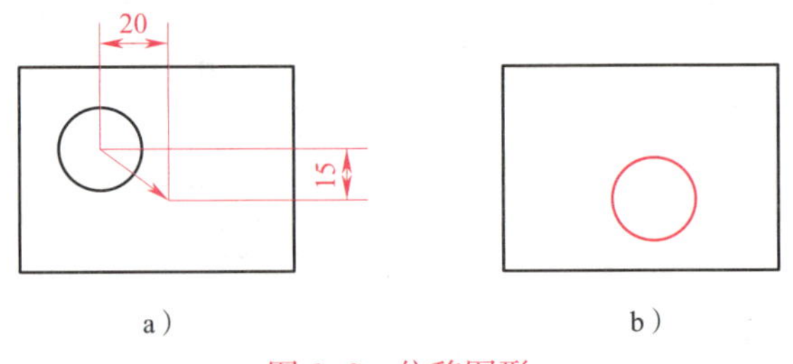

图 3-2　位移图形

a）位移矢量　b）位移结果

※ 源文件：计算机制图——AutoCAD 2018 源文件 \ 第三章 \ 位移图形

启动“移动”命令，系统给出如下提示。

```
命令：_move                                               // 启动“移动”命令
选择对象：找到 1 个                                         // 选择圆作为移动对象
选择对象：                                           // 按回车键，结束移动对象的选取
指定基点或 [ 位移（D）] < 位移 >：D   // 输入“D”，按回车键，激活“位移”选项
指定位移 <0.0000，0.0000，0.0000>：  20，−15
                                        // 输入“20，−15”，按回车键，指定位移坐标
```

圆的移动结果如图 3-2b 所示。

二、复制

“复制”命令用于将选择的图形对象从一个位置复制到其他位置，执行一次“复制”命令可以相对于基点多次复制所选择的目标对象。

1. 启动“复制”命令的方法

◇ 功能区：单击“默认”→“修改”→“复制”按钮 。

◇ 菜单栏：选择“修改”→“复制”命令。

◇ 命令行：“CO（或 COPY）”。

2. 上机训练——复制图形

利用“复制”命令绘制如图 3–3 所示图形。

（1）图形分析

该图由一个大矩形线框、两个圆和两个小矩形线框组成。绘图时，可以先绘制大矩形线框，然后绘制左下角的圆和左上角的小矩形。然后利用“复制”命令完成右下角的圆和右侧矩形的绘制。

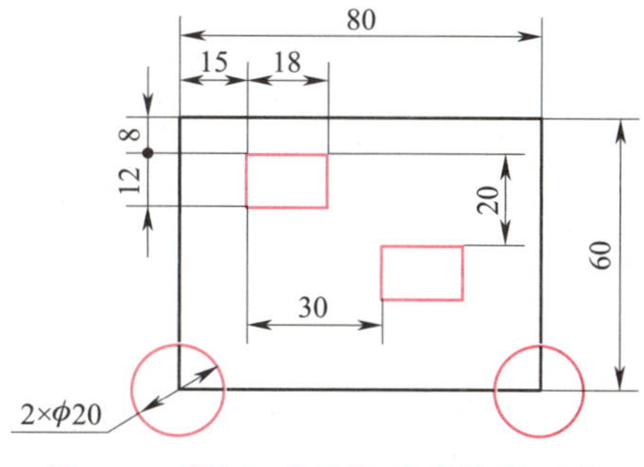

图 3–3　利用“复制”命令绘制图形

（2）绘制大矩形线框

启动“矩形”命令，在绘图区绘制一个 80 mm × 60 mm 的矩形，如图 3–4 所示。

（3）绘制左下角 ϕ20 mm 圆

启动“圆”命令，捕捉矩形的左下顶点为圆心，绘制左下角 ϕ20 mm 圆，如图 3–5 所示。

图 3–4　绘制大矩形

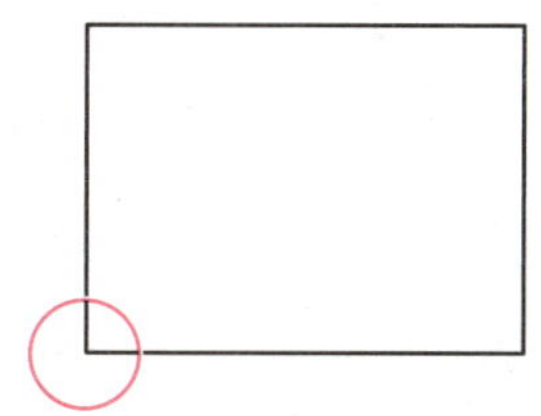
图 3–5　绘制左下角 ϕ20 mm 圆

（4）绘制左上角矩形

1）启动“直线”命令，绘制小矩形的定位线和轮廓线，系统给出如下提示。

```
命令：_line
指定第一个点：8// 捕捉大矩形左上顶点，竖直向下移动光标，输入“8”，按回车键
指定下一点或［放弃（U）］：15          // 水平向右移动光标，输入“15”，按回车键
指定下一点或［放弃（U）］：12          // 竖直向下移动光标，输入“12”，按回车键
指定下一点或［闭合（C）/ 放弃（U）］：18
                                     // 水平向右移动光标，输入“18”，按回车键
指定下一点或［闭合（C）/ 放弃（U）］：
                  // 竖直向上移动光标，并拾取与 A 点（图 3–6）水平追踪线的交点
指定下一点或［闭合（C）/ 放弃（U）］：                            // 拾取 A 点
指定下一点或［闭合（C）/ 放弃（U）］：          // 按回车键，结束“直线”命令
```

绘制结果如图 3–6 所示。

2）选择作图线，按 Delete 键删除作图线，删除结果如图 3–7 所示。

（5）复制圆和小矩形

单击“默认”→“修改”→“复制”按钮 ，启动“复制”命令，系统给出如下提示。

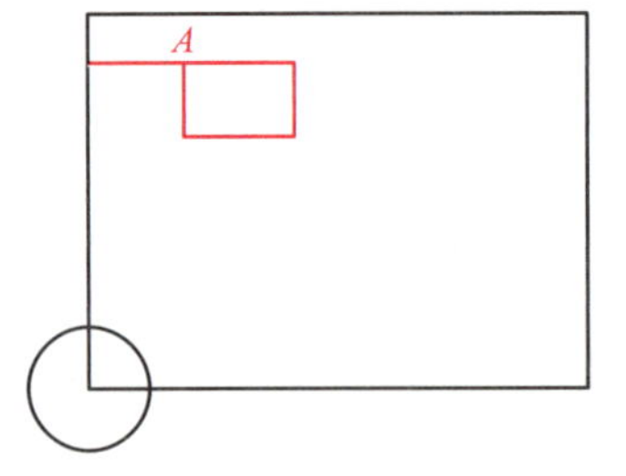

图 3-6　绘制 18 mm × 12 mm 小矩形

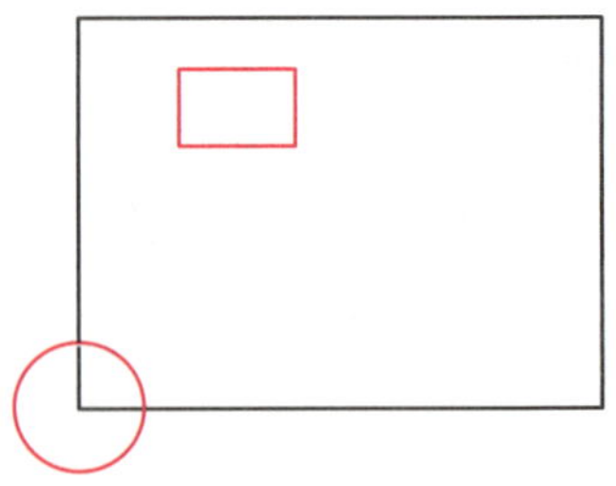

图 3-7　删除作图线

```
命令：_copy
选择对象：找到 1 个                                        // 选择图中的圆
选择对象：                                  // 按回车键，结束复制对象的选择
当前设置：复制模式 = 多个
指定基点或 [ 位移（D）/ 模式（O）] < 位移 >：      // 捕捉圆心，作为复制的基点
指定第二个点或 [ 阵列（A）] < 使用第一个点作为位移 >：
                      // 移动光标，拾取大矩形右下顶点，作为复制的目标点
指定第二个点或 [ 阵列（A）/ 退出（E）/ 放弃（U）] < 退出 >：
                                             // 按回车键，结束圆的复制
命令：COPY                                // 按回车键，重复“复制”命令
选择对象：找到 1 个                                          // 选择小矩形
选择对象：                                  // 按回车键，结束复制对象的选择
当前设置：复制模式 = 多个
指定基点或 [ 位移（D）/ 模式（O）] < 位移 >：
                              // 捕捉小矩形左上角的顶点，作为复制的基点
指定第二个点或 [ 阵列（A）] < 使用第一个点作为位移 >：@30，−20
            // 输入矩形目标点的位置相对于基点的坐标“@30，−20”，按回车键
指定第二个点或 [ 阵列（A）/ 退出（E）/ 放弃（U）] < 退出 >：
                                           // 按回车键，结束小矩形的复制
```

复制结果如图 3–8 所示。

【提示】

在 AutoCAD 中，也有计算机软件通用的“复制（Ctrl+C）”“剪切（Ctrl+X）”和“粘贴（Ctrl+V）”功能。这三项命令的图标在“默认”功能区的“剪切板”面板上，也可在用快捷键或选择对象后通过右键快捷菜单（图 3—9）启动这三项命令。

“复制（Ctrl+C）”用于将选定的对象复制到剪切板上。“剪切（Ctrl+X）”用于将选定对象复制到剪切板上并同时将其从图形中删除。“粘贴（Ctrl+V）”用于将剪切板上的内容粘贴到本图形文件中，也可以粘贴到其他 dwg 格式的图形文件中。

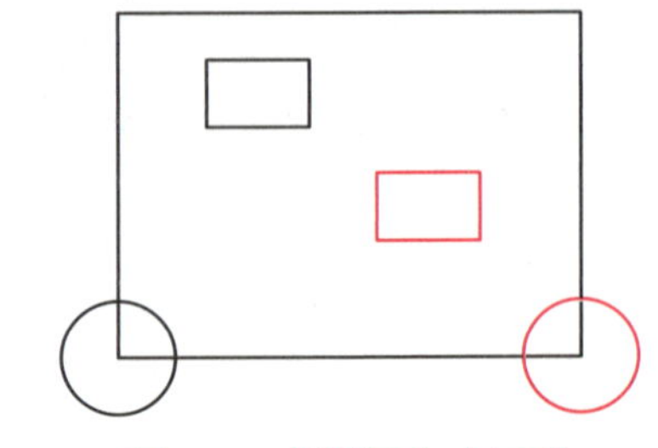

图 3–8　复制圆和小矩形

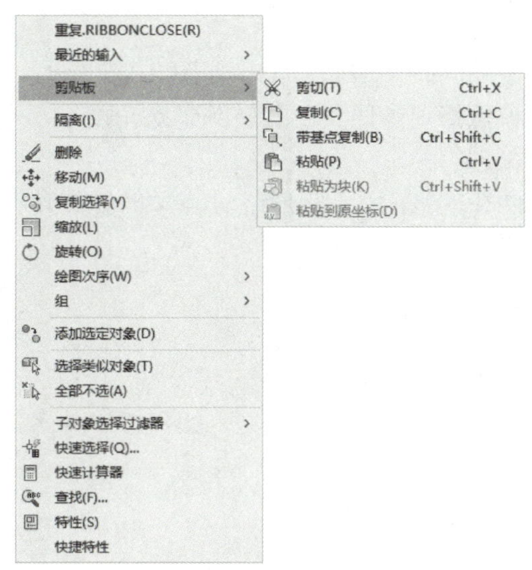

图 3-9　启动“复制”“剪切”和“粘贴”的快捷菜单

三、旋转

“旋转”命令用于在不改变对象大小和形状的前提下，将图形对象绕某一基点旋转一定角度并改变对象的位置，可以一次旋转一个或多个对象。

1. 启动“旋转”命令的方法

◇ 功能区：单击“默认”→“修改”→“旋转”按钮 ○。

◇ 菜单栏：选择“修改”→“旋转”命令。

◇ 命令行：“RO（或 ROTATE）”。

2. 上机训练 1——旋转矩形

利用“旋转”命令将如图 3-10a 所示矩形逆时针旋转 45°。

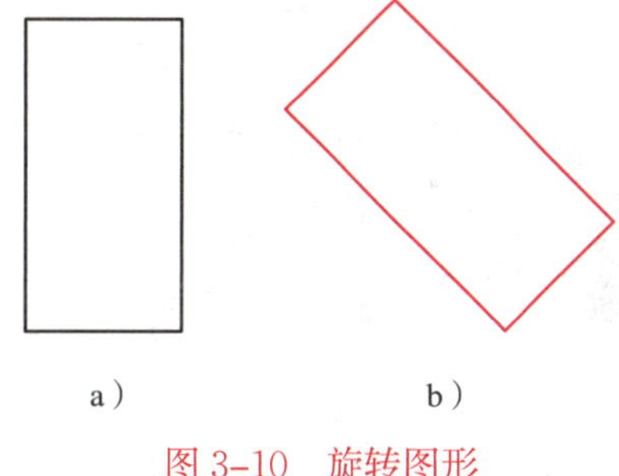

图 3-10　旋转图形

a）旋转对象　b）旋转结果

※ 源文件：计算机制图——AutoCAD 2018 源文件\第三章\旋转图形

打开源文件，单击“默认”→“修改”→“旋转”按钮 ○，启动“旋转”命令，系统给出如下提示。

命令：_rotate
UCS 当前的正角方向：ANGDIR= 逆时针　ANGBASE=0
选择对象：指定对角点：找到 1 个　　// 选择矩形
选择对象：　　// 按回车键，结束选择
指定基点：　　// 选择矩形左下角顶点作为旋转基点
指定旋转角度，或［复制（C）/ 参照（R）］<0>：45
// 输入旋转角度“45”，按回车键

旋转结果如图 3-10b 所示。

3. “旋转”命令常用选项的功能

◇ 复制：旋转图形对象的同时保留原对象，如图 3–11 所示。

◇ 参照：将选定的对象从指定参照角度旋转到绝对角度。

4. 上机训练 2——参照旋转

利用“旋转”命令将如图 3–12a 所示矩形绕 *A* 点顺时针旋转，使 *AB* 与 *CD* 平行。

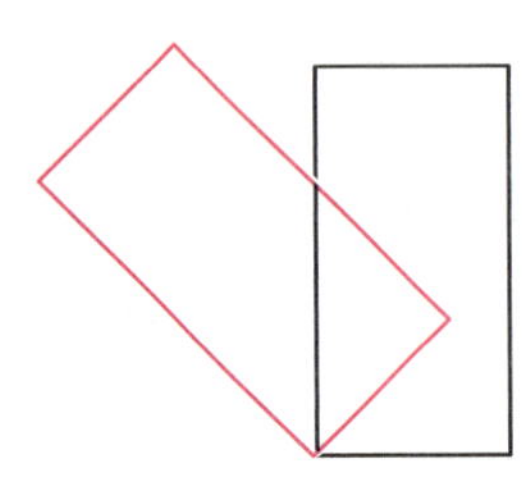

图 3–11　旋转时复制结果

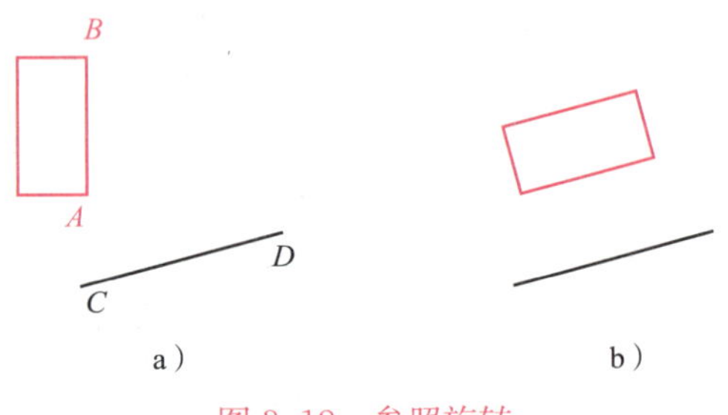

图 3–12　参照旋转

a）旋转前　b）旋转后

※ 源文件：计算机制图——AutoCAD 2018 源文件 \ 第三章 \ 参照旋转

打开源文件，单击“默认”→“修改”→“旋转”按钮 ⟳，启动“旋转”命令，系统给出如下提示。

```
命令：_rotate
UCS 当前的正角方向：ANGDIR= 逆时针    ANGBASE=0
选择对象：指定对角点：找到 1 个                        // 选择矩形
选择对象：                                            // 按回车键，结束选择
指定基点：                                            // 选择矩形上 A 点作为旋转基点
指定旋转角度，或 [ 复制（C）/ 参照（R）] <45>：R
                                // 输入“R”，按回车键，激活“参照”选项
指定参照角 <0>：指定第二点：                          // 先拾取 A 点，然后拾取 B 点
指定新角度或 [ 点（P）] <0>：P        // 输入“P”，按回车键，激活“点”选项
指定第一点：指定第二点：                              // 先拾取 C 点，然后拾取 D 点
```

旋转结果如图 3–12b 所示。

【提示】

当命令行提示“指定旋转角度”时，输入正角度值，对象绕基点逆时针旋转；反之，对象绕基点顺时针旋转。

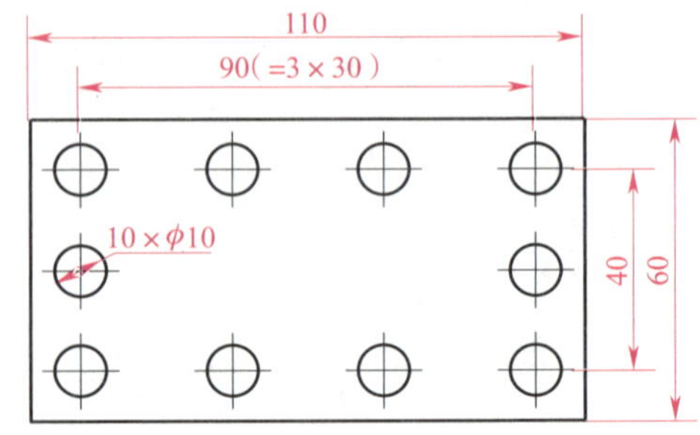

图 3–13　盖板

四、综合实训

1. 绘制盖板

如图 3–13 所示，绘制盖板的图形。

（1）新建图形文件

打开“制图样板”，新建一个图形文件。

（2）绘制矩形

将“粗实线”图层设置为当前图层。启动“直线”命令，绘制一个长 110 mm、宽 60 mm 的矩形，如图 3-14 所示。

（3）绘制一个 ϕ10 mm 圆

启动“圆”命令，以矩形左上角端点为圆心，绘制一个 ϕ10 mm 圆，如图 3-15 所示。

图 3-14　绘制 110 mm × 60 mm 矩形

图 3-15　绘制一个 ϕ10 mm 圆

（4）移动圆

启动“移动”命令，系统给出如下提示。

```
命令：_move
选择对象：找到 1 个                                  // 选择圆作为移动对象
选择对象：                                          // 按回车键，结束移动对象的选择
指定基点或 [ 位移（D）] < 位移 >：D
                                          // 输入“D”，按回车键，激活“位移”选项
指定位移 <0.0000，0.0000，0.0000>：@10，-10
                                          // 输入位移坐标“@10，-10”，按回车键
```

移动圆的结果如图 3-16 所示。

（5）绘制圆的中心线

将“细实线”图层设置为当前图层，绘制圆的中心线，如图 3-17 所示。

图 3-16　移动圆的结果

图 3-17　绘制圆的中心线

【提示】

国家标准规定，机械图样中的短中心线可用细实线绘制。

（6）复制其他位置的圆及中心线

1）启动“复制”命令，复制上方另外的 3 个圆，系统给出如下提示。

```
命令：_copy
选择对象：指定对角点：找到 3 个                                      // 选择圆及中心线
选择对象：                                                           // 按回车键
当前设置：复制模式 = 多个
指定基点或［位移（D）/ 模式（O）］＜位移＞：          // 捕捉圆心，单击鼠标左键
指定第二个点或［阵列（A）］＜使用第一个点作为位移＞：30
                                        // 水平向右移动光标，输入“30”，按回车键
指定第二个点或［阵列（A）/ 退出（E）/ 放弃（U）］＜退出＞：60
                                        // 水平向右移动光标，输入“60”，按回车键
指定第二个点或［阵列（A）/ 退出（E）/ 放弃（U）］＜退出＞：90
                                        // 水平向右移动光标，输入“90”，按回车键
指定第二个点或［阵列（A）/ 退出（E）/ 放弃（U）］＜退出＞：        // 按回车键
```

复制结果如图 3-18 所示。

2）用同样的方法复制其他位置的圆及中心线，如图 3-19 所示。

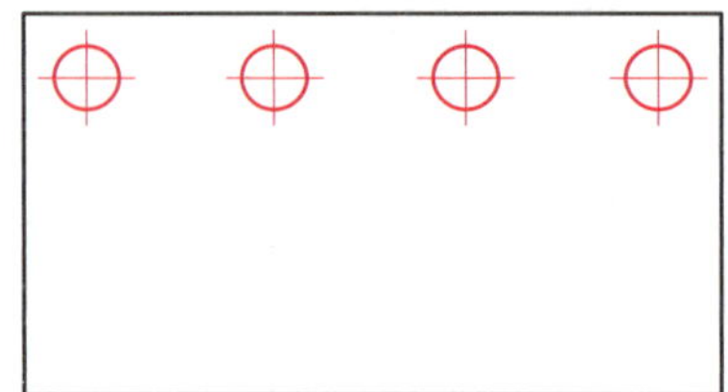

图 3-18　复制上侧圆及中心线

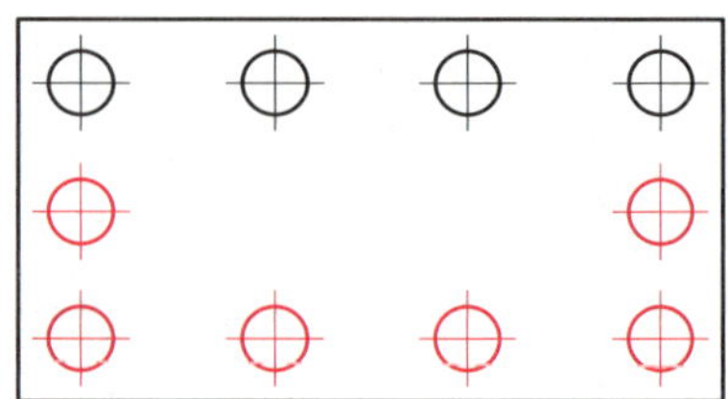

图 3-19　复制其他位置的圆及中心线

2. 绘制连杆

绘制如图 3-20 所示连杆。

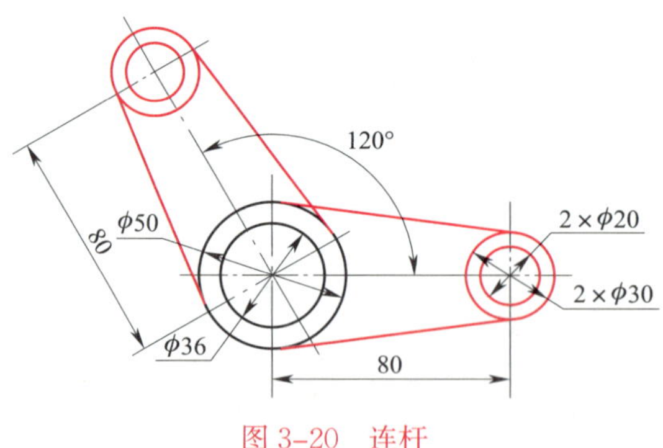

图 3-20　连杆

（1）新建图形文件

打开“制图样板”，新建一个图形文件。

（2）绘制水平中心线

将“细点画线”图层设置为当前图层，启动“直线”命令，绘制水平中心线，系统给出如下提示。

命令：_line
指定第一个点：　　　// 在绘图区适当位置单击鼠标左键，指定水平中心线的第一点
指定下一点或［放弃（U）］：130　　// 水平向右移动光标，输入“130”，按回车键

绘图结果如图 3–21 所示。

图 3–21　绘制水平中心线

（3）调整线型比例

比较图 3–21 与图 3–20 中的细点画线不难看出，图 3–21 中细点画线的线长、点的长度和间隔都比图 3–20 中的要大，显然这样的图线不符合作图要求，这就需要调整图线的线型比例。

线型比例用于设定对象的比例，不同线型比例的细点画线和细虚线示例如图 3–22 所示。

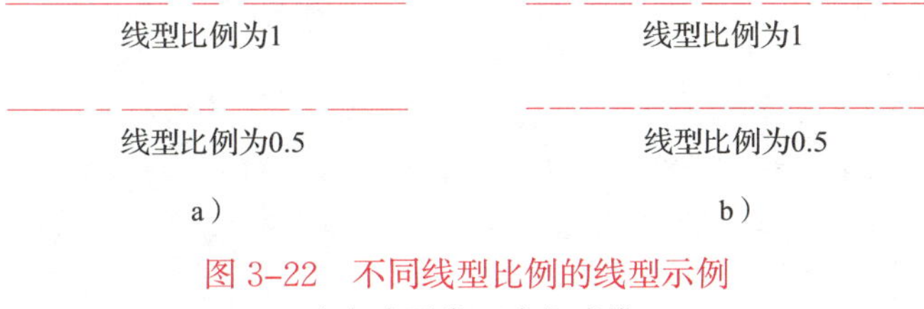

图 3–22　不同线型比例的线型示例

a）细点画线　b）细虚线

调整水平中心线线型比例的步骤如下：

1）选取水平中心线。

2）单击鼠标右键，弹出快捷菜单（图 3–23）。

3）左键单击“特性”，弹出“特性”对话框（图 3–24）。

4）修改“线型比例”为 0.3（图 3–24）。

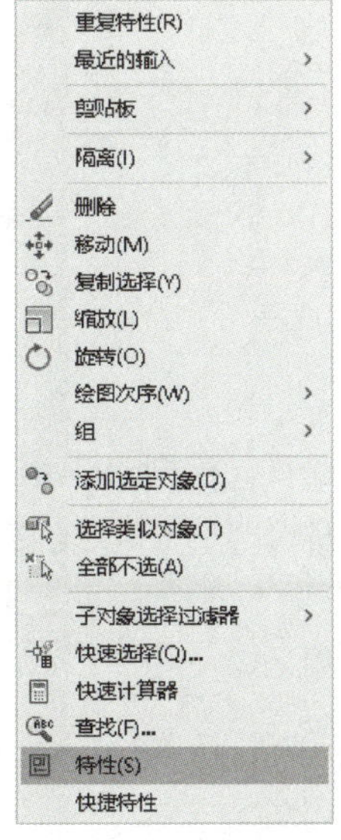

图 3–23　右键快捷菜单

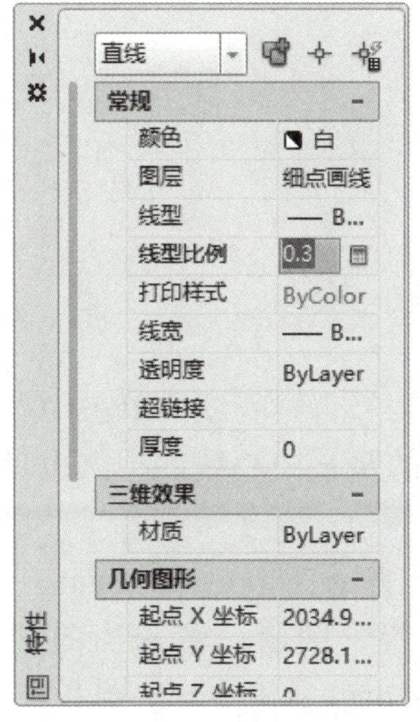

图 3–24　“特性”对话框

调整线型比例为 0.3 后的水平中心线如图 3–25 所示。

图 3–25　线型比例为 0.3 的水平中心线

【提示】

单击菜单栏“工具”→“选项板”→“特性”命令，或单击“默认”→“特性”右侧的斜箭头，也可以打开“特性”对话框。

如果在没有选择任何对象的情况下设置线型比例，则此后所绘图线的线型比例为该设定值。

（4）绘制竖直中心线

1）按 Esc 键取消对水平中心线的选择。

2）在没有选择任何对象的前提下，将“特性”对话框中的线型比例修改为 0.3，然后关闭“特性”对话框。

3）启动“直线”命令，绘制两条竖直中心线，系统给出如下提示。

```
命令：_line
指定第一个点：30　//捕捉水平中心线左侧端点，向右移动光标，输入“30”，按回车键
指定下一点或［放弃（U）］：60　　　　//向上移动光标，输入“60”，按回车键
指定下一点或［放弃（U）］：　　　　　　　　//按回车键，退出“直线”命令
命令：LINE　　　　　　　　　　　　　　　　//按回车键，重启“直线”命令
指定第一个点：20　//捕捉水平中心线右侧端点，向左移动光标，输入“20”，按回车键
指定下一点或［放弃（U）］：40　　　　//向上移动光标，输入“40”，按回车键
指定下一点或［放弃（U）］：　　　　　　　　　　　　　　　　//按回车键
```

绘制结果如图 3–26a 所示。

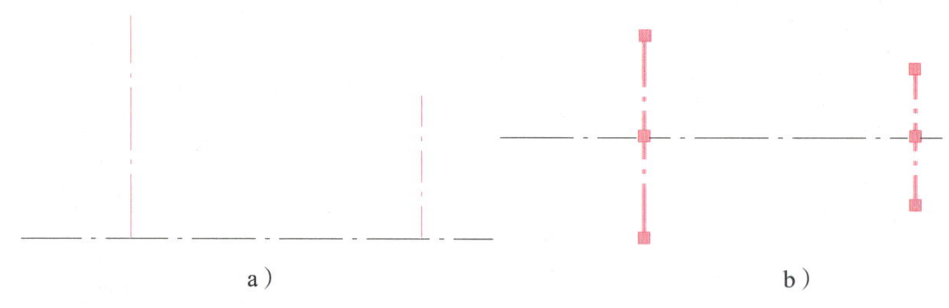

图 3–26　绘制中心线

选中左侧的竖直中心线，单击中点，向下移动光标，将中点移到水平中心线上。用同样的方法将右侧的竖直中心线的中点也移到水平中心线上。编辑竖直中心线的结果如图 3–26b 所示。

（5）绘制下方 ϕ50 mm、ϕ36 mm、ϕ30 mm 和 ϕ20 mm 圆

将“粗实线”图层设置为当前图层，启动“圆”命令，绘制下方 ϕ50 mm（ϕ36 mm）圆和 ϕ30 mm（ϕ20 mm）圆，如图 3–27 所示。

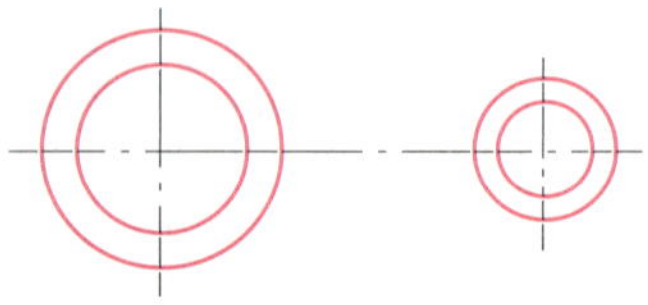

图 3–27　绘制下方 4 个圆

（6）绘制连杆横臂的外轮廓线

绘制连杆横臂的外轮廓线，即 ϕ50 mm 和 ϕ30 mm 两个外圆的切线，启动“直线”命令，系统给出如下提示。

```
命令：_line
指定第一个点：_tan 到          // 按住 Shift 键的同时单击右键，在弹出的“临时捕捉”
                              快捷菜单中选取“切点”，在上方捕捉 φ50 mm 圆，按回车键
指定下一点或［放弃（U）］：_tan 到
                                  // 用同样的方法在上方捕捉 φ30 mm 圆，按回车键
指定下一点或［放弃（U）］：                // 按回车键，结束“直线”命令
命令：LINE                                // 按回车键，重启“直线”命令
指定第一个点：_tan 到          // 用同样的方法在下方捕捉 φ50 mm 圆，按回车键
指定下一点或［放弃（U）］：_tan 到
                                  // 用同样的方法在下方捕捉 φ30 mm 圆，按回车键
指定下一点或［放弃（U）］：                                      // 按回车键
```

绘制结果如图 3-28 所示。

（7）绘制斜臂

斜臂的形状与横臂相同，可以通过“旋转”命令得到。

1）选中要旋转的对象，如图 3-29 所示。

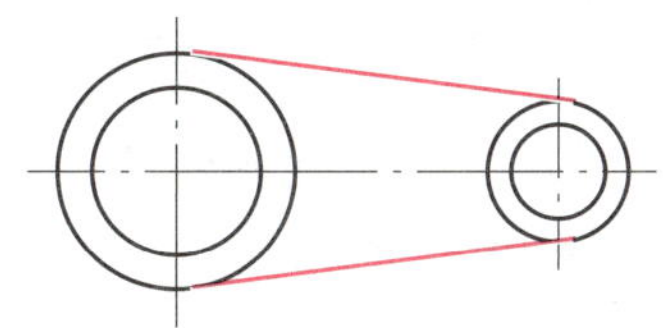

图 3-28　绘制连杆横臂的外轮廓线

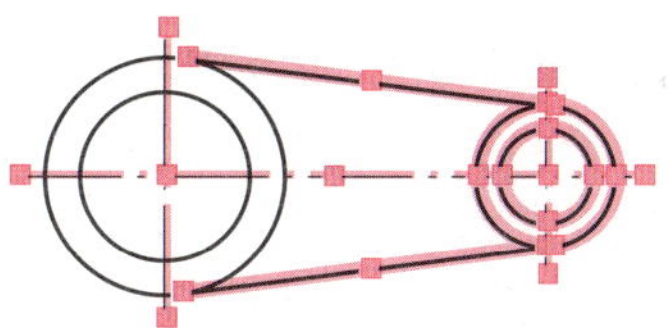

图 3-29　选中要旋转的对象

2）单击“旋转”按钮，系统给出如下提示。

```
命令：_rotate
UCS 当前的正角方向：ANGDIR= 逆时针　ANGBASE=0
找到 7 个
指定基点：                          // 捕捉 φ50 mm 圆的圆心，单击鼠标左键
指定旋转角度，或［复制（C）/ 参照（R）］<120>：C
                              // 输入“C”，按回车键，启动“复制”选项
指定旋转角度，或［复制（C）/ 参照（R）］<0>：120
                                      // 输入旋转角度“120”，按回车键
```

旋转复制结果如图 3-30 所示。

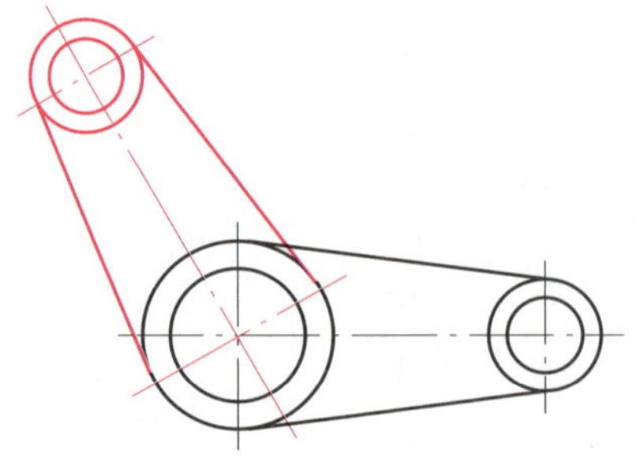

图 3-30　旋转复制斜臂

§3-2　镜像、修剪和延伸

一、镜像对象

“镜像”命令是 AutoCAD 中常用的创建对象的工具之一，它是通过指定对称轴对称复制目标对象，原目标对象可保留也可删除。在实际绘制图形时，常遇到有结构对称的图形，此时使用镜像命令可以大大提高绘图效率。

1. 启动“镜像”命令的方法

◇ 功能区：单击“默认”→“修改”→“镜像”按钮 ⏃。

◇ 菜单栏：选择“修改”→“镜像”命令。

◇ 命令行：“MI（或 MIRROR）”。

2. 上机训练——镜像三角形

如图 3-31a 所示，在细点画线右侧绘制一个与左侧三角形对称的三角形。

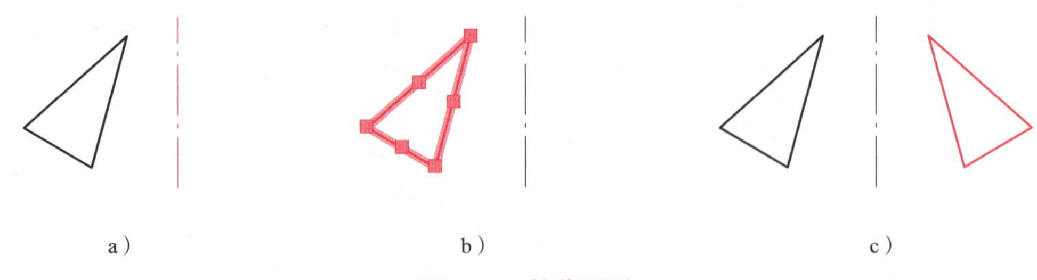

a）　　b）　　c）

图 3-31　镜像图形

a）源文件　b）选择被镜像的图形　c）镜像结果

※ 源文件：计算机制图——AutoCAD 2018 源文件 \ 第三章 \ 镜像图形

打开源文件，单击“默认”→“修改”→“镜像”按钮，启动“镜像”命令，系统给出如下提示。

```
命令：_mirror
选择对象：指定对角点：找到 3 个                        // 选择三角形（图 3-31b）
选择对象：                                                      // 按回车键
指定镜像线的第一点：      // 拾取细点画线的某一个端点作为镜像轴线的第一点
指定镜像线的第二点：      // 拾取细点画线的另一个端点作为镜像轴线的第二点
要删除源对象吗？［是（Y）/ 否（N）］＜否＞：
                          // 按回车键，选择不删除源对象，结束“镜像”操作
```

镜像结果如图 3-31c 所示。

二、修剪对象

“修剪”命令用于沿指定的修剪边界修剪掉目标对象中不需要的部分，所选的修剪边界可以是圆弧、直线以及样条曲线等。在修剪对象时，边界必须要与修剪对象相交，或与其延长线相交。

1. 启动“修剪”命令的方法

◇ 功能区：单击“默认”→“修改”→“修剪”按钮 -/--。

◇ 菜单栏：选择“修改”→“修剪”命令。

◇ 命令行：“TR（或 TRIM）”。

2. 上机训练——修剪图形

如图 3-32a 所示，利用“修剪”命令修剪图形，得到如图 3-32c 所示图形。

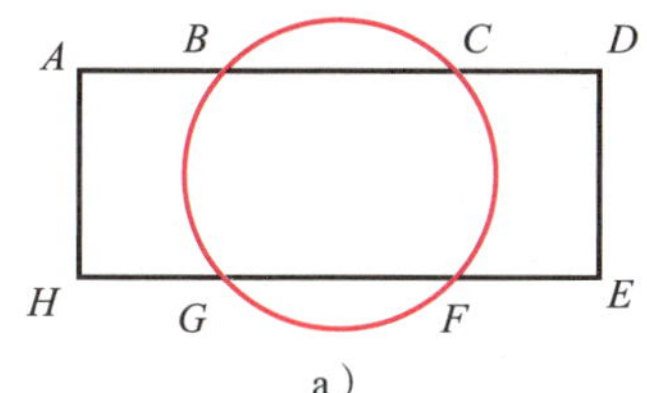

a）

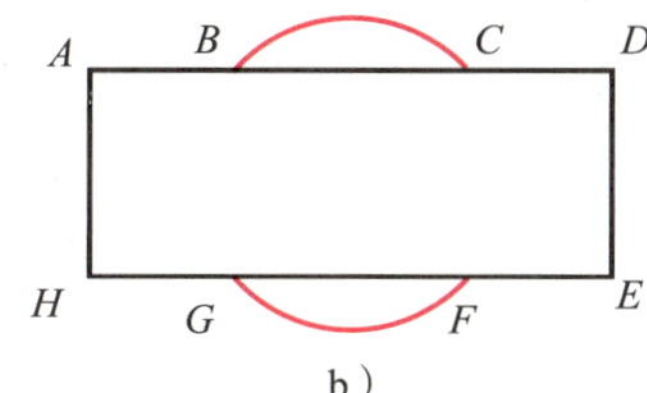

b）

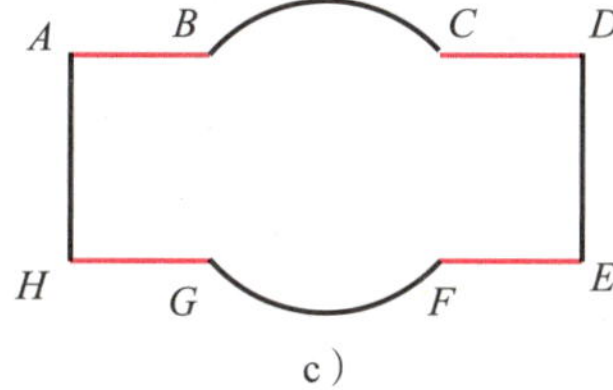

c）

图 3-32　修剪图形

a）源文件　b）修剪圆弧　c）修剪直线

※ 源文件：计算机制图——AutoCAD 2018 源文件 \ 第三章 \ 修剪图形

（1）用“修剪”命令修剪圆弧 $\overset{\frown}{BG}$ 和 $\overset{\frown}{CF}$

打开源文件，单击“默认”→“修改”→“修剪”按钮，启动“修剪”命令，系统给出如下提示。

```
命令：_trim
当前设置：投影 =UCS，边 = 无
选择剪切边...
选择对象或＜全部选择＞：找到 1 个                    // 选择线段 AD 为剪切边
选择对象：找到 1 个，总计 2 个                       // 选择线段 HE 为剪切边
选择对象：                              // 按回车键，结束剪切边界选择
```

```
选择要修剪的对象，或按住 Shift 键选择要延伸的对象，或
[栏选（F）/ 窗交（C）/ 投影（P）/ 边（E）/ 删除（R）/ 放弃（U）]:
                                                //选择要修剪的圆弧BG
选择要修剪的对象，或按住 Shift 键选择要延伸的对象，或
[栏选（F）/ 窗交（C）/ 投影（P）/ 边（E）/ 删除（R）/ 放弃（U）]:
                                                //选择要修剪的圆弧CF
选择要修剪的对象，或按住 Shift 键选择要延伸的对象，或
[栏选（F）/ 窗交（C）/ 投影（P）/ 边（E）/ 删除（R）/ 放弃（U）]:
                                         //按回车键，结束“修剪”操作
```

修剪结果如图 3–32b 所示。

（2）用“修剪”命令修剪线段 *BC* 和 *GF*

用同样的方法完成线段 *BC* 和 *GF* 的修剪，如图 3–32c 所示。

三、延伸对象

“延伸”命令用于将直线、曲线等对象延伸到指定边界对象上，使其与边界对象相交。此边界对象有时可能是隐含边界，此时对象延伸后并不与边界对象直接相交，而是与边界的隐含对象相交。

1. 启动“延伸”命令的方法

◇ 功能区：单击“默认”→“修改”→“延伸”按钮 --/。

◇ 菜单栏：选择“修改”→“延伸”命令。

◇ 命令行：“EX（或 EXTEND）”。

2. 上机训练——延伸图线

如图 3–33a 所示，利用“延伸”命令将线段 *AB* 和 *AC* 延伸到线段 *EF* 或其延长线上。

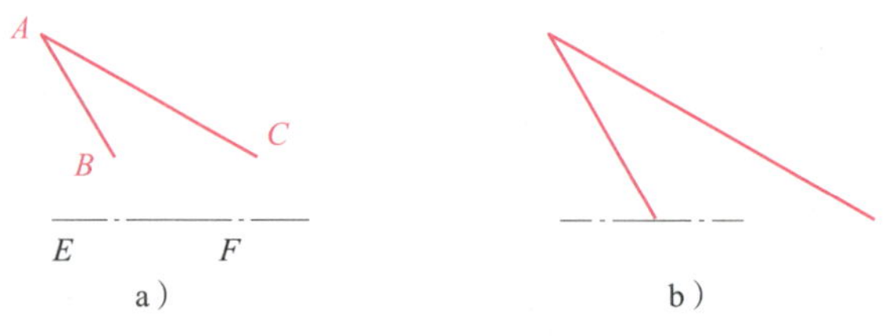

图 3–33　延伸对象

a）延伸前　b）延伸后

※ 源文件：计算机制图——AutoCAD 2018 源文件 \ 第三章 \ 延伸对象

打开源文件，单击“默认”→“修改”→“延伸”按钮，启动“延伸”命令，系统给出如下提示。

```
命令：_extend
当前设置：投影 =UCS，边 = 无
选择边界的边...
选择对象或 <全部选择>：找到 1 个          //选择线段 EF，作为延伸边界
```

选择对象：　　　　　　　　　　　　　　　　　　　　　　　// 按回车键，结束边界拾取
选择要延伸的对象，或按住 Shift 键选择要修剪的对象，或
[栏选（F）/ 窗交（C）/ 投影（P）/ 边（E）/ 放弃（U）]：
　　　　　　　　　　　　　　　　　　　　　　　　　　// 选择线段 *AB* 作为延伸对象
选择要延伸的对象，或按住 Shift 键选择要修剪的对象，或
[栏选（F）/ 窗交（C）/ 投影（P）/ 边（E）/ 放弃（U）]：
　　　　　　　　　　　　　　　　　　　　　　　　　　// 选择线段 *AC* 作为延伸对象
选择要延伸的对象，或按住 Shift 键选择要修剪的对象，或
[栏选（F）/ 窗交（C）/ 投影（P）/ 边（E）/ 放弃（U）]：　　　　　　　　// 按回车键

延伸结果如图 3-33b 所示。

【提示】

打开“修剪”命令按钮右侧的下拉箭头，在下拉菜单中即可找到“延伸”命令按钮。

四、综合实训

1. 绘制密封板平面图

绘制如图 3-34 所示密封板平面图（不标注尺寸）。

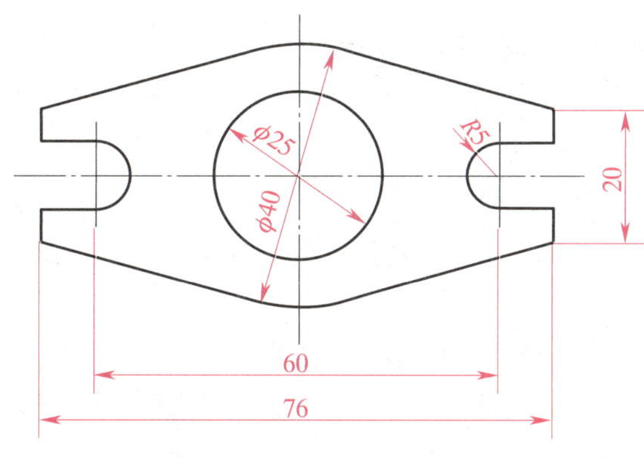

图 3-34　密封板平面图

（1）新建图形文件

打开“制图样板”，新建一个图形文件。

（2）设置线型比例

单击菜单栏“工具”→“选项板”→“特性”命令，打开“特性”对话框，设置合适的线型比例（如 0.35）。

【提示】

在本书后面介绍的绘图步骤中，图线的线型比例将按照实际情况进行设置，不再赘述。

（3）绘制中心线

1）将“细点画线”图层设置为当前图层，绘制一条长 86 mm 的水平中心线和一条长 50 mm 的竖直中心线，如图 3-35a 所示。

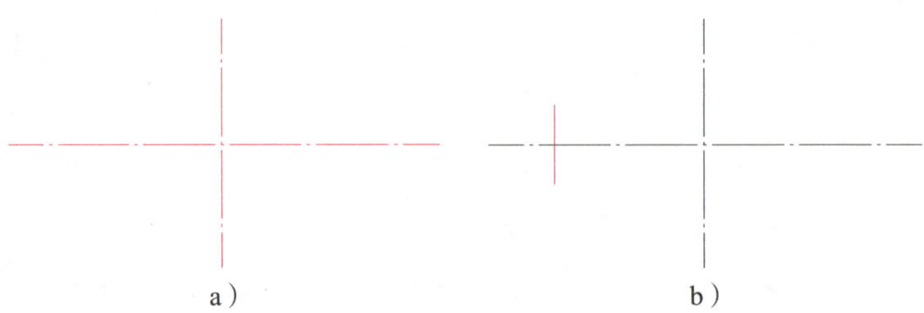

图 3–35　绘制中心线

2）将“细实线”图层设置为当前图层，在左侧绘制 R5 mm 圆弧的竖直中心线（长 16 mm），如图 3–35b 所示。

（4）绘制 ϕ25 mm 圆和 ϕ40 mm 圆

将“粗实线”层设为当前图层，启动“圆”命令，绘制 ϕ25 mm 和 ϕ40 mm 圆，如图 3–36 所示。

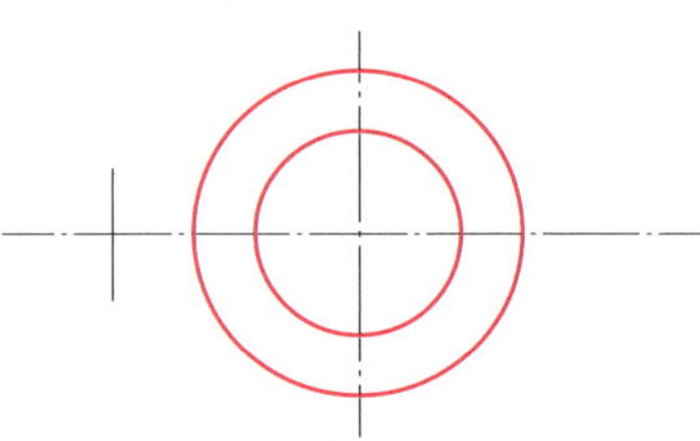
图 3–36　绘制 ϕ25 mm 圆和 ϕ40 mm 圆

（5）绘制 R5 mm 圆弧

1）在左侧绘制半径为 5 mm 的圆，如图 3–37a 所示。

2）启动“修剪”命令，系统给出如下提示。

```
命令：_trim
当前设置：投影 =UCS，边 = 延伸
选择剪切边...
选择对象或＜全部选择＞：找到 1 个
                    // 选择 R5 mm 圆的竖直中心线为剪切边，按回车键
选择对象：                                        // 按回车键
选择要修剪的对象，或按住 Shift 键选择要延伸的对象，或
[栏选（F）/ 窗交（C）/ 投影（P）/ 边（E）/ 删除（R）/ 放弃（U）]：
                              // 选择 R5 mm 圆左侧，单击鼠标左键
选择要修剪的对象，或按住 Shift 键选择要延伸的对象，或
[栏选（F）/ 窗交（C）/ 投影（P）/ 边（E）/ 删除（R）/ 放弃（U）]：  // 按回车键
```

修剪结果如图 3–37b 所示。

（6）绘制左上方轮廓

1）启动“直线”命令，捕捉 R5 mm 圆弧的上端点，单击鼠标左键。

2）向左移动光标，输入“8”，按空格键。

3）向上移动光标，输入“5”，按空格键。

4）捕捉直线与 ϕ40 mm 圆的上切点，单击鼠标左键。

5）按空格键，退出“直线”命令。

绘制结果如图 3–38 所示。

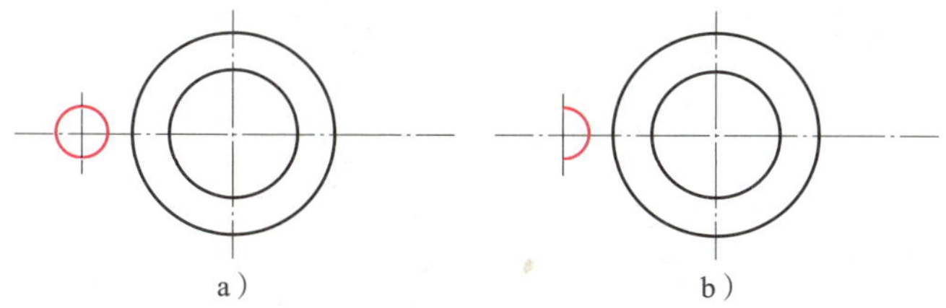

图 3-37　绘制 R5 mm 圆弧

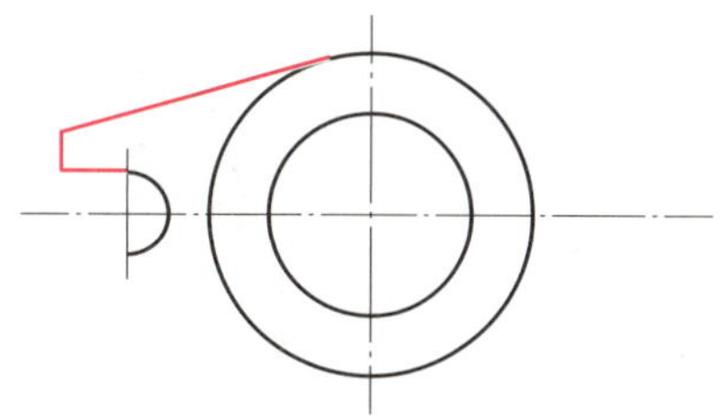

图 3-38　绘制左上方轮廓

（7）镜像左下方轮廓

启动“镜像”命令，系统给出如下提示。

命令：_mirror
选择对象：指定对角点：找到 3 个　　//选择直线轮廓（图 3-39a）
选择对象：　　//按回车键
指定镜像线的第一点：　　//捕捉水平中心线左端点，单击鼠标左键
指定镜像线的第二点：　　//捕捉水平中心线右端点，单击鼠标左键
要删除源对象吗？［是（Y）/否（N）］＜否＞：　　//按回车键

镜像结果如图 3-39b 所示。

（8）镜像右侧轮廓

重新启动“镜像”命令，镜像右侧轮廓，如图 3-40 所示。

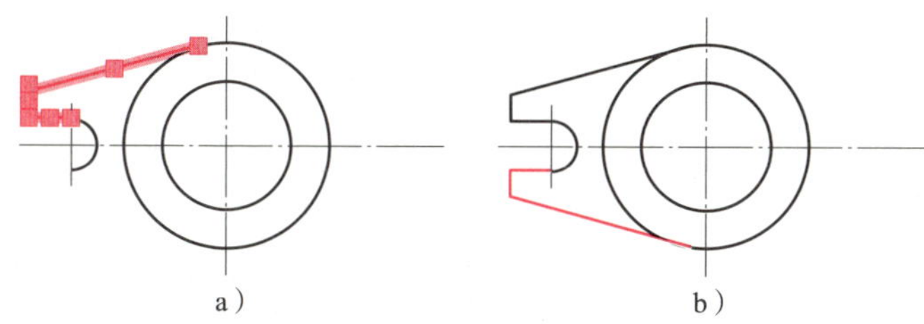

图 3-39　镜像左下方轮廓

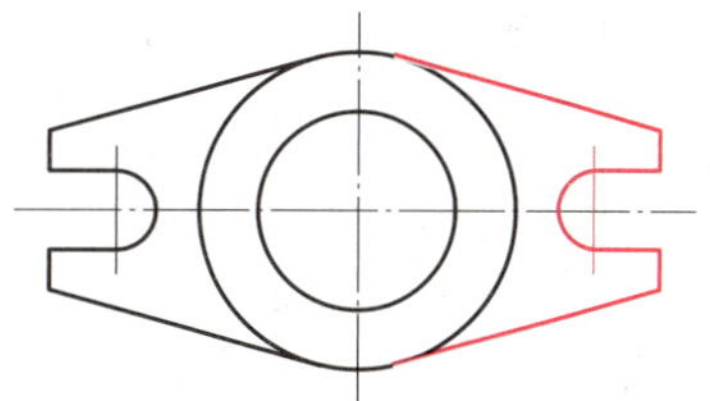

图 3-40　镜像右侧轮廓

（9）修剪多余圆弧

启动“修剪”命令，修剪 ϕ40 mm 圆上的多余圆弧，系统给出如下提示。

命令：_trim
当前设置：投影 =UCS，边 = 延伸
选择剪切边...
选择对象或＜全部选择＞：找到 1 个　　//选择左上斜线
选择对象：找到 1 个，总计 2 个　　//选择左下斜线
选择对象：找到 1 个，总计 3 个　　//选择右上斜线
选择对象：找到 1 个，总计 4 个　　//选择右下斜线
选择对象：　　//按回车键

选择要修剪的对象，或按住 Shift 键选择要延伸的对象，或
[栏选（F）/ 窗交（C）/ 投影（P）/ 边（E）/ 删除（R）/ 放弃（U）]：
// 选择 ϕ40mm 圆左侧
选择要修剪的对象，或按住 Shift 键选择要延伸的对象，或
[栏选（F）/ 窗交（C）/ 投影（P）/ 边（E）/ 删除（R）/ 放弃（U）]：
// 选择 ϕ40mm 圆右侧
选择要修剪的对象，或按住 Shift 键选择要延伸的对象，或
[栏选（F）/ 窗交（C）/ 投影（P）/ 边（E）/ 删除（R）/ 放弃（U）]：// 按回车键

修剪结果如图 3-41 所示。至此，图形绘制完毕。

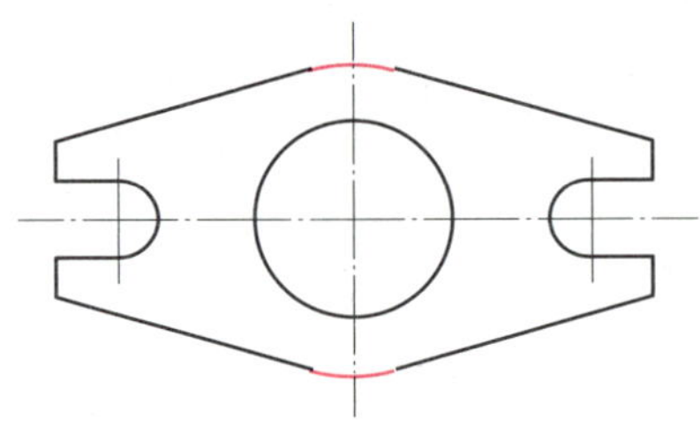

图 3-41 修剪圆弧

2. 绘制台阶轴

绘制如图 3-42 所示台阶轴（不标注尺寸）。

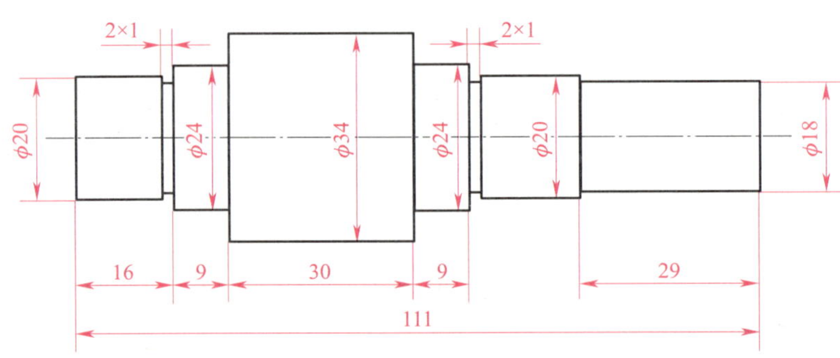

图 3-42 台阶轴

（1）绘制轴线

将“细点画线”图层设置为当前图层，启动“直线”命令，绘制轴线（长 121 mm），如图 3-43 所示。

（2）绘制上半部分轮廓线

将“粗实线”图层设置为当前图层，启动“直线”命令，系统给出如下提示。

图 3-43 绘制轴线及上半部分轮廓线

```
命令：_line
指定第一个点：5          //捕捉轴线左侧端点，向右移动光标，输入“5”，按回车键
指定下一点或［放弃（U）］：10          //向上移动光标，输入“10”，按回车键
指定下一点或［放弃（U）］：14          //向右移动光标，输入“14”，按回车键
指定下一点或［闭合（C）/放弃（U）］：1 //向下移动光标，输入“1”，按回车键
指定下一点或［闭合（C）/放弃（U）］：2 //向右移动光标，输入“2”，按回车键
指定下一点或［闭合（C）/放弃（U）］：3 //向上移动光标，输入“3”，按回车键
指定下一点或［闭合（C）/放弃（U）］：9 //向右移动光标，输入“9”，按回车键
指定下一点或［闭合（C）/放弃（U）］：5 //向上移动光标，输入“5”，按回车键
指定下一点或［闭合（C）/放弃（U）］： 30 //向右移动光标，输入“30”，按回车键
……                                          //依次绘制其他轮廓线
指定下一点或［闭合（C）/放弃（U）］：29  //向右移动光标，输入“29”，按回车键
指定下一点或［闭合（C）/放弃（U）］：
                        //向下移动光标，捕捉与轴线的垂足，单击鼠标左键
指定下一点或［闭合（C）/放弃（U）］：                          //按回车键
```

绘制结果如图 3-43 所示。

（3）延伸竖直轮廓线

单击“延伸”按钮，启动“延伸”命令，系统给出如下提示。

```
命令：_extend
当前设置：投影 =UCS，边 = 延伸
选择边界的边...
选择对象或＜全部选择＞：找到 1 个                  //选择轴线作为延伸边界
选择对象：                                          //按回车键
选择要延伸的对象，或按住 Shift 键选择要修剪的对象，或
［栏选（F）/窗交（C）/投影（P）/边（E）/放弃（U）］：
                                         //选择左侧竖线①（图 3-44a）
选择要延伸的对象，或按住 Shift 键选择要修剪的对象，或
［栏选（F）/窗交（C）/投影（P）/边（E）/放弃（U）］： //选择左侧竖线②（图 3-44a）
……                                  //依次选择竖线③、④、⑤、⑥、⑦
选择要延伸的对象，或按住 Shift 键选择要修剪的对象，或
［栏选（F）/窗交（C）/投影（P）/边（E）/放弃（U）］：          //按回车键
```

延伸结果如图 3-44b 所示。

（4）镜像下半部分轮廓线

启动“镜像”命令，以轴线作为镜像线，镜像下部轮廓，如图 3-45 所示。至此，图形绘制完毕。

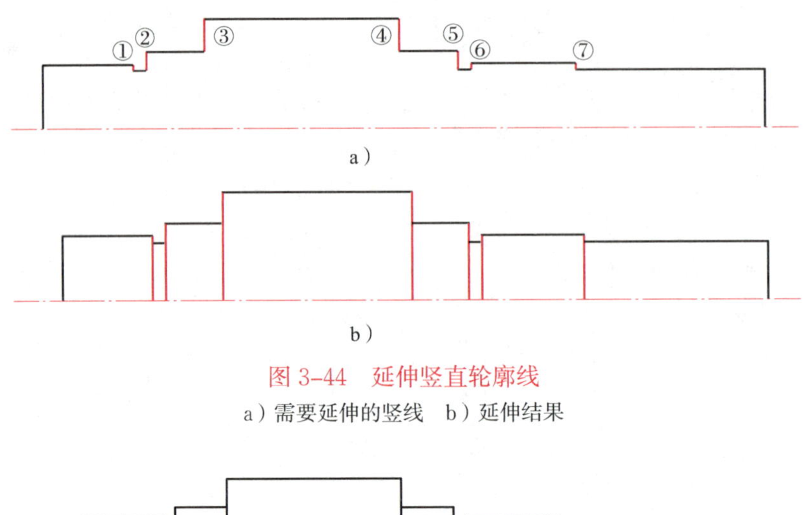

图 3-44　延伸竖直轮廓线

a）需要延伸的竖线　b）延伸结果

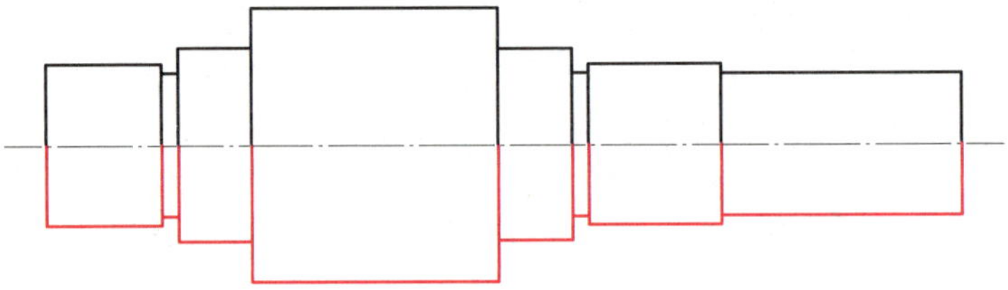

图 3-45　镜像下部轮廓

§3-3　分解、合并、偏移和删除

一、分解

“分解”命令用于将矩形、正多边形、多段线等复合图形对象分解成简单的基本图形对象，以便利用编辑工具对复合图形中的单个或多个基本对象进行编辑。

1. 启动“分解”命令的方法

◇ 功能区：单击“默认”→“修改”→“分解”按钮 。

◇ 菜单栏：选择“修改”→“分解”命令。

◇ 命令行：“X（或 EXPLODE）”。

2. 上机训练——分解复合图形

利用“分解”命令分解如图 3-46 所示的复合图形对象。

※ 源文件：计算机制图——AutoCAD 2018 源文件 \ 第三章 \ 分解复合图形对象

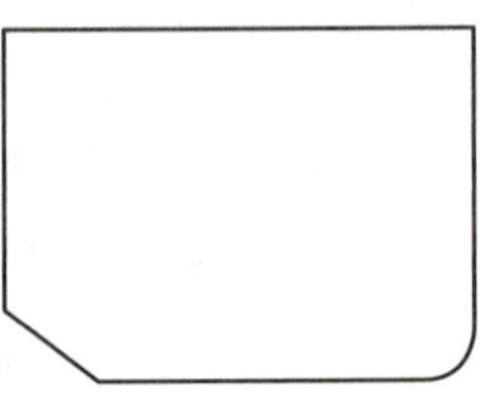

图 3-46　复合图形对象

打开源文件，单击“默认”→“修改”→“分解”按钮，启动“分解”命令，系统给出如下提示。

```
命令：_explode
选择对象：找到 1 个                    // 拾取要分解的复合图形对象
选择对象：                              // 按回车键
```

【提示】

分解前后，图形对象表面上没有变化，但选择对象后，可以看出，分解前，图形是一个整体对象（图 3—47a）；分解后，图形由几个独立的对象组合而成（图 3—47b）。

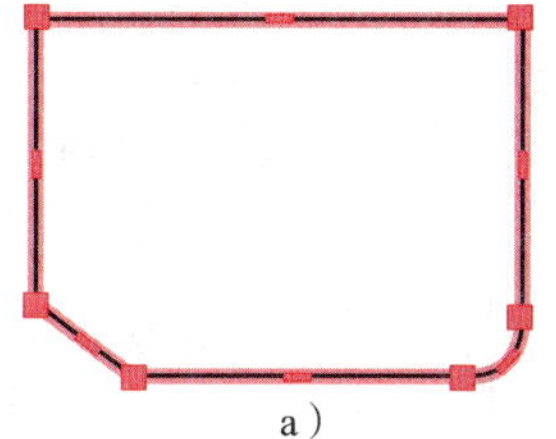
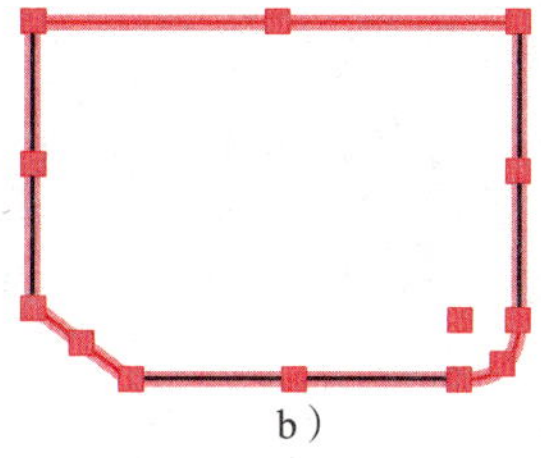

图 3-47　分解复合图形对象

a）分解前　b）分解后

二、合并

“合并”命令可以将直线、圆弧、椭圆弧和样条曲线等独立的对象合并为一个对象。

1. 启动“合并”命令的方法

◇ 功能区：单击“默认”→“修改”→“合并”按钮 ⁺⁺。

◇ 菜单栏：选择“修改”→“合并”命令。

◇ 命令行：“J（或 JOIN）”。

2. 上机训练——合并对象

如图 3-48a 所示，用“合并”命令将 4 段圆弧合并为一个对象，如图 3-48b 所示。

※ 源文件：计算机制图——AutoCAD 2018 源文件 \ 第三章 \ 合并对象

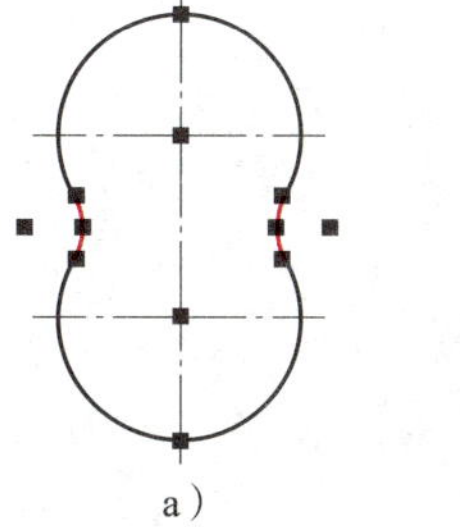
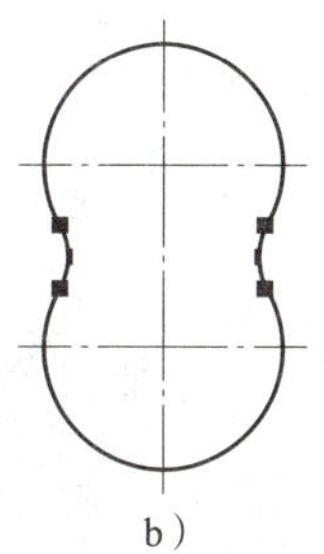

图 3-48　合并对象

a）合并前　b）合并后

打开源文件，单击“默认”→“修改”→“合并”按钮，启动“合并”命令，系统给出如下提示。

```
命令：_join
选择源对象或要一次合并的多个对象：找到 1 个      // 选择上方圆弧作为合并对象
选择要合并的对象：找到 1 个，总计 2 个           // 选择左侧圆弧作为合并对象
选择要合并的对象：找到 1 个，总计 3 个           // 选择下方圆弧作为合并对象
选择要合并的对象：找到 1 个，总计 4 个           // 选择右侧圆弧作为合并对象
选择要合并的对象：                               // 按回车键
```

执行“合并”命令后，4 段圆弧变为 1 条多段线，如图 3-48b 所示。

三、偏移对象

在 AutoCAD 作图过程中，常常需要绘制同心圆、平行线或者等距的曲线，此时，就可以采用“偏移”命令进行编辑。“偏移”也称“偏移复制”，该命令可以在复制对象的同时将对象偏移到指定的位置，在 AutoCAD 绘图中应用较频繁。

1. 启动“偏移”命令的方法

◇ 功能区：单击“默认”→“修改”→“偏移”按钮。

◇ 菜单栏：选择“修改”→“偏移”命令。

◇ 命令行：“O（或 OFFSET）”。

2. 上机训练 1——偏移直线

绘制一条长 80 mm 的竖线 *AB*，然后利用“偏移”命令在其右侧绘制一条平行线，两直线间的距离为 60 mm。

（1）启动“直线”命令，绘制一条长 80 mm 的竖线，如图 3-49a 所示。

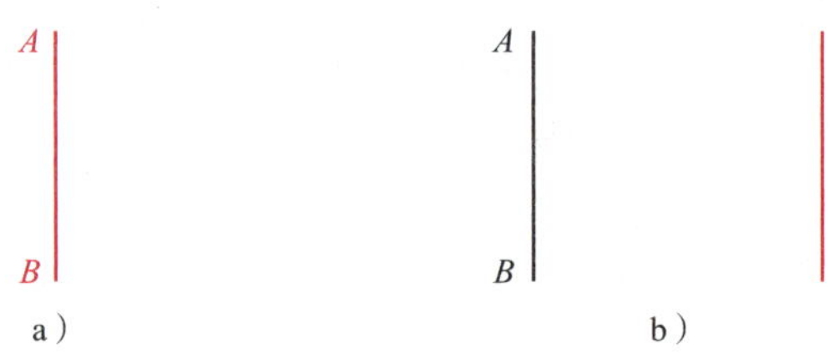

图 3-49　利用“偏移”命令绘制直线

a）偏移前　b）偏移后

（2）单击“默认”→“修改”→“偏移”按钮，启动“偏移”命令，系统给出如下提示。

```
命令：_offset
当前设置：删除源 = 否　图层 = 源　OFFSETGAPTYPE=0
指定偏移距离或［通过（T）/ 删除（E）/ 图层（L）］<通过>：60
                    // 输入线段 AB 所要偏移的距离“60”，按回车键
选择要偏移的对象，或［退出（E）/ 放弃（U）］<退出>：// 选择线段 AB 作为偏移对象
指定要偏移的那一侧上的点，或［退出（E）/ 多个（M）/ 放弃（U）］<退出>：
        // 在线段 AB 右边区域单击鼠标左键拾取任意一点，确定偏移方向（右）
选择要偏移的对象，或［退出（E）/ 放弃（U）］<退出>：          // 按回车键
```

偏移结果如图 3-49b 所示。

3. 上机训练 2——偏移曲线

如图 3-50a 所示，利用“偏移”命令，在“8 字曲线”内部绘制一条距离为 10 mm 的等距线，如图 3-50b 所示。

※ 源文件：计算机制图——AutoCAD 2018 源文件 \ 第三章 \ 偏移“8 字曲线”

打开源文件，单击“默认”→“修改”→“偏移”按钮，系统给出如下提示。

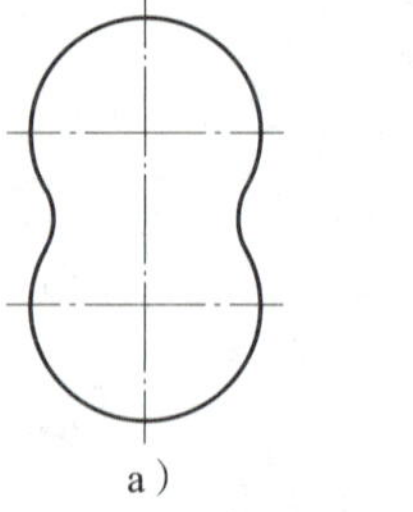
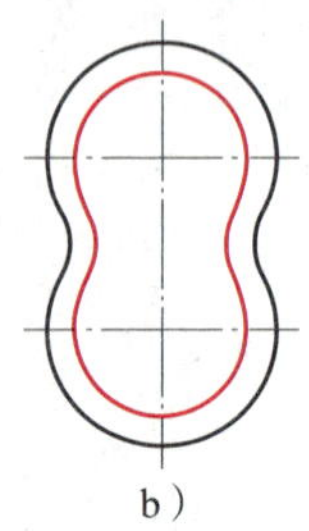

a）　b）

图 3-50　偏移“8 字曲线”

a）源文件　b）绘制结果

```
命令：_offset
当前设置：删除源 = 否　图层 = 源　OFFSETGAPTYPE=0
指定偏移距离或［通过（T）/ 删除（E）/ 图层（L）］＜通过＞：10
                                          // 输入所要偏移的距离“10”，按回车键
选择要偏移的对象，或［退出（E）/ 放弃（U）］＜退出＞：
                                               // 选择“8 字曲线”作为偏移对象
指定要偏移的那一侧上的点，或［退出（E）/ 多个（M）/ 放弃（U）］＜退出＞：
                   // 在“8 字曲线”内部区域单击鼠标左键拾取任意一点，确定偏移方向
选择要偏移的对象，或［退出（E）/ 放弃（U）］＜退出＞：          // 按回车键
```

偏移结果如图 3–50b 所示。

【提示】

执行“偏移”命令时，不同结构的对象，其偏移结果也会不同。比如圆或椭圆被偏移后，对象的尺寸发生了变化，而直线偏移后，尺寸保持不变。另外被偏移的对象必须是单个对象或由几个对象合并成的单一复合对象。

四、删除

“删除”命令用于删除图形中多余或错误的图形对象。

1. 启动“删除”命令的方法

◇ 功能区：单击“默认”→“修改”→“删除”按钮 。

◇ 菜单栏：选择“修改”→“删除”命令。

◇ 命令行：“E（或 ERA、ERASE）”。

2. 上机训练——删除直线

利用“删除”命令删除图 3–51a 中的直线。

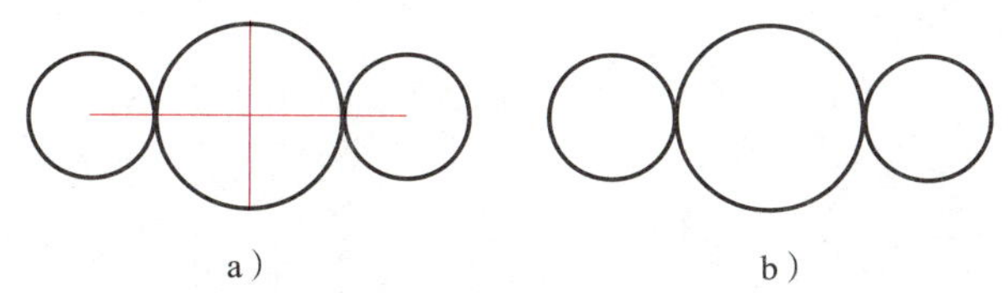

图 3–51　删除直线

a）源文件　b）删除后的结果

※ 源文件：计算机制图——AutoCAD 2018 源文件 \ 第三章 \ 删除直线

打开源文件，单击“默认”→“修改”→“删除”按钮，系统给出如下提示。

```
命令：_erase
选择对象：找到 1 个                                 // 选择竖直线
选择对象：找到 1 个，总计 2 个                      // 选择横直线
选择对象：                                          // 按回车键
```

删除结果如图 3–51b 所示。

五、综合实训

1. 绘制槽轮

绘制如图 3–52 所示槽轮。

（1）绘制槽轮外框

将“粗实线”图层设置为当前图层，启动“矩形”命令，在绘图区绘制一个 80 mm × 120 mm 的矩形，如图 3–53 所示。

（2）绘制中心线

1）将“细点画线”图层设置为当前图层。

2）启动“直线”命令捕捉矩形左侧轮廓线的中点，向左移动光标，输入“10”，按回车键。

3）向右移动光标，输入“100”，按回车键。

绘制结果如图 3–53 所示。

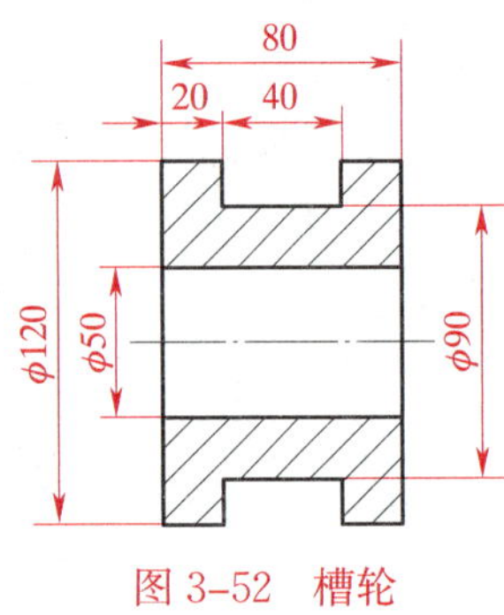

图 3–52　槽轮

图 3–53　绘制矩形及中心线

（3）分解矩形

单击“默认”→“修改”→“分解”按钮，启动“分解”命令，将矩形分解为 4 条直线。

（4）偏移轮廓线

1）启动“偏移”命令，偏移竖直轮廓线，系统给出如下提示。

```
命令：_offset
当前设置：删除源 = 否　图层 = 源　OFFSETGAPTYPE=0
指定偏移距离或［通过（T）/ 删除（E）/ 图层（L）］＜通过＞：20
                                        // 输入“20”，按回车键
选择要偏移的对象，或［退出（E）/ 放弃（U）］＜退出＞：
                                        // 拾取左侧轮廓线
指定要偏移的那一侧上的点，或［退出（E）/ 多个（M）/ 放弃（U）］＜退出＞：
                                        // 在左侧轮廓线的右侧单击鼠标左键
选择要偏移的对象，或［退出（E）/ 放弃（U）］＜退出＞：
                                        // 拾取右侧轮廓线
指定要偏移的那一侧上的点，或［退出（E）/ 多个（M）/ 放弃（U）］＜退出＞：
```

//在右侧轮廓线的左侧单击鼠标左键
选择要偏移的对象，或［退出（E）/放弃（U）］<退出>： //按回车键

偏移复制结果如图 3-54 所示。

2）重新启动“偏移”命令，将上轮廓线向下、下轮廓线向上分别偏移 15 mm，得到凹槽的水平轮廓线，如图 3-55 所示。

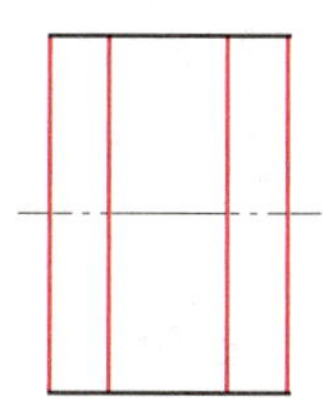

图 3-54 偏移复制竖直轮廓线

图 3-55 偏移复制凹槽水平轮廓线

3）重新启动“偏移”命令，将上轮廓线向下、下轮廓线向上分别偏移 35 mm，得到轴孔的轮廓线，如图 3-56 所示。

（5）修剪凹槽轮廓线

启动“修剪”命令，修剪凹槽的多余轮廓线，如图 3-57 所示。

（6）填充剖面线

1）将“细实线”图层设置为当前图层。

2）启动“图案填充”命令，弹出“图案填充创建”对话框。

3）在“图案”功能区选择“ANSI31”，“比例”对话框输入“3”，其他参数采用默认值。图案填充结果如图 3-58 所示。至此，图形绘制完毕。

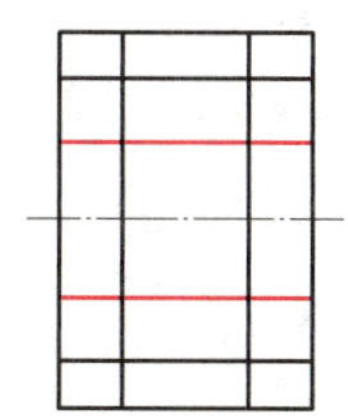

图 3-56 偏移轴孔的轮廓线

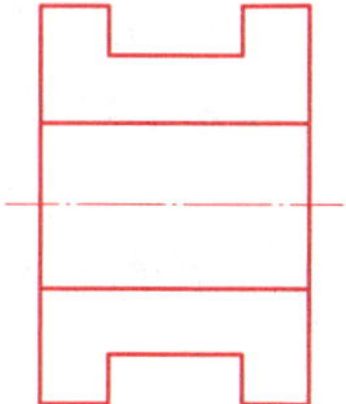

图 3-57 修剪凹槽多余轮廓线

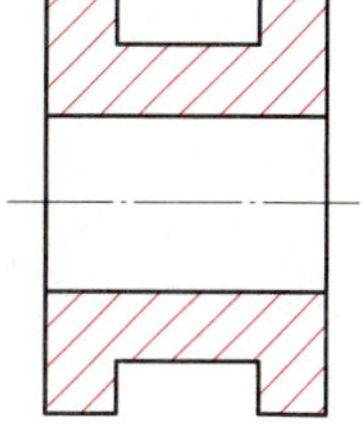

图 3-58 填充剖面线

2. 绘制凸轮

绘制如图 3-59 所示凸轮。

（1）绘制中心线

1）打开“特性”对话框，设置线型比例为 0.6。

2）将“细点画线”图层设置为当前图层，启动“直线”命令，绘制中心线，如图 3-60 所示。

（2）绘制 ϕ30 mm 圆

将“粗实线”图层设置为当前图层，启动“圆”命令，绘制中间 ϕ30 mm 圆，如图 3-60 所示。

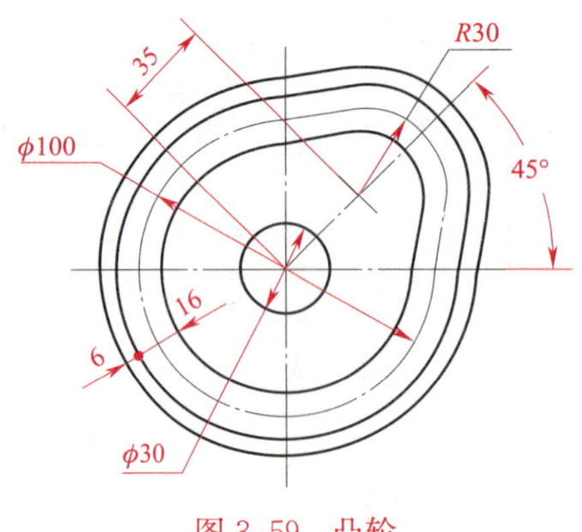

图 3-59　凸轮

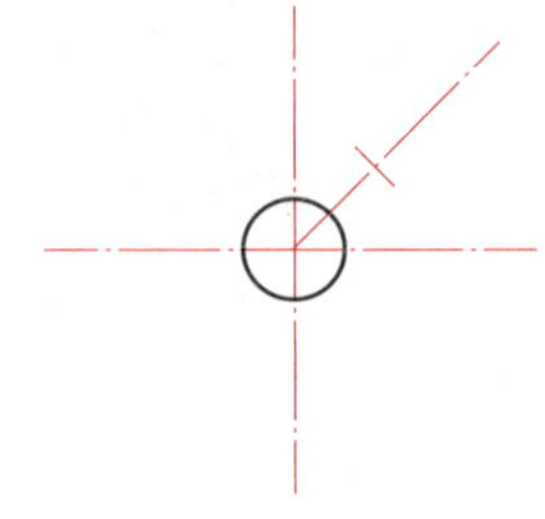
图 3-60　绘制中心线和 ϕ30 mm 圆

（3）绘制凸轮中心线

1）重新启动“圆”命令，绘制 ϕ100 mm 圆和 R30 mm 圆，如图 3-61a 所示。

2）启动“直线”命令，绘制 ϕ100 mm 圆和 R30 mm 圆的公切线，如图 3-61b 所示。

3）启动“修剪”命令，修剪多余的圆弧，如图 3-61c 所示。

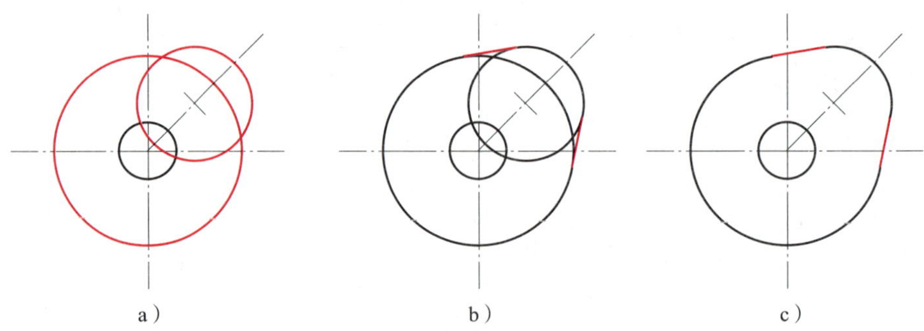

图 3-61　绘制凸轮的中心线

（4）合并凸轮中心线

启动“合并”命令，将两段圆弧和两段直线合并成一条多段线。

（5）偏移轮廓线

1）启动“偏移”命令，将凸轮的中心线分别向内和向外偏移 8 mm，如图 3-62a 所示。

2）重启“偏移”命令，将凸轮的外轮廓线向外偏移 6 mm，如图 3-62b 所示。

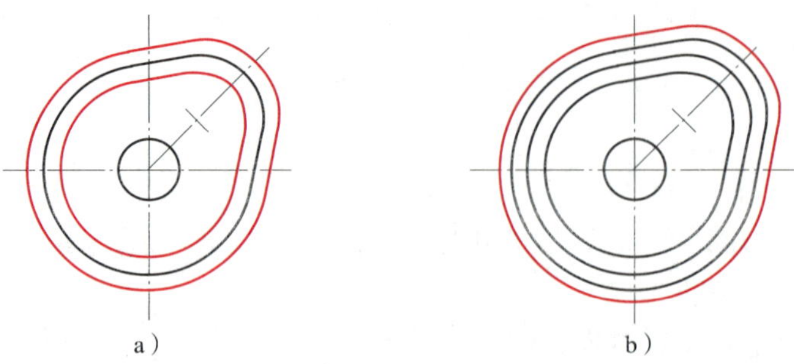

图 3-62　偏移轮廓线

（6）将凸轮中心线修改为细点画线

选择凸轮中心线，单击“图层”下拉菜单，选择“细点画线”图层（图 3–63），将凸轮的中心线由“粗实线”改为“细点画线”，如图 3–64 所示，修改之后的凸轮中心线变为细点画线。至此，图形绘制完毕。

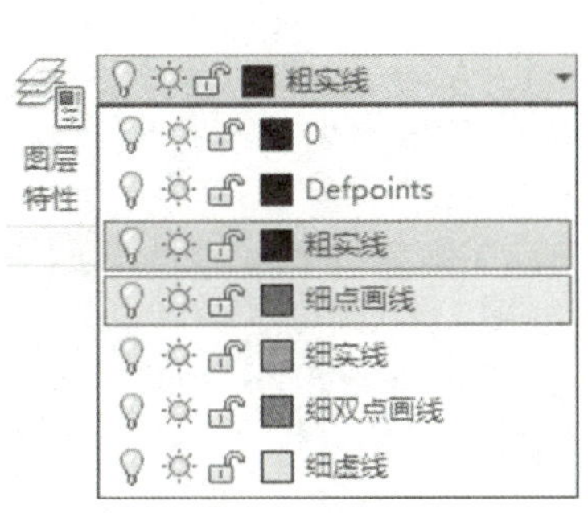

图 3–63　修改凸轮中心线的图层

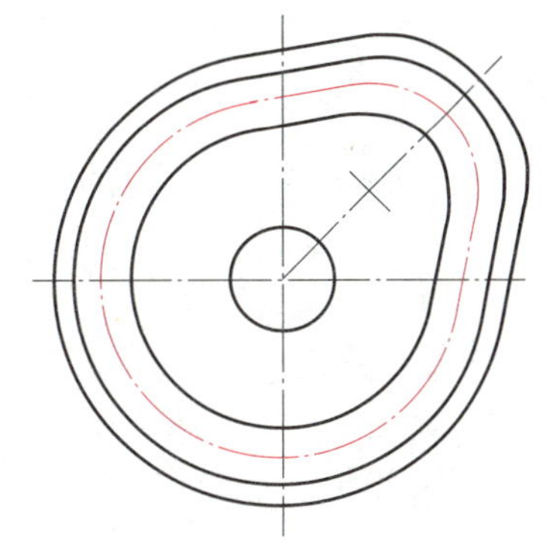

图 3–64　将凸轮中心线修改为细点画线

3. 绘制手柄

绘制如图 3–65 所示手柄。

（1）绘制轴线和直线轮廓

1）将“细点画线”图层设置为当前图层，启动“直线”命令，绘制一条长度为 100 mm 的水平轴线，如图 3–66 所示。

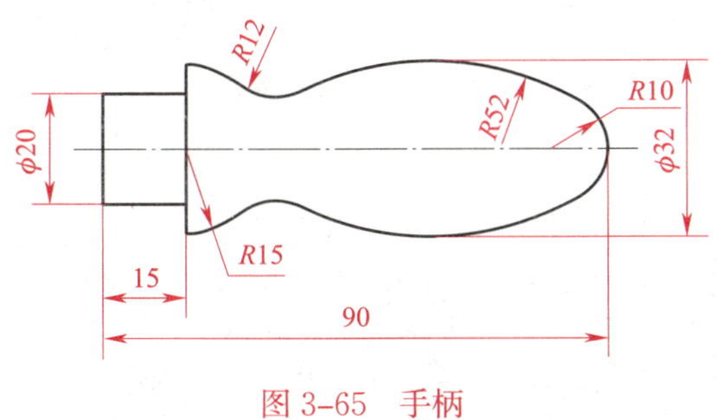

图 3–65　手柄

图 3–66　绘制轴线和直线轮廓

2）将“粗实线”图层设置为当前图层，启动“直线”命令，绘制直线轮廓，如图 3–66 所示。

（2）绘制 R15 mm 圆弧和 R10 mm 圆

1）启动“起点、圆心、端点”的绘制圆弧命令，绘制 R15 mm 圆弧，系统给出如下提示。

```
命令：_arc
指定圆弧的起点或［圆心（C）]：                    // 捕捉 A 点（图 3–67），单击鼠标左键
指定圆弧的第二个点或［圆心（C）/ 端点（E）]：_c
指定圆弧的圆心：                                  // 捕捉 B 点（图 3–67），单击鼠标左键
指定圆弧的端点（按住 Ctrl 键以切换方向）或［角度（A）/ 弦长（L）]：
                                                  // 捕捉 C 点（图 3–67），单击鼠标左键
```

绘制结果如图 3-67 所示。

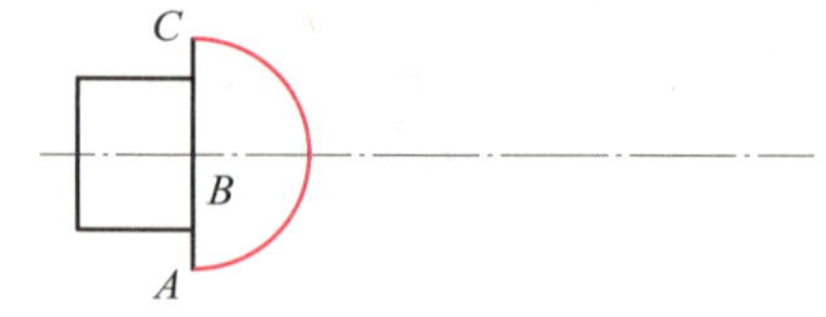

图 3-67　绘制 *R*15 mm 圆弧

2）启动“圆”命令，绘制 *R*10 mm 圆，系统给出如下提示。

```
命令：_circle
指定圆的圆心或［三点（3P）/ 两点（2P）/ 切点、切点、半径（T）］：65
                    // 捕捉 B 点（图 3-68），向右移动光标，输入“65”，按回车键
指定圆的半径或［直径（D）］：10                              // 输入“10”，按回车键
```

绘制结果如图 3-68 所示。

（3）向上偏移轴线

启动“偏移”命令，向上偏移轴线，距离为 16 mm，作为绘制 *R*52 mm 圆弧的辅助线，如图 3-69 所示。

图 3-68　绘制 *R*10 mm 圆　　图 3-69　向上偏移轴线

（4）绘制 *R*52 mm 和 *R*12 mm 圆

1）启动“相切、相切、半径”绘圆命令，绘制 *R*52 mm 圆，系统给出如下提示。

```
命令：_circle
指定圆的圆心或［三点（3P）/ 两点（2P）/ 切点、切点、半径（T）］：_ttr
指定对象与圆的第一个切点：              // 捕捉 R10mm 圆的右上侧，单击鼠标左键
指定对象与圆的第二个切点：                    // 捕捉辅助线的左部，单击鼠标左键
指定圆的半径 <10.0000>：52                              // 输入“52”，按回车键
```

绘制结果如图 3-70 所示。

【提示】

在使用“相切、相切、半径”命令绘圆时，捕捉对象不同的部位，会得到不同的结果，所以在捕捉切点时要与所绘图形上的切点一致。

2）重新启动“相切、相切、半径”绘圆命令，绘制 *R*12 mm 圆，如图 3-71 所示。

（5）删除辅助线

启动“删除”命令，删除作图辅助线，如图 3-72 所示。

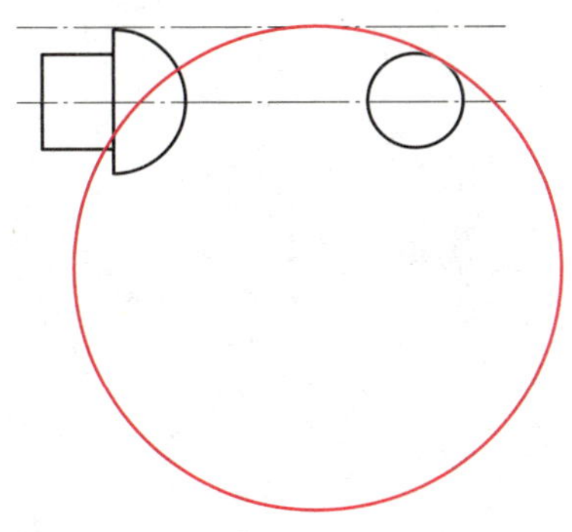
图 3-70 绘制 R52 mm 圆

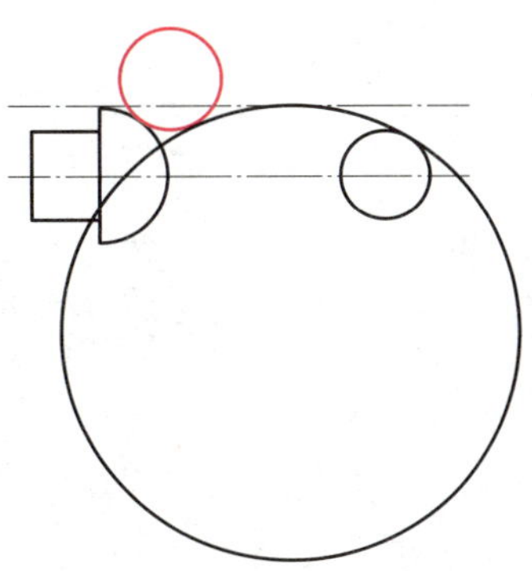
图 3-71 绘制 R12 mm 圆

（6）修剪 R52 mm 和 R12 mm 圆弧

启动“修剪”命令，修剪 R52 mm 和 R12 mm 圆上的多余圆弧，修剪结果如图 3-73 所示。

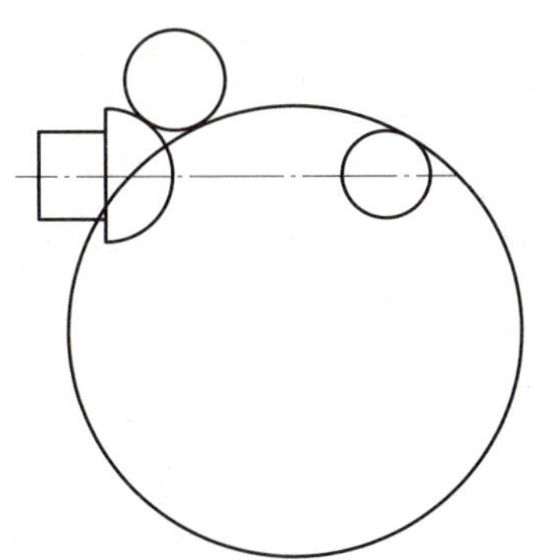
图 3-72 删除作图辅助线

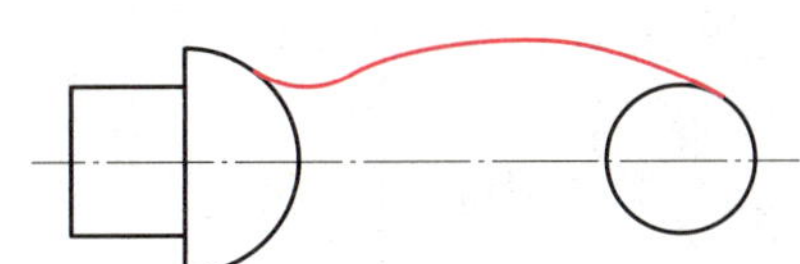
图 3-73 修剪 R52 mm 和 R12 mm 圆上的多余圆弧

（7）镜像 R52 mm 和 R12 mm 圆弧

启动“镜像”命令，以轴线为对称线，镜像 R52 mm 和 R12 mm 圆弧，如图 3-74 所示。

（8）修剪 R15 mm 和 R10 mm 圆弧

启动“修剪”命令，修剪 R15 mm 和 R10 mm 圆弧或圆上的多余圆弧，修剪结果如图 3-75 所示。至此，图形绘制完毕。

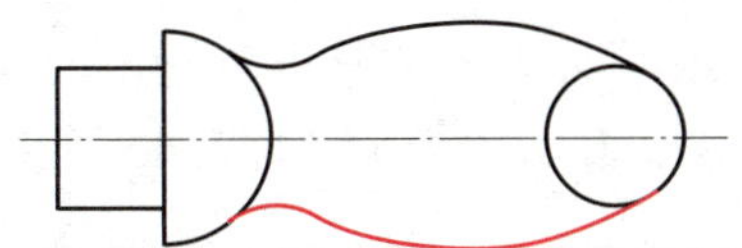
图 3-74 镜像 R52 mm 和 R12 mm 圆弧

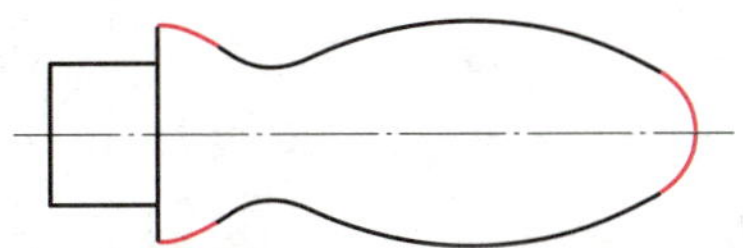
图 3-75 修剪 R15 mm 和 R10 mm 圆弧或圆上的多余圆弧

§3-4　阵列、缩放、打断和打断于点

一、阵列对象

阵列命令可以按照一定的排列规律一次复制多个图形对象。在 AutoCAD 2018 中，阵列有“矩形阵列”“环形阵列”和“路径阵列”几种阵列方式，其中“矩形阵列”和“环形阵列”应用最普遍。

1. 矩形阵列

矩形阵列主要用于将选择的图形对象按指定的行数和列数呈矩形排列。

（1）启动“矩形阵列”命令的方法

◇ 功能区：单击“默认”→“修改”→“矩形阵列”按钮 ⊞。

◇ 菜单栏：选择“修改”→“阵列”→“矩形阵列”命令。

◇ 命令行：“ARRAYRECT”，或输入阵列命令“AR”后选择阵列类型为“矩形”。

（2）上机训练——矩形阵列图形

利用“阵列”命令，绘制如图 3–76 所示图形。

1）绘制阵列对象

绘制 ϕ10 mm 圆及中心线，如图 3–77 所示。

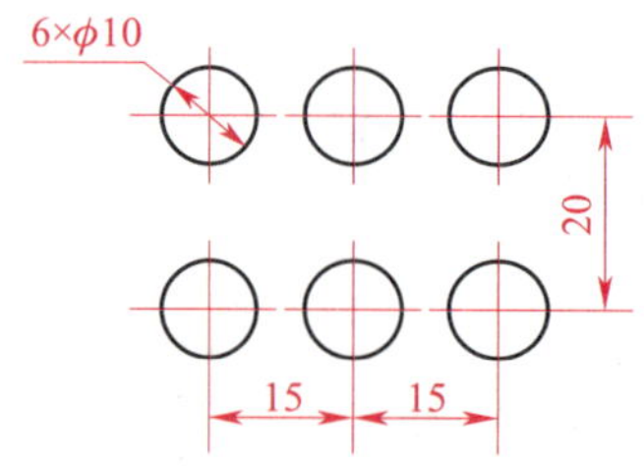

图 3–76　矩形阵列示例

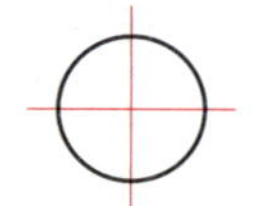

图 3–77　阵列对象

2）阵列图形

①单击“默认”→“修改”→“矩形阵列”按钮，启动阵列命令。

②选择阵列对象，按回车键。在屏幕上方弹出与图形对应的“阵列创建”对话框，如图 3–78 所示。同时在屏幕上显示与之对应的阵列图形（系统默认为四列三行），如图 3–79 所示。

默认　插入　注释　参数化　视图　管理　输出　附加模块　A360　精选应用　阵列创建

类型	列		行		层级		特性		关闭
矩形	列数:	4	行数:	3	级别:	1	关联	基点	关闭阵列
	介于:	21	介于:	21	介于:	1			
	总计:	63	总计:	42	总计:	1			

图 3–78　矩形阵列的“阵列创建”对话框

③根据图 3-76 修改“阵列创建”对话框中的参数。

“列”选项：列数为 3，介于（列距）为 15。

“行”选项：行数为 2，介于（行距）为 20。

“层级”选项：采用默认值。

修改“阵列创建”对话框的结果如图 3-80 所示。在修改对话框的同时，屏幕上的图形会随之改变，用户可以根据变化情况判断参数修改是否正确。

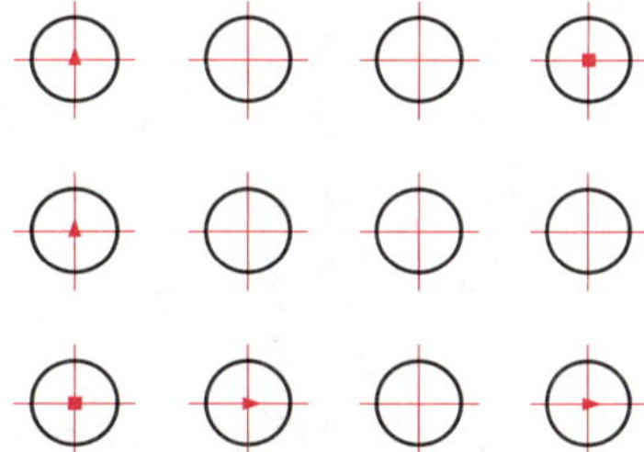

图 3-79　阵列预览

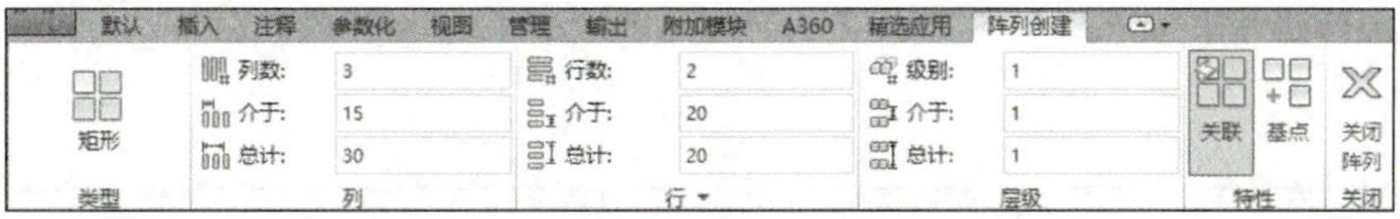

默认　插入　注释　参数化　视图　管理　输出　附加模块　A360　精选应用　阵列创建

矩形　列数：3　介于：15　总计：30　行数：2　介于：20　总计：20　级别：1　介于：1　总计：1　关联　基点　关闭阵列

类型　列　行　层级　特性　关闭

图 3-80　修改“阵列创建”对话框的参数

④按回车键或单击“阵列创建”对话框中的“关闭阵列”按钮，完成矩形阵列操作，如图 3-81 所示。

2. 环形阵列

环形阵列主要用于将选择的图形对象按指定的圆心和数目呈环形排列。

（1）启动“环形阵列”命令的方法

◇ 功能区：单击“默认”→“修改”→“环形阵列”按钮 。

◇ 菜单栏：选择“修改”→“阵列”→“环形阵列”命令。

◇ 命令行：“ARRAYPOLAR”，或输入阵列命令“AR”后选择阵列类型为“极轴”。

（2）上机训练——环形阵列图形

利用“环形阵列”命令，绘制如图 3-82 所示图形（不标注尺寸）。

1）新建图形文件

打开“制图样板”，新建图形文件。

2）绘制阵列对象

绘制矩形及中心线，如图 3-83 所示。注意保证矩形右端中心线伸出部分的长度为 25 mm。

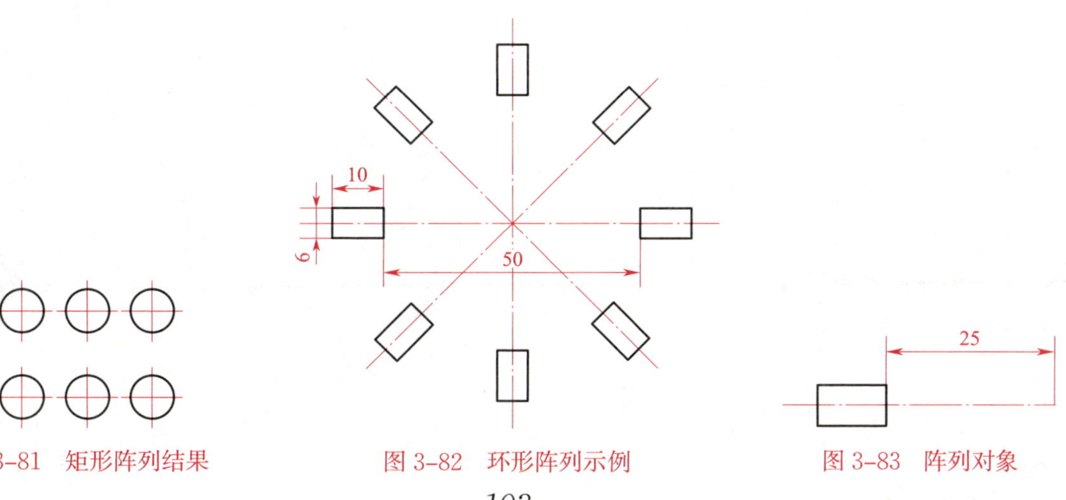

图 3-81　矩形阵列结果　　图 3-82　环形阵列示例　　图 3-83　阵列对象

3）环形阵列

①单击“默认”→“修改”→“环形阵列”按钮，启动“环形阵列”命令。

②选择阵列对象，并按回车键。

③捕捉中心线的右端点作为阵列中心点，单击鼠标左键。系统弹出“阵列创建”对话框，如图 3–84 所示。

④在“项目数”文本框中输入 8，其他参数采用默认值，如图 3–84 所示。

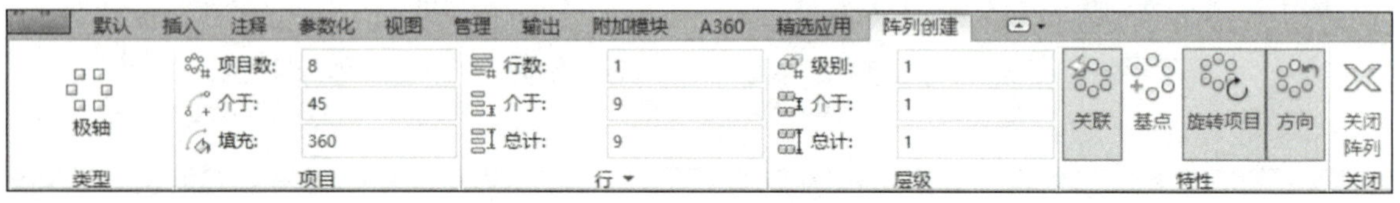

图 3–84　环形阵列的“阵列创建”对话框

⑤按回车键或单击“阵列创建”对话框中的“关闭阵列”按钮，完成环形阵列操作，如图 3–85 所示。

【提示】

打开“矩形阵列”命令按钮右侧的下拉箭头，在下拉菜单中即可找到“环形阵列”命令按钮。

二、缩放对象

“缩放”命令用于将所选对象绕缩放基点按照指定的比例因子进行放大或缩小，以创建形状相同、大小不同的图形。

1. 启动“缩放”命令的方法

◇ 功能区：单击“默认”→“修改”→“缩放”按钮 。

◇ 菜单栏：选择“修改”→“缩放”命令。

◇ 命令行：“SC（或 SCALE）”。

2. 上机训练——缩放正六边形

利用“缩放”命令将图 3–86a 中的正六边形缩小一半。

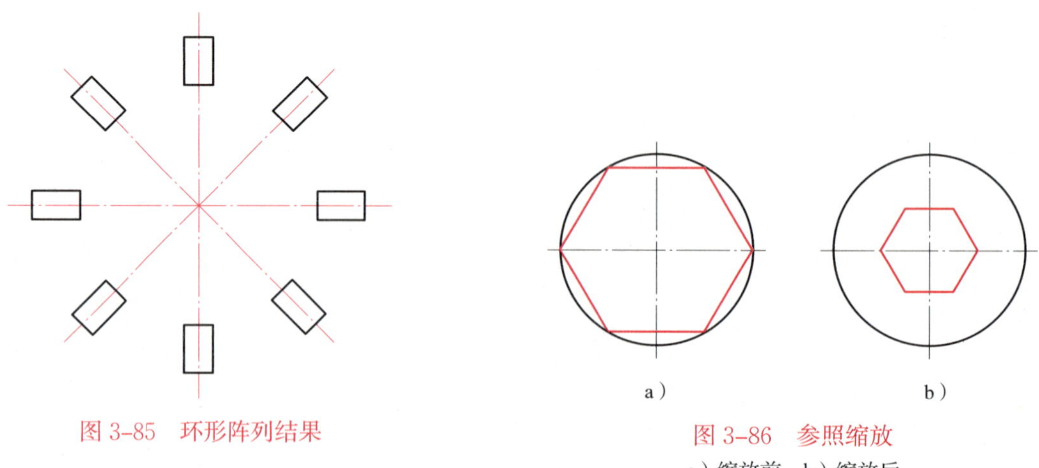

图 3–85　环形阵列结果

图 3–86　参照缩放

a）缩放前　b）缩放后

※ 源文件：计算机制图——AutoCAD 2018 源文件 \ 第三章 \ 参照缩放

打开源文件，单击“默认”→“修改”→“缩放”按钮 ，启动“缩放”命令，系统给出如下提示。

```
命令：_scale
选择对象：找到 1 个                          // 选择正六边形，作为缩放对象
选择对象：                                  // 按回车键，结束缩放对象的选取
指定基点：                            // 捕捉圆的圆心，作为正六边形的缩放基点
指定比例因子或［复制（C）/ 参照（R）］：0.5
                     // 输入缩放比例因子“0.5”，按回车键，将正六边形缩小一半
```

缩放结果如图 3–86b 所示。

“缩放”命令常用选项的功能如下。

◇ 复制：用于缩放图形对象的同时保留源对象，如图 3–87 所示。

◇ 参照：使用参考值作为比例因子缩放操作对象。此选项需要分别指定一个参照长度和新长度，AutoCAD 将以新长度与参照长度的比值作为缩放的比例因子。

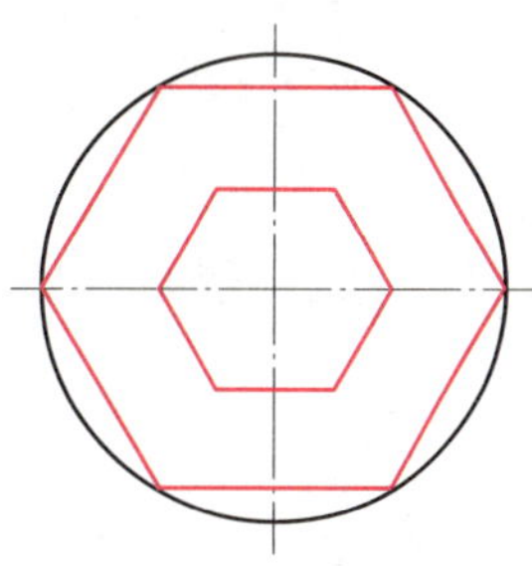

图 3–87　缩放时复制结果

三、打断对象

“打断”命令用于通过指定两点将对象上两点间的部分删除。打断对象与修剪对象都可以删除图形上的一部分，但是两者有着本质的区别，修剪对象必须有修剪边界的限制，而打断对象可以删除对象上任意两点之间的部分，如图 3–88 所示。

1. 启动“打断”命令的方法

◇ 功能区：单击“默认”→“修改”→“打断”按钮 。

◇ 菜单栏：选择“修改”→“打断”命令。

◇ 命令行：“BR（或 BREAK）”。

2. 上机训练——打断图线

用“打断”命令将如图 3–89a 所示图形打断成如图 3–89b 所示图形。

※ 源文件：计算机制图——AutoCAD 2018 源文件 \ 第三章 \ 打断图线

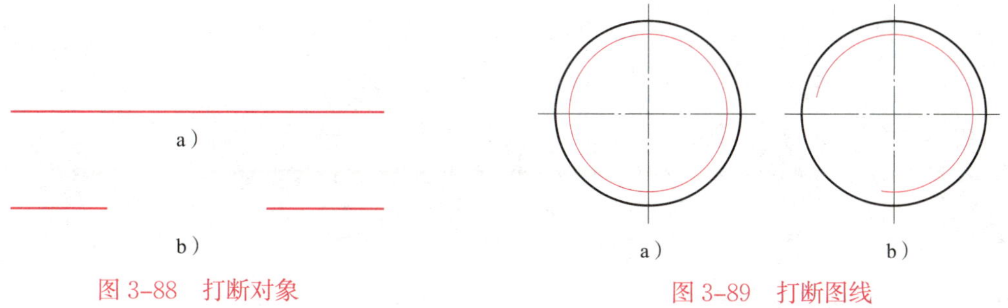

图 3–88　打断对象

a）打断前　b）打断后

图 3–89　打断图线

a）打断前　b）打断后

打开源文件，启动“打断”命令，系统给出如下提示。

```
命令：_break
选择对象：                    //在细实线圆左侧适当位置单击鼠标左键拾取第一打断点
指定第二个打断点 或［第一点（F）］：  //移动光标到下方适当位置，单击鼠标左键
```

打断结果如图 3-89b 所示。

【提示】

在打断圆时，系统默认以逆时针方向切除两个打断点之间的部分。

四、打断于点

“打断于点”命令用于将所选对象在某一点处打断，打断之处没有间隙。有效的打断对象包括直线、圆弧等，但不能打断圆、矩形和多边形等封闭图形。

1. 启动“打断于点”命令的方法

◇ 功能区：单击“默认”→“修改”→“打断于点”按钮 。

◇ 命令行：“BREAK”。

2. 上机训练——打断中心线

利用“打断于点”命令将如图 3-90 所示细点画线在交点处打断，使之符合国家标准的要求。

图 3-90　需要打断的中心线

※ 源文件：计算机制图——AutoCAD 2018 源文件 \ 第三章 \ 需要打断的中心线

【提示】

国家标准规定，细点画线在自身相交或与其他图线相交时，应该交于线段处。

（1）打开源文件，单击“默认”→“修改”→“打断于点”按钮 ，启动“打断于点”命令，系统给出如下提示。

```
命令：_break
选择对象：                    //选择左侧竖直细点画线，作为打断对象
指定第二个打断点 或［第一点（F）］：_f
指定第一个打断点：  //拾取左侧竖直细点画线和水平细点画线的交点，作为打断点
指定第二个打断点：@
```

打断图线的结果如图 3-91 所示。

（2）用同样的方法打断其他竖直细点画线和水平细点画线（图 3-91）。

图 3–91　打断中心线后

五、综合实训

1. 绘制螺栓分布图

绘制如图 3–92 所示螺栓分布图。

（1）新建图形文件

打开“制图样板”，新建图形文件。

（2）绘制中心线

1）将“细点画线”图层设置为当前图层。

2）启动“直线”命令，绘制水平和竖直中心线（长 94 mm），如图 3–93 所示。

3）启动“圆心、直径”命令，绘制一个 ϕ56 mm 的圆，如图 3–93 所示。

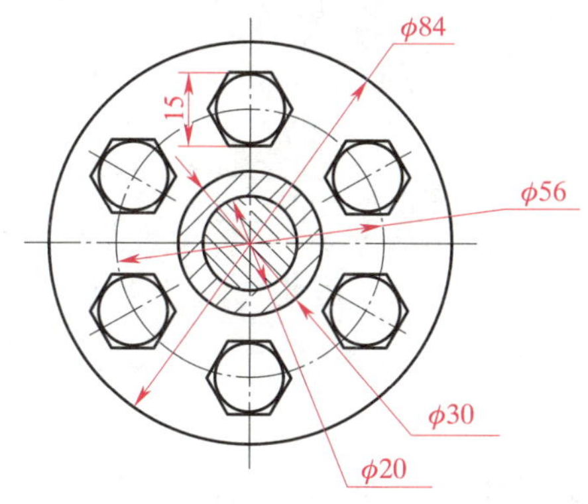

图 3–92　螺栓分布图

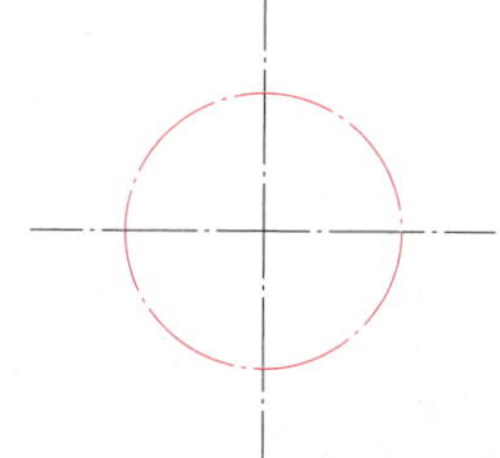

图 3–93　绘制中心线

（3）绘制 ϕ84 mm、ϕ30 mm 和 ϕ20 mm 粗实线圆

将“粗实线”图层设置为当前图层，启动“圆心、直径”命令，绘制 ϕ84 mm、ϕ30 mm 和 ϕ20 mm 的粗实线圆，如图 3–94 所示。

（4）绘制正六边形的内切圆

启动“圆心、直径”命令，绘制 ϕ15 mm 的粗实线圆，如图 3–95 所示。

（5）绘制正六边形

启动“多边形”命令，绘制 ϕ15 mm 圆的外切正六边形，如图 3–96 所示。

（6）环形阵列正六边形及内切圆

1）单击“默认”→“修改”→“环形阵列”按钮，启动“环形阵列”命令。

2）选择正六边形及内切圆。

3）拾取图形的中心点（即 ϕ56 mm 细点画线圆的圆心）作为环形阵列的中心点。系统弹出“阵列创建”对话框。

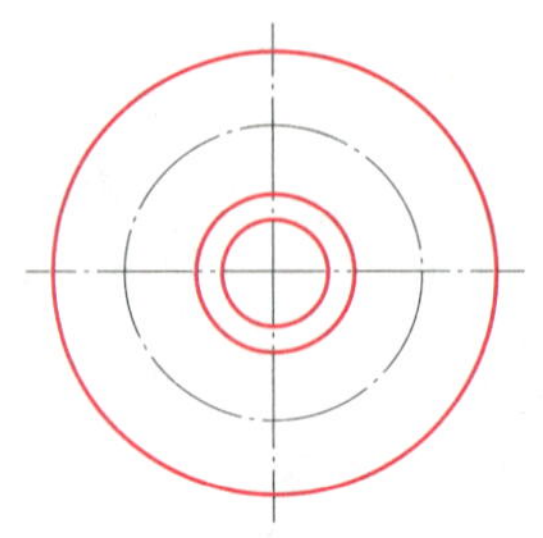

图 3-94　绘制 ϕ84 mm、ϕ30 mm 和 ϕ20 mm 圆

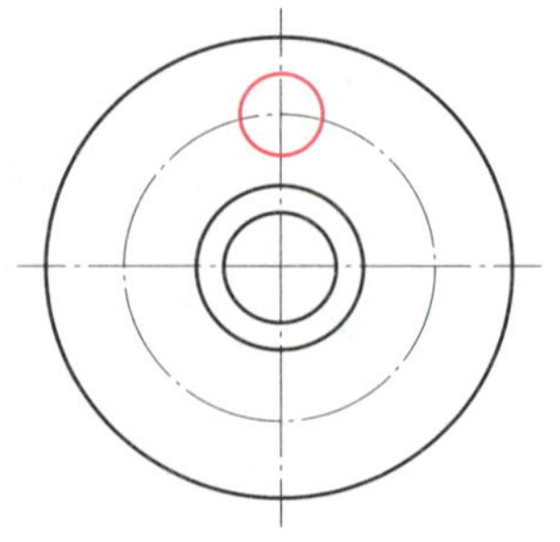

图 3-95　绘制正六边形的内切圆

4）各项参数采用默认设置（系统默认“项目”数为 6），按回车键结束命令。环形阵列结果如图 3-97 所示。

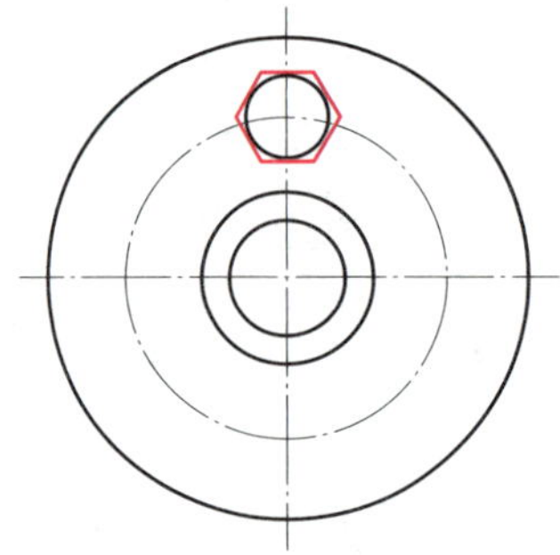

图 3-96　正六边形绘制结果

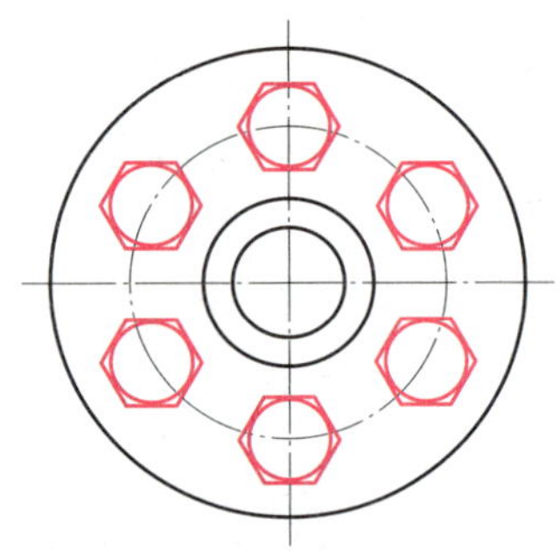

图 3-97　“环形阵列”正六边形及内切圆

（7）绘制 ϕ15 mm 圆的中心线

1）将“细实线”图层设置为当前图层。

2）启动“直线”命令，过图形的中心点到右上 ϕ15 mm 圆的圆心画一条细实线，如图 3-98a 所示。

3）移动该细实线，使其“中心”与右上小圆的圆心重合。

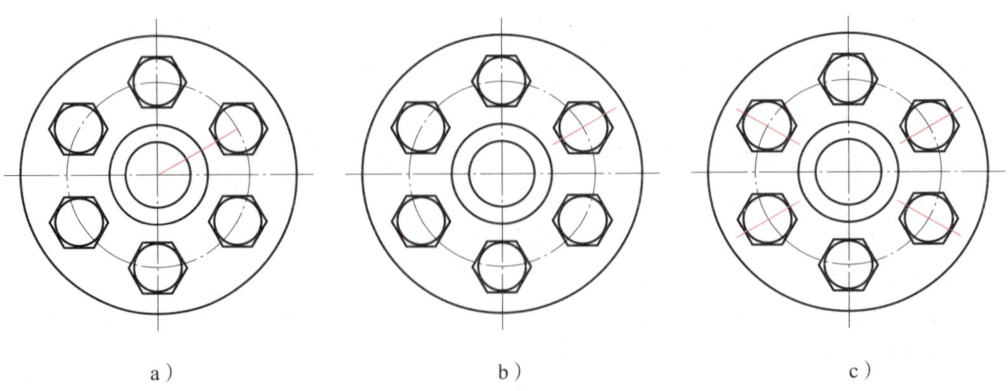

图 3-98　绘制 ϕ15 mm 圆的中心线

a）绘制“中心”连线　b）调整中心线　c）“镜像”中心线

4）修改中心线的长度，使其大约为 20 mm，以此作为 ϕ15 mm 圆的中心线，如图 3–98b 所示。

5）启动“镜像”命令，将中心线分别进行上下镜像和左右镜像，完成 ϕ15 mm 圆中心线的绘制，如图 3–98c 所示。

（8）图案填充

1）填充 ϕ30 mm 圆和 ϕ20 mm 圆之间的区域

单击“默认”→“绘图”→“图案填充”按钮，弹出“图案填充创建”对话框。在“图案”功能区选择“ANSI31”，其他参数采用系统默认设置。拾取 ϕ30 mm 圆和 ϕ20 mm 圆之间的所有区域，按回车键完成图案填充，如图 3–99a 所示。

2）填充 ϕ20 mm 圆内的区域

重启“图案填充”命令，将“角度”修改为“90”。拾取 ϕ20 mm 圆内的所有区域，按回车键完成图案填充，如图 3–99b 所示。

2. 绘制等边三角形模板

绘制如图 3–100 所示等边三角形模板。

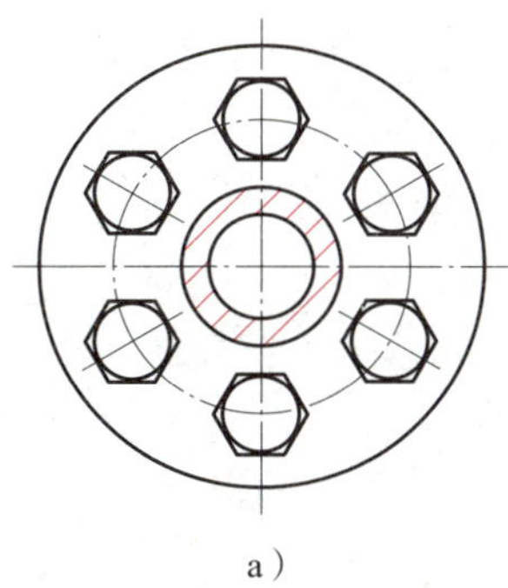

a）

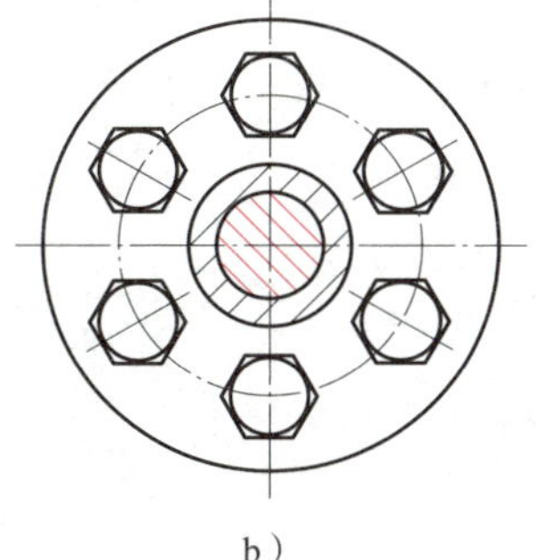

b）

图 3–99 图案填充

a）填充 ϕ30 mm 圆和 ϕ20 mm 圆之间的区域

b）填充 ϕ20 mm 圆内的区域

100

图 3–100 等边三角形模板

该图形外轮廓为一等边三角形（边长为 100 mm），内部为大小相等且相切的 10 个小圆。若先绘制边长为 100 mm 的等边三角形，很难完成里面圆的绘制。所以，可先绘制大小相等且相切的 10 个圆，再绘制三角形，最后用参照缩放命令对图形进行缩放，使等边三角形的边长为 100 mm。

（1）新建图形文件

打开“制图样板”，新建图形文件。

（2）绘制圆

1）将“粗实线”图层设置为当前图层，绘制半径为 10 mm 的圆，如图 3–101 所示。

2）启动“复制”命令，复制最下面一行的 4 个圆，系统给出如下提示。

```
命令：_copy
选择对象：找到 1 个                                  // 选择圆
```

```
选择对象：                                                              // 按回车键
当前设置：复制模式 = 多个
指定基点或 [ 位移（D）/ 模式（O）] < 位移 >：          // 捕捉圆心，单击鼠标左键
指定第二个点或 [ 阵列（A）] < 使用第一个点作为位移 >：20
                                          // 水平向右移动光标，输入“20”，按回车键
指定第二个点或 [ 阵列（A）/ 退出（E）/ 放弃（U）] < 退出 >：40
                                          // 水平向右移动光标，输入“40”，按回车键
指定第二个点或 [ 阵列（A）/ 退出（E）/ 放弃（U）] < 退出 >：60
                                          // 水平向右移动光标，输入“60”，按回车键
指定第二个点或 [ 阵列（A）/ 退出（E）/ 放弃（U）] < 退出 >：            // 按回车键
```

绘制结果如图 3–102 所示。

图 3–101　绘制单个圆

图 3–102　复制最下面一行的 4 个圆

3）启动“复制”命令，复制下数第二行的 3 个圆，系统给出如下提示。

```
命令：_copy
选择对象：指定对角点：找到 3 个                                  // 选择左边的三个圆
选择对象：                                                              // 按回车键
当前设置：复制模式 = 多个
指定基点或 [ 位移（D）/ 模式（O）] < 位移 >：   // 捕捉左边圆的圆心，单击鼠标左键
指定第二个点或 [ 阵列（A）] < 使用第一个点作为位移 >：20
                                        // 沿 60° 方向移动光标，输入“20”，按回车键
指定第二个点或 [ 阵列（A）/ 退出（E）/ 放弃（U）] < 退出 >：            // 按回车键
```

绘制结果如图 3–103 所示。

4）用相同的方法完成其他圆的复制，如图 3–104 所示。

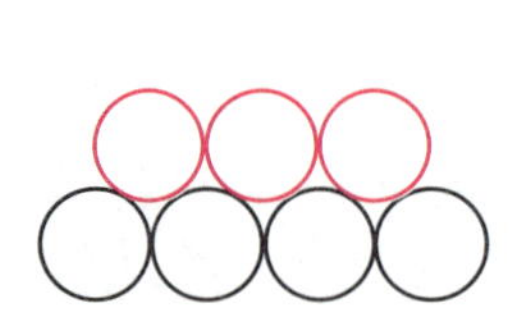

图 3–103　复制下数第二行的 3 个圆

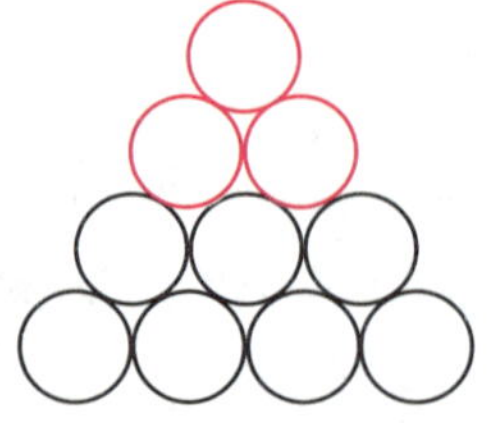

图 3–104　复制其他圆

（3）绘制辅助三角形

启动“多段线”命令绘制辅助三角形，系统给出如下提示。

```
命令：_pline
指定起点：                                              // 捕捉左下圆的圆心，单击鼠标左键
当前线宽为 0.0000
指定下一个点或 [ 圆弧（A）/ 半宽（H）/ 长度（L）/ 放弃（U）/ 宽度（W）]：
                                                        // 捕捉最上方圆的圆心，单击鼠标左键
指定下一点或 [ 圆弧（A）/ 闭合（C）/ 半宽（H）/ 长度（L）/ 放弃（U）/ 宽度（W）]：
                                                        // 捕捉右下圆的圆心，单击鼠标左键
指定下一点或 [ 圆弧（A）/ 闭合（C）/ 半宽（H）/ 长度（L）/ 放弃（U）/ 宽度（W）]：
                                                        // 捕捉左下圆的圆心，单击鼠标左键
指定下一点或 [ 圆弧（A）/ 闭合（C）/ 半宽（H）/ 长度（L）/ 放弃（U）/ 宽度（W）]：
                                                        // 按回车键
```

绘制结果如图 3-105 所示（黑色三角形）。

（4）偏移辅助三角形

启动“偏移”命令，将辅助三角形向外偏移 10 mm，如图 3-105 所示（红色三角形）。

（5）删除辅助三角形

启动“删除”命令，删除辅助三角形，如图 3-106 所示。

（6）缩放图形

此时绘制的图形，其等边三角形的边长为 94.641 mm（图 3-107），而图 3-100 中的三角形边长为 100 mm。这需要将图 3-107 所示图形进行缩放，使其等边三角形的边长等于 100 mm。

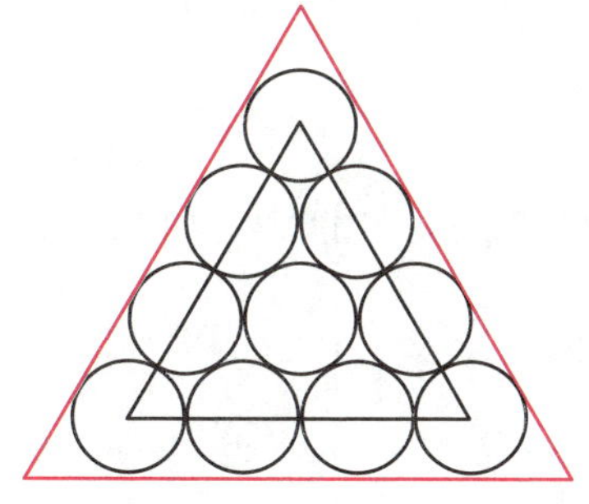

图 3-105　偏移辅助三角形

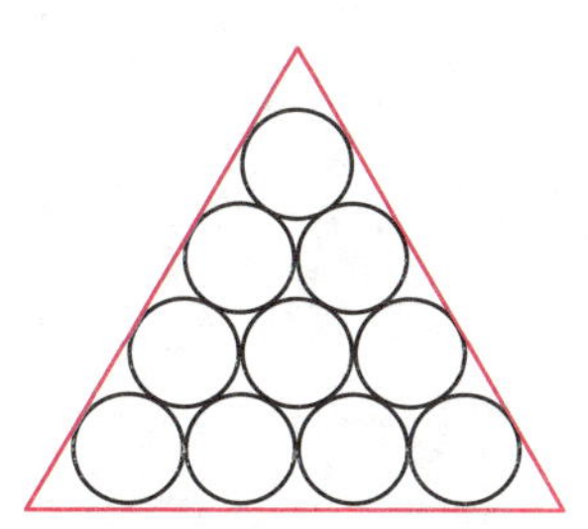

图 3-106　删除辅助三角形

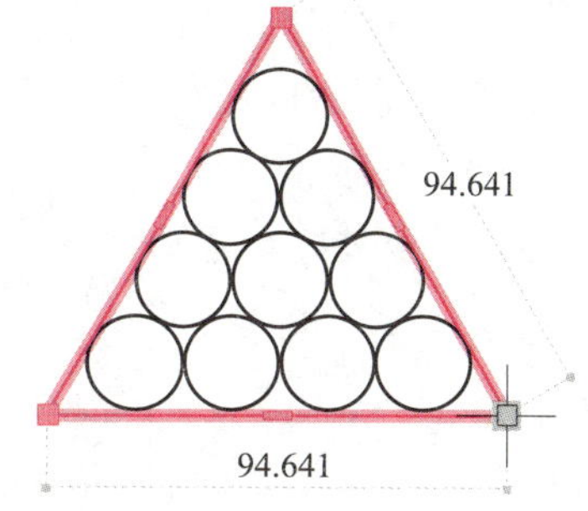

图 3-107　三角形边长为 94.641 mm

【提示】

显示图 3—107 线段长度的方法是：选择三角形，然后将光标移到线段的端点上。

启动“缩放”命令对图形进行缩放，系统给出如下提示。

```
命令：_scale
选择对象：指定对角点：找到 11 个                        // 选择所有图形
选择对象：                                              // 按回车键
指定基点：                                              // 拾取三角形左端点
```

指定比例因子或［复制（C）/参照（R）］: R // 输入"R"，按回车键，选择"参照"选项
指定参照长度 <1.0000>: // 拾取三角形的某一个端点
指定第二点: // 拾取三角形的另一个端点
指定新的长度或［点（P）］<1.0000>: 100 // 输入"100"，按回车键

缩放结果如图 3–108 所示，此时缩放后的图形符合尺寸要求。至此，图形绘制完毕。

3. 绘制细长轴

绘制如图 3–109 所示细长轴。

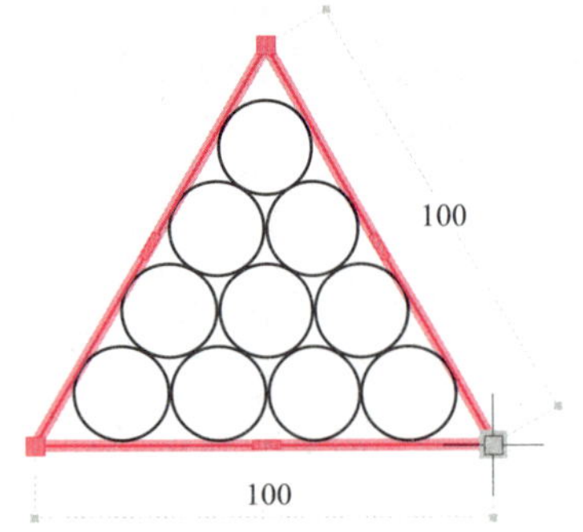

图 3–108 缩放图形至尺寸要求

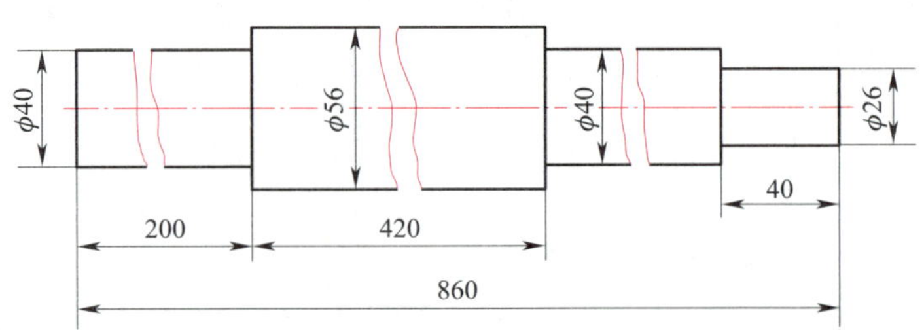

图 3–109 细长轴

【提示】

国家标准规定，较长的机件沿长度方向的形状一致时，可以断开后缩短绘制。

（1）新建图形文件

打开"制图样板"，新建图形文件。

（2）绘制轴线

将"细点画线"图层设置为当前图层。启动"直线"命令，绘制轴线，如图 3–110 所示。

图 3–110 绘制轴线和粗实线轮廓

（3）绘制粗实线轮廓

将"粗实线"图层设置为当前图层，绘制粗实线轮廓，如图 3–110 所示。

（4）打断粗实线轮廓

启动"打断"命令，打断 ϕ40 mm 圆柱的左上轮廓线，系统给出如下提示。

命令: _break
选择对象: // 在 ϕ40mm 圆柱上方轮廓线的适当位置单击鼠标左键
指定第二个打断点或［第一点（F）］: // 向右移动光标，在适当位置单击鼠标左键

用同样的方法打断其他 5 个位置的轮廓线，打断结果如图 3–111 所示。

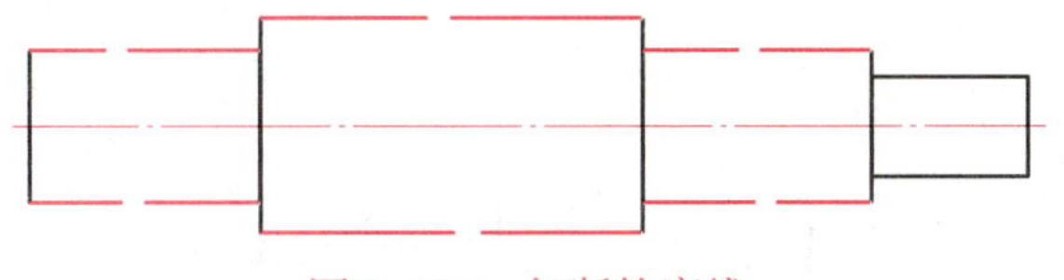

图 3–111　打断轮廓线

（5）绘制波浪线

将“细实线”图层设置为当前图层。启动“样条曲线拟合”命令，系统给出如下提示。

```
命令：_SPLINE
当前设置：方式 = 拟合　节点 = 弦
指定第一个点或［方式（M）/ 节点（K）/ 对象（O）]：_M
输入样条曲线创建方式［拟合（F）/ 控制点（CV）]＜拟合＞：_FIT
当前设置：方式 = 拟合　节点 = 弦
指定第一个点或［方式（M）/ 节点（K）/ 对象（O）]：
                                    // 捕捉 A 点（图 3–112），单击鼠标左键
输入下一个点或［起点切向（T）/ 公差（L）]：         // 在适当位置单击鼠标左键
输入下一个点或［端点相切（T）/ 公差（L）/ 放弃（U）]：
                                               // 在适当位置单击鼠标左键
输入下一个点或［端点相切（T）/ 公差（L）/ 放弃（U）/ 闭合（C）]：
                                               // 在适当位置单击鼠标左键
输入下一个点或［端点相切（T）/ 公差（L）/ 放弃（U）/ 闭合（C）]：
                                    // 捕捉 B 点（图 3–112），单击鼠标左键
输入下一个点或［端点相切（T）/ 公差（L）/ 放弃（U）/ 闭合（C）]：
                                                           // 按回车键
```

用同样的方法完成其他 5 条样条曲线的绘制，如图 3–112 所示。

（6）打断细点画线

启动“打断于点”命令，将细点画线进行打断，使细点画线与轮廓线在线段处相交，如图 3–113 所示。至此，图形绘制完毕。

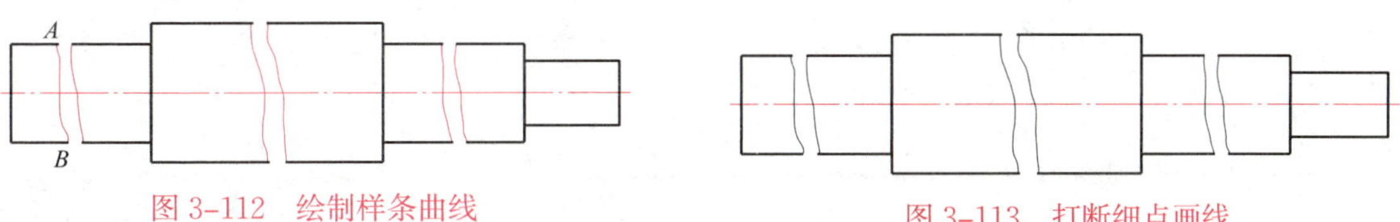

图 3–112　绘制样条曲线

图 3–113　打断细点画线

§3-5　倒角和圆角

一、倒角

“倒角”命令用于以一条斜线连接两个非平行的直线。

1. 启动“倒角”命令的方法

◇ 功能区：单击“默认”→“修改”→“倒角”按钮 ◻。

◇ 菜单栏：选择“修改”→“倒角”命令。

◇ 命令行：“CHA（或 CHAMFER）”。

2. 上机训练——倒角

按照如图 3-114a 所示的图形及尺寸，利用“倒角”命令编辑如图 3-114b 所示图形。

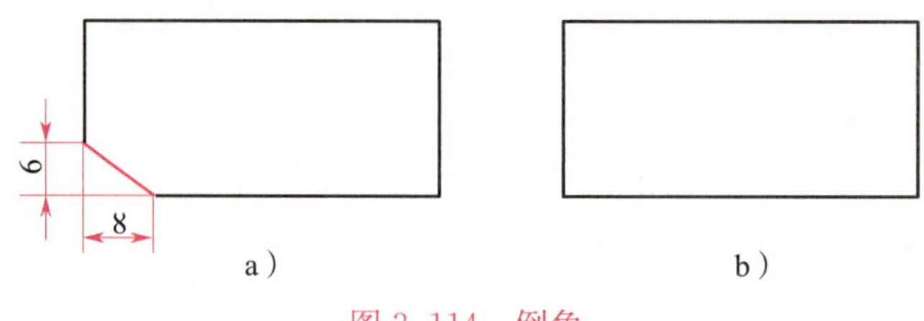

图 3-114　倒角

a）倒角要求　b）待倒角的图形

※ 源文件：计算机制图——AutoCAD 2018 源文件 \ 第三章 \ 倒角

单击“默认”→“修改”→“倒角”按钮，启动“倒角”命令，系统给出如下提示。

命令：_chamfer

（“修剪”模式）当前倒角距离 1 = 0.0000，距离 2 = 0.0000

选择第一条直线或［放弃（U）/ 多段线（P）/ 距离（D）/ 角度（A）/ 修剪（T）/ 方式（E）/ 多个（M）］：D　　// 在命令行输入“D”，按回车键，激活“距离”选项

指定 第一个 倒角距离 <0.0000>：6　　// 输入第一个倒角距离“6”，按回车键

指定 第二个 倒角距离 <6.0000>：8　　// 输入第二个倒角距离“8”，按回车键

选择第一条直线或［放弃（U）/ 多段线（P）/ 距离（D）/ 角度（A）/ 修剪（T）/ 方式（E）/ 多个（M）］：　　// 选择左侧竖直线，作为倒角的第一条直线

选择第二条直线，或按住 Shift 键选择直线以应用角点或［距离（D）/ 角度（A）/ 方法（M）］：　　// 选择下方水平线，作为倒角的第二条直线

倒角结果如图 3–115 所示。

3.“倒角”命令常用选项的功能

◇ 距离：该选项用于设定倒角距离，当倒角的两个距离不相同时，要特别注意被倒角的对象的选择顺序。第一个倒角距离用于第一个被选中的对象，第二个倒角距离用于第二个被选中的对象。

◇ 角度：此选项用于指定第一个被选中的对象与倒角线之间的倒角角度。如图 3–116 所示为第一条线为左侧竖线、倒角角度为 60° 时的图形。

◇ 修剪：此选项用于设置倒角时是否修剪对象，一旦设置了修剪模式，系统将一直沿用该模式，直至修改为止。图 3–117 所示为“不修剪”状态下的倒角结果。

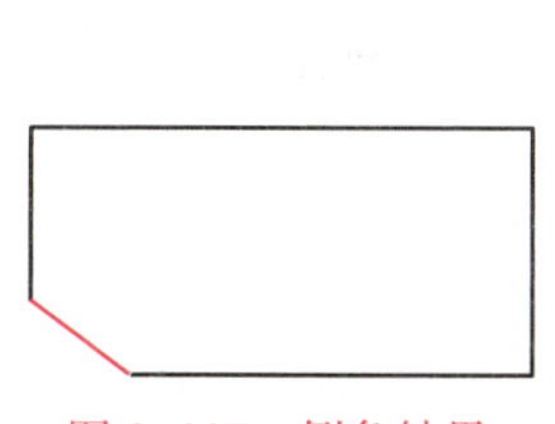

图 3–115　倒角结果

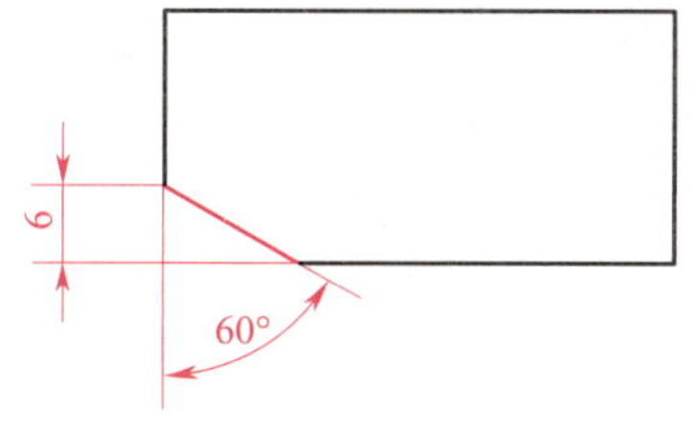

图 3–116　倒角角度为 60°

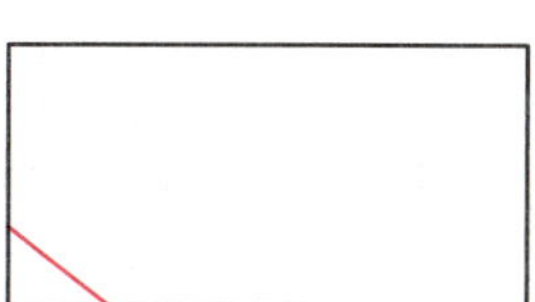

图 3–117　不修剪

◇ 多个：此选项可一次创建多个倒角。在此命令下，系统将重复提示“选择第一条直线”和“选择第二条直线”，直至用户按回车键结束命令。

二、圆角

“圆角”命令用于通过一段圆弧连接两图线，称为倒圆角。通常可以被倒圆角的对象有直线、多段线、样条曲线、圆弧和椭圆弧等。

1. 启动“圆角”命令的方法

◇ 功能区：单击“默认”→“修改”→“圆角”按钮 ▢。

◇ 菜单栏：选择“修改”→“圆角”命令。

◇ 命令行：“F（或 FILLET）”。

2. 上机训练——倒圆角

利用“圆角”命令，在图 3–115 所示图形的右下角倒 $R5$ mm 的圆角。

单击“默认”→“修改”→“圆角”按钮，启动“圆角”命令，系统给出如下提示。

```
命令：_fillet
当前设置：模式 = 修剪，半径 = 0.0000
选择第一个对象或 [放弃（U）/ 多段线（P）/ 半径（R）/ 修剪（T）/ 多个（M）]：R
                                //在命令行输入“R”，按回车键，激活“半径”选项
指定圆角半径 <0.0000>：5                        //输入圆角半径“5”，按回车键
选择第一个对象或 [放弃（U）/ 多段线（P）/ 半径（R）/ 修剪（T）/ 多个（M）]：
                                        //选择右侧竖直线，作为倒角的第一条直线
选择第二个对象，或按住 Shift 键选择对象以应用角点或 [半径（R）]：
                                        //选择下方水平线，作为倒角的第二条直线
```

倒圆角结果如图 3-118 所示。

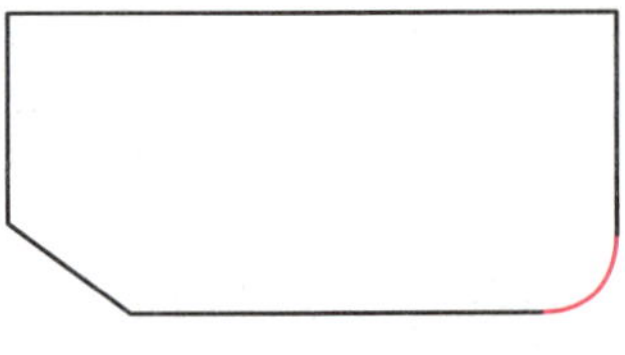
图 3-118 倒圆角

【提示】

打开“倒角”命令按钮右侧的下拉箭头，在下拉菜单中即可找到“圆角”命令按钮。

三、综合实训

1. 绘制滑动轴承套

绘制如图 3-119 所示滑动轴承套。

（1）新建图形文件

打开“制图样板”，新建图形文件。

（2）绘制轮廓线

1）将“粗实线”图层设置为当前图层，启动“矩形”命令，绘制一个 80 mm × 40 mm 的矩形，如图 3-120 所示。

2）启动“直线”命令，绘制孔的轮廓线，如图 3-120 所示。

（3）绘制轴线

将“细点画线”图层设置为当前图层，启动“直线”命令，绘制轴线（线型比例设置为 0.5），如图 3-120 所示。

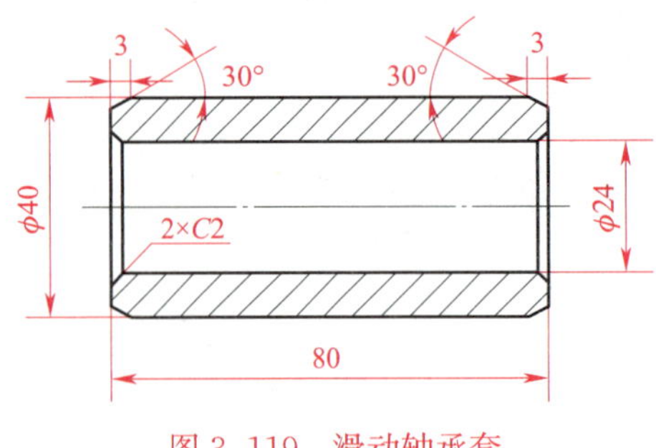

图 3-119 滑动轴承套

图 3-120 绘制矩形轮廓线和轴线

（4）绘制“C2”倒角

1）启动“倒角”命令，绘制“C2”倒角，系统给出如下提示。

命令：_chamfer

（“修剪”模式）当前倒角距离 1 = 2.0000，距离 2 = 2.0000

选择第一条直线或［放弃（U）/ 多段线（P）/ 距离（D）/ 角度（A）/ 修剪（T）/ 方式（E）/ 多个（M）］：M　　//输入“M”，按回车键，启动“多个”选项

选择第一条直线或［放弃（U）/ 多段线（P）/ 距离（D）/ 角度（A）/ 修剪（T）/ 方式（E）/ 多个（M）］：T　　//输入“T”，按回车键，启动“修剪”选项

输入修剪模式选项［修剪（T）/ 不修剪（N）］<修剪>：N

//输入“N”，按回车键，启动“不修剪”选项

选择第一条直线或［放弃（U）/ 多段线（P）/ 距离（D）/ 角度（A）/ 修剪（T）/ 方式（E）/ 多个（M）］：D　　//输入“D”，按回车键，启动“距离”选项

指定第一个倒角距离 <0.0000>：2　　　　// 输入第一个倒角距离“2”，按回车键

指定第二个倒角距离 <2.0000>：　　　　// 按回车键，默认第二个倒角距离“2”

选择第一条直线或 [放弃（U）/ 多段线（P）/ 距离（D）/ 角度（A）/ 修剪（T）/ 方式（E）/ 多个（M）]：　　　　// 选择左侧竖线

选择第二条直线，或按住 Shift 键选择直线以应用角点或 [距离（D）/ 角度（A）/ 方法（M）]：　　　　// 选择孔的上轮廓线

……　　　　// 依次完成其他三个位置的倒角

选择第一条直线或 [放弃（U）/ 多段线（P）/ 距离（D）/ 角度（A）/ 修剪（T）/ 方式（E）/ 多个（M）]：　　　　// 按回车键

倒角结果如图 3–121 所示。

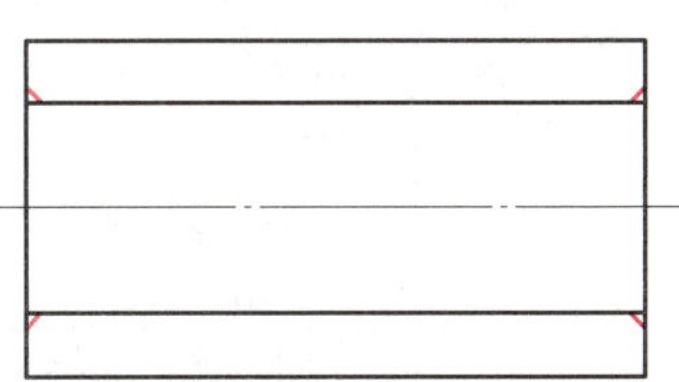

图 3–121　绘制“$C2$”倒角

2）启动“修剪”命令，对多余的轮廓线进行修剪，如图 3–122 所示。

3）倒角后，圆锥孔和圆柱孔之间有一条轮廓线。启动“直线”命令，绘制轮廓线，如图 3–123 所示。

（5）绘制两个 30° 倒角

启动“倒角”命令，绘制两个 30° 倒角，系统给出如下提示。

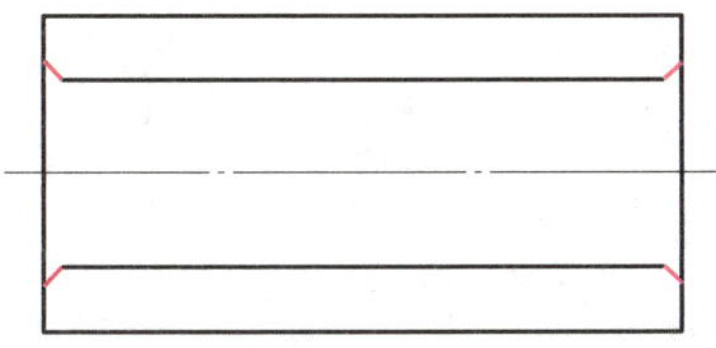

图 3–122　修剪轮廓线

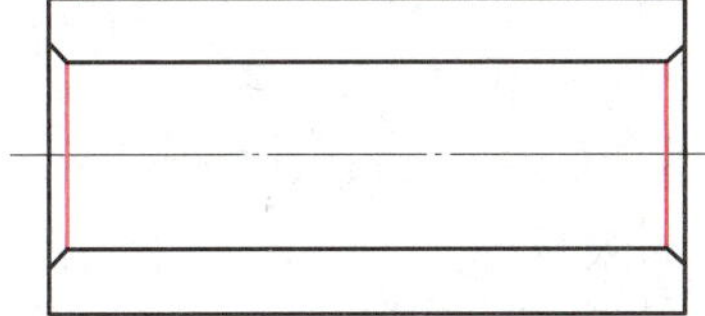

图 3–123　绘制轮廓线

命令：_chamfer

（“修剪”模式）当前倒角距离 1= = 0.0000，距离 2 = = 0

选择第一条直线或 [放弃（U）/ 多段线（P）/ 距离（D）/ 角度（A）/ 修剪（T）/ 方式（E）/ 多个（M）]：M　　　　// 输入“M”，按回车键，启动“多个”选项

选择第一条直线或 [放弃（U）/ 多段线（P）/ 距离（D）/ 角度（A）/ 修剪（T）/ 方式（E）/ 多个（M）]：T　　　　// 输入“T”，按回车键，启动“修剪”选项

输入修剪模式选项 [修剪（T）/ 不修剪（N）] < 修剪 >：T

// 输入“T”，按回车键，选择“修剪”选项

选择第一条直线或 [放弃（U）/ 多段线（P）/ 距离（D）/ 角度（A）/ 修剪（T）/ 方式（E）/ 多个（M）]：A　　　　// 输入“A”，按回车键，启动“角度”选项

指定第一条直线的倒角长度 <2.0000>：3// 输入倒角距离“3”，按回车键，默认上一次的数值“2”

指定第一条直线的倒角角度 <0>：30　　　　// 输入倒角角度“30”，按回车键

选择第一条直线或 [放弃（U）/ 多段线（P）/ 距离（D）/ 角度（A）/ 修剪（T）/ 方式（E）/ 多个（M）]：　　　　// 选择外圆柱面的上轮廓线

选择第二条直线，或按住 Shift 键选择直线以应用角点或［距离（D）/ 角度（A）/ 方法（M）］：　　// 选择左侧轮廓线

……　　// 依次完成其他倒角

选择第一条直线或［放弃（U）/ 多段线（P）/ 距离（D）/ 角度（A）/ 修剪（T）/ 方式（E）/ 多个（M）］：　　// 按回车键

倒角结果如图 3-124 所示。

（6）填充剖面线

将“细实线”图层设置为当前图层。启动“图案填充”命令，在“图案”功能区选择“ANSI31”，其他参数采用默认值。图案填充结果如图 3-125 所示。至此，图形绘制完毕。

图 3-124　绘制两个 30° 倒角

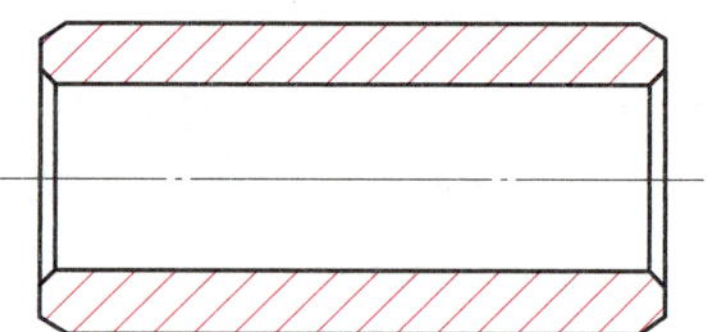

图 3-125　填充剖面线

2. 绘制垫片

绘制如图 3-126 所示垫片。

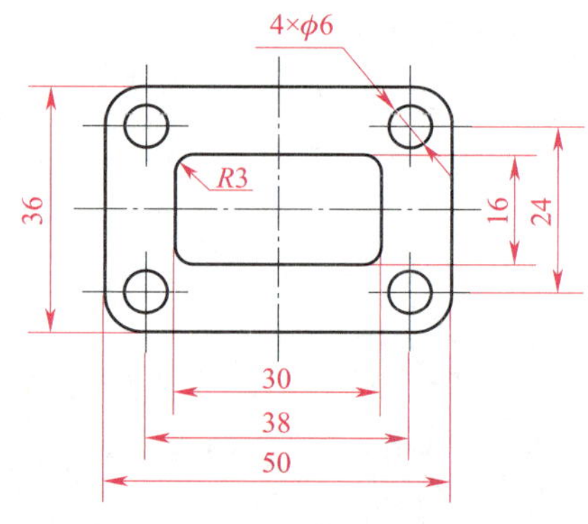

图 3-126　垫片

（1）新建图形文件

打开“制图样板”，新建图形文件。

（2）绘制大矩形

将“粗实线”图层设置为当前图层，启动“矩形”命令，绘制一个长 50 mm、宽 36 mm 的矩形，如图 3-127 所示。

（3）绘制中心线

将“细点画线”图层设置为当前图层，启动“直线”命令，绘制中心线（线型比例设置为 0.2），如图 3-127 所示。

（4）偏移小矩形

启动“偏移”命令，指定偏移距离为“10”，向内偏移矩形，如图 3-128 所示。

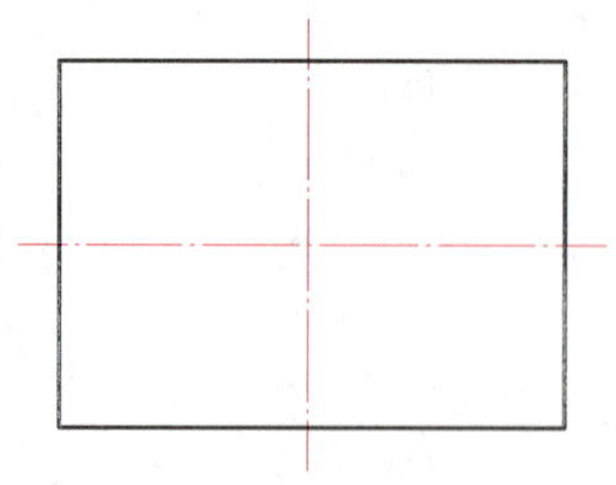

图 3-127　绘制大矩形和中心线

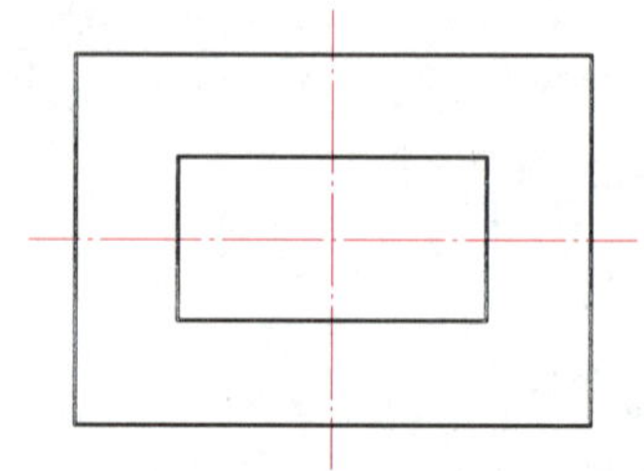

图 3-128　偏移小矩形

（5）倒圆角

1）启动“圆角”命令，倒外围 4 个大圆角，系统给出如下提示。

```
命令：_fillet
当前设置：模式 = 修剪，半径 = 3.000 0
选择第一个对象或［放弃（U）/ 多段线（P）/ 半径（R）/ 修剪（T）/ 多个（M）]: M
                                    // 输入“M”，按回车键，启动“多个”选项
选择第一个对象或［放弃（U）/ 多段线（P）/ 半径（R）/ 修剪（T）/ 多个（M）]: R
                                    // 输入“R”，按回车键，启动“半径”选项
指定圆角半径 <0.0000>：6                  // 输入圆角半径“6”，按回车键
选择第一个对象或［放弃（U）/ 多段线（P）/ 半径（R）/ 修剪（T）/ 多个（M）]:
                                                // 选择大矩形左侧边
选择第二个对象，或按住 Shift 键选择对象以应用角点或［半径（R）]:
                                                // 选择大矩形上边
……                                              // 依次完成其他倒圆角
选择第一个对象或［放弃（U）/ 多段线（P）/ 半径（R）/ 修剪（T）/ 多个（M）]:
                                                // 按回车键
```

倒大圆角的结果如图 3–129 所示。

2）按空格键重启“圆角”命令，用同样的方法倒小矩形的四个 $R3$ mm 圆角，如图 3–130 所示。

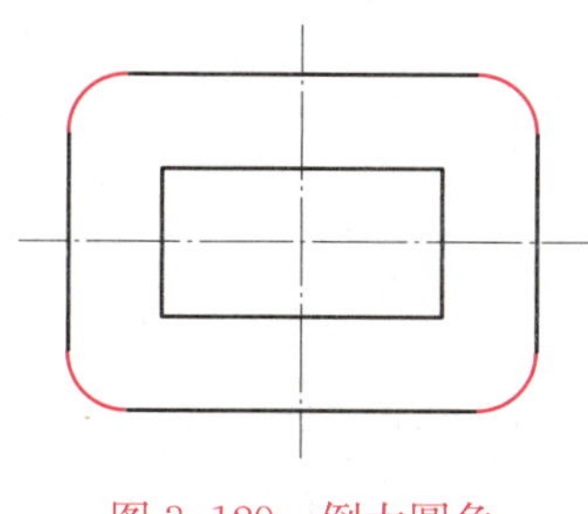

图 3–129　倒大圆角

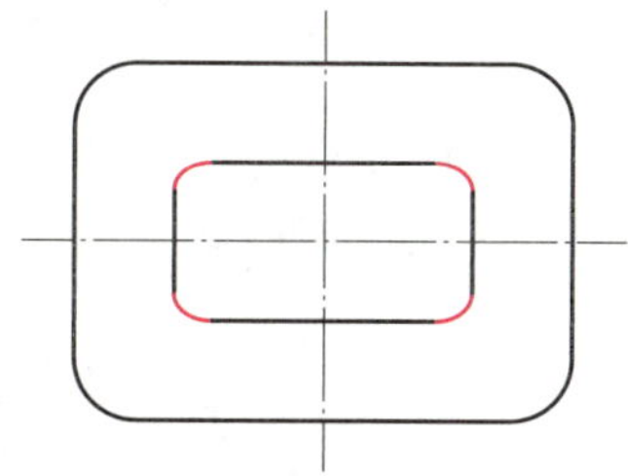

图 3–130　倒小圆角

（6）绘制左上角圆

1）将“粗实线”图层设置为当前图层。

2）启动“圆”命令，捕捉左上角圆弧的圆心，单击鼠标左键。

3）输入圆的半径“3”，按回车键，完成左上角圆的绘制，如图 3–131 所示。

（7）绘制圆的中心线

将“细实线”图层设置为当前图层，启动“直线”命令，绘制圆的中心线，如图 3–132 所示。

（8）镜像其余 3 个圆及中心线

利用两次“镜像”命令完成其余 3 个圆及中心线的绘制，如图 3–133 所示。至此，图形绘制完毕。

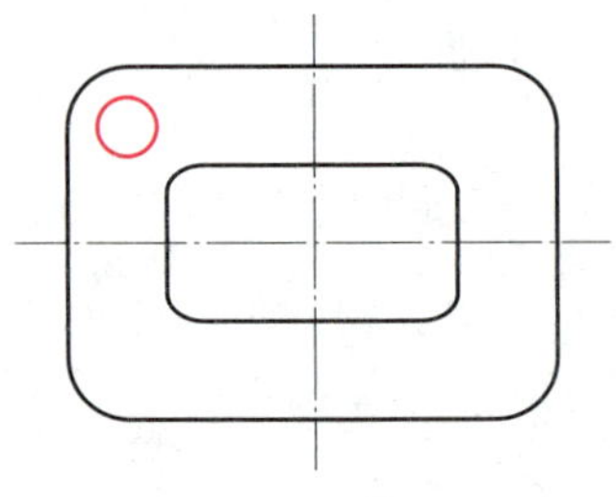

图 3-131　绘制左上角圆

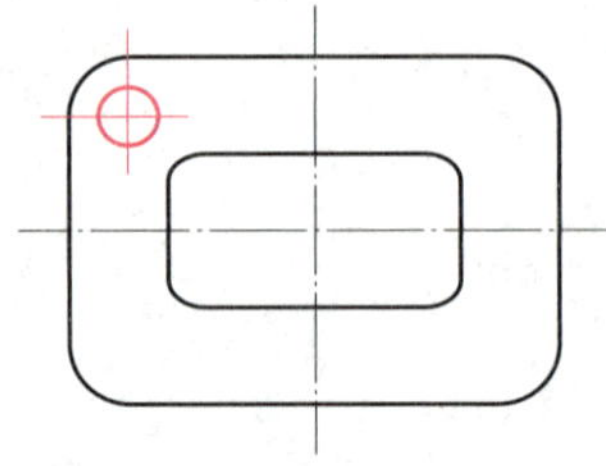

图 3-132　绘制圆的中心线

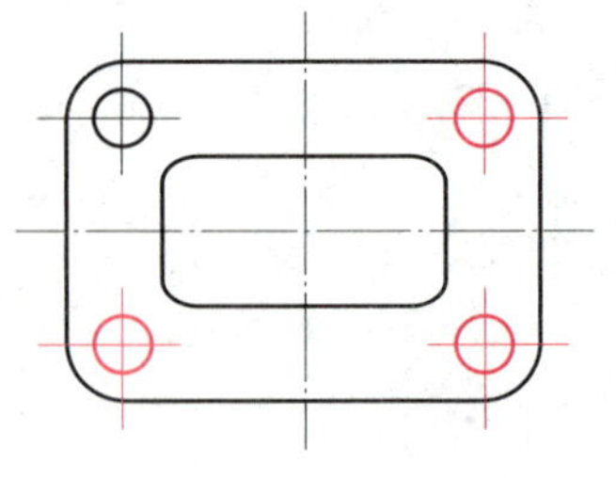

图 3-133　镜像其余 3 个圆及中心线

第四章 文字与表格

图样上仅仅依靠图形和尺寸表达信息是不够的，文字和表格也是不可或缺的内容，如图4-1所示为齿轮的零件图，其右下方有用文字表达的技术要求，右上方有表达齿轮技术参数的表格，右下方的标题栏也是用表格的形式呈现的。

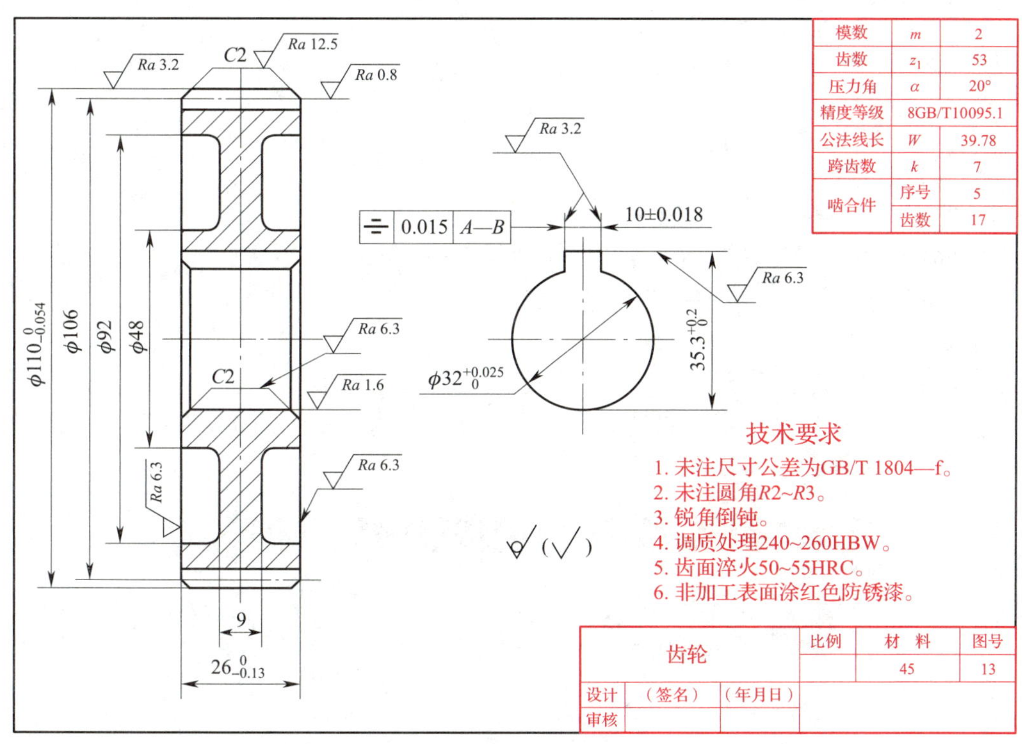

图4-1 齿轮零件图

§4-1 文 字

一、文字样式

“文字样式”命令主要用于控制文字的外观效果，如字体、字号、倾斜角度、旋转角度以及其他的特殊效果等，如图 4-2 所示。

机械制图	尺寸标注	技术要求	*1 2 3 4*
a)	b)	c)	d)

图 4-2 文字外观效果

a）黑体 b）宋体 c）长仿宋体 d）数字斜体

1. 创建文字样式

（1）执行“文字样式”命令的方法

◇ 功能区：单击“默认”→“注释”→“文字样式”按钮 。

◇ 菜单栏：选择“格式”→“文字样式”命令。

◇ 命令行：“ST（STYLE）”。

（2）创建文字样式的步骤

启动“文字样式”命令后，系统弹出“文字样式”对话框（图 4-3），用户可以对文字的字体、高度、宽度因子和倾斜角度进行设置，步骤如下。

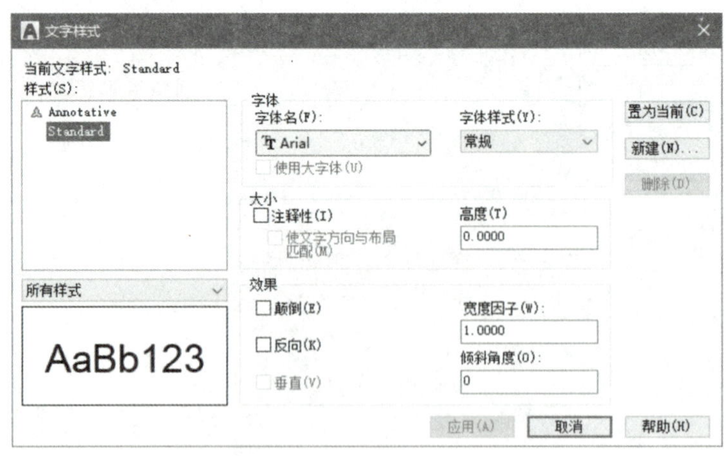

图 4-3 “文字样式”对话框

1）单击对话框上的 新建(N)... 按钮，打开“新建文字样式”对话框（图 4-4），在其“样式名”文本框中输入新建文字样式的名称。

2）单击对话框上的“确定”按钮，返回“文字样式”对话框，在其对话框中设置好新建文字样式的各个参数。

3）单击“应用（A）”按钮，完成设置。

图 4–4 “新建文字样式”对话框

（3）“文字样式”常用选项的功能

◇ “当前文字样式”信息行：显示当前文字样式的名称。

◇ 样式（S）：显示本图形文件的所有文字样式名称。

◇ 新建（N）：用于创建一个新的文字样式。

◇ 置为当前（C）：将“样式”列表中的某个文字样式设置为当前使用的样式。

◇ 字体名（F）：在此下拉列表中包含了所有字体，如宋体、楷体等，以供用户选择或修改合适的字体。

◇ 高度（T）：该选项用于输入文字的高度。如在此指定了文字的高度，在以后利用文字命令创建文字时将会默认此高度值。系统默认高度为 2.5 mm。

◇ 宽度因子（W）：该选项用于输入文字的宽高比，缺省值为 1。若小于 1，文字变窄，反之文字变宽。

◇ 倾斜角度（O）：用于设置文字的倾斜角度。角度为 0° 时不倾斜，为正值时向右倾斜，为负值时向左倾斜。国家标准规定的斜体字向右倾斜 15°。

2. 修改文字样式

修改文字样式也在“文字样式”对话框中进行，其操作过程与创建文字样式的过程相似。需要注意的是，在修改了文字样式的各个参数后，需要单击“文字样式”对话框上的“应用（A）”按钮，使修改生效。此时 AutoCAD 系统会立即更新文本中与此文字样式相关联的文字。

3. 上机训练——创建文字样式

创建名为“宋体”的文字样式。

（1）打开“制图样板”，新建图形文件，单击“默认”→“注释”→“文字样式”按钮，启动“文字样式”命令，系统弹出“文字样式”对话框（图 4–3）。

（2）单击对话框上的“新建（N）”按钮，打开“新建文字样式”对话框（图 4–4），在其“样式名”文本框中输入“宋体”，如图 4–5 所示。

（3）单击对话框上的“确定”按钮（图 4–5），返回“文字样式”对话框。

（4）单击“文字样式”对话框中的“字体名（F）”列表框，展开下拉列表，选择“宋体”，如图 4–6 所示。

（5）在“高度（T）”文本框中输入“3.5”，如图 4–7 所示。

（6）单击“应用（A）”按钮（图 4–7），完成设置。

（7）选择“保存”或“另存为”命令，将文件存为“制图样板. dwt”，并覆盖源文件。

二、单行文字

“单行文字”命令用于创建单行或多行的文字对象，所创建的每一行文字都被看作一个独立的对象。

图 4-5　文字样式名设置为“宋体”

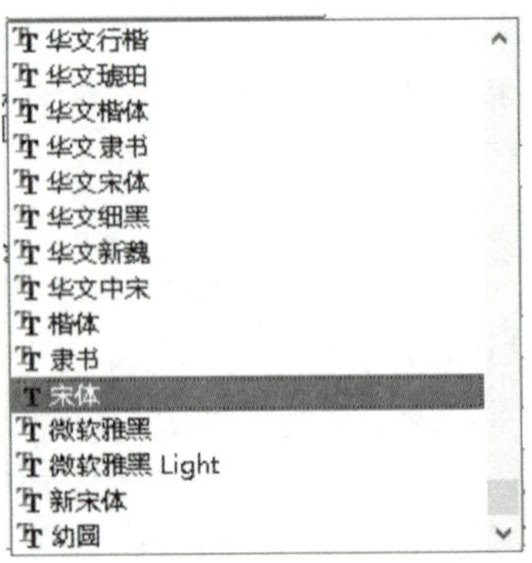

图 4-6　选择字体

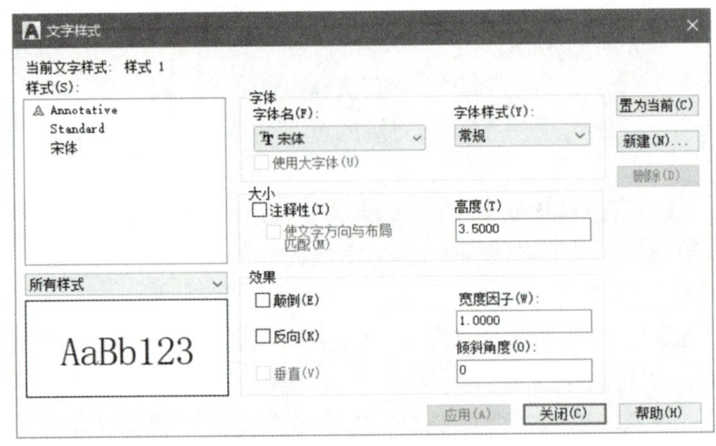

图 4-7　设置字体和高度

1. 启动“单行文字”命令的方法

◇ 功能区：单击“默认”→“注释”→“单行文字”按钮 A|，如图 4-8 所示。

◇ 菜单栏：选择“绘图”→“文字”→“单行文字”命令。

◇ 命令行：“DT（或 DTEXT、TEXT）”。

2. 上机训练——创建单行文字

用“单行文字”命令创建文字“AutoCAD 2018 机械制图”，如图 4-9 所示。要求字体为宋体，字高 5 mm。

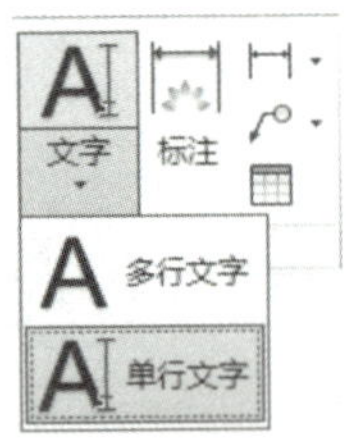

图 4-8　“单行文字”按钮

AutoCAD 2018
机械制图

图 4-9　创建单行文字

（1）新建图形文件

打开“制图样板”，新建图形文件。

（2）修改文字样式

打开“文字样式”对话框，将“宋体”文字样式设置为当前文字样式，文字高度修改为“5”，如图 4-10 所示。

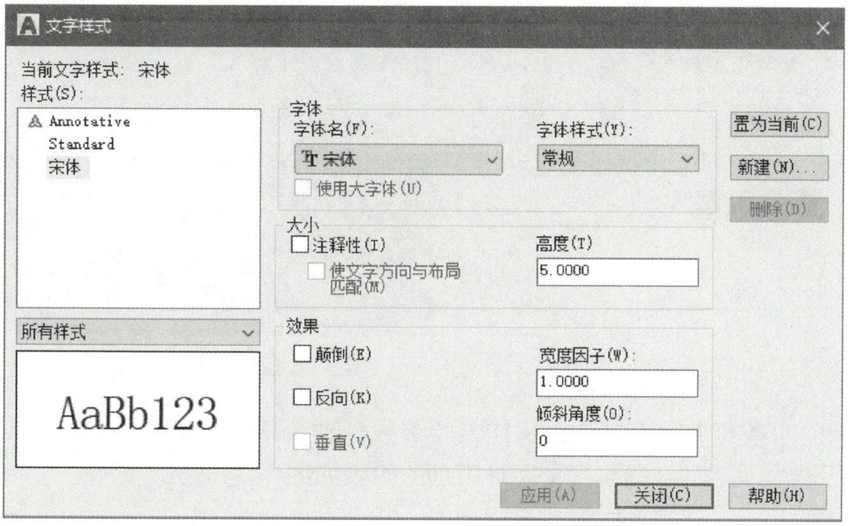

图 4-10　修改文字样式

（3）录入文字

利用上述任意一种方法启动“单行文字”命令，系统给出如下提示。

命令：_text

当前文字样式：“宋体”　文字高度：5.0000　注释性：否　对正：左上

指定文字的左上点 或［对正（J）/样式（S）］：J

//输入“J”，按回车键，切换到“对正”模式

输入选项［左（L）/居中（C）/右（R）/对齐（A）/中间（M）/布满（F）/左上（TL）/中上（TC）/右上（TR）/左中（ML）/正中（MC）/右中（MR）/左下（BL）/中下（BC）/右下（BR）］：MC　//输入“MC”，按回车键，启动“正中”选项

［也可在自动弹出的快捷菜单中单击“正中”（图 4-11）］

指定文字的左上点：//在绘图区适当位置拾取一点作为单行文本的左上角点

指定文字的旋转角度 <0>：//按回车键，采用默认值

此时可在绘图区光标的指引下，输入文字“AutoCAD 2018”，按回车键后再输入文字“机械制图”。连续两次按回车键或在文字录入区外侧单击，结束操作，如图 4-12 所示。

【提示】

在输入文字“AutoCAD”后要按空格键，然后再输入文字“2018”。在结束命令时不能按空格键。

3. 单行文字的对正方式

“文字对正”指的就是文字的哪一位置与插入点对齐，文字的对正方式是基于如

图 4-11　对正快捷菜单

AutoCAD　2018
机械制图

图 4-12　创建单行文本

图 4-13 所示的四条参考线而言的，这四条参考线分别为顶线、中线、基线、底线。单行文字对正方式及含义见表 4-1，单行文字对正点的位置如图 4-14 所示。

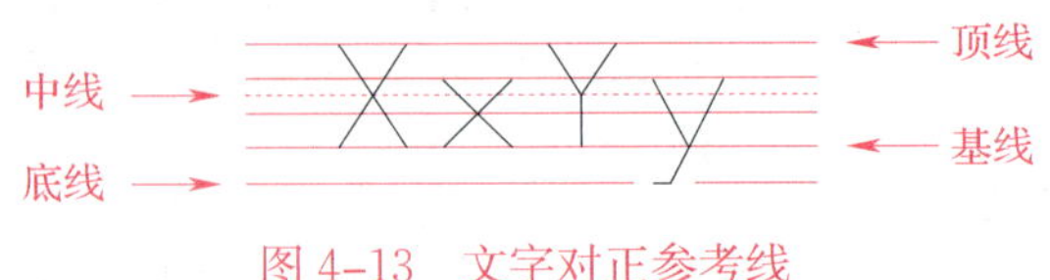

图 4-13　文字对正参考线

表 4-1　　单行文字对正方式及含义

序号	对正选项	含义及使用说明
1	左	在由用户给出的点指定的基线上左对齐文字
2	居中	从基线的水平中心对齐文字
3	右	在由用户给出的点指定的基线上右对齐文字
4	对齐	通过指定基线端点来指定文字的高度和方向。字符的大小根据其高度按比例调整；文字字符串越长，字符越矮
5	中间	文字在基线的水平中点和指定高度的垂直中点上对齐。“中间”选项与“正中”选项不同，“中间”选项使用的中点是所有文字包括下行文字在内的中点，而“正中”选项是使用大写字母时高度的中点
6	布满	指定文字按照由两点定义的方向和一个高度值布满一个区域。此选项只适用于水平方向的文字。其高度以图形单位表示，是大写字母从基线开始的延伸距离，指定的文字高度是文字起点到用户指定点之间的距离。文字字符串越长，字符越窄，而字符的高度保持不变
7	左上	以指定为文字顶点的点左对正文字，此选项只适用于水平方向的文字
8	中上	以指定为文字顶点的点居中对正文字，此选项只适用于水平方向的文字
9	右上	以指定为文字顶点的点右对正文字，此选项只适用于水平方向的文字
10	左中	以指定为文字中间点的点上靠左对正文字，此选项只适用于水平方向的文字
11	正中	在文字的中央水平和垂直居中对正文字，此选项只适用于水平方向的文字

续表

序号	对正选项	含义及使用说明
12	左下	以指定为下方基线的点左对正文字，此选项只适用于水平方向的文字
13	中下	以指定为下方基线的点居中对正文字，此选项只适用于水平方向的文字
14	右下	以指定为下方基线的点靠右对正文字，此选项只适用于水平方向的文字

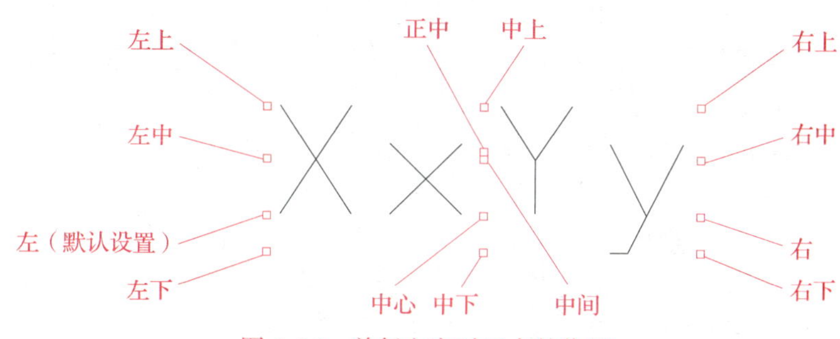

图 4–14　单行文字对正点的位置

4. 上机训练——绘制标题栏

绘制如图 4–15 所示标题栏。

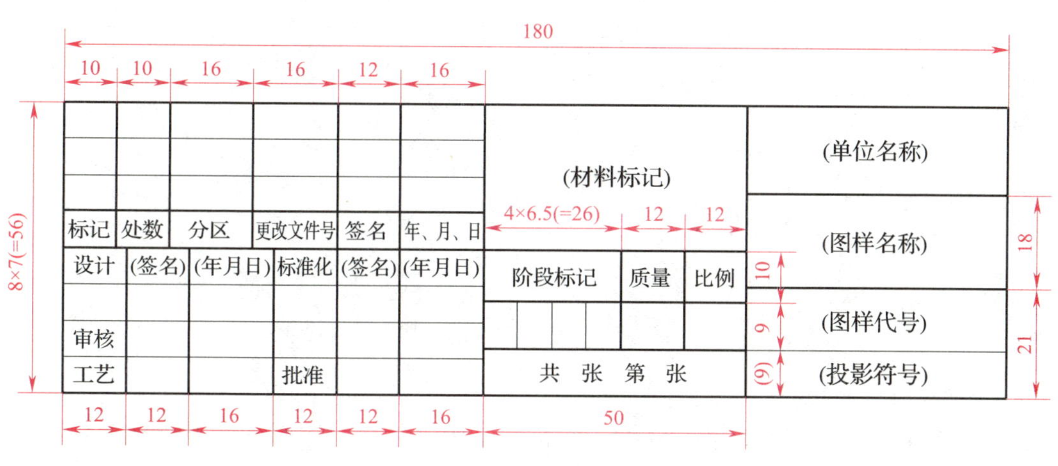

图 4–15　标题栏的格式

（1）新建图形文件

打开“制图样板”，新建图形文件。

（2）绘制标题栏的图线

按照如图 4–15 所示尺寸绘制标题栏的图形，如图 4–16 所示。注意图中的红色图线为细实线，黑色图线为粗实线。

（3）分析字体及对正方式

如图 4–15 所示，图中的字体为“宋体”字，按大小分为两种，小字体（如“设计”等）可采用 2.5 mm 字高，大字体［如“（材料标记）”等］可采用 3.5 mm 字高。字形分为两种，一种是正常宽度的字体（如“分区”等），另一种是宽度比较窄的字体（如“更改文件号”等）。

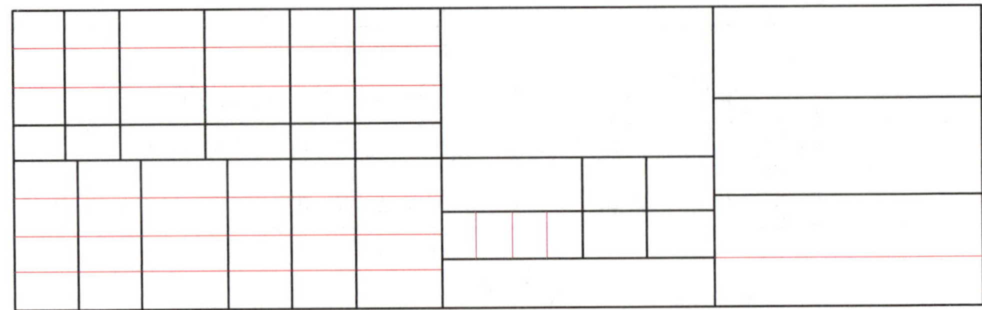

图 4-16　绘制标题栏的图线

正常字体的对正方式可以采用“中间”方式，窄文字采用“布满”方式。

（4）修改文字样式

打开“文字样式”对话框，将“Standard”样式的字体修改为“宋体”，并设置为当前文字样式如图 4-17 所示。注意不要修改文字高度。因为文字高度被修改或重新设置后，在使用“单行文字”命令时将自动设置文字高度为设定值。

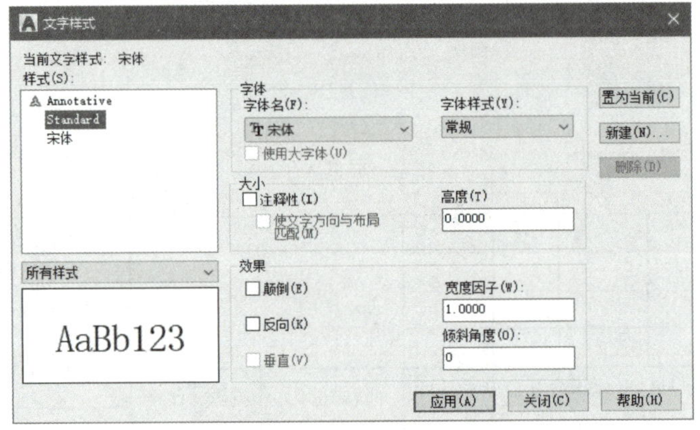

图 4-17　修改文字的字体

（5）绘制辅助线

为了使采用“中间”方式的文字处于方格的正中，需要在矩形方格中绘制一条辅助线，用于确定其矩形方格的几何中心，如图 4-18 所示。

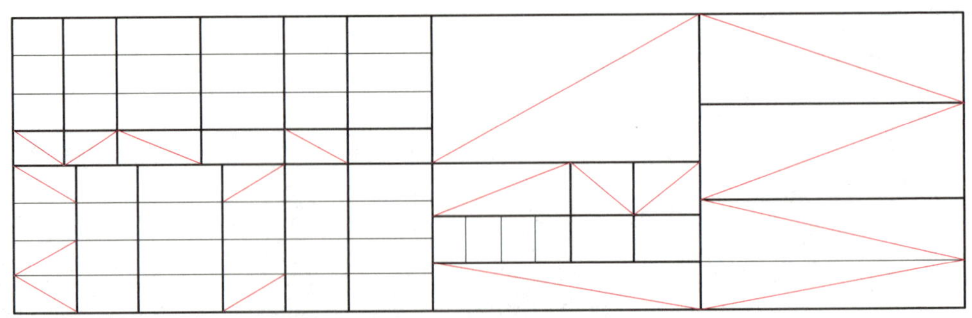

图 4-18　绘制辅助线

（6）输入 3.5 mm 字高的文字

1）启动“单行文字”命令，输入文字“(材料标记)”，系统给出如下提示。

命令：_text

当前文字样式：“Standard” 文字高度：2.5000 注释性：否 对正：中间

指定文字的中间点或［对正（J）/ 样式（S）］： J

// 输入“J”，按回车键，切换到“对正”模式

输入选项［左（L）/ 居中（C）/ 右（R）/ 对齐（A）/ 中间（M）/ 布满（F）/ 左上（TL）/ 中上（TC）/ 右上（TR）/ 左中（ML）/ 正中（MC）/ 右中（MR）/ 左下（BL）/ 中下（BC）/ 右下（BR）］：M // 输入“M”，按回车键，启动“中间”选项

指定文字的中间点： // 拾取辅助线的“中点”

指定高度 <2.5000>：3.5 // 输入文字高度“3.5”，按回车键

指定文字的旋转角度 <0>： // 按回车键

输入文字“(材料标记)”，按两次回车键退出命令，结束“单行文字”命令。结果如图 4-19 所示。

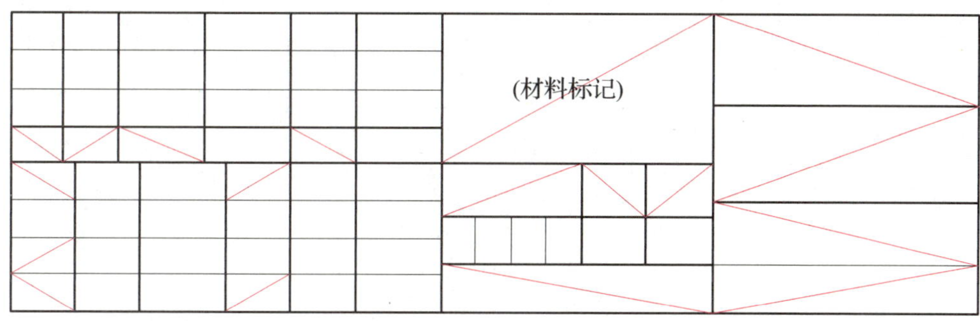

图 4-19 输入文字“(材料标记)”

2）将“(材料标记)”复制到其他字体相同文字的位置上，如图 4-20 所示。后期可以通过修改文字的方法录入其他文字。

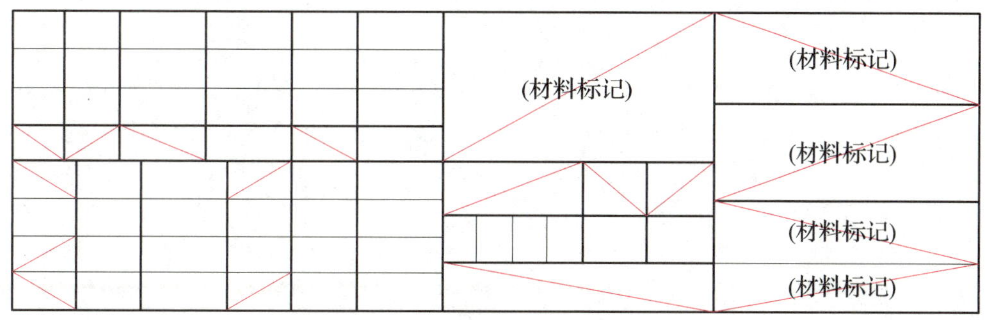

图 4-20 复制“(材料标记)”

3）双击需要修改的文字，使单行文字处于编辑状态，对文字内容进行修改，包括“单位名称”“图样名称”“图样代号”和“投影符号”等，结果如图 4-21 所示。

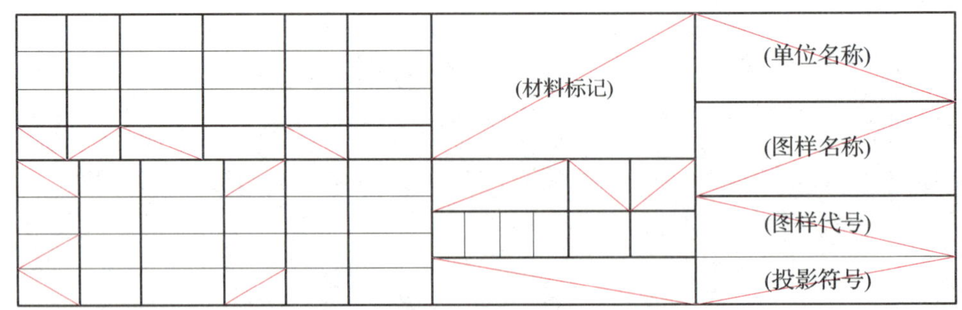

图 4–21　修改文字

（7）输入 2.5 mm 字高、正常字宽的文字

启动“单行文字”命令，输入 2.5 mm 字高、正常字宽的文字，包括“设计”“审核”“工艺”“批准”“标准化”“标记”“处数”“分区”“签名”“阶段标记”“质量”“比例”和“共　张　第　张”等，如图 4–22 所示。

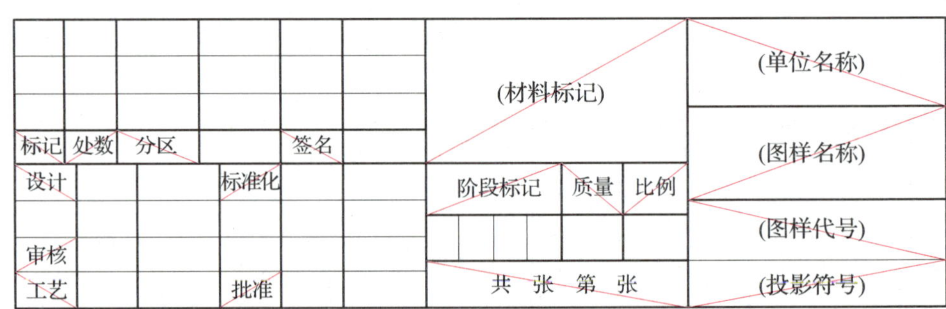

图 4–22　输入 2.5 mm 字高、正常字宽的文字

（8）输入 2.5 mm 字高、窄字宽的文字

1）启动“单行文字”命令，输入文字“更改文件号”，系统给出如下提示。

命令：_text
当前文字样式：“宋体”　文字高度：2.5000　注释性：否　对正：中间
指定文字的中间点 或［对正（J）/ 样式（S）］：　J
// 输入“J”，按回车键，切换到“对正”模式
输入选项［左（L）/ 居中（C）/ 右（R）/ 对齐（A）/ 中间（M）/ 布满（F）/ 左上（TL）/ 中上（TC）/ 右上（TR）/ 左中（ML）/ 正中（MC）/ 右中（MR）/ 左下（BL）/ 中下（BC）/ 右下（BR）］：　F　　// 输入“F”，按回车键，启动“布满”选项
指定文字基线的第一个端点：　// 拾取矩形左下端点
指定文字基线的第二个端点：　// 拾取矩形右下端点
指定高度＜2.5000＞：　// 按回车键

在光标指示位置输入“更改文件号”，如图 4–23a 所示。

2）启动“移动”命令，将文字向上移动（行间距 – 字高）/2=2.25 mm，如图 4–23b 所示。

3）用同样的方法完成“（签名）”“（年月日）”“年、月、日”等文字的录入，如图 4–24 所示。

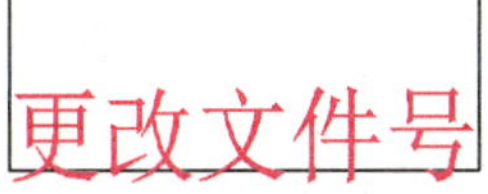

a）

更改文件号

b）

图 4-23　输入 2.5 mm 字高、窄字宽的文字

a）用“布满”的方式输入文字　b）移动文字

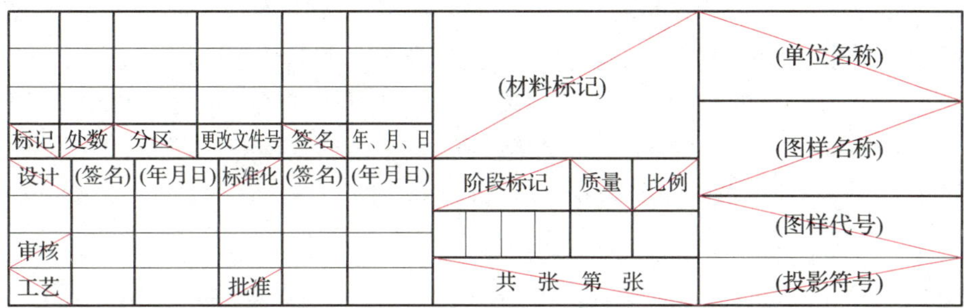

图 4-24　录入“(签名)”“(年月日)”“年、月、日”等

（9）删除辅助线

删除辅助线，如图 4-25 所示。至此，标题栏绘制完毕。

						(材料标记)	(单位名称)
标记	处数	分区	更改文件号	签名	年、月、日		(图样名称)
设计	(签名)	(年月日)	标准化	(签名)	(年月日)	阶段标记　质量　比例	
审核							(图样代号)
工艺			批准			共　张　第　张	(投影符号)

图 4-25　删除辅助线

三、多行文字

“多行文字”命令用于创建较长且较为复杂的文字对象，如图样的技术要求等，创建的文字无论包含多少行，AutoCAD 2018 都将其视为一个单独的对象。

1. 启动“多行文字”命令的方法

◇ 功能区：单击“默认”→“注释”→“多行文字”按钮 A。

◇ 菜单栏：选择“绘图”→“文字”→“多行文字”命令。

◇ 命令行：“T（MTEXT）”。

2. 上机训练 1——创建多行文字

利用多行文字命令创建文字“AutoCAD 2018 机械制图”。

（1）新建图形文件

打开“制图样板”，新建图形文件。

（2）录入文字

利用上述任意一种方法启动“多行文字”命令，系统给出如下提示。

命令: _mtext
当前文字样式:"Standard" 文字高度: 2.5 注释性: 否
指定第一角点: // 在绘图区适当位置拾取一点作为文本边框的第一角点
指定对角点或[高度(H)/对正(J)/行距(L)/旋转(R)/样式(S)/宽度(W)/栏(C)]: // 移动光标到适当位置，单击鼠标左键拾取一点作为文本边框的第二角点

此时系统在功能区弹出"文字编辑器"对话框(图 4-26),同时在绘图区画出一个文本输入窗口(图 4-27),在窗口中输入"AutoCAD 2018 机械制图",然后单击"文字编辑器"中"段落"功能区的"居中"按钮 ，使输入的文本位于文本框对应行的中间。设置完毕后在绘图区的文字录入区外侧单击，或单击"文字编辑器"对话框的"关闭文字编辑器"按钮 ，结束操作。

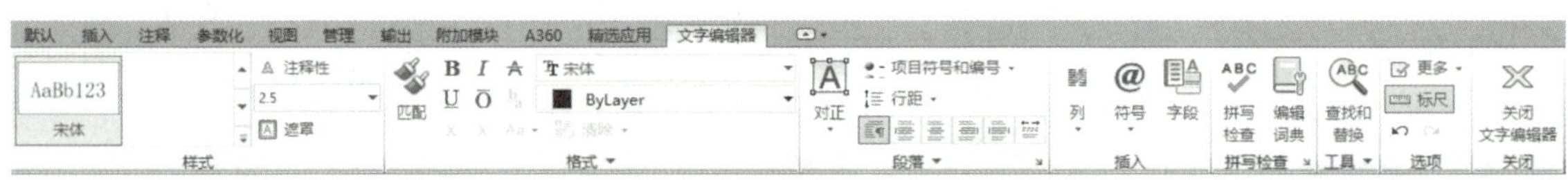

图 4-26 "文字编辑器"对话框

图 4-27 文本输入窗口

3."多行文字"命令常用选项的功能

◇ 指定对角点：在绘图区选择两个点作为矩形文字窗口的两个角点，AutoCAD 以这两个点为对角点构成一个矩形区域，其宽度作为将来要标注的多行文字的宽度，第一点作为第一行文字顶线的起点。

◇ 对正：用于确定所标注文字的对齐方式。

◇ 行距：用于确定多行文字的行间距。

◇ 旋转：用于确定文本行倾斜角度。

◇ 样式：用于确定当前的文字样式。

◇ 宽度：用于确定多行文字的宽度。

◇ 文字编辑器对话框：用来控制文字的显示特性，可以在输入文字前设置文字的特性，也可以改变已输入文字的特性。

4. 符号

在"文字编辑器"选项卡中，在插入功能区，系统提供了大量的文本符号，单击符号按钮@，系统会弹出如图 4-28 所示的符号菜单，用户可在其中选择需要的文本符号。若选择菜单中的"其他"选项，系统会弹出如图 4-29 所示的字符映射表，给用户提供了更多的符号。

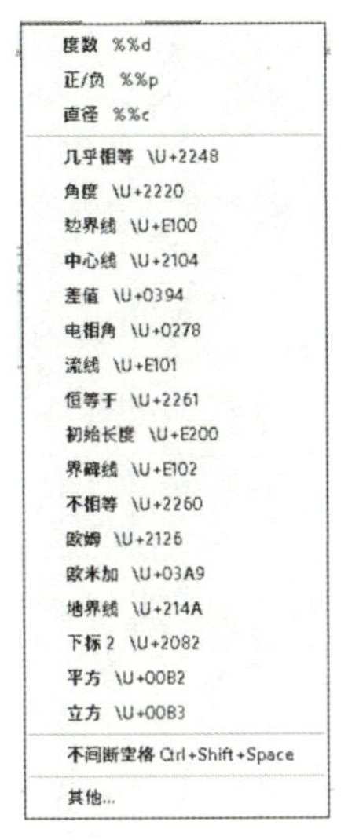

图 4-28　符号菜单

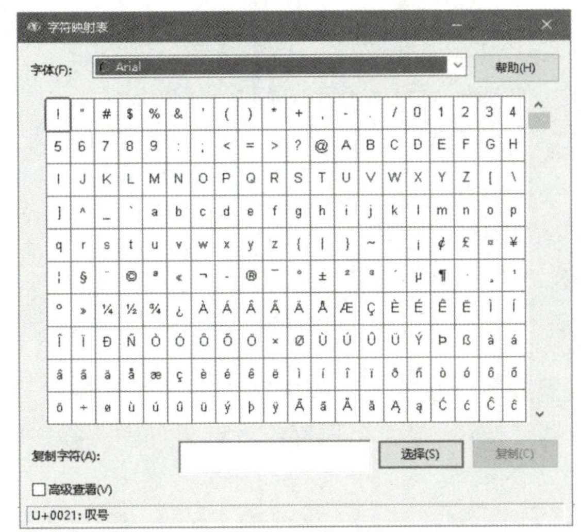

图 4-29　字符映射表

5. 上机训练 2——录入技术要求

在 AutoCAD 2018 中录入图 4-1 齿轮零件图的技术要求。要求用宋体文字，标题用 5 mm 高的字，内容用 3.5 mm 高的字，文字“*R*”用斜体字，如图 4-30 所示。

技术要求

1. 未注尺寸公差为GB/T 1804—f。
2. 未注圆角*R*2～*R*3。
3. 锐角倒钝。
4. 调质处理240～260HBW。
5. 齿面淬火50～55HRC。
6. 非加工表面涂红色防锈漆。

图 4-30　齿轮零件图的技术要求

（1）新建图形文件

打开“制图样板”，新建图形文件。

（2）录入齿轮生产的技术要求

单击“默认”→“注释”→“多行文字”按钮 A，启动“多行文字”命令，系统给出如下提示。

命令：_mtext
当前文字样式：“Standard”　文字高度：2.5　注释性：否
指定第一角点：　//在图形下方适当位置拾取一点作为区域第一角点
指定对角点或［高度（H）/对正（J）/行距（L）/旋转（R）/样式（S）/宽度（W）/栏（C）］：　//移动光标到适当位置再拾取一点作为区域对角点

当拾取对角点后，系统弹出“文字编辑器”对话框，在文字编辑区录入文字，如图 4-31 所示。此时文字的字体为系统自动设置的字体。

（3）修改文字格式

1）选中所有文字，单击“文字编辑器”→“格式”→“字体”列表框中的“宋体”，将文字的字体修改为宋体。

2）将文字“技术要求”的字高修改为 5 mm，单击“段落”→“居中”按钮。

3）将其他文字的字高修改为 3.5 mm。

4）将“R”修改为斜体。

修改结果如图 4-32 所示。

技术要求
1.未注尺寸公差为GB/T 1804—f。
2.未注圆角R2～R3。
3.锐角倒钝。
4.调质处理240～260HBW。
5.齿面淬火50～55HRC。
6.非加工表面涂红色防锈漆。

图 4-31　录入文字

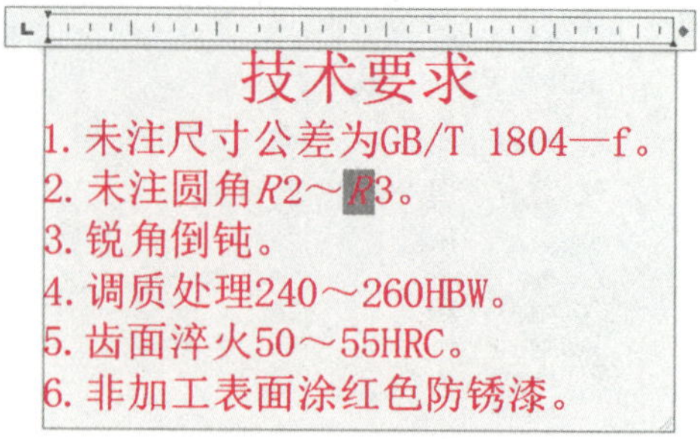

技术要求
1. 未注尺寸公差为GB/T 1804—f。
2. 未注圆角*R*2～*R*3。
3. 锐角倒钝。
4. 调质处理240～260HBW。
5. 齿面淬火50～55HRC。
6. 非加工表面涂红色防锈漆。

图 4-32　修改文字格式

修改完成后，在绘图区的文字录入区外侧单击，或单击“文字编辑器”选项卡的“关闭文字编辑器”按钮 ，结束操作，结果如图 4-30 所示。

§4-2 表　　格

AutoCAD 为用户提供了表格的创建与填写功能，使用“表格”命令使创建表格、填充表格内容变得非常容易。

一、创建表格的方法

1. 创建表格的步骤

（1）启动“插入表格”命令。

（2）对表格样式进行设置。

（3）插入表格。

（4）填写表格。

（5）编辑格式。

2. 启动“插入表格”命令的方法

◇ 功能区：单击“默认”→“注释”→“表格”按钮 。

◇ 菜单栏：选择“绘图”→“表格”命令。

◇ 命令行：“TB（或 TABLE）”。

3. 上机训练——绘制装配工艺过程卡

绘制如图 4-33 所示的单级齿轮减速器装配工艺过程卡。

（1）新建图形文件

打开“制图样板”，新建图形文件。

（2）设置图层

将“细实线”图层设置为当前图层。

（3）启动“插入表格”命令

启动“插入表格”命令，系统弹出“插入表格”对话框，如图 4-34 所示。

单级齿轮减速器装配工艺过程卡						
工序号	工序名称	工序内容	工作部门	设备及工艺装备	辅助材料	工时定额（min）
1	清洗	按图样要求领取零件,清理清洗零件，检查	清洗车间		汽油或煤油	
2	部件装配	挡油环、轴承与齿轮轴组装	装配车间	压力机、轴承压套	机油、黄油	
3	部件装配		装配车间	铜棒、压力机、轴承压套	机油、黄油	
4	总装配		装配车间	铜棒、手锤、扳手		
5	试车	检验,试车	检验科			

图 4–33　单级齿轮减速器装配工艺过程卡

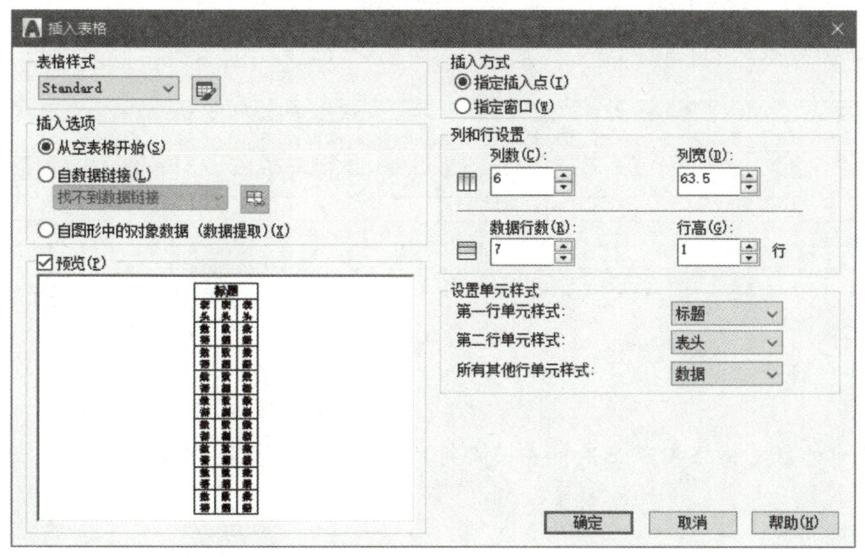

图 4–34　“插入表格”对话框

（4）设置参数

在“列数（C）”文本框输入“7”，在“列宽（D）”文本框输入“50”。在“数据行数（R）”文本框输入“5”。其他采用默认设置。

（5）插入表格

单击“插入表格”对话框中的“确定”按钮，插入一个空白表格，如图 4–35 所示。同时系统弹出“文字编辑器”对话框。表格的第一行为标题行，第二行为表头行，下面的各行为数据行。

（6）填写标题

在表格的标题行填写标题“单级齿轮减速器装配工艺过程卡”，如图 4–36 所示。

	A	B	C	D	E	F	G
1							
2							
3							
4							
5							
6							
7							

图 4-35 插入表格

	A	B	C	D	E	F	G
1	单级齿轮减速器装配工艺过程卡						
2							
3							
4							
5							
6							
7							

图 4-36 填写标题

（7）填写表头

1）按回车键，光标跳到表头行的第一列。填写“工序号”。

2）按 Tab 键，将光标移到下一列，填写“工序名称”。

3）依次填写表头的其他内容，如图 4-37 所示。

	A	B	C	D	E	F	G
1	单级齿轮减速器装配工艺过程卡						
2	工序号	工序名称	工序内容	工作部门	设备及工艺装备	辅助材料	工时定额（min）
3							
4							
5							
6							
7							

图 4-37 填写表头

【提示】

在表格中的任意框格内双击鼠标左键都可以使光标移到该单元格，也可以按箭头键移动光标位置。

（8）调整列宽

根据如图 4-33 所示表格的样式调整列宽，具体步骤如下。

1）单击表格上的任意一条直线（窗口选择或窗交选择），选择表格，在表格上出现数个夹点，如图 4-38 所示。

2）拖动各竖线的夹点到适当位置，调整列宽，如图 4-39 所示。

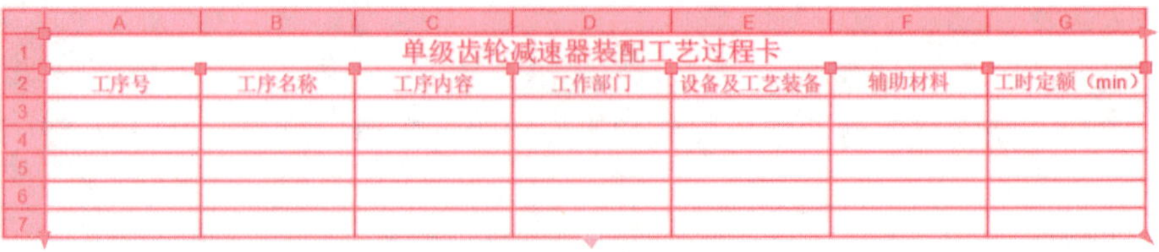

	A	B	C	D	E	F	G
1	单级齿轮减速器装配工艺过程卡						
2	工序号	工序名称	工序内容	工作部门	设备及工艺装备	辅助材料	工时定额（min）
3							
4							
5							
6							
7							

图 4-38 选择表格

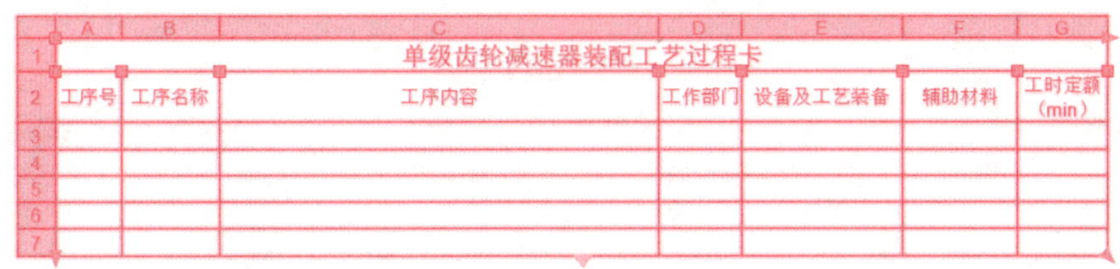

	A	B	C	D	E	F	G
1	单级齿轮减速器装配工艺过程卡						
2	工序号	工序名称	工序内容	工作部门	设备及工艺装备	辅助材料	工时定额（min）
3							
4							
5							
6							
7							

图 4-39　调整列宽

（9）填写数据行的内容

将光标移到需要填写文字的位置，填写各项内容，如图 4-40 所示。

单级齿轮减速器装配工艺过程卡						
工序号	工序名称	工序内容	工序部门	设备及工艺装备	辅助材料	工时定额（min）
1	清洗	按图样要求领取零件，清理清洗要件，检查	清洗车间		汽油或煤油	
2	部件装配	挡油环、轴承与齿轮轴组装	装配车间	压力机、轴承压套	机油、黄油	
3	部件装配		装配车间	铜棒、压力机、轴承压套	机油、黄油	
4	总装配		装配车间	铜棒、手锤、扳手		
5	试车	检验，试车	检验科			

图 4-40　填写数据行的内容

（10）整理表格

1）在“文字编辑器”中，修改工序内容数据列的文字为“左中 ML”格式（图 4-41），首行缩进一个字符（将光标移到首行文字左侧按空格键），其他各列的文字修改为“正中 MC”。调整结果如图 4-42 所示。

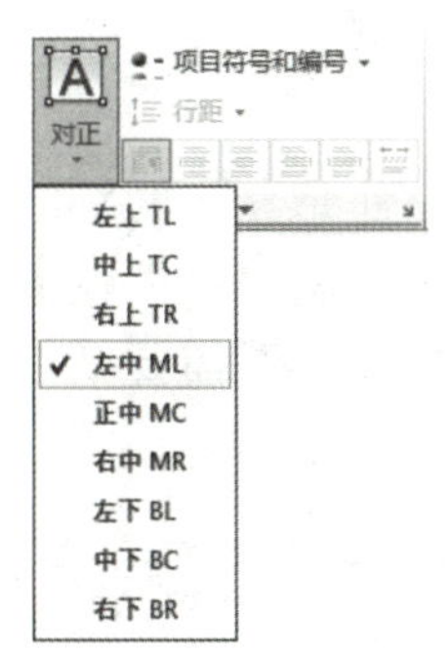

图 4-41　文字格式

单级齿轮减速器装配工艺过程卡						
工序号	工序名称	工序内容	工序部门	设备及工艺装备	辅助材料	工时定额（min）
1	清洗	按图样要求领取零件，清理清洗要件，检查	清洗车间		汽油或煤油	
2	部件装配	挡油环、轴承与齿轮轴组装	装配车间	压力机、轴承压套	机油、黄油	
3	部件装配		装配车间	铜棒、压力机、轴承压套	机油、黄油	
4	总装配		装配车间	铜棒、手锤、扳手		
5	试车	检验，试车	检验科			

图 4-42　调整文字位置

2）选中表格，拖动竖线的夹点调整列宽，如图 4-43 所示。

3）选中某一个单元格，拖动中间的夹点上下移动即可调整行高，如图 4-44 所示。

4）不断调整行高和列宽，直到达到满意效果为止。

本例对行高和列宽的调整只是粗调整，行和列的尺寸不够精确，适用于对表格尺寸要求不高的场合。

【提示】

（1）在表格的框线上单击鼠标左键可以选择整个表格，在单元格内单击选择单元格，在单元格内双击进入文字编辑状态，在表格外单击取消对表格的选择。

	A	B	C	D	E	F	G
1	单级齿轮减速器装配工艺过程卡						
2	工序号	工序名称	工序内容	工作部门	设备及工艺装备	辅助材料	工时定额（min）
3	1	清洗	按图样要求领取零件，清理清洗零件，检查	清洗车间		汽油或煤油	
4	2	部件装配	挡油环、轴承与齿轮轴组装	装配车间	压力机、轴承压套	机油、黄油	
5	3	部件装配		装配车间	铜棒、压力机、轴承压套	机油、黄油	
6	4	总装配		装配车间	铜棒、手锤、扳手		
7	5	试车	检验，试车	检验科			

图 4-43　调整列宽

	A	B	C	D	E	F	G
1	单级齿轮减速器装配工艺过程卡						
2	工序号	工序名称	工序内容	工作部门	设备及工艺装备	辅助材料	工时定额（min）
3	1	清洗	按图样要求领取零件，清理清洗零件，检查	清洗车间		汽油或煤油	
4	2	部件装配	挡油环、轴承与齿轮轴组装	装配车间	压力机、轴承压套	机油、黄油	
5	3	部件装配		装配车间	铜棒、压力机、轴承压套	机油、黄油	
6	4	总装配		装配车间	铜棒、手锤、扳手		
7	5	试车	检验，试车	检验科			

图 4-44　调整行高

（2）在选中单元格和单元格文字处于编辑状态时，按箭头键可调整选择框或将光标移到相邻的单元格。

二、创建表格样式

和文字标注样式一样，表格也有表格样式。表格样式是用来控制表格基本形状和间距的一组设置。当创建表格时，系统使用当前设置的表格样式。“上机训练——绘制单级齿轮减速器装配工艺过程卡”中对表格的样式并没有进行精确设置，而在绘制机械图样时需要精确设置表格的样式、尺寸及线宽，这就需要对表格样式进行设置。

1. 启动“表格样式”命令的方法

◇ 功能区：单击“默认”→“注释”→“表格样式”按钮，如图 4-45 所示。

◇ 菜单栏：选择“格式”→“表格样式”命令。

◇ 命令行：“TS（或 TABLESTYLE）”。

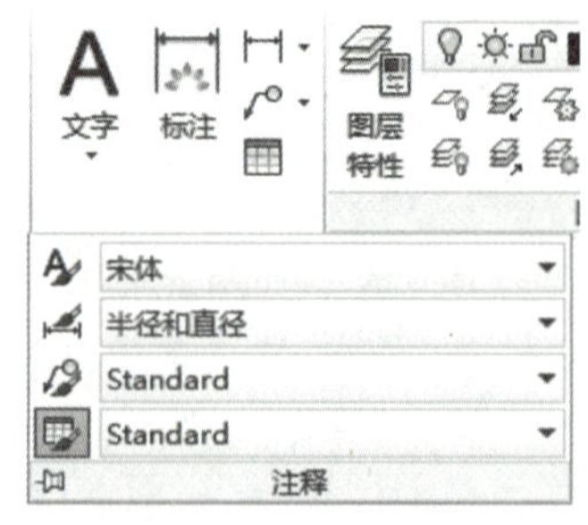

图 4-45　“表格样式”按钮的位置

2. 上机训练——绘制明细表

绘制如图 4-46 所示的滑动轴承装配图明细表。

（1）新建图形文件

打开“制图样板”，新建图形文件。

（2）设置图层

由于滑动轴承装配图明细表中大部分图线都是粗实线，所以将“粗实线”图层设置为当前图层。

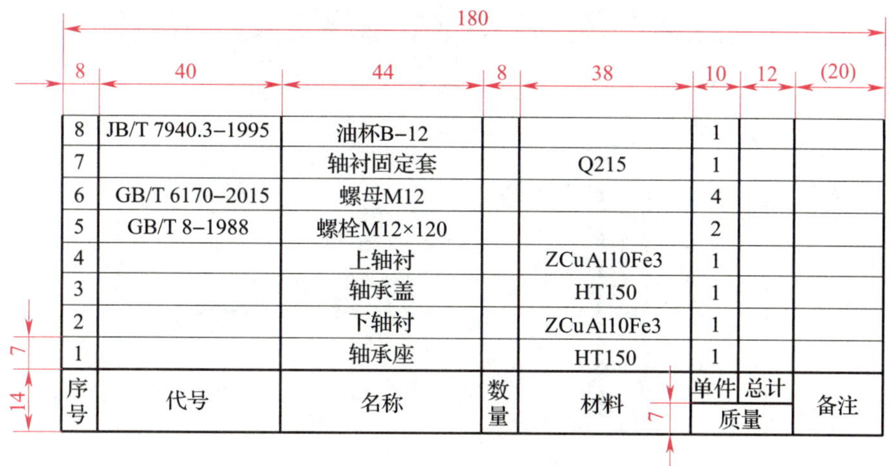

8	JB/T 7940.3–1995	油杯B–12			1		
7		轴衬固定套		Q215	1		
6	GB/T 6170–2015	螺母M12			4		
5	GB/T 8–1988	螺栓M12×120			2		
4		上轴衬		ZCuAl10Fe3	1		
3		轴承盖		HT150	1		
2		下轴衬		ZCuAl10Fe3	1		
1		轴承座		HT150	1		
序号	代号	名称	数量	材料	单件	总计	备注
					质量		

图 4–46　滑动轴承装配图明细表

（3）设置表格样式

1）启动“表格样式”命令，系统打开“表格样式”对话框，如图 4–47 所示。

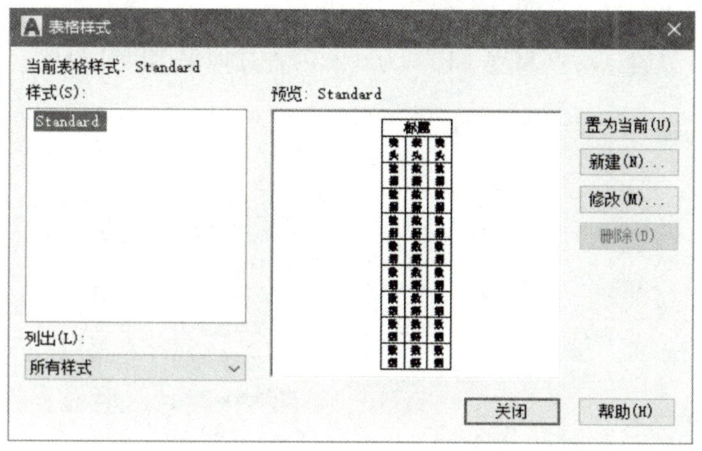

图 4–47　“表格样式”对话框

2）单击“新建（N）”按钮（图 4–47），打开“创建新的表格样式”对话框。在“新样式名（N）”文本框中输入“明细表”，如图 4–48 所示。

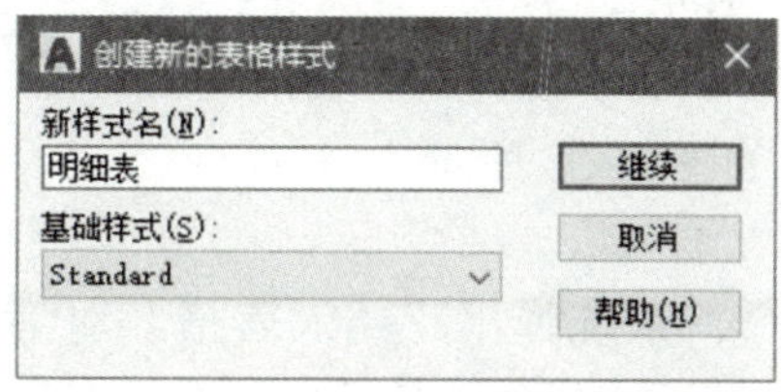

图 4–48　“创建新的表格样式”对话框

3）单击“继续”按钮（图 4–48），打开“新建表格样式：明细表”对话框，如图 4–49 所示。在左侧的“表格方向（D）”栏选择“向上”。

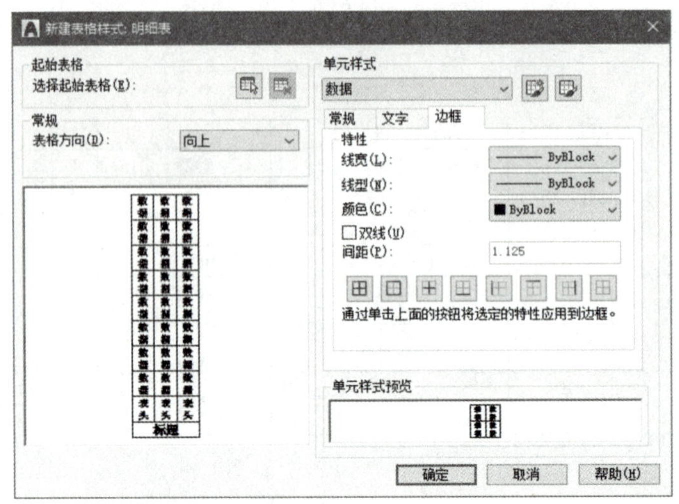

图 4-49 “新建表格样式：明细表”对话框

4）单击“单元样式”区域中的“常规”按钮，打开“常规”选项卡。设置“对齐（A）”为“正中”，其他采用默认设置，如图 4-50 所示。

5）单击“单元样式”区域中的“文字”按钮，打开“文字”选项卡。设置“文字样式（S）”为“宋体”，设置“文字高度（I）”为“2.5”，其他采用默认设置，如图 4-51 所示。

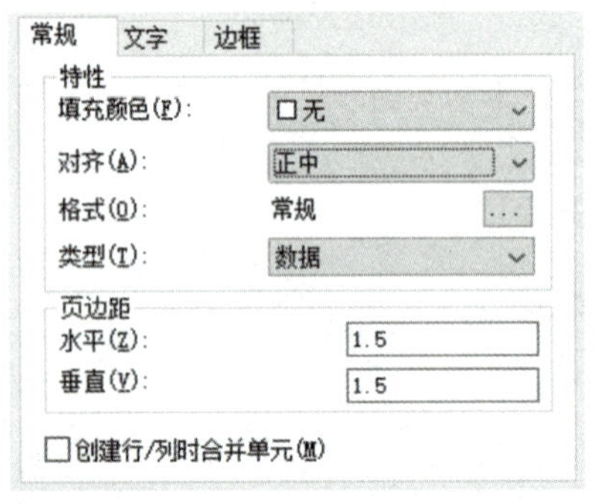

图 4-50 “常规”选项卡

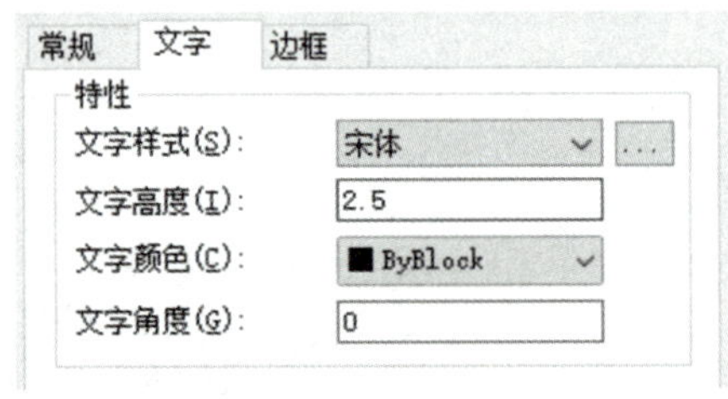

图 4-51 “文字”选项卡

6）单击“单元样式”区域中的“边框”按钮，打开“边框”选项卡。设置“线宽（L）”为“0.15 mm”，单击“上边框”按钮，将该线宽应用于上边框，其他边框的线宽则采用当前图层的线宽，如图 4-52 所示。

7）单击“确定”按钮（图 4-49），返回“表格样式”对话框。此时，新建的表格样式就呈现在“样式（S）”栏中，如图 4-53 所示。

（4）插入表格

1）启动“插入表格”命令，系统弹出“插入表格”对话框。“表格样式”选择“明细表”；“列数（C）”设置为“8”，“列宽（D）”设置为“20”；“数据行数（R）”设置为“8”，“行高（G）”设置为“1”（默认设置）；“第一行单元样式”和“第二行单元样式”都设置为“数据”；其他参数采用默认设置，如图 4-54 所示。

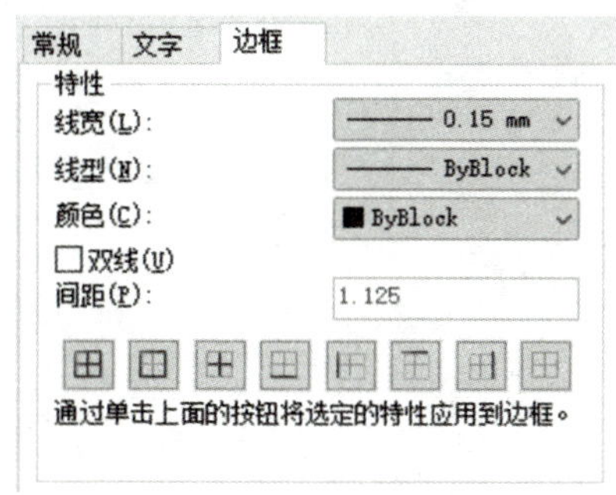

图 4-52 “边框”选项卡

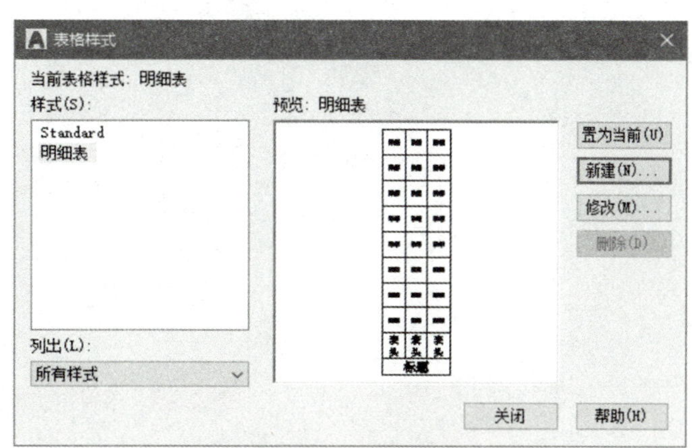

图 4-53 “明细表”表格样式

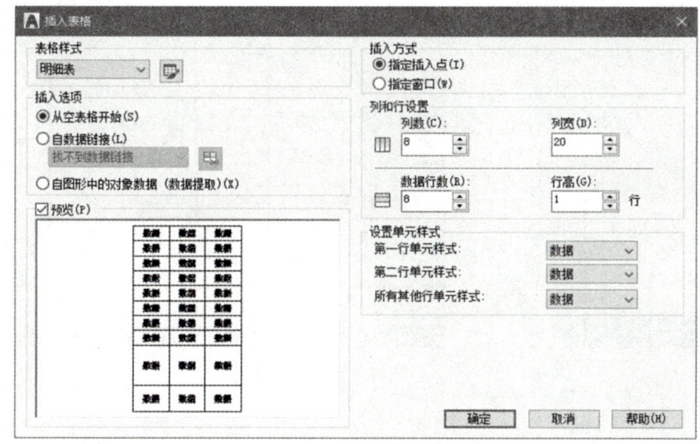

图 4-54 设置表格参数

2）单击“确定”按钮（图 4-54），在绘图区插入表格，如图 4-55 所示。

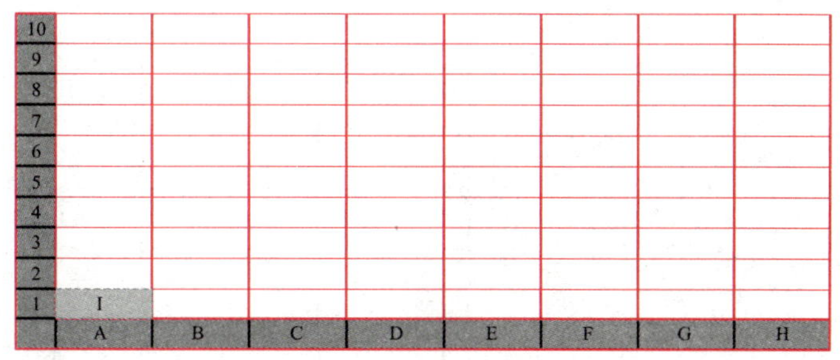

图 4-55 插入表格

（5）编辑表格的高度和宽度

1）单击“默认”→“特性”面板右侧的斜箭头，弹出“特性”对话框，如图 4-56 所示。

2）在表格的左下单元格内单击鼠标左键（图 4-57），该单元格四周边框呈黄色（图中为浅灰色）粗线，并呈现蓝色（图中为红色）夹点。

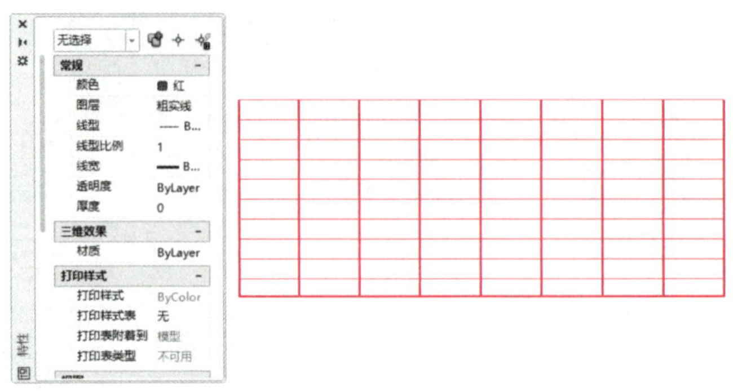

图 4-56 “特性”对话框

3）向上拖动右上角的夹点，选中该列所有行，如图 4-58 所示。

4）在“特性”对话框中，将“单元宽度”修改为“8”，“单元高度”修改为“7”，如图 4-59 所示。修改结果如图 4-60 所示。

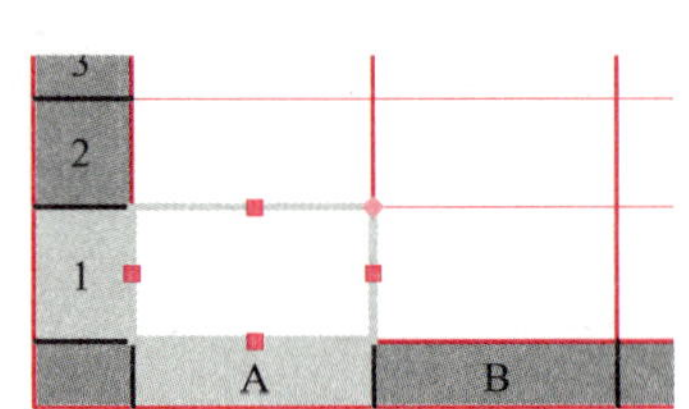

图 4-57 选中单元格

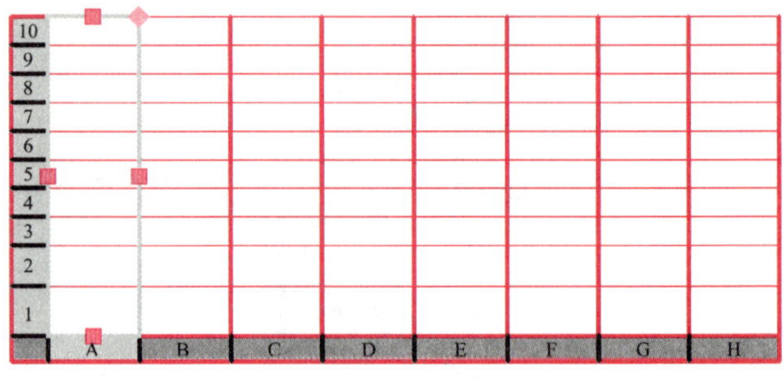

图 4-58 选中左侧第一列所有行

图 4-59 修改单元宽度和高度

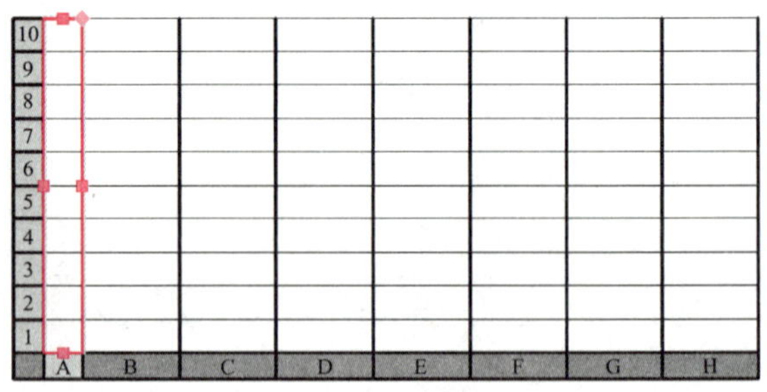

图 4-60 单元宽度和高度修改结果

5）在第 2 列的某行单击，将“单元宽度”修改为“40”。然后用同样的方法依次按照图 4-46 所示尺寸修改其他各列的宽度，结果如图 4-61 所示。

（6）合并单元格

在明细表中，下方表头的格式与数据行有所不同，需要合并某些单元格。

图 4-61　编辑列宽

1）在选中一个单元格时，系统会弹出一个“表格单元”对话框，如图 4-62 所示。在该对话框中，可以进行从上方插入行、从下方插入行、删除行、从左侧插入列、从右侧插入列、删除列、匹配单元、单元对正、编辑边框、单元锁定等操作。

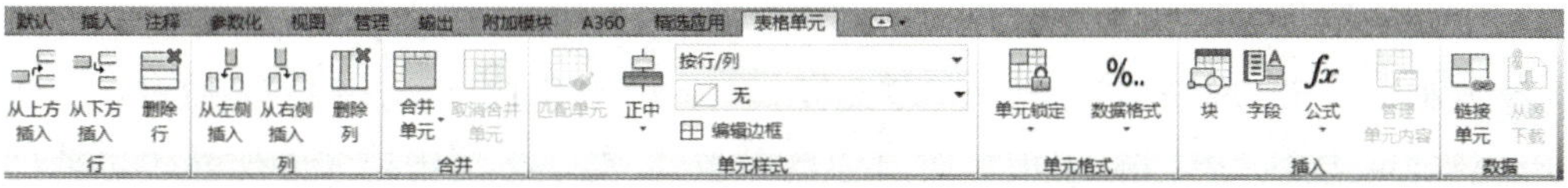

图 4-62　表格单元

2）如果在表格中先选择一个单元，接着在按住 Shift 键的同时选择另一个单元，则选中这两个单元以及它们之间的所有单元。要选择多个单元，还可以先单击一个单元并在多个单元上拖曳来完成。选中多个单元时，可以进行合并单元等操作，当然也可以进行取消合并单元的操作。

选择左下角的单元格，先向右拖动右上角的夹点，再向上拖动该夹点，如图 4-63 所示。

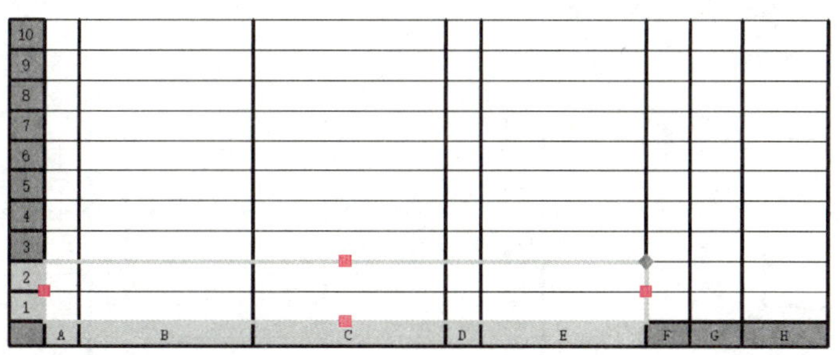

图 4-63　选择多个单元

3）单击“表格单元”→“合并单元”→“按列合并”按钮（图 4-64），将下方的两行按列进行合并，合并结果如图 4-65 所示。

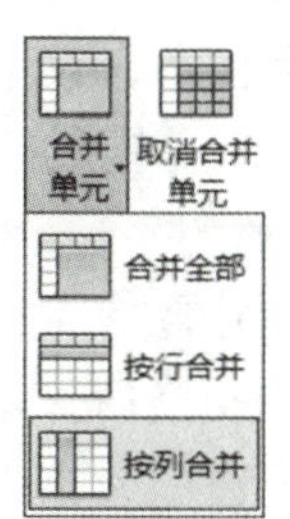

图 4-64　“合并单元”按钮

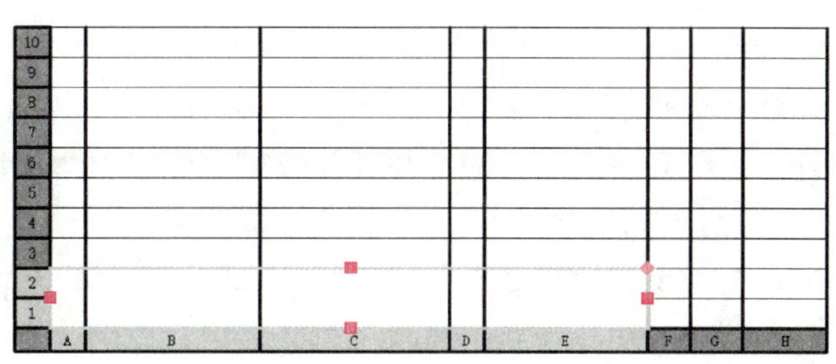

图 4-65　按列合并结果

4）用同样的方法合并“质量”和“备注”所在的单元格，如图 4-66 所示。

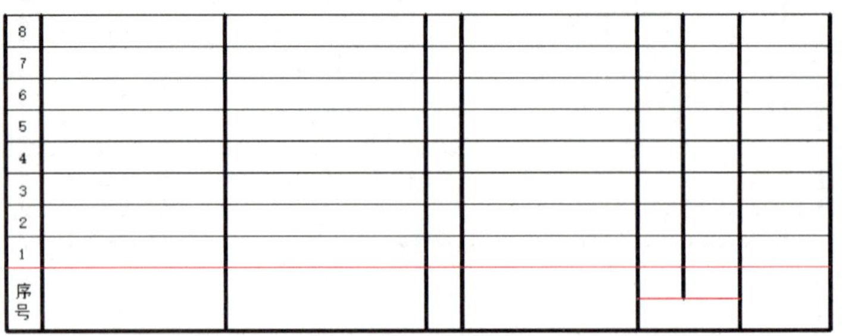

图 4-66　合并“质量”和“备注”所在的单元格

（7）编辑单元格的线宽

对比分析图 4-66 和图 4-46 可知，在图 4-66 中，表头的细实线（红色线）要修改为粗实线。

选择表头，单击“表格单元”→“单元样式”→“编辑边框”按钮，系统弹出“单元边框特性”对话框（图 4-67），单击“所有边框”按钮 ⊞，将选中单元的所有边框线的线型修改为当前图层的线宽（粗实线），如图 4-68 所示。

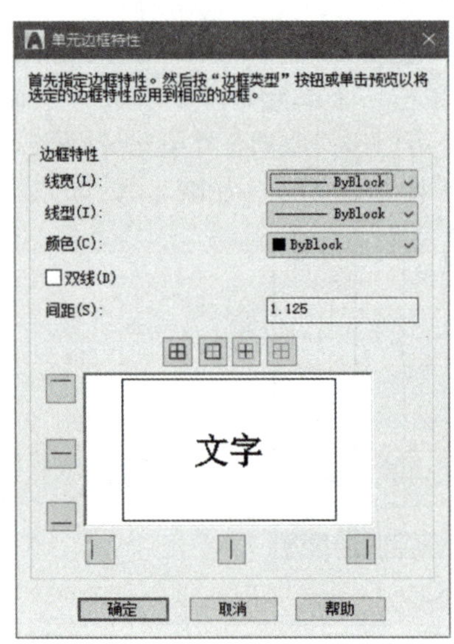

图 4-67　“单元边框特性”对话框

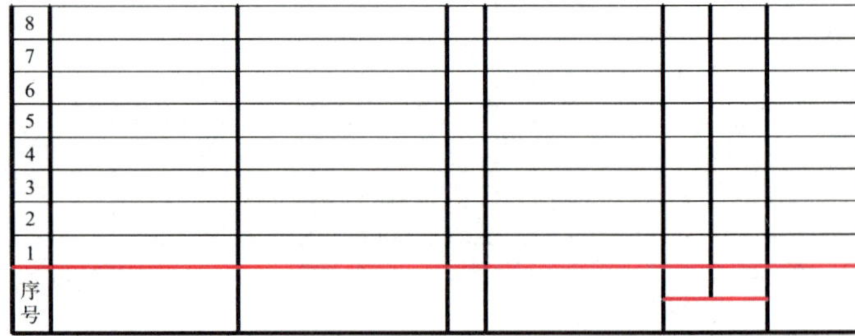

图 4-68　修改表头线型

（8）填写文字

1）在需要填写文字的单元格中双击鼠标左键，即可进入文字编辑状态，按箭头键可将光标移到相邻单元格。在填写序号的数字时，可以先填写“1”，然后向上拖动光标选中其余各行，系统会按次序自动填写其他数字。文字填写情况如图 4-69 所示。

2）填写后的文字有可能不符合排版要求，如图 4-69 中的数字采用的是“右中”的格式。由于本表中的所有文字都应该是“正中”模式，可以在选择所有单元格后，单击“表格单元”→“单元样式”→“对齐”→“正中”按钮（图 4-70），将文字在单元格中的位置设置为“正中”，如图 4-71 所示。至此，表格绘制完毕。

序号	代号	名称	数量	材料	单件质量	总计质量	备注
8	JB/T 7940.3–1995	油杯B–12			1		
7		轴衬固定套		Q215	1		
6	GB/T 6170–2015	螺母M12			4		
5	GB/T 8–1988	螺栓M12×120			2		
4		上轴衬		ZCuA110Fe3	1		
3		轴承盖		HT150	1		
2		下轴衬		ZCuA110Fe3	1		
1		轴承座		HT150	1		

图 4–69　填写文字

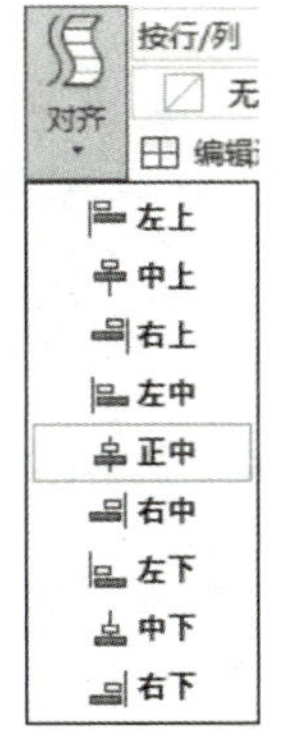

图 4–70　文字“对齐”按钮

序号	代号	名称	数量	材料	单件质量	总计质量	备注
8	JB/T 7940.3–1995	油杯B–12			1		
7		轴衬固定套		Q215	1		
6	GB/T 6170–2015	螺母M12			4		
5	GB/T 8–1988	螺栓M12×120			2		
4		上轴衬		ZCuA110Fe3	1		
3		轴承盖		HT150	1		
2		下轴衬		ZCuA110Fe3	1		
1		轴承座		HT150	1		

图 4–71　对齐文字

三、综合实训

用创建表格的方式绘制如图 4–72 所示的标题栏。

在前面运用绘制图线的方式绘制标题栏比较烦琐，添加文字也比较麻烦，用创建表格的方式则比较简单。

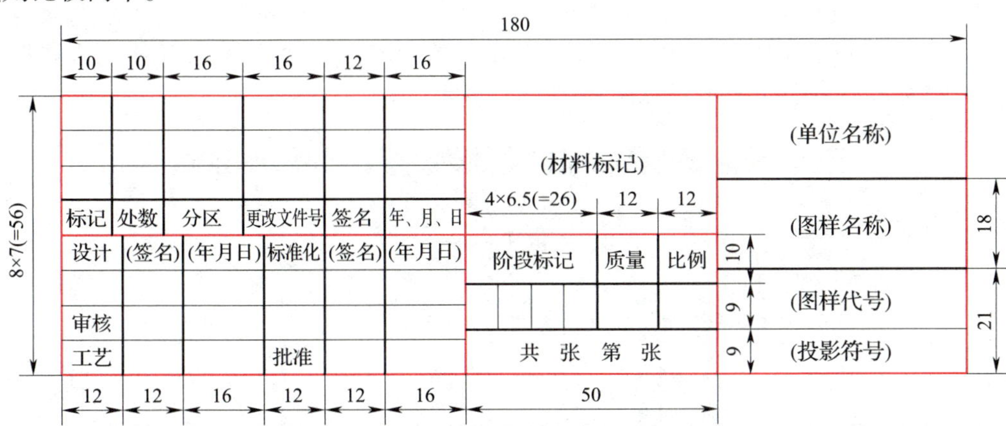

图 4–72　标题栏

1. 分析标题栏的格式

如果把标题栏作为一个表格绘制非常麻烦。如果把表格分解成更改区、签字区、其他区和名称及代号区 4 个区域（图 4–73），分别绘制 4 个表格，然后将表格组合在一起，则非常简单。

2. 设置表格样式

图 4–73　标题栏的四个区域

更改区与签字区的表格样式相同，可以采用一种表格样式。其他两个区域的表格样式虽然与更改区的不同，但是也可以采用一种表格样式，在创建表格后再根据其结构修改。

创建名为“标题栏”的表格样式，在“单元样式”区域的设置如下。

（1）“常规”选项：“对齐（A）”设置为“正中”，“页边距”区域中的“水平（Z）”和“垂直（V）”设置为“1”。

（2）“文字”选项：“文字高度（Z）”设置为“2.5”。

其他各选项采用默认设置，如图 4–74 所示。

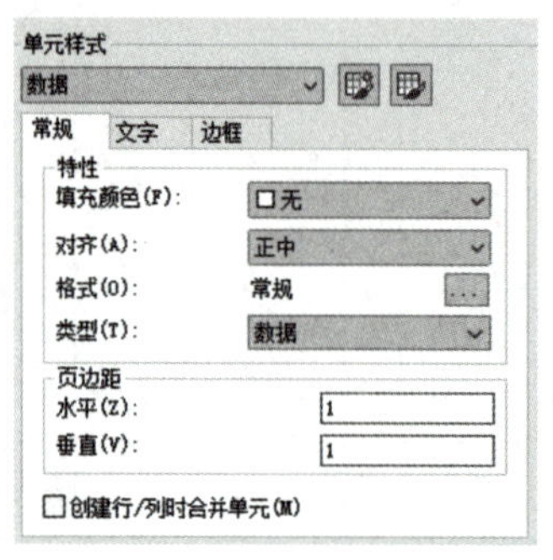

a）

b）

图 4–74　设置“标题栏”表格样式

a）“常规”选项　b）“文字”选项

3. 绘制更改区

（1）设置更改区表格的行、列参数

将“粗实线”图层设置为当前图层。启动“插入表格”命令，打开“插入表格”对话框。“列数（C）”设置为“6”，“列宽（D）”设置为“16”（因为该表格中列宽为 16 mm 的列最多），“数据行数（R）”设置“2”，“第一行单元样式”和“第二行单元样式”选择“数据”，如图 4–75 所示。

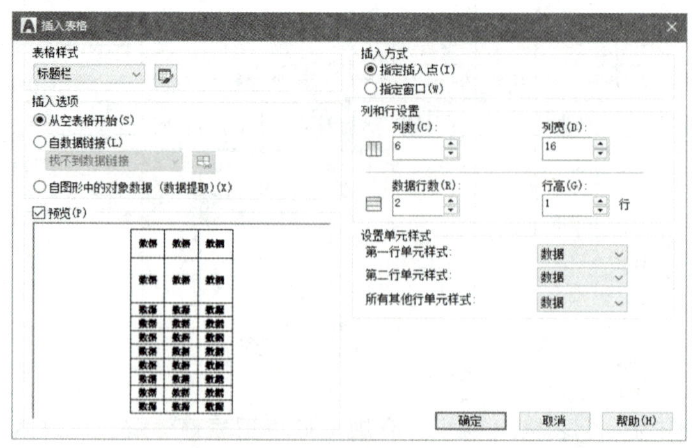

图 4–75　设置更改区表格的行、列参数

（2）插入表格

单击“确定”按钮（图 4-75），在绘图区插入表格，如图 4-76 所示。

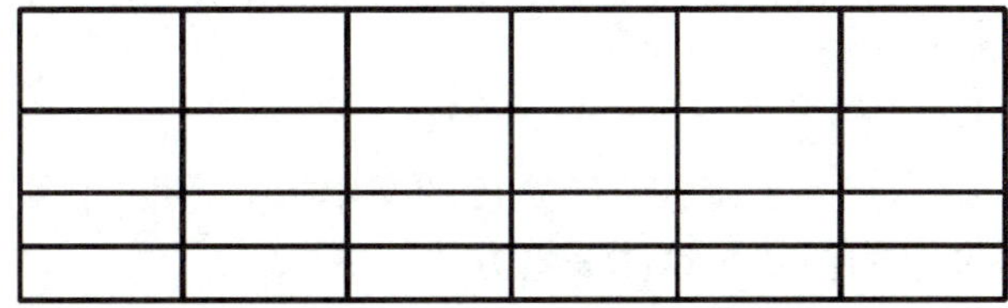

图 4-76　插入表格

（3）编辑表格样式

1）按照如图 4-72 所示尺寸编辑表格的行高与列宽，如图 4-77 所示。

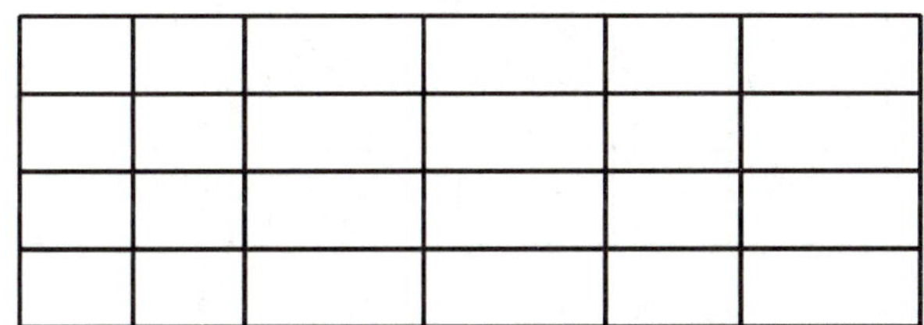

图 4-77　编辑表格的行高与列宽

2）选择所有单元格，单击“表格单元”→“单元样式”→“编辑边框”按钮，弹出“单元边框特性”对话框。单击“线宽（L）”的下拉箭头，选择线宽为“0.15 mm”；单击内部水平边框按钮 ，把内部水平边框的线宽设置为“0.15 mm”，如图 4-78 所示。单击“确定”按钮完成设置，编辑结果如图 4-79 所示。

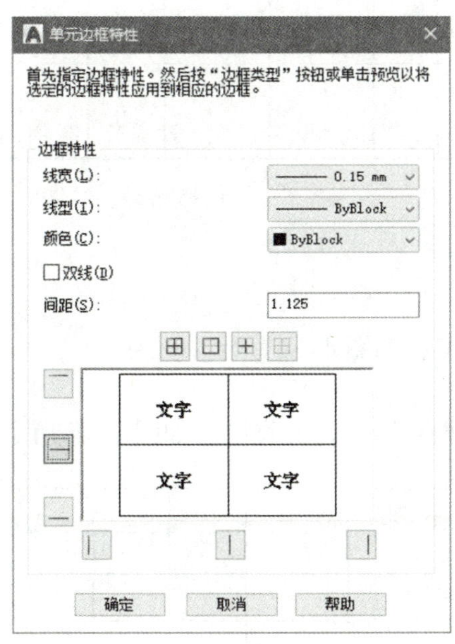

图 4-78　编辑边框特性

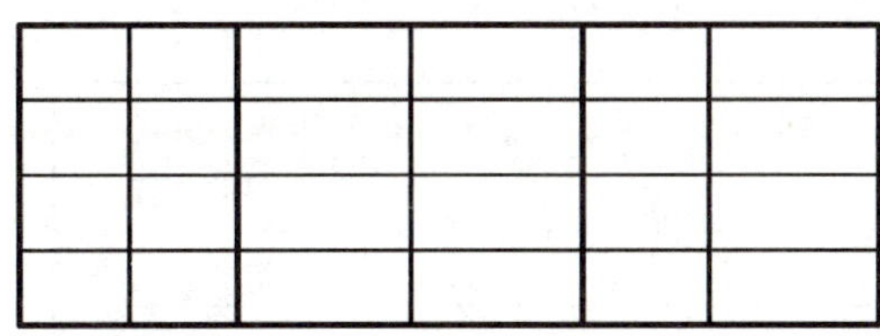

图 4-79　边框特性编辑结果

3）由于签字区的表格与更改区的类似，所以复制一份表格供绘制签字区表格使用。

（4）录入更改区文字

双击需要录入文字的单元格，录入文字，如图 4–80 所示。在该表中“更改文件号”和“年、月、日”占据了两行，不符合要求。

（5）调整文字宽度

在“文字编辑器”中，有一个调整文字宽度的文本框“宽度因子”，用户可以输入宽度与高度的比例，以调整文字的宽度。具体编辑方法如下。

1）选择要编辑的文字“更改文件号”。

2）单击“文字编辑器”→“格式”的下拉箭头，展开“格式”面板，如图 4–81 所示。

图 4–80　录入更改区文字

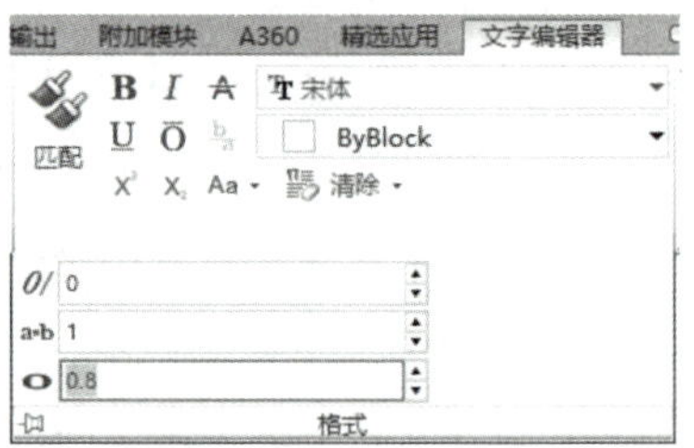

图 4–81　“宽度因子”文本框

3）将“宽度因子”修改为 0.8，如图 4–81 所示。

4）用同样的方法调整“年、月、日”的宽度，如图 4–82 所示。

5）由于在录入文字时出现两行文字，单元高度发生了变化，所以需要重新调整单元高度。在“特性”对话框中，调整最下面一行的单元高度为“7”，如图 4–83 所示。

图 4–82　调整文字宽度

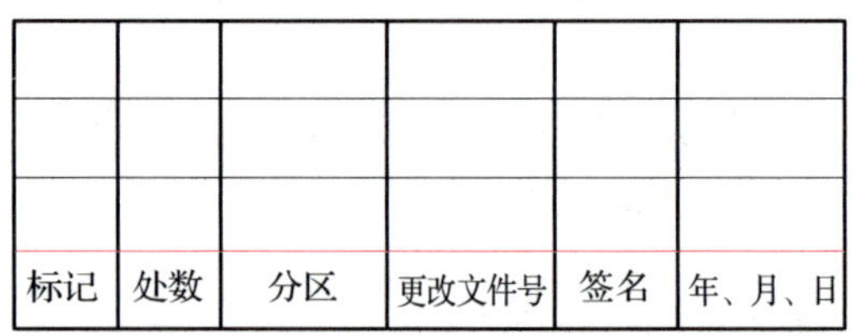

图 4–83　调整最下面一行的单元高度

4. 绘制签字区

（1）复制表格

复制图 4–77，按照如图 4–72 所示的尺寸调整列宽，如图 4–84 所示。

（2）录入并修改文字宽度

录入签字区的文字，并修改“(签名)”和“(年月日)”字体的宽度，如图 4–85 所示。

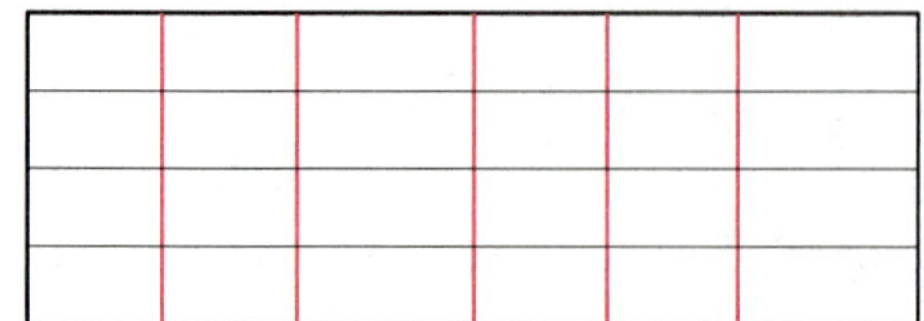
图 4–84　调整列宽结果

设计	(签名)	(年月日)	标准化		
审核					
工艺			批准		

图 4–85　录入并修改文字

5. 绘制其他区

（1）插入表格

启动“插入表格”命令，打开“插入表格”对话框。“列数（C）”设置为“6”，“列宽（D）”设置为“6.5”（因为该表格中列宽为 6.5 mm 的列最多）；“数据行数（R）”设置为“2”；“第一行单元样式”和“第二行单元样式”选择“数据”。插入表格的结果如图 4–86 所示。

（2）合并单元格

选择需要合并的单元格，单击“表格单元”→“合并单元”→“按行合并”按钮，完成单元格的合并，如图 4–87 所示。

图 4–86　插入“其他区”表格

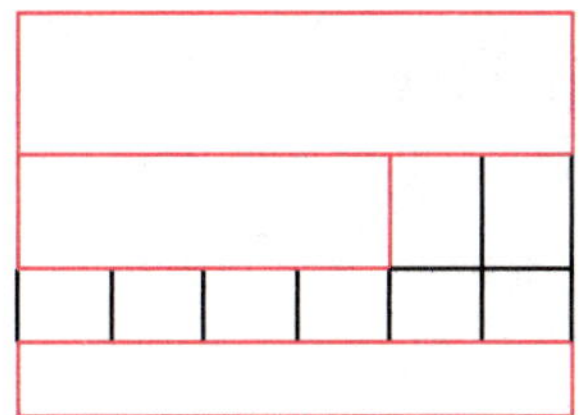

图 4–87　合并单元格

（3）调整行高和列宽

按照如图 4–72 所示尺寸编辑表格的行高与列宽，结果如图 4–88 所示。

（4）调整图线宽度

图 4–86 中红色线需要调整为细实线，选择要调整线宽的单元格，单击“表格单元”→“单元样式”→“编辑边框”按钮，打开“单元边框特性”对话框，设置表格内细实线的宽度为 0.15 mm，如图 4–89 所示。

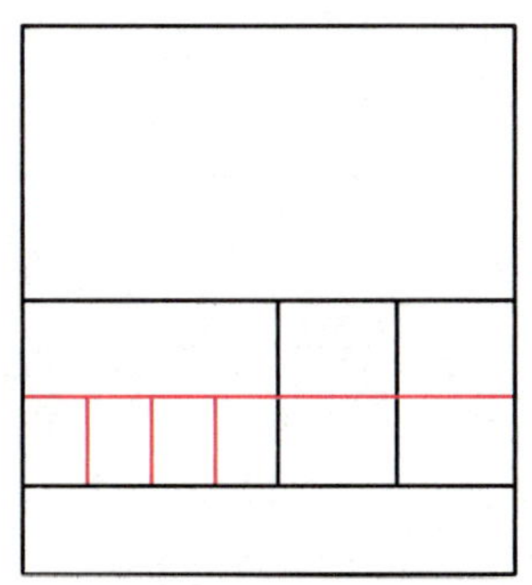

图 4–88　调整行高和列宽

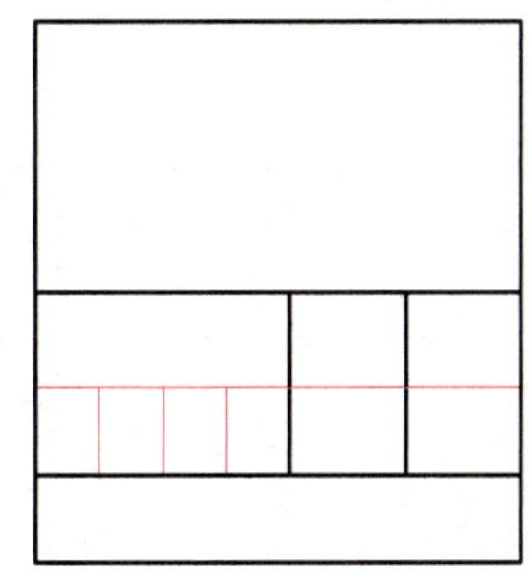

图 4–89　设置表格内细实线的宽度

（5）填写文字

填写文字，并调整“（材料标记）”的字体高度为 3.5 mm，如图 4–90 所示。

6. 绘制名称及代号区

（1）插入表格

启动“插入表格”命令，打开“插入表格”对话框。“列数（C）”设置为“1”，“列宽（D）”设置为“50”；“数据行数（R）”设置为“2”；“第一行单元样式”和“第二行单元样式”选择“数据”。插入表格的结果如图 4–91 所示。

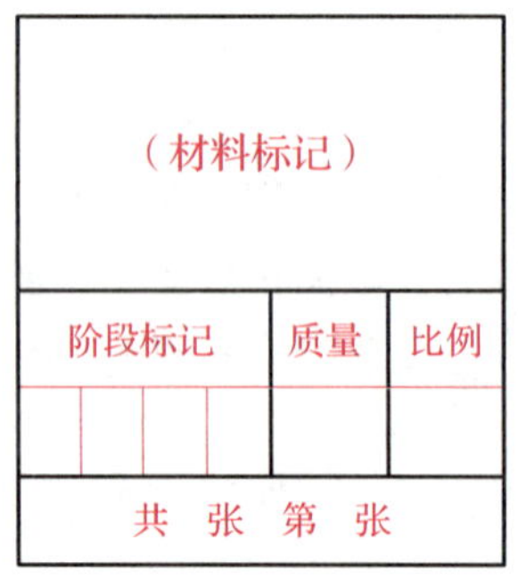

图 4-90　填写文字

图 4-91　插入名称及代号区表格

（2）调整行高及线宽

按照如图 4-72 所示尺寸调整行高，将第三行和第四行之间的分界线宽度设置为细实线的宽度（0.15 mm），如图 4-92 所示。

（3）填写文字

填写文字，调整字体高度为 3.5 mm，如图 4-93 所示。

7. 组合表格

启动“移动”命令，将前面所绘制的 4 个表格组合在一起，如图 4-94 所示。至此，标题栏绘制完毕。

用表格创建标题栏不但方法简单，而且便于填写内容和对内容进行修改。

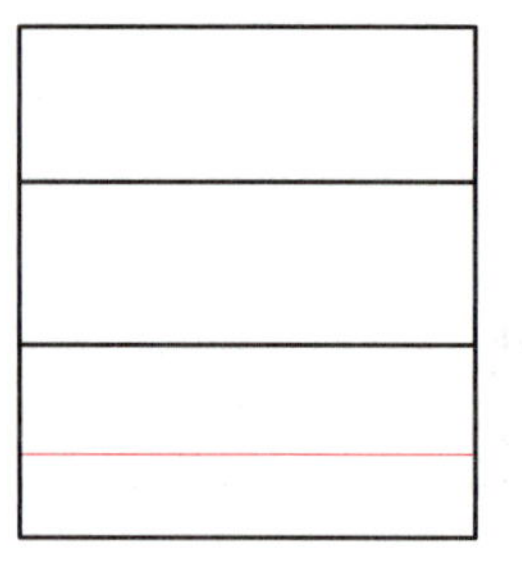

图 4-92　调整行高及线宽

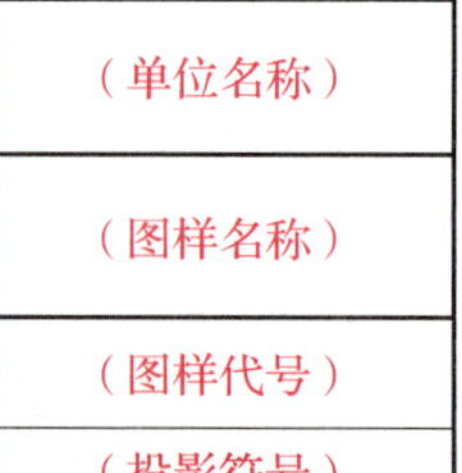

图 4-93　填写文字

						(材料标记)			(单位名称)
标记	处数	分区	更改文件号	签名	年、月、日				(图样名称)
设计	(签名)	(年月日)	标准化			阶段标记	质量	比例	
									(图样代号)
审核									
工艺			批准			共　张　第　张			(投影符号)

图 4-94　组合表格

第五章 尺寸标注

§5-1 尺寸样式

尺寸是工程图中的一项重要内容，它描述设计图形各组成部分的大小及其相对位置，是实际生产的重要依据。标注尺寸在图样设计中是一个关键环节，正确的尺寸标注是产品生产的保证。

标注样式是指尺寸的外观，比如标注文字的样式、箭头类型、颜色等都属于标注样式中的内容。尺寸标注样式由 AutoCAD 2018 系统提供的多个尺寸变量来控制，用户可以根据需要对其进行设置并保存。本任务将具体介绍 AutoCAD 2018 中标注样式的创建及设置等有关的基础知识，并通过对标注样式进行具体创建和设置实例来介绍标注样式的创建方法及相关元素（如标注文字、尺寸线、尺寸界线和箭头等）的设置方法。

一、尺寸标注的组成

尺寸标注是一个复合对象，它以块的形式存储在图形中，其组成元素包括尺寸线、尺寸界线、标注文字和箭头等，如图 5-1 所示。

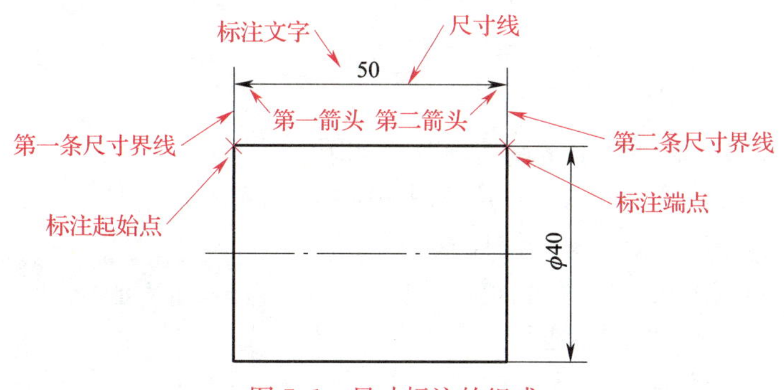

图 5-1　尺寸标注的组成

尺寸标注各组成要素的含义及功能如下。

◇ 标注文字：用于表示图形大小的数值。

◇ 尺寸线：用于标明尺寸长短并指明标注的方向。

◇ 尺寸界线：用于标明标注范围，控制尺寸线的位置。

◇ 箭头：用于指出测量的开始和结束位置。

◇ 标注起点：它是标注对象的起始点，AutoCAD 系统测量的数据以标注起点为开始点。

◇ 标注端点：它是标注对象的终点，AutoCAD 系统测量的数据以标注端点为结束点。

二、标注样式的新建与修改

标注尺寸的外观是由标注样式控制的，在默认状态下，AutoCAD 2018 系统提供了一个名为“ISO-25”的标注样式，用户可以修改此样式的设置或以此为基础样式新建自己的标注样式。

1. 执行“标注样式”命令的方法

◇ 功能区：单击“默认”→“注释”→“标注样式”按钮 。

◇ 菜单栏：选择“格式”→“标注样式”命令。

◇ 命令行：“D（DIMSTYLE）”。

2. 新建标注样式

（1）“标注样式管理器”对话框

执行“标注样式”命令后，系统弹出“标注样式管理器”对话框，如图 5-2 所示。

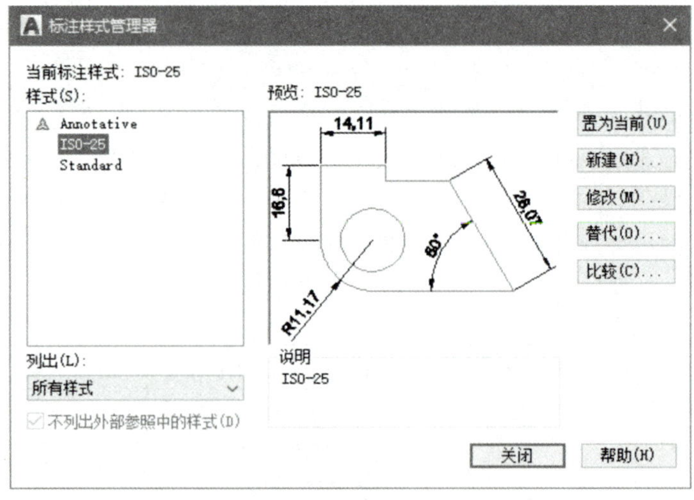

图 5-2 “标注样式管理器”对话框

“标注样式管理器”对话框中常用选项意义如下。

◇ 置为当前（U）：将“样式（S）”列表中的某个标注样式设置为当前使用的样式。

◇ 新建（N）：创建一个新的标注样式。

◇ 修改（M）：修改已有的某个标注样式。

（2）“创建新标注样式”对话框

在“标注样式管理器”对话框中，单击“新建（N）”按钮，系统弹出“创建新标注样式”对话框（图 5-3），在该对话框中输入新建样式的名称，选择基础样式和使用范围。

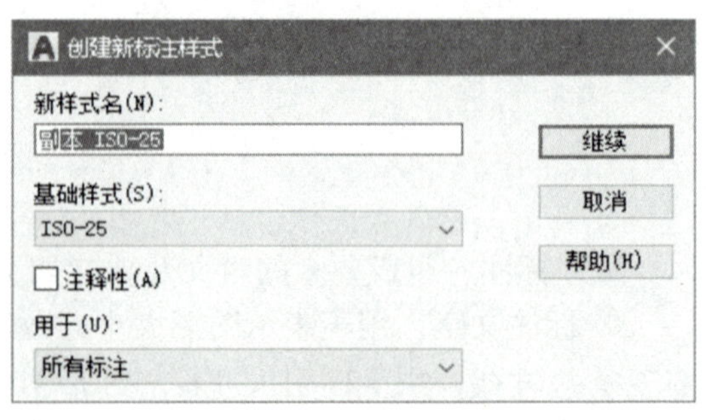

图 5-3 “创建新标注样式”对话框

“创建新标注样式”对话框中的各选项意义如下。

◇“新样式名（N）”文本框：用于输入新标注样式的名称。

◇“基础样式（S）”下拉列表框：选择一种基础样式，新样式将在该基础样式上修改。

◇“用于（U）”下拉列表框：用于指定标注样式的使用范围（若选择特定的范围，则创建子样式）。使用的范围有“所有标注”“线性标注”等，一般情况下，使用范围设置为“所有标注”。

（3）“新建标注样式”对话框

在“创建新标注样式”对话框中，单击“继续”按钮，系统弹出“新建标注样式”对话框，如图 5-4 所示。该对话框有 7 个选项卡，在这些选项卡中用户可以设置各尺寸变量。设置完成后单击“确定”按钮，即完成一个新标注样式的创建。

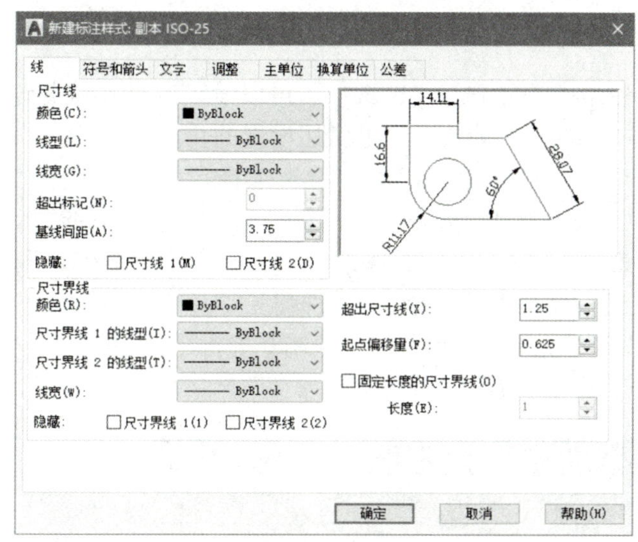

图 5-4 “新建标注样式”对话框

3. 修改标注样式

（1）单击“默认”→“注释”→“标注样式”按钮，系统弹出“标注样式管理器”对话框。

（2）选中要修改的标注样式，然后单击对话框上的“修改（M）”按钮，进入“修改标注样式”对话框（格式和内容与“新建标注样式”对话框相同），然后可根据需要修改对话框各选项卡中的设置，完成后单击“确定”按钮即可修改标注样式。

三、设置尺寸线和尺寸界线

使用“线”选项卡，可以设置尺寸线和尺寸界线的颜色、线型、线宽等参数。“线”选项卡如图 5-4 所示。

“线”选项卡中，“尺寸界线”区域常用设置的功能如下。

◇ 超出尺寸线（X）：用于控制尺寸界线超出尺寸线的距离，如图 5-5 所示。

◇ 起点偏移量（F）：用于控制尺寸界线起点与标注对象端点间的距离，如图 5-6 所示。

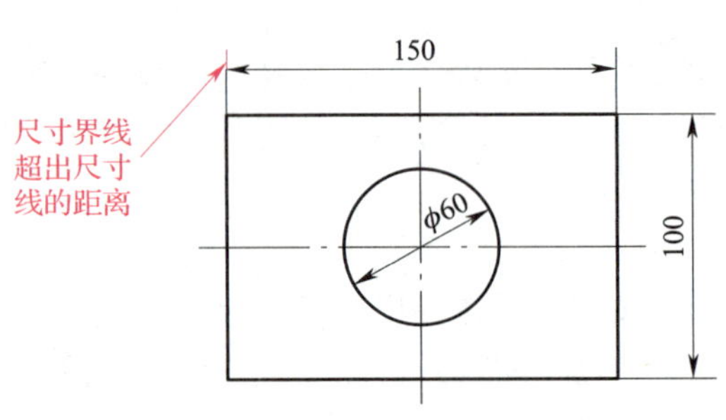

图 5–5　设置尺寸界线超出尺寸线的距离

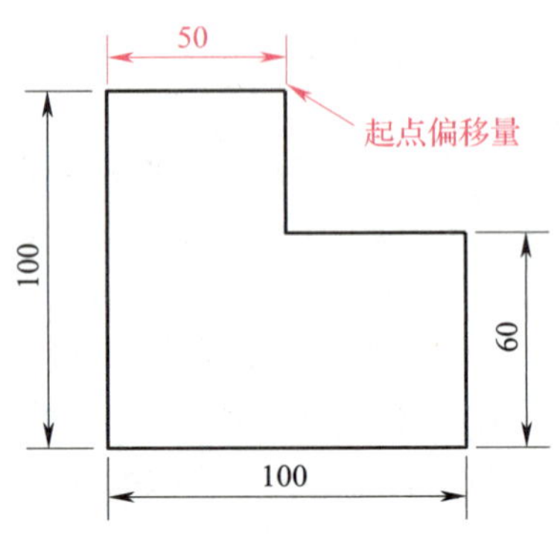

图 5–6　控制起点偏移距离

四、设置箭头

如图 5–7 所示，使用“符号和箭头”选项卡可以设置箭头的样式与大小。

“符号和箭头”选项卡中，“箭头”区域常用设置的功能如下。

◇ “第一个（T）”和“第二个（D）”：用于选择尺寸线两端箭头的样式。AutoCAD 2018 系统提供了多种箭头的样式（图 5–8），用户可以在列表框中选择箭头样式。如选择了第一个箭头的样式，第二个箭头也将采用相同的样式，若要使它们不同，就需要在第一个下拉列表和第二个下拉列表分别进行选择。在机械制图中，“实心闭合”“点”“小点”“倾斜”等常用于尺寸标注，“实心基准三角形”用于绘制基准符号。

◇ 箭头大小（I）：用于设置箭头的大小。

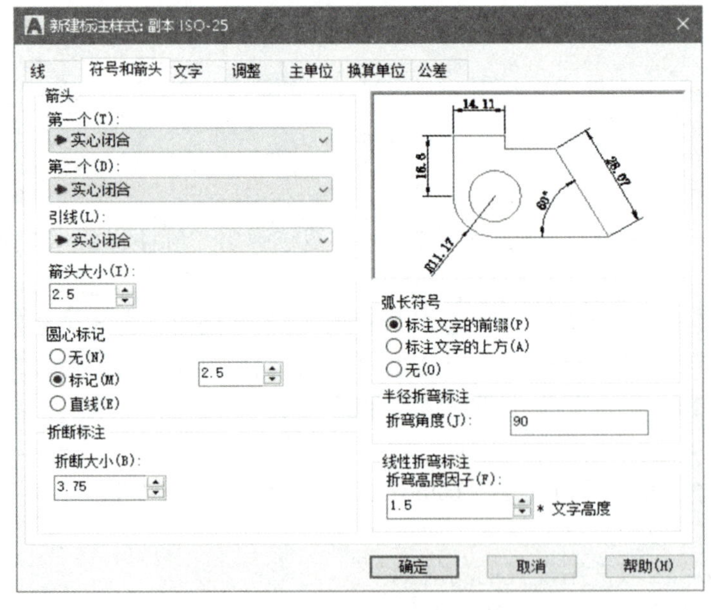

图 5–7　“符号和箭头”选项卡

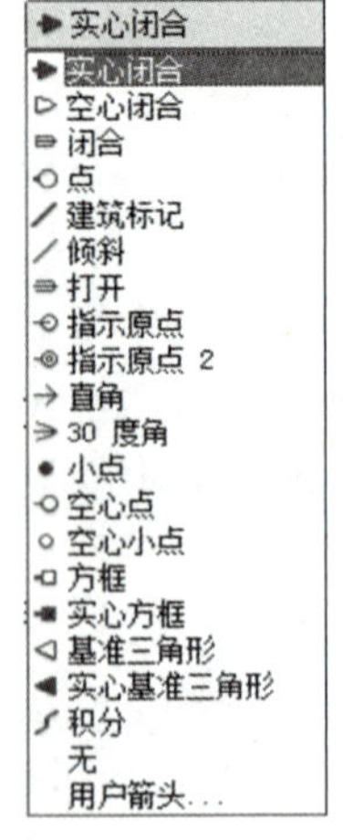

图 5–8　箭头样式

五、设置标注文字

如图 5–9 所示，使用“文字”选项卡，可以设置标注文字的外观、位置及对齐方式。

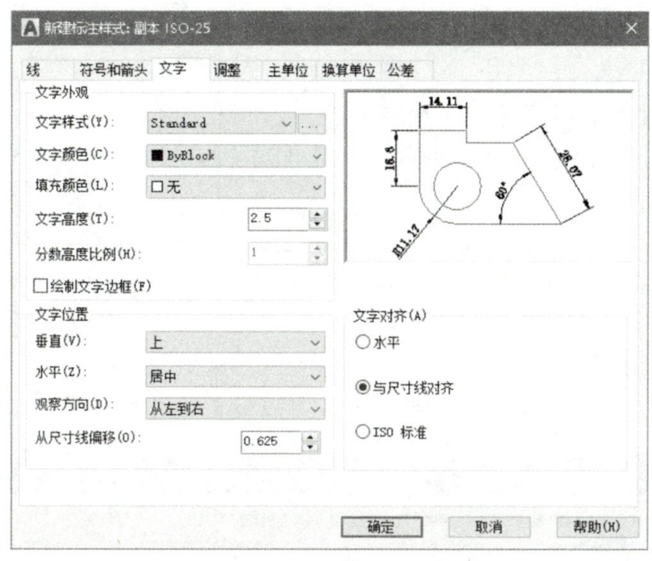

图 5-9 “文字”选项卡

1. “文字外观”区域设置

“文字”选项卡中，“文字外观”区域常用设置的功能如下。

◇ 文字样式（Y）：用于选择文字样式。

◇ 文字高度（T）：用于设置标注文字的高度，若在文字样式的创建中设置了文字的高度，则在此框中设置的文字高度是无效的。因此一般不建议在创建文字样式时设置文字高度。

2. “文字位置”区域设置

“文字”选项卡中，“文字位置”区域常用设置的功能如下。

◇ 垂直（V）：用于决定标注文字的放置位置，系统提供了 5 个选项，其功能见表 5-1。

表 5-1 “垂直（V）”下拉列表框中各选项的功能

选项	功能
居中	尺寸线断开，标注文字放置在断开处
上	标注文字放置在尺寸线上方
外部	以尺寸线为基准，将标注文字放置在距标注对象最远的那一边
JIS	标注文字的放置方式遵循日本工业标准
下	标注文字放置在尺寸线下方

◇ 从尺寸线偏移（O）：用于设定标注文字与尺寸线间的距离，当标注文字在尺寸线的中间（尺寸线断开），其值表示断开处尺寸线端点与标注文字之间的距离，如图 5-10 所示。

3. “文字对齐”区域设置

“文字”选项卡中，“文字对齐”区域常用设置的功能如下。

◇ 水平：用于使所有的标注文字水平放置。

◇ 与尺寸线对齐：该选项使标注文字与尺寸线对齐。

◇ ISO 标准：当标注文字在两条尺寸界线的内部时，标注文字与尺寸线对齐，否则，标注文字水平放置。

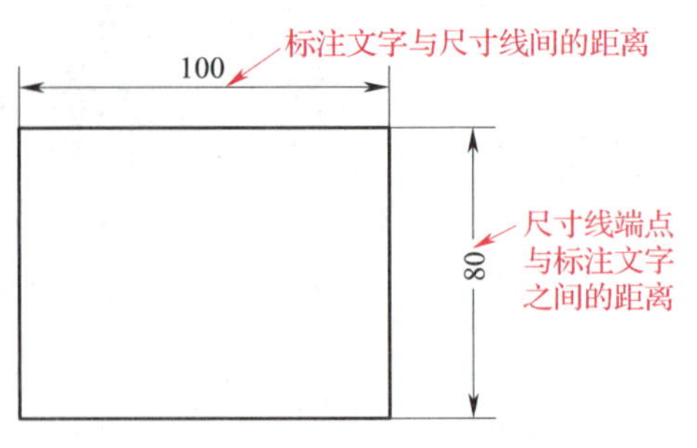

图 5–10 设置标注文字的位置

六、设置尺寸精度

如图 5–11 所示，使用“主单位”选项卡，可以设置尺寸的精度。

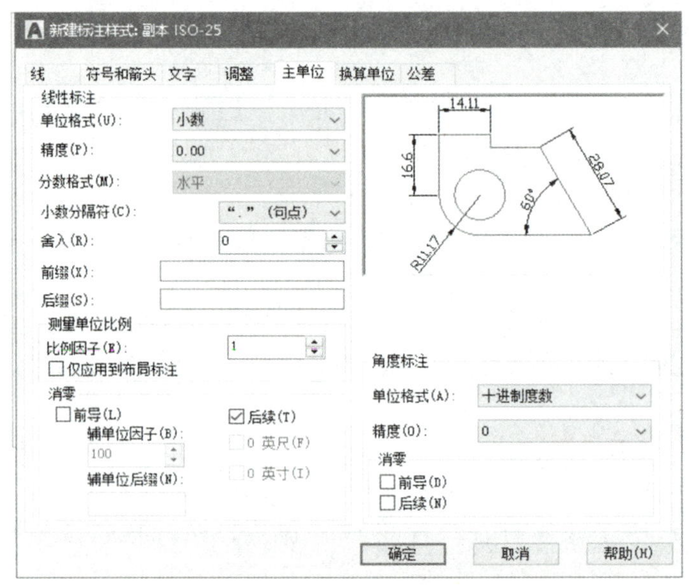

图 5–11 “主单位”选项卡

1. “线性标注”区域设置

“主单位”选项卡中，“线性标注”区域常用设置的功能如下。

◇ 单位格式（U）：用于选择所需的长度单位类型，当选择某种单位类型时，对话框上的预览区域会显示出相应类型的单位形式。

◇ 精度（P）：用于设定长度尺寸数字的精度（小数点后显示的位数）。

◇ 小数分隔符（C）：若单位类型是十进制，则可在此下拉列表中选择分隔符的形式。AutoCAD 系统提供了逗号、句点和空格三种分隔符。

◇ 比例因子（E）：用于输入尺寸数字的缩放比例因子。当标注尺寸时，AutoCAD 2018 用此比例因子乘以真实的测量数值，然后将结果作为标注数值。

2. “角度标注”区域设置

“主单位”选项卡中，“角度标注”区域常用设置的功能如下。

◇ 单位格式（A）：用于选择所需的角度单位类型。

◇ 精度（O）：用于设定角度尺寸数字的精度。

七、设置“调整”参数

如图 5–12 所示，使用“调整”选项卡，可以设置尺寸的文字与尺寸线、尺寸界线之间的位置。

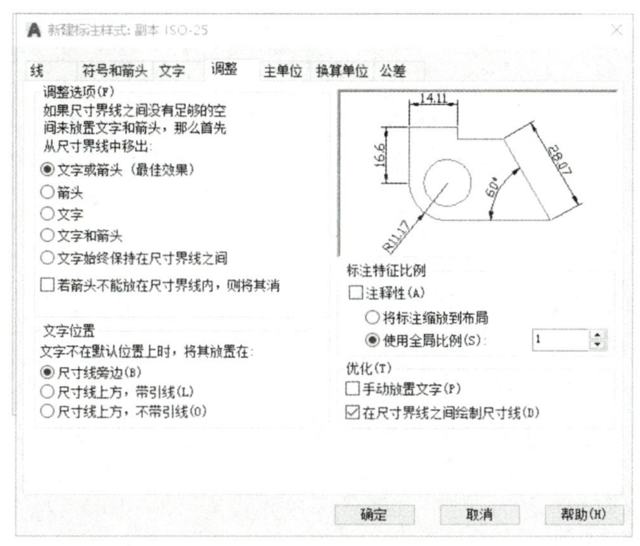

图 5–12 “调整”选项卡

1.“调整选项（F）”区域常用设置

“调整”选项卡中，“调整选项（F）”区域常用设置的功能如下。

◇ 文字或箭头（最佳效果）：用于自动调整文字与箭头位置，使二者达到最佳效果。

◇ 箭头：用于将箭头移到尺寸界线外。

◇ 文字：用于将文字移到尺寸界线外。

◇ 文字和箭头：用于将文字与箭头都移到尺寸界线外。

◇ 文字始终保持在尺寸界线之间：用于将文字放置在尺寸界线之间。

2.“文字位置”区域常用设置

“调整”选项卡中，“文字位置”区域常用设置的功能如下。

◇ 尺寸线旁边（B）：用于将文字放置在尺寸线旁边。

◇ 尺寸线上方，带引线（L）：用于将文字放置在尺寸线上方，并加注引线。

3.“标注特征比例”区域常用设置

“使用全局比例（S）”单选按钮：为所有标注样式的设置设定一个比例，这些设置指定了大小、距离或间距，包括文字和箭头大小，默认值为 1。该缩放比例并不更改标注的测量值，不同“标注特征比例”的尺寸标注样式如图 5–13 所示。

4.“优化（T）”区域常用设置

“调整”选项卡中，“优化（T）”区域常用设置的功能如下。

◇ 手动放置文字（P）：用于手动放置标注文字。

◇ 在尺寸界线之间绘制尺寸线（D）：即使箭头放在测量点之外，也在测量点之间绘制尺寸线。

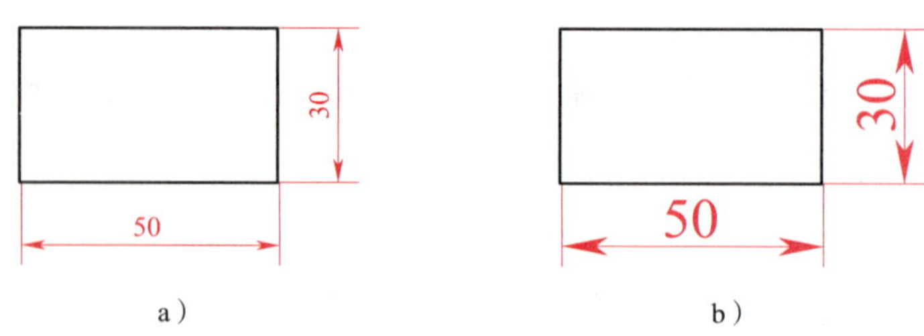

图 5-13　不同“标注特征比例”的尺寸标注样式

a）“使用全局比例（S）”为 1 时　b）“使用全局比例（S）”为 2 时

八、综合实训

1. 创建标注样式

在“制图样板”的基础上，创建一个名为“线性尺寸”的新标注样式，并保存为新的“制图样板”，其设置要求如下。

◇ 尺寸界线超出尺寸线的长度为“2”，起点偏移量为“0”。

◇ 箭头的大小为“3.5”，箭头形式采用“实心闭合”形式。

◇ 文字样式为“宋体”，文字的高度为“3.5”。

◇ 文字偏移尺寸线的距离为“1”，文字对齐方式为“与尺寸线对齐”。

◇ 小数分隔符采用句点。

◇ 线性尺寸的单位格式为“小数”，精度设置为“0.00”。

◇ 其余样式参数均采用默认设置。

（1）新建图形文件

打开“制图样板”，新建图形文件。

（2）创建标注样式

1）单击“默认”→“注释”→“标注样式”按钮，系统弹出“标注样式管理器”对话框。

2）单击对话框中的“新建（N）”按钮，系统弹出“创建新标注样式”对话框，在“新样式名（N）”文本框中输入“线性尺寸”，如图 5-14 所示。

（3）设置“线”选项卡的参数

单击“创建新标注样式”对话框的“继续”按钮，进入“新建标注样式：线性尺寸”对话框。设置“线”选项卡的参数，将“超出尺寸线（X）”设置为“2”，“起点偏移量（F）”设置为“0”，其他参数采用默认设置，如图 5-15 所示。

（4）设置“符号和箭头”选项卡的参数

单击“符号和箭头”按钮，切换到“符号和箭头”选项卡，将“箭头大小（I）”设置为“3.5”，其他参数采用默认设置，如图 5-16 所示。

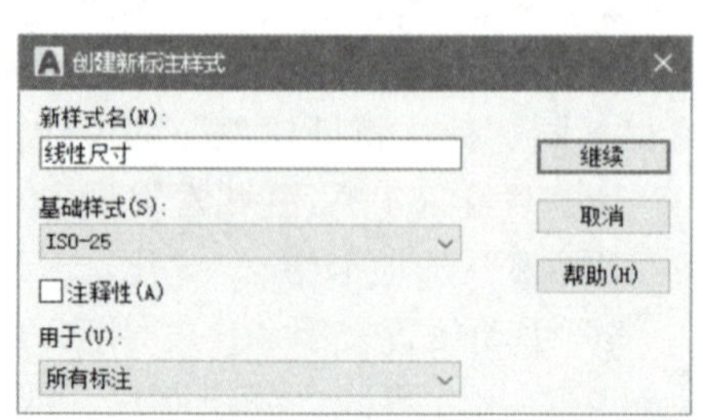

图 5-14　创建“线性尺寸”标注样式

（5）设置“文字”选项卡的参数

单击“文字”按钮，切换到“文字”选项卡，将“文字样式（Y）”设置为“宋体”，“文字高度（T）”设置为“3.5”，“从尺寸线偏移（O）”设置为“1”，其他参数采用默认设置，如图 5-17 所示。

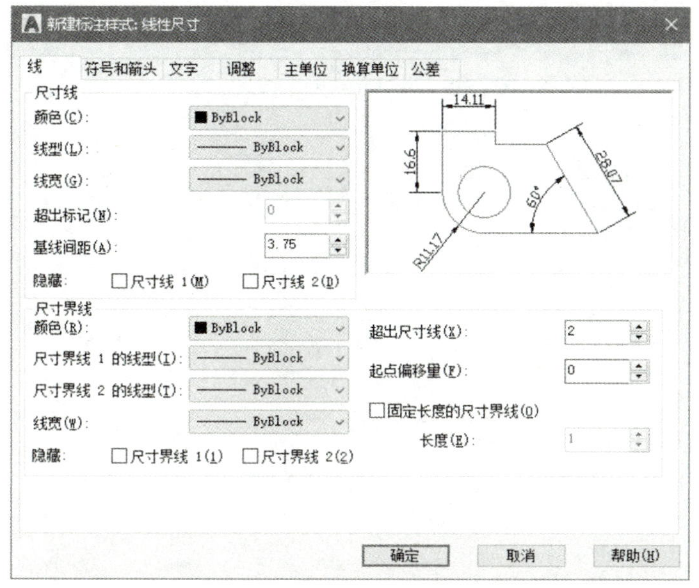

图 5-15　设置“线”选项卡参数

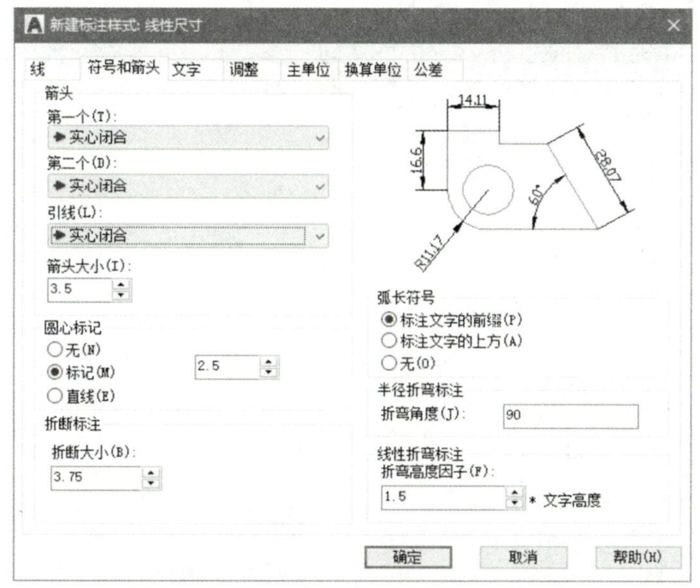

图 5-16　设置“符号和箭头”选项卡参数

【提示】

（1）文字样式中选择的“宋体”样式是前面创建的“宋体”样式，如果不创建新的文字样式，此处的文字样式下拉列表框中只提供一种样式“Standard”。

（2）如果“宋体”文字样式已设置了高度参数，需在文字样式选项卡中的“高度（T）”文本框中输入“0”，以取消对文字高度的设置。

（6）设置“主单位”选项卡的参数

单击“主单位”按钮，切换到“主单位”选项卡。“线性标注”区域的“单位格式（U）”系统默认为“小数”，“精度（P）”默认为“0.00”，无须设置，如图 5-18 所示。

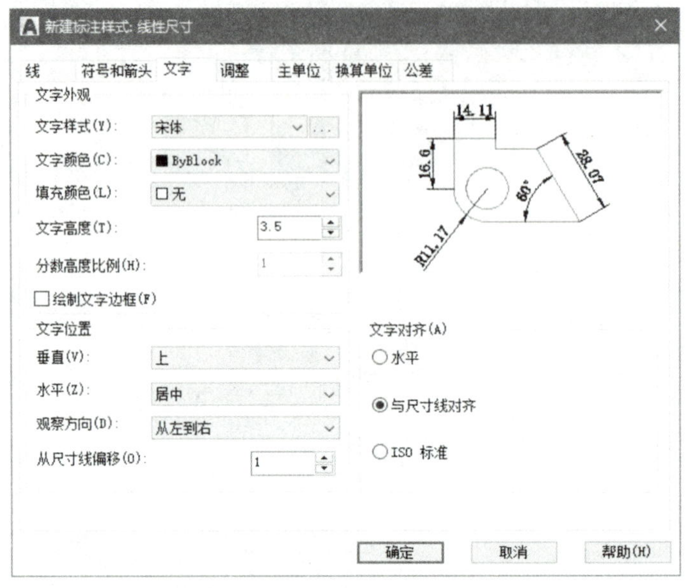

图 5-17 设置“文字”选项卡参数

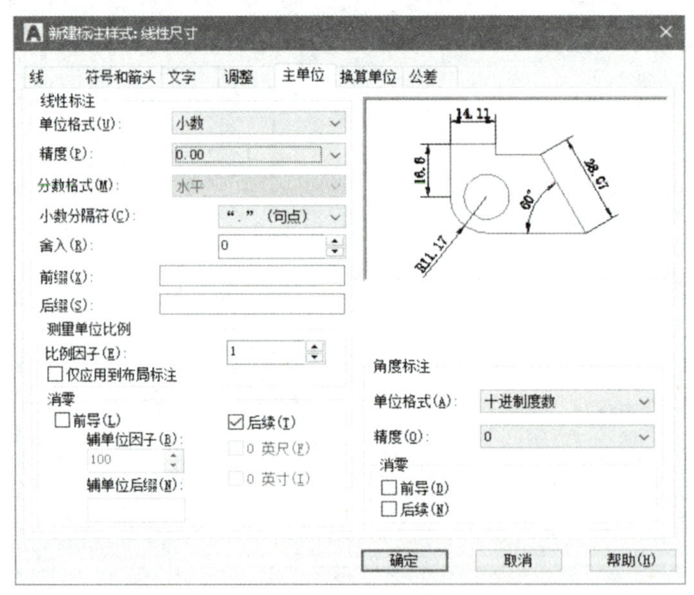

图 5-18 设置“主单位”选项卡参数

（7）完成设置

单击对话框中的“确定”按钮，标注样式设置完毕，系统返回“标注样式管理器”对话框，此时对话框的“样式（S）”列表框中会增加一个“线性尺寸”样式，如图 5-19 所示。

（8）将“线性尺寸”标注样式置为当前标注样式

1）选中“线性尺寸”标注样式，然后单击对话框上的“置为当前（U）”按钮，将“线性尺寸”样式设置为当前样式。

2）单击对话框中的“关闭”按钮，结束标注样式的创建。此时绘图区上方的文字样式和标注样式控制区内将会显示当前的文字样式和标注样式，如图 5-20 所示。

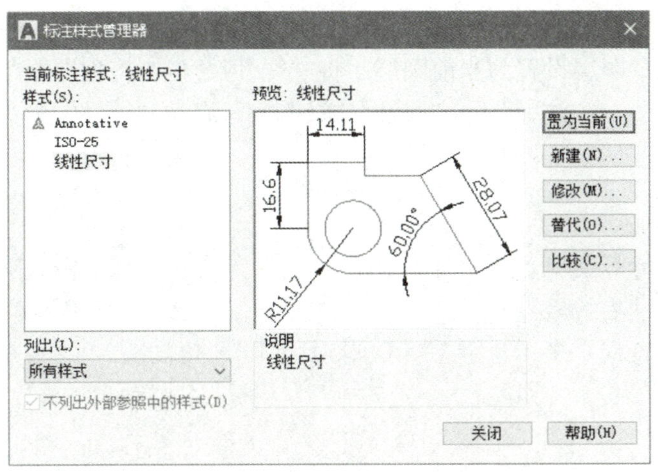

图 5-19 “线性尺寸”标注样式的创建结果

（9）保存设置

选择“保存”命令，将文件存为“制图样板．dwt”，并覆盖源文件。

在使用该样板进行制图时，可以采用“线性尺寸”标注样式进行尺寸标注，如图 5-21 所示。

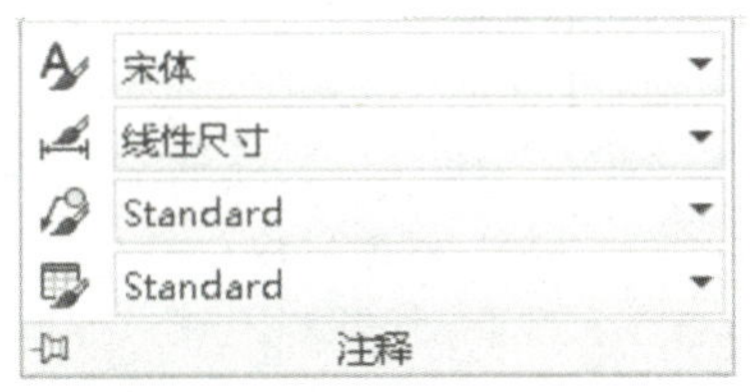

图 5-20 当前文字样式和标注样式

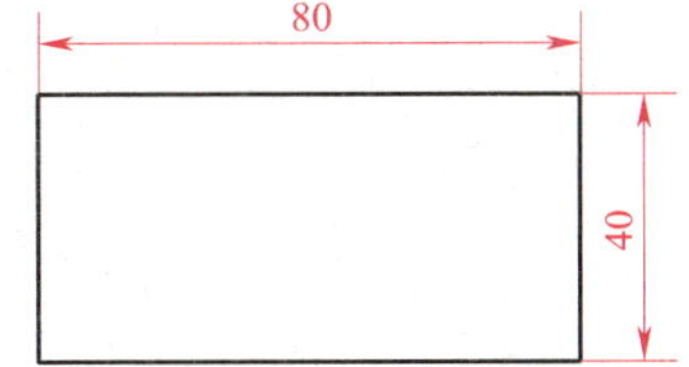

图 5-21 “线性尺寸”标注样式下的尺寸标注

2. 标注尺寸

绘制如图 5-22 所示台阶，并标注尺寸。

（1）新建图形文件

打开“制图样板”，新建图形文件。

（2）绘制轮廓线

将“粗实线”图层设置为当前图层，启动“直线”命令，绘制台阶，如图 5-23 所示。

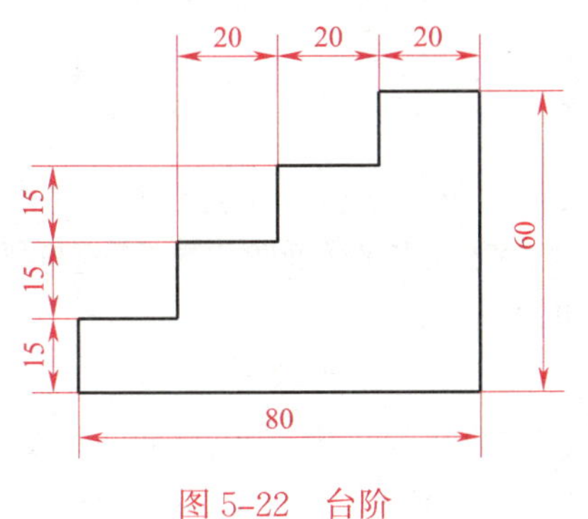

图 5-22 台阶

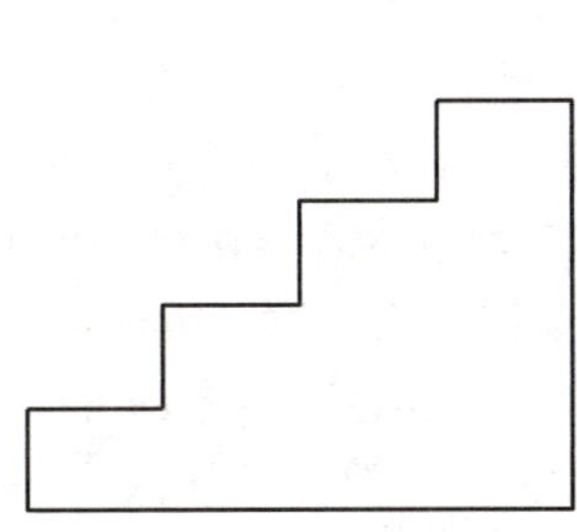
图 5-23 绘制台阶

（3）标注尺寸

1）将“细实线”图层设置为当前图层，将“线性尺寸”标注样式设置为当前标注样式。

2）单击“默认”→“注释”→“线性”按钮，启动“线性”命令，标注尺寸“80”，系统给出如下提示。

命令：_dimlinear

指定第一个尺寸界线原点或<选择对象>：　　　　//捕捉下方水平轮廓线的左端点

指定第二条尺寸界线原点：　　　　//捕捉下方水平轮廓线的右端点

指定尺寸线位置或［多行文字（M）/文字（T）/角度（A）/水平（H）/垂直（V）/旋转（R）］：　　　　//将光标移动到适当位置，单击鼠标左键

标注文字 = 80

标注尺寸的结果如图 5-24 所示。

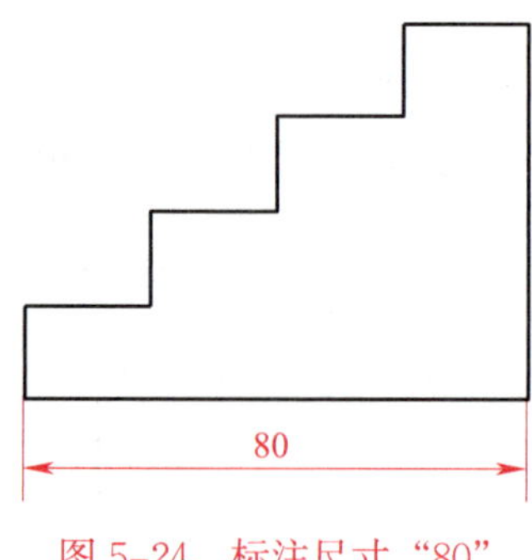

图 5-24　标注尺寸“80”

（4）标注其他尺寸

用同样的方法标注其他尺寸，如图 5-22 所示。

§5-2　标注尺寸

一、“线性”命令

“线性”标注命令用于标注对象的线性距离或长度，可以进行水平标注和竖直标注。水平标注用于标注对象上的两点在水平方向的距离，尺寸线沿水平方向放置；竖直标注用于标注对象上两点在垂直方向的距离，尺寸线沿竖直方向放置。

1. 启动“线性”命令的方法

◇ 功能区：单击“默认”→“注释”→“线性”按钮，如图 5-25 所示。

◇ 菜单栏：选择“标注”→“线性”命令。

◇ 命令行："DLI（或 DIMLIN、DIMLINAR）"。

2. 上机训练——标注梯形的尺寸

利用"线性"命令标注如图 5-26 所示的梯形尺寸。

（1）打开"制图样板"，新建图形文件。

（2）将"粗实线"图层设置为当前图层，按尺寸绘制梯形，如图 5-27 所示。

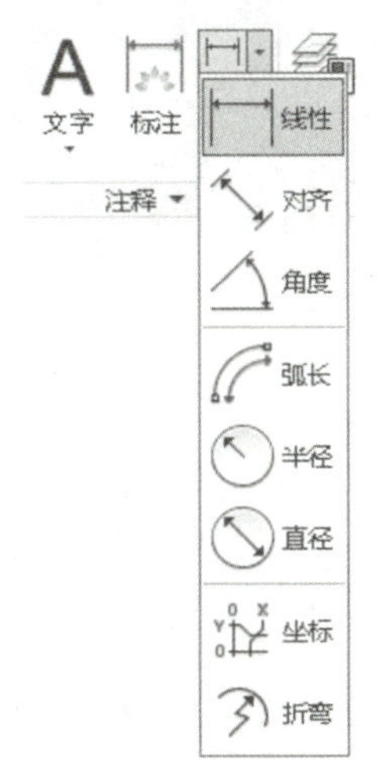

图 5-25 "标注"菜单

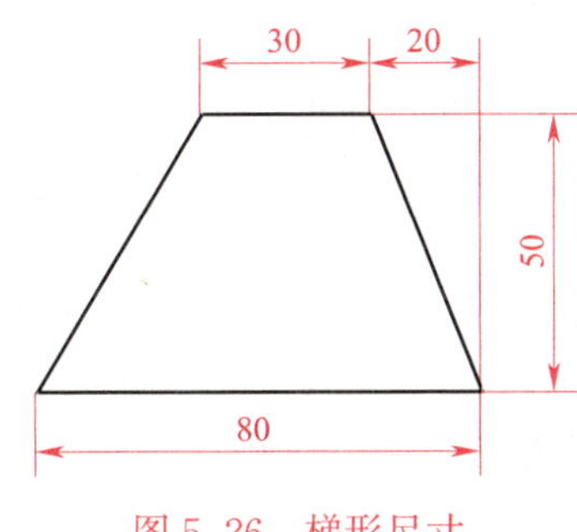

图 5-26 梯形尺寸

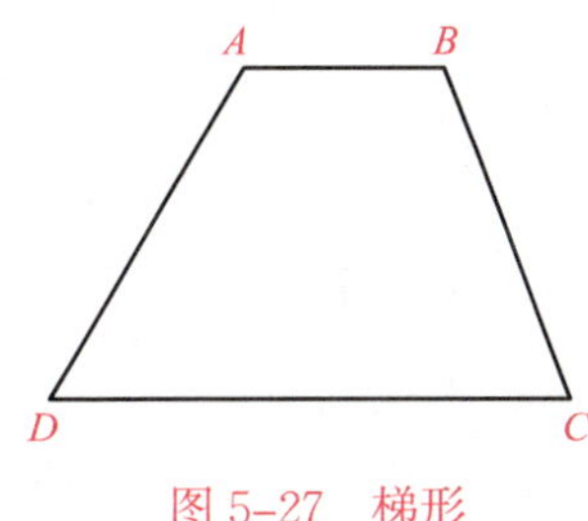

图 5-27 梯形

（3）将"细实线"图层设置为当前图层，将"线性尺寸"标注样式设置为当前标注样式。利用上述任意一种方法启动"线性"命令，标注图形的尺寸，系统给出如下提示。

```
命令：_dimlinear
指定第一个尺寸界线原点或 <选择对象>：          // 捕捉 D 点，单击鼠标左键
指定第二条尺寸界线原点：                      // 捕捉 C 点，单击鼠标左键
指定尺寸线位置或 [多行文字（M）/ 文字（T）/ 角度（A）/ 水平（H）/ 垂直（V）
/ 旋转（R）]：                      // 向下移动光标到适当位置，单击鼠标左键
标注文字 = 80
命令：DIMLINEAR                                          // 按回车键
指定第一个尺寸界线原点或 <选择对象>：          // 捕捉 C 点，单击鼠标左键
指定第二条尺寸界线原点：                      // 捕捉 B 点，单击鼠标左键
指定尺寸线位置或 [多行文字（M）/ 文字（T）/ 角度（A）/ 水平（H）/ 垂直（V）
/ 旋转（R）]：                      // 向右移动光标到适当位置，单击鼠标左键
标注文字 = 50
命令：DIMLINEAR                                          // 按回车键
指定第一个尺寸界线原点或 <选择对象>：          // 捕捉 C 点，单击鼠标左键
指定第二条尺寸界线原点：                      // 捕捉 B 点，单击鼠标左键
指定尺寸线位置或 [多行文字（M）/ 文字（T）/ 角度（A）/ 水平（H）/ 垂直（V）
/ 旋转（R）]：                      // 向上移动光标到适当位置，单击鼠标左键
```

```
标注文字 = 20
命令：DIMLINEAR                                                    //按回车键
指定第一个尺寸界线原点或 <选择对象>：                  //捕捉 B 点，单击鼠标左键
指定第二条尺寸界线原点：                              //捕捉 A 点，单击鼠标左键
指定尺寸线位置或［多行文字（M）/ 文字（T）/ 角度（A）/ 水平（H）/ 垂直（V）
/ 旋转（R）］：                //向上移动光标，拾取尺寸“20”左侧箭头的夹点，
使尺寸“30”的尺寸线与尺寸“20”的尺寸线对齐
标注文字 = 30
```

标注结果如图 5-26 所示。

3.“线性标注”命令常用选项

◇ 多行文字：该选项用于利用“文字编辑器”对系统自动生成的标注文字进行修改。其中带有底色的数字表示系统自动生成的标注文字，用户可以删除它，然后输入新的数值，也可在其前面、后面加入其他内容。

【提示】

删除带有底色的数字，并输入其他数值后，会失去尺寸标注的关联性，即尺寸数字不随标注对象的改变而自动调整。

◇ 文字：该选项用于使用户在命令行中输入新的尺寸文字。

二、“对齐”命令

“对齐”命令也用于标注对象的线性距离或长度，一般用于标注非水平和非垂直方向上的线性尺寸，其尺寸线沿对象的方向放置。

1. 启动“对齐”命令的方法

◇ 功能区：单击“默认”→“注释”→“对齐”按钮。

◇ 菜单栏：选择“标注”→“对齐”命令。

◇ 命令行：“DAL（或 DIMALI、DIMALIGNED）”。

2. 上机训练——标注直角三角形的尺寸

标注如图 5-28 所示的直角三角形的水平边和斜边的尺寸。

（1）新建图形文件

打开“制图样板”，新建图形文件。

（2）绘制三角形

1）将“粗实线”图层设置为当前图层，启动“直线”命令，绘制直角三角形的两条直角边，系统给出如下提示。

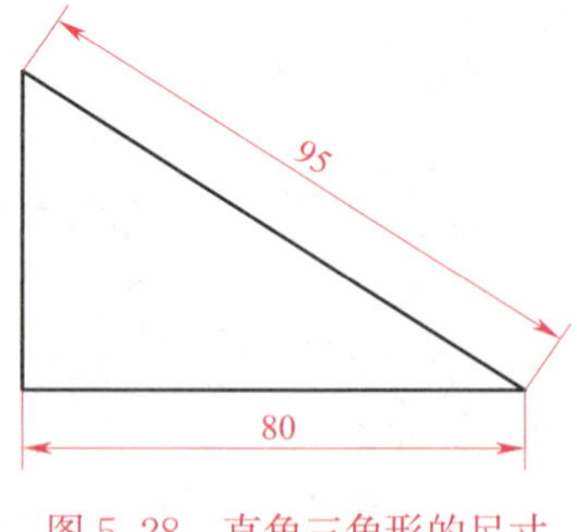

图 5-28　直角三角形的尺寸

```
命令：_line
指定第一个点：                                  //在屏幕的适当位置单击鼠标左键
指定下一点或［放弃（U）］：80              //向左移动光标，输入“80”，按回车键
```

指定下一点或[放弃(U)]:　　　　//向上移动光标，在适当位置单击鼠标左键
指定下一点或[闭合(C)/放弃(U)]:　　　　//按回车键

绘制结果如图 5–29 所示。

2）以水平线的右端点为圆心，绘制一个半径为 95 mm 的圆，如图 5–30 所示。

图 5–29　绘制直角边　　　　图 5–30　绘制半径为 95 mm 的圆

3）启动“直线”命令，连接直角三角形的斜边，如图 5–31 所示。

4）利用“修剪”命令，或采用“夹点编辑”的方法修剪竖直轮廓线的多余图线，如图 5–32 所示。

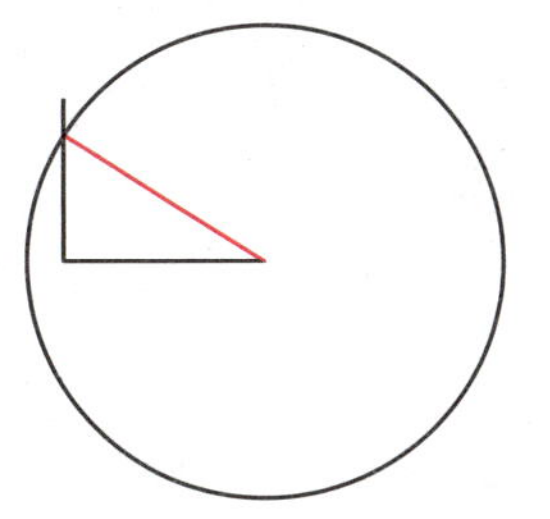

图 5–31　连接直角三角形的斜边

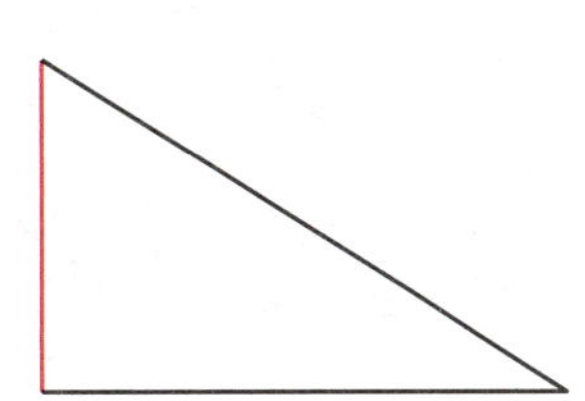

图 5–32　修剪图线

（3）标注尺寸

1）将“细实线”图层设置为当前图层，将“线性尺寸”标注样式设置为当前标注样式。利用“线性”命令标注三角形的水平尺寸“80”。

2）单击“默认”→“注释”→“对齐”按钮 。标注直角三角形斜边的尺寸，系统给出如下提示。

命令:_dimaligned
指定第一个尺寸界线原点或 <选择对象>:
　　　　//捕捉直角三角形的左上顶点作为第一条尺寸界线的起点
指定第二条尺寸界线原点://捕捉直角三角形的右下顶点作为第二条尺寸界线的起点
指定尺寸线位置或[多行文字(M)/文字(T)/角度(A)]:
　　　　//移动光标到恰当位置，单击鼠标左键，定位尺寸线的位置
标注文字 = 95

标注结果如图 5–28 所示。

三、“角度”命令

“角度”命令常用于标注两条不平行直线间的角度。

1. 启动“角度”命令的方法

◇ 功能区：单击“默认”→“注释”→“角度”按钮⊿。

◇ 菜单栏：选择“标注”→“角度”命令。

◇ 命令行：“DAN（或 DIMANGULAR）”。

2. 上机训练——标注等腰三角形的尺寸

标注如图 5-33 所示等腰三角形的尺寸。

（1）新建图形文件

打开新建的“制图样板”，新建图形文件。

（2）创建角度样式

打开“制图样板”，打开“标注样式管理器对话框”，单击“新建（N）”按钮，打开“创建新标注样式管理器”对话框。以“线性尺寸”标注样式为基础样式，创建“角度尺寸”标注样式。在“文字”选项卡中的“文字对齐（A）”区域，选择“水平”（图 5-34），单击“确定”按钮，完成角度样式的创建，并将设置后的文件重新保存为“制图样板. dwt”，覆盖源文件。

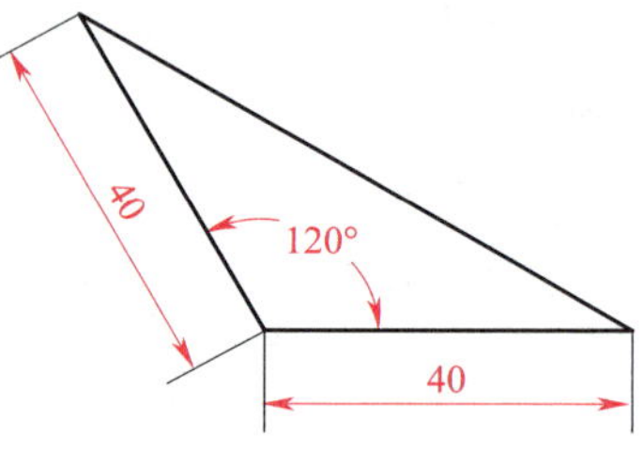

图 5-33　等腰三角形的尺寸

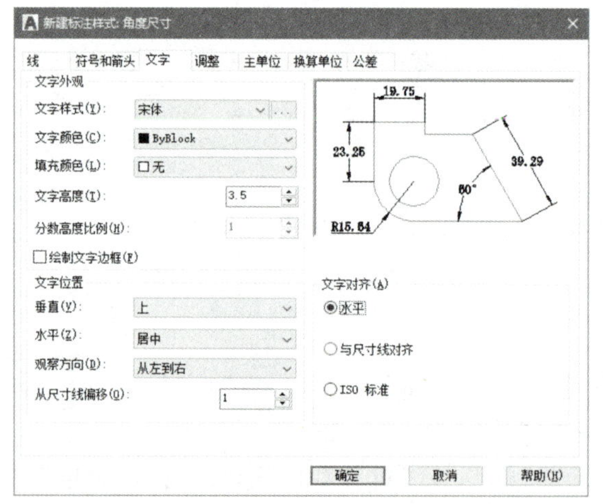

图 5-34　创建“角度尺寸”样式

（3）绘制三角形

将“粗实线”图层设置为当前图层，按照如图 5-33 所示尺寸绘制三角形，如图 5-35 所示。

（4）标注水平尺寸“40”

将“细实线”图层设置为当前图层，将“线性尺寸”标注样式设置为当前标注样式，利用“线性”命令标注水平尺寸“40”。

（5）标注倾斜尺寸“40”

利用“对齐”命令标注倾斜尺寸“40”。

（6）标注角度尺寸“120°”

将“角度尺寸”标注样式设置为当前标注样式，启动“角度”

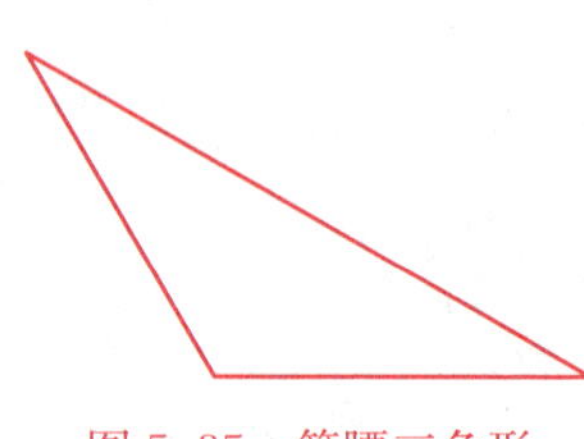

图 5-35　等腰三角形

命令，系统给出如下提示。

```
命令：_dimangular
选择圆弧、圆、直线或 <指定顶点>：
                    //选择所标注角度的一条边作为尺寸的第一条尺寸界线
选择第二条直线：    //选择所标注角度的另一条边作为尺寸的第二条尺寸界线
指定标注弧线位置或 [多行文字（M）/文字（T）/角度（A）/象限点（Q）]：
                    //移动光标到适当位置，单击鼠标左键，定位尺寸线
标注文字 = 120
```

标注结果如图 5–33 所示。

四、“半径”命令

“半径”命令用于标注圆弧和圆的半径尺寸。标注半径尺寸时，其标注外观是由圆弧或圆的大小、尺寸线和尺寸数字的位置等设置来确定的。例如，尺寸线可以放置在圆弧曲线的内部或外部，标注文字可以放置在圆弧曲线的内部或外部，还可让标注文字与尺寸线对齐。

1. 启动“半径”命令的方法

◇ 功能区：单击“默认”→“注释”→“半径”按钮。

◇ 菜单栏：选择“标注”→“半径”命令。

◇ 命令行：“DRA（或 DIMRAD、DIMRADIUS）”。

2. 上机训练——标注倒圆矩形的尺寸

标注如图 5–36 所示的倒圆矩形的尺寸。

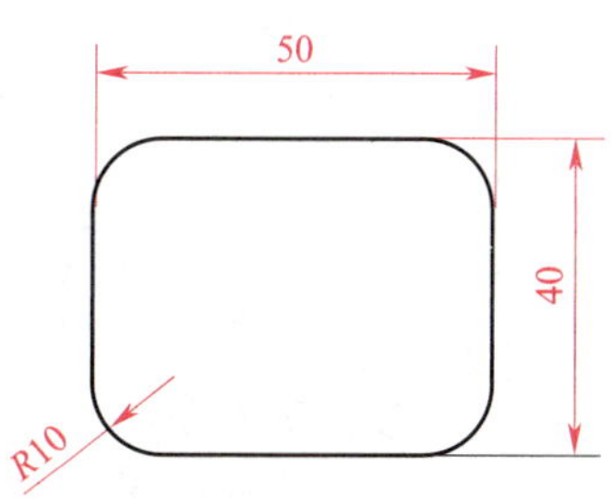

图 5–36 倒圆矩形的尺寸

（1）创建“半径和直径”标注样式

打开“制图样板”，打开“标注样式管理器”对话框，单击“新建（N）”按钮，打开“创建新标注样式管理器”对话框。以“线性尺寸”标注样式为基础样式，创建“半径和直径”标注样式。在“调整”选项卡中“调整选项（F）”区域，选中“文字”单选按钮（图 5–37），单击“确定”按钮，完成角度样式的创建，并将设置后的文件重新保存为“制图样板. dwt”，覆盖源文件。

（2）绘制图形

将“粗实线”图层设置为当前图层，按照如图 5–36 所示图形及尺寸绘制图形，如图 5–38 所示。

（3）标注尺寸“50”和“40”

将“细实线”图层设置为当前图层，将“线性尺寸”标注样式设置为当前标注样式，利用“线性”命令标注尺寸“50”和“40”，如图 5–39 所示。

（4）标注尺寸“*R*10”

将“半径和直径”标注样式设置为当前标注样式，单击“默认”→“注释”→“半径”按钮，启动“半径命令”，标注尺寸“*R*10”，系统给出如下提示。

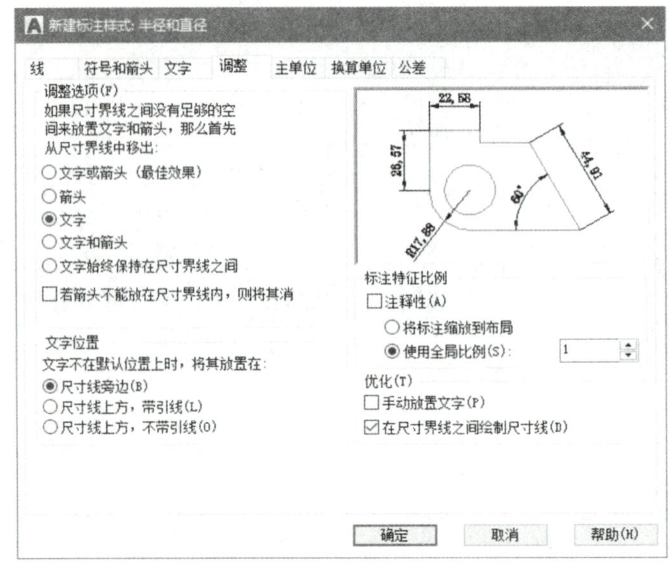

图 5–37　创建“半径和直径”标注样式

图 5–38　倒圆角的矩形

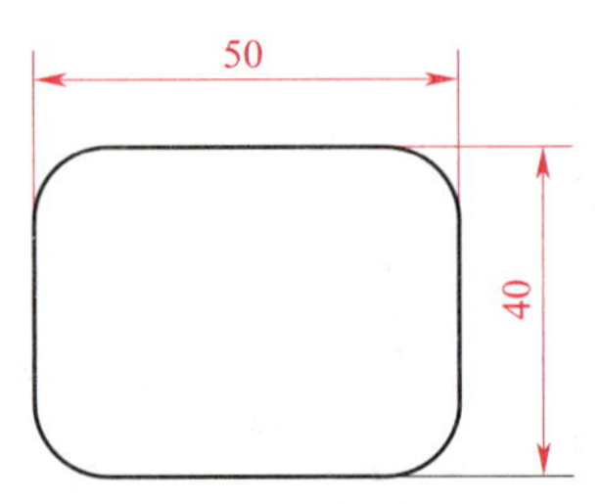

图 5–39　标注尺寸“50”和“40”

命令：_dimradius
选择圆弧或圆：　　// 选择圆弧作为标注对象
标注文字 = 10
指定尺寸线位置或[多行文字（M）/ 文字（T）/ 角度（A）]：
// 移动光标到适当位置，单击鼠标左键，定位尺寸线

标注结果如图 5–36 所示。

五、“直径”命令

“直径”命令用于标注圆弧和圆的直径尺寸，操作过程和方法与半径标注基本相同。

1. 启动“直径”命令的方法

◇ 功能区：单击“默认”→“注释”→“直径”按钮⃠。
◇ 菜单栏：选择“标注”→“直径”命令。
◇ 命令行：“DDI（或 DIMDIA、DIMDIAMETER）”。

2. 上机训练——绘圆并标注直径

如图 5–40 所示，绘制圆并利用“直径”命令标注圆的直径。

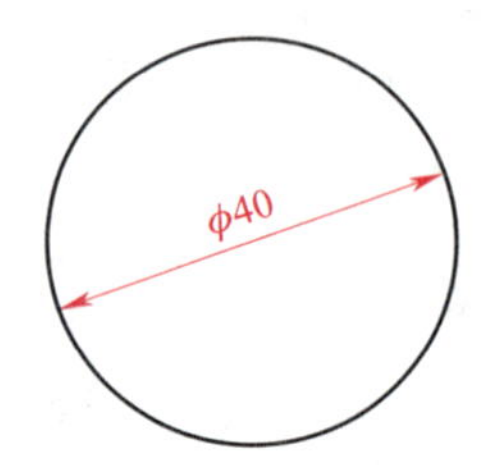

图 5–40　标注圆的直径

（1）绘制 ϕ40 mm 圆

将"粗实线"图层设置为当前图层，绘制 ϕ40 mm 的粗实线圆。

（2）标注圆的直径

将"细实线"图层设置为当前图层，将"线性尺寸"标注样式设置为当前标注样式。单击"默认"→"注释"→"直径"按钮，启动直径命令，系统给出如下提示。

```
命令：_dimdiameter
选择圆弧或圆：                                    // 选择圆作为标注对象
标注文字 = 40
指定尺寸线位置或［多行文字（M）/ 文字（T）/ 角度（A）］：
                              // 移动光标到适当位置，单击鼠标左键，定位尺寸线
```

标注结果如图 5-40 所示。

【提示】

在设置"半径和直径"尺寸标注样式时，不同的设置会出现不同的标注样式，例如：

（1）在"调整"选项卡中的"调整选项（F）"区域选择"文字或箭头（最佳效果）"单选按钮，则标注的直径尺寸如图 5—41 所示，这种标注样式不够规范。

（2）如果在"文字"选项卡中的"文字对齐（A）"区域选择选择"水平"，则所标注直径或半径的文字皆为水平放置，如图 5—42 所示。

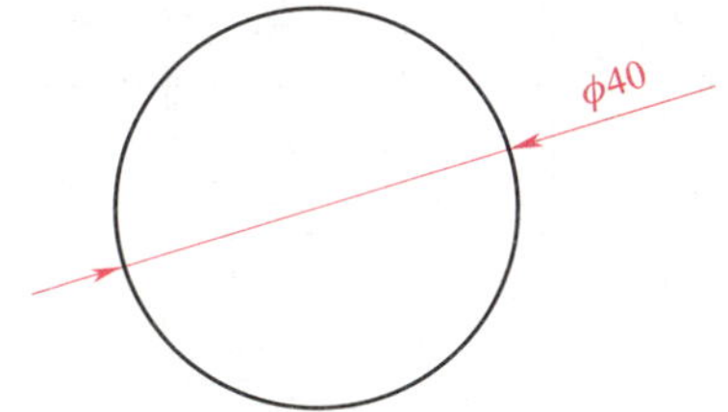

图 5-41 "文字或箭头（最佳效果）"的直径尺寸标注

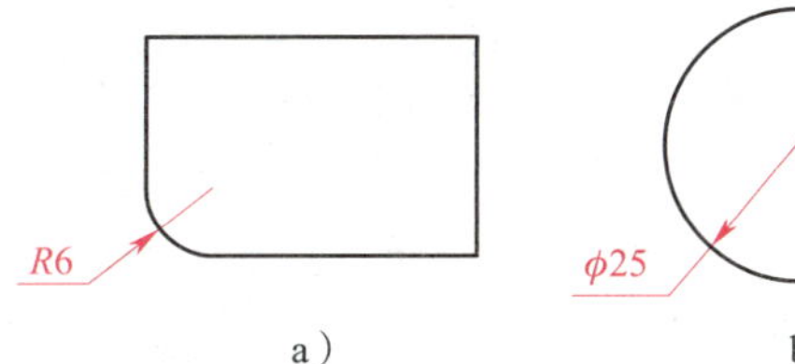

图 5-42 文字水平的半径尺寸和直径尺寸
a）半径尺寸 b）直径尺寸

在标注尺寸时，应根据尺寸标注的具体情况进行灵活设置。

六、综合实训

绘制如图 5-43 所示支座的平面图形并标注尺寸。

1. 新建图形文件

打开"制图样板"，新建图形文件。

2. 绘制图形

（1）绘制矩形

将"粗实线"图层设置为当前图层，启动"矩形"命令，绘制一个 90 mm × 35 mm 的矩形，如图 5-44 所示。

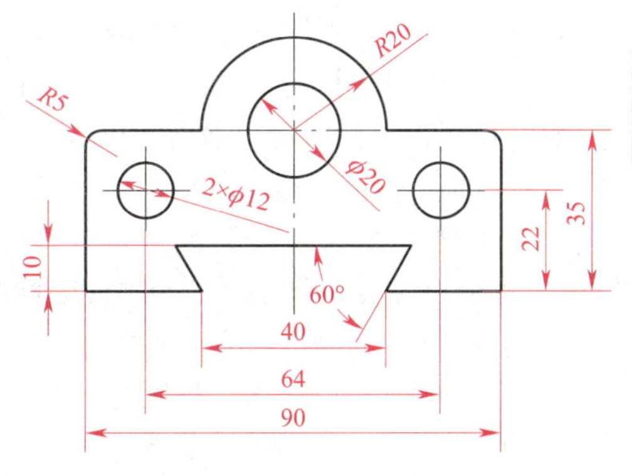

图 5-43 支座

（2）绘制竖直中心线

将“细点画线”图层设置为当前图层，启动“直线”命令，绘制一条长为 65 mm 的竖直对称中心线，如图 5–44 所示。

（3）绘制“*R*20”圆和“ϕ 20”圆

将“粗实线”图层设置为当前图层，启动“圆”命令，绘制“*R*20”圆和“ϕ 20”圆，如图 5–45 所示。

图 5–44　绘制矩形和竖直中心线

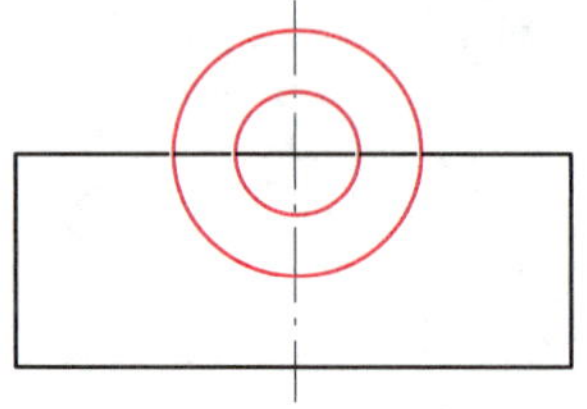

图 5–45　绘制“*R*20”圆和“ϕ 20”圆

（4）绘制 V 形槽

1）启动“分解”命令，将矩形分解。

2）启动“偏移”命令，将矩形的下边向上偏移 10 mm，如图 5–46a 所示。

3）启动“直线”命令，绘制 V 形槽左侧边，如图 5–46b 所示。

4）启动“镜像”命令，镜像 V 形槽右侧边，如图 5–46c 所示。

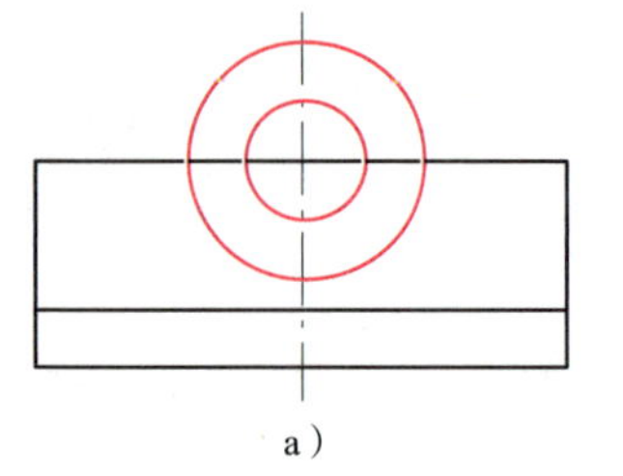

a）

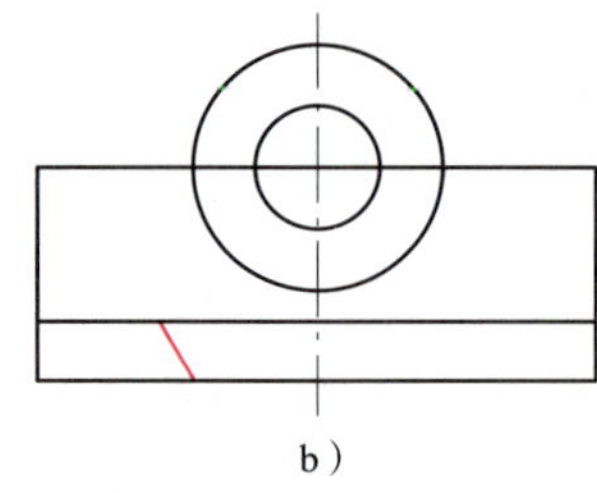

b）

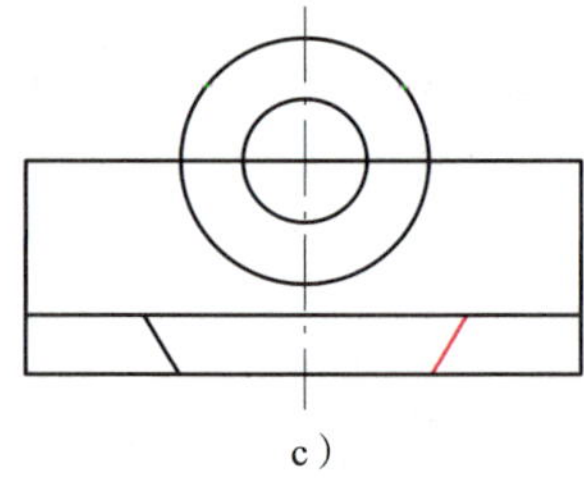

c）

图 5–46　绘制 V 形槽

a）偏移 V 形槽上边　b）绘制 V 形槽左侧边　c）镜像 V 形槽右侧边

（5）编辑图形

1）启动“修剪”命令，修剪 V 形槽和“*R*20”圆弧的多余图线，如图 5–47 所示。

2）启动“打断”命令，将矩形上侧的轮廓线打断，如图 5–48a 所示。

3）选择中间被打断的轮廓线，单击“图层列表”，单击“细点画线”，将该段图线修改为细点画线，如图 5–48b 所示。

4）按 Esc 键取消选择。

（6）绘制“2 × ϕ 12”圆

1）启动“偏移”命令，将竖直对称中心线向左偏移 32 mm，如图 5–49 所示。

2）重启“偏移”命令，将左下方的水平轮廓线向上偏移 22 mm，如图 5–49 所示。

3）绘制“ϕ 12”圆，如图 5–50 所示。

4）将“ϕ 12”圆的中心线修改为细实线，拖动夹点使中心线缩短到适当长度，如图 5–51 所示。编辑完成后按 Esc 键取消选择。

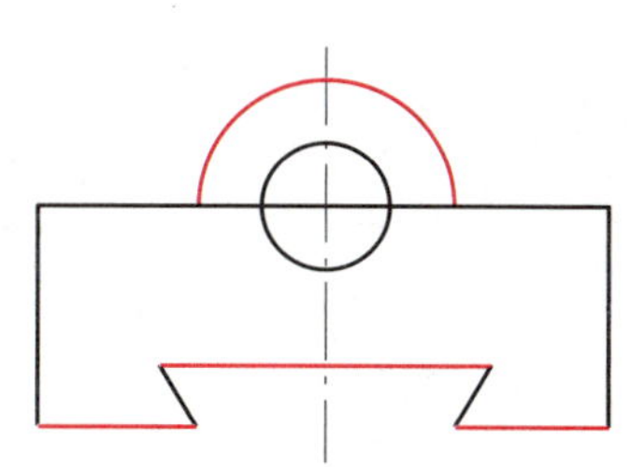

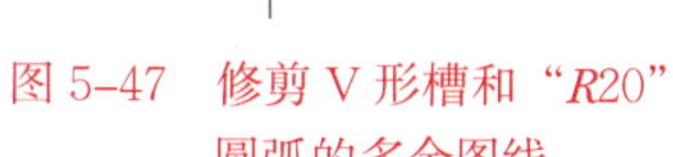

图 5-47　修剪 V 形槽和“*R*20”圆弧的多余图线

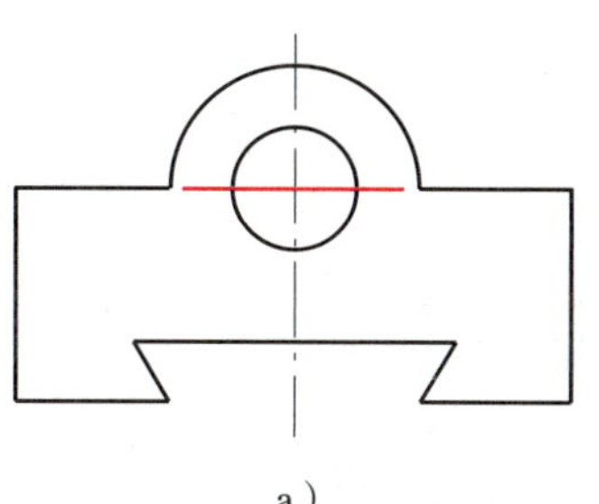

a）

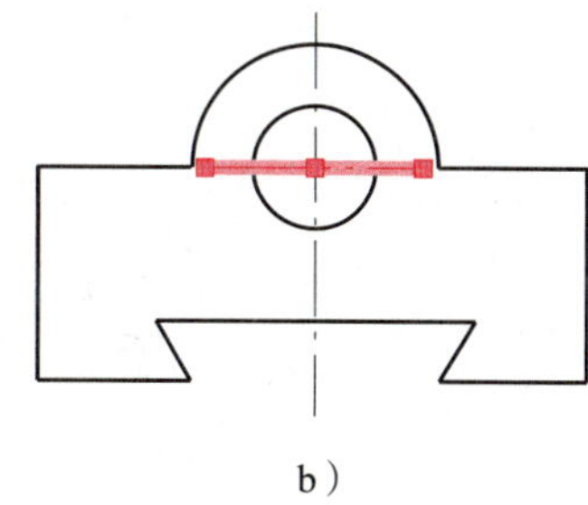

b）

图 5-48　编辑图形

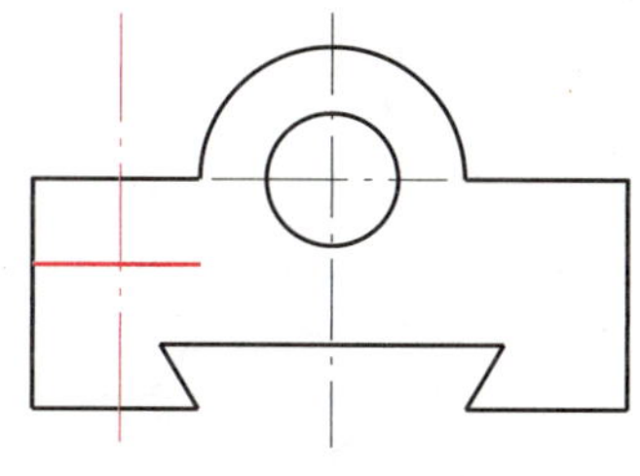

图 5-49　偏移图线

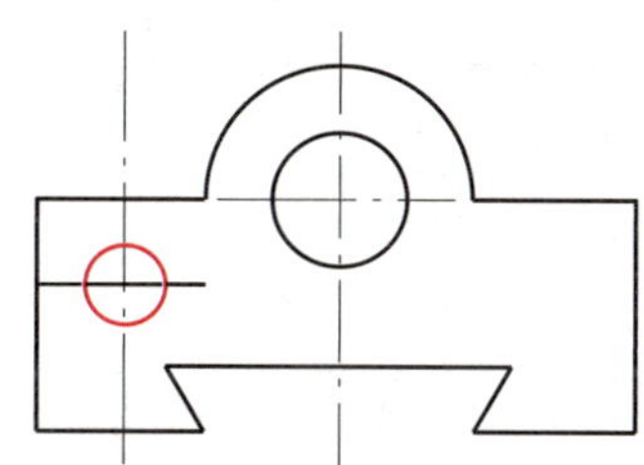

图 5-50　绘制“ϕ12”圆

5）启动“镜像”命令，镜像右侧的“ϕ12”圆及中心线，如图 5-52 所示。

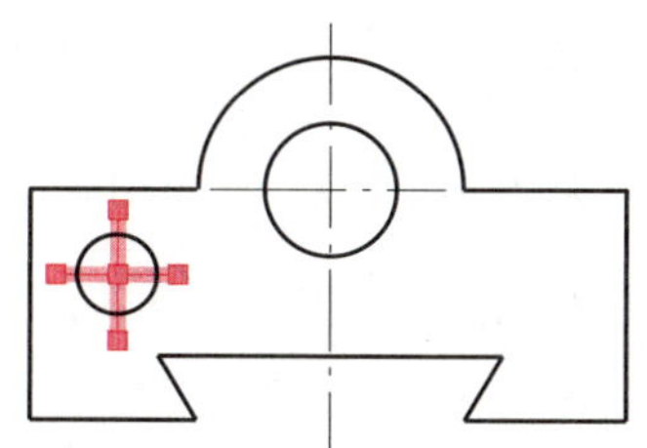

图 5-51　编辑“ϕ12”圆的水平中心线

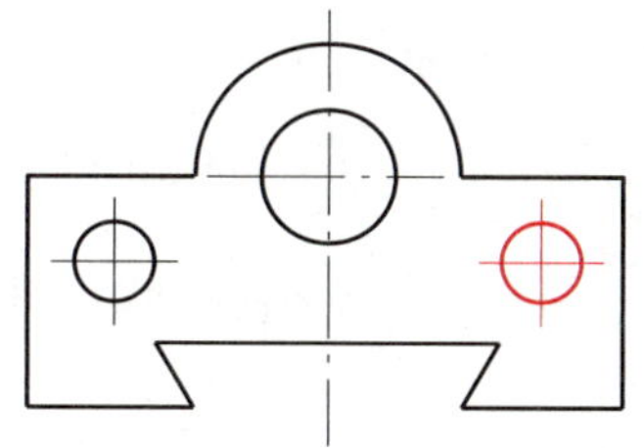

图 5-52　镜像右侧的“ϕ12”圆及中心线

（7）绘制“*R*5”圆弧

启动“圆角”命令，对矩形的左上角和右上角进行“圆角”操作，如图 5-53 所示。至此，图形绘制完毕。

3. 标注尺寸

（1）标注矩形的尺寸“90”和“35”

将“细实线”图层设置为当前图层，将“线性尺寸”标注样式设置为当前标注样式。启动“线性”命令，标注矩形的尺寸“90”和“35”，如图 5-54 所示。

（2）标注上方半圆的半径“*R*20”和圆的直径“ϕ20”

1）将“半径和直径”标注样式设置为当前标注样式。

2）启动“半径”命令，标注尺寸“*R*20”。选择尺寸“*R*20”，单击文字的夹点，拖动文字到适当位置，如图 5-55 所示。

3）启动“直径”命令，标注尺寸“ϕ20”。选择尺寸“ϕ20”，单击文字的夹点，拖动文字到适当位置，如图 5-55 所示。

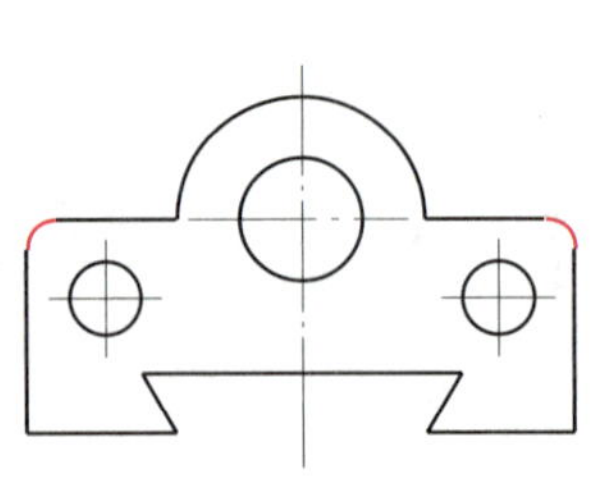

图 5-53　绘制“R5”圆弧

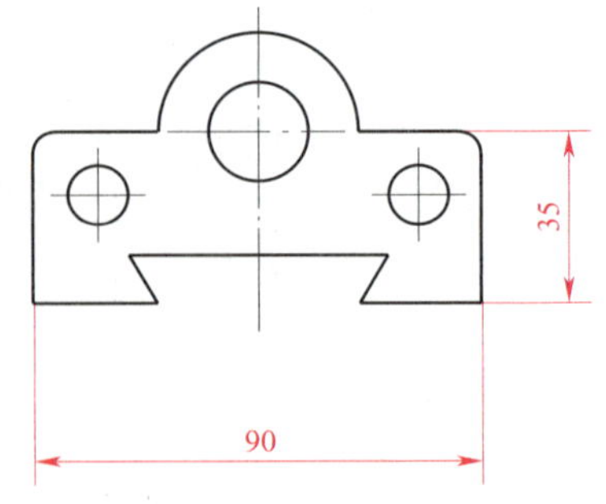

图 5-54　标注矩形的尺寸“90”和“35”

（3）标注 V 形槽的尺寸

1）将“线性尺寸”标注样式设置为当前标注样式。启动“线性”命令，标注尺寸“40”和“10”，如图 5-56 所示。

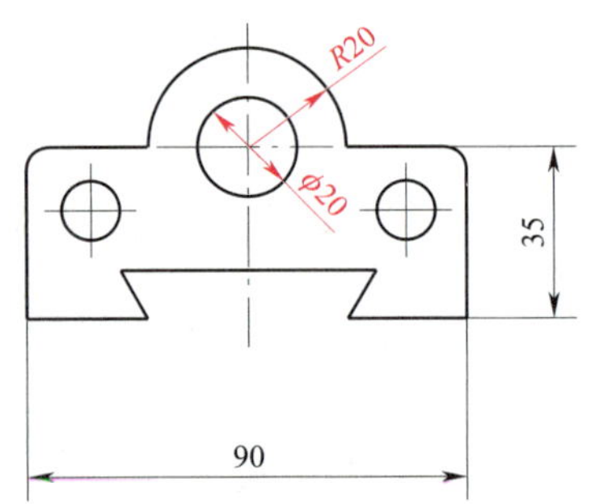

图 5-55　标注圆的半径“R20”和圆的直径“ϕ 20”

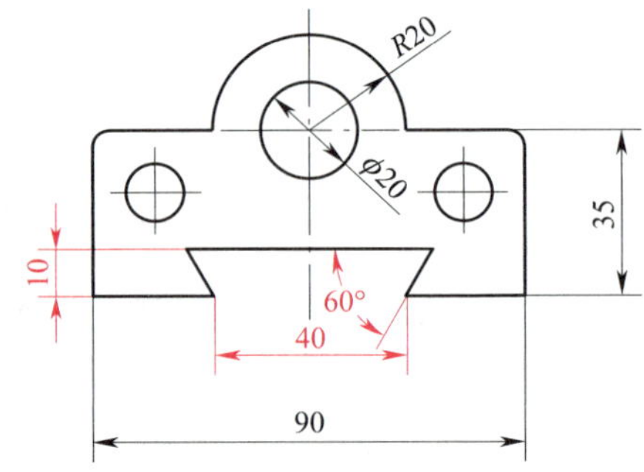

图 5-56　标注 V 形槽的尺寸

2）将“角度尺寸”标注样式设置为当前标注样式。启动“角度”命令，标注 V 形槽的角度 60°，如图 5-56 所示。

（4）标注“2 × ϕ 12”圆的尺寸

1）标注直径尺寸“2 × ϕ 12”

将“半径和直径”标注样式设置为当前标注样式。启动“直径”命令，系统给出如下提示。

```
命令：_dimdiameter
选择圆弧或圆：                                                    // 单击左侧小圆
标注文字 = 12
指定尺寸线位置或 [ 多行文字（M）/ 文字（T）/ 角度（A）]：T
                                      // 输入“T”，按回车键，激活“文字”选项
输入标注文字 < 12 >：2×%%C12                  // 输入“2×%%C12”，按回车键
指定尺寸线位置或 [ 多行文字（M）/ 文字（T）/ 角度（A）]：
                                            // 移动光标到适当位置，单击鼠标左键
```

标注结果如图 5-57 所示。

2）标注小圆的定位尺寸

将“线性尺寸”标注样式设置为当前标注样式。启动“线性”命令，标注尺寸“64”和“22”，如图 5-58 所示。

（5）标注圆角半径“R5”

将“半径和直径”标注样式设置为当前标注样式。启动“半径”命令，标注圆角的尺寸“R5”，如图 5-59 所示。至此，图形绘制完毕。

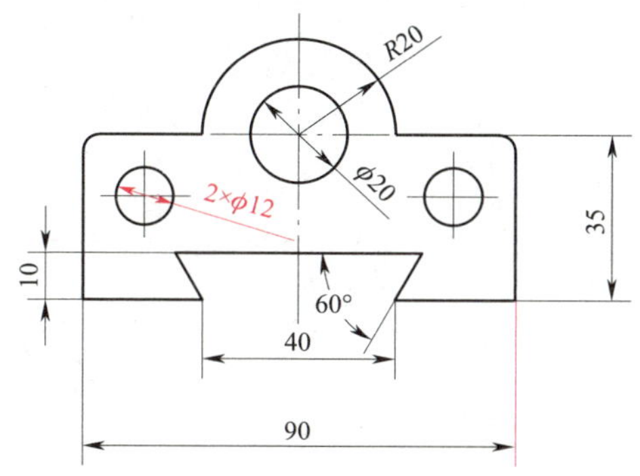

图 5-57　标注“2×ϕ12”圆的尺寸

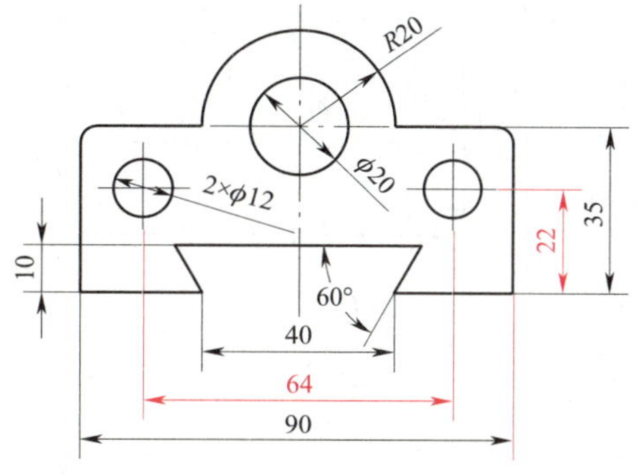

图 5-58　标注小圆的定位尺寸

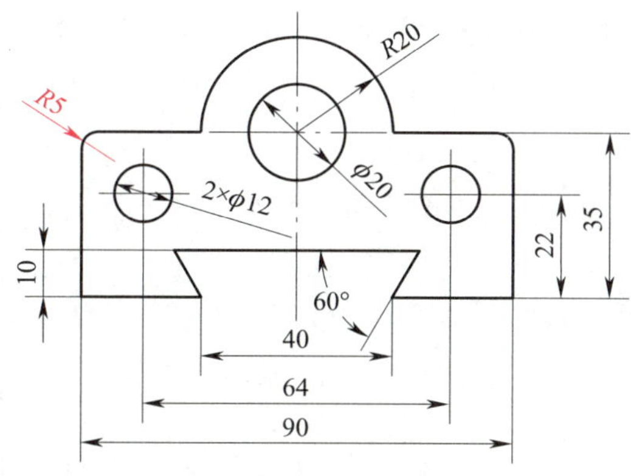

图 5-59　标注圆角半径“R5”

§5-3　编辑尺寸标注

一、编辑尺寸数字

1. 编辑尺寸数字的目的

在标注尺寸时有时需要对文字进行修改，比如在标注半径尺寸时，系统将半径符号“R”设置为正体，则需要将正体修改为斜体；在圆柱或圆锥的非圆视图上标注直径尺寸时，需要在尺寸数字前加注直径符号“ϕ”等，如图 5-60 所示。

2. 上机训练——绘制小轴的图形并标注尺寸

绘制如图 5-60 所示小轴的图形并标注尺寸。

（1）新建图形文件

打开“制图样板”，新建图形文件。

（2）绘制图形

1）将“细点画线”图层设置为当前图层，启动“直线”命令，绘制轴线，如图 5-61 所示。

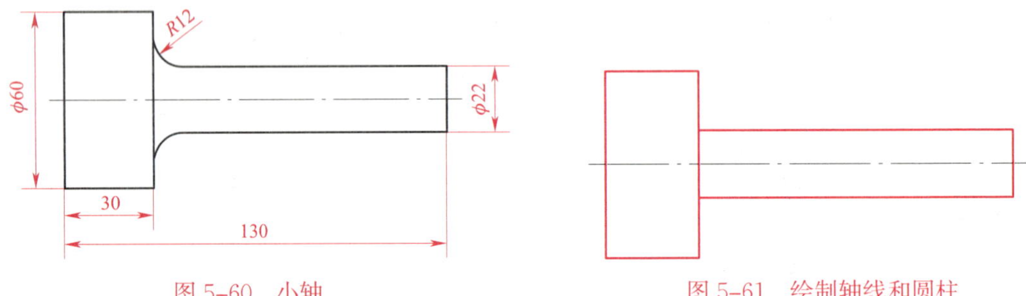

图 5-60　小轴　　　　图 5-61　绘制轴线和圆柱

2）将“粗实线”图层设置为当前图层，绘制“φ60”和“φ22”圆柱，如图 5-61 所示。

3）启动“圆角”命令，绘制“*R*12”圆弧，系统给出如下提示。

命令：_fillet

当前设置：模式 = 修剪，半径 = 0.0000

选择第一个对象或 [放弃（U）/ 多段线（P）/ 半径（R）/ 修剪（T）/ 多个（M）]：M

// 输入“M”，按回车键，选择“多个”选项

选择第一个对象或 [放弃（U）/ 多段线（P）/ 半径（R）/ 修剪（T）/ 多个（M）]：T

// 输入“T”，按回车键，选择“修剪”选项

输入修剪模式选项 [修剪（T）/ 不修剪（N）] <修剪>：N

// 输入“N”，按回车键，选择“不修剪”选项

选择第一个对象或 [放弃（U）/ 多段线（P）/ 半径（R）/ 修剪（T）/ 多个（M）]：R

// 输入“R”，按回车键，选择“半径”选项

指定圆角半径 <0.0000>：12　　// 输入半径“12”，按回车键

选择第一个对象或 [放弃（U）/ 多段线（P）/ 半径（R）/ 修剪（T）/ 多个（M）]：

// 选择“φ60”圆柱右侧轮廓线的上端

选择第二个对象，或按住 Shift 键选择对象以应用角点或 [半径（R）]：

// 选择“φ22”圆柱的上轮廓线

选择第一个对象或 [放弃（U）/ 多段线（P）/ 半径（R）/ 修剪（T）/ 多个（M）]：

// 选择“φ60”圆柱右侧轮廓线的下端

选择第二个对象，或按住 Shift 键选择对象以应用角点或 [半径（R）]：

// 选择“φ22”圆柱的下轮廓线

选择第一个对象或 [放弃（U）/ 多段线（P）/ 半径（R）/ 修剪（T）/ 多个（M）]：

// 按回车键

倒圆角的结果如图 5–62 所示。

4）利用“修剪”命令或“夹点编辑”的方法修剪多余的轮廓线，如图 5–63 所示。

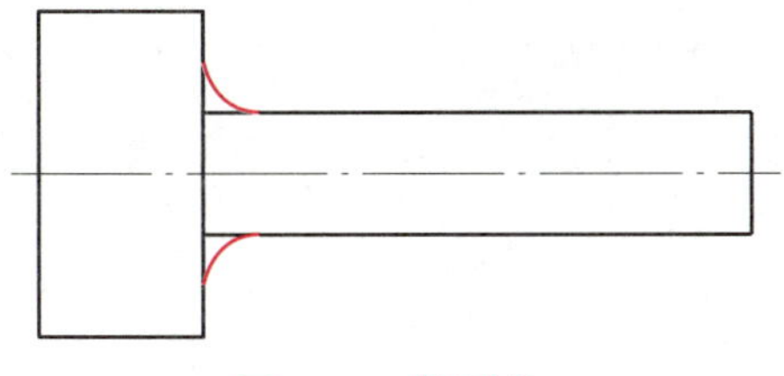

图 5–62　倒圆角

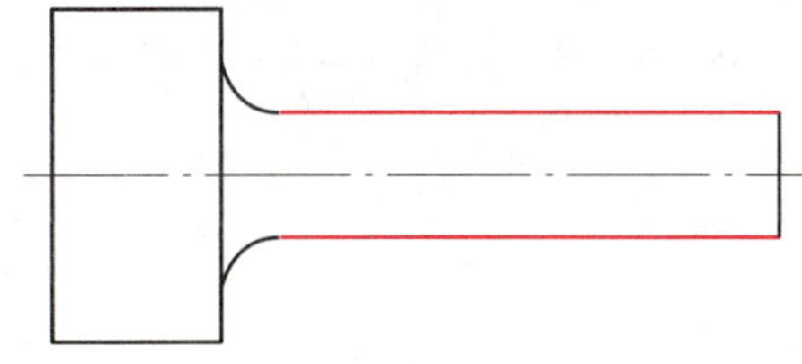

图 5–63　修剪图线

（3）标注尺寸

1）将“细实线”图层设置为当前图层，将“线性尺寸”标注样式设置为当前标注样式。启动“线性”命令，标注尺寸“60”“22”“30”和“130”，如图 5–64 所示。

2）将“半径和直径”标注样式设置为当前标注样式，启动“半径”命令，标注尺寸“*R*12”，如图 5–64 所示。

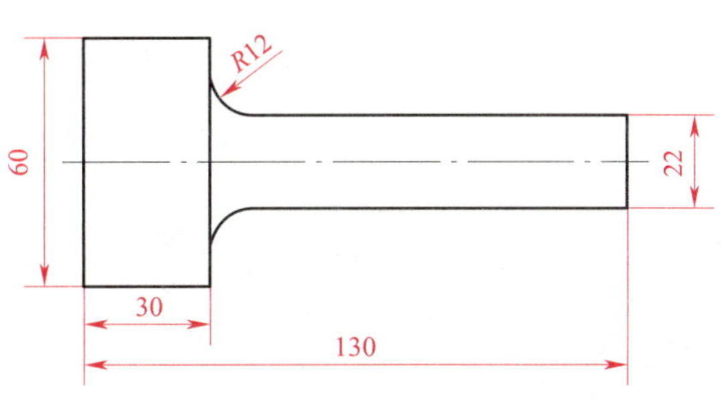

图 5–64　标注尺寸

（4）修改尺寸“60”

1）双击尺寸数字“60”（图 5–65a），使文字处于编辑状态。

2）将光标定位在文字“60”的前面，输入“%%C”（图 5–65b）。

3）在空白处单击鼠标左键，尺寸数字变为“ϕ60”（图 5–65c）。

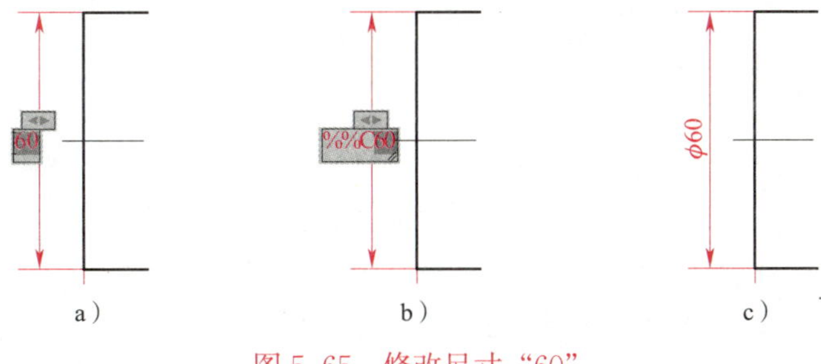

图 5–65　修改尺寸“60”

【提示】

因为此时系统还在执行“TEXTEDIT”命令（编辑选定的多行文字或单行文字对象，或标注对象上的文字），光标以小方框的形式呈现在屏幕上，按 Esc 键可终止命令。

（5）修改尺寸“22”

单击尺寸数字“22”。将光标定位在文字前面，输入“%%C”。在空白处单击鼠标左键，文字“22”修改为“ϕ22”，如图 5–66 所示。

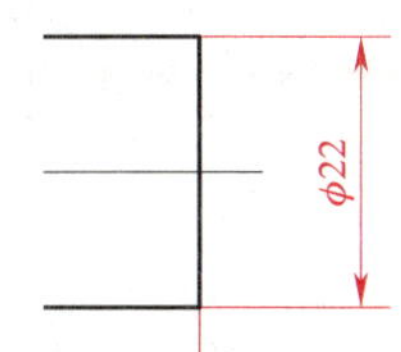

图 5–66　修改尺寸“22”

（6）修改尺寸“*R*12”

1）单击尺寸数字“R12”，使文字处于编辑状态。

2）删除带有底色的尺寸数字，重新输入“R12”。

3）选中“R”，在弹出的“文字管理器”对话框的“格式”面板上单击“斜体”按钮 *I*（图 5-67），则被选中的文字“*R*”被修改为斜体，如图 5-68 所示。

4）按 Esc 键退出编辑。

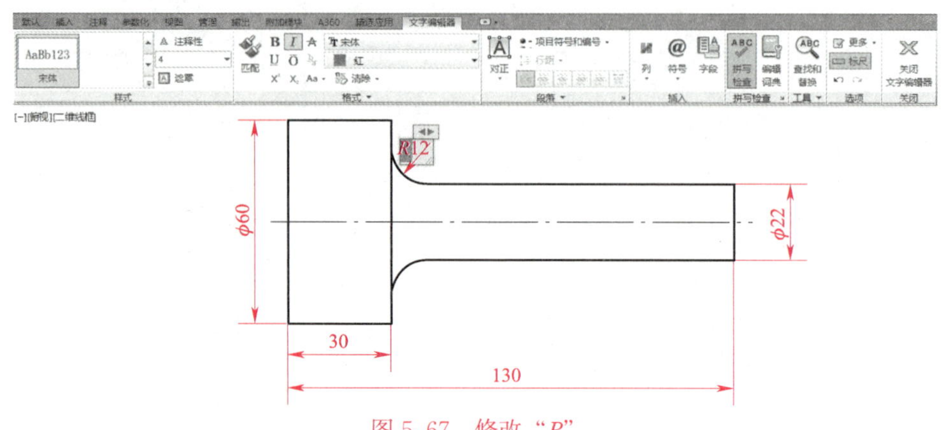

图 5-67　修改“*R*”

二、“夹点编辑”尺寸

1. 尺寸的夹点

在选择尺寸后，尺寸上会出现若干个夹点，如图 5-69 所示。用户可以根据需要拖动夹点改变尺寸界线的起点和终点、尺寸线的位置及尺寸数字的位置等。

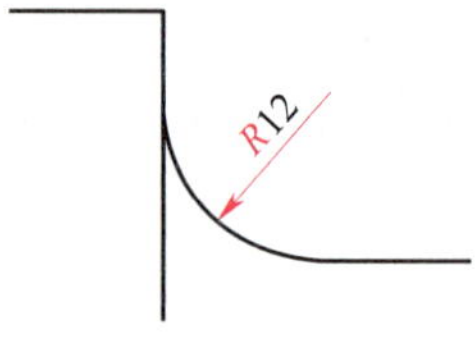

图 5-68　尺寸“*R*12”修改后

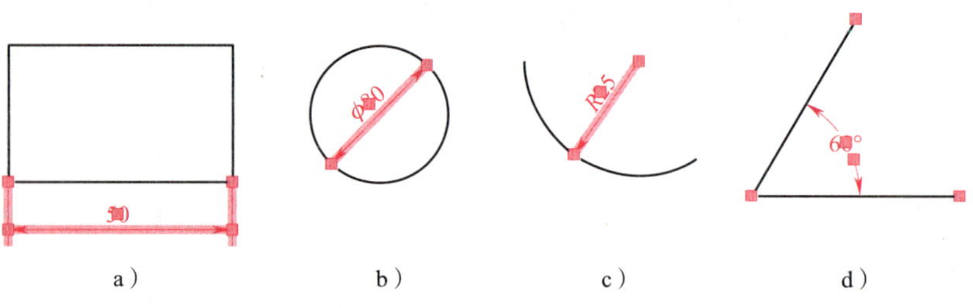

图 5-69　尺寸的夹点

a）线性尺寸　b）直径　c）半径　d）角度

2. 上机训练——修改错误的尺寸标注

如图 5-70a 所示为一个在“制图样板”中绘制的图形，分析图中的错误，并修改成如图 5-70b 所示的样式。

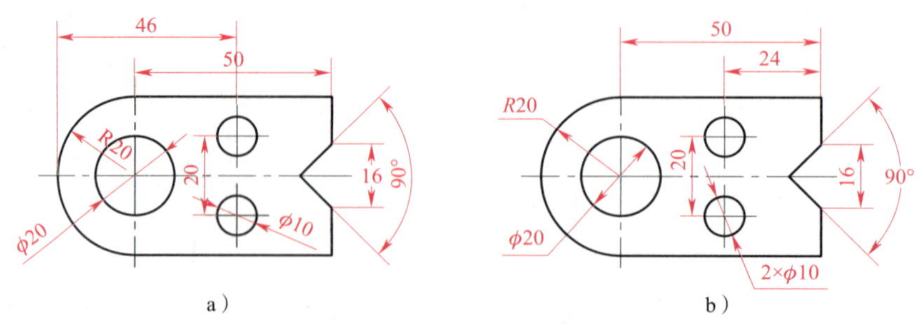

图 5-70　修改错误的尺寸标注

a）错误　b）正确

※ 源文件：计算机制图——AutoCAD 2018 源文件 \ 第五章 \ 修改错误的尺寸标注

（1）修改尺寸“46”和“50”

尺寸“46”标注不合理，“2 × ϕ 10”圆水平方向的定位尺寸应该以右侧轮廓线为基准。修改尺寸时还应考虑小尺寸靠近图形，大尺寸远离图形，尽量避免尺寸界线与尺寸线相交。

1）选中尺寸“46”，单击左端尺寸界线下端的夹点，移动光标到图形右侧的轮廓线上，单击鼠标左键，尺寸数字自动变为“24”。

2）单击尺寸数字的夹点（或者尺寸线两端的夹点），向下移动光标到适当位置，单击鼠标左键。按 Esc 键退出编辑。

3）选择尺寸“50”，向上拖动尺寸线及尺寸数字至合适位置。

修改后的尺寸“24”和“50”如图 5–71 所示。

（2）修改尺寸“R20”

尺寸“R20”的错误是尺寸数字与轮廓线相交，“R”为正体。

1）选中尺寸“R20”，单击鼠标右键，在弹出的快捷菜单中单击“特性”，弹出“特性”对话框。

2）在“特性”对话框的“其他”面板中，可以发现尺寸“R20”的标注样式为“线性尺寸”，其设置不符合半径尺寸标注的有关规定。打开“标注样式”的下拉菜单，将尺寸“R20”的标注样式修改为“半径和直径”，如图 5–72 所示。

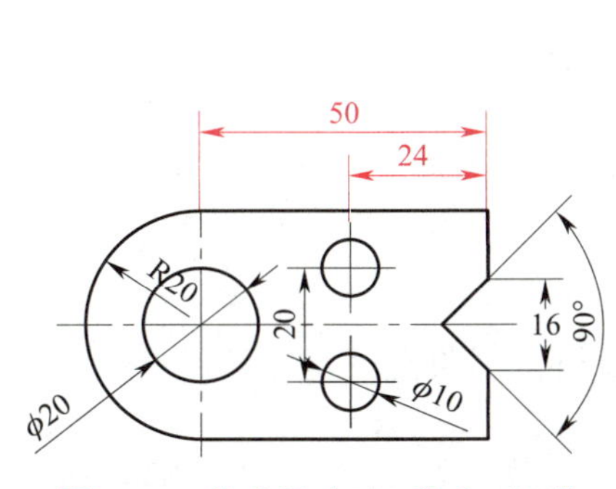

图 5–71　修改尺寸“46”和“50”

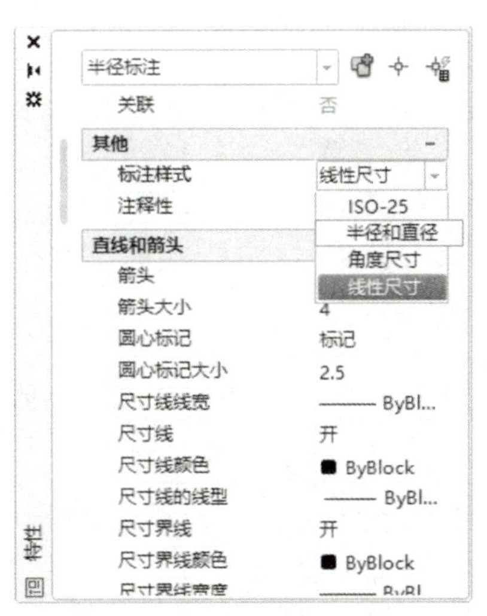

图 5–72　修改尺寸“R20”的标注样式

3）选择尺寸数字，向外拖动光标到适当位置，单击鼠标左键。

4）双击尺寸数字，进入文字编辑状态。删除原尺寸数字，重新输入“R20”，并将字母“R”修改为斜体，如图 5–73 所示。

5）按 Esc 键退出编辑。

（3）设置新标注样式

图 5–73 中尺寸“*R*20”的标注形式与图 5–70b 还不一

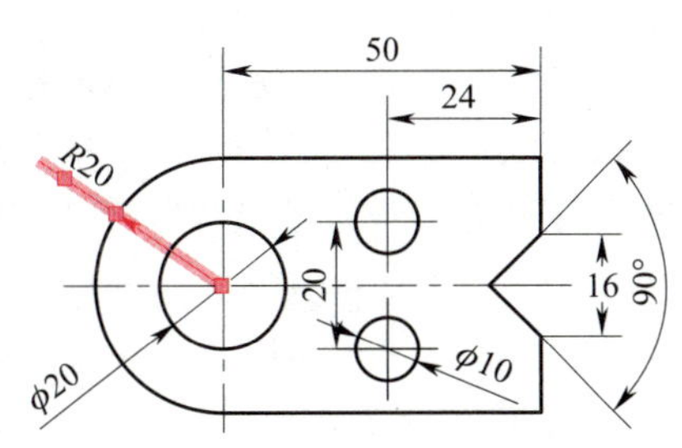

图 5–73　修改尺寸“*R*20”

致。要想得到与图 5–70b 一致的标注样式则需要对“半径和直径”标注样式进行修改。

打开“制图样板”，打开“标注样式管理器”对话框，单击“新建（N）”按钮，打开“创建新标注样式管理器”对话框。以“半径和直径”标注样式为基础样式，创建“半径和直径（数字水平）”标注样式。在“文字”选项卡中“文字对齐（A）”区域，选中“水平”单选按钮，单击“确定”按钮，完成“半径和直径（数字水平）”标注样式的创建。用户可以用同样的方法修改“制图样板. dwt”，在此不再赘述。

（4）修改尺寸“*R*20”和“ϕ 20”的文字方向

选择尺寸“*R*20”和“ϕ 20”，单击鼠标右键，弹出快捷菜单（图 5–74）。单击“标注样式（D）”→“半径和直径（数字水平）”，则尺寸“*R*20”和“ϕ 20”的标注样式修改为“半径和直径（数字水平）”。修改结果如图 5–75 所示。

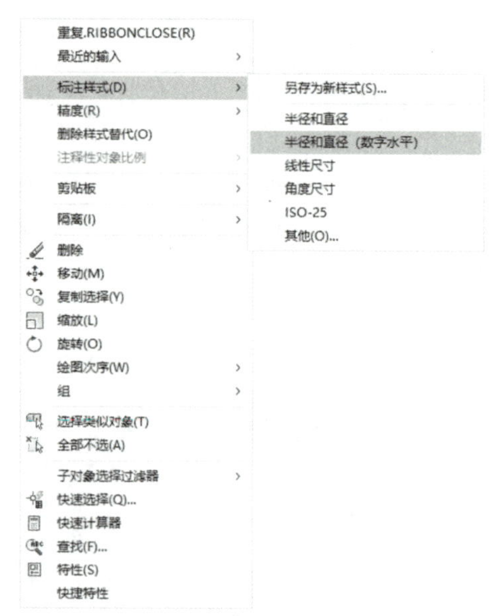

图 5–74　标注样式快捷菜单

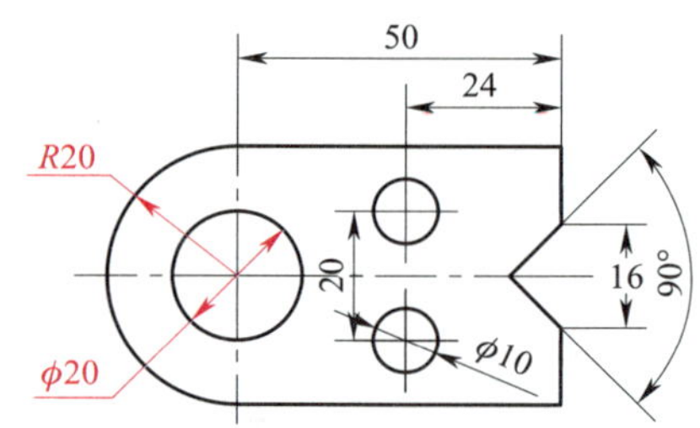

图 5–75　修改尺寸“*R*20”和“ϕ 20”的文字方向

（5）修改尺寸“20”

尺寸“20”的尺寸数字与对称中心线相交，不符合机械制图的相关规定。

1）选择尺寸“20”。

2）捕捉尺寸数字的夹点，系统自动弹出快捷菜单，单击“仅移动文字”（图 5–76）。

3）移动文字到适当位置（图 5–77），按 Esc 键退出编辑。

（6）修改尺寸“ϕ 10”

1）选择尺寸“ϕ 10”。单击“默认”→“注释”面板的下拉箭头，单击“半径和直径（数字水平）”按钮（图 5–78），将尺寸“ϕ 10”的标注样式由“线性尺寸”修改为“半径和直径（数字水平）”。

2）选择尺寸数字，向外拖动光标到适当位置，单击鼠标左键。

3）将尺寸数字修改为“2 × ϕ 10”，如图 5–79 所示。

（7）修改尺寸“16”

选择尺寸“16”，将其标注样式由“角度尺寸”修改为“线性尺寸”，如图 5–80 所示。

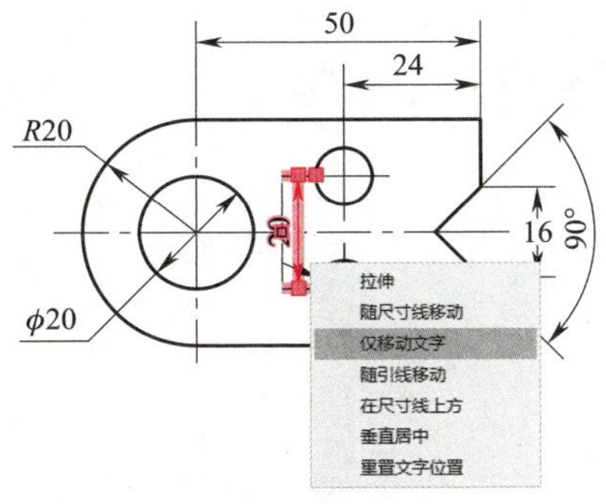

图 5–76　快捷菜单

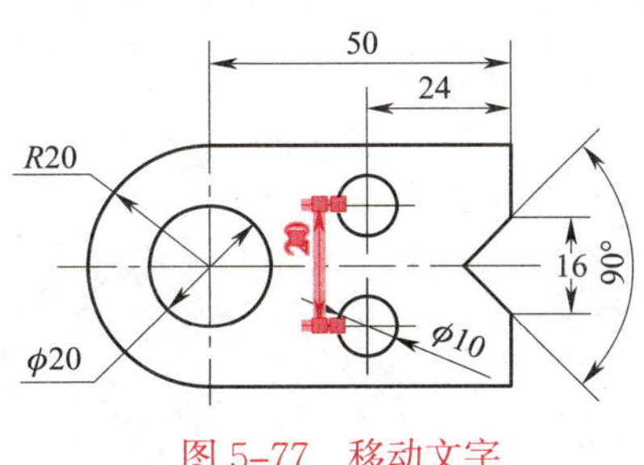

图 5–77　移动文字

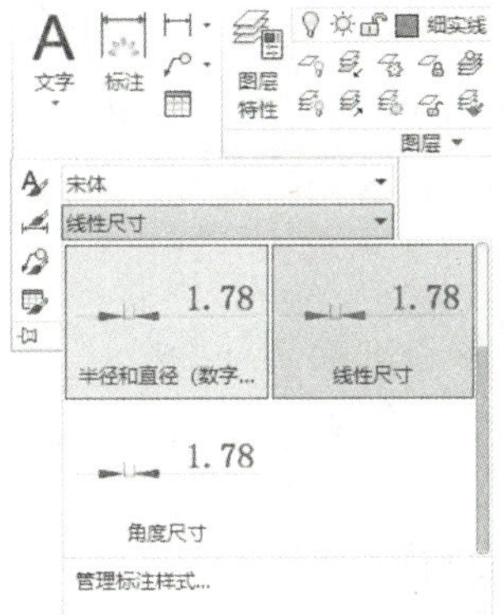

图 5–78　修改尺寸“ϕ10”的标注样式

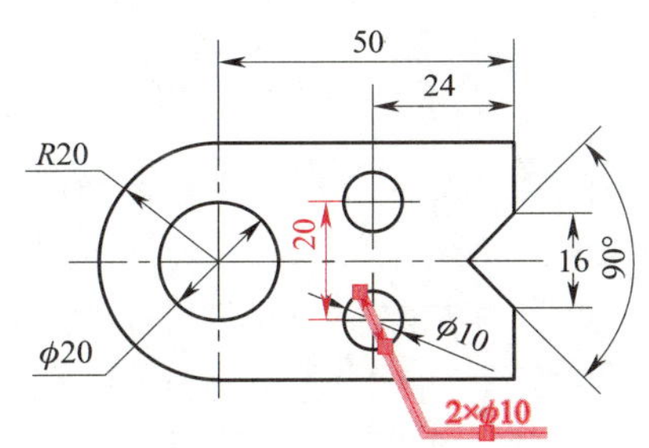

图 5–79　修改尺寸“ϕ10”为“2×ϕ10”

（8）修改尺寸“90°”

选择尺寸“90°”，将其标注样式由“线性尺寸”修改为“角度尺寸”，如图 5–81 所示。至此，尺寸修改完毕。

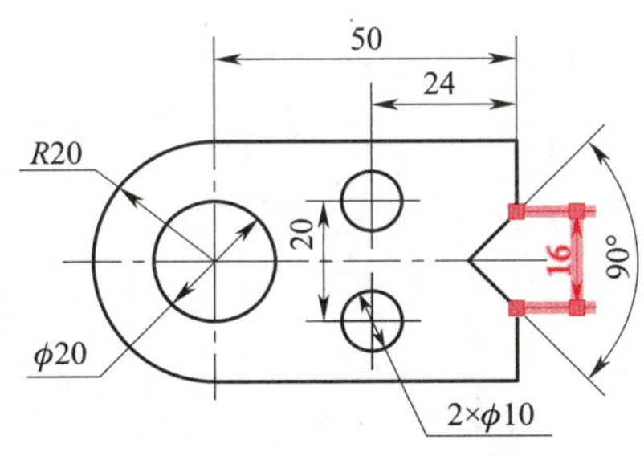

图 5–80　修改尺寸“16”

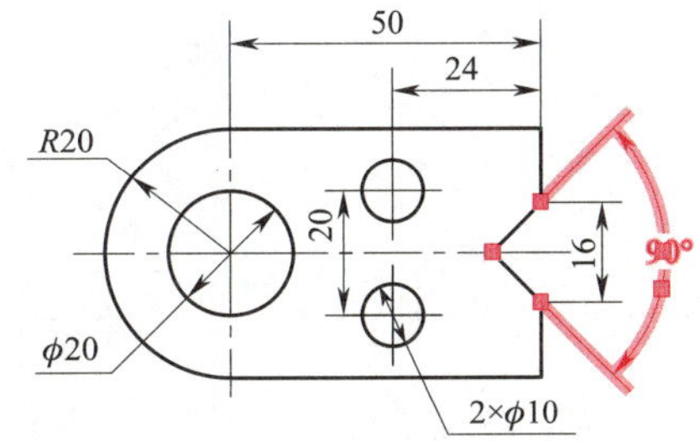

图 5–81　修改尺寸“90°”

三、综合实训

绘制如图 5–82 所示齿轮的端视图并标注尺寸。

1. 新建图形文件

打开“制图样板”，新建图形文件。

2. 绘制图形

（1）绘制中心线和分度圆

1）将“细点画线”图层设置为当前图层，启动“直线”命令，绘制中心线，如图 5–83

所示。

2）启动“圆”命令，绘制“ϕ106”和“ϕ68”圆，如图 5-83 所示。

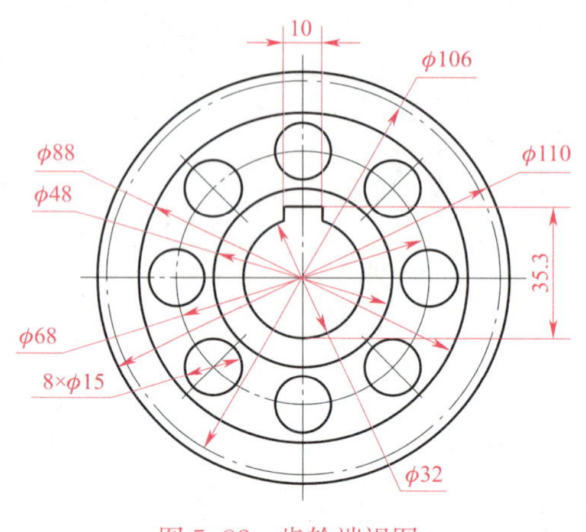

图 5-82　齿轮端视图

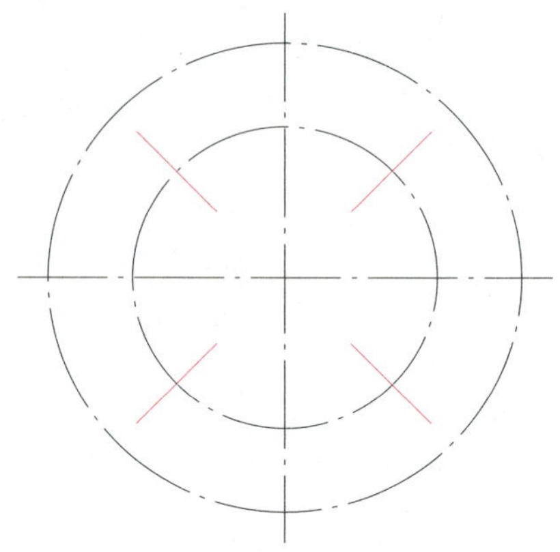

图 5-83　绘制中心线和分度圆

3）将“细实线”图层设置为当前图层，启动“直线”命令，绘制“8 × ϕ15”的中心线，如图 5-83 所示。

（2）绘制“ϕ32”“ϕ48”“ϕ88”和“ϕ110”圆

将“粗实线”图层设置为当前图层，启动“圆”命令，分别绘制“ϕ32”“ϕ48”“ϕ88”和“ϕ110”圆，如图 5-84 所示。

（3）绘制键槽

1）启动“直线”命令，绘制键槽轮廓。

2）启动“修剪”命令，修剪多余的圆弧。

绘制结果如图 5-85 所示。

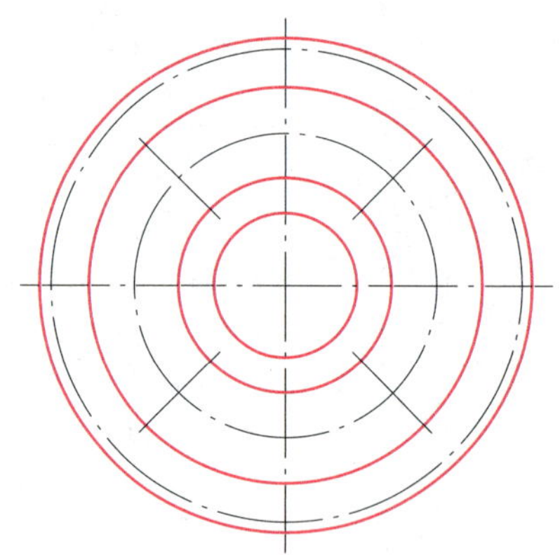

图 5-84　绘制“ϕ32”“ϕ48”“ϕ88”和“ϕ110”圆

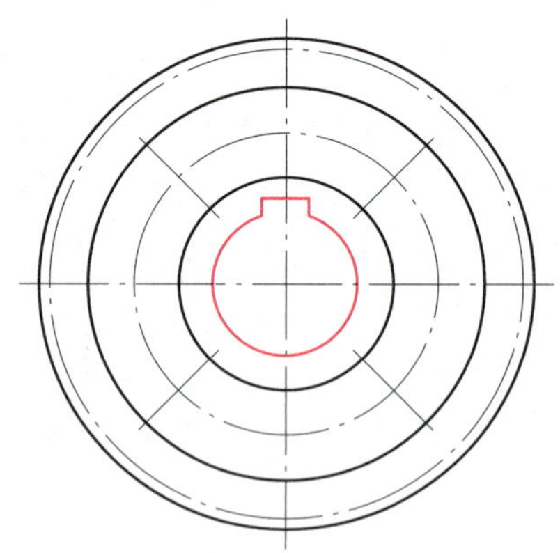

图 5-85　绘制键槽

（4）绘制“8 × ϕ15”圆

1）启动“圆”命令，绘制一个“ϕ15”圆。

2）启动“环形列阵”命令，列阵“8 × ϕ15”圆。

绘制结果如图 5-86 所示。

3. 标注尺寸

（1）标注各同心圆直径

将“细实线”图层设置为当前图层，将“半径和直径（数字水平）”标注样式设置为当前标注样式。启动“直径”命令，标注各同心圆的直径，如图 5–87 所示。

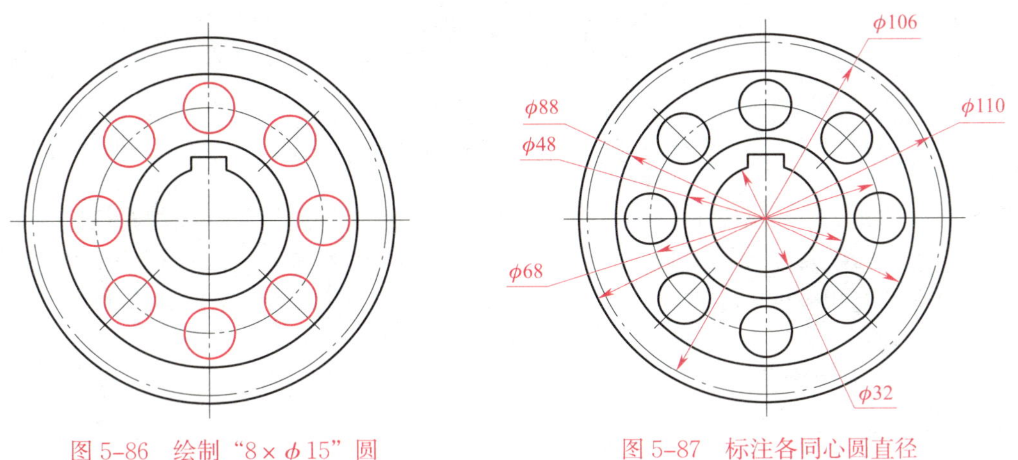

图 5–86　绘制“8 × ϕ 15”圆

图 5–87　标注各同心圆直径

【提示】

各直径尺寸的尺寸线分布要尽量均匀，不得与对称中心线重合，并尽量避免与“8 × ϕ 15”圆的轮廓线相交。

（2）标注“8 × ϕ 15”

重启“直径”命令，标注“ϕ 15”，然后将尺寸数字修改为“8 × ϕ 15”，如图 5–88 所示。

（3）标注键槽的尺寸

将“线性尺寸”标注样式设置为当前标注样式，启动“线性”命令，标注键槽的尺寸，如图 5–89 所示。至此，图形绘制完毕。

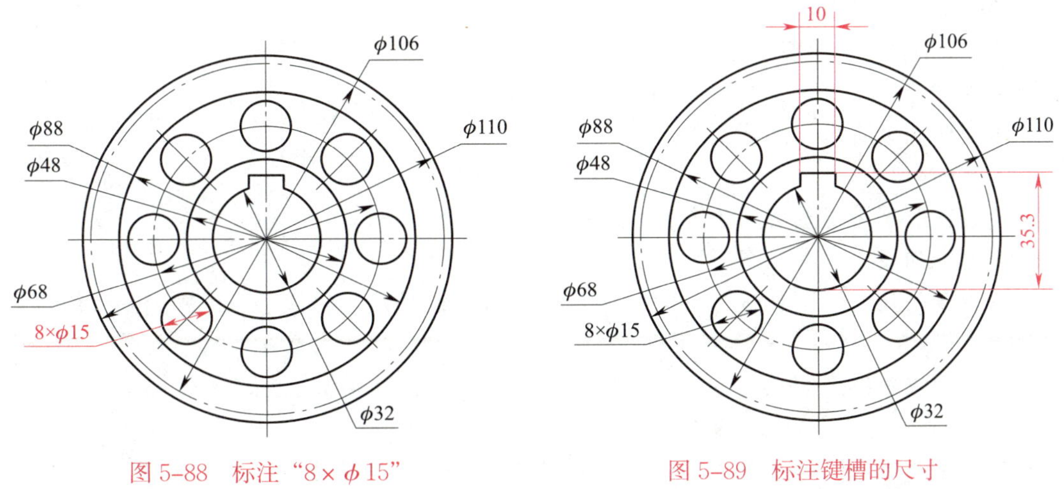

图 5–88　标注“8 × ϕ 15”

图 5–89　标注键槽的尺寸

第六章 参数化绘图

参数化绘图是 AutoCAD 未来发展的一个方向，它是指利用约束来控制几何图形的几何形状和大小。在二维几何图形上进行了相关约束后，当对其中某个对象进行编辑时，受约束的其他对象也可能相应地发生变化。采用参数化设计能非常方便地对图形进行修改，使绘图更加便捷高效。

§6-1 约束简介

AutoCAD 的约束包括几何约束和标注约束。几何约束用于控制图形对象彼此之间的关系；标注约束用于控制图形对象的距离、长度、角度和半径等。在进行参数化图形绘制时，用户可以通过约束保证图形的规范性，通常先应用几何约束大概确定图形的形状，然后再用标注约束确定对象的具体大小和方位。

一、约束及特点

1. 约束的几种情况

在 AutoCAD 中，约束通常有以下几种情况。

（1）未约束

未将任何约束应用于图形对象。

（2）欠约束

将某些约束应用于图形对象，但是未完全约束。

（3）完全约束

将所有相关几何约束和标注约束应用于图形对象，并且至少包括一个固定约束以锁定几何图形的位置。

在完全约束后再添加几何约束时就会出现过约束现象，系统会自动出现报错提示。

2. 上机训练——了解约束的特点

如图 6-1 所示为图形未约束、欠约束和完全约束的几种情况，下面通过编辑图形了解约束的用途。

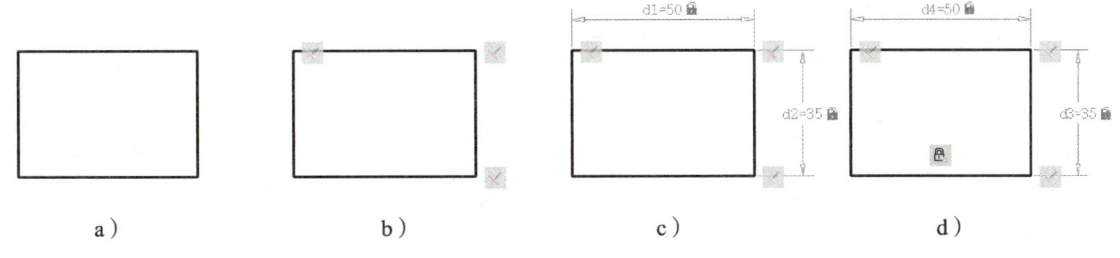

图 6-1　约束的几种情况

a）未约束　b）欠约束 1　c）欠约束 2　d）完全约束

※ 源文件：计算机制图——AutoCAD 2018 源文件 \ 第六章 \ 约束的几种情况

（1）未约束

如图 6-1a 所示属于图形对象未约束状态，拖动夹点可以对矩形进行任意编辑。

（2）欠约束 1

如图 6-1b 所示的矩形约束了四条边的相对位置保持垂直，但没有约束矩形的长和宽，也没有固定其位置。通过拖动夹点可以改变矩形的尺寸，但无法改变矩形各线段之间的位置关系。通过“移动”命令可以对图形进行移动，通过“缩放”命令可以对图形进行缩放。

（3）欠约束 2

图 6-1c 在图 6-1b 的基础上增加了图形的标注约束，限制了图形的大小，该图形除了可以移动外，不能再进行其他编辑。

（4）完全约束

图 6-1d 在图 6-1c 的基础上增加了固定约束，属于完全约束，该图形在当前状态不能进行“夹点编辑”“移动”“缩放”等改变其形状、大小和位置的编辑。

二、约束的相关工具

在“草图与注释”工作空间，约束的相关工具命令位于“参数化”功能区，包括“几何”面板、“标注”面板和“管理”面板，如图 6-2 所示。

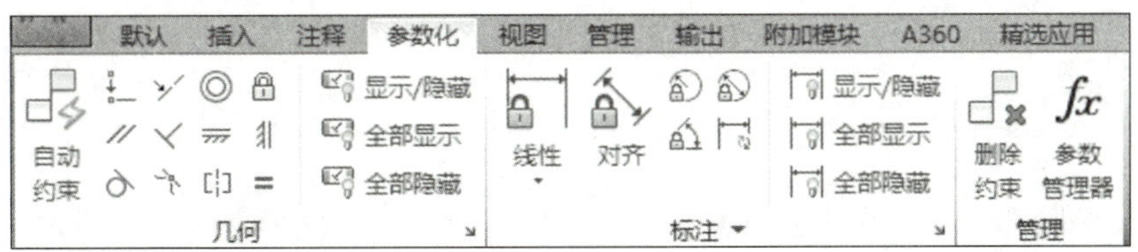

图 6-2　约束的相关工具命令

§6-2 几何约束

一、几何约束的概念

1. 认识几何约束

在用 AutoCAD 绘图时，用户往往需要所绘制的图形对象之间具有平行、垂直、相切、相等、共线等几何特征，几何约束用于控制图形对象彼此之间的位置关系。对图形对象约束后，如果对其中的一个对象做出更改，则可能会影响到其他对象。如图 6-3 所示的带传动示意图，无论是改变圆的直径，还是改变中心距，都可以保证直线与圆自动相切。

2. 上机训练——观察图形变化

拖动小圆的夹点，改变图 6-3 中小圆的位置和半径，观察图形的变化。

※ 源文件：计算机制图——AutoCAD 2018 源文件 \ 第六章 \ 带传动示意图

（1）改变小圆的圆心位置

打开源文件，拾取小圆的圆心，向任意方向拖动小圆，如图 6-4 所示。

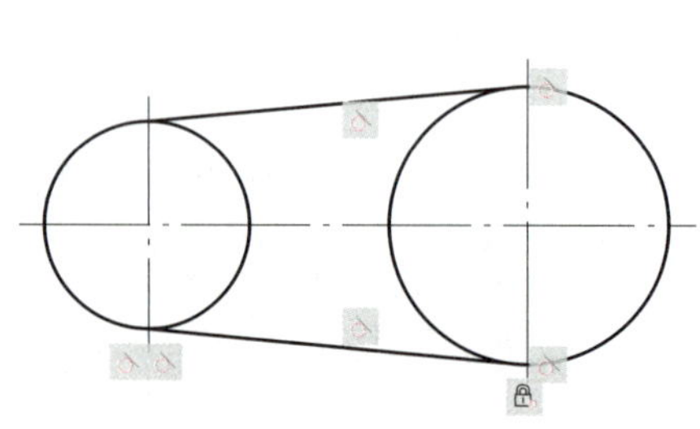
图 6-3　带传动示意图

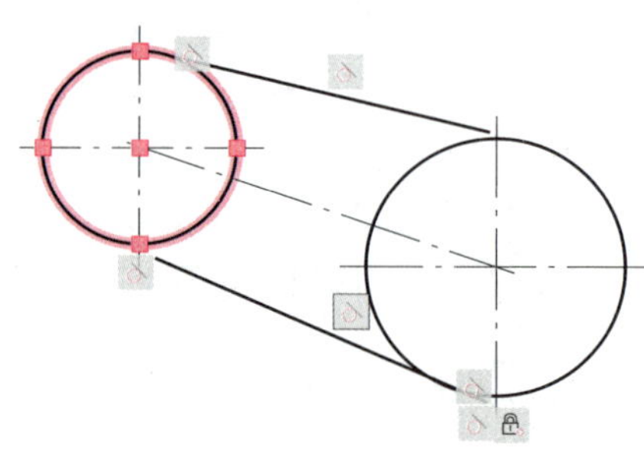
图 6-4　改变小圆的位置

（2）改变小圆的半径

拖动小圆的某一个象限点，改变小圆的半径，如图 6-5 所示。

从以上操作可以看出，无论是改变小圆的位置，还是改变小圆的半径，直线与大、小圆始终保持相切状态。

二、几何约束命令及应用

1. 常用几何约束命令

在二维图形中，常用的几何约束命令包括水平、竖直、平行、垂直、相切、相等、平滑、重合、同心、共线、对称和固定等，其类型、按钮图标、约束功能及应用特点见表 6-1。

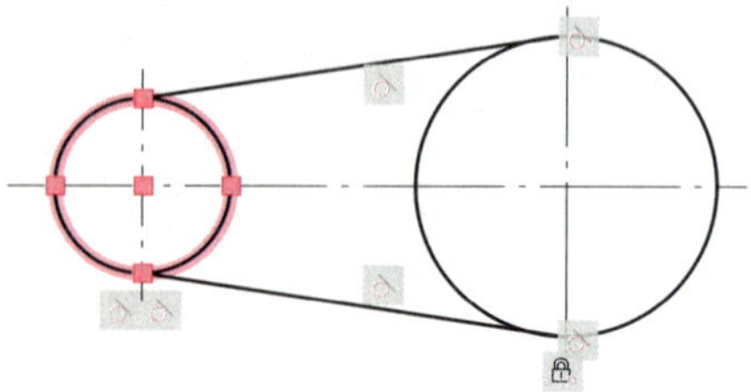

图 6-5　改变小圆的半径

表 6-1　　常用几何约束的类型、按钮图标、约束功能及应用特点

序号	约束类型	按钮图标	约束功能及应用特点
1	水平		约束一条直线或一对点，使其与当前 UCS 坐标系的 X 轴平行，对象上的第二个选定点将设定为与第一个选定点水平
2	竖直		约束一条直线或一对点，使其与当前 UCS 坐标系的 Y 轴平行，对象上的第二个选定点将设定为与第一个选定点竖直
3	平行		约束两条直线，使其具有相同的角度，第二个对象将设置为与第一个对象平行
4	垂直		约束两条直线或多段线的线段，使其夹角始终保持为 90°，第二个选定对象将设置为与第一个对象垂直
5	相切		约束两条曲线或直线与曲线，使其彼此相切或其延长线彼此相切
6	相等		约束两条直线或多段线的线段，使其具有相同的长度；或约束圆弧和圆，使其具有相同的半径。使用“多个”选项可将两个或多个对象设置为相等
7	平滑		约束一条样条曲线，使其与其他样条曲线、直线、圆弧或多段线彼此相连并光滑过渡。选定的第一个对象必须为样条曲线
8	重合		约束两个点使其重合，或者约束一个点使其位于对象或对象延长部分的任意位置。第二个选定点或对象将与第一个选定点或对象重合。这里所说的对象指的是直线或曲线
9	同心		约束选定的圆、圆弧或椭圆，使其具有相同的圆心点。第二个选定对象将设置为与第一个选定对象同心
10	共线		约束两条直线，使其位于同一无限长的线上。第二条选定直线设定为与第一条选定直线共线
11	对称		约束两条线或两个点，使其以选定直线为对称轴彼此对称。被选定的对象不能是样条曲线
12	固定		约束一个点或一条曲线，使其固定在相对于世界坐标系的特定位置和方向上。使用固定约束可以锁定圆心

2. 启动几何约束命令的方法

（1）创建几何约束的步骤

创建几何约束的步骤是先单击所需要约束的工具命令，然后按提示选择图形对象。

（2）启动几何约束工具命令的方法

◇ 功能区：单击“参数化”→“几何”面板上的各种几何约束按钮，如图 6-2 所示。

◇ 菜单栏：选择“参数（P）”→“几何约束（G）”下一级菜单命令，如图 6-6 所示。

3. 上机训练 1——修改三角形

利用几何约束命令将如图 6-7a 所示的三角形修改为直角三角形，如图 6-7b 所示。

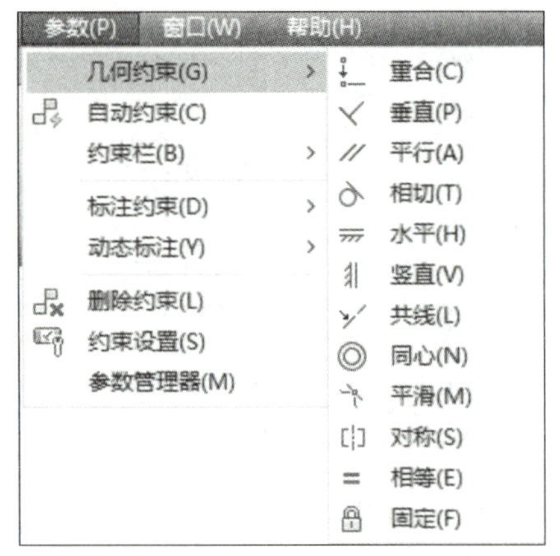

图 6-6 “几何约束（G）”菜单

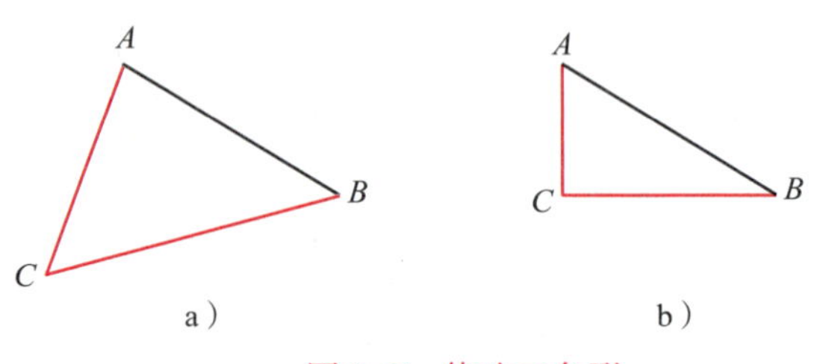

图 6-7 修改三角形

a）修改前 b）修改后

※ 源文件：计算机制图——AutoCAD 2018 源文件 \ 第六章 \ 修改三角形

（1）固定线段 *AB*

如图 6-7 所示，图 6-7a 与图 6-7b 上的线段 *AB* 没有变化。图 6-7a 上的线段 *BC* 变为水平，线段 *AC* 变为竖直。为防止线段 *AB* 变化，可以将其固定。

打开源文件，单击“参数化”→“几何”→“固定”按钮 🔒，启动“固定”命令，固定线段的两端点和中点这三个点中的任意两点，系统给出如下提示。

```
命令：_GcFix
选择点或 [ 对象（O）] < 对象 >：                    // 单击线段 AB 上的 A 点
命令：GCFIX
选择点或 [ 对象（O）] < 对象 >：                    // 单击线段 AB 上的 B 点
```

固定线段 *AB* 的结果如图 6-8 所示。

（2）约束各线段的端点重合

单击“重合”按钮 ⁞_，启动“重合”命令，系统给出如下提示。

```
命令：_GcCoincident
选择第一个点或 [ 对象（O）/ 自动约束（A）] < 对象 >：// 单击线段 AB 上的 A 点
选择第二个点或 [ 对象（O）] < 对象 >：              // 单击线段 AC 上的 A 点
命令：GCCOINCIDENT                                  // 按回车键
选择第一个点或 [ 对象（O）/ 自动约束（A）] < 对象 >：// 单击线段 AB 上的 B 点
选择第二个点或 [ 对象（O）] < 对象 >：              // 单击线段 BC 上的 B 点
命令：GCCOINCIDENT                                  // 按回车键
选择第一个点或 [ 对象（O）/ 自动约束（A）] < 对象 >：// 单击线段 BC 上的 C 点
选择第二个点或 [ 对象（O）] < 对象 >：              // 单击线段 AC 上的 C 点
```

约束各端点重合的结果如图 6-9 所示。

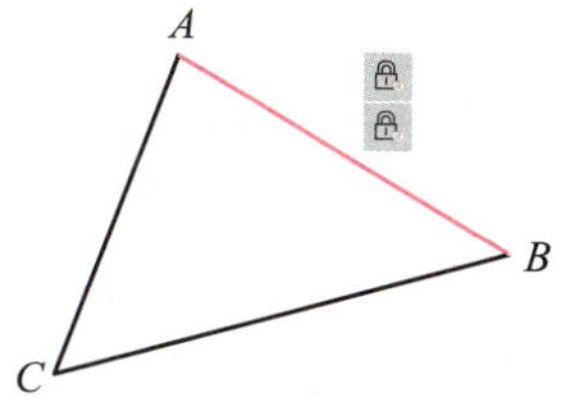

图 6-8 固定线段 *AB*

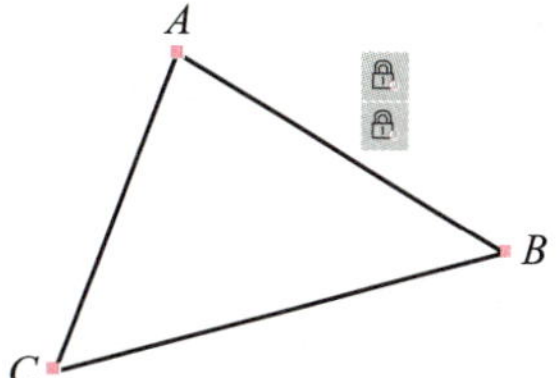

图 6-9 约束各端点重合

【提示】

线段的两个端点被“重合”约束后，交点上出现蓝色（图 6-9 中为红色）的小方点。

（3）约束线段 *BC* 水平

单击“水平”按钮，启动“水平”命令，系统给出如下提示。

```
命令: _GcHorizontal
选择对象或［两点（2P）］<两点>:                    // 单击线段 BC
```

约束线段 *BC* 水平的结果如图 6-10 所示。

（4）约束线段 *AC* 竖直

单击“竖直”按钮，启动“竖直”命令，系统给出如下提示。

```
命令: _GcVertical
选择对象或［两点（2P）］<两点>:                    // 单击线段 AC
```

约束线段 *AC* 竖直的结果如图 6-11 所示。

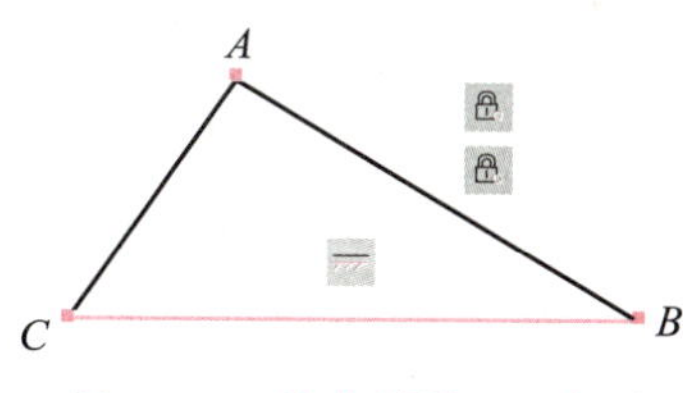

图 6-10 约束线段 *BC* 水平

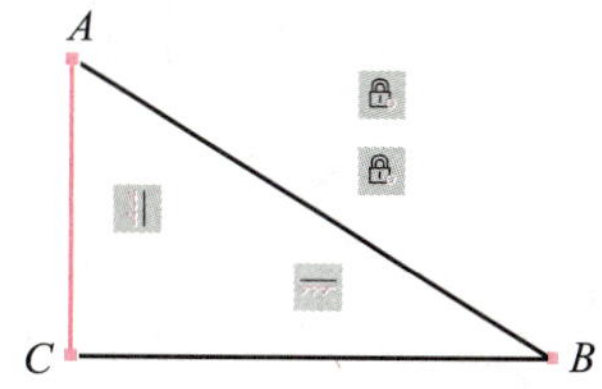

图 6-11 约束线段 *AC* 竖直

4. 上机训练 2——修改圆弧与直线相切

将如图 6-12a 所示图形修改为如图 6-12b 所示图形，要求图形的总长和总宽不变。

※ 源文件：计算机制图——AutoCAD 2018 源文件 \ 第六章 \ 修改圆弧与直线相切

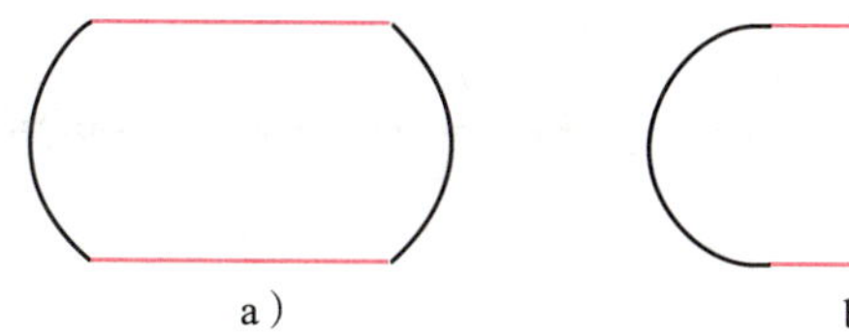

图 6-12 修改圆弧与直线相切

a）修改前 b）修改后

（1）固定对象

启动“固定”命令，将两个圆弧和直线的中点固定，如图 6–13 所示。

（2）重合对象

启动“重合”命令，将四段线的四个端点分别进行重合约束，如图 6–14 所示。

图 6–13　固定对象　　图 6–14　重合对象

（3）使直线与圆弧相切

启动“相切”命令，系统给出如下提示。

```
命令：_GcTangent
选择第一个对象：                    // 选择上边直线
选择第二个对象：                    // 选择左侧圆弧的上端点
```

“相切”约束的结果如图 6–15 所示。此时虽然只是对左上端点进行相切操作，由于有其他约束存在，系统自动完成其他 3 处的相切操作。

【提示】

在执行“相切”命令时，如果选择圆弧作为第一个对象，直线作为第二个对象，则会出现如图 6–16 所示形状，用户可以对右侧的圆弧和直线再进行一次“相切”操作，也可以得到与图 6–15 相同形状和大小的图形。

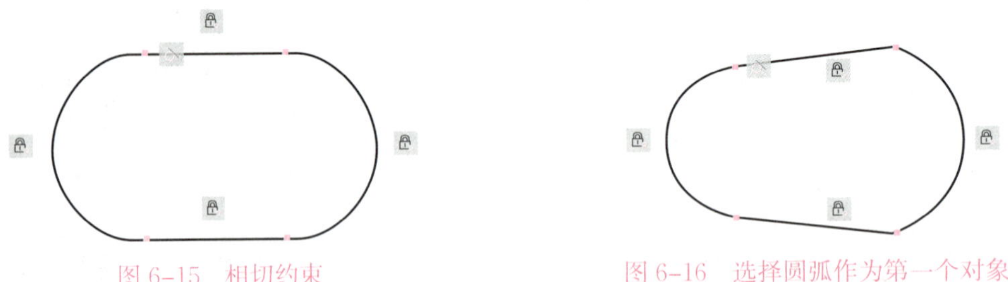

图 6–15　相切约束　　图 6–16　选择圆弧作为第一个对象

三、自动约束

在对图形进行约束操作时，如果一项项进行操作，会非常烦琐，AutoCAD 的自动约束功能使几何约束变得非常便捷。自动约束用于根据对象相对于彼此的方向自动将几何约束应用于对象。

1. 启动自动约束的方法

◇ 功能区：单击“参数化”→“几何”→“自动约束”按钮 。

◇ 菜单栏：选择“参数”→“自动约束”命令。

启动“自动约束”命令后，选择要自动约束的图形对象，然后按回车键，即完成自动约束。此时命令行将显示应用的约束数量。

2. 设置自动约束

设置自动约束的操作方法如下。

（1）单击“参数化”→“几何”右下角的斜箭头。

（2）在启动“自动约束”命令时选择“设置（S）”选项。

用上述任何一种方法都可弹出“约束设置”对话框，切换到“自动约束”选项卡，如图 6–17 所示。在此对话框中，用户可以更改应用的约束类型、约束顺序等。例如，在约束列表中选择一种约束类型，通过单击“下移（D）”按钮或“上移（U）”按钮，可以更改在对象上使用“自动约束”命令时约束的优先级。设置好后单击“确定”按钮。

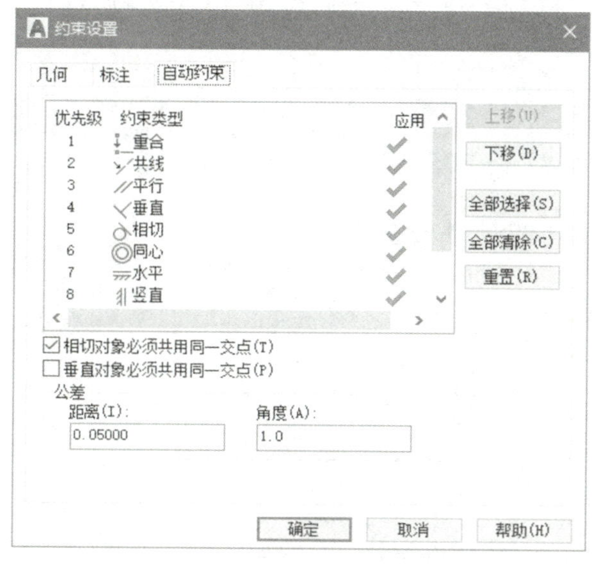

图 6–17 “自动约束”选项卡

3. 上机训练——自动约束图形对象

将如图 6–18 所示图形进行自动约束。

※ 源文件：计算机制图——AutoCAD 2018 源文件 \ 第六章 \ 设置自动约束

单击“自动约束”按钮，启动“自动约束”命令，系统给出如下提示。

命令：_AutoConstrain

选择对象或［设置（S）］：指定对角点：找到 17 个　　// 选择图形上的所有图形对象

选择对象或［设置（S）］：　　// 按回车键

已将 40 个约束应用于 17 个对象

图形自动约束结果如图 6–19 所示。自动约束给图形添加了平行约束、垂直约束、重合约束、相切约束、共线约束和竖直约束等。但是自动约束不能自动添加对称约束、固定约束和平滑约束。

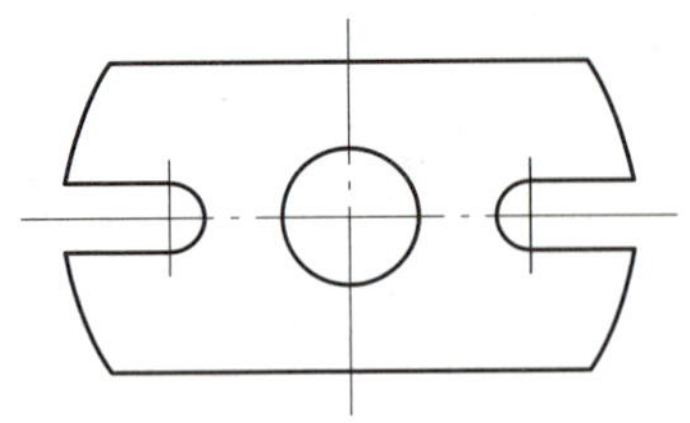

图 6-18　设置自动约束

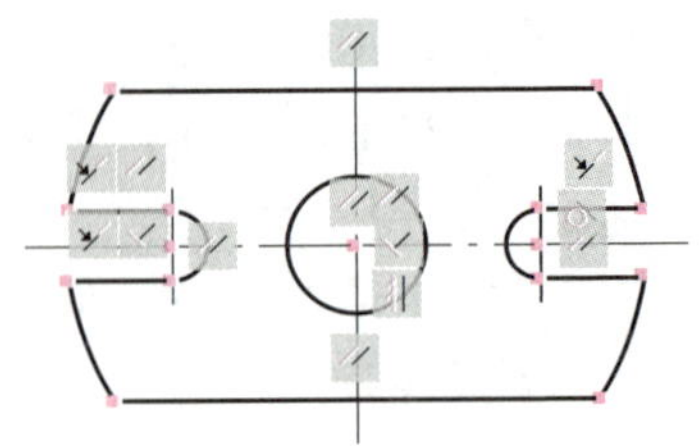

图 6-19　自动约束结果

四、几何约束的设置

1. 打开“约束设置”对话框

单击“参数化”→“几何”右下角的斜箭头，打开“约束设置”对话框，如图 6-20 所示。该对话框中有“几何”“标注”和“自动约束”三个选项卡。用户可以对“几何”选项卡中的功能进行设置。

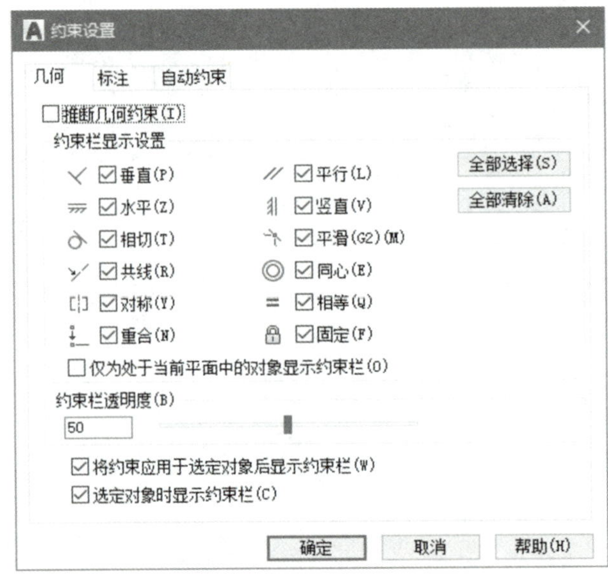

图 6-20　“约束设置”对话框

2.“几何”选项卡中各选项的功能

◇ 推断几何约束（I）：在创建和编辑几何图形时推断并自动添加几何约束。

◇ 约束栏显示设置：控制是否为约束对象显示约束栏或约束点标记，没有被勾选的约束设置将不显示。约束栏是指在图形上显示约束类型的图标。

◇ 将约束应用于选定对象后显示约束栏（W）：显示相关约束栏。取消勾选后进行的几何约束在未选择图形对象时将不显示约束栏。

五、使用约束栏

1. 亮显约束对象与约束栏

当将光标悬停在被约束的图形对象上（或选中图形对象）时，将亮显该对象和与该对象有关的约束栏，如图 6-21a 所示。当将光标悬停在约束栏上时，将亮显与该约束有关的对象及约束，如图 6-21b 所示。

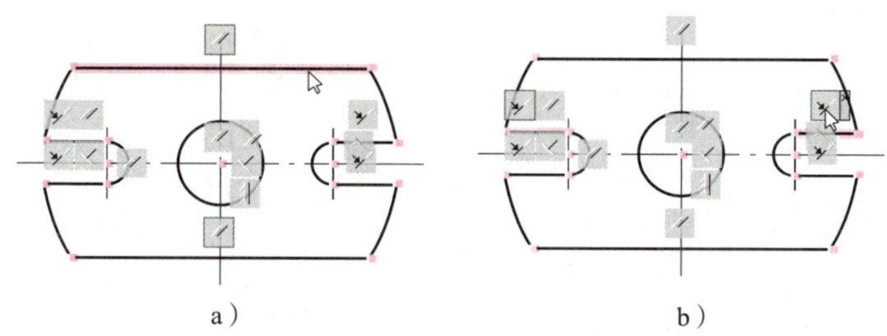

图 6-21　亮显约束对象

a）将光标悬停在被约束的图形对象上　b）将光标悬停在约束栏上

2. 约束栏的移动

在绘图时，为了绘图方便，有时需要将约束栏拖动到合适的位置。在需要拖动的约束栏上按下鼠标左键，拖动约束栏到适当位置，然后松开鼠标左键，即可实现约束栏的移动。

3. 约束栏的显示和隐藏

在“几何”面板的右侧有三个按钮，分别是“显示 / 隐藏”按钮、“全部显示”按钮和“全部隐藏”按钮，其功能见表 6-2。

表 6-2　显示和隐藏操作按钮的功能

名称	按钮	功能
显示 / 隐藏		显示或隐藏选定对象的几何约束栏
全部显示		显示图形中的所有几何约束栏
全部隐藏		隐藏图形中的所有几何约束栏

4. 删除约束

在编辑图形对象时，往往需要删除某些已经建立的约束，这就需要用到“删除约束”命令。“删除约束”不但可以删除几何约束，也可以删除标注约束。

启动“删除约束”命令的方法主要有以下几种。

◇ 功能区：单击“参数化”→“管理”→“删除约束”按钮。

◇ 菜单栏：选择“参数”→“删除约束”命令。

启动“删除约束”命令后，选择需要删除约束的图形对象，按回车键即可删除约束。此外还可以用右键快捷菜单删除约束，方法是右键单击要删除约束的约束栏，弹出快捷菜单，选择“删除”命令，如图 6-22 所示。当一个图形对象上具有多个约束时，如果仅仅删除某个约束，使用右键快捷菜单更加方便。

六、综合实训

利用“推断几何约束”绘制如图 6-23 所示图形。

1. 勾选“推断几何约束（I）”选项

打开“约束设置”对话框的“几何”选项卡（图 6-20），勾选“推断几何约束（I）”选项。当将“推断几何约束（I）”勾选后，所绘制的图形就会自动添加几何约束。

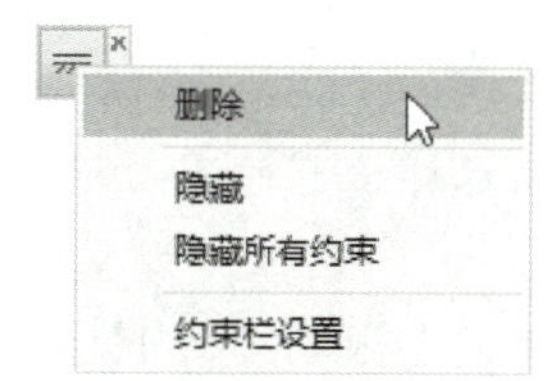

图 6-22　“删除约束”快捷菜单

2. 绘制矩形

将“粗实线”图层设置为当前图层，启动“矩形”命令，绘制矩形，如图 6-24 所示。

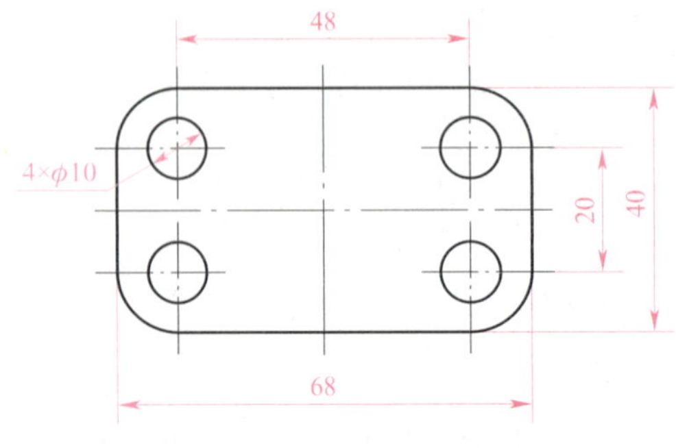

图 6-23 利用“推断几何约束”绘制图形

图 6-24 绘制矩形

3. 倒圆角

分析图形并进行简单计算可知，四个圆角的半径为 10 mm。启动“圆角”命令，倒圆角，如图 6-25 所示。

4. 绘制左上小圆

启动“圆”命令，捕捉左上圆弧的圆心作为小圆的圆心，绘制单个小圆，如图 6-26 所示。

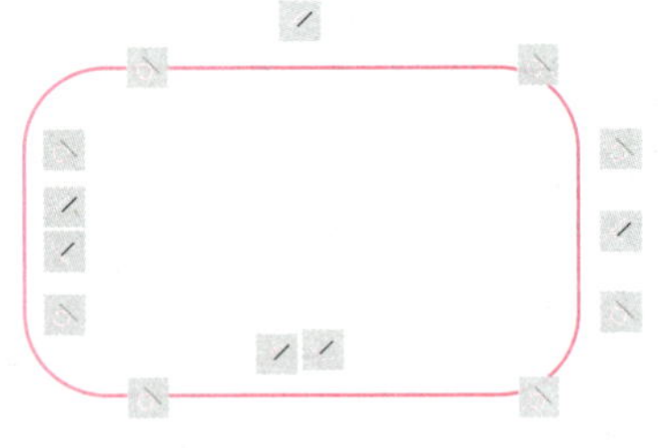

图 6-25 倒圆角

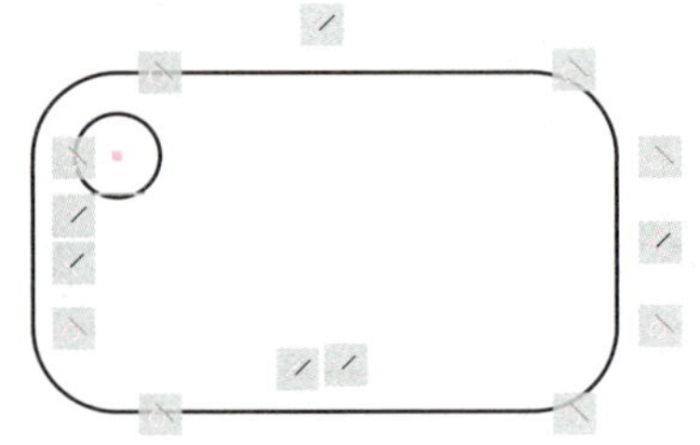

图 6-26 绘制左上小圆

5. 给小圆添加中心线

将“细实线”图层设置为当前图层，单击“注释”→“中心线”→“圆心标记”按钮 ⊕，启动“圆心标记”命令，系统给出如下提示。

```
命令：_centermark
选择要添加圆心标记的圆或圆弧：          //捕捉小圆的轮廓，单击鼠标左键
选择要添加圆心标记的圆或圆弧：          //按回车键
```

给小圆添加中心线的结果如图 6-27 所示。

【提示】

这样绘制的圆心标记，在圆心处是点相交，有些不够规范。

6. 修改圆心标记

向上拖动竖直中心线上端的夹点（方形）与轮廓线相交，向左拖动水平中心线左端的夹点（方形）与轮廓线相交，如图 6-28 所示。

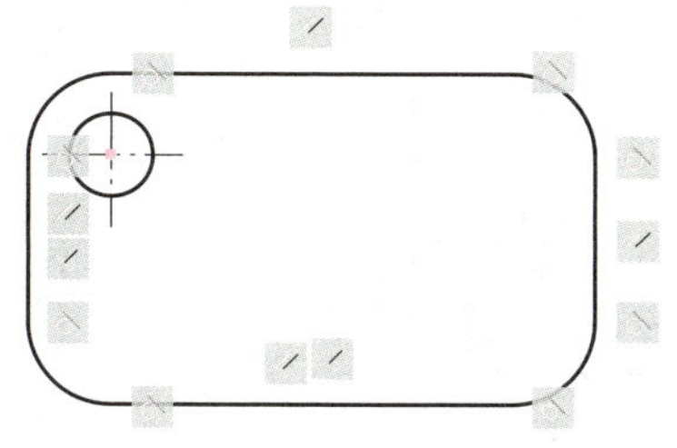

图 6-27　给小圆添加中心线

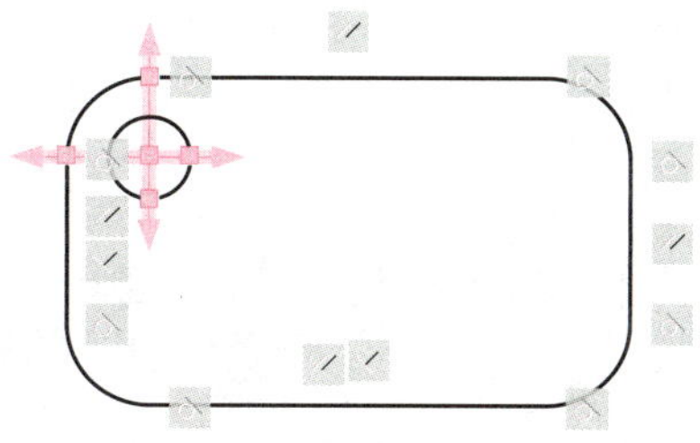

图 6-28　修改圆心标记

7. 镜像小圆及圆心标记

用“镜像”命令完成其他三个小圆及圆心标记的绘制，如图 6-29 所示。

8. 给图形添加中心线

单击“注释”→“中心线”→“中心线”按钮 ，启动“中心线”命令，系统给出如下提示。

```
命令：_centerline
选择第一条直线：                              // 选择上横线
选择第二条直线：                              // 选择下横线
命令：CENTERLINE                  // 按回车键重启“中心线”命令
选择第一条直线：                              // 选择左竖线
选择第二条直线：                              // 选择右竖线
```

添加中心线结果如图 6-30 所示。

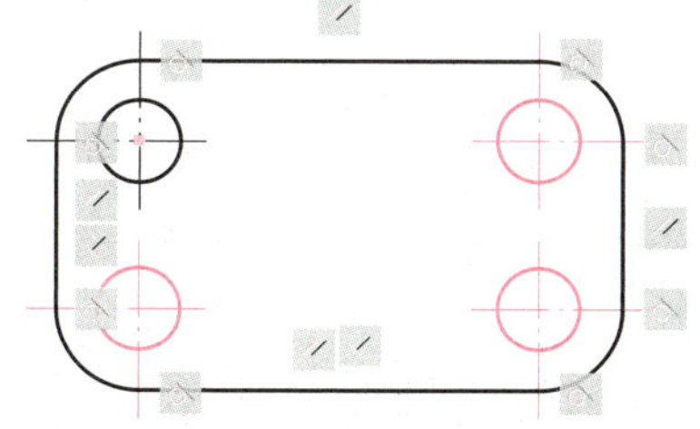

图 6-29　镜像小圆及圆心标记

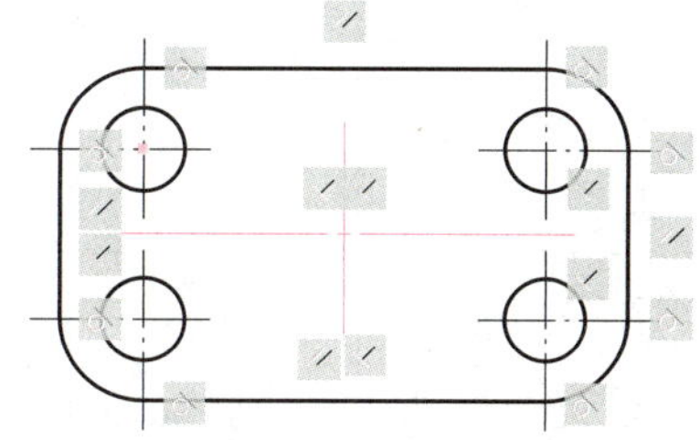

图 6-30　添加中心线

显然，图 6-30 中的中心线不够规范，拖动中心线的各夹点分别与直线相交，修改其线型比例为 0.4，如图 6-31 所示。

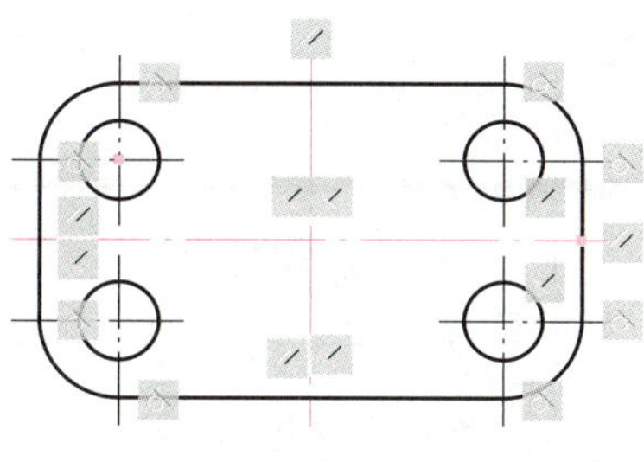

图 6-31　修改中心线

§6-3 标注约束

一、标注约束的概念

标注约束也是非常重要的约束，它控制图形的大小和比例，通常用于约束对象之间或对象上的点之间的距离，约束对象之间或对象上的点之间的角度，以及约束圆弧和圆的大小。如图 6-32 所示为添加了标注约束的图形，在图上有三个标注约束。

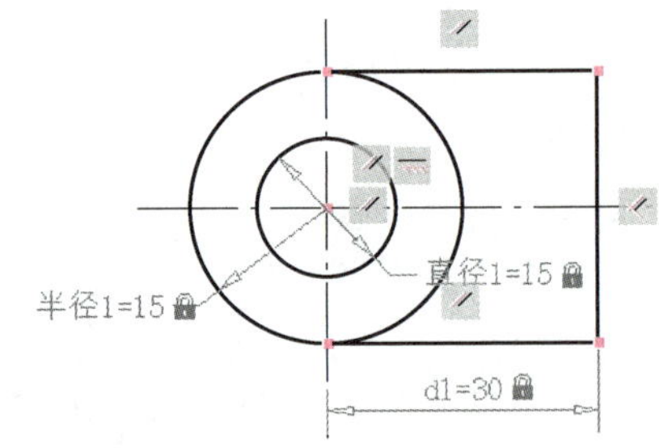

图 6-32　标注约束

二、标注约束的命令及应用

1. 常用标注约束命令

“标注约束”命令共有“线性”“水平”“竖直”“对齐”“角度”“半径”“直径”和“转换”8 种类型，其按钮图标及约束功能见表 6-3。

表 6-3　常用标注约束的类型、按钮图标及约束功能

序号	约束类型	按钮图标	约束功能
1	线性	线性	约束两点之间的水平或竖直距离
2	水平	水平	约束对象上两个点之间或不同对象上两点之间的水平距离
3	竖直	竖直	约束对象上两个点之间或不同对象上两点之间的竖直距离
4	对齐	对齐	约束对象上两点之间的距离，或者约束不同对象上两点之间的距离
5	角度		约束直线段或多段线的线段之间的角度、由圆弧或多段线的圆弧扫掠得到的角度或对象上三个点之间的角度
6	半径		约束圆或圆弧的半径
7	直径		约束圆或圆弧的直径
8	转换		将标注转换为标注约束

2. 启动标注约束命令的方法

◇ 功能区：单击“参数化”→“标注”面板上的各种“标注约束”按钮，如图 6-33 所示。

◇ 菜单栏：选择“参数（P）”→“标注约束（D）”下一级菜单命令，如图 6-34 所示。

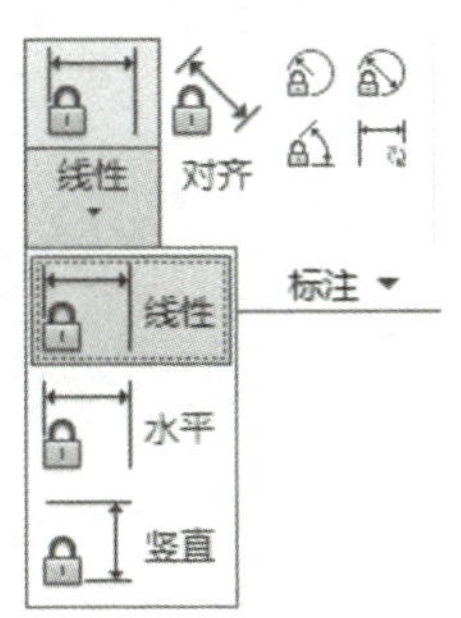

图 6-33 “标注约束”按钮

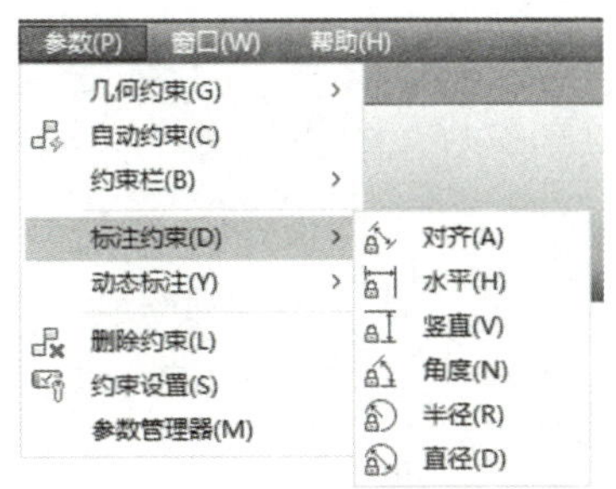

图 6-34 “标注约束（D）”菜单

3. 上机训练——绘制角度样板

利用各种几何约束命令和标注约束命令绘制如图 6-35 所示角度样板。

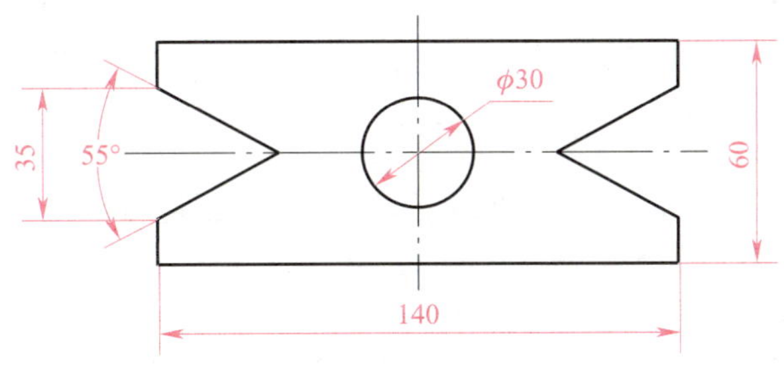

图 6-35 角度样板

（1）新建图形文件

打开“制图样板”，新建图形文件。

（2）绘制中心线并添加几何约束

1）将“细点画线”图层设置为当前图层，绘制图形的对称中心线。注意图线的长度与实际长度不要相差太大。

2）单击“参数化”→“固定”按钮，将这两条对称中心线的位置固定。

3）单击“参数化”→“自动约束”按钮，给这两条对称中心线添加自动约束。

绘制中心线及添加几何约束的结果如图 6-36 所示。

（3）绘制轮廓

1）将“粗实线”设置为当前图层，启动“矩形”命令，绘制矩形，如图 6-37 所示。

2）启动“圆”命令，绘制圆，如图 6-37 所示。

3）启动“直线”命令，绘制 55°V 形槽，如图 6-37 所示。注意绘图时不要使 V 形槽的角度成 90°，以免添加自动约束时误将 V 形槽的两条轮廓线自动添加垂直约束。

4）启动“修剪”命令，修剪轮廓，如图 6-38 所示。

（4）添加约束

1）启动“自动约束”命令，框选整个图形，添加自动约束，如图 6-39 所示。

图 6-36　绘制中心线及添加几何约束

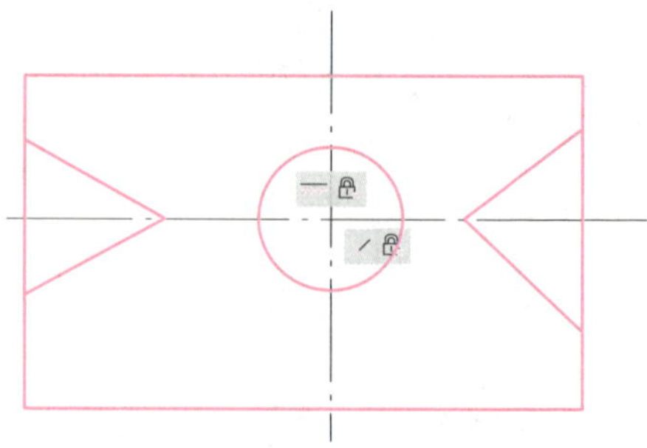
图 6-37　绘制轮廓

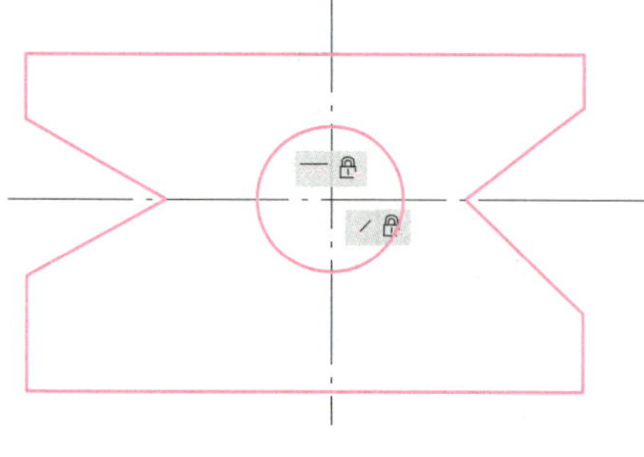
图 6-38　修剪轮廓

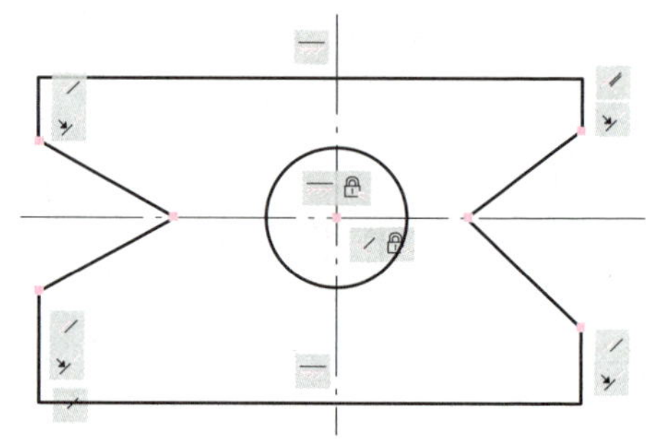
图 6-39　添加自动约束

2）如图 6-39 所示的几何约束，该图形左右和上下对称并没有被约束，这是因为自动约束的约束类型中没有“对称”约束命令。启动“对称”命令，给矩形线框添加相对于中心线的对称约束，如图 6-40 所示。

3）启动“对称”命令，先给某一侧 V 形槽的轮廓添加相对于水平对称中心线的对称约束，然后给另一侧的 V 形槽添加相对于水平对称中心线的对称约束，最后再给两侧的 V 形槽添加相对于竖直对称中心线的对称约束，如图 6-41 所示。

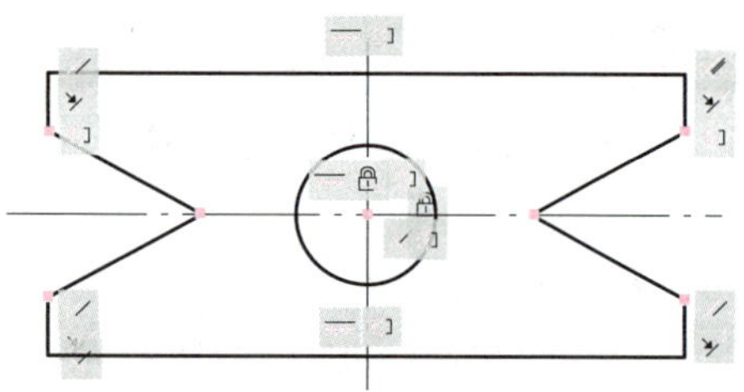
图 6-40　给矩形线框添加对称约束

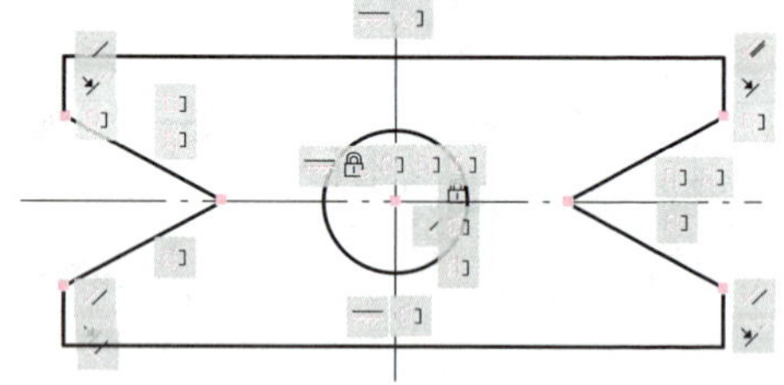
图 6-41　给 V 形槽添加对称约束

（5）添加标注约束

1）在“参数化”功能区，启动“线性”命令，给矩形和 V 形槽添加线性约束。

2）在“参数化”功能区，启动“角度”命令，给 V 形槽添加角度约束。

3）在“参数化”功能区，启动“直径”命令，给圆添加直径约束。

添加结果如图 6-42 所示。为便于看图，图中的几何约束被隐藏。

（6）修改尺寸约束的数值

按照如图 6-35 所示的尺寸标注修改图 6-42 中标注约束的数值，如图 6-43 所示。

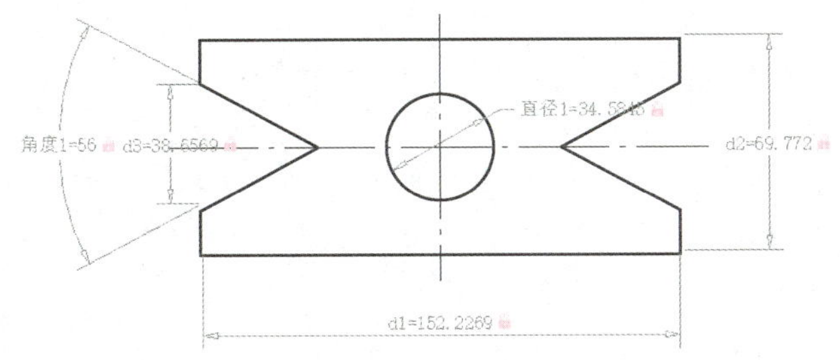

图 6-42　添加标注约束

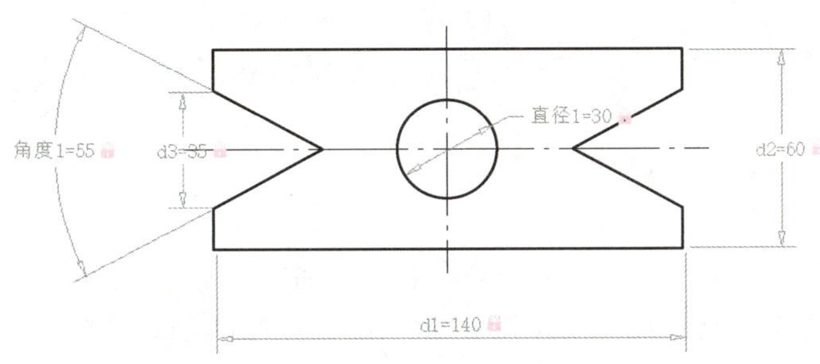

图 6-43　修改标注约束的数值

修改完标注约束后，修改对称中心线的长度，使其符合机械制图的相关规定。

【提示】

以上各项操作并不是一成不变的，用户应根据图形的形状和复杂程度灵活运用各种几何约束和标注约束命令。

三、标注约束的模式

标注约束有两种模式，即动态约束和注释性约束。

1. 动态约束

动态约束模式的标注外观由固定的预定义标注样式决定，不能修改，且不能打印。在图形显示缩放操作过程中动态约束保持相同大小。在绘图过程中，为减少混乱，也可以隐藏和显示部分或全部标注约束。在“标注”面板的右侧也有三个按钮，分别是“显示 / 隐藏”按钮、“全部显示”按钮和“全部隐藏”按钮，其功能见表 6-4。

表 6-4　显示和隐藏操作按钮的功能

名称	按钮	功能
显示 / 隐藏		显示或隐藏选定对象的动态标注约束
全部显示		显示图形中的所有动态标注约束栏
全部隐藏		隐藏图形中的所有动态标注约束栏

2. 注释性约束

注释性约束的标注外观由当前标注样式控制，可以修改标注样式，也可以打印标注。在图形显示缩放操作过程中注释性约束的大小发生变化。可以把注释性约束放在同一图层上，设置颜色及改变可见性等。

【提示】

“注释性约束”的标注形式看上去与常规的尺寸标注相同，但实际上还是有很大区别。一方面，“注释性”的标注约束仍然可以驱动图形元素，另一方面，不能像常规的尺寸标注那样对标注文字进行编辑。

3. 标注约束形式的选择

约束模式的选择按钮在“参数化”→“标注”功能区的展开面板中（图 6–44），单击“标注”右侧的下拉箭头，展开“标注”功能面板，即可选择标注约束的形式。系统默认状态下采用动态约束模式。

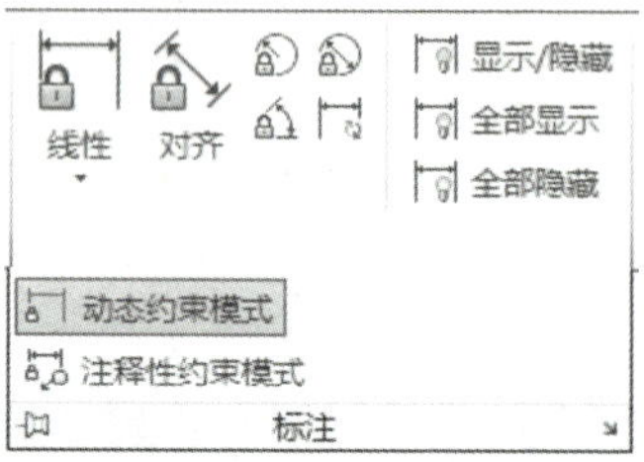

图 6–44　选择约束形式

四、标注约束的设置和转换

1. 标注约束的设置

单击“参数化”→“标注”功能面板右下侧的斜箭头，即可打开“约束设置”对话框的“标注”选项卡，如图 6–45 所示。该选项卡中各常用选项的功能如下。

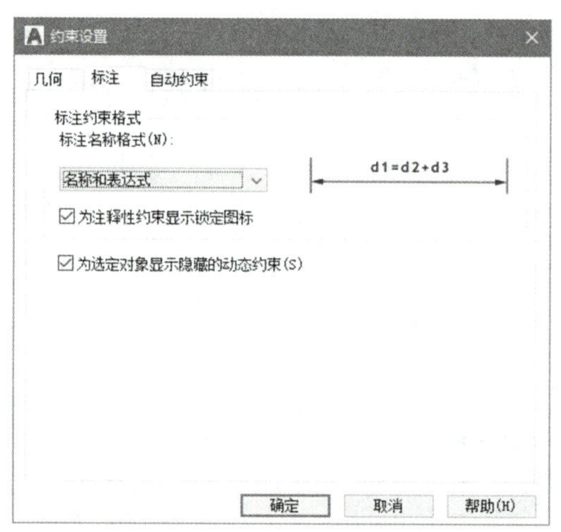

图 6–45　“标注”选项卡

◇“标注名称格式（N）”下拉列表框：指定标注约束显示文字的格式。该选项有“名称和表达式”“名称”和“值”三个选项，如图 6–46 所示。

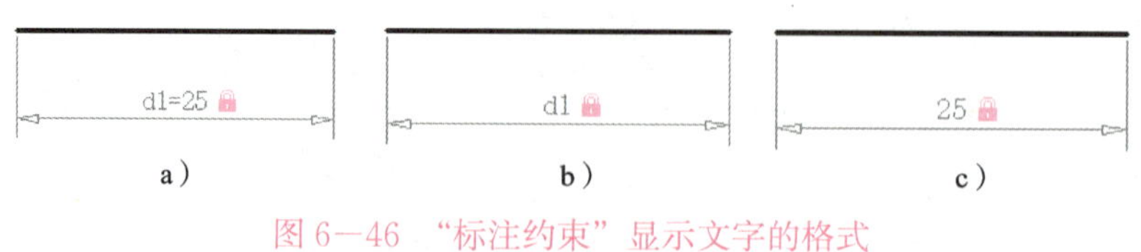

a）　　　　b）　　　　c）

图 6—46　“标注约束”显示文字的格式

a）名称和表达式　b）名称　c）值

◇“为注释性约束显示锁定图标”复选框：针对已经应用注释性约束的对象显示锁定图标。

◇“为选定对象显示隐藏的动态约束（S）”复选框：选中此复选框时，自动显示选定对象已设定为隐藏的动态约束。

2. 动态约束与注释性约束的转换

当需要控制标注约束的标注样式或需要打印标注约束时，就需要将动态约束转换为注释性约束。标注约束形式的转换可以在“特性”对话框中进行，具体步骤如下。

（1）按下“Ctrl + 1”键，弹出“特性”对话框，如图 6–47 所示。

（2）选择要转换的标注约束。

（3）单击“约束形式”的下拉列表框，单击“动态”或“注释性”按钮，即可改变标注约束的形式。

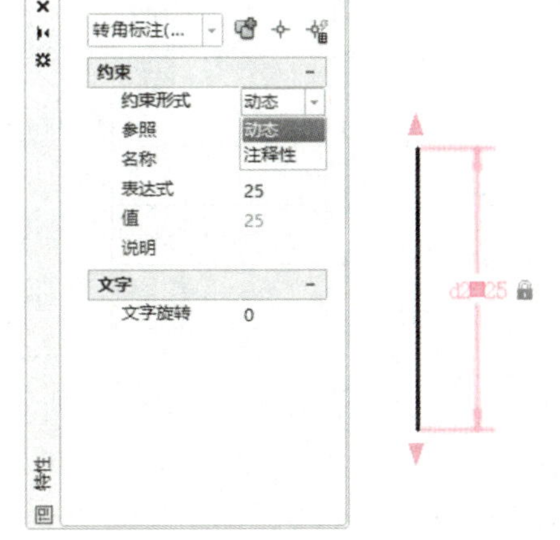

图 6–47 “动态约束”与“注释性约束”的转换

五、综合实训

绘制如图 6–48 所示吊钩。

1. 图形分析

在绘制复杂图形时，首先要分析图形的结构，找出作图的基准，制定绘图步骤。吊钩由一系列相切的圆弧和直线组成，最大的尺寸是“116”，圆弧半径最大的是“*R*48”。图形的长度基准是“*R*20”圆弧的竖直中心线，高度基准是“*R*20”圆弧的水平中心线，两条中心线的交点是基准点。作图时可以先绘制基准线，然后绘制“*R*20”圆和“*R*48”圆，绘制上部直线轮廓，再绘制左下侧“*R*24”圆弧和“*R*40”圆弧，最后绘制其他连接圆弧。

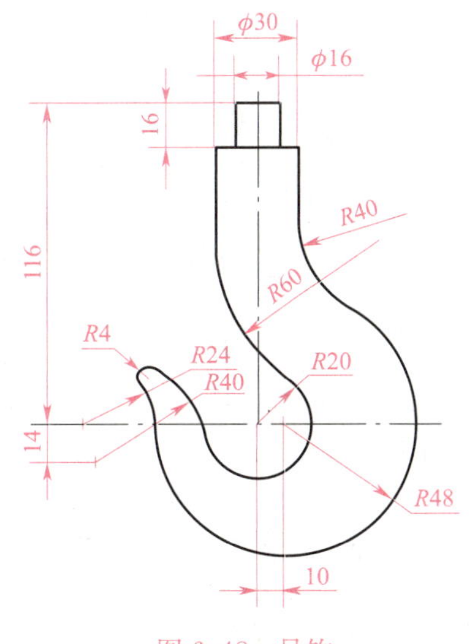

图 6–48 吊钩

2. 新建图形文件

打开“制图样板”，新建图形文件。

3. 绘制中心线并添加几何约束

将“细点画线”图层设置为当前图层，绘制图形的中心线，然后给其添加“固定”和“自动约束”，如图 6–49 所示。

4. 绘制“*R*20”圆和“*R*48”圆

（1）将“粗实线”图层设置为当前图层，拾取两中心线的交点作为圆心，绘制一个小圆，在其右侧绘制一个大圆，如图 6–50 所示。

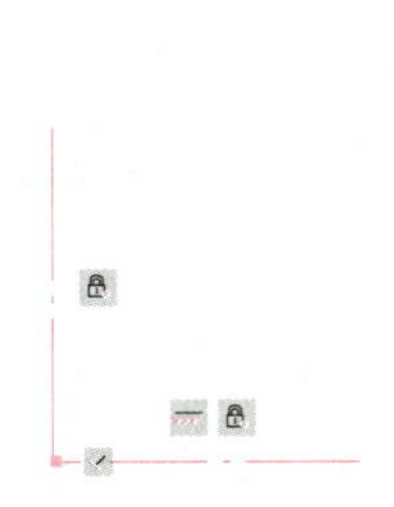
图 6–49 绘制中心线并添加几何约束

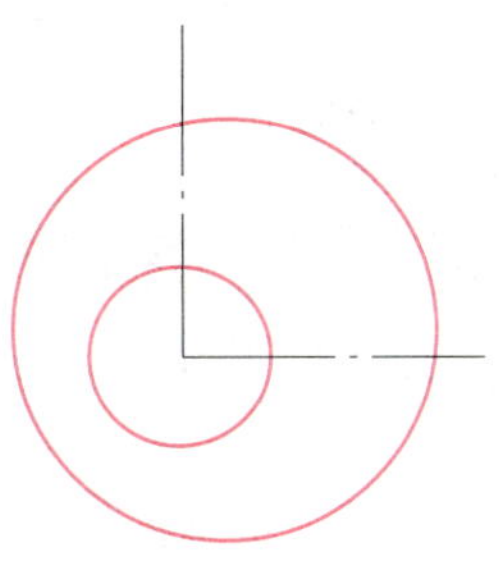
图 6–50 绘制两个圆

（2）单击“参数化”→“几何”→“重合”按钮，启动“重合”命令，使小圆的圆心与基准点重合。然后启动“水平”命令，系统给出如下提示。

命令：_GcHorizontal
选择对象或[两点（2P）]<两点>：2P //输入“2P”，按回车键，启动“两点”选项
选择第一个点： //选择小圆的圆心（捕捉圆即可选择圆心）
选择第二个点： //选择大圆的圆心

约束两圆心水平的结果如图 6-51 所示。

（3）按照如图 6-48 所示尺寸（小圆半径“*R*20”，大圆半径“*R*48”，两圆中心距“10”）给两个圆添加标注约束，如图 6-52 所示。

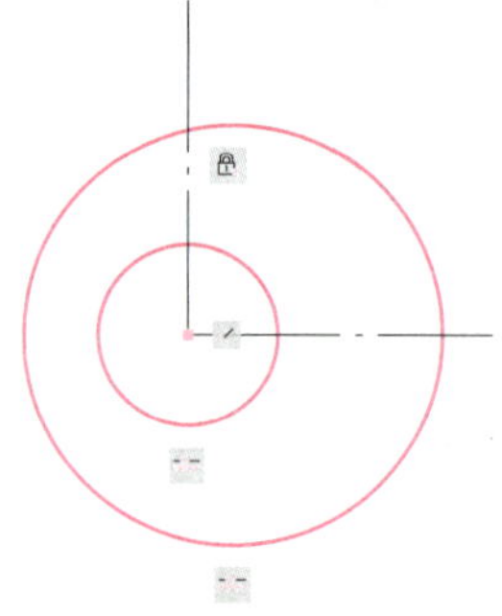

图 6-51 约束两圆心水平

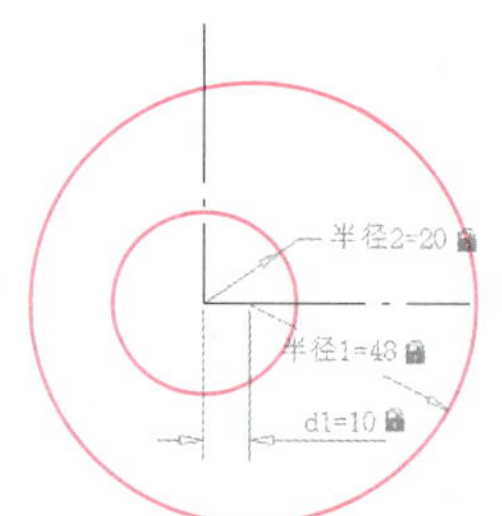

图 6-52 给两个圆添加标注约束

5. 绘制上部直线轮廓

（1）启动“直线”命令，绘制上部直线轮廓的大致形状，如图 6-53 所示。

（2）先给直线轮廓添加“自动约束”，然后添加“对称”几何约束，如图 6-54 所示。

（3）给直线轮廓添加标注约束，如图 6-55 所示。

6. 绘制“*R*24”圆弧

（1）利用“三点”绘制圆弧的命令绘制圆弧（在对象捕捉设置中要勾选“最近点”），如图 6-56 所示。

（2）启动“水平”约束命令，约束左下侧圆弧的圆心与基准点水平，如图 6-57 所示。

【提示】

在拾取圆弧的圆心时，需要按“Ctrl + 鼠标右键”打开临时捕捉快捷菜单，单击“圆心按钮”，然后拾取圆弧轮廓线，而不是圆心。

（3）启动“相切”约束命令，约束圆弧与“*R*48”圆相切（若圆弧没有画到切点，可拖动夹点延长圆弧至切点），如图 6-58 所示。

（4）启动“半径”约束命令，约束圆弧的半径为“*R*24”，如图 6-59 所示。

7. 绘制左下侧“*R*40”圆弧

（1）利用“三点”绘制圆弧的命令绘制圆弧，如图 6-60 所示。

（2）启动“线性”约束命令。约束圆心到基准点的竖直距离为“14”，如图 6-61 所示。

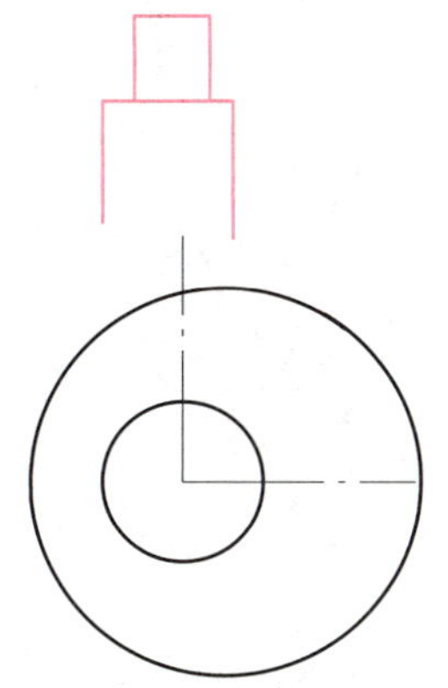

图 6-53　绘制直线轮廓的大致形状

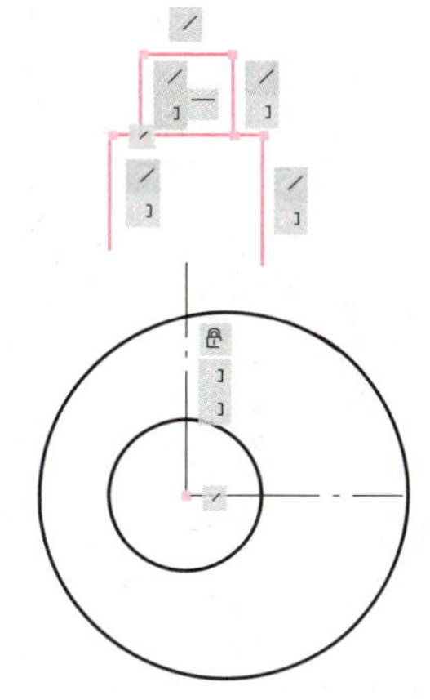

图 6-54　给直线轮廓添加约束

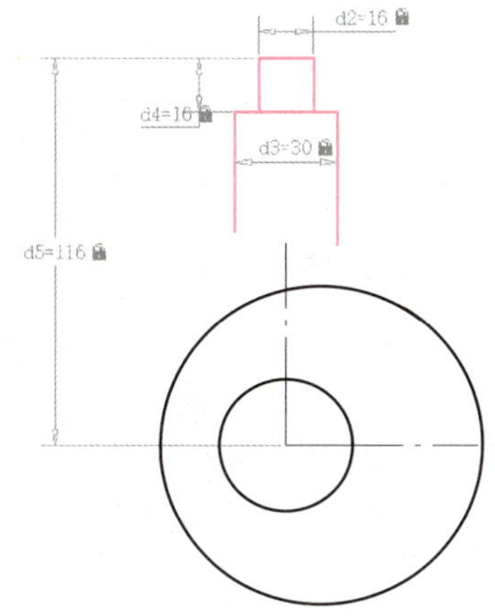

图 6-55　给直线轮廓添加标注约束

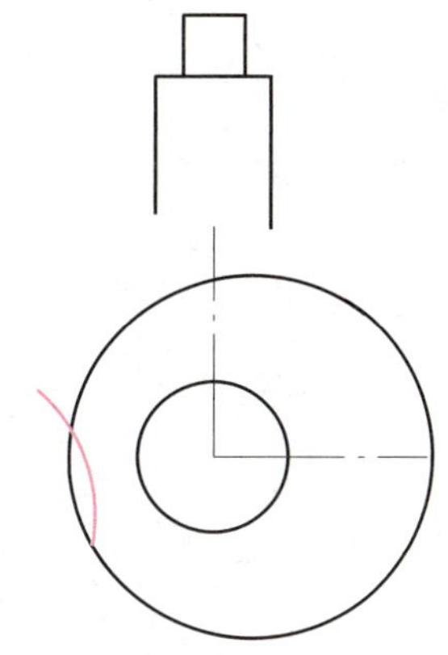

图 6-56　绘制“*R*24”圆弧

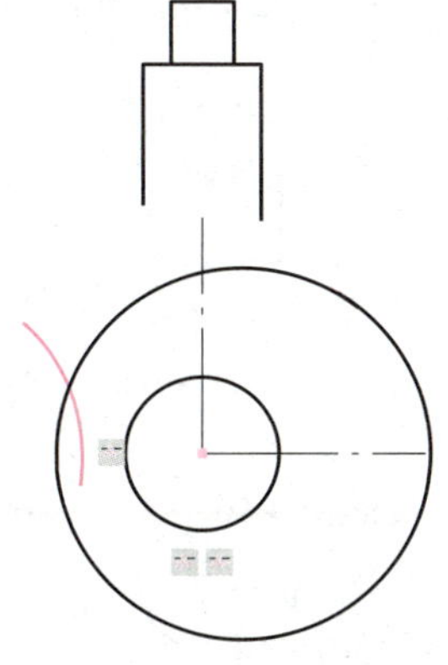

图 6-57　约束圆心与基准点水平

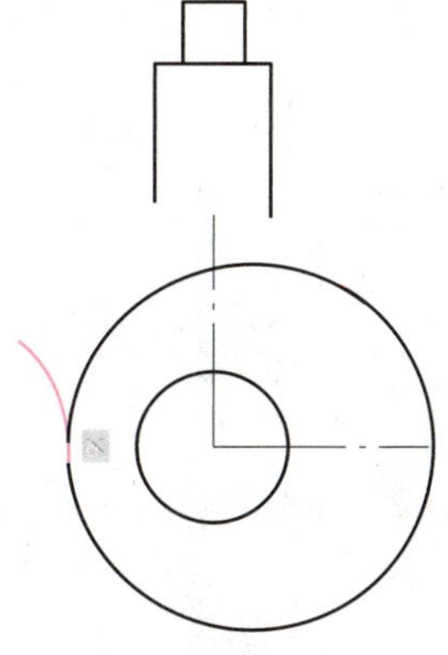

图 6-58　约束圆弧与“*R*48”圆相切

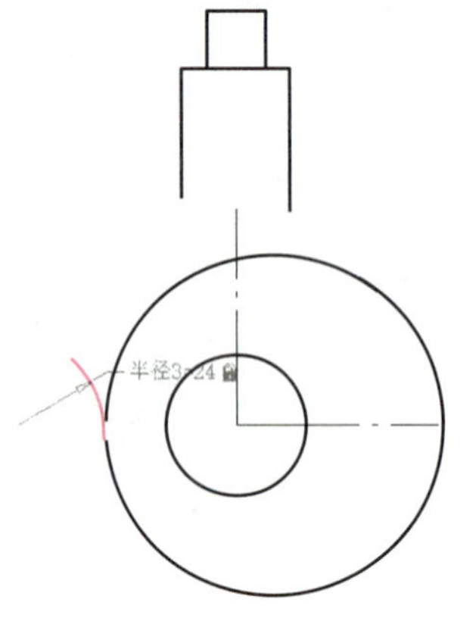

图 6-59　约束圆弧的半径为“R24”

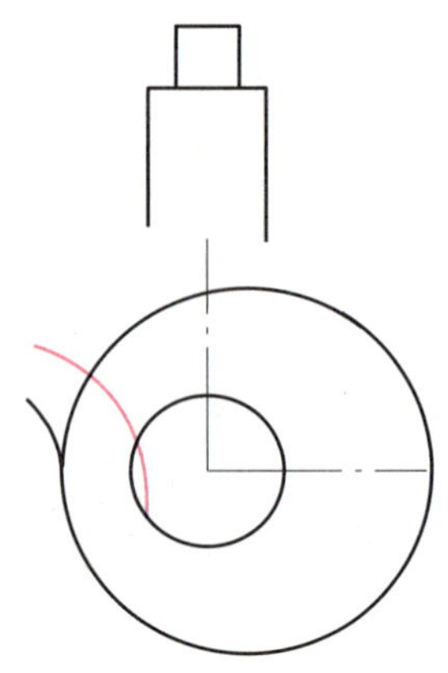
图 6-60　绘制“R40”圆弧

（3）启动“相切”约束命令，约束圆弧与“R20”圆相切，结果如图 6-62 所示。

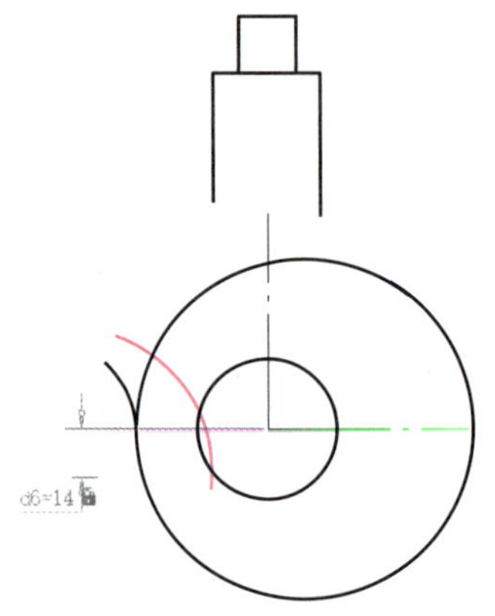

图 6-61　约束“R40”圆弧的圆心

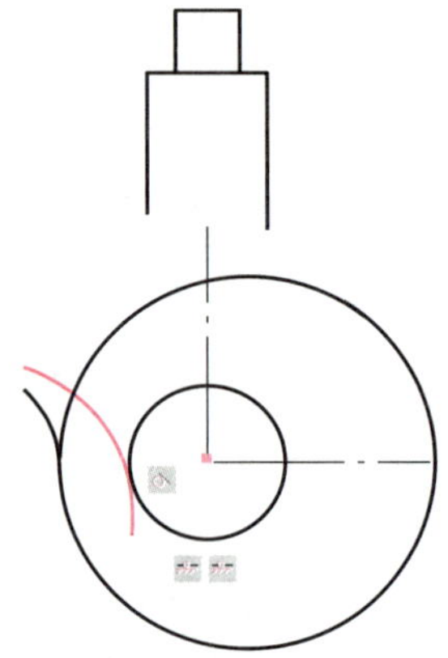
图 6-62　约束“R40”圆弧与“R20”圆相切

（4）启动“半径”约束命令，约束圆弧的半径为“R40”，如图 6-63 所示。

8. 绘制“R4”“R60”和右上侧“R40”圆弧

启动“圆角”命令，分别以“R4”“R60”和“R40”为半径倒圆角，如图 6-64 所示。

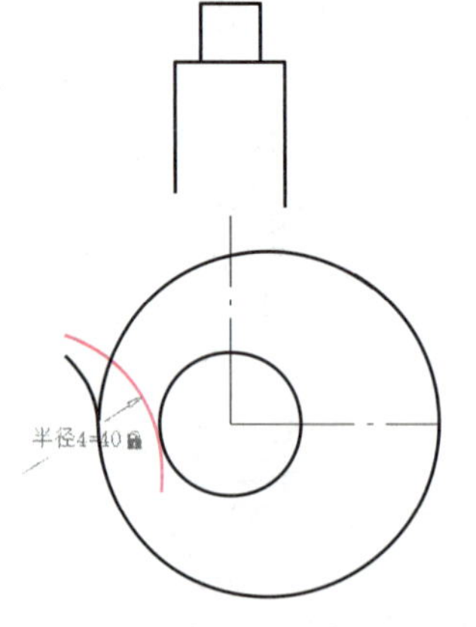

图 6-63　约束圆弧的半径为“R40”

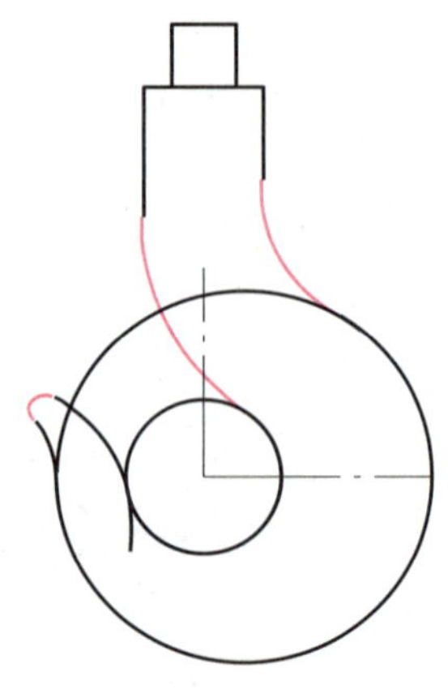
图 6-64　倒圆角

9. 修剪并整理图形

（1）删除全部几何约束和标注约束。

（2）启动“修剪”命令，修剪多余图线，系统给出如下提示。

```
命令：_trim
当前设置：投影 = UCS，边 = 延伸
选择剪切边...
选择对象或<全部选择>：                                        // 单击鼠标右键
选择要修剪的对象，或按住 Shift 键选择要延伸的对象，或
[栏选（F）/ 窗交（C）/ 投影（P）/ 边（E）/ 删除（R）/ 放弃（U）]：
                                                            // 选择要修剪的对象
……                                                       // 逐个选择要修剪的对象
选择要修剪的对象，或按住 Shift 键选择要延伸的对象，或
[栏选（F）/ 窗交（C）/ 投影（P）/ 边（E）/ 删除（R）/ 放弃（U）]：// 按回车键
```

修剪结果如图 6-65 所示。

（3）删除多余线段，拉伸中心线，如图 6-66 所示。至此，图形绘制完毕。

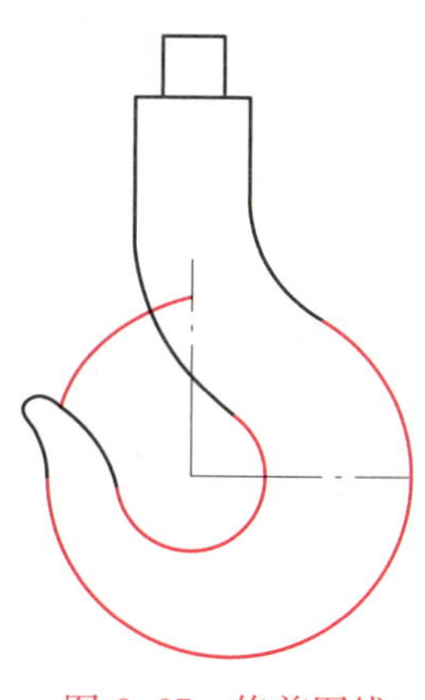

图 6-65　修剪图线

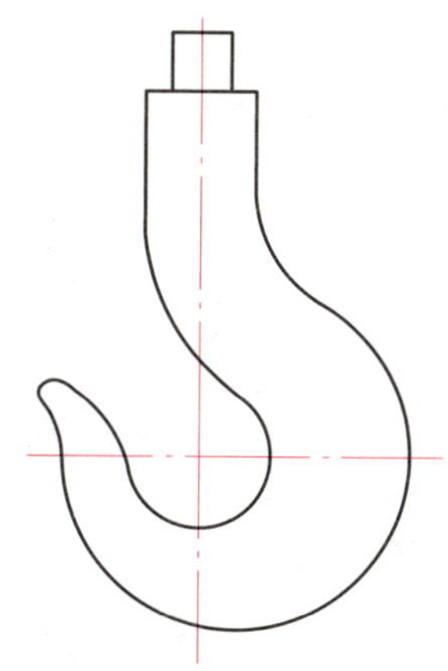

图 6-66　修剪并整理图形

第七章 图 块

在绘制机械图样的过程中，经常会发现一张复杂的图样中含有很多重复的部分，例如，在一张机械图样的标注中可能会包含许多相同的符号（如表面结构代号、基准符号等）或图形（如螺栓、垫圈等）。对于这些重复的单元，若一一绘制显然相当麻烦。

AutoCAD 提供了“块”操作功能，可以事先把图形中重复的单元创建成块保存起来，使用它们时就可以多次插入到当前图形中，避免了大量的重复性劳动，提高了绘图效率。

图块又称为块，它是将多个图形元素组合在一起，形成一个整体的图形单元。用户可以将这个图形集合单元作为单一的图形对象进行编辑和使用。用户可以根据绘图需要把块插入到图中的指定位置，在插入时还可以指定不同的缩放比例和旋转角度。如果需要，可以对组成块的对象进行修改，还可以利用“分解”命令把块分解成若干对象。

§7-1 块基本操作

一、块的创建

块主要由块名、组成块的对象、用于插入块的基点坐标值或相关的属性数据等组成元素构成。

1. 启动块创建命令的方法

◇ 功能区：单击“默认”→“块”→“创建”按钮。

◇ 菜单栏：选择“绘图”→“块”→“创建”命令。

◇ 命令行：“B（或 BLOCK）”。

2. 创建块的步骤

（1）利用上述任意一种方法启动块“创建”命令，系统弹出“块定义”对话框，如图 7-1 所示。

（2）在对话框中的“名称（N）”文本框中输入块的名称。

（3）在对话框中的“基点”选项组中，用户可以单击“拾取点（K）”按钮，切换到绘图窗口中选取插入基点，也可以通过输入插入基点的 X、Y、Z 的坐标来确定基点的位置。

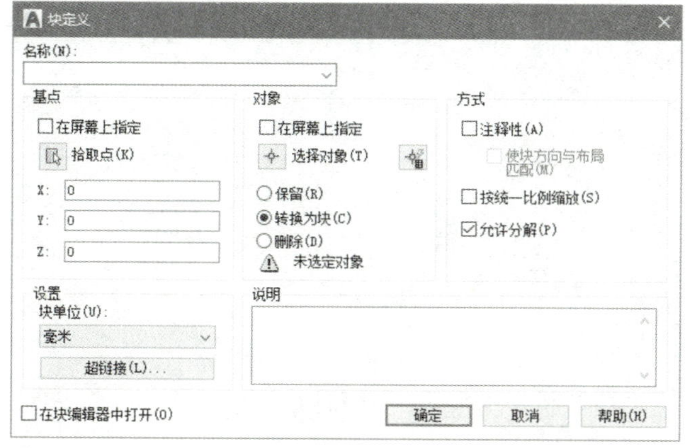

图 7-1 “块定义”对话框

（4）在对话框中的“对象”选项组中，单击“选择对象（T）”按钮，切换到绘图窗口中选择构成块的图形对象。

（5）单击对话框中的“确定”按钮，完成块的创建。

3.“块定义”对话框常用选项的功能

◇“保留（R）”单选按钮：选择该选项后，所选图形对象仍然保留且属性不变。

◇“转换为块（C）”单选按钮：选择该选项后，所选图形对象转换为块。该选项为系统默认选项。

◇“删除（D）”单选按钮：选择该选项后，所选图形对象被删除。

4. 上机训练——创建六角螺母块

根据如图 7-2 所示图形及尺寸，创建六角螺母块（图 7-2 所示尺寸为螺母规定画法的绘图比例尺寸，非螺母实际尺寸）。

（1）打开“制图样板”，新建图形文件。

（2）按照如图 7-2 所示尺寸绘制六角螺母，如图 7-3 所示。

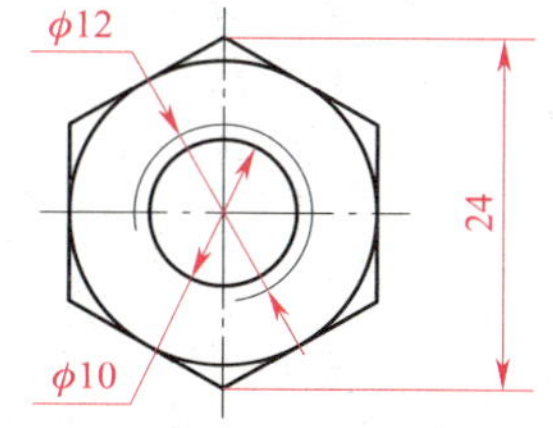

图 7-2 六角螺母及比例尺寸

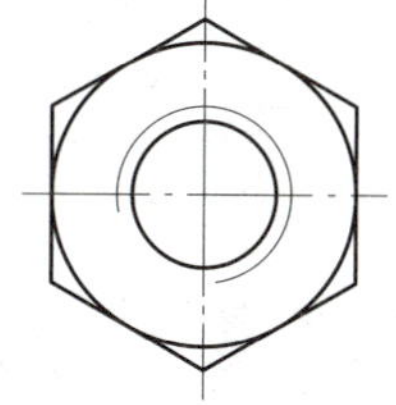
图 7-3 绘制六角螺母

（3）单击“默认”→“块”→“创建”按钮，打开“块定义”对话框。

（4）在对话框中的“名称（N）”文本框中输入块的名称“六角螺母”。

（5）单击“块定义”对话框中的“拾取点（K）”按钮，返回绘图区。拾取圆心（图 7-4）作为块的插入基点。

（6）单击“块定义”对话框中的“选择对象（T）”按钮，框选六角螺母的所有图形对象作为插入对象。

（7）按回车键，返回“块定义”对话框。“六角螺母”块的各项参数设置如图 7-5 所示。

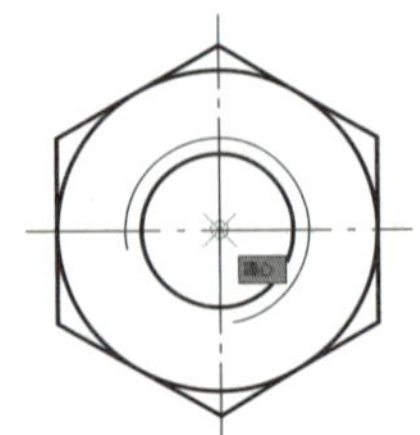

图 7-4　选择块的插入基点

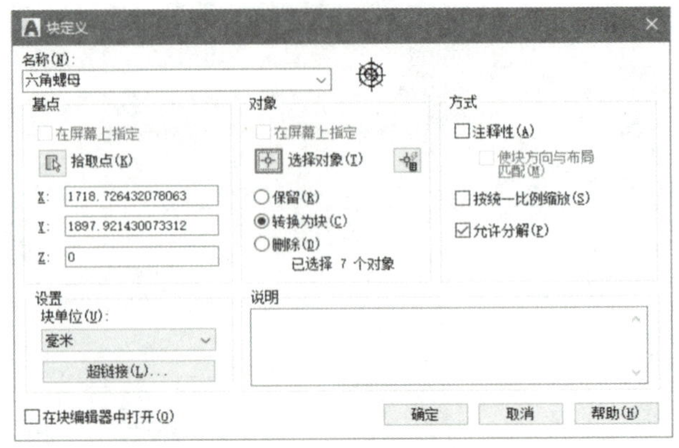

图 7-5　“六角螺母”块的参数设置

（8）单击“块定义”对话框中的“确定”按钮，返回绘图区，完成块的定义。

二、插入块

创建块后，在需要的时候就可以利用“插入块”命令将它插入到当前的图形中。

1. 启动“插入块”命令的方法

◇ 功能区：单击“默认”→“块”→“插入”按钮 。

◇ 菜单栏：选择“插入”→“块”命令。

◇ 命令行：“I（或 INSERT）”。

2. 插入块的方法一

（1）插入步骤

1）选择菜单栏“插入”→“块”命令，或在命令行中输入“I（或 INSERT）”并按回车键，系统弹出“插入”对话框，如图 7-6 所示。

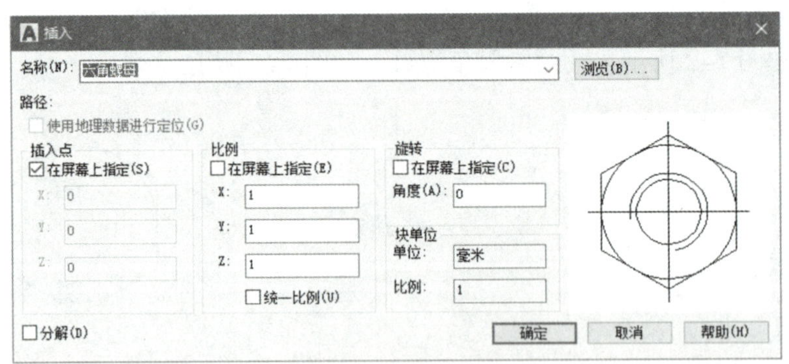

图 7-6　“插入”对话框

2）在对话框上的“名称（N）”下拉列表框中选择要插入块的名称。

3）选中“在屏幕上指定（S）”复选框，在绘图区指定插入点的位置。

4）单击对话框中的“确定”按钮，返回绘图区，在适当处拾取块的插入点。

（2）“插入”对话框常用选项的功能

◇ 比例：该选项组用于指定块的缩放比例，用户可以直接输入块的 X、Y、Z 方向的比例因子，也可以利用鼠标在绘图窗口中指定块的缩放比例。

◇ 旋转：该选项组用于指定块的旋转角度，在插入块时，用户可以按照设置的角度旋转块。

◇ 分解（D）：该选项用于将插入的块分解为一个个单独的对象。

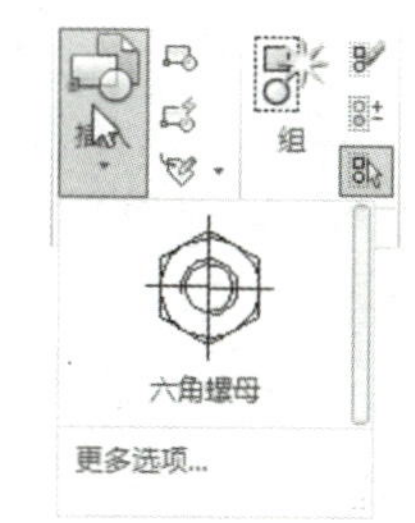

图 7–7 “插入”列表窗口

3. 插入块的方法二

（1）插入步骤

单击“默认”→“块”→“插入”按钮，在功能区下方弹出一个列表窗口，里面有已定义好的块的图形和名称，如图 7–7 所示。选择要插入块的名字，按系统提示插入块。

（2）“插入”命令行常用选项的功能

在启动“插入”命令时，系统给出如下提示。

命令：_INSERT

输入块名或［？］：六角螺母

单位：毫米　转换：1.0000

指定插入点或［基点（B）/ 比例（S）/X/Y/Z/ 旋转（R）］：_Scale 指定 XYZ 轴的比例因子 < 1 >：1 指定插入点或［基点（B）/ 比例（S）/X/Y/Z/ 旋转（R）］：_Rotate

指定旋转角度 < 0 >：0

指定插入点或［基点（B）/ 比例（S）/X/Y/Z/ 旋转（R）］：

“指定插入点或［基点（B）/ 比例（S）/X/Y/Z/ 旋转（R）］”命令行中常用选项的功能如下。

◇ 基点（B）：用于重新设置块的插入基点。

◇ 比例（S）：用于设置插入块的比例因子。

◇ X/Y/Z：用于设置 X、Y 和 Z 中某一个方向的比例因子。

（3）上机训练——插入“六角螺母”块

如图 7–8 所示，插入“六角螺母”块。

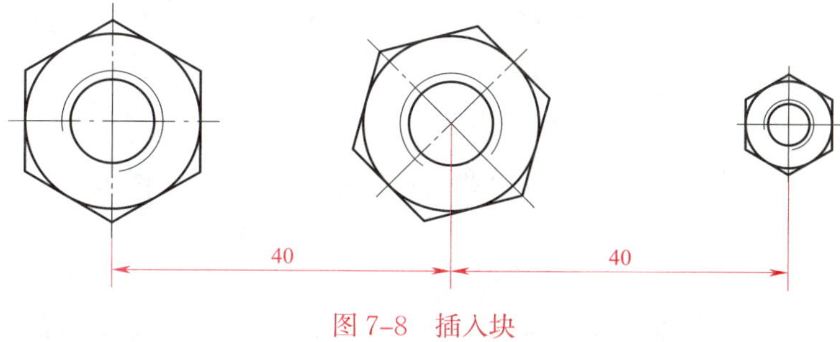

图 7–8　插入块

1）绘制点

在屏幕上绘制 3 个点，如图 7–9 所示。

2）在 A 点插入“六角螺母”块

①单击“默认”→“块”→“插入”按钮，打开“插入”列表窗口，如图 7–7 所示。

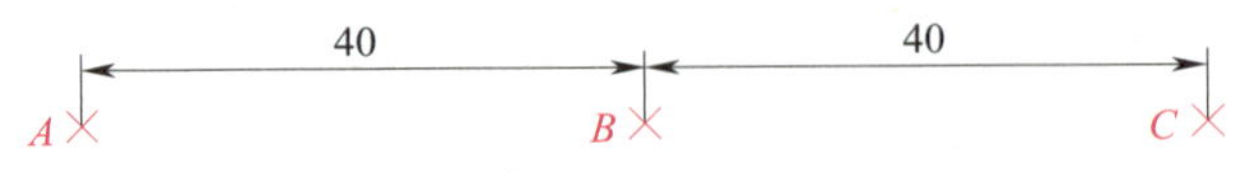

图 7-9 绘制点

②单击“六角螺母”图标，屏幕中显示出一个跟随光标移动的“六角螺母”块（图 7-10），拾取 *A* 点，插入“六角螺母”块。

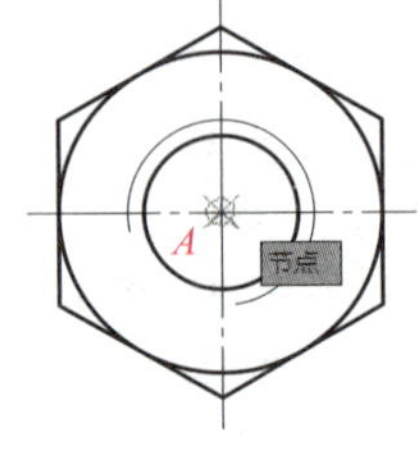

图 7-10 插入“六角螺母”块

3）在 *B* 点插入“六角螺母”块

单击“默认”→“块”→“插入”→“六角螺母”图标，系统给出如下提示。

命令：_INSERT
输入块名或［？］<六角螺母>：六角螺母
单位：毫米　转换：1.0000
指定插入点或［基点（B）/ 比例（S）/X/Y/Z/ 旋转（R）］：_Scale 指定 XYZ 轴的比例因子 < 1 >：1 指定插入点或［基点（B）/ 比例（S）/X/Y/Z/ 旋转（R）］：_Rotate
指定旋转角度 < 0 >：0
指定插入点或［基点（B）/ 比例（S）/X/Y/Z/ 旋转（R）］：R
// 输入“R”，按回车键，启动“旋转”选项
指定旋转角度 < 0 >：45　　// 输入旋转角度“45”，图形逆时针旋转 45°
指定插入点或［基点（B）/ 比例（S）/X/Y/Z/ 旋转（R）］：　　// 拾取 *B* 点

插入结果如图 7-11 所示。

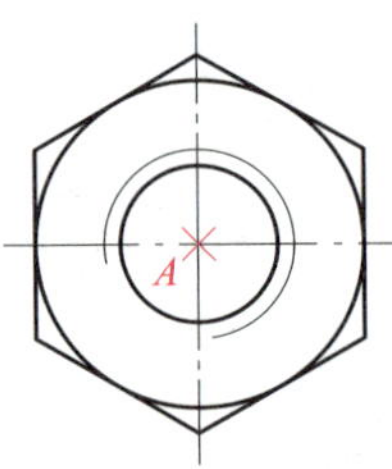

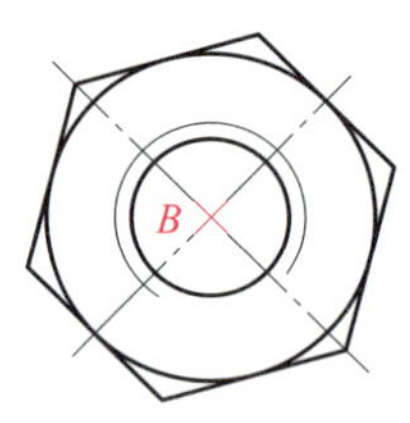

图 7-11 插入逆时针旋转 45° 的“六角螺母”块

4）在 *C* 点插入“六角螺母”块单击“默认”→“块”→“插入”→“六角螺母”图标，系统给出如下提示。

命令：_INSERT
输入块名或［？］<六角螺母>：六角螺母
单位：毫米　转换：1.0000
指定插入点或［基点（B）/ 比例（S）/X/Y/Z/ 旋转（R）］：_Scale 指定 XYZ 轴的比例因子 < 1 >：1 指定插入点或［基点（B）/ 比例（S）/X/Y/Z/ 旋转（R）］：_Rotate

指定旋转角度 < 0 >: 0
指定插入点或 [基点(B)/ 比例(S)/X/Y/Z/ 旋转(R)]: S
// 输入 "S", 按回车键, 启动 "比例" 选项
指定 XYZ 轴的比例因子 < 1 >: 0.5 // 输入比例因子 "0.5"
指定插入点或 [基点(B)/ 比例(S)/X/Y/Z/ 旋转(R)]: // 拾取 C 点

插入结果如图 7–12 所示。

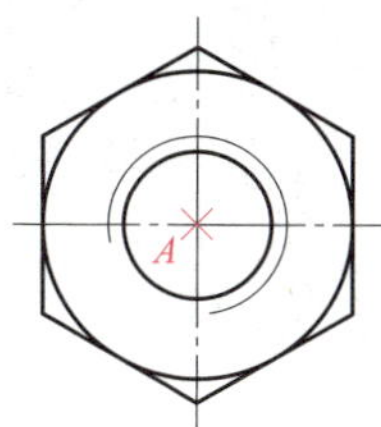

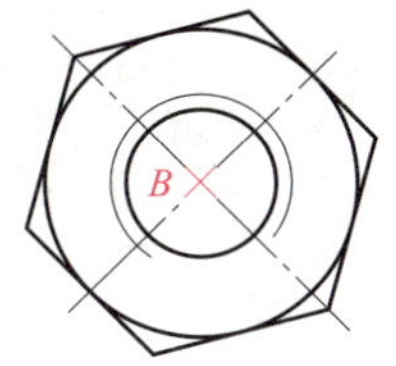

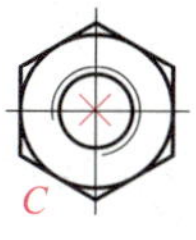

图 7–12 插入比例因子为 0.5 的 "六角螺母" 块

三、编辑块

编辑块是指修改块中的对象,具体步骤如下。

1. 打开 "编辑块定义" 对话框的方法

◇ 功能区:单击 "默认" → "块" → "块编辑器" 按钮。

◇ 命令行:"BE(或 BEDIT)"。

◇ 双击绘图区插入的任意一个块。

使用上述任何一种方法都可以打开 "编辑块定义" 对话框,在该对话框中选择要编辑块的名称,可预览该块效果,如图 7–13 所示。

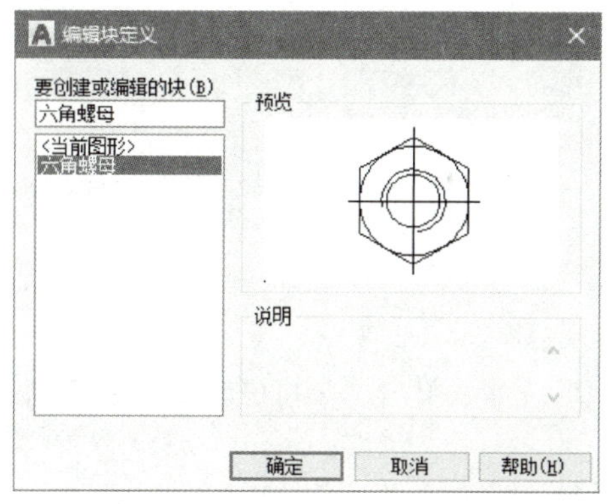

图 7–13 "编辑块定义" 对话框

2. 打开 "块编辑器"

选择要编辑块的名称,单击 "确定" 按钮(图 7–13)便可在 "块编辑器"(图 7–14)中打开需要编辑的图块。

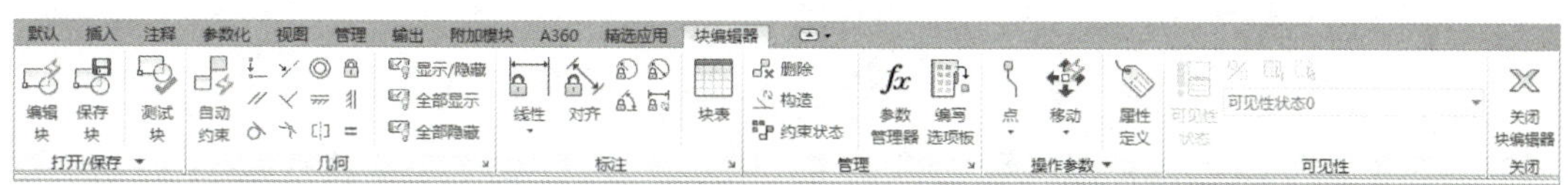

图 7–14 "块编辑器"

3. 上机训练——删除正六边形的内切圆

删除如图 7–12 所示螺母上正六边形的内切圆。

(1)双击如图 7–12 所示图形中的任意一个螺母,打开 "编辑块定义" 对话框,如图 7–13 所示。

(2)单击 "确定" 按钮,打开 "六角螺母" 块,如图 7–15 所示。在 "块编辑器" 中,用户可以对图形进行任意编辑,或添加图形对象及文字等。

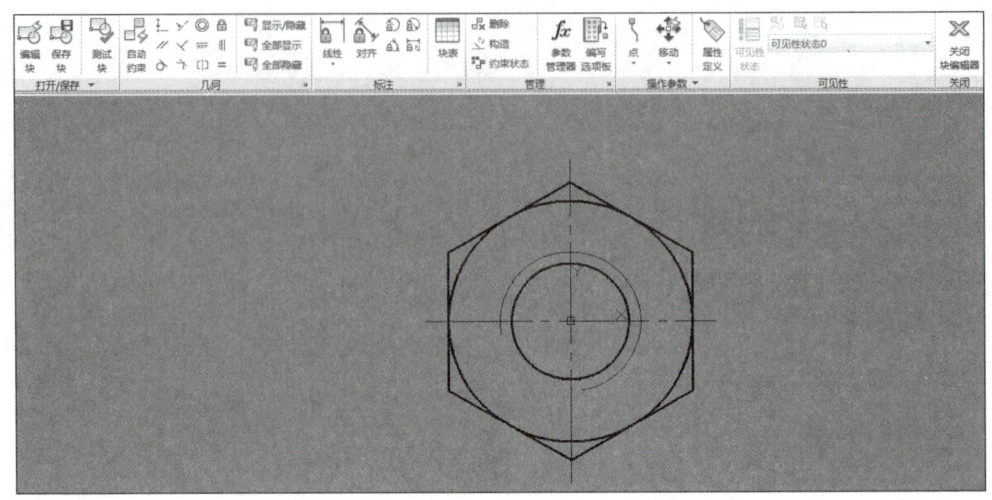

图 7–15　在“块编辑器”中打开“六角螺母”块

（3）删除正六边形的内切圆，单击“关闭块编辑器”按钮，弹出“块 – 未保存更改”对话框，如图 7–16 所示。

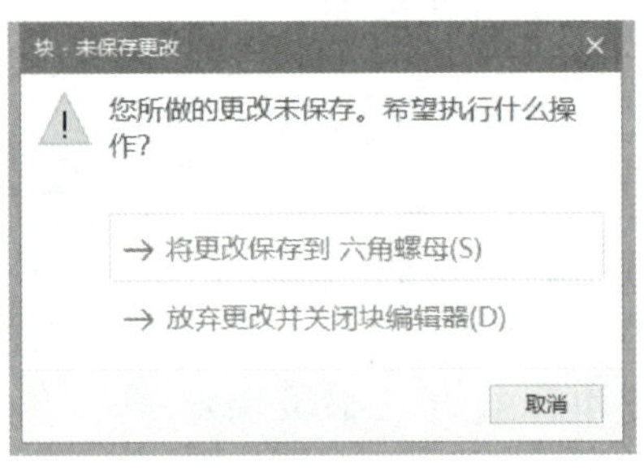

图 7–16　“块 – 未保存更改”对话框

（4）单击“→将更改保存到六角螺母（S）”按钮，返回主界面。编辑结果如图 7–17 所示。

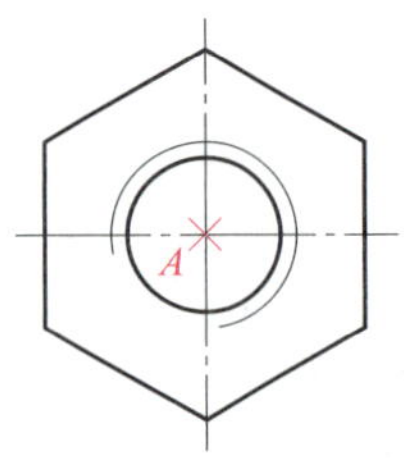

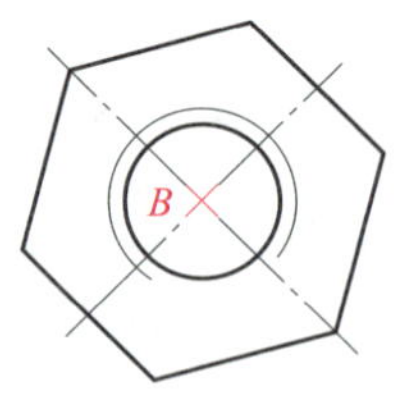

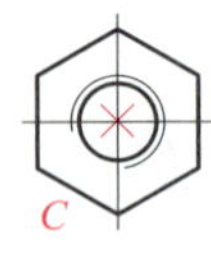

图 7–17　删除正六边形内切圆结果

四、分解块

当创建块后，AutoCAD 系统会将块作为一个独立的对象进行处理，如果需要还原成一个个单独的对象，则需要将块进行分解。

1. 分解块的方法

◇ 插入块时，在“插入”对话框中选择“分解”复选框，然后再进行块插入操作。

◇ 插入块后，利用“分解”命令分解块。

2. 上机训练——完成螺栓连接图

在如图 7-18a 所示图形中插入螺栓块、螺母块和垫圈块，然后修改成如图 7-18b 所示图形。

※ 源文件：计算机制图——AutoCAD 2018 源文件 \ 第七章 \ 螺栓连接

（1）插入螺栓

1）单击“默认”→“块”→“插入”→“螺栓”图标，在绘图区出现一个随光标移动的“螺栓”块如图 7-19a 所示。

2）单击命令行的“旋转（R）”按钮，激活旋转选项。

3）输入旋转角度“180”，按回车键。

4）移动光标拾取插入点，插入“螺栓”块如图 7-19b 所示。

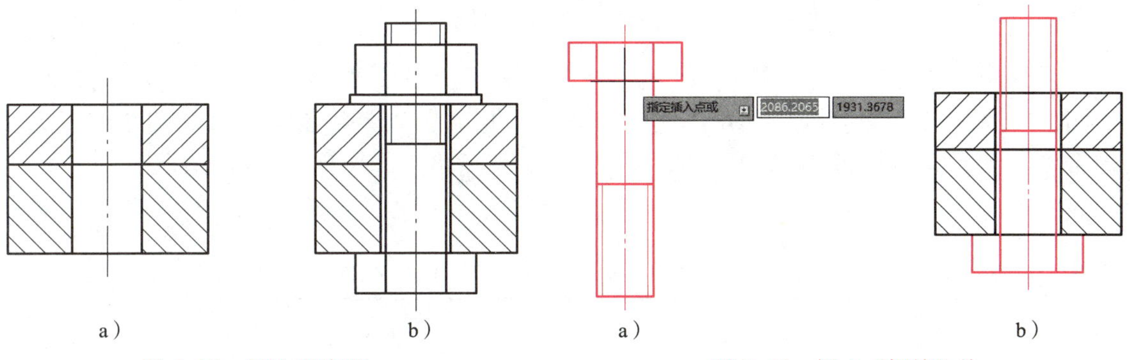

图 7-18　螺栓连接图

a）插入图块前　b）连接图

图 7-19　插入“螺栓”块

a）随光标移动的“螺栓”块　b）插入结果

（2）插入垫圈和螺母

单击“默认”→“块”→“插入”→“垫圈”图标，插入“垫圈”块。按同样的方法插入“螺母”块。

插入结果如图 7-20 所示。

（3）分解图形

单击“分解”按钮，启动“分解”命令。分解“螺栓”块。

（4）整理图形

1）删除重合的轮廓线和细点画线。

2）打断连接板和螺栓被遮挡的轮廓线。

整理图形的结果如图 7-21 所示。

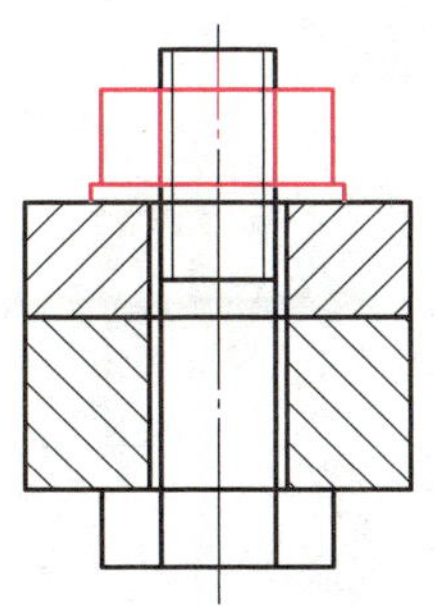

图 7-20　插入“垫圈”块和“螺母”块

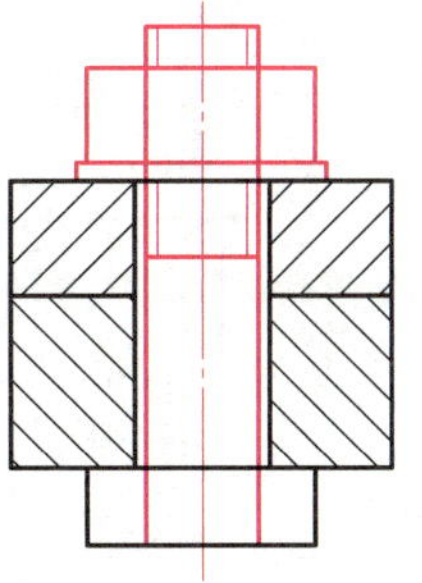

图 7-21　整理图形

五、综合实训

利用“块”的操作方法绘制如图 7-22 所示的螺钉连接图。

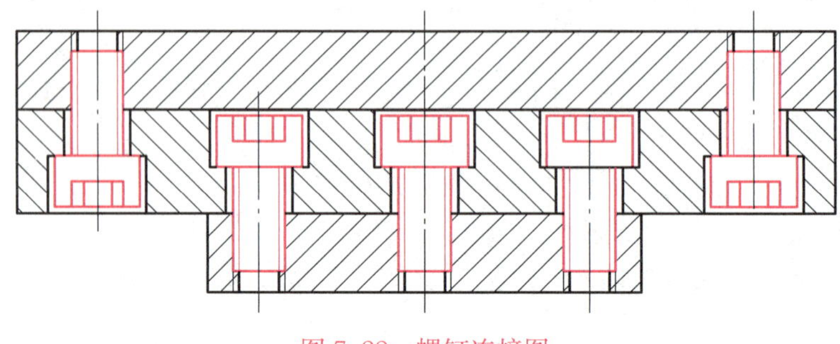

图 7-22　螺钉连接图

1. 图形分析

图 7-22 所示装配图的形体由上板、中板、下板和内六角螺钉组成，如图 7-23 所示。绘图时，可分别绘制各个零件的图形并创建成块，然后将块进行叠加得到装配图。

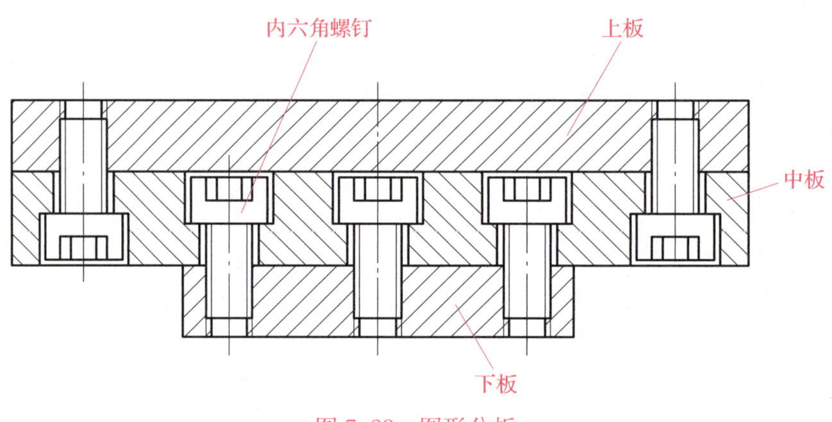

图 7-23　图形分析

2. 新建图形文件

打开“制图样板”，新建图形文件。

3. 绘制内六角螺钉

按照如图 7-24 所示图形及尺寸绘制内六角螺钉，如图 7-25 所示。

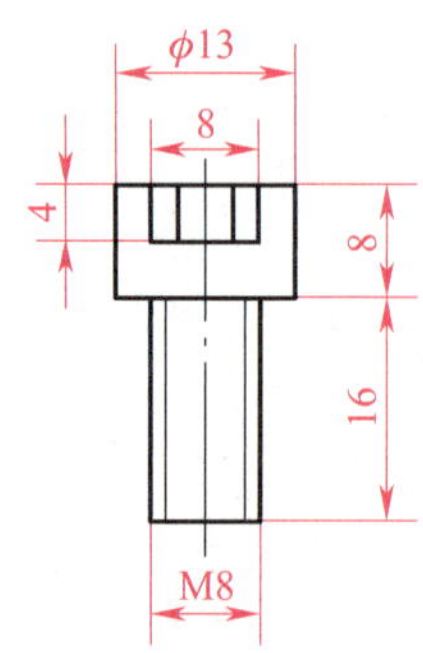

图 7-24　内六角螺钉的形状及尺寸

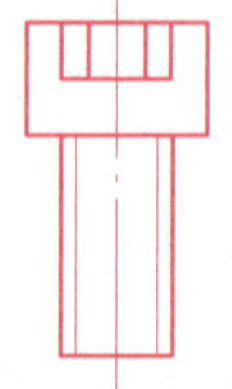

图 7-25　绘制内六角螺钉

4. 创建内六角螺钉块

（1）单击“默认”→“块”→“创建”按钮，打开“块定义”对话框。

（2）在对话框中的“名称（N）”文本框中输入块的名称“内六角螺钉”。

（3）单击“块定义”对话框中的“拾取点（K）”按钮，返回绘图区捕捉如图 7-26 所示的点 *A* 作为块的插入基点。

（4）单击“块定义”对话框中的“选择对象（T）”按钮，框选整个内六角螺钉作为插入对象。

（5）按回车键，返回“块定义”对话框。“内六角螺钉”块的各项参数设置如图 7-27 所示。

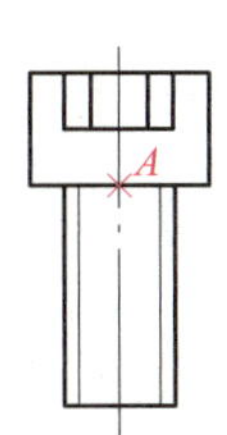

图 7-26　选择块的插入基点

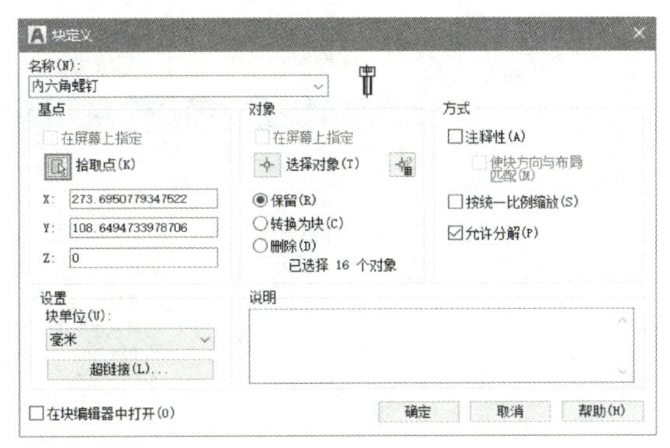

图 7-27　“内六角螺钉”块的各项参数设置

（6）单击“块定义”对话框中的“确定”按钮，返回绘图区，完成块的定义。

5. 绘制“上板”，并创建块

（1）按照如图 7-28 所示图形及尺寸绘制上板，如图 7-29 所示。

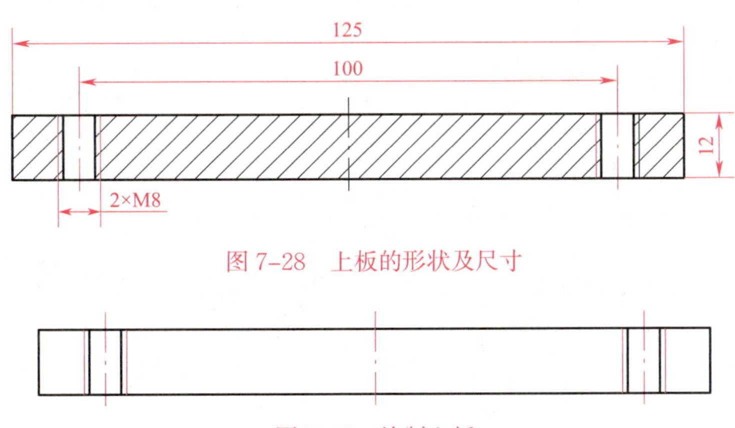

图 7-28　上板的形状及尺寸

图 7-29　绘制上板

【提示】

因为绘制装配图时，剖面线需要重新绘制，所以在此先不画剖面线。

（2）单击“默认”→“块”→“创建”按钮，打开“块定义”对话框。

（3）在对话框中的“名称（N）”文本框中输入块的名称“上板”。

（4）单击“块定义”对话框中的“拾取点（K）”按钮，返回绘图区拾取下轮廓线的“中点”作为块的插入基点，如图 7–30 所示。

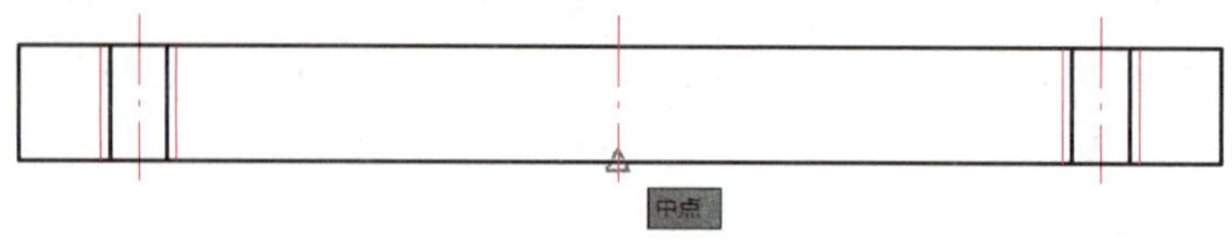

图 7–30　捕捉“上板”的插入基点

（5）单击“块定义”对话框中的“选择对象（T）”按钮，框选整个“上板”作为插入对象。

（6）按回车键，返回“块定义”对话框，“上板”块的参数设置如图 7–31 所示。

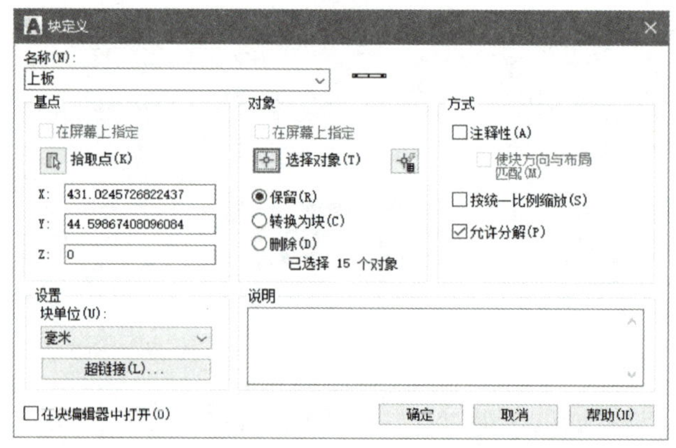

图 7–31　“上板”块的参数设置

（7）单击“块定义”对话框中的“确定”按钮，完成块的定义。

6. 绘制“下板”并创建块

（1）按照如图 7–32 所示图形及尺寸绘制下板，如图 7–33 所示。

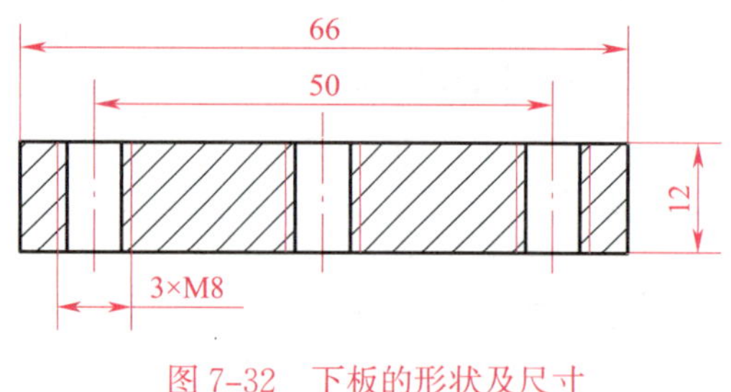

图 7–32　下板的形状及尺寸

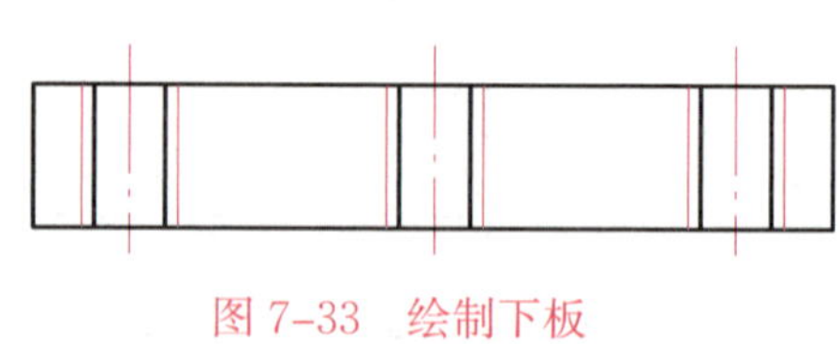

图 7–33　绘制下板

（2）将下板创建为块，块的名称为“下板”，插入基点选择图形上轮廓线的“中点”，各项参数设置如图 7–34 所示。

7. 绘制“中板”并创建块

（1）按照如图 7–35 所示图形及尺寸绘制中板，如图 7–36 所示。

（2）将中板创建为块，块的名称为“中板”，插入基点选择图形上轮廓线的“中点”，各项参数设置如图 7–37 所示。

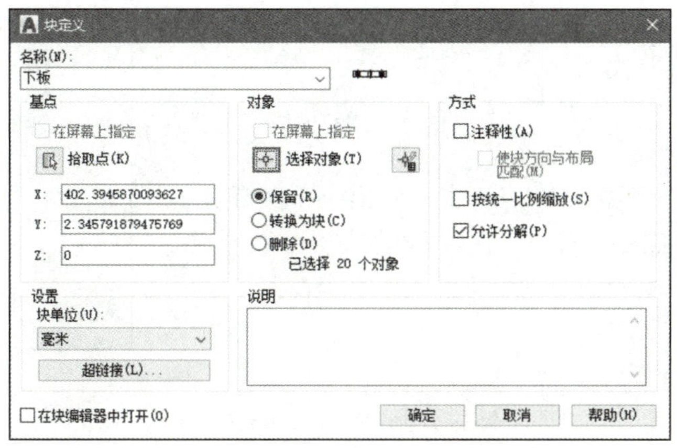

图 7-34 “下板”块的参数设置

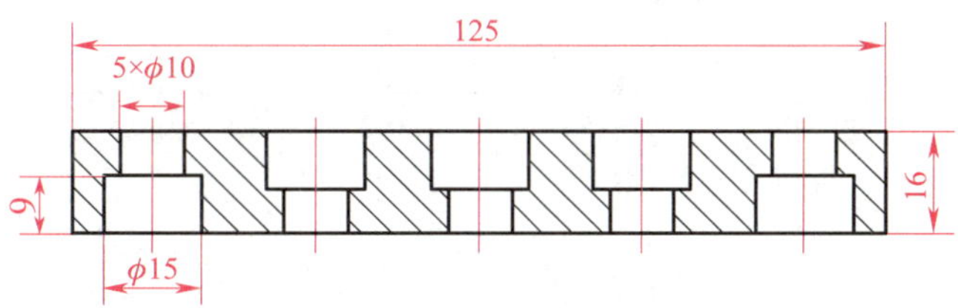

图 7-35 中板的形状及尺寸

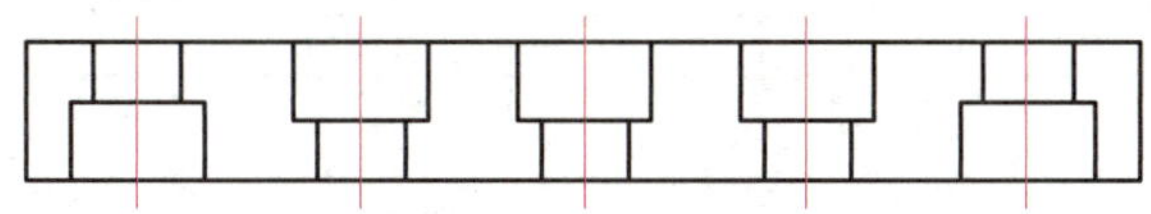

图 7-36 绘制中板

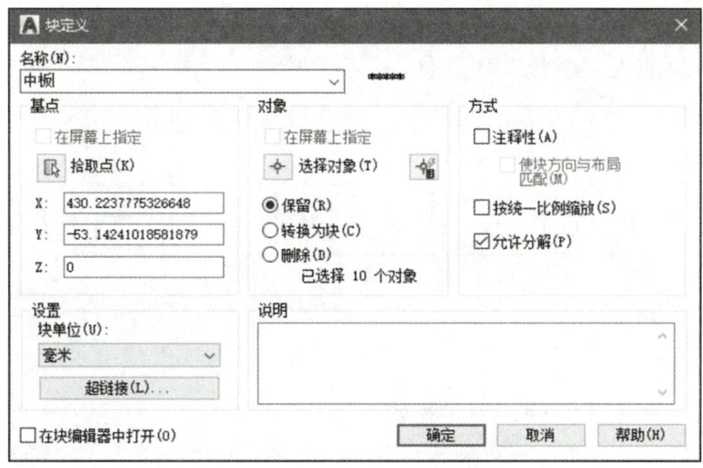

图 7-37 “中板”块的参数设置

【提示】

在绘制“中板”时，沉孔结构多次出现，绘图时也可以将其创建为块，以提高绘图的效率。

8. 绘制装配图

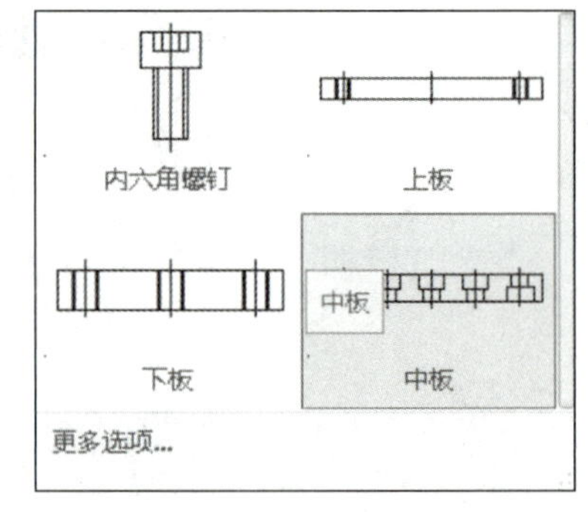

图 7–38 “插入”列表窗口

（1）插入“中板”块

1）单击“默认”→“块”→“插入”按钮，打开“插入”列表窗口，如图 7–38 所示。

2）单击“中板”图标，在屏幕中显示出一个跟随光标移动的“中板”块（图 7–39），在屏幕的适当位置单击，完成“中板”块的插入。

（2）插入“下板”块

单击“默认”→“块”→“插入”按钮，打开“插入”列表窗口，单击“下板”图标，在屏幕中显示出一个跟随光标移动的“下板”块，移动光标使“下板”块的插入基点与“中板”下轮廓线的中点重合，单击鼠标左键完成插入，如图 7–40 所示。

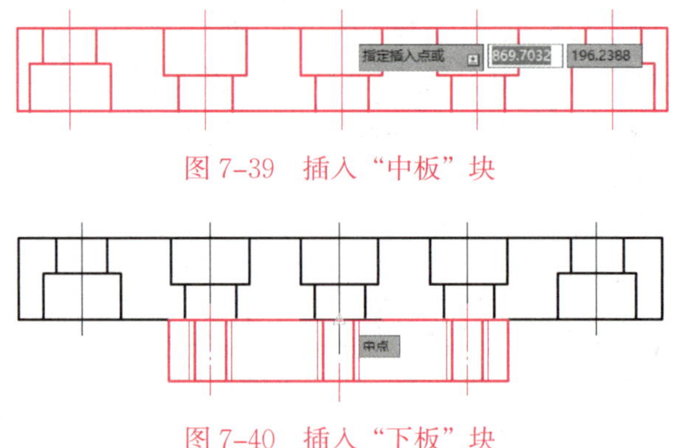

图 7–39 插入“中板”块

图 7–40 插入“下板”块

（3）插入“上板”块

重复上步操作，插入“上板”块，如图 7–41 所示。

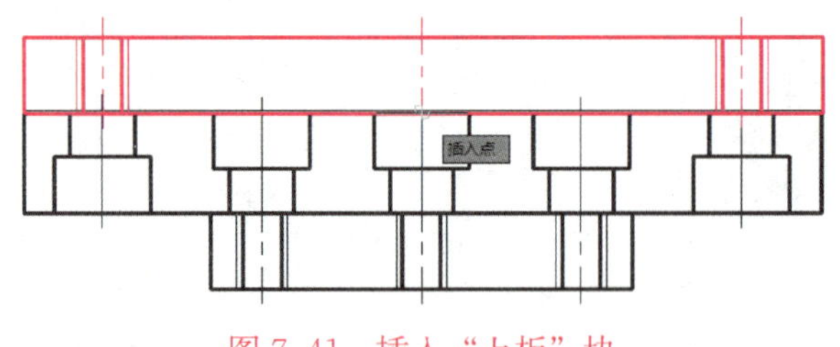

图 7–41 插入“上板”块

（4）插入中板与下板之间的“内六角螺钉”块

1）单击“默认”→“块”→“插入”按钮，打开“插入”列表窗口，单击“内六角螺钉”图标。

2）捕捉中间沉孔台阶的中点，单击鼠标左键，完成插入，如图 7–42 所示。

3）用同样的方法插入连接“下板”与“中板”的其他两个“内六角螺钉”块，如图 7–43 所示。

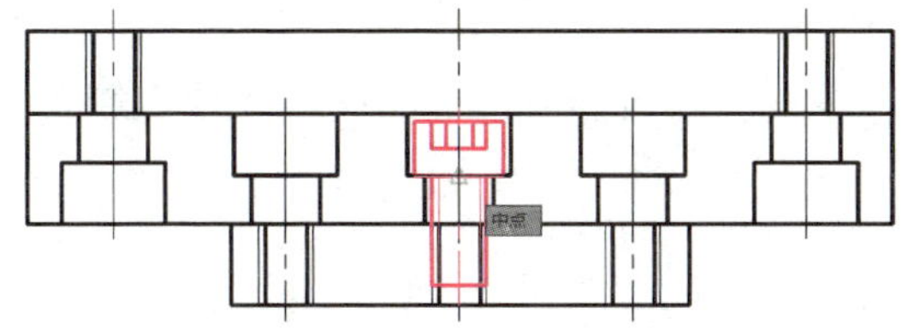

图 7–42　插入中间的“内六角螺钉”块

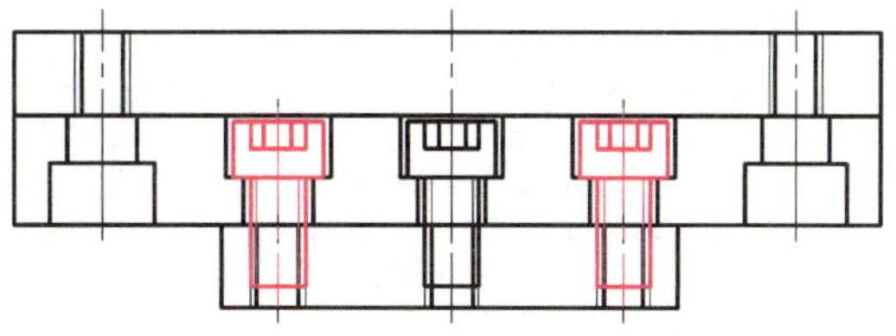

图 7–43　插入其他两个“内六角螺钉”块

（5）插入上板与中板之间的“内六角螺钉”块

1）插入左侧“内六角螺钉”块

单击“默认”→“块”→“插入”按钮，打开“插入”列表窗口，单击“内六角螺钉”图标，系统给出如下提示。

命令：_INSERT

输入块名或［?］<内六角螺钉>：内六角螺钉

单位：毫米　转换：1.0000

指定插入点或［基点（B）/ 比例（S）/X/Y/Z/ 旋转（R）］：_Scale 指定 XYZ 轴的比例因子 < 1 >：1 指定插入点或［基点（B）/ 比例（S）/X/Y/Z/ 旋转（R）］_Rotate

指定旋转角度 < 0 >：0

指定插入点或［基点（B）/ 比例（S）/X/Y/Z/ 旋转（R）］：R// 输入“R”，按回车键

指定旋转角度 < 0 >：180 // 输入“180”，按回车键，“内六角螺钉”旋转 180°（图 7–44）

指定插入点或［基点（B）/ 比例（S）/X/Y/Z/ 旋转（R）］：

// 拾取“中板”左侧沉孔的台阶中点，完成块的插入

“内六角螺钉”块的插入结果如图 7–45 所示。

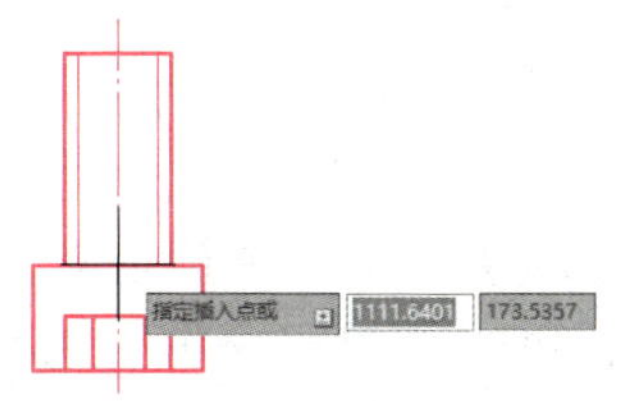

图 7–44　“内六角螺钉”块旋转 180°

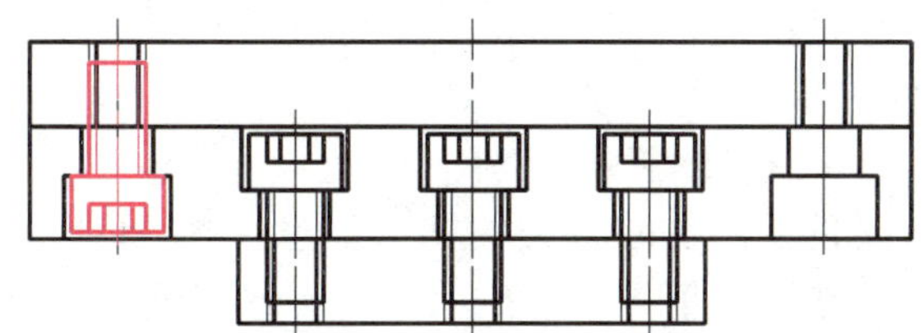

图 7–45　插入左侧“内六角螺钉”块

2）插入右侧“内六角螺钉”块

用同样的方法插入右侧“内六角螺钉”块，如图 7–46 所示。

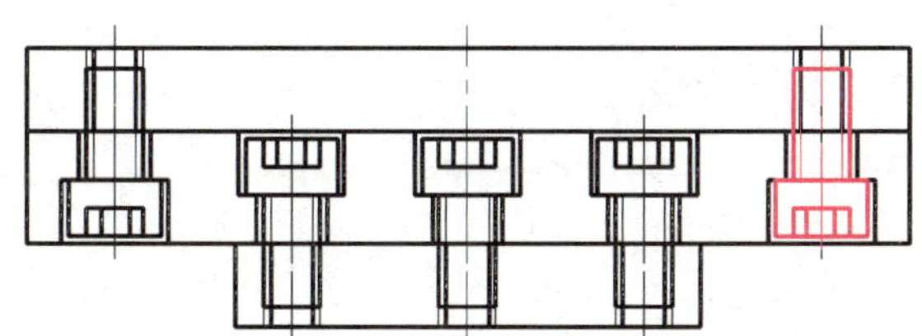

图 7–46　插入右侧“内六角螺钉”块

9. 整理装配图

（1）分解图形中的所有图块，删除重叠的细点画线，修改螺纹部分的图线，使之符合国家标准的规定，如图 7–47 所示。

（2）填充剖面线，完成绘图，如图 7–48 所示。

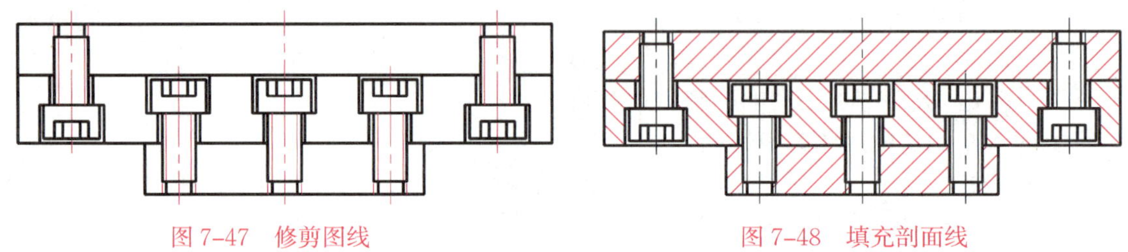

图 7–47　修剪图线　　　　图 7–48　填充剖面线

§7–2　块属性操作

在制图过程中，经常遇到图形中的一些重复单元虽具有相同的形状，但其表达的含义不尽相同。为加以区别，需要在重复单元上标注文字信息以表达该单元的特殊属性。例如，机械图样标注中表面结构代号上注释的表面粗糙度值、基准符号中标注的基准字母。

对于这些带有文字信息的重复单元，AutoCAD 也提供了相应的简便创建命令，即块属性创建命令以及属性修改命令等。

一、块属性的创建

块属性是附加在块上的文字信息，在 AutoCAD 中可以利用块属性来预定义文字的位置、内容或缺省值等。在插入块时，输入不同的文字信息，可以使相同的块表达不同的信息。

1. 启动块“属性定义”的方法

◇ 功能区：单击“默认”→“块”→“定义属性”按钮。

◇ 菜单栏：选择“绘图”→“块”→“定义属性”命令。

◇ 命令行：“ATT（ATTDEF）”。

利用上述任意一种方法启动“定义属性”命令，系统弹出“属性定义”对话框，如图 7–49 所示。

2.“属性”选项组中常用选项功能

“属性”选项组中常用选项的功能如下。

◇ 标记（T）：该文本框用于输入块的属性标记。

◇ 提示（M）：该文本框用于输入插入块时系统显示的提示信息。

◇ 默认（L）：该文本框用于输入块的默认属性值。

“文字设置”选项组中常用选项的功能如下。

◇ 对正（J）：该下拉列表框用于选择属性文本相对属性插入点的排列方式（如左上、居中等）。

◇ 文字样式（S）：该下拉列表框用于选择属性文本的文字样式。

◇ 文字高度（E）：该文本框用于输入属性文本文字的高度值。

◇ 旋转（R）：该文本框用于输入属性文本的旋转角度。

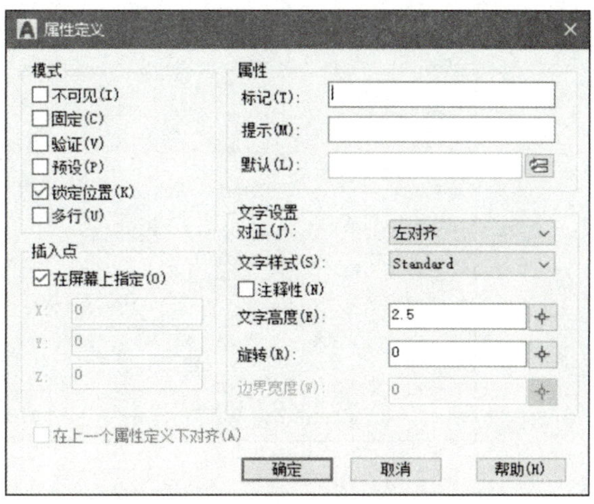

图 7-49 “属性定义”对话框

3. 上机训练——标注表面结构代号

如图 7-50 所示，绘制矩形，标注上表面的表面结构代号（左侧的表面结构代号的标注在下一个上机训练中完成）。

（1）将“粗实线”图层设置为当前图层，按照如图 7-51 所示尺寸要求绘制矩形线框。

（2）将“细实线”图层设置为当前图层，按照如图 7-52 所示尺寸绘制表面结构代号。

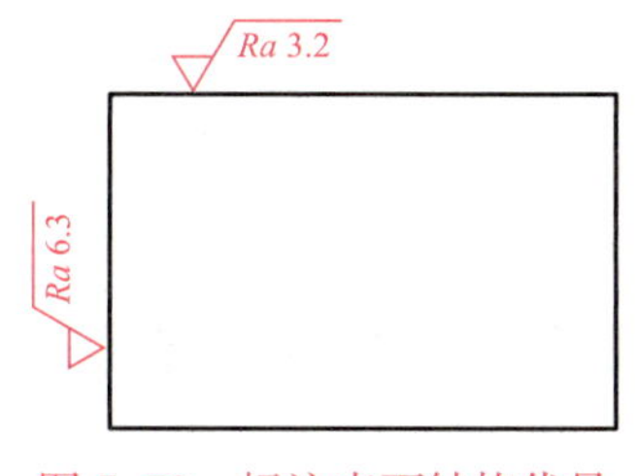

图 7-50 标注表面结构代号

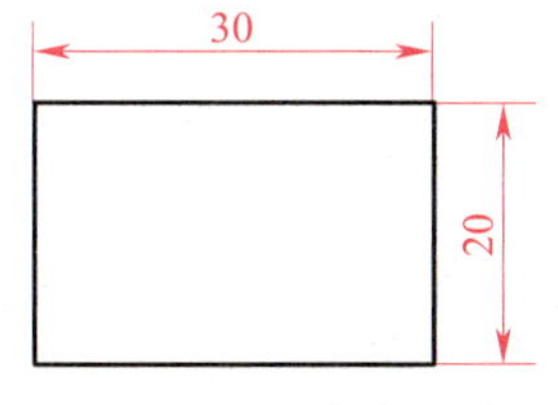

图 7-51 绘制矩形

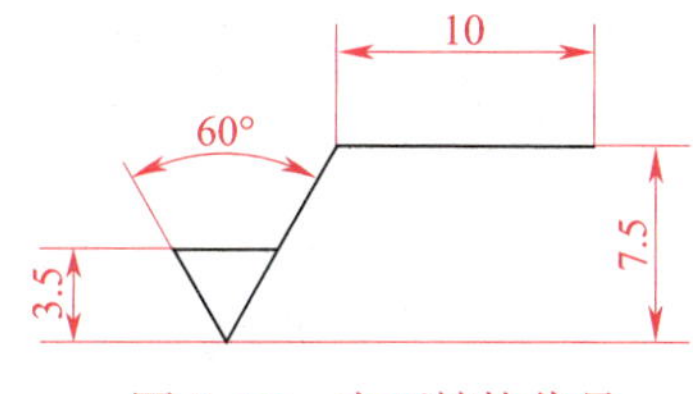

图 7-52 表面结构代号

（3）单击“默认”→“块”→“定义属性”按钮，打开“属性定义”对话框。在“标记（T）”文本框输入“FH”（“符号”拼音首字母），“提示（M）”文本框输入“符号”，“默认（L）”文本框输入“Ra”，“文字高度（E）”默认“2.5”，如图 7-53 所示。

（4）单击“确定”按钮（图 7-53），将“FH”放置在水平直线下边的适当位置，如图 7-54 所示。

（5）重复“定义属性”命令，打开“属性定义”对话框，在“标记（T）”文本框输入“CSZ”（“参数值”拼音首字母），“提示（M）”文本框输入“参数值”，“默认（L）”文本框输入“3.2”，“文字高度（E）”默认“2.5”，如图 7-55 所示。

（6）将“CSZ”放置在“FH”右侧，并与“FH”保持 1 个数字字符的间距，如图 7-56 所示。

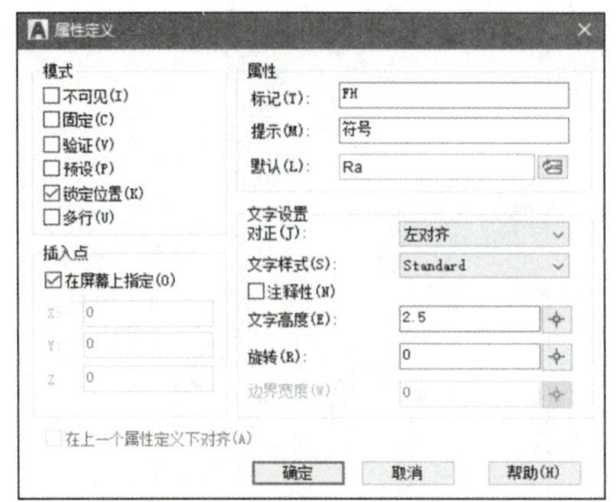

图 7-53 在“属性定义”对话框中填写“符号”标记的内容

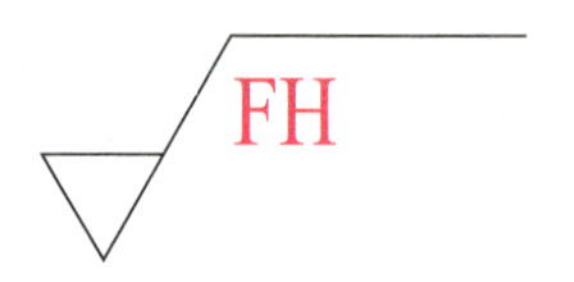

图 7-54 定义块的属性“FH”

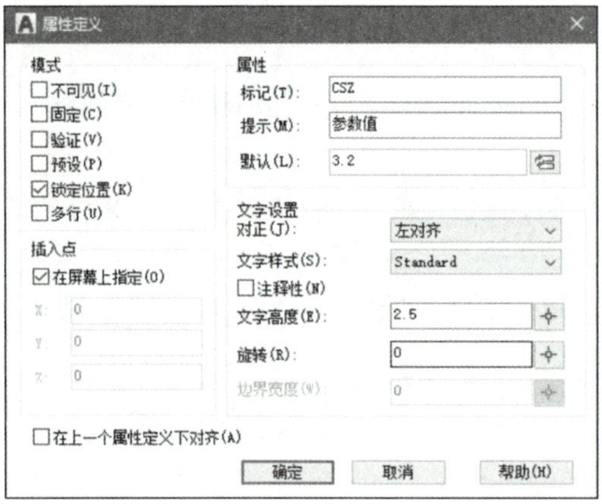

图 7-55 在“属性定义”对话框中填写“参数值”标记的内容

图 7-56 定义块的属性“CSZ”

（7）单击“默认”→“块”→“创建”按钮，打开“块定义”对话框，在“名称（N）”文本框输入“表面结构代号”；单击“拾取点（K）”后拾取三角形符号的下端点；单击“选择对象（T）”，框选如图 7-56 所示图形后按回车键（或单击鼠标右键）；单击“确定”按钮，将其定义为带属性的名为“表面结构代号”的块。

在创建完带属性的块后，系统自动弹出“编辑属性”对话框，如图 7-57 所示。在此先不要对其内容进行任何修改，单击“确定”按钮即可。创建的“表面结构代号”块的形式如图 7-58 所示。

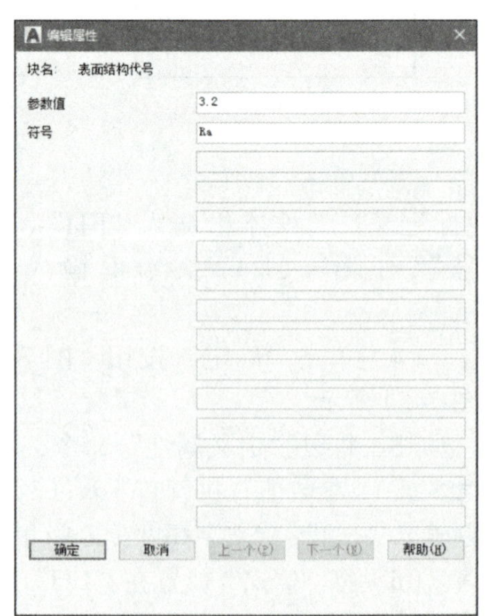

图 7-57 “编辑属性”对话框

（8）单击“默认”→“块”→“插入”按钮，选择“表面结构代号”块，捕捉插入点后单击鼠标左键，系统弹出“编辑属性”对话框，单击“确定”按钮，完成插入，如图 7–59 所示。此时的“Ra”为正体，要想使“*Ra*”变为斜体，还需要对块的属性进行修改。

图 7–58 “表面结构代号”块

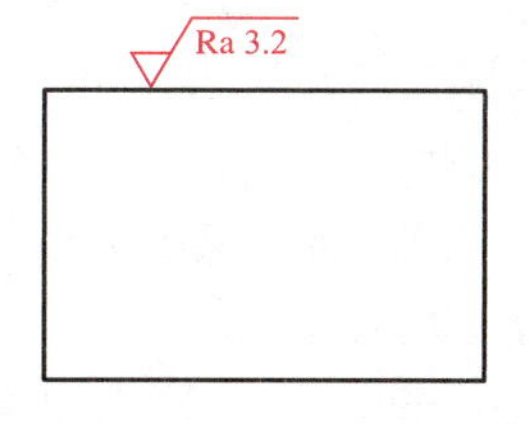

图 7–59 插入表面结构代号

二、块属性的编辑

当块被插入到图形中后，用户还可以对块的属性进行编辑，如改变文字的内容、高度、旋转角度和倾斜角度等。

1. 编辑块属性的方法

◇ 功能区：单击“默认”→“块”→“编辑属性”→“单个”按钮。

◇ 菜单栏：选择“修改”→“对象”→“属性”→“单个”命令。

◇ 命令行：“EATTEDIT”。

2. 上机训练——修改“Ra”的字体

如图 7–50 所示，将图 7–59 中的表面结构代号中的“Ra”改为斜体，并标注左侧的表面结构代号。

（1）修改“Ra”为斜体字

1）在完成图 7–59 后，单击“默认”→“块”→“编辑属性”→“单个”按钮，单击图形上要修改的“表面结构代号”块，打开“增强属性编辑器”对话框，如图 7–60 所示。

2）选择“FH”行，单击“文字选项”选项卡，设置“倾斜角度（O）”为“15”，如图 7–61 所示。

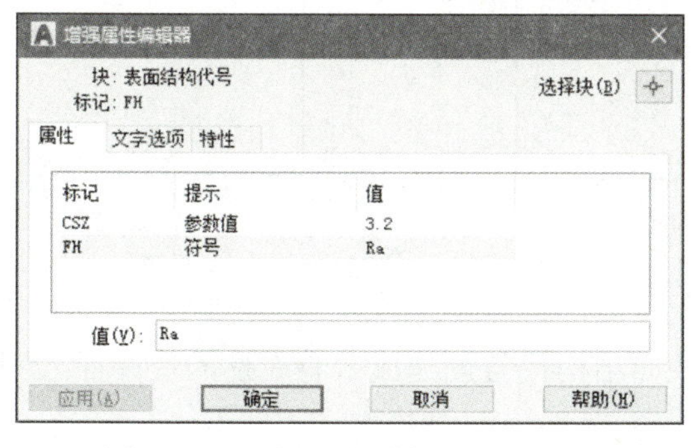

图 7–60 “增强属性编辑器”对话框

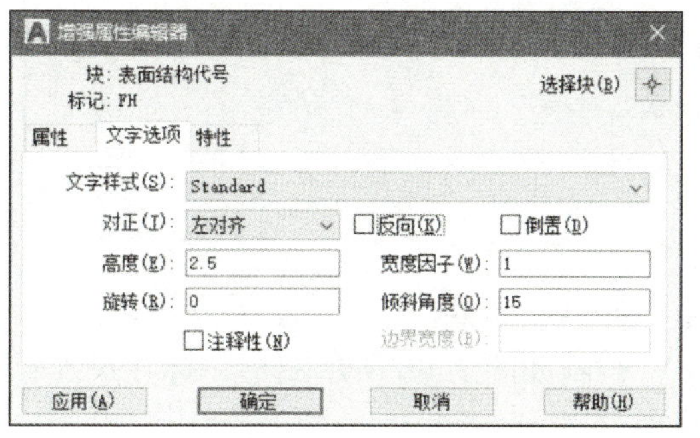

图 7–61 修改“Ra”的倾斜角度

3）单击“确定”按钮，修改结果如图 7–62 所示。

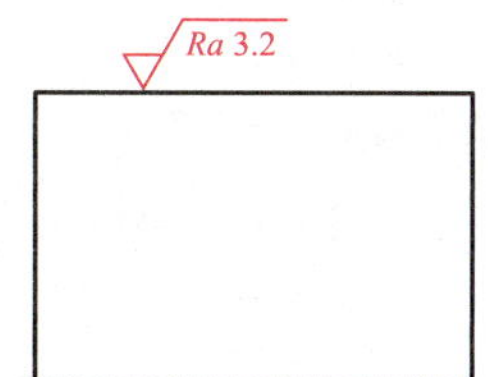

图 7–62 修改表面结构代号的结果

（2）标注左侧表面的表面结构代号

1）单击“默认”→“块”→“插入”按钮，选择“表面结构代号”块，系统给出如下提示。

```
命令：_INSERT
输入块名或［?］<表面结构代号>：表面结构代号
单位：毫米    转换：1.0000
指定插入点或［基点（B）/ 比例（S）/X/Y/Z/ 旋转（R）]：_Scale 指定 XYZ 轴的比例因子 < 1 >：1 指定插入点或［基点（B）/ 比例（S）/X/Y/Z/ 旋转（R）]：_Rotate
指定旋转角度 < 0 >：0
指定插入点或［基点（B）/ 比例（S）/X/Y/Z/ 旋转（R）]：R
                              // 输入“R”，按回车键，选择“旋转”选项
指定旋转角度 < 0 >：90                    // 输入“90”，块逆时针旋转 90°
指定插入点或［基点（B）/ 比例（S）/X/Y/Z/ 旋转（R）]：           // 拾取插入点
```

在插入图块的同时，系统弹出“编辑属性”对话框，在“参数值”文本框中将数值修改为“6.3”，如图 7-63 所示。

2）单击“确定”按钮，完成块的插入，结果如图 7-64 所示。

3）将“Ra”修改为斜体字，如图 7-65 所示。

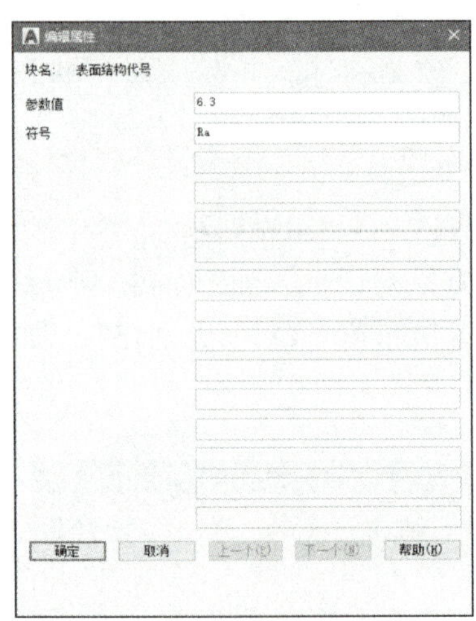

图 7-63　修改参数值

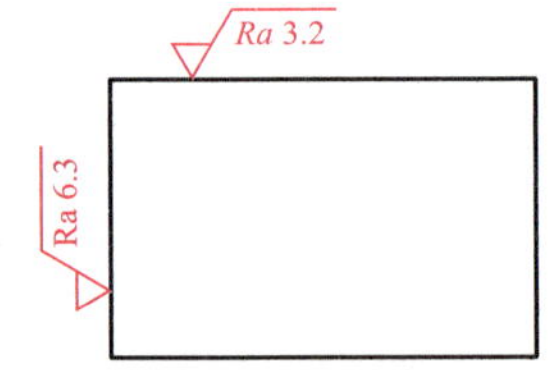

图 7-64　插入左侧的表面结构代号

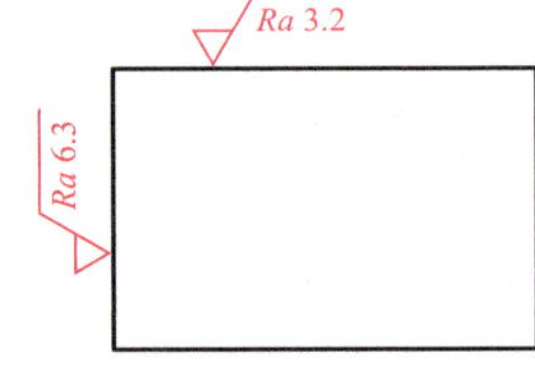

图 7-65　“Ra”修改为斜体

三、综合实训

绘制如图 7-66 所示图形，标注尺寸，并将表面结构代号创建成带有属性的块并插入图形中。

1. 新建图形文件

打开“制图样板”，新建图形文件。

2. 绘制图形

按照如图 7-66 所示图形和尺寸绘制空心台阶轴的图形，如图 7-67 所示。

3. 标注尺寸

（1）对“线性尺寸”的标注样式进行修改，具体如下：将“箭头大小”和“文字高度”设置为“5”。

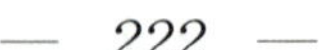

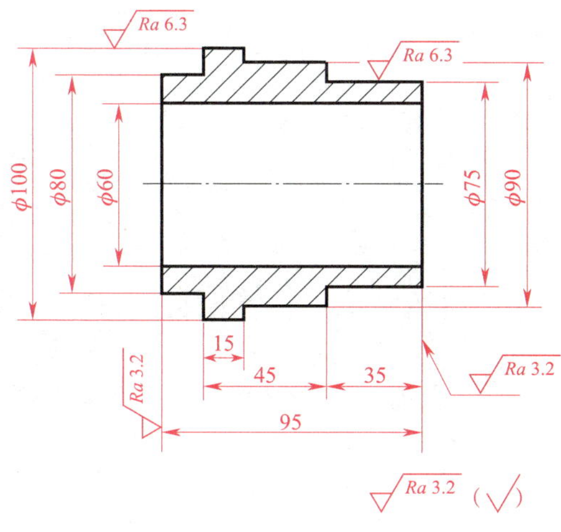

图 7-66 空心台阶轴

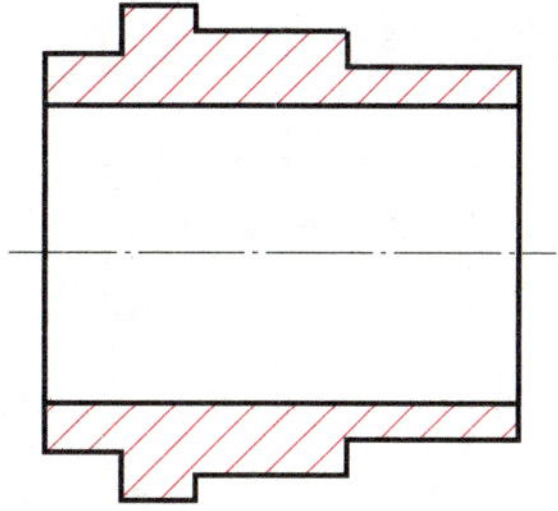

图 7-67 空心台阶轴的图形

（2）综合利用尺寸标注命令对上步所绘制的空心台阶轴进行相应的标注，结果如图 7-68 所示。

4. 创建表面结构代号块

（1）按照如图 7-69 所示尺寸绘制表面结构代号。

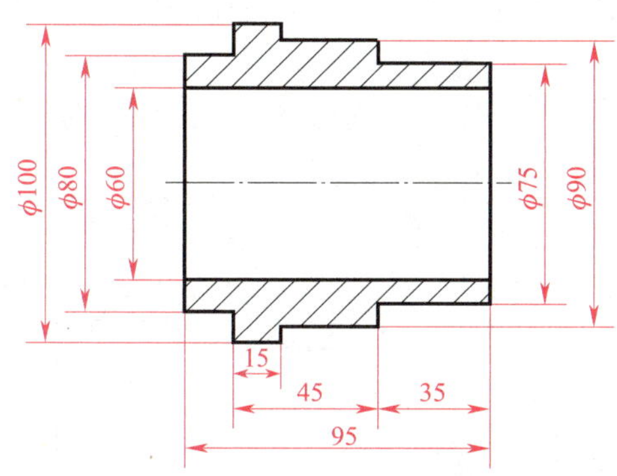

图 7-68 空心台阶轴尺寸标注结果

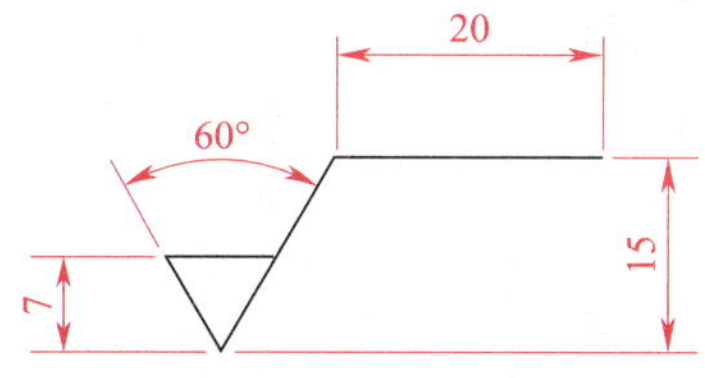

图 7-69 绘制表面结构代号

【提示】

表面结构代号的大小与附加标注的文字高度有关，具体可查阅有关国家标准。

（2）单击“默认”→“块”→“定义属性”按钮，弹出“属性定义”对话框。

（3）在“属性”选项组中，“标记（T）”文本框输入“FH”，“提示（M）”文本框输入“符号”，“默认（L）”文本框输入“Ra”；在“文字设置”选项组中，设置文字的对正方式为“左对齐”，“文字样式（S）”为“宋体”，“文字高度（E）”文本框输入“5”，如图 7-70 所示。

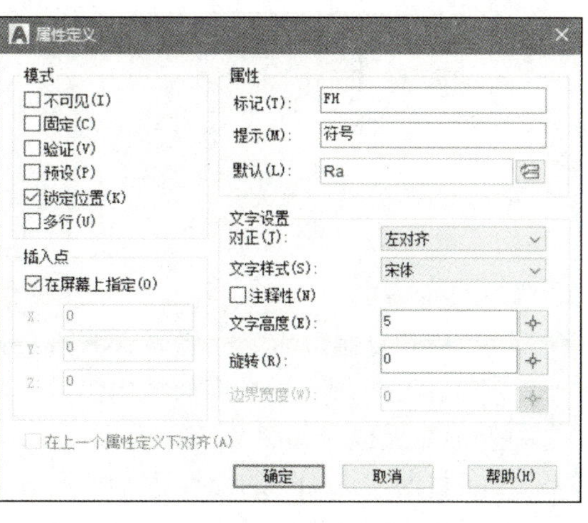

图 7-70 设置“符号”的“属性定义”参数

（4）单击“定义属性”对话框中的“确定”按钮，返回绘图区，并移动光标到适当位置，单击鼠标左键插入属性标记“FH”，如图 7–71 所示。

（5）重复“定义属性”命令，打开“属性定义”对话框。在“标记（T）”文本框输入“CSZ”，“提示（M）”文本框输入“参数值”，“默认（L）”文本框输入“6.3”，其他参数设置与图 7–70 相同。

（6）单击“定义属性”对话框中的“确定”按钮，返回绘图区。将属性标记“CSZ”放置在“FH”右侧，并与“FH”保持 1 个数字字符的间距，单击鼠标左键插入属性标记“CSZ”，如图 7–72 所示。

（7）将如图 7–73 所示对象创建成带属性的块，名为“表面结构代号”，基点选择三角形的下端点，如图 7–73 所示。

图 7–71　插入“FH”属性标记　　图 7–72　插入“CSZ”的属性标记　　图 7–73　“表面结构代号”块

5. 标注 ϕ100 mm 外圆柱面的表面结构代号

（1）单击“默认”→“块”→“插入”按钮，选择“表面结构代号”块，插入到尺寸“ϕ100”上方的尺寸界线上，如图 7–74 所示。此时的“Ra”为正体。

（2）单击“默认”→“块”→“编辑属性”→“单个”按钮，单击刚刚插入的块，将“Ra”修改为斜体，如图 7–75 所示。

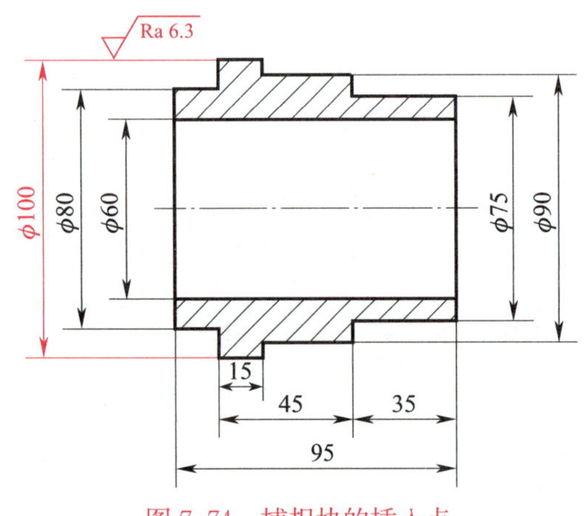

图 7–74　捕捉块的插入点

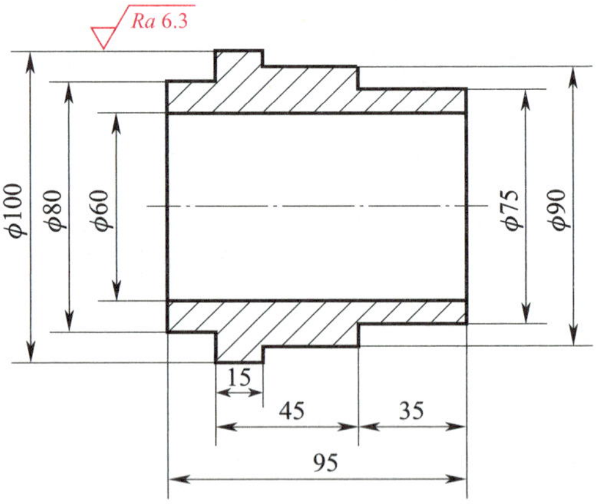

图 7–75　修改后的表面结构代号

6. 标注 ϕ75 mm 外圆柱面的表面结构代号

（1）用“复制”命令标注 ϕ75 mm 外圆柱面的表面结构代号

ϕ75 mm 外圆柱面的表面结构代号与 ϕ100 mm 外圆柱面的表面结构代号相同，可以用“复制”命令完成，如图 7–76a 所示。

（2）打断“ϕ90”的上尺寸界线

由于该表面结构代号与“ϕ90”的上尺寸界线重叠，需要将尺寸界线打断，具体方法是首先用“分解”命令将“ϕ90”的尺寸标注分解，然后用“打断”命令将上边的尺寸界线打断，如图 7–76b 所示。

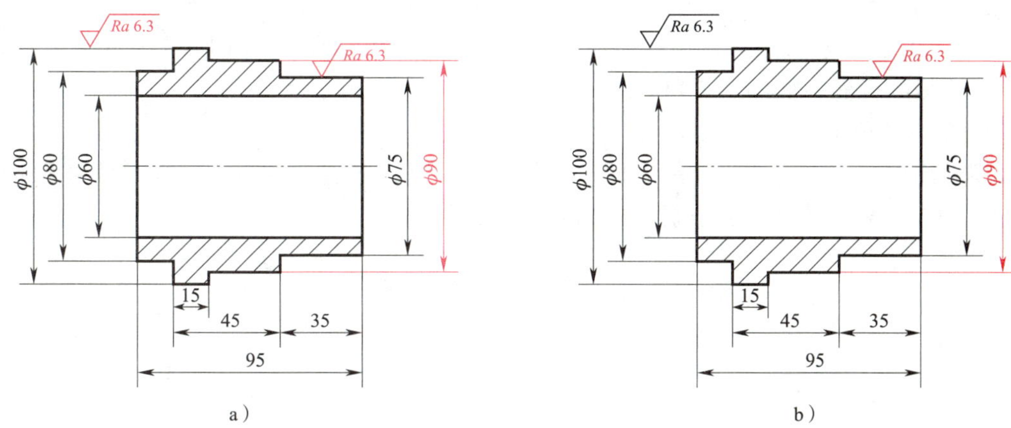

图 7–76　标注 ϕ75 mm 外圆柱面的表面结构代号

a）尺寸界线打断前　b）尺寸界线打断后

7. 标注零件左端面的表面结构代号

（1）单击“默认”→“块”→“插入”按钮，选择要插入的“表面结构代号”块。

（2）设置“旋转角度（R）”为 90°。

（3）将“表面结构代号”插入到尺寸“95”左侧的尺寸界线上。

（4）将参数值修改为“3.2”。

（5）将“Ra”修改为斜体，如图 7–77 所示。

8. 标注零件右端面的表面结构代号

（1）绘制引线

零件右端面的表面结构代号采用的是引线标注的方法，需要在零件右端轮廓线或其延长线上绘制一条引线，具体方法是在命令行中输入“LE（QLEADER）”后按回车键，启动“快速引线”命令。捕捉尺寸“95”右尺寸界线上的适当点，单击鼠标左键；向右下移动光标，单击鼠标左键，完成斜引线的绘制；水平移动光标到适当位置，单击鼠标左键，完成水平引线的绘制；单击鼠标右键或按下 ESC 键退出命令，完成没有附加文字的引线绘制，如图 7–78 所示。

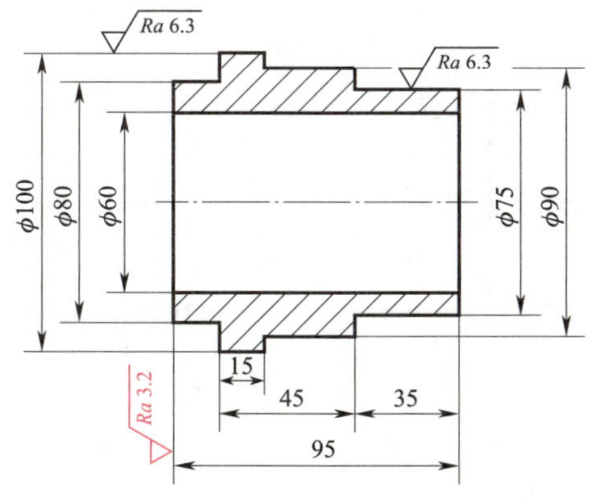

图 7–77　插入零件左端面的表面结构代号

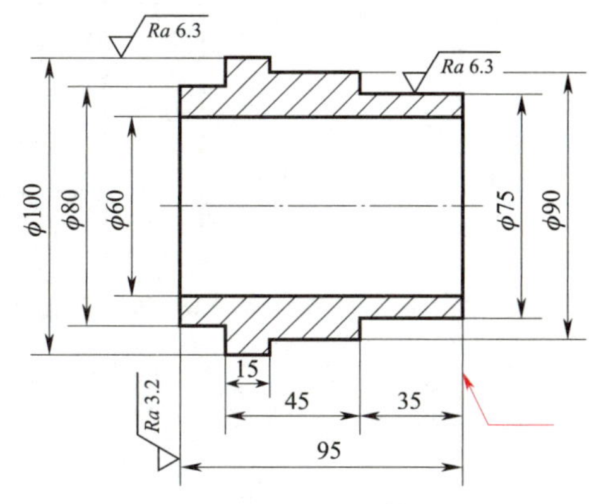

图 7–78　绘制引线

（2）绘制表面结构代号

零件右端面的表面结构代号与左端面相同，但方向不同。可以用“复制”和“旋转”命令完成该表面结构代号的标注。首先用“复制”命令将零件左端面的表面结构代号复制到水平引线上，如图 7–79 所示；然后用“旋转”命令将表面结构代号顺时针旋转 90°，完成该表面结构代号的标注，如图 7–80 所示。

9. 绘制其余表面的表面结构代号

该零件图上，除上述所标注的表面结构代号外，其余各表面的表面结构代号集中标注在图形的右下方。该符号由三部分组成，如图 7–81 所示。

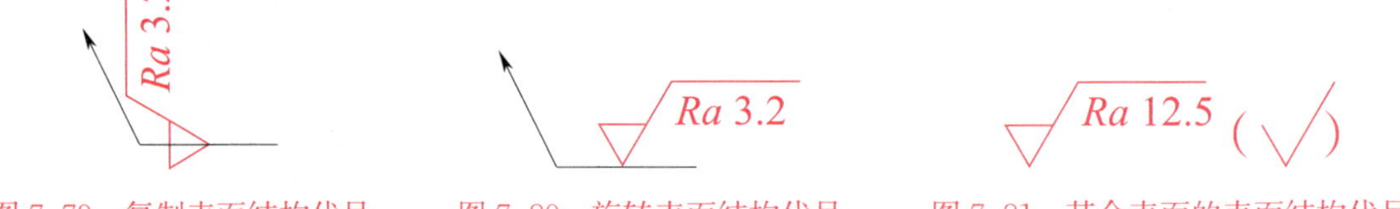

图 7–79　复制表面结构代号　　图 7–80　旋转表面结构代号　　图 7–81　其余表面的表面结构代号

如图 7–81 所示符号中，由于“表面结构代号”的基本符号发生变化，所以不能用前面创建的块进行插入和编辑，需要重新绘制，步骤如下。

（1）插入一个“表面结构代号”块，用“分解”命令将其分解，删除文字。

（2）将符号上部的横线拉长 5 mm，如图 7–82 所示。

（3）输入文字“*Ra* 12.5”，注意将“*Ra*”设置成斜体，如图 7–83 所示。

（4）绘制两段适当半径（*R*18 mm）的圆弧，如图 7–84 所示。

图 7–82　拉长表面结构代号上方的横线　　图 7–83　输入表面结构代号及数值　　图 7–84　绘制两段圆弧

（5）绘制两段圆弧之间的表面结构代号，如图 7–85 所示。至此，本图形绘制完成。

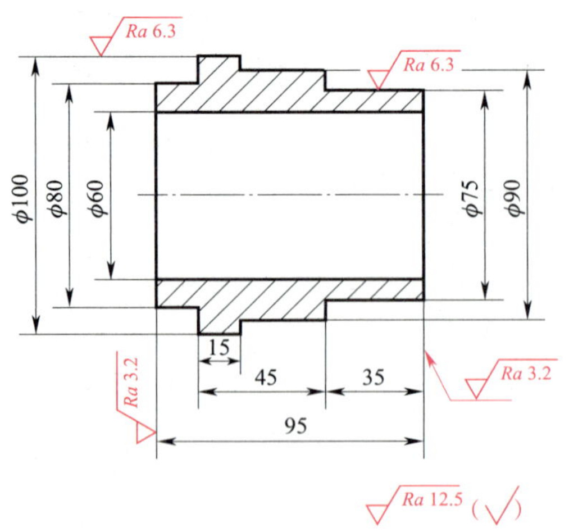

图 7–85　绘制其余表面的表面结构代号

第八章 绘制机械图样

§8-1 多重引线标注

引线标注是机械图样上经常采用的标注形式，如图 8-1 所示的小轴，中心孔就采用了引线标注。

一、引线标注的组成

引线标注一般由引线、基线和文字三部分组成，如图 8-2 所示。由于引线标注的文字位置不方便调整，在添加引线标注的文字时，建议采用“多行文字”进行录入。

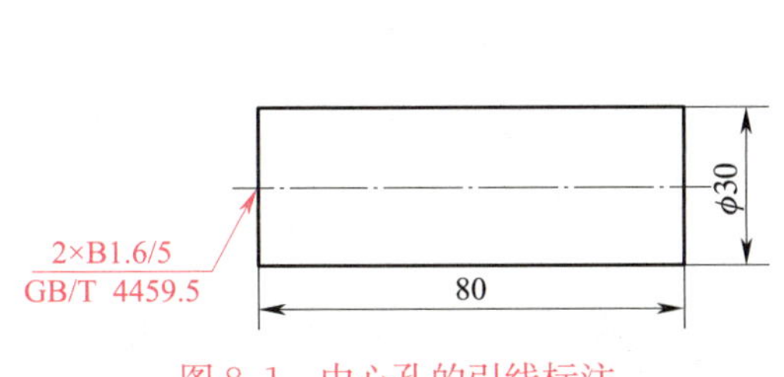

图 8-1 中心孔的引线标注

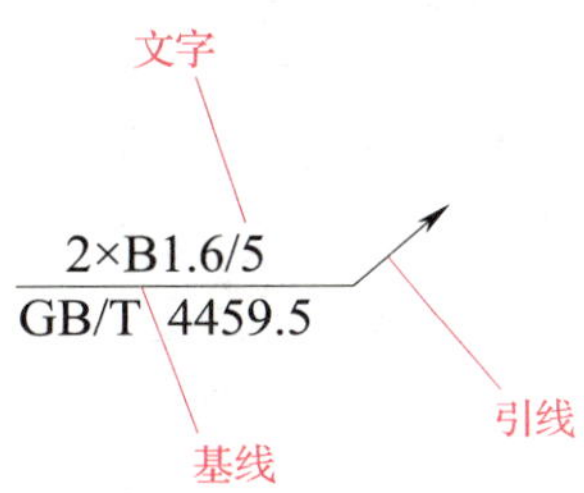

图 8-2 引线标注的组成

二、“多重引线”命令

1. 执行“多重引线”命令的方法

◇ 功能区：单击“默认”→“注释”→“引线”按钮；或者单击“注释”→“引线”→“多重引线”按钮。

◇ 菜单栏：选择“标注”→“多重引线”命令。

◇ 命令行：“MLEADER”。

2. 上机训练——绘制图形并标注

绘制如图 8-1 所示图形，并标注尺寸和中心孔标记。

（1）打开“制图样板”，新建图形文件。

（2）绘制图形并标注尺寸，如图 8-3 所示。

（3）将“细实线”图层设置为当前图层，单击“默认”→“注释”→“引线”按钮，系统给出如下提示。

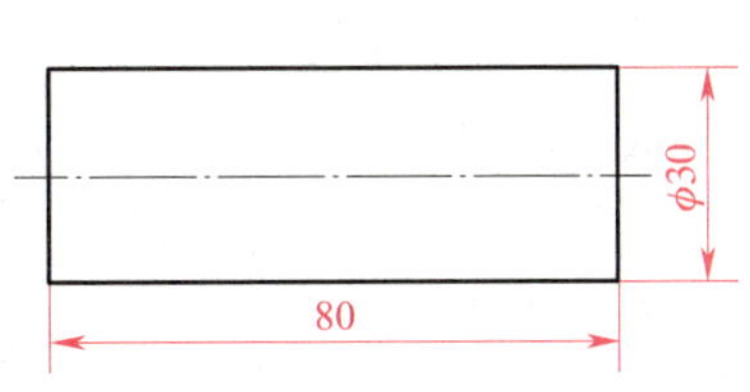

图 8-3 绘制图形并标注尺寸

```
命令：_mleader
指定引线箭头的位置或［引线基线优先（L）/ 内容优先（C）/ 选项（O）]<选项>：
                                          // 拾取左侧轮廓线与轴线的交点
指定引线基线的位置：              // 向左下移动光标到适当位置，单击鼠标左键
```

【提示】

此时绘制的引线箭头较小（0.18 mm），可打开“特性”对话框，修改引线箭头的大小，使其与尺寸线箭头大小相同（3.5 mm）。

引线标注的绘制结果如图 8–4 所示。

（4）拖动基线左侧的箭头向左移动到适当位置，如图 8–5 所示。

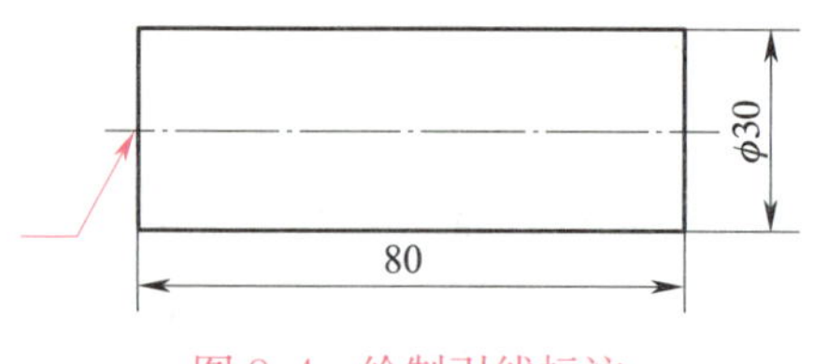

图 8–4　绘制引线标注

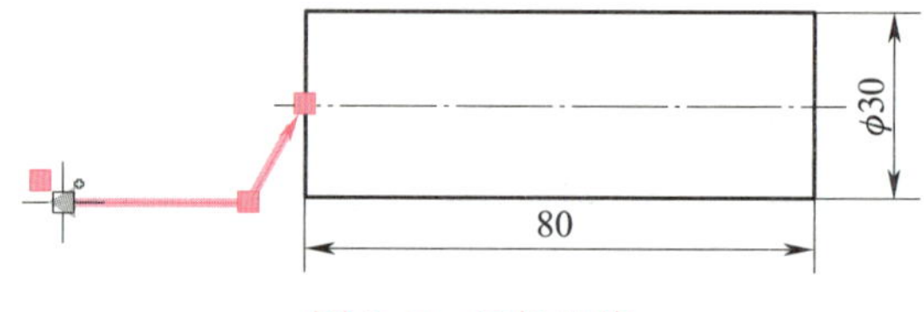

图 8–5　延长基线

（5）启动“多行文字”命令，录入文字，并将“对正”方式设置为“正中”，“段落对齐”格式设置为“居中”。录入完成后移动文字的夹点到基线的适当位置上，如图 8–6 所示。

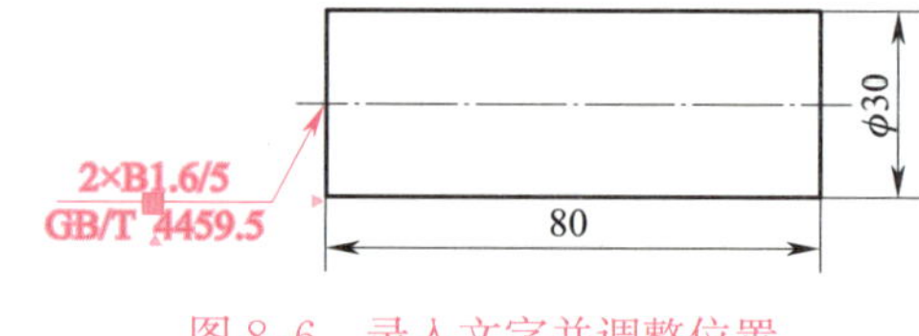

图 8–6　录入文字并调整位置

三、“多重引线样式”的设置

使用“多重引线样式”命令可以创建或修改多重引线的样式。

1. 启动“多重引线样式”命令的方法

◇ 功能区：单击“默认”→“注释”→“多重引线样式”按钮；或单击“注释”→“引线”右侧的斜箭头。

◇ 菜单栏：选择“格式”→“多重引线样式”命令。

◇ 命令行：“MLEADER”。

2. 上机训练——标注装配图的序号

计算机制图使用多重引线命令在如图 8–7a 所示滚动轴承装配图中标注零件序号如图 8–7b 所示。

※ 源文件：计算机制图——AutoCAD 2018 源文件 \ 第八章 \ 滚动轴承装配图

（1）创建多重引线样式

1）启动“多重引线样式”命令，系统打开“多重引线样式管理器”对话框，如图 8–8 所示。利用该对话框，用户可以新建、修改或删除多重引线样式。

2）单击“新建（N）”按钮，系统弹出“创建新多重引线样式”对话框。在“创建新多重引线样式”对话框的“新样式名（N）”文本框中输入新样式名“零件序号”，“基础样式（S）”选择“Standard”，如图 8–9 所示。

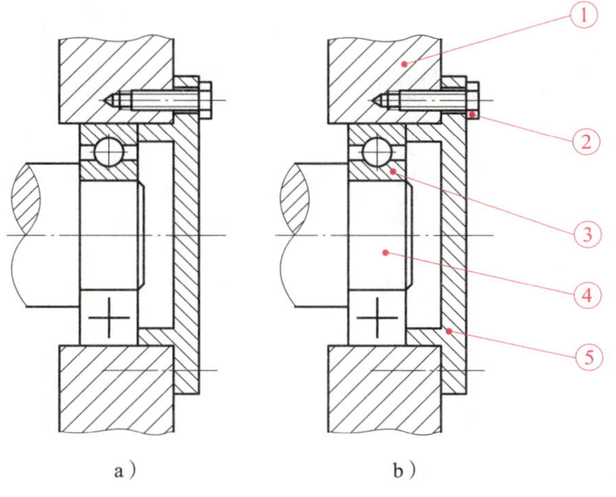

图 8-7　滚动轴承装配图

a）源文件　b）标注零件序号

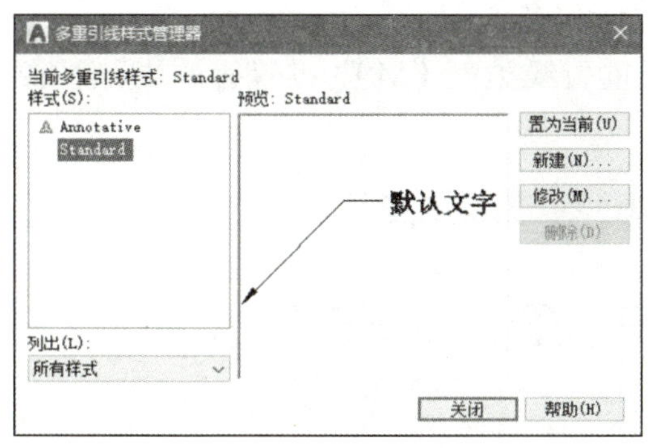

图 8-8　“多重引线样式管理器”对话框

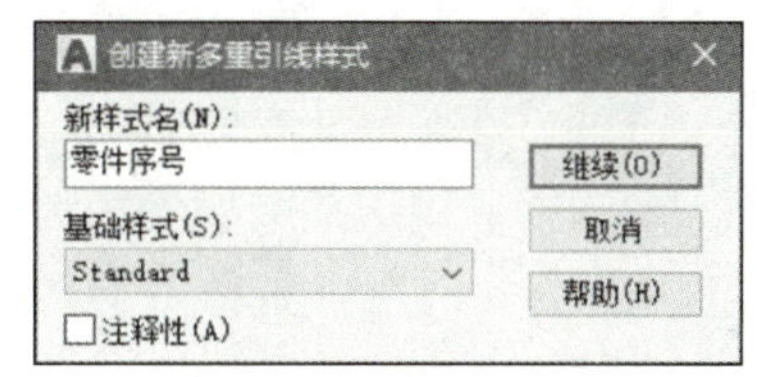

图 8-9　“创建新多重引线样式”对话框

3）单击“继续（O）”按钮，系统弹出“修改多重引线样式：零件序号”对话框，如图 8-10 所示。

4）在“引线格式”选项卡的“箭头”选项组中，“符号（S）”选择“点”选项，“大小（Z）”设置为“1.5”，如图 8-10 所示。

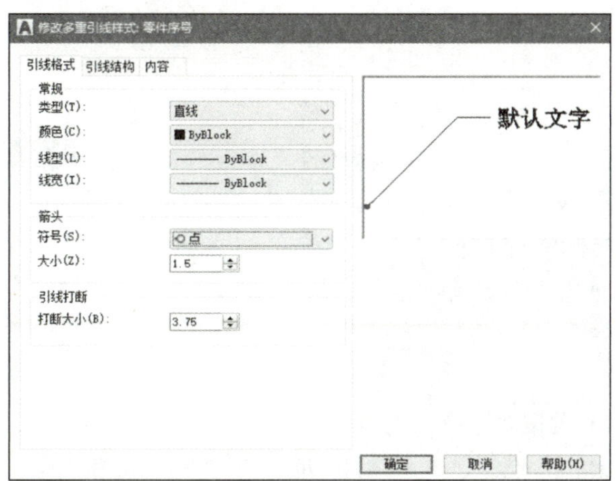

图 8-10　“修改多重引线样式：零件序号”对话框的“引线格式”选项卡

5）在“引线结构”选项卡，将“设置基线距离（D）”设置为“0”，如图 8–11 所示。

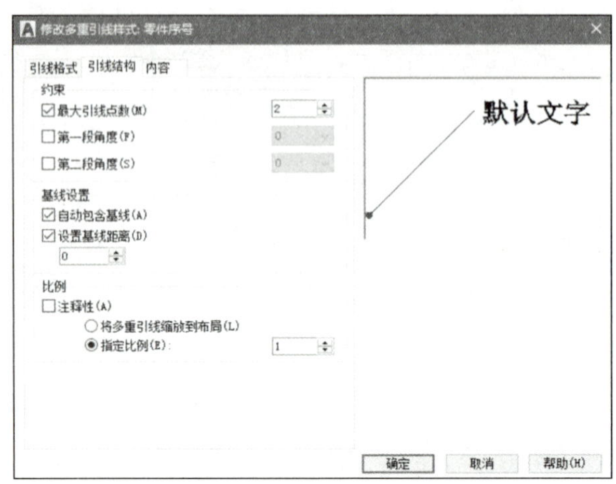

图 8–11 “引线结构”选项卡

6）在“内容”选项卡（图 8–12），将“多重引线类型（M）”设置为“块”，“源块（S）”设置为“○圆”。

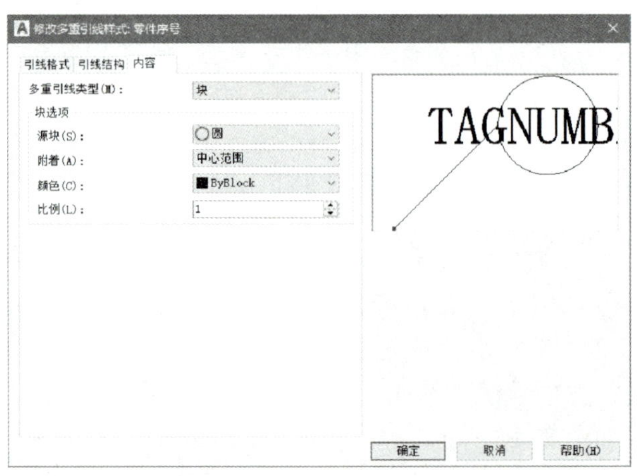

图 8–12 “内容”选项卡

7）其他各选项采用默认设置，单击“确定”按钮，完成“零件序号”多重引线标注样式的设置，并返回“多重引线管理器”对话框。“零件序号”的多重引线标注样式就呈现在“样式（S）”列表框中（图 8–13），单击“关闭”按钮，完成设置。

图 8–13 “零件序号”的多重引线标注样式

（2）标注零件序号

1）单击“默认”→“注释”→“引线”按钮，启动“多重引线”标注命令，系统给出如下提示。

```
命令：_mleader
指定引线箭头的位置或［引线基线优先（L）/ 内容优先（C）/ 选项（O）］<选项>：
                                   // 在箱体上的适当位置单击鼠标左键指定引线的起点
指定引线基线的位置：                 // 在绘图区适当位置单击鼠标左键指定引线的终点
指定基线距离 < 0.0000 >：            // 按回车键，打开“编辑属性”对话框（图 8-14）
```

2）在“输入标记编号”文本框中输入“1”，单击“确定”按钮，完成箱体的引线标注，如图 8-15 所示。

3）用同样的方法完成其他零件的引线标记，如图 8-16 所示。

图 8-14 “编辑属性”对话框

四、编辑多重引线对象

编辑多重引线对象的操作主要包括对齐多重引线、添加引线、删除引线和合并多重引线等。

1. 多重引线工具命令

在 AutoCAD 中，系统提供的常用多重引线工具命令见表 8-1。

2. 对齐并间隔排列选定的多重引线对象

（1）对齐并间隔排列选定的多重引线对象的步骤

1）单击“默认”→“注释”→“对齐”按钮。

2）选择要对齐的多重引线。

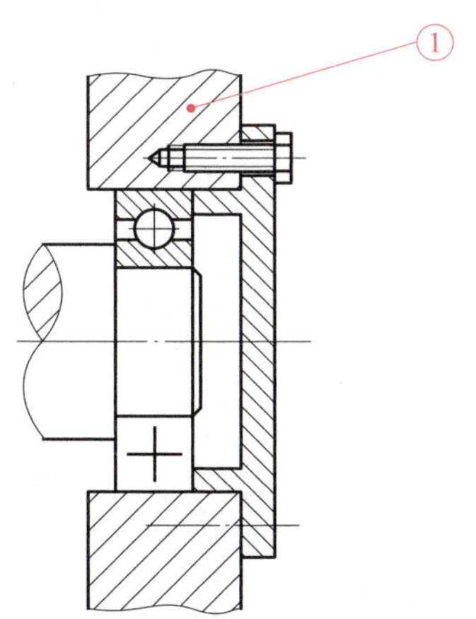

图 8-15 标注箱体的零件序号

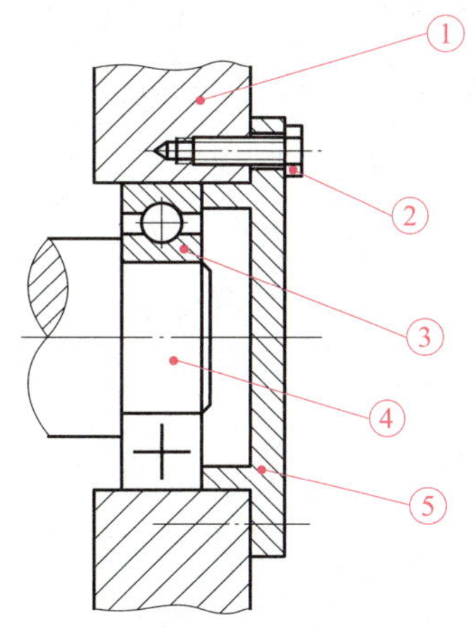

图 8-16 完成多重引线标注

表 8-1　常用多重引线工具命令

序号	命令	按钮	功能
1	多重引线		创建多重引线对象
2	添加引线		将引线添加至现有的多重引线对象

续表

序号	命令	按钮	功能
3	删除引线		将引线从现有的多重引线对象中删除
4	对齐		对齐并间隔排列选定的多重引线对象
5	合并		将包含块的选定多重引线组织整理到行或列中，并通过单引线显示结果
6	多重引线样式		创建和修改多重引线样式，用于控制多重引线的外观

3）再选择作为对齐基准的多重引线。

4）指定方向。

（2）上机训练——对齐多重引线标注

对齐如图 8-16 所示的多重引线标注。

单击“默认”→“注释”→“对齐”按钮。启动对齐引线标注命令，系统给出如下提示。

```
命令：_mleaderalign
选择多重引线：指定对角点：找到 4 个          // 选择引线标注“2”“3”“4”“5”
选择多重引线：                              // 按回车键
当前模式：使用当前间距
选择要对齐到的多重引线或［选项（O）］：        // 选择引线标注“1”
指定方向：                                  // 竖直移动光标，单击鼠标左键
```

对齐引线标注的结果如图 8-17 所示。

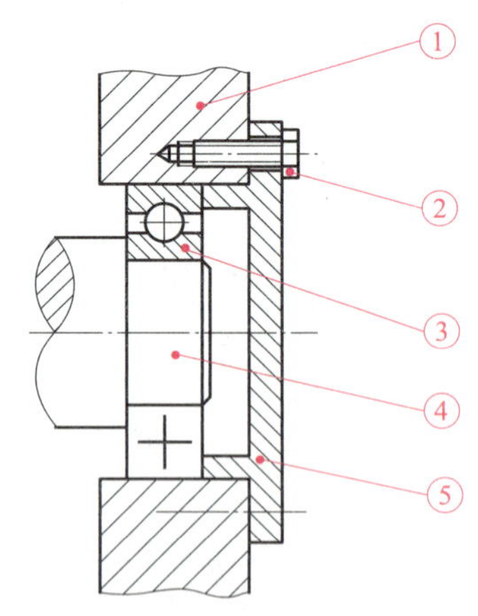

图 8-17　执行“对齐”命令后的结果

（3）“选项”命令的功能

在命令行出现“选择要对齐到的多重引线或［选项（O）］：”，输入“O”并按回车键即可激活“选项（O）”命令，系统给出如下提示。

选择要对齐到的多重引线或 [选项（O）]：O　　　　　　　　　　// 输入“O”，按回车键

输入选项 [分布（D）/ 使引线线段平行（P）/ 指定间距（S）/ 使用当前间距（U）] <指定间距>：

各“选项”命令的功能如下。

◇ 分布（D）：将内容在两个选定点之间均匀隔开。

◇ 使引线线段平行（P）：放置内容并使选定多重引线中的每条最后的引线线段均平行。

◇ 指定间距（S）：指定选定的多重引线内容范围之间的间距。

◇ 使用当前间距（U）：使用多重引线内容之间的当前间距。

3. 添加引线

（1）添加引线的步骤

1）单击“添加引线”按钮。

2）选择已经绘制的多重引线。

3）指定新添加引线箭头的位置，可以继续添加其他引线箭头。

4）按回车键完成命令。

（2）上机训练——标注表面结构代号

在如图 8–18a 所示端盖上添加表面结构代号的标注，如图 8–18b 所示。

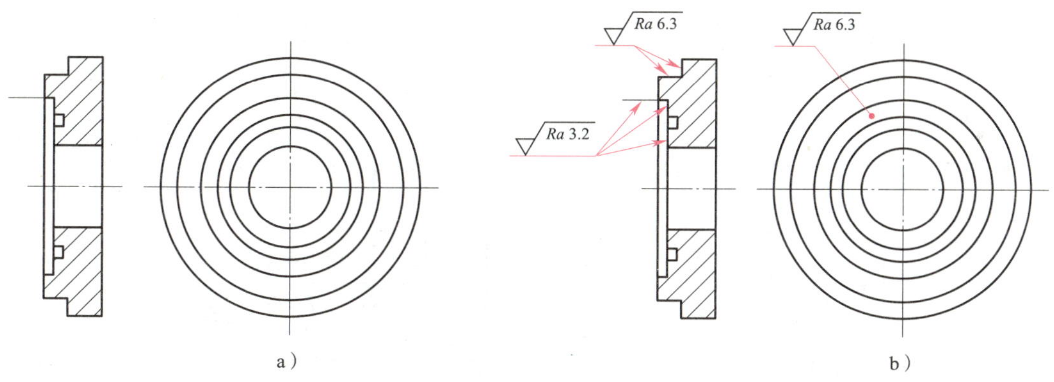

图 8–18　端盖

a）标注前　b）标注后

※ 源文件：计算机制图——AutoCAD 2018 源文件 \ 第八章 \ 端盖

1）创建主视图上的多重引线，如图 8–19 所示。

2）添加引线，如图 8–20 所示。

3）创建左视图上的多重引线，如图 8–21 所示。按“Ctrl+1”键打开“特性”对话框，选择左视图上的多重引线。在“特性”对话框的“引线”选项栏，将“箭头”选项修改为“点”，“箭头大小”修改为“1”，如图 8–22 所示。

4）插入表面结构代号的图块，如图 8–18b 所示。

4. 合并多重引线

合并多重引线是指将几个包含块的多重引线的标注内容合并成一行或一列，并使用一条引线进行标注，如图 8–23 所示。

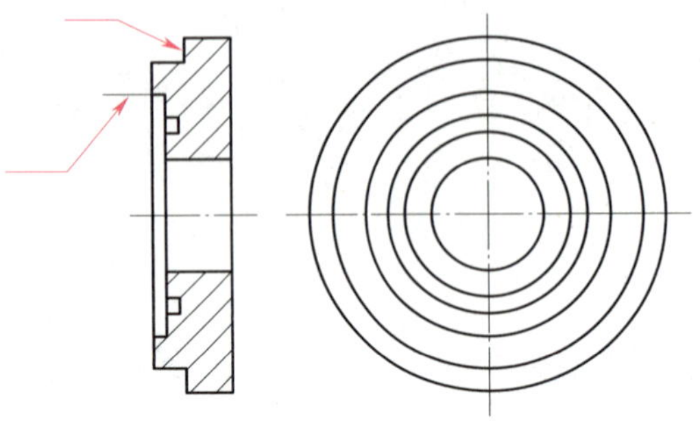

图 8-19　创建主视图上的多重引线

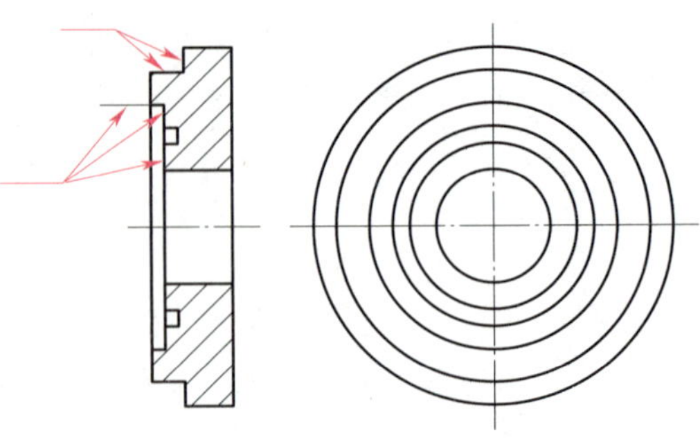

图 8-20　添加引线

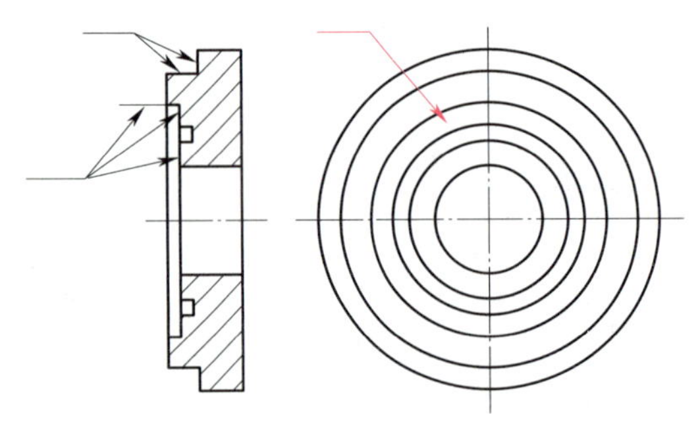

图 8-21　创建左视图上的多重引线

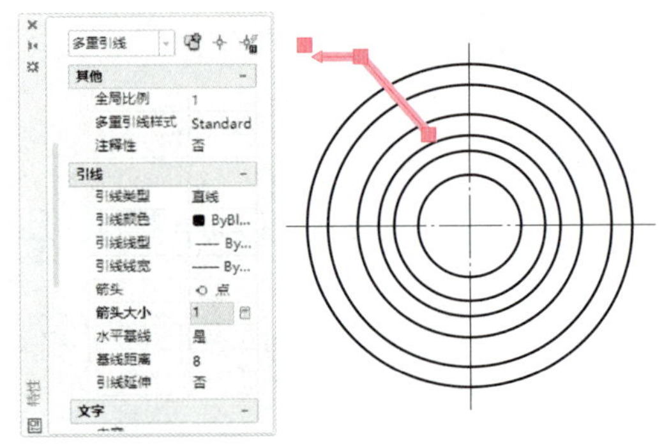

图 8-22　修改多重引线的箭头符号

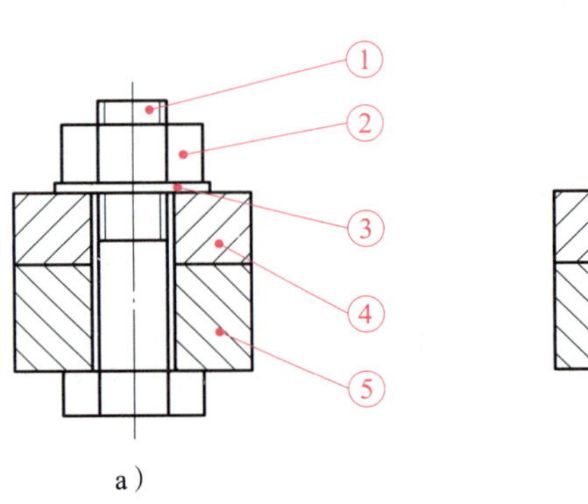

a）

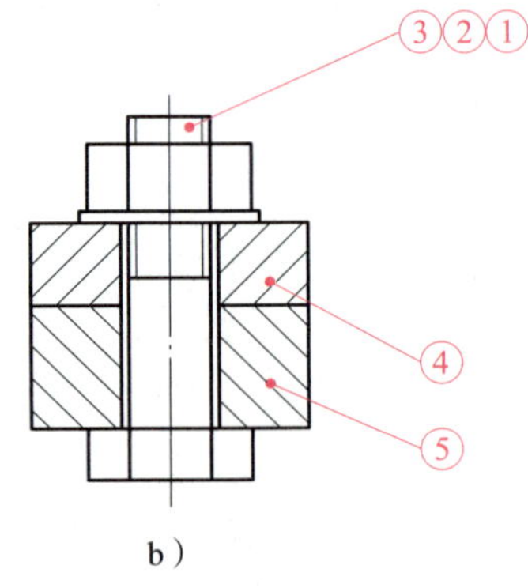

b）

图 8-23　合并多重引线

a）合并前　b）合并后

※ 源文件：计算机制图——AutoCAD 2018 源文件 \ 第八章 \ 合并多重引线

（1）合并多重引线对象的步骤

1）单击多重引线的“合并”按钮。

2）选择要合并成组的多重引线对象（要求多重引线的类型为块），按回车键。

3）指定所合并的多重引线的位置。在指定该放置位置之前，可以进行“垂直”“水平”或“缠绕”设置。

（2）上机训练——合并多重引线

将如图 8-23a 所示的多重引线标注合并成如图 8-23b 所示的结果。

单击多重引线的“合并”按钮，启动“合并”多重引线命令，系统给出如下提示。

```
命令：_mleadercollect
选择多重引线：指定对角点：找到 3 个                    // 选择多重引线“1”“2”“3”
选择多重引线：                                                        // 按回车键
指定收集的多重引线位置或［垂直（V）/ 水平（H）/ 缠绕（W）］<水平>：
                                                          // 在适当位置单击鼠标左键
```

（3）“合并”命令常用选项的功能

“指定收集的多重引线位置或［垂直（V）/ 水平（H）/ 缠绕（W）］<水平>”命令行常用选项的功能如下。

◇ 垂直（V）：用于将多重引线标注内容放置在一列或多列中。

◇ 水平（H）：用于将多重引线标注内容放置在一行或多行中。

5. 删除引线

将引线从现有的多重引线对象中删除的步骤如下。

（1）单击“删除引线”按钮。

（2）选择多重引线。

（3）选择要删除的一条引线，可以继续选择其他要删除的引线。

（4）按回车键结束命令。

读者可以用“上机训练——合并多重引线”中的图例进行练习。

§8-2 几何公差及基准的标注

一、几何公差的标注

几何公差由带箭头的引线和几何公差框格组成，如图 8-24 所示。几何公差框格一般由两个或三个矩形框格组成，第一个矩形框格内放置几何公差的类型符号，如位置度、平行度、垂直度等符号；第二个矩形框格包含公差值，可根据需要在公差值的前面添加直径符号；第三个矩形框格用于填写表示基准的字母及附加符号。

在 AutoCAD 2018 中标注几何公差的方法有两种，分别用于不带引线的几何公差标注和带引线的几何公差标注。

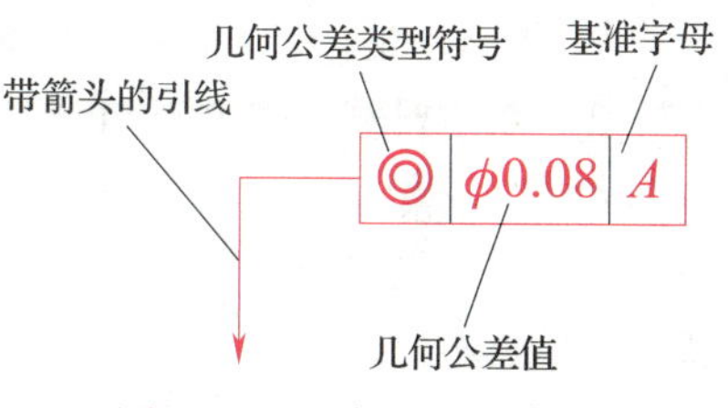

图 8-24 几何公差的组成

1. 不带引线的几何公差标注

（1）弹出不带引线的“形位公差”对话框的方法

◇ 功能区：单击“注释”→“标注”→“公差”按钮。

◇ 菜单栏：选择“标注”→“公差”命令。

◇ 命令行："TOL（或 TOLERANCE）"。

（2）对话框填写说明

执行"公差"命令，系统弹出"形位公差"对话框，如图 8-25 所示，对话框的操作步骤如下。

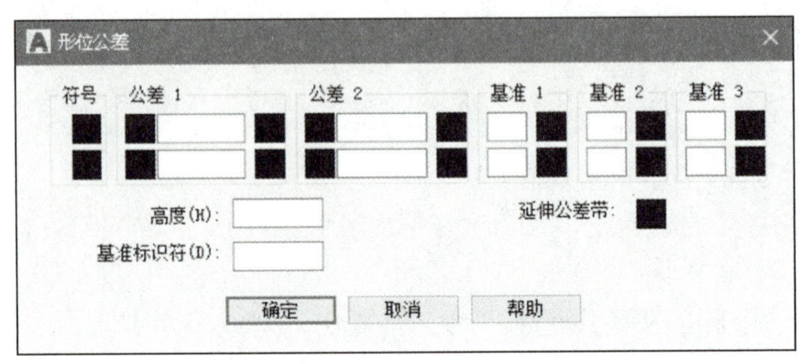

图 8-25 "形位公差"对话框

1）在"符号"选项区单击小黑框■，系统弹出"特征符号"对话框，如图 8-26 所示，通过该对话框可以选择几何公差符号。

2）在"公差 1"和"公差 2"选项区域中，在白色文本框可以输入几何公差值，单击文本框前面的小黑框■，系统会自动为公差值加上前缀"ϕ"，单击文本框后面的小黑框■，系统会弹出如图 8-27 所示"附加符号"对话框，通过此对话框可以选择附加符号。

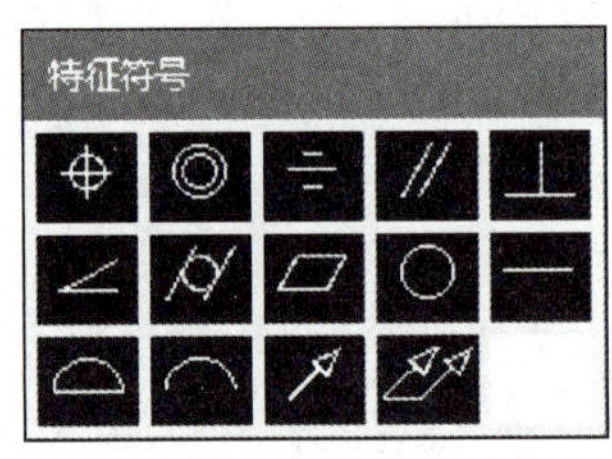

图 8-26 几何公差符号

图 8-27 "附加符号"对话框

3）在"基准"选项区域中，在白色文本框可以输入基准符号，单击文本框后面的小黑框■，系统也会弹出"附加符号"对话框，通过此对话框可以选择附加符号。

4）输入完毕，单击"形位公差"对话框（图 8-25）上的"确定"按钮，即可保存几何公差的设置。在命令行显示"输入公差位置"的提示下，在绘图区适当位置拾取一点，定位几何公差框格的位置。

（3）上机训练——创建不带引线的几何公差框格

创建如图 8-24 所示的几何公差框格（不带引线）。

1）启动"公差"命令，系统弹出"形位公差"对话框（图 8-25）。

2）在"符号"选项区单击小黑框■，系统弹出"特征符号"对话框（图 8-26），点击同轴度符号◎。

3）单击"公差 1"文本框前面的小黑框■，系统会自动为公差值加上前缀"ϕ"，如图 8-28 所示。

4）在文本框里输入公差值"0.08"，如图 8-28 所示。

5）在“基准 1”文本框里输入字母“A”，如图 8–28 所示。

6）在绘图区适当位置单击鼠标左键，插入已经设置好的几何公差框格（不带引线），如图 8–29 所示。

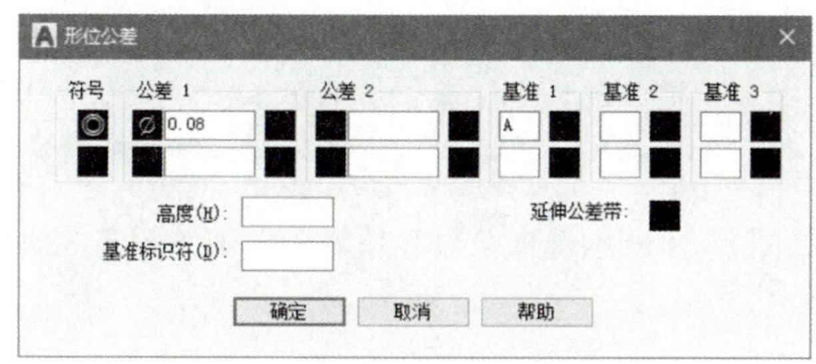

图 8–28　填写“形位公差”对话框

图 8–29　插入不带引线的几何公差框格

2. 带引线的几何公差标注

（1）绘制带引线的几何公差的方法

1）在命令行中输入“LE（或 QLEADER）”，启动“快速引线”命令。

2）当命令行提示“指定第一个引线点或［设置（S）］<设置>：”时，输入“S”并按回车键，系统弹出“引线设置”对话框，选择对话框“注释”选项卡中的“公差（T）”选项（图 8–30），然后单击“确定”按钮。

3）在命令行的提示下设置引线的位置，完成后系统会弹出“形位公差”对话框（图 8–25），输入公差参数，单击对话框中的“确定”按钮，即可标注带引线的几何公差。

（2）上机训练——创建带引线的对称度公差

创建如图 8–31 所示带引线的对称度公差。

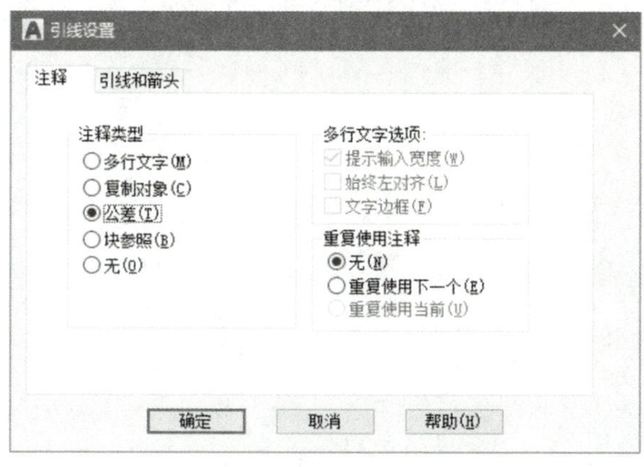

图 8–30　“引线设置”对话框

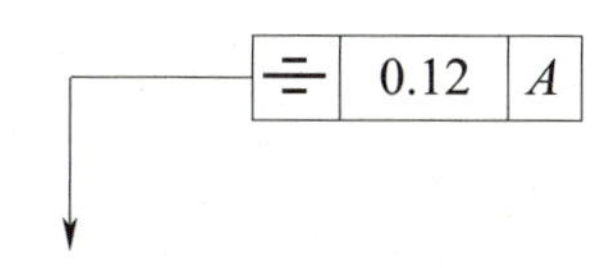

图 8–31　带引线的对称度公差

在命令行中输入“LE”，启动“快速引线”命令，系统给出如下提示。

```
命令：LE
QLEADER
指定第一个引线点或［设置（S）］<设置>：S
```

```
                        // 输入"S",按回车键,弹出"引线设置"对话框(图 8-30)。
                           单击"公差(T)"单选按钮,单击"确定"按钮,返回绘图区
指定第一个引线点或[设置(S)]<设置>:
                              // 在绘图区适当的位置单击鼠标左键指定引线的起点
指定下一点:                  // 竖直向上移动光标,单击鼠标左键,指定引线的终点
指定下一点:                  // 水平向右移动光标,单击鼠标左键,指定基线的终点
```

系统弹出"形位公差"对话框。按照如图 8-31 所示选择符号和填写公差值(图 8-32),单击"确定"按钮。绘制结果如图 8-31 所示。

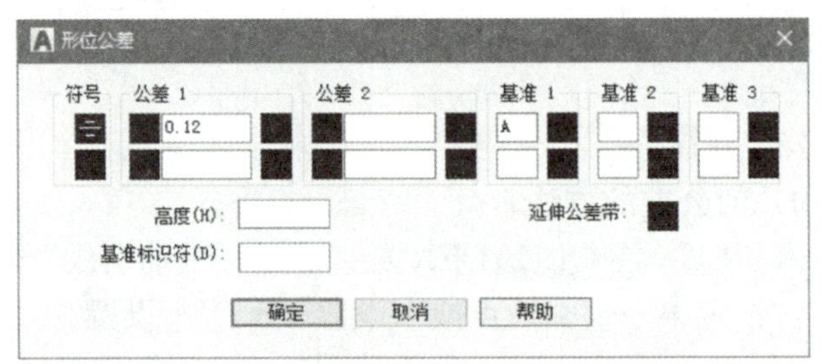

图 8-32 对称度的"形位公差"对话框

3. 绘制几何公差框格

AutoCAD 2018 自带的几何公差框格在许多情况下并不符合我国机械制图的相关规定,比如几何公差的图形符号、字母的正斜体形式等都和我国的标准有所不同。要想得到符合国家标准的几何公差框格,可以自行绘制,其尺寸参照如图 8-33 所示(尺寸非国家标准规定)。框格既可以用表格的形式绘制,也可用"直线"命令绘制。为方便使用,用户还可以将其创建成块。

二、基准符号

1. 基准符号的组成

基准符号如图 8-34 所示,由基准三角形、引线、方框和字母组成。

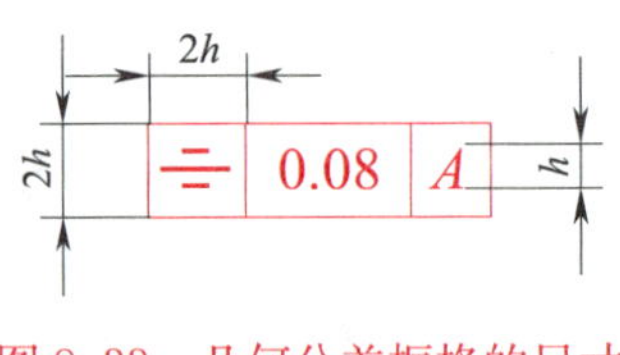

图 8-33 几何公差框格的尺寸

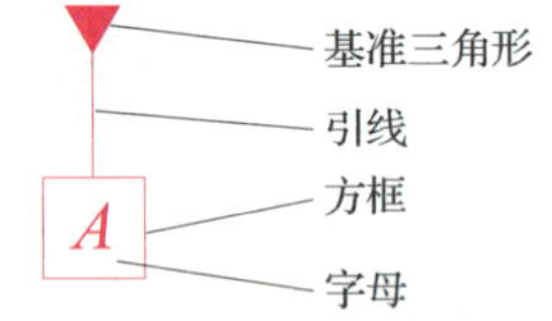

图 8-34 基准符号的组成

2. 上机训练——绘制基准符号

绘制如图 8-34 所示的基准符号。

(1)创建引线标注样式

启动"多重引线样式"命令,创建"基准符号"多重引线标注样式,具体设置如下。

1)在"引线格式"选项卡,将"符号(S)"设置为"实心基准三角形","大小(Z)"设置为"2.5",如图 8-35 所示。

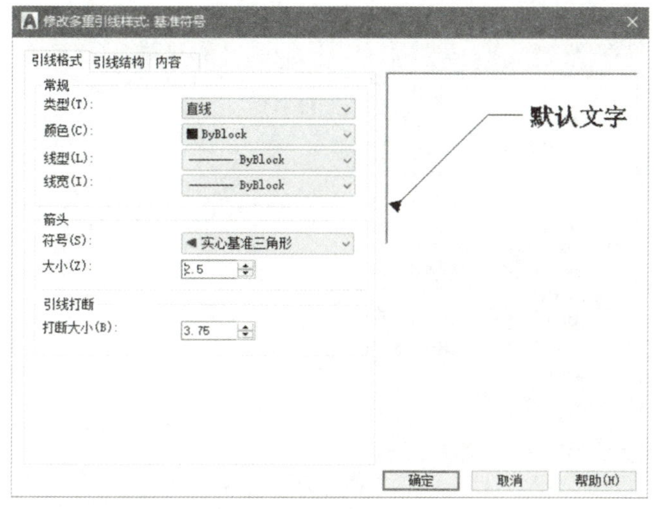

图 8-35　设置“符号（S）”和“大小（Z）”

2）在“引线结构”选项卡中，在“设置基线距离（D）”文本框中输入“0”，如图 8-36 所示。

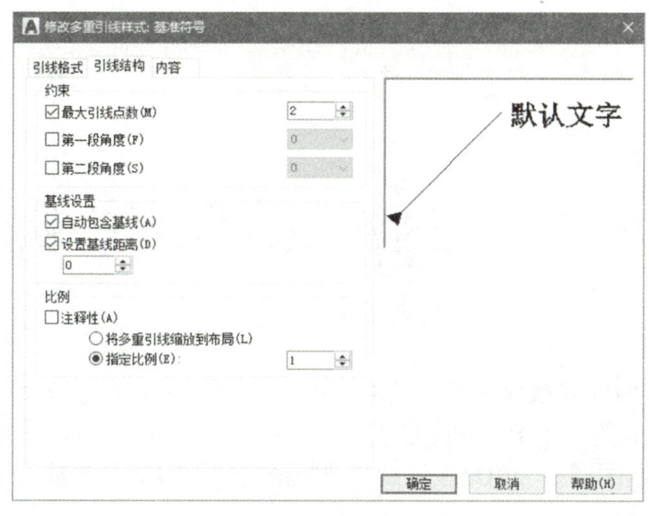

图 8-36　设置基线距离

3）在“内容”选项卡，将“文字高度（T）”设置为“3.5”，勾选“文字加框（F）”复选框，单击“垂直连接（V）”单选按钮，“连接位置—上（T）”和“连接位置—下（B）”都选择“居中”，“基线间隙（G）”设置为“1.75”（文字高度的一半），如图 8-37 所示。

（2）绘制基准符号

1）单击“默认”→“注释”→“引线”按钮，启动“多重引线”标注命令。

2）在绘图区单击指定一点作为引线的起点，向下拖动鼠标到适当位置，输入字母 *A*，并修改为斜体，按回车键基准符号的绘制结果如图 8-38 所示。

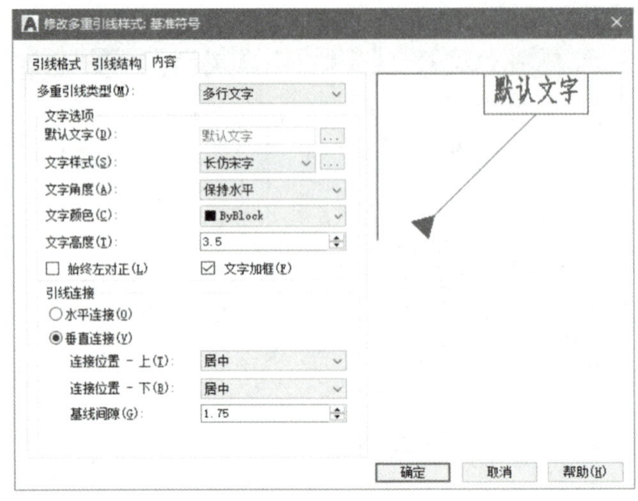

图 8-37　设置“内容”选项卡

图 8-38　用“多重引线”命令绘制的基准符号

§8-3　创建机械制图样板

在绘制机械图样时，要按照机械制图的有关要求设置图线的类型及宽度、字体的字型和字高、尺寸标注的形式等。本节将根据技术制图、机械制图及 CAD 工程制图的相关规定创建一个 A4 幅面的机械制图样板。用户在绘制其他幅面的图样时，在此基础上稍加修改即可。

一、选择基础样板

启动 AutoCAD 2018，打开“选择样板”对话框，单击“打开（O）”按钮右侧的箭头，单击“无样板打开 — 公制（M）”按钮，新建一个 AutoCAD 2018 的图形文件。

二、设置图形单位

图形单位设置的样式及参数见表 8-2。

表 8-2　　**图形单位设置的样式及参数**

长度		角度	
类型（T）	小数	类型（Y）	十进度数
精度（P）	0.0	精度（N）	0.0

注：其他选项和参数采用默认设置。

三、设置图层

图层的设置要使各种图线的线型和宽度符合技术制图和机械制图的相关规定，本图形样板各图层的名称、线型和宽度设置见表 8–3。为便于单色打印，本样板不再设置图层的颜色，用户可以根据需要进行设置。

表 8–3　　图层的名称、线型和宽度

名称	线型	宽度
粗实线	Continuous	0.5
细实线	Continuous	0.25
细虚线	ACAD_ISO02W100	0.25
细点画线	CENTER	0.25
细双点画线	JIS_09_08	0.25

四、设置文字样式

机械制图上的文字一般采用长仿宋字，设置长仿宋字的方法有两种，具体见表 8–4。本样板采用“仿宋”字体，宽度因子为“0.7”。为便于标注其他文字，将“Standard”字体样式修改为宋体。文字高度可以从 2.5 mm、3.5 mm、5 mm、7 mm 中选用，系统默认文字高度为 2.5 mm。为便于以后修改，不建议对文字高度进行设置。

表 8–4　　字体样式及参数设置

<table>
<tr><th>样式名称</th><th>字体名（F）</th><th>宽度因子（W）</th></tr>
<tr><td rowspan="2">长仿宋字</td><td>仿宋</td><td>0.7</td></tr>
<tr><td>汉仪长仿宋体</td><td>1</td></tr>
<tr><td>Standard</td><td>宋体</td><td>1</td></tr>
</table>

五、设置标注样式

常用尺寸类型主要有线性尺寸、角度尺寸、直径和半径尺寸等，其尺寸参数及样式设置见表 8–5。

表 8–5　　标注样式的尺寸参数及样式设置

<table>
<tr><th colspan="2">样式（S）</th><th>线性</th><th>角度</th><th>直径和半径</th></tr>
<tr><td rowspan="2">线</td><td>超出尺寸线（X）</td><td>2</td><td>2</td><td>2</td></tr>
<tr><td>起点偏移量（F）</td><td>0</td><td>0</td><td>0</td></tr>
<tr><td>符号和箭头</td><td>箭头大小（I）</td><td>3.5</td><td>3.5</td><td>3.5</td></tr>
<tr><td rowspan="4">文字</td><td>文字样式（Y）</td><td>长仿宋字</td><td>长仿宋字</td><td>长仿宋字</td></tr>
<tr><td>文字高度（T）</td><td>3.5</td><td>3.5</td><td>3.5</td></tr>
<tr><td>从尺寸线偏移（O）</td><td>1</td><td>1</td><td>1</td></tr>
<tr><td>文字对齐（A）</td><td>与尺寸线对齐</td><td>水平</td><td>ISO 标准</td></tr>
<tr><td>调整</td><td>调整选项（F）</td><td>文字和箭头
（最佳效果）</td><td>文字和箭头
（最佳效果）</td><td>文字</td></tr>
</table>

六、设置多重引线样式

在零件图和装配图中，多重引线主要是用于标注中心孔的引线、基准符号的引线、几何公差的引线、表面结构代号的引线和零件序号的引线等。多重引线样式的参数及样式设置见表 8–6。在设置多重引线样式时，不建议对其参数进行过多设置。对应不同样式的多重引线，可以在绘制完成后，在“特性”对话框中修改，也可以在绘图过程中针对某种引线标注进行设置。本样板只设置一种最普通的指引线的样式。

表 8–6　多重引线样式的参数及样式设置

多重引线样式名	指引线		
引线格式	箭头	符号（S）	实心闭合
		大小（Z）	3.5
引线结构	基线设置	设置基线距离（D）	8
内容	文字选项	文字样式（S）	长仿宋字
		文字高度（T）	3.5

七、设置表格样式

在机械图样中，需要绘制的表格主要有标题栏和明细表。标题栏和明细表表格样式的参数及样式设置见表 8–7。

表 8–7　标题栏和明细表表格样式的参数及样式设置

表格样式名称	标题栏和明细表		
常规	特性	对齐（A）	正中
	页边距	水平（Z）	1
		垂直（V）	1
文字	特性	文字样式（S）	长仿宋字
		文字高度（I）	3.5

八、绘制图框

A4 幅面的图框格式及尺寸如图 8–39 所示，其他幅面的图框格式可以查阅有关国家标准。按照如图 8–39 所示形状和尺寸绘制图框，如图 8–40 所示。

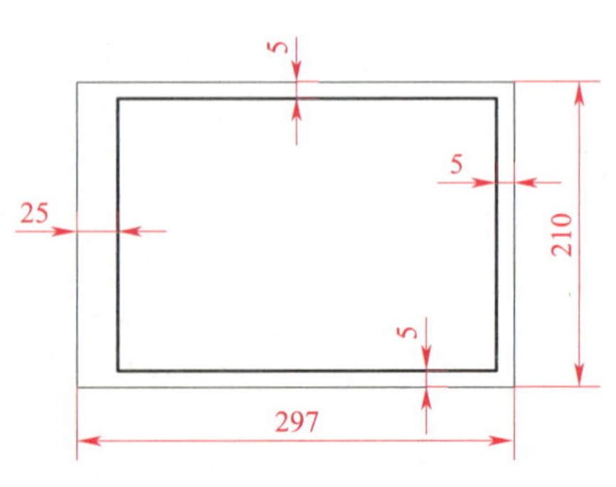

图 8–39　A4 幅面的图框格式及尺寸

九、绘制标题栏

按照如图 4–73 所示格式及尺寸绘制标题栏，如图 8–40 所示。

十、保存样板文件

（1）单击“保存”按钮，弹出“图形另存为”对话框。

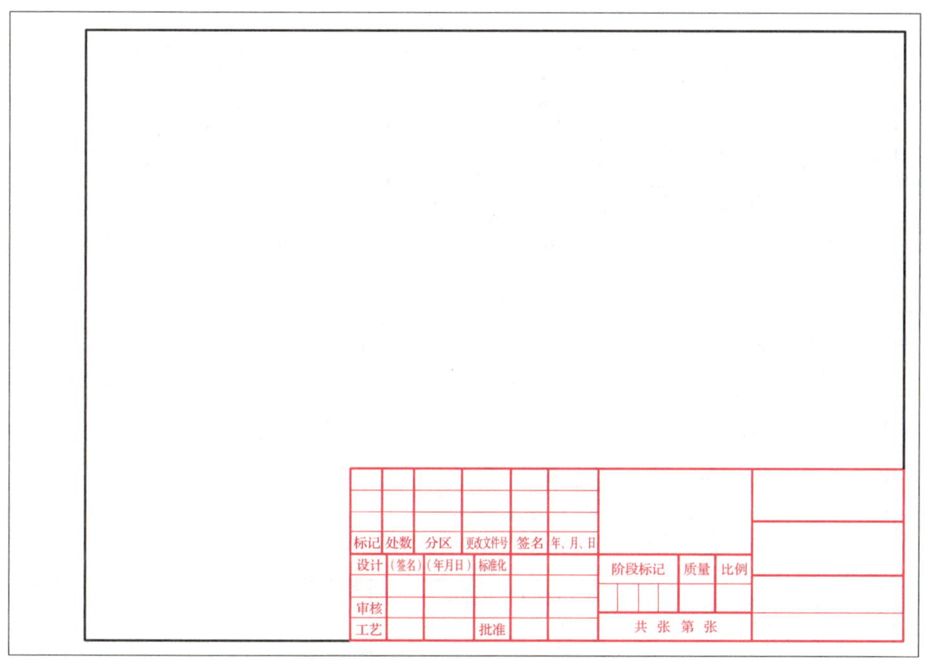

图 8-40　绘制图框和标题栏

（2）在“文件名（N）”文本框输入“制图样板（A4）”，在“文件类型（T）”格式栏中选择“AutoCAD 图形样板（.dwt）”格式。

（3）单击“保存（S）”按钮，将该文件保存为图形样板。

§8-4　绘制零件图

表达零件的形状结构、尺寸和技术要求的图样称为零件图。如图 8-41 所示为齿轮减速器中输出轴的零件图。

在输出轴的零件图中，有表达形状的主视图和两个断面图，有表达零件大小的尺寸，有在图上标注的尺寸公差、几何公差和表面结构要求等，还有用文字书写的技术要求，以及标题栏等内容。绘制零件图的一般步骤如下。

（1）确定绘图比例和图幅。

（2）创建图形文件。

（3）绘制图形。

（4）标注尺寸。

（5）标注尺寸公差、几何公差和表面结构要求。

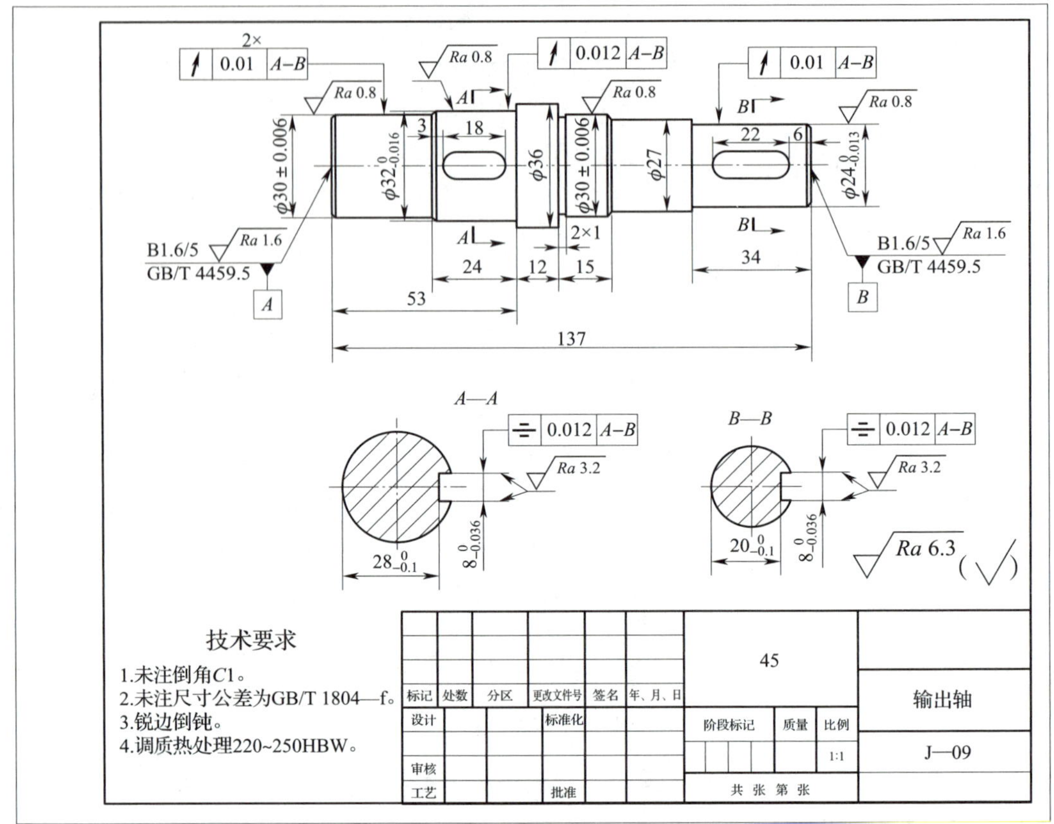

图 8–41 输出轴零件图

（6）标注用文字说明的技术要求。

（7）填写标题栏。

本节将以绘制如图 8–41 所示输出轴的零件图为例分析绘制零件图的一般方法和步骤。

一、新建图形文件

打开“制图样板（A4）”，新建图形文件，如图 8–40 所示。

二、绘制图形

绘制图形时，既可以在图框内绘制，也可以在图框外绘制完成后再移动到图框内。绘制图形的方法有很多，应综合应用前面所学绘图方法，优化绘图步骤。

1. 绘制轴线

（1）单击“默认”→“特性”右侧的斜箭头，弹出“特性”对话框。在“常规”选项卡的“线型比例”文本框内输入“0.3”。

（2）将“细点画线”图层设置为当前图层，绘制一条水平方向的细点画线，如图 8–42 所示。

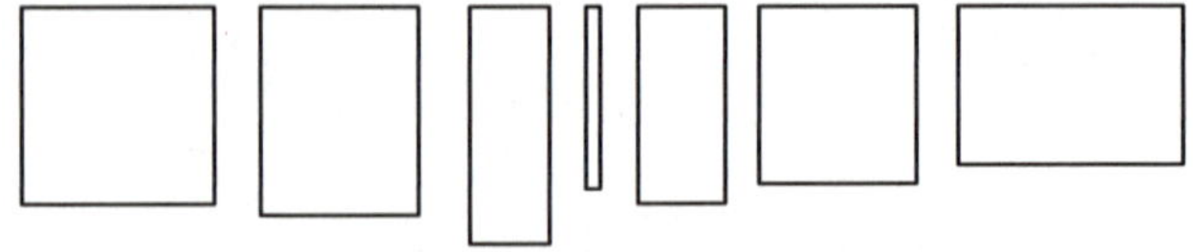

图 8–42 绘制轴线和主视图的主要外轮廓

2. 绘制主视图的主要外轮廓

（1）将“粗实线”图层设置为当前图层。启动“矩形”命令，按照如图 8-41 所示的尺寸绘制一组矩形，如图 8-42 所示。

（2）移动矩形的中心到轴线上，并将各矩形拼合在一起，如图 8-43 所示。

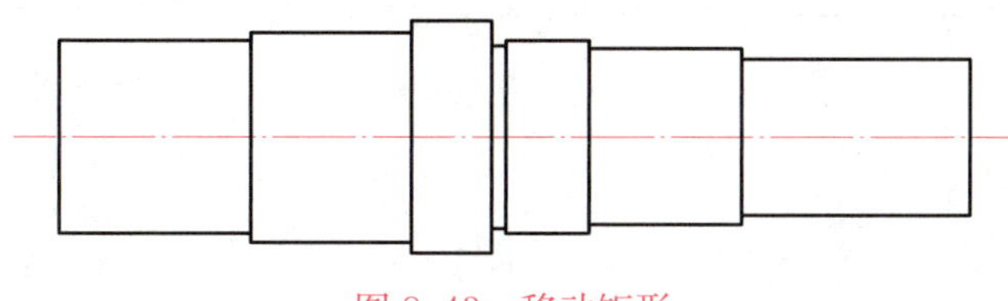

图 8-43　移动矩形

（3）先给轴线添加“固定”约束，然后给整个图形添加“自动约束”，如图 8-44 所示。添加约束的目的是为了防止在绘制键槽轮廓时已绘制的图形发生变化。

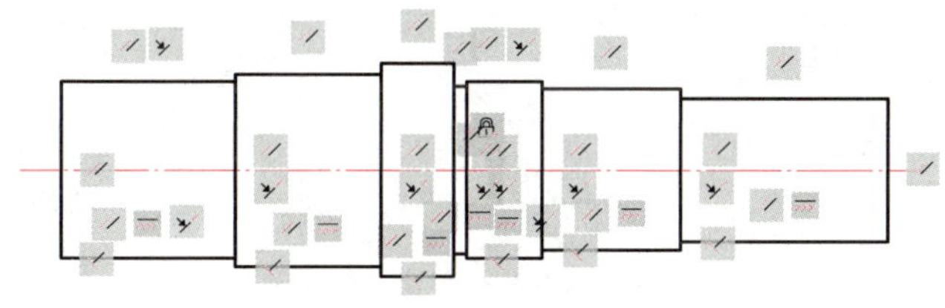

图 8-44　添加几何约束

3. 绘制主视图上的键槽

（1）绘制左侧键槽

1）启动“多段线”命令，在主视图上绘制左侧键槽的大致轮廓，如图 8-45 所示。

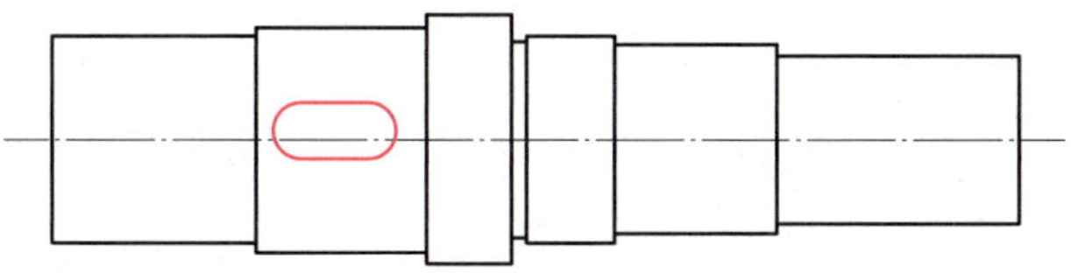

图 8-45　绘制左侧键槽的大致轮廓

2）启动“自动约束”命令，对键槽轮廓进行自动约束。启动“对称”几何约束命令，约束键槽相对轴线对称，如图 8-46 所示。

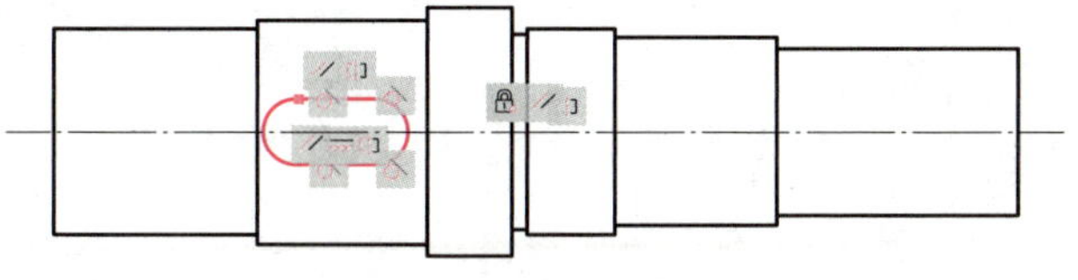

图 8-46　约束键槽与轴线对称

3）利用“线性”标注约束命令，约束左侧键槽的尺寸与图 8-41 上的尺寸一致，如图 8-47 所示。在进行尺寸约束时，要先约束键槽的大小，再约束键槽的位置。约束键槽的位置时，要选择轴颈的左侧轮廓线的中点作为第一个约束点。

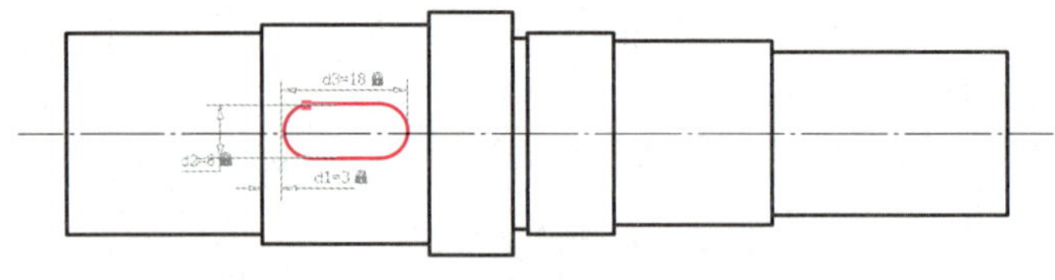

图 8-47　约束左侧键槽的尺寸

（2）绘制右侧键槽

复制左侧键槽到右侧，然后约束其尺寸与图 8-41 上的尺寸一致，如图 8-48 所示。

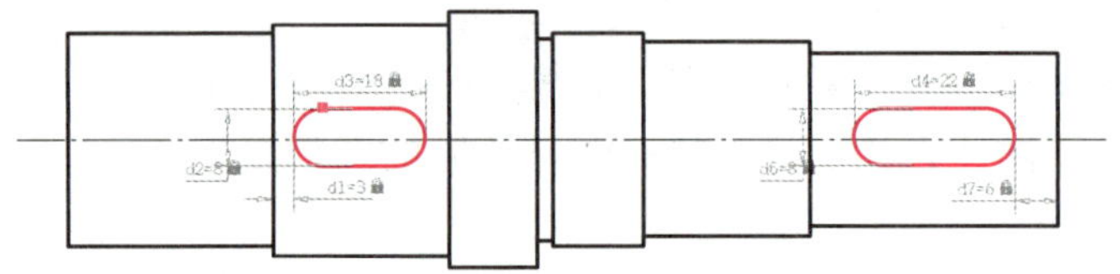

图 8-48　完成主视图上的键槽绘制

4. 绘制断面图

（1）绘制 *A*—*A* 断面图

1）将“细点画线”图层设置为当前图层，启动“直线”命令，绘制对称中心线，如图 8-49a 所示。

2）将“粗实线”图层设置为当前图层，启动“圆”命令，绘制直径为 32 mm 的圆，如图 8-49b 所示。

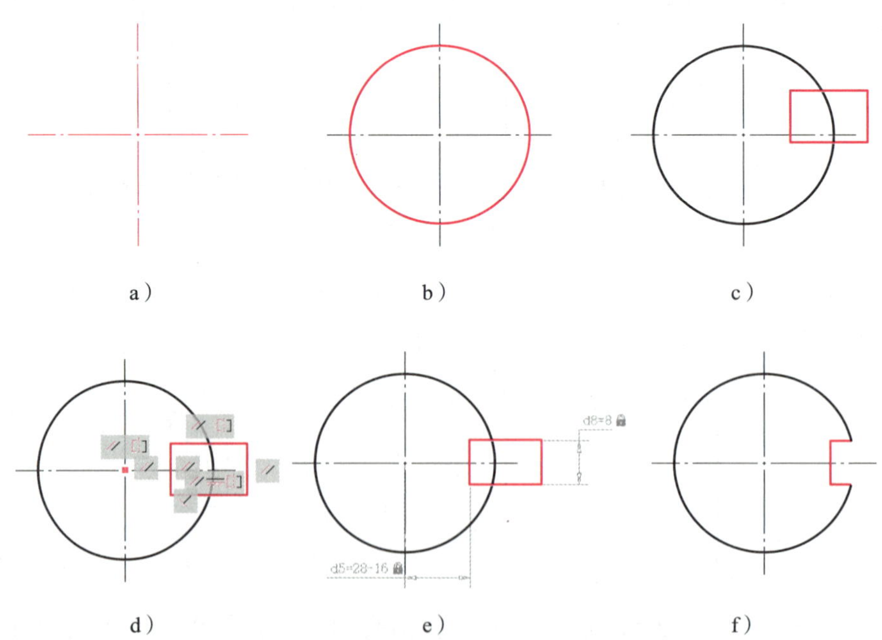

图 8-49　绘制 *A*—*A* 断面图

a）绘制中心线　b）绘制圆　c）绘制矩形　d）对称矩形　e）约束矩形尺寸　f）修剪多余图线

3）绘制一个矩形，尺寸与键槽尺寸相差不要太大，如图 8-49c 所示。

4）利用“自动约束”约束图形，利用“对称”约束使矩形相对于水平中心线对称，如图 8-49d 所示。

5）用标注约束命令约束键槽的尺寸与图 8-41 一致，如图 8-49e 所示。

6）利用“修改”和“删除”命令修剪多余图线，如图 8-49f 所示。

（2）绘制 *B—B* 断面图

1）复制 *A—A* 断面图，如图 8-50a 所示。

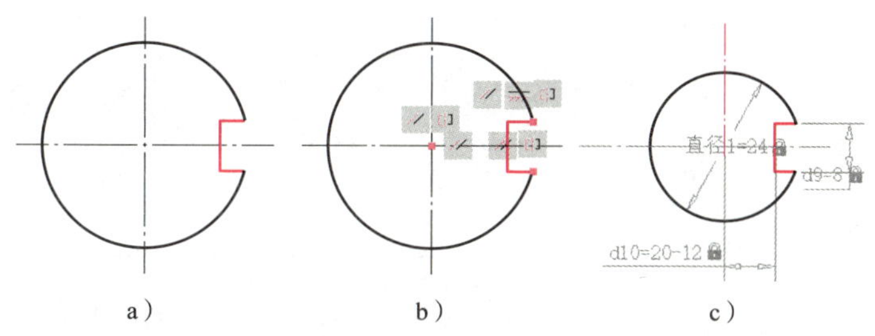

图 8-50　绘制 *B—B* 断面图

a）复制 *A—A* 断面图　b）添加几何约束　c）添加尺寸约束

2）利用“自动约束”命令约束断面图，利用“对称”约束命令约束键槽相对水平中心线对称，如图 8-50b 所示。

3）利用尺寸约束命令约束断面图的尺寸与图 8-41 一致，如图 8-50c 所示。

（3）填充剖面线

将“细实线”图层设置为当前图层，启动“填充”命令，分别在 *A—A* 和 *B—B* 断面图上填充剖面线，如图 8-51 所示。

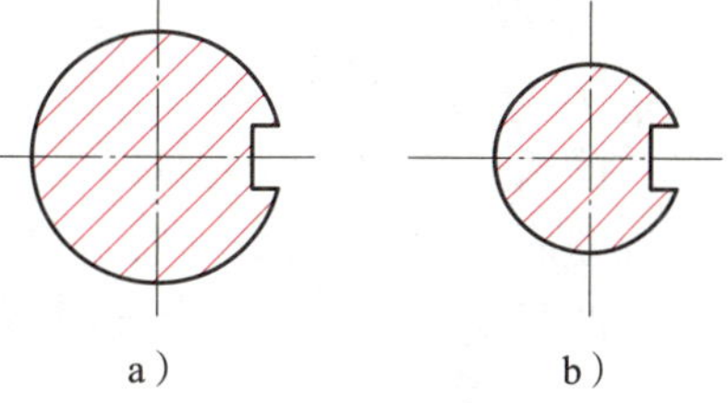

图 8-51　分别填充剖面线

a）给 *A—A* 填充剖面线

b）给 *B—B* 填充剖面线

5. 绘制图形小结构

图形的小结构一般是指图形上的倒角和圆角，它们一般是在图形基本绘制完成后进行绘制。主视图两端倒角的绘制结果如图 8-52 所示。

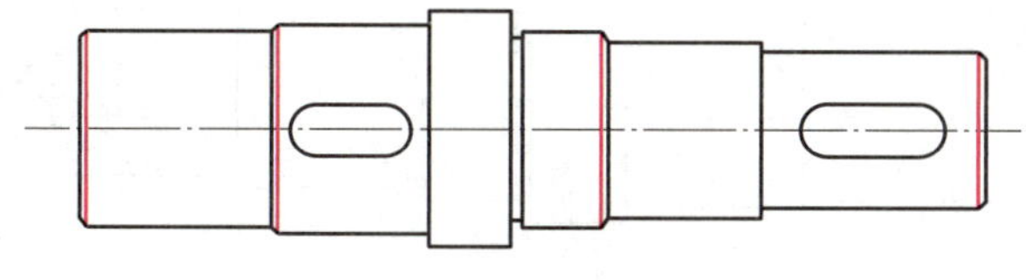

图 8-52　绘制倒角

6. 整理图形

（1）检查图形绘制是否正确。

（2）删除几何约束和标注约束。

（3）调整图形在图框中的位置。

（4）调整细点画线超出图形的长度。

整理图形的结果如图 8-53 所示。

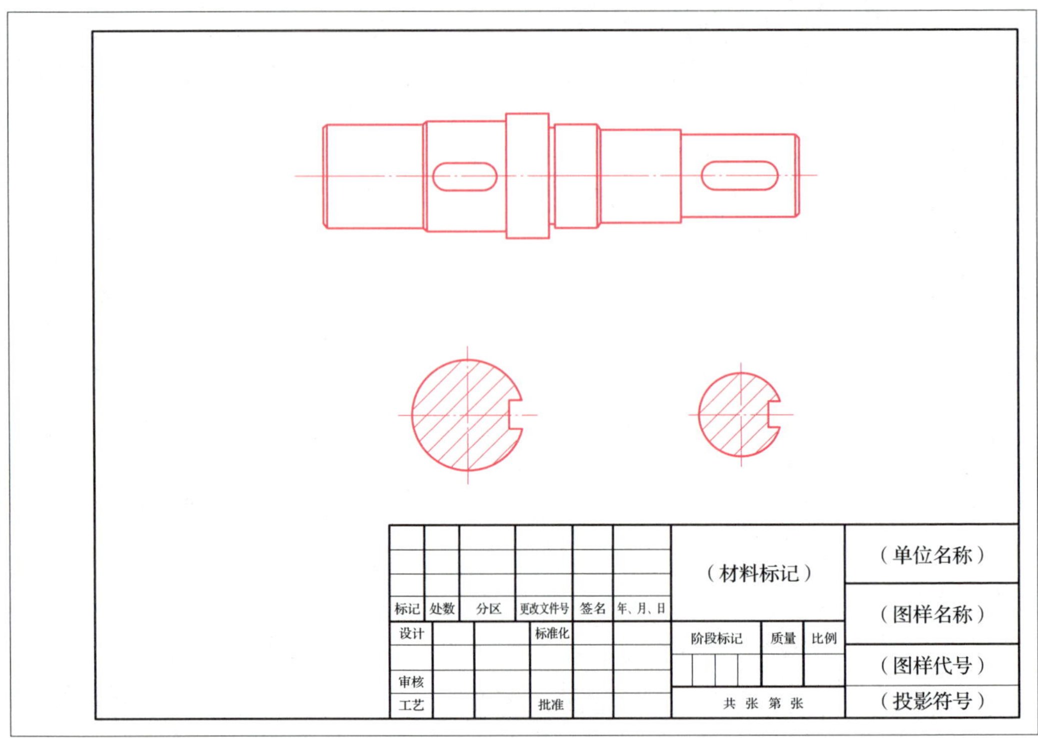

图 8–53 整理图形

三、标注尺寸

根据尺寸的类型选择标注样式和尺寸标注命令，标注零件图的尺寸。在标注尺寸时，如发现图形位置不合适，可以随时调整。标注尺寸时，若发现尺寸标注的数值与图 8–41 不一致，说明绘图有错误，要及时修改。标注尺寸的步骤如下。

1. 标注轴颈长度

将“细实线”图层设置为当前图层，将“线性”标注样式设置为当前标注样式，启动“线性”命令，标注各轴颈的长度，如图 8–54 所示。

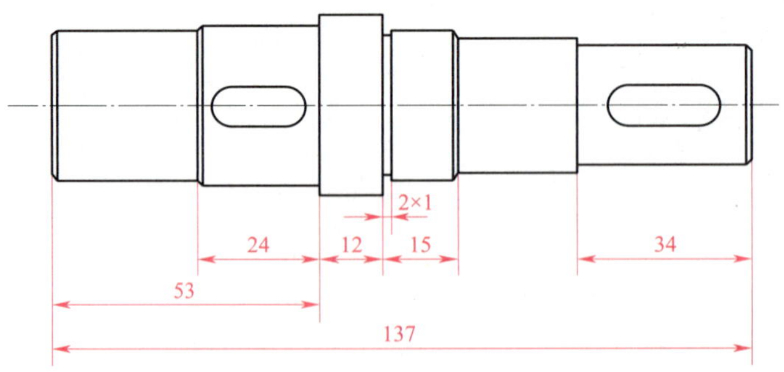

图 8–54 标注轴颈长度

2. 标注各轴颈的直径

重复“线性”尺寸命令，标注各轴颈的直径尺寸。标注时可以先标注尺寸，然后双击尺寸数字，在尺寸数字前添加直径符号“ϕ”。标注结果如图 8–55 所示。

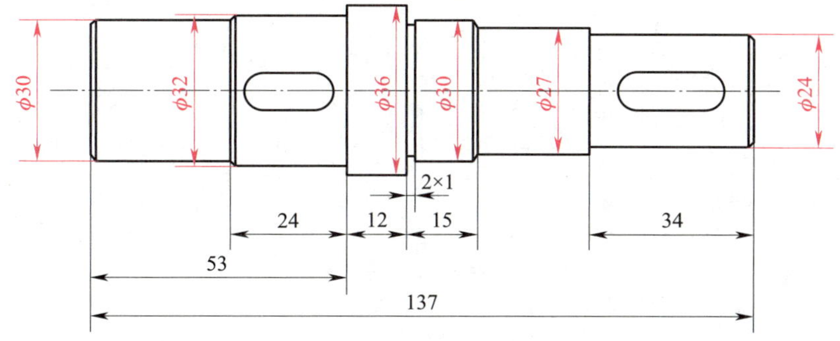

图 8-55 标注各轴颈的直径尺寸

3. 标注键槽尺寸

分别标注左侧键槽和右侧键槽的定形尺寸和定位尺寸，如图 8-56 所示。

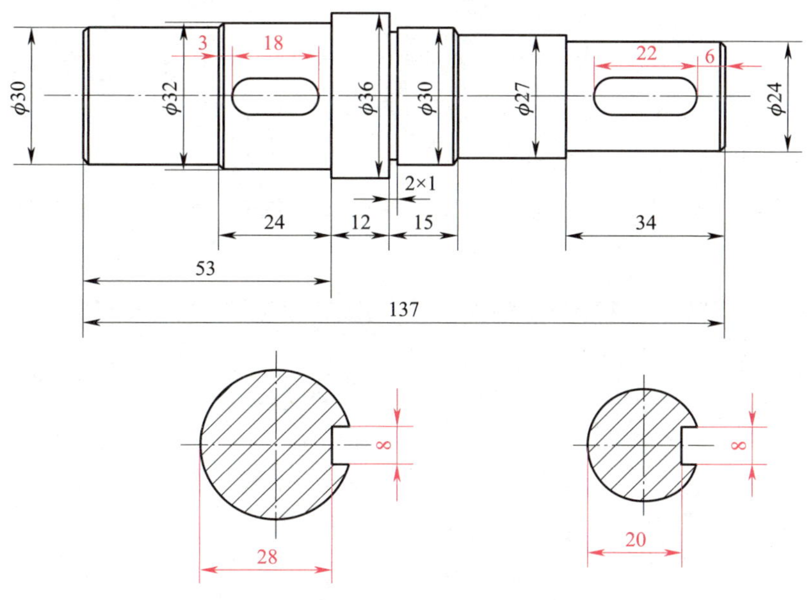

图 8-56 标注键槽尺寸

4. 标注中心孔和断面图

（1）将“指引线”多重引线样式设置为当前样式，启动“多重引线”命令，绘制中心孔的引线。

（2）将“长仿宋体”文字样式设置为当前样式，文字高度设置为“3.5”。在引线上用“多行文字”命令录入中心孔的标记，如图 8-57 所示。

（3）标注断面图的剖切位置符号、投影方向箭头和断面图名称，如图 8-57 所示。

四、标注公差符号

1. 标注尺寸公差

在该零件图上需要标注尺寸公差的尺寸有“$\phi 30 \pm 0.006$”“$\phi\ 32_{-0.016}^{\ 0}$”“$\phi\ 24_{-0.013}^{\ 0}$”“$28_{-0.1}^{\ 0}$”“$8_{-0.036}^{\ 0}$”和“$20_{-0.1}^{\ 0}$”。下面以标注“$\phi\ 32_{-0.016}^{\ 0}$”为例叙述标注尺寸公差的方法和步骤。

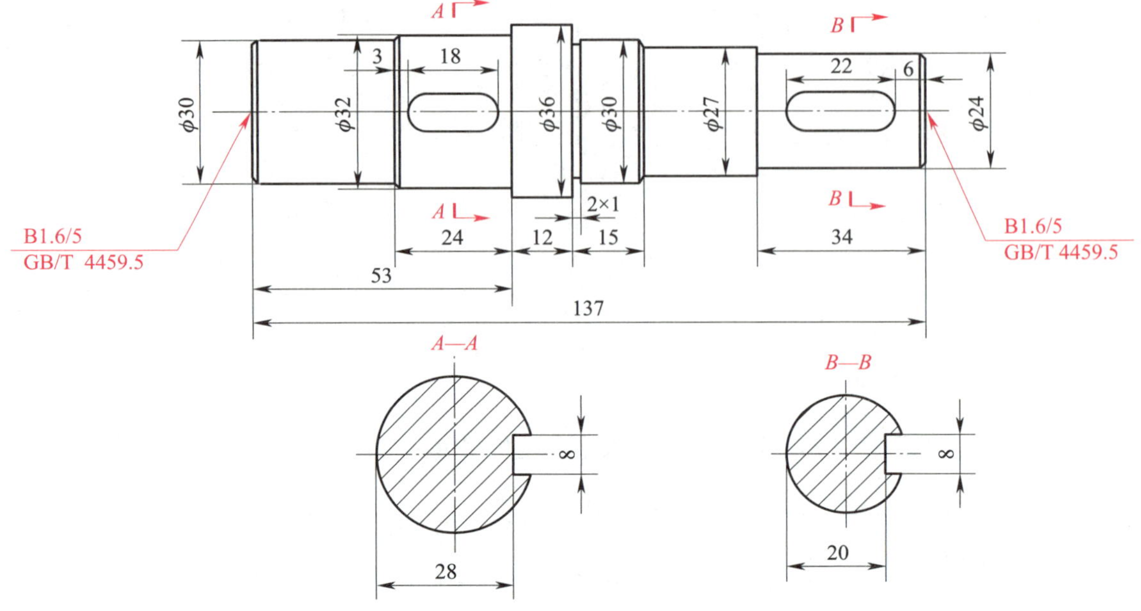

图 8–57　标注中心孔和断面图

（1）双击尺寸“ϕ32”，尺寸数字处于编辑状态，系统打开“文字编辑器”，文字处于可编辑状态，如图 8–58 所示。

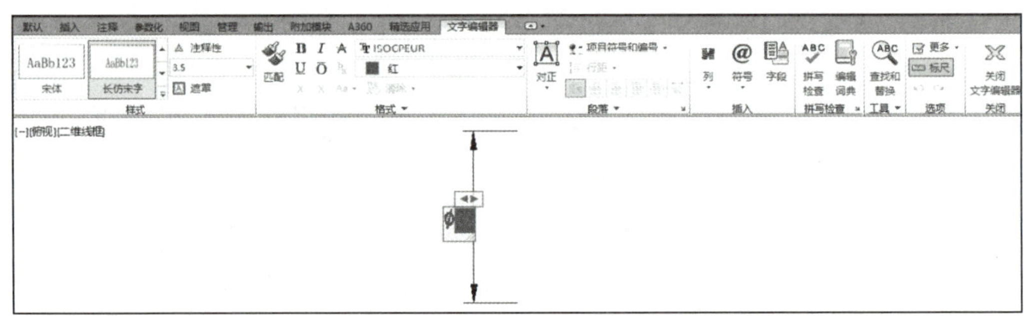
图 8–58　双击尺寸数字“ϕ32”

（2）将光标移到数字的末端，输入“‘空格’0^—0.016”，如图 8–59a 所示。

（3）选中“‘空格’0^—0.016”，如图 8–59b 所示。

（4）单击“文字编辑器”→“格式”→“堆叠”按钮，文本框内的文字内容变为如图 8–59c 所示形式。

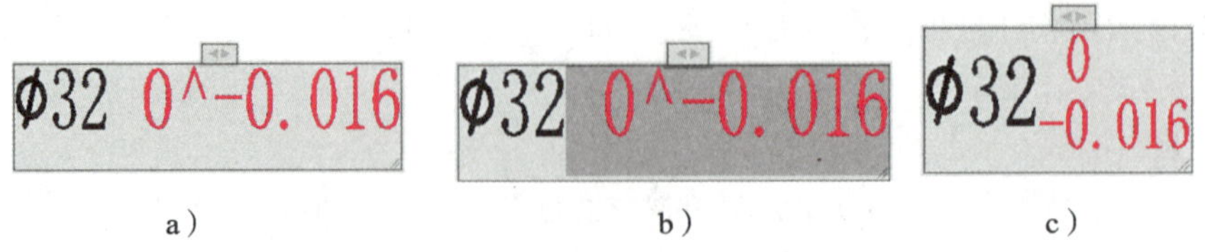

a）　b）　c）

图 8–59　编辑尺寸公差的步骤

a）输入“‘空格’0^—0.016”　b）选中“‘空格’0^—0.016”　c）堆叠上下极限偏差

其他尺寸公差的标注方法在此不再赘述，标注结果如图 8–60 所示，在标注尺寸时也可以同时完成尺寸公差的标注及编辑。

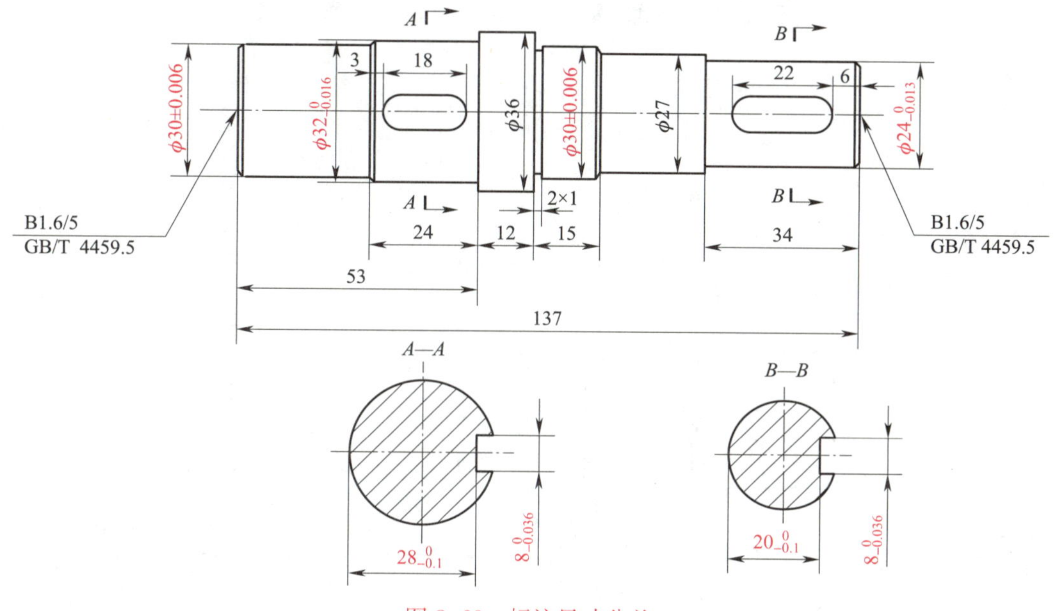

图 8–60 标注尺寸公差

2. 标注几何公差和基准

（1）标注几何公差

图 8–41 所示输出轴零件图上标注几何公差共有 5 处，其标注方法相同，下面以标注“ϕ 30 ± 0.006”轴颈的径向圆跳动公差为例叙述标注几何公差的方法和步骤。

在命令行中输入“LE”，启动“引线”命令，系统给出如下提示。

```
命令：LE
QLEADER
指定第一个引线点或［设置（S）］<设置>：S
                    //输入“S”，按回车键，弹出“引线设置”对话框（图 8–30）。
                    单击“公差（T）”单选按钮，单击“确定”按钮，返回绘图区。
指定第一个引线点或［设置（S）］<设置>：
          //在左侧“ϕ30±0.006”轴颈上侧轮廓线上单击鼠标左键指定引线的起点
指定下一点：                //竖直向上移动光标，单击鼠标左键，指定引线的终点
指定下一点：                //水平向左移动光标，单击鼠标左键，指定基线的终点
```

系统弹出“形位公差”对话框。“符号”栏选择“单跳动符号 ↗”，“公差 1”文本框输入“0.01”，“基准 1”文本框输入“*A—B*”，如图 8–61 所示。单击“确定”按钮，标注结果如图 8–62 所示。在框格上方标注“2 ×”表示同样的几何公差有两处，右侧“ϕ 30 ± 0.006”轴颈径向圆跳动公差省略标注。

其他各项几何公差的标注结果如图 8–63 所示。

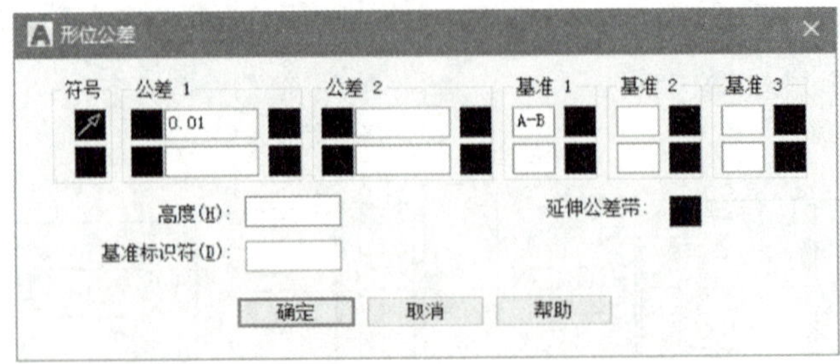

图 8-61　圆跳动公差的“形位公差”对话框

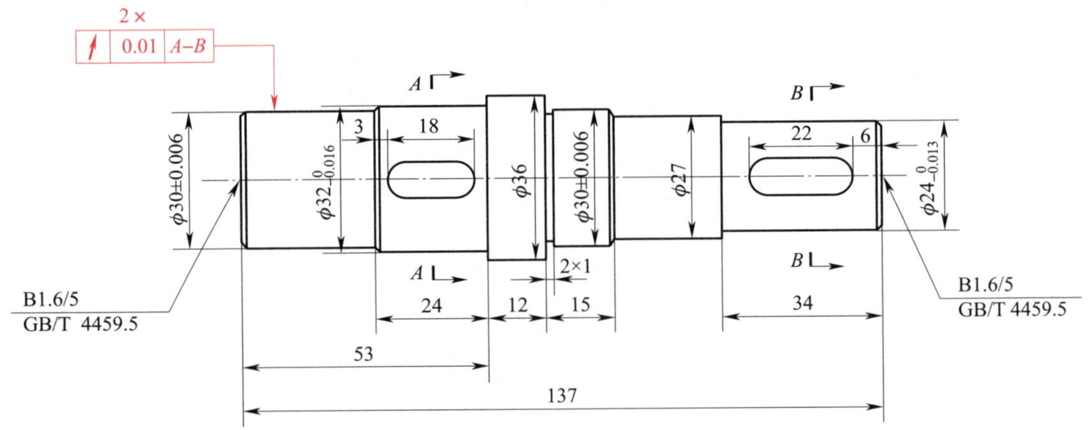

图 8-62　标注“ϕ 30 ± 0.006”轴颈的径向圆跳动公差

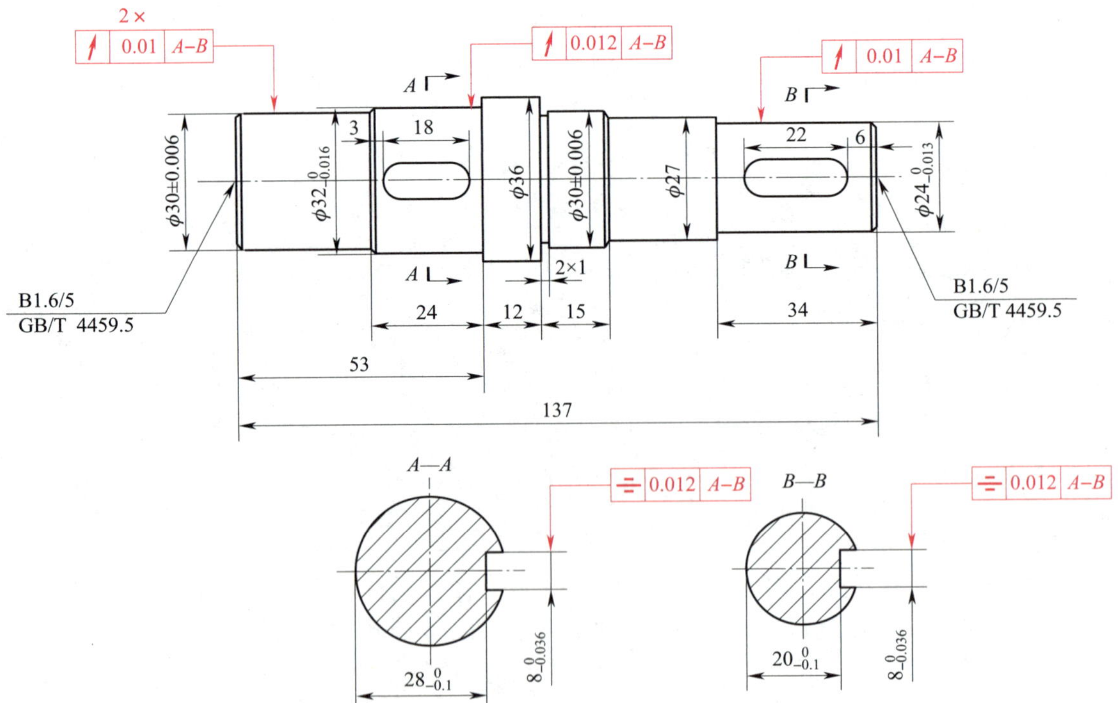

图 8-63　标注其他几何公差

（2）标注基准符号

1）以“指引线”为基础样式，新建一个名为“基准符号”的多重引线标注样式，其参数及样式设置见表 8-8。

表 8-8　“基准符号”多重引线标注样式的参数及样式设置

多重引线样式名称	基准符号			
引线格式	箭头	符号（S）		实心基准三角形
		大小（Z）		3.5
引线结构	基线设置	设置基准距离（D）		0
文字	文字选项	文字高度（T）		3.5
		文字加框（F）		勾选
	引线连接	垂直连接	连接位置 — 上（T）	居中
			连接位置 — 下（B）	居中
		基线间隙（G）		1.75

2）将“基准符号”多重引线标注样式设置为当前样式，创建基准 *A* 和基准 *B* 的符号，如图 8-64 所示。

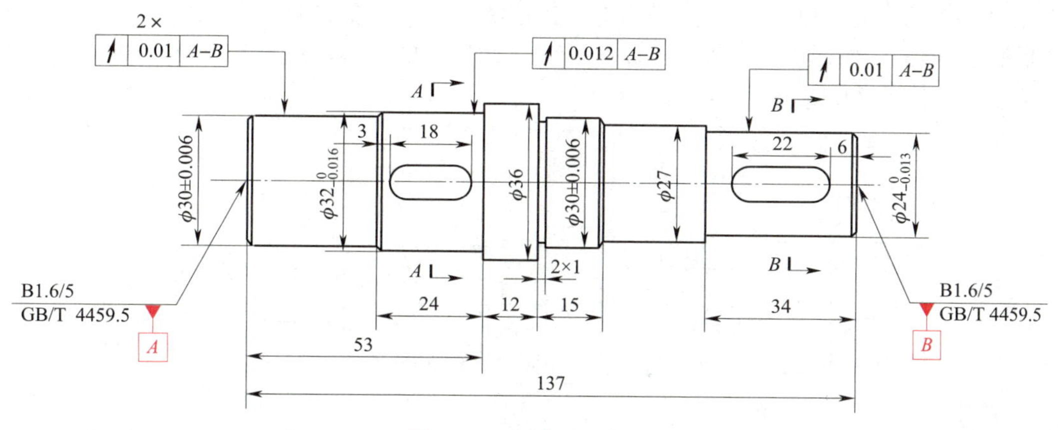

图 8-64　创建基准符号

3. 标注表面结构代号

（1）创建带属性的表面结构代号块

1）用细实线绘制表面结构代号，其形状和尺寸要求如图 8-65 所示。

2）在代号的长横线下侧书写粗糙度轮廓算术平均偏差符号及参数“*Ra* 0.8”，如图 8-66a 所示。

3）复制 3 个如图 8-66a 所示的表面结构代号，并分别修改参数为“1.6”“3.2”和“6.3”，如图 8-66b、c、d 所示。

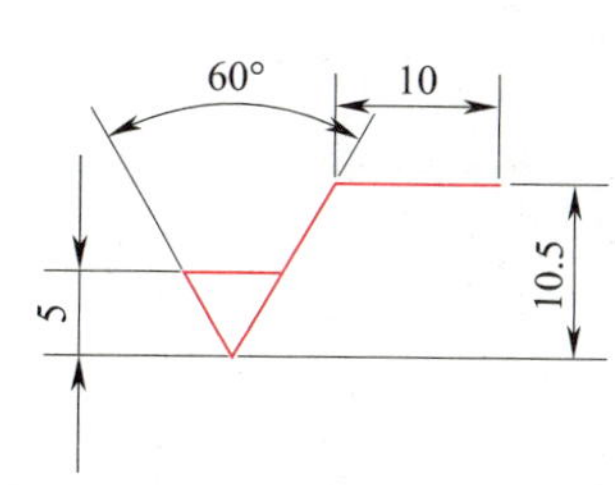

图 8-65　表面结构代号及尺寸要求

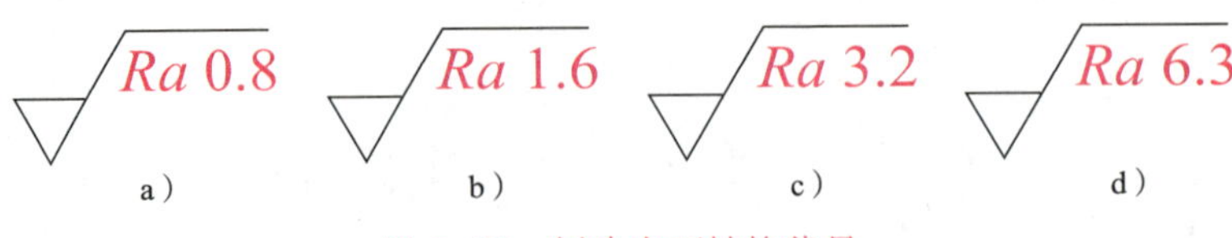

图 8–66　创建表面结构代号

4）分别将如图 8–66 所示的表面结构代号创建成块，名称分别为“*Ra* 0.8”“*Ra* 1.6”“*Ra* 3.2”和“*Ra* 6.3”。如图 8–67 所示，单击“插入”按钮即可看到创建的表面结构代号块。

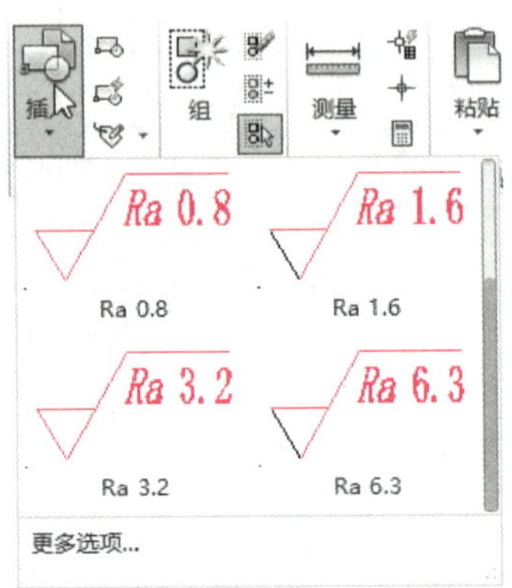

图 8–67　创建的表面结构代号块

（2）在图形上插入相应的表面结构代号块，如图 8–68 所示。在插入表面结构代号时，如无法直接标注在轮廓线上，可以采用引出标注的形式；如前面标注的尺寸和几何公差位置不合适时，要做适当调整。在图上未标注表面结构代号的表面的表面结构代号统一标注在标题栏附近，如图 8–68 所示。

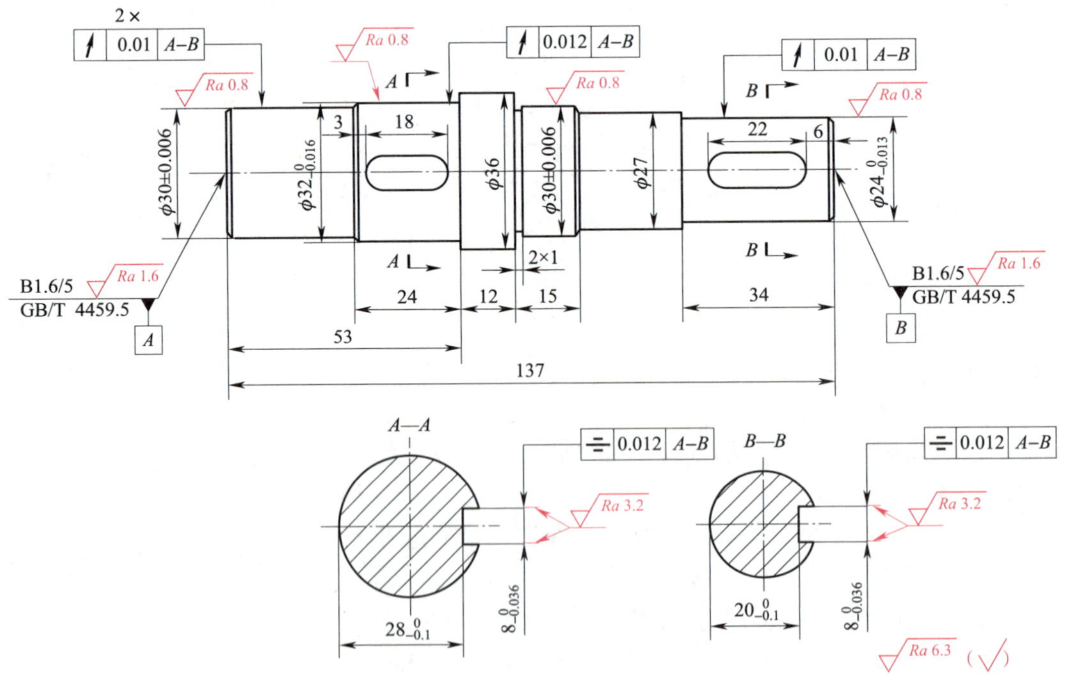

图 8–68　标注表面结构代号

五、标注文字技术要求

文字的技术要求有四项，标注在图纸左下角的空白处，如图 8–69 所示。

六、填写标题栏

本零件图标题栏中的材料标记、单位名称、图样名称、图样代号等字体的高度为 5 mm，其他字体高度为 3.5 mm，如图 8–69 所示。

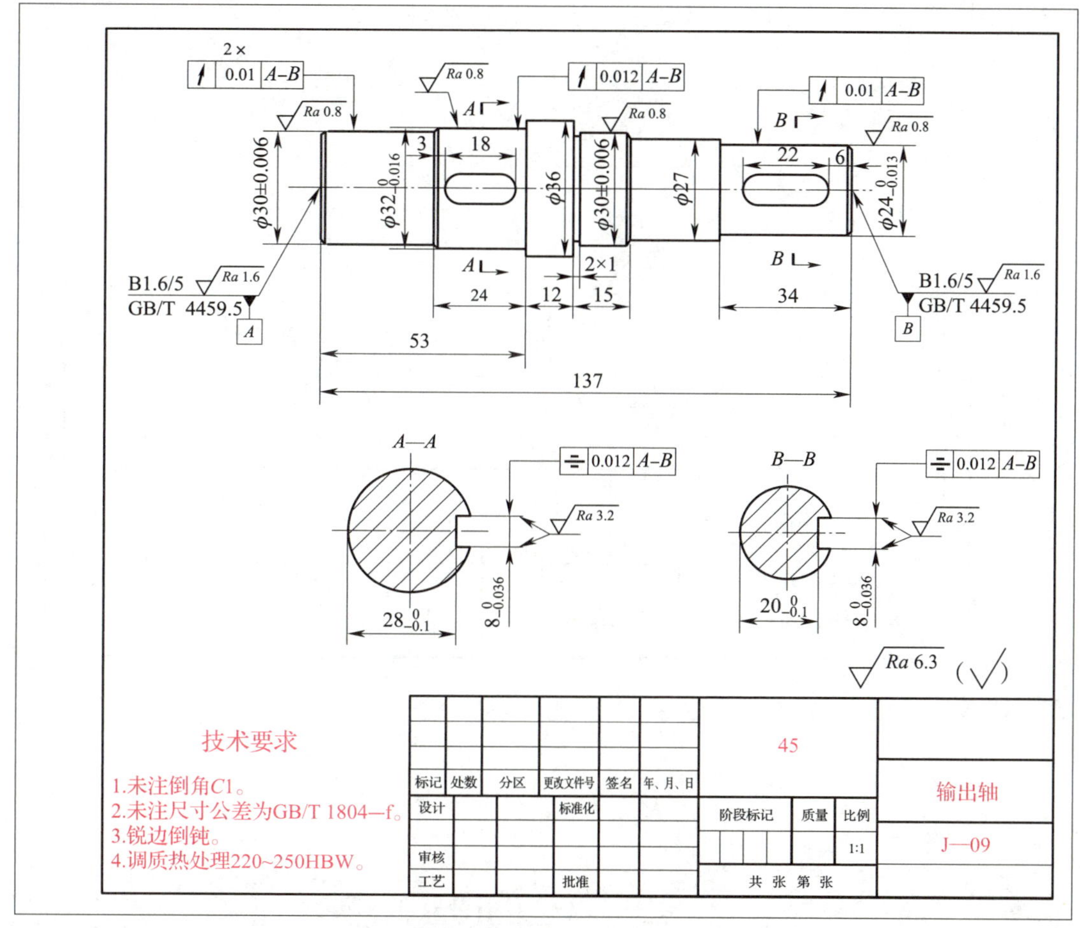

图 8–69 填写技术要求和标题栏

七、校核、修改

校核的主要目的是检查图样中的错误，以保证所绘图样正确、完整、清晰、合理。检查图 8–69 不难发现，主视图上多处轴颈的直径尺寸的尺寸数字与轴线相交，按规定应该把轴线在尺寸数字处断开，修改结果如图 8–70 所示。

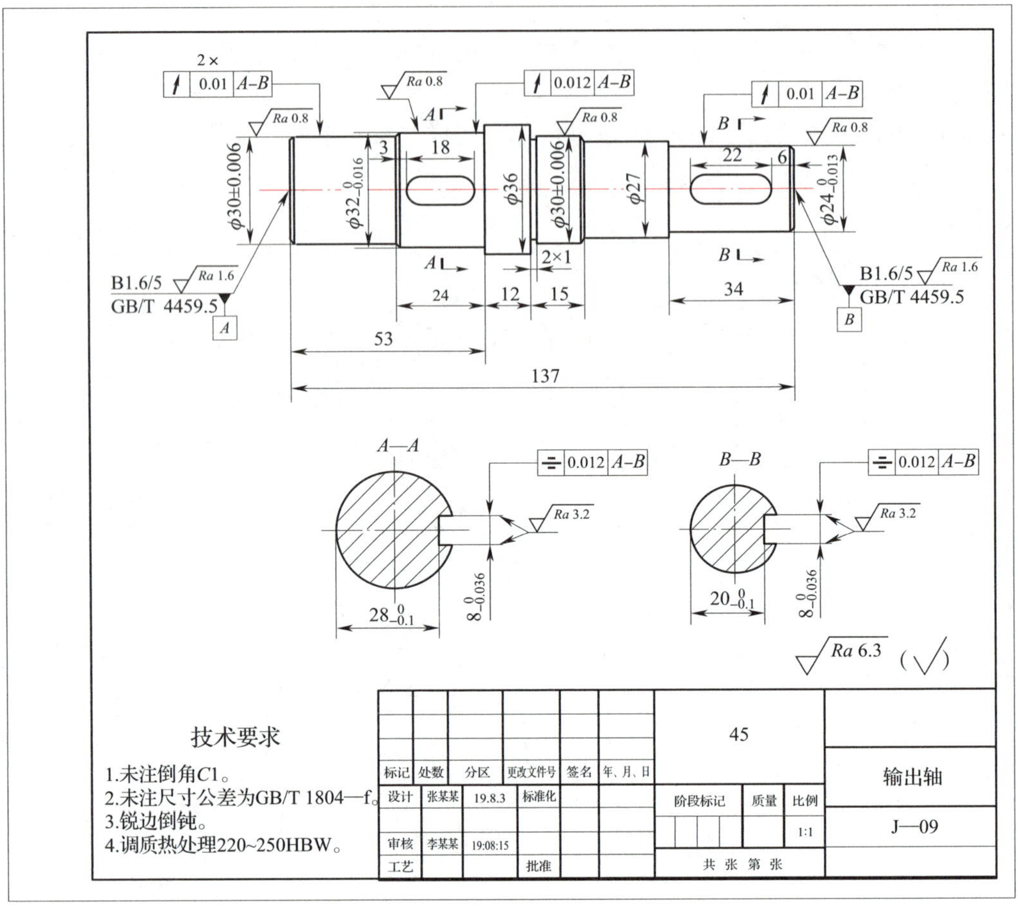

技术要求

1.未注倒角C1。
2.未注尺寸公差为GB/T 1804—f。
3.锐边倒钝。
4.调质热处理220~250HBW。

标记	处数	分区	更改文件号	签名	年、月、日	45	
设计	张某某	19.8.3	标准化			阶段标记 / 质量 / 比例 1:1	输出轴
审核	李某某	19:08:15					J—09
工艺			批准			共 张 第 张	

图 8-70　修改后的图形

§8-5　绘制装配图

装配图是表达机器或部件的图样，主要用来表示机器、部件的工作原理、各零件间的相对位置和装配连接关系。本节以绘制如图 8-71 所示旋塞阀装配图为例，介绍根据零件图绘制装配图的方法和步骤。

旋塞阀是管路中一种常用的阀门，由 6 种零件组成。阀杆 4 与阀体 1 为圆锥面配合，阀杆 4 可在阀体 1 内旋转；压盖 3 通过填料 5 和垫圈 6 将阀杆 4 压紧在阀体 1 上；压盖 3 与阀体 1 之间用螺栓 2 连接；阀体 1 用螺纹连接在管路上。图 8-71 显示的是阀门打开的位置，当阀杆 4 旋转 90°后，阀门关闭。本节将以绘制旋塞阀装配图为例分析绘制装配图的一般方法和步骤。

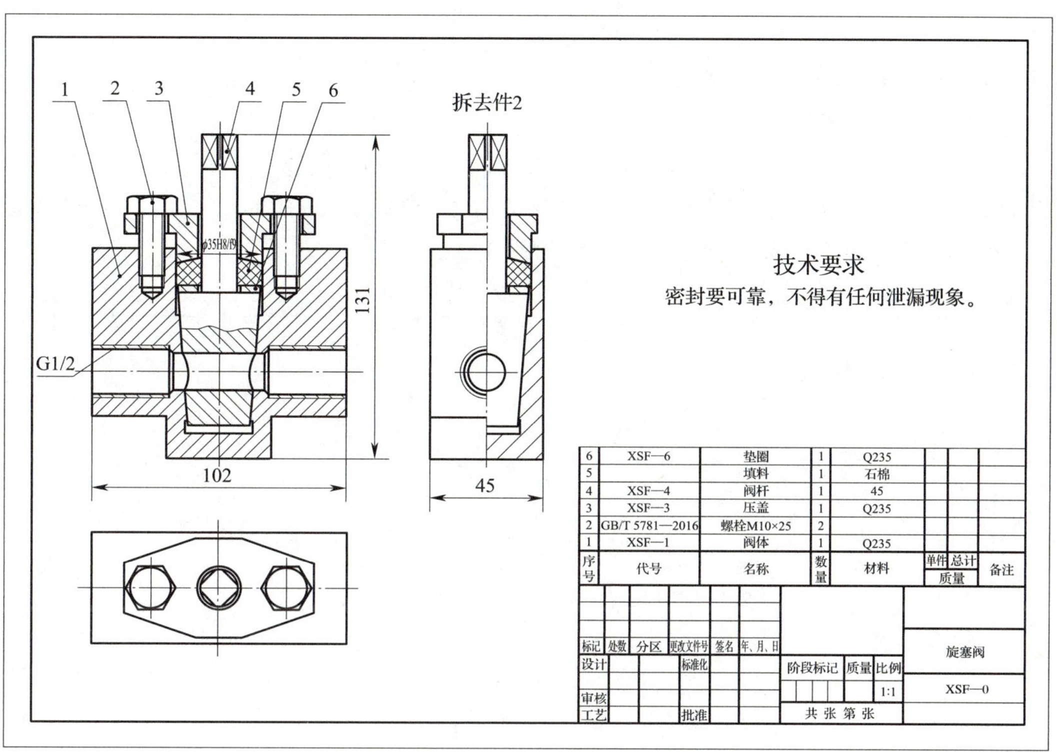

a）

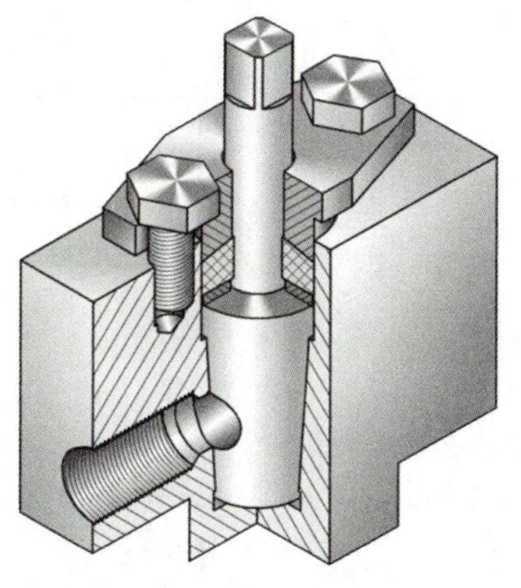

b）

图 8-71　旋塞阀

a）装配图　b）立体图

绘制装配图的一般步骤如下。

（1）绘制图形。

（2）校核图形。

（3）标注尺寸。

（4）编写零件序号。

（5）标注技术要求，填写明细表和标题栏。

（6）整理图形，检查、校核全图。

一、新建图形文件

打开“制图样板（A4）”，新建图形文件。将图纸的幅面修改为 A3 幅面，边框设置为不留装订边的格式（尺寸可查阅机械制图教材或有关资料），如图 8-72 所示。单击“保存”按钮，将其保存为名为“旋塞阀装配图”的 dwg 格式的图形文件。

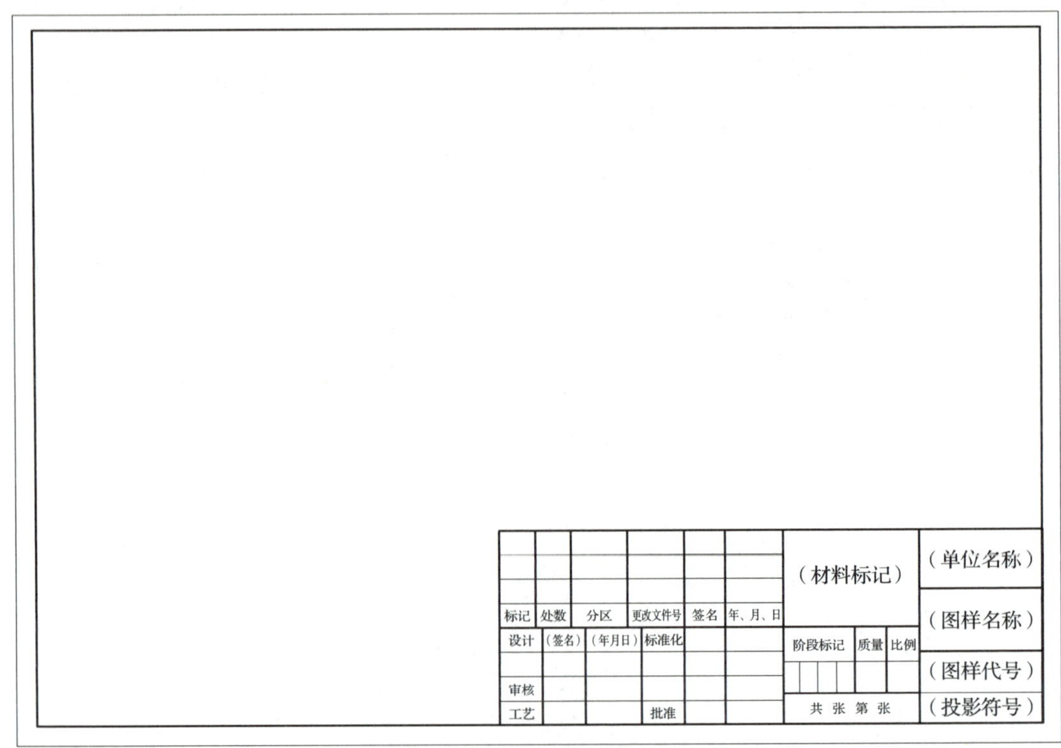

图 8-72 A3 幅面（不留装订边）

二、插入阀体三视图

1. 复制阀体三视图

旋塞阀阀体的零件图如图 8-73 所示，从源文件中复制阀体的三视图到旋塞阀装配图中。

※ 源文件：计算机制图——AutoCAD 2018 源文件 \ 第八章 \ 阀体零件图

2. 调整三视图的位置

在保证投影关系的前提下调整各视图之间的距离，如图 8-74 所示。

3. 删除多余图线

删除俯视图上被其他零件遮挡的轮廓线，如图 8-74 所示。

三、在装配图中插入阀杆

1. 复制视图

旋塞阀阀杆的零件图如图 8-75 所示，从源文件中复制阀杆的主视图粘贴到装配图的空白处，如图 8-76 所示。

※ 源文件：计算机制图——AutoCAD 2018 源文件 \ 第八章 \ 阀杆零件图

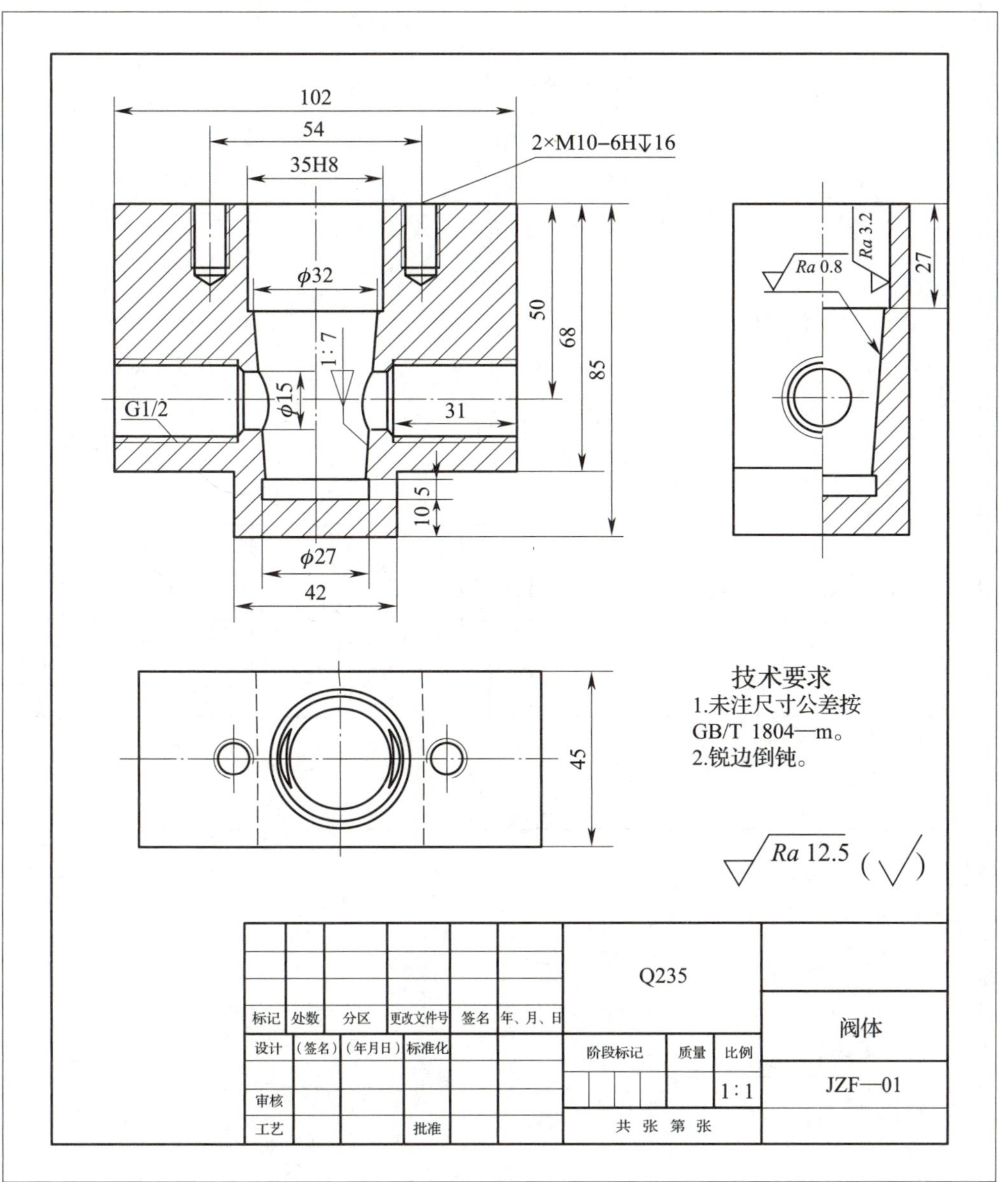

图 8-73 阀体零件图

2. 绘制左视图

将阀杆的主视图沿顺时针方向旋转 90°，绘制左视图，如图 8-77 所示。

3. 插入阀杆

（1）启动“移动”命令，选择阀杆的主视图。

（2）拾取竖轴线与孔轴线（横轴线）的交点作为移动基点。

（3）移动光标，捕捉装配图主视图的相应位置，然后单击鼠标左键，即可将主视图插入到装配图的指定位置。

（4）用同样的方法在装配图中插入阀杆的左视图，如图 8-78 所示。

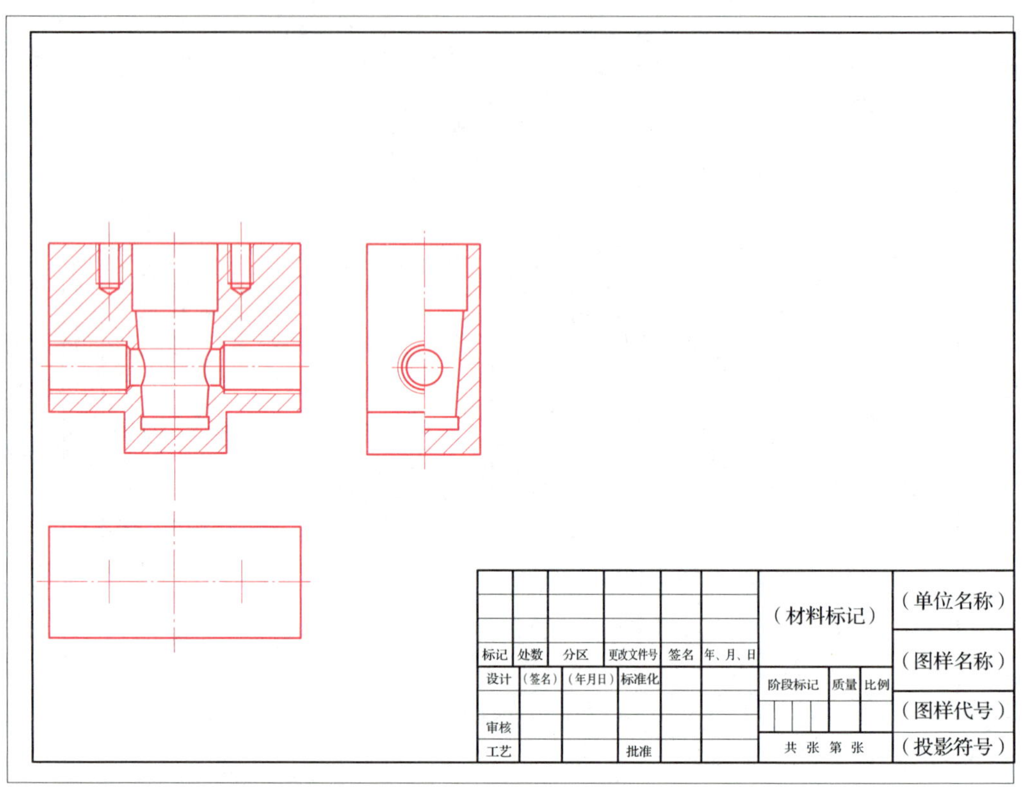

图 8-74 将阀体三视图复制到旋塞阀装配图中

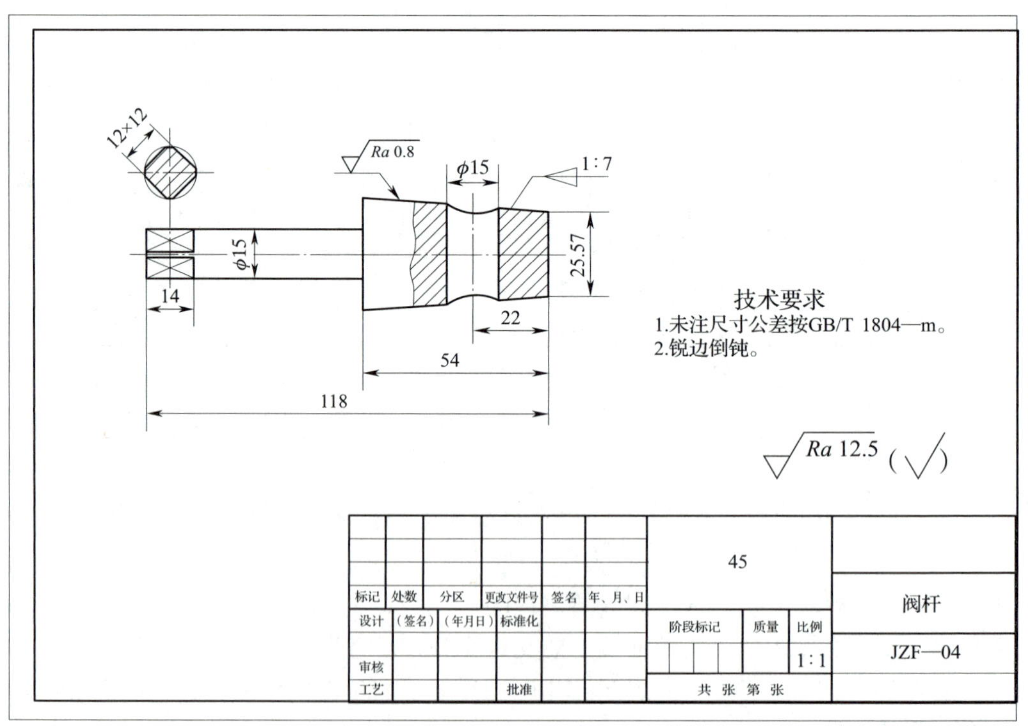

图 8-75 阀杆零件图

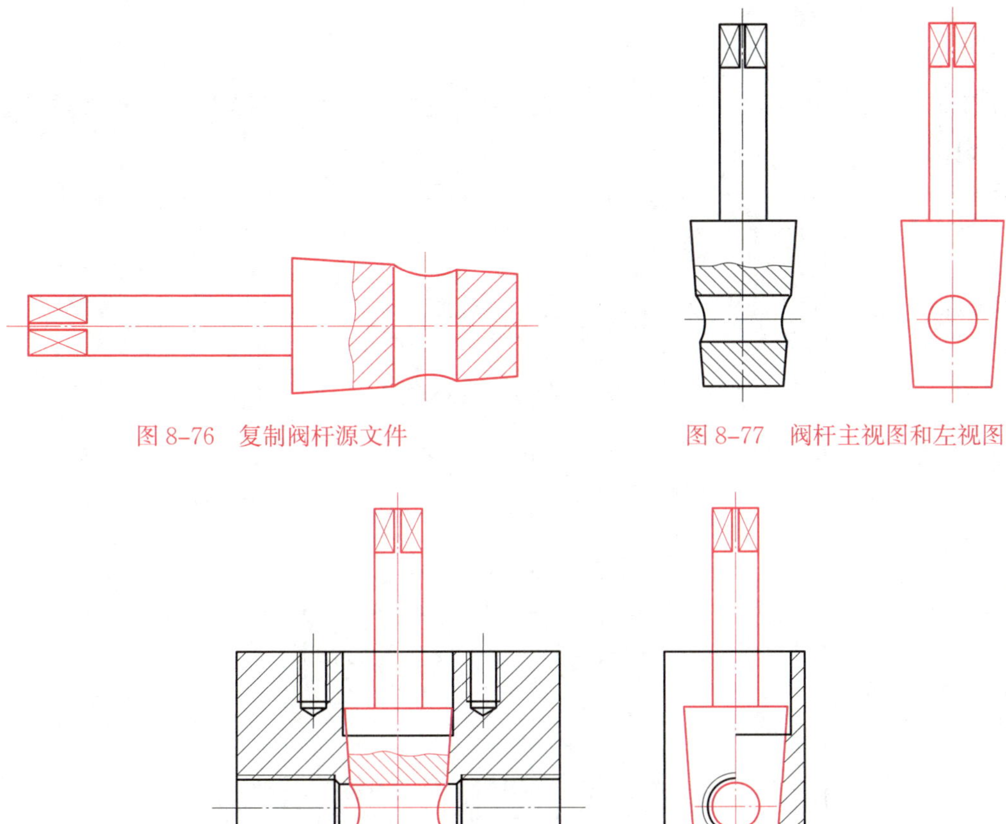

图 8-76 复制阀杆源文件

图 8-77 阀杆主视图和左视图

图 8-78 插入阀杆

（5）修剪阀杆和阀体被遮挡部分的轮廓线，删除重叠的图线，如图 8-79 所示。

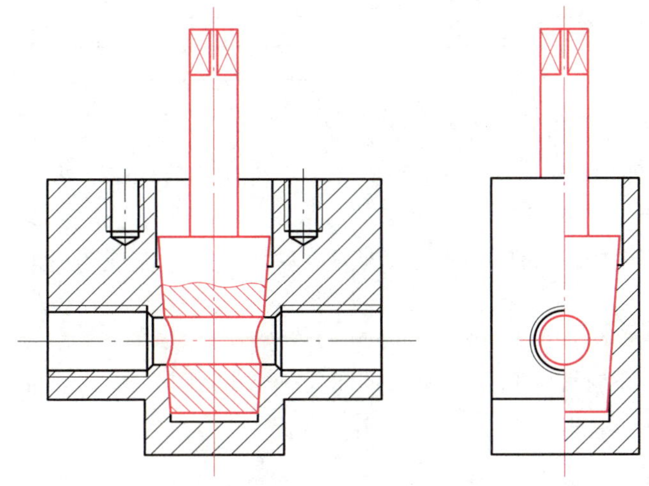

图 8-79 修剪与删除多余图线

四、在装配图中插入压盖

1. 复制视图

压盖的零件图如图 8-80 所示，从源文件中复制压盖的两视图粘贴到装配图的空白处，如图 8-81 所示。

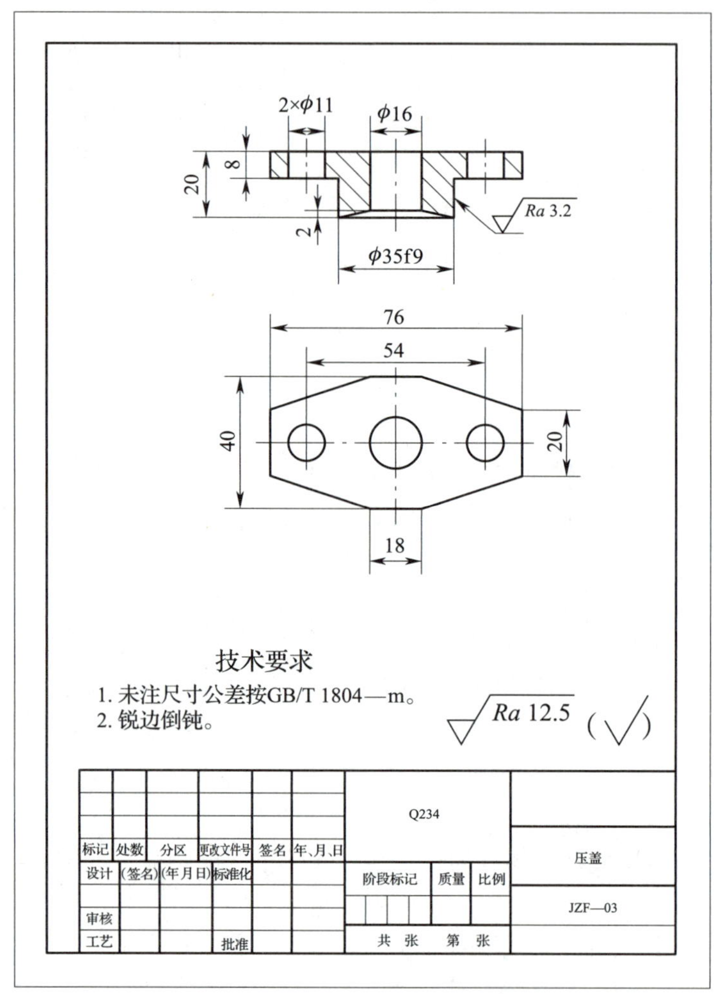

图 8-80 压盖零件图

※ 源文件：计算机制图——AutoCAD 2018 源文件 \ 第八章 \ 压盖零件图

2. 补画左视图

根据主视图和俯视图，补画左视图。为减少后期修改，左视图后半部分绘制外形图，如图 8-82 所示。

3. 插入压盖

将压盖的主视图、俯视图和左视图分别插入到装配图中，注意保证压盖盖板的下表面与阀体上表面保持 6 mm 距离。

（1）插入主视图

1）框选主视图。

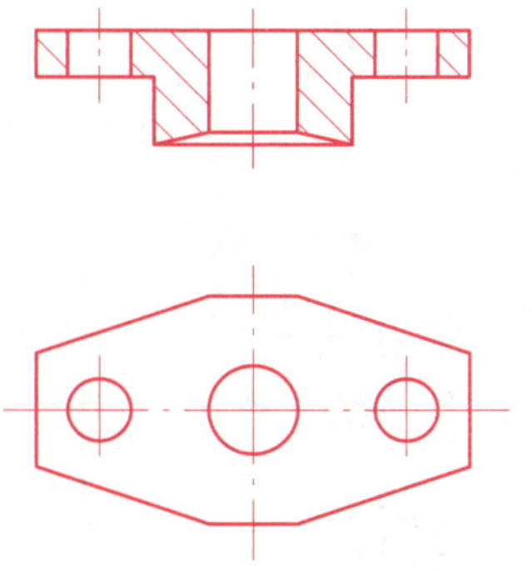

图 8-81　复制压盖源文件

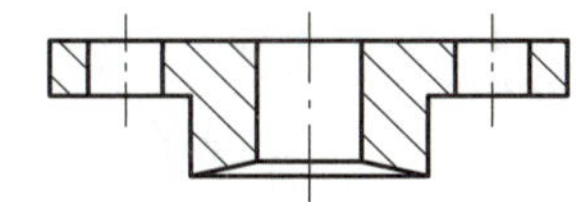

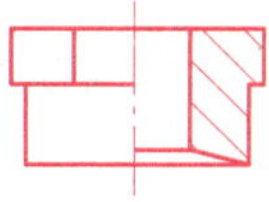

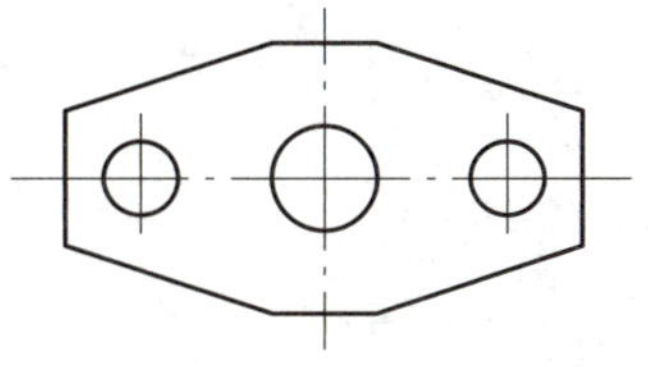

图 8-82　补画左视图

2）单击鼠标右键，弹出快捷菜单，单击“带基点复制（B）”（图 8-83）。拾取压盖盖板下表面与对称中心线的交点作为复制的基点，如图 8-84 所示。

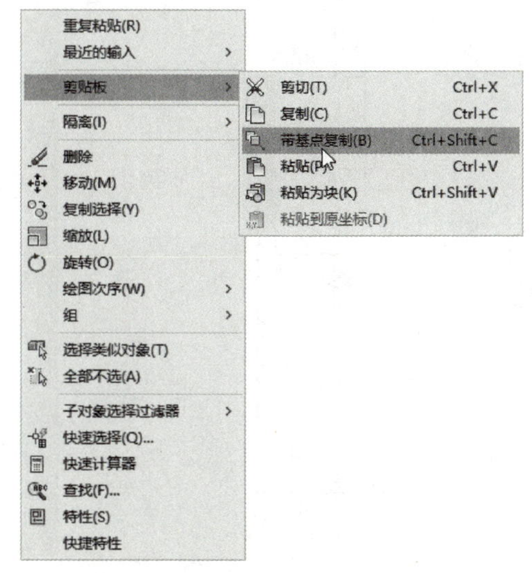

图 8-83　快捷菜单—带基点复制

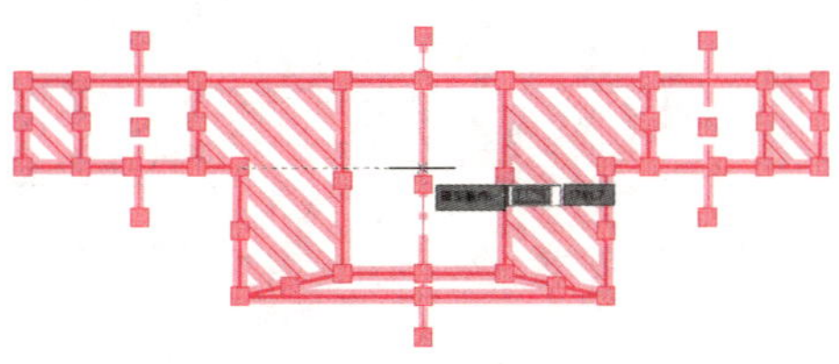

图 8-84　捕捉复制基点

3）单击鼠标右键，弹出快捷菜单，单击“粘贴为块（K）”（图 8-83）。此时屏幕上出现一个跟随光标移动的主视图图块。

4）捕捉装配图主视图上的相应点，单击鼠标左键，插入压盖的主视图图块，如图 8-85 所示。很显然，这样创建图块非常简便。

5）在装配图上选取压盖的主视图，启动“移动”命令，将图块向上移动 6 mm，如图 8-86 所示。

6）插入压盖的俯视图和左视图，如图 8-87 所示。

4. 修整图形

（1）如图 8-87 所示，压盖孔的轮廓线与阀杆的轮廓线之间的距离太小（实际距离为 0.5 mm）。将压盖孔的轮廓线向外移动 0.5 mm，如图 8-88 所示。修整图形时，可以先删除压盖的剖面线，等修改完成后再绘制，或者在插入所有零件后绘制剖面线。

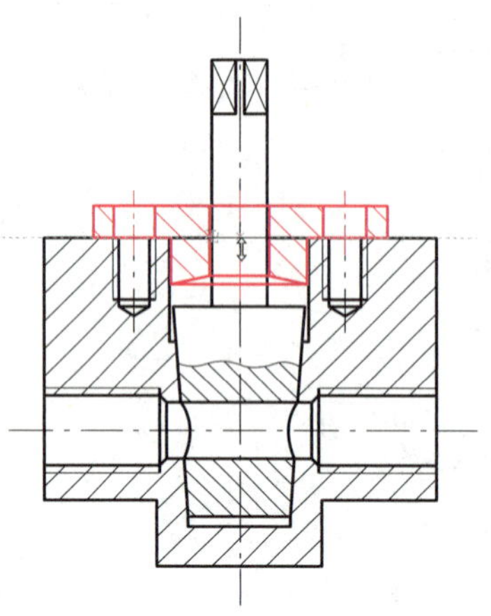

图 8-85　插入压盖主视图图块

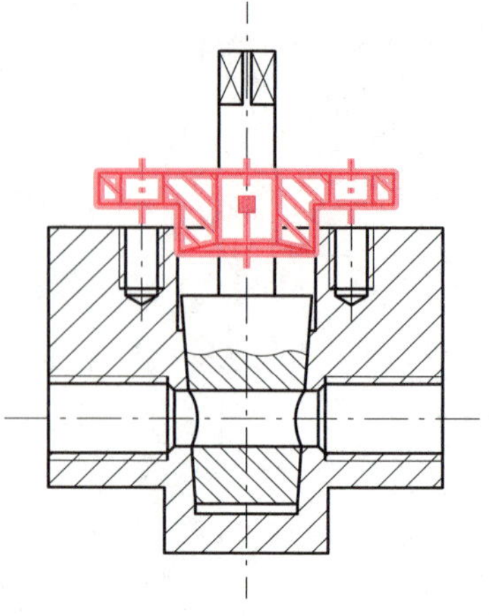

图 8-86　移动压盖的主视图

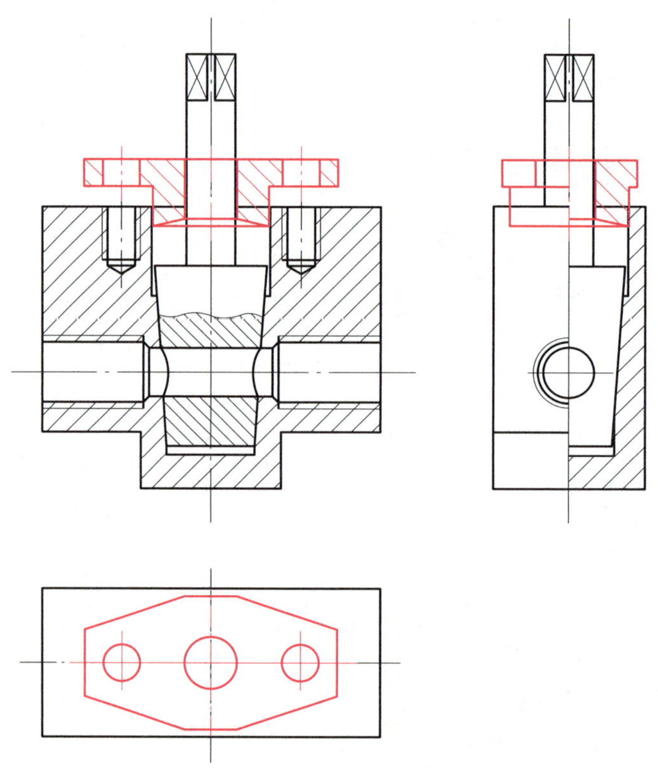

图 8-87　插入压盖的主视图、俯视图和左视图

【提示】

国家标准规定：在绘图时，两条平行线之间的最小间隙一般不得小于 0.7 mm。

（2）删除多余的轮廓线，如图 8-88 所示。

五、在装配图中插入螺栓、垫圈和填料

螺栓如图 8-89 所示，图中标注的尺寸是作图的比例尺寸，不是零件的实际尺寸。垫圈的形状及尺寸如图 8-90 所示。

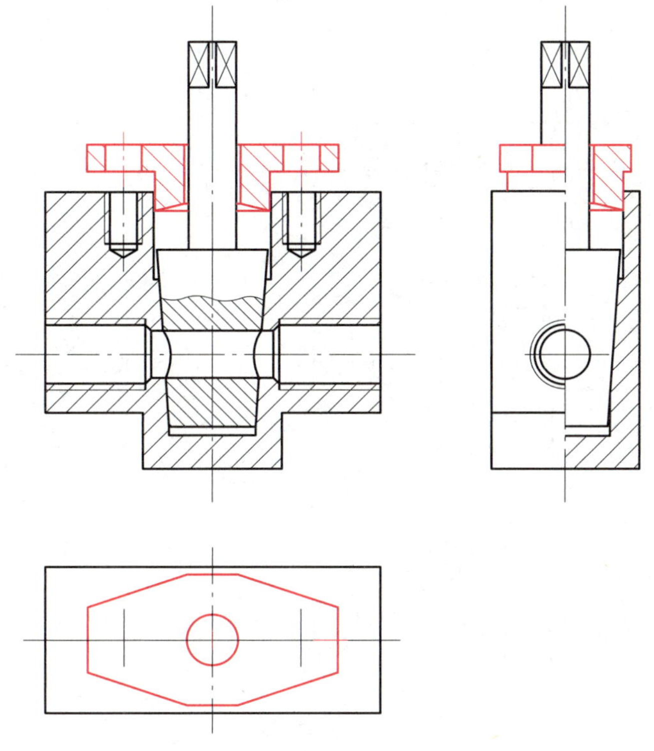

图 8-88　修整图形

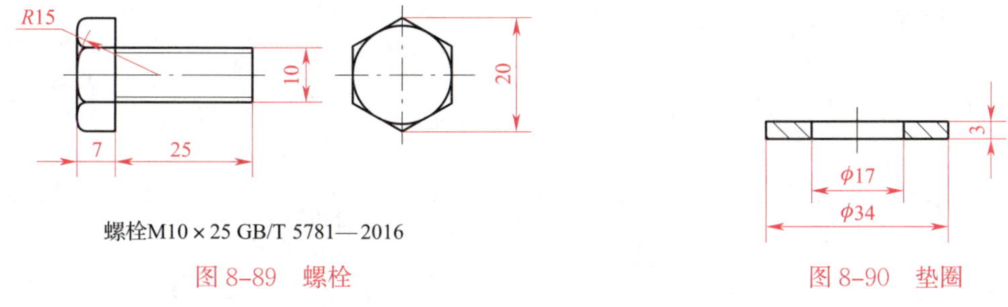

图 8-89　螺栓

图 8-90　垫圈

※ 源文件：计算机制图——AutoCAD 2018 源文件 \ 第八章 \ 螺栓和垫圈

1. 插入螺栓

（1）从源文件中复制螺栓的视图到装配图文件的空白处。

（2）将螺栓的图形顺时针旋转 90°。

（3）分别将螺栓主、俯视图复制到装配图的相应位置。

插入结果如图 8-91 所示。

2. 整理图形

如图 8-92a 所示，插入螺栓后，螺栓与压盖、阀体之间有许多多余的直线，阀体的剖面线画入了螺杆，压盖上孔的轮廓线与螺杆靠得太近，整理后的图形如图 8-92b 所示。

3. 绘制垫圈

垫圈结构比较简单，可以直接在装配图中绘制，绘制结果如图 8-93 所示。

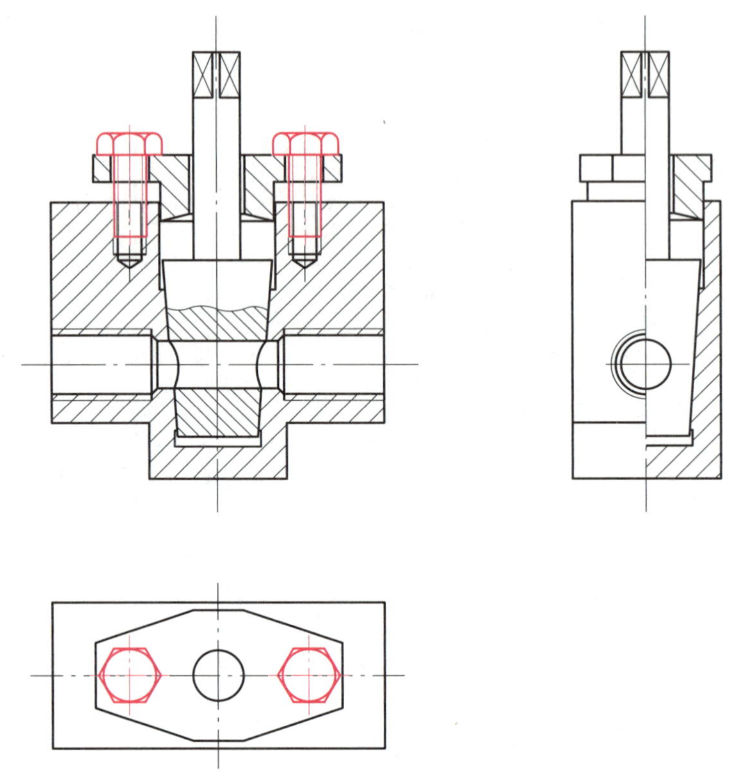

图 8-91　插入螺栓

4. 绘制填料

在阀体、垫圈和压盖围成的区域绘制填料，绘制结果如图 8-93 所示。

六、校核图形

校核图形主要从以下几个方面对图形进行检查和整理。

（1）删除图中重复的图线。

（2）检查图中有无多余的图线，有无漏画的结构和图线。

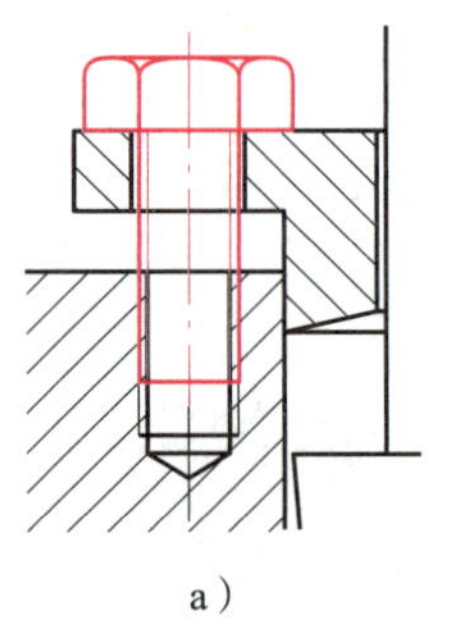

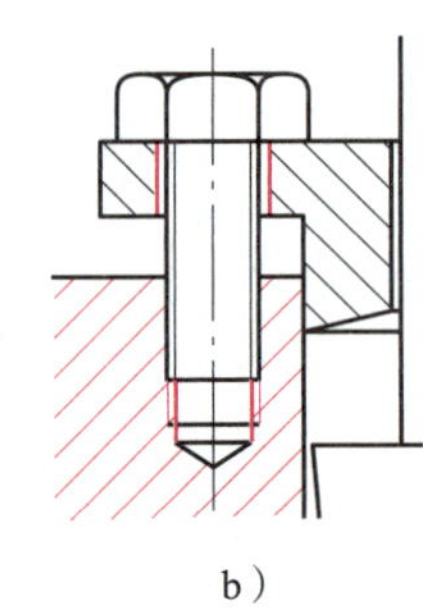

a）　　b）

图 8-92　整理图形

a）整理前　b）整理后

（3）检查图形绘制是否符合投影规定。

（4）检查图线的线型和画法是否符合国家相关标准的规定。

（5）检查剖面线绘制是否规范。

对称中心线和轴线在标注尺寸时往往需要修改，在此可以先不做修改。

校核图 8-93 可发现，俯视图上漏画了阀杆的轮廓线。补画阀杆的轮廓线，并将压盖上孔的轮廓圆直径扩大 0.5 mm，如图 8-94 所示。

七、标注尺寸

尺寸标注的结果如图 8-95 所示，在标注尺寸“ϕ35H8/f9”时，可将尺寸数字引出标注。

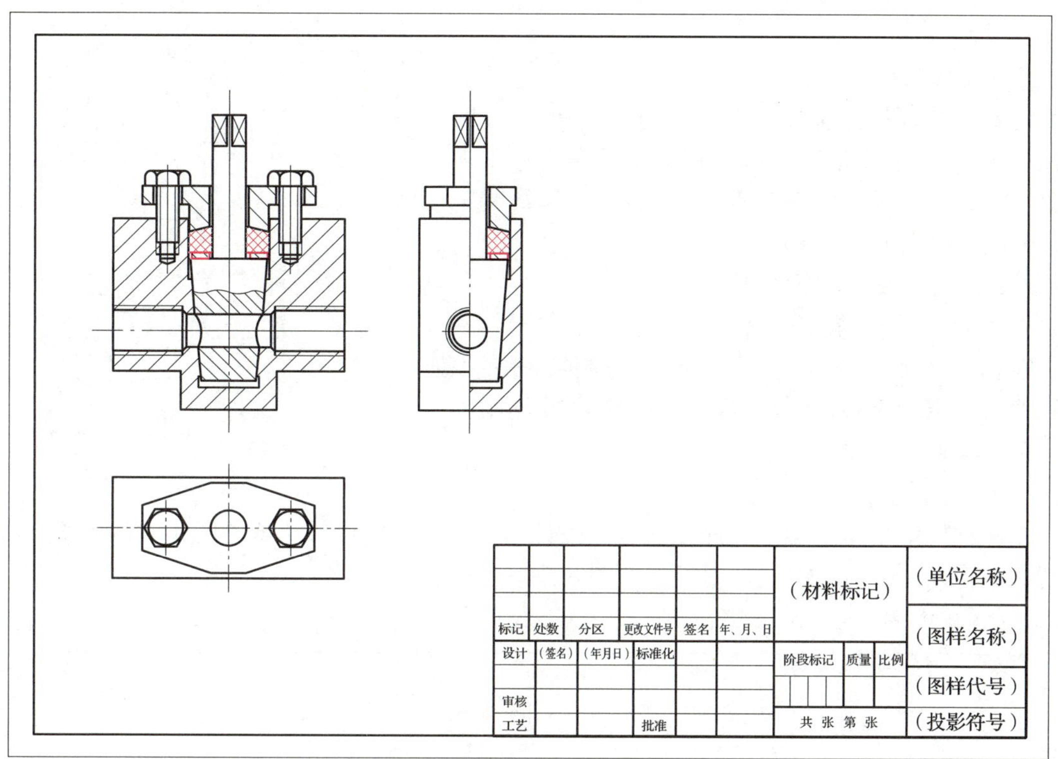

图 8-93　绘制垫圈和填料

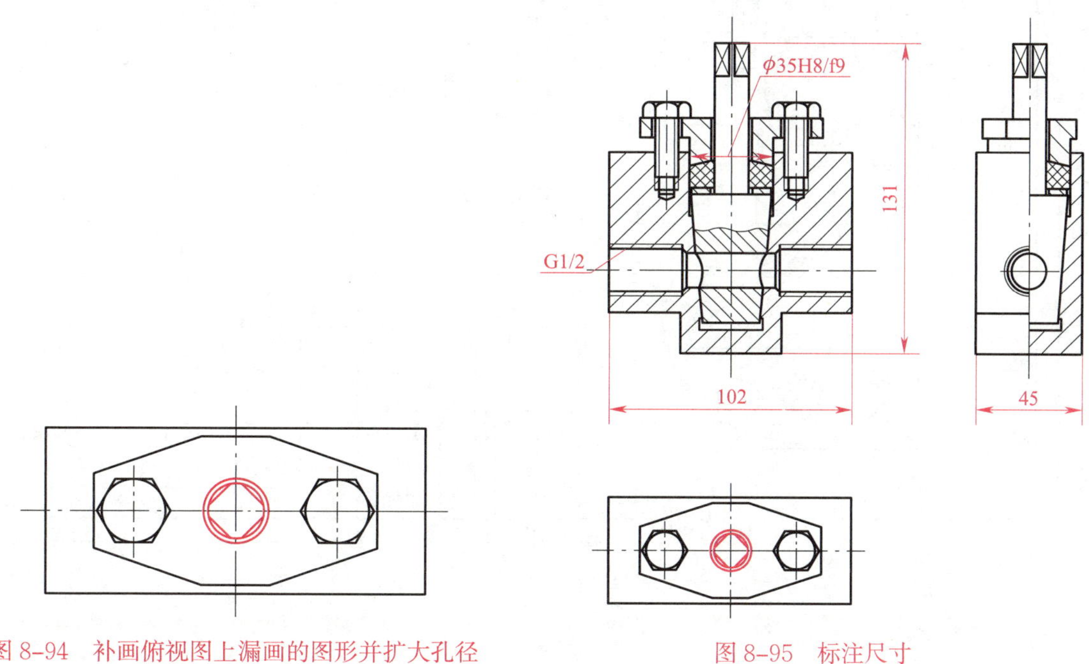

图 8-94　补画俯视图上漏画的图形并扩大孔径

图 8-95　标注尺寸

八、编写零件序号

启动“多重引线”命令，绘制指引线。将引线“箭头”样式改为“点”，箭头大小为1.5 mm。在基线上方标注序号，序号的字体比尺寸数字的字体大一号，字高为5 mm，结果如

图 8-96 所示。

九、标注文字

旋塞阀装配图上需要标注的文字有两项，分别是左视图上方的“拆去件 2”和装配图右侧的技术要求“密封要可靠，不得有任何泄漏现象”。启动“多行文字”命令，标注文字，如图 8-97 所示。

十、填写明细表和标题栏

1. 绘制并填写明细表

根据如图 4-46 所示格式和尺寸绘制明细表，如图 8-98 所示。绘制明细表时，可以先在空白处绘制并填写内容后再移动到图样中。

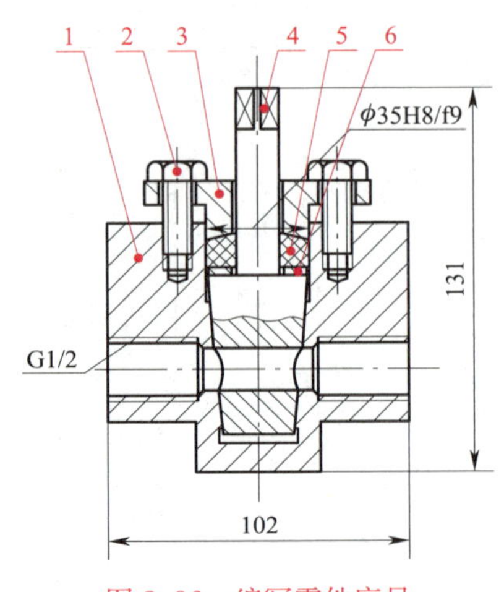

图 8-96 编写零件序号

2. 填写标题栏

在标题栏中填写图样的名称、图号，设计单位的名称，设计（或制图）人的姓名、完成日期，审核人的姓名、审核日期等，如图 8-99 所示。

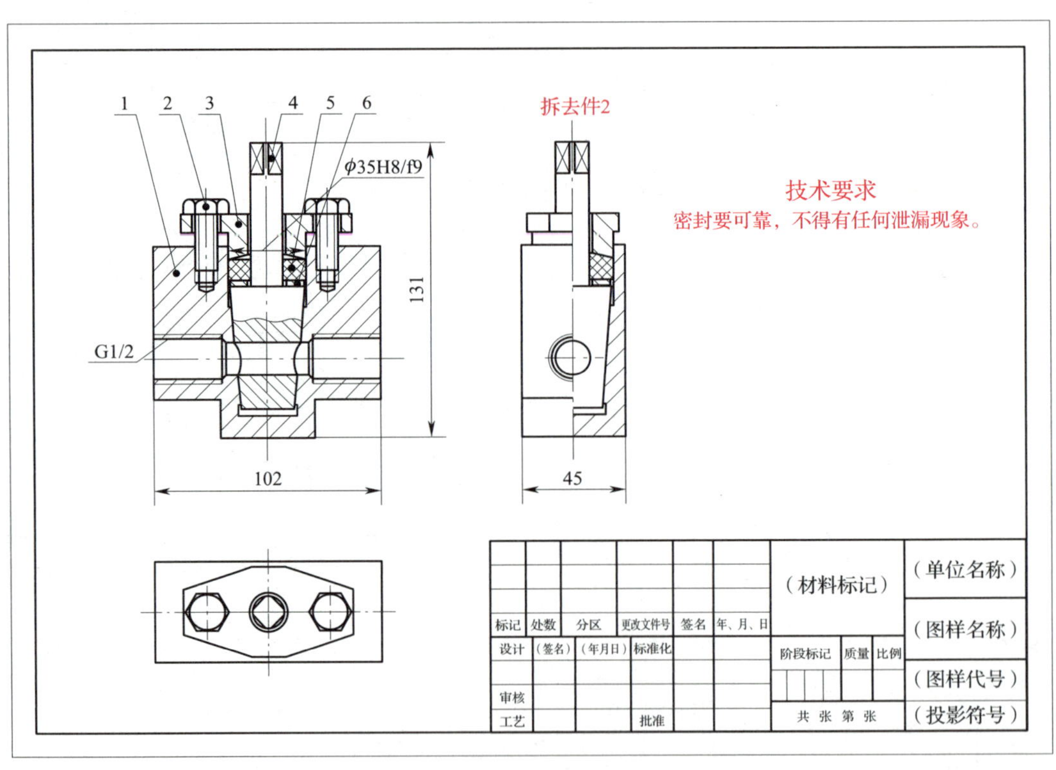

图 8-97 标注文字

十一、校核与保存

在图样绘制完成后，要对图形、尺寸、文字标注、标题栏和明细表进行全面检查。检查时要以国家标准为依据，检查图形是否正确，图线是否规范，尺寸标注是否合理，尺寸数字的文字是否与其他图线相交，文字标注和标题栏、明细表有无错误。校核后的旋塞阀装配图如图 8-100 所示。

6	XSF—6	垫圈	1	Q235			
5		填料	1	石棉			
4	XSF—4	阀杆	1	45			
3	XSF—3	压盖	1	Q235			
2	GB/T 5781—2016	螺栓M10×25	2				
1	XSF—1	阀体	1	Q235			
序号	代 号	名 称	数量	材 料	单件	总计	备 注
					质量		

图 8-98　旋塞阀明细表

标记	处数	分区	更改文件号	签名	年、月、日				旋塞阀
设计	（签名）	（年月日）	标准化			阶段标记	质量	比例	
								1:1	XSF—0
审核									
工艺			批准			共　张	第　张		

图 8-99　旋塞阀标题栏

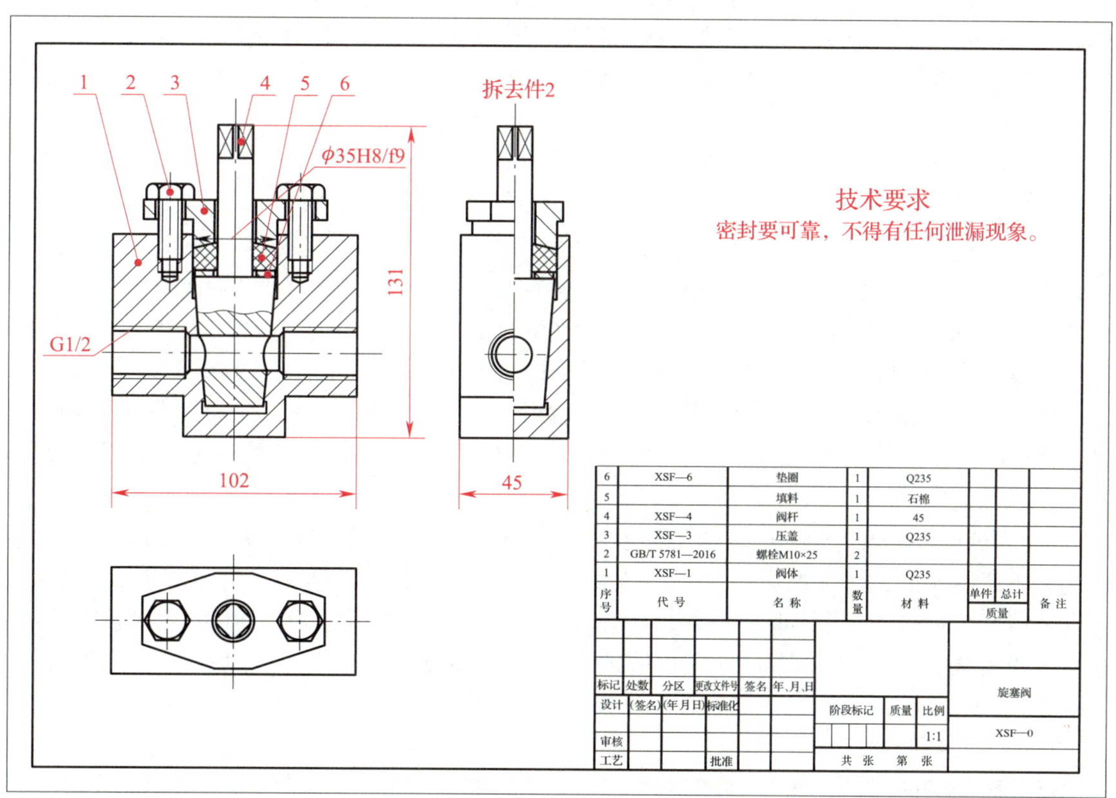

图 8-100　校核后的旋塞阀装配图

第九章 三维建模

§9-1 三维建模基础知识

一、切换工作空间

创建三维模型时需将工作空间切换至三维基础或三维建模空间。打开快速访问工具栏上的“工作空间”下拉列表，或者单击状态栏上的切换工作空间 按钮，弹出快捷菜单，选择“三维基础”或“三维建模”命令，系统就切换至三维基础或三维建模空间，如图 9-1 所示。

二、用户坐标系

1. 世界坐标系（WCS）与用户坐标系（UCS）

AutoCAD 的坐标系是三维笛卡儿直角坐标系，分为世界坐标系（WCS）和用户坐标系（UCS）。AutoCAD 默认的坐标系是世界坐标系（WCS），图形中的所有对象均由世界坐标系中的坐标定义。世界坐标系（WCS）无法移动或旋转，但可以从任意角度、任意方向来观察。世界坐标系的平面图标如图 9-2a 所示，其 *X* 轴正向向右，*Y* 轴正向向上，*Z* 轴正向由屏幕指向操作者，坐标原点位于屏幕左下角。当用户从三维空间观察世界坐标系时，其图标如图 9-2b 所示。WCS 坐标轴的交汇处显示“□”形的标记。

AutoCAD 允许用户建立自己的坐标系，即用户坐标系（UCS）。用户坐标系的原点可以放在任意位置上，坐标系也可以倾斜任意角度。用户坐标系（UCS）为可移动坐标系，移动或旋转 UCS 可以使设计者处理图形的特定部分变得更加容易。用户可以任意定义用户坐标系的坐标原点，也可以使 UCS 与 WCS 相重合。UCS 没有“□”形标记，如图 9-2c 和图 9-2d 所示。

2. UCS 坐标系的建立

（1）启动“UCS”命令的方法

◇ 功能区：单击“常用”→“坐标”面板中的按钮 ，如图 9-3 所示。

◇ 菜单栏：选择“工具”→“新建 UCS（W）”子菜单中的命令，如图 9-4 所示。

◇ 命令行：“UCS”。

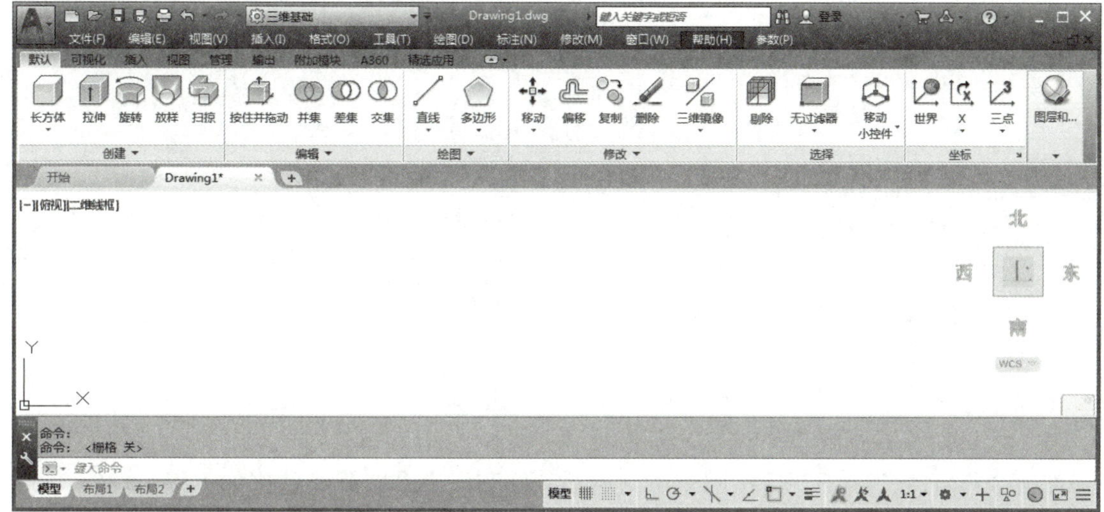

a）

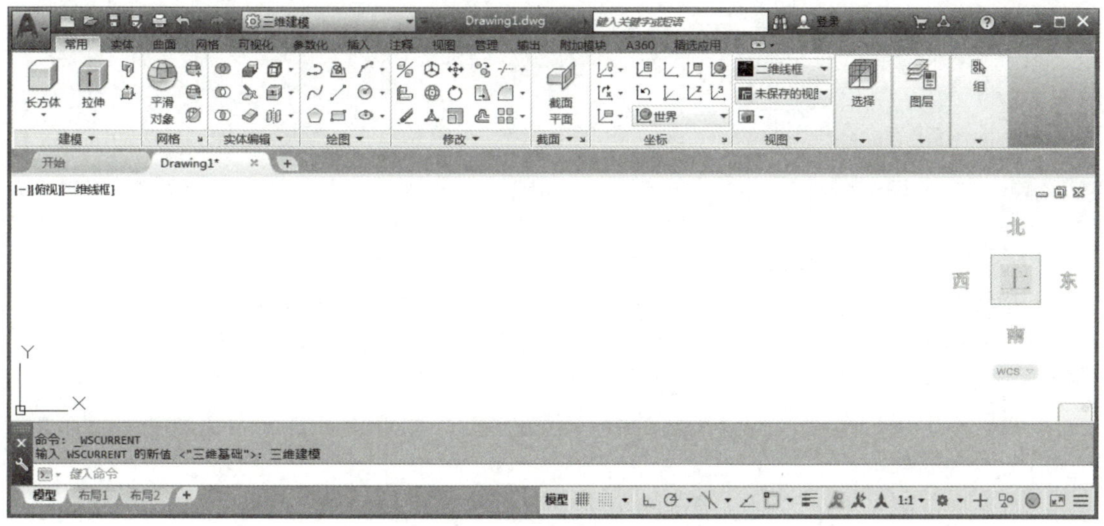

b）

图 9–1 切换工作空间

a）三维基础空间 b）三维建模空间

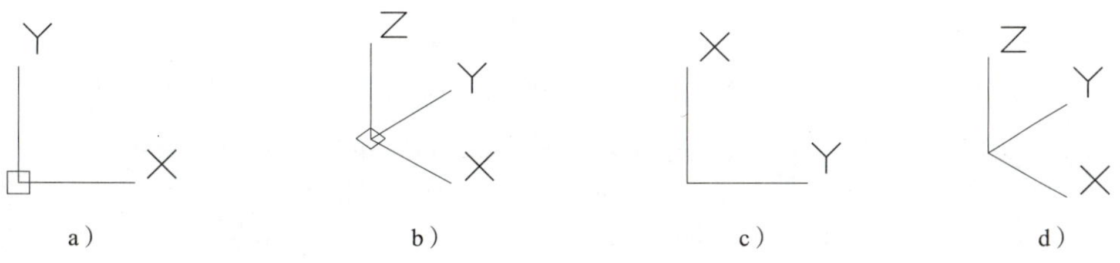

a） b） c） d）

图 9–2 WCS 与 UCS

a）平面 WCS b）三维 WCS c）平面 UCS d）三维 UCS

图 9-3 “UCS”工具栏

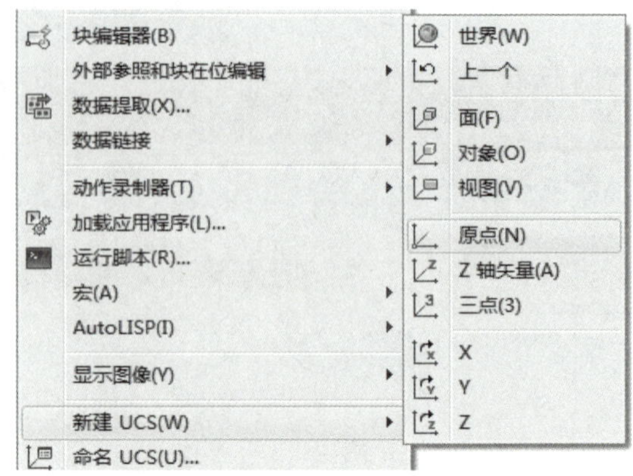

图 9-4 “新建 UCS（W）”子菜单

（2）上机训练——启动“UCS”命令

在命令行输入“UCS”后按回车键，启动“UCS”命令，系统给出如下提示。

命令：UCS
当前 UCS 名称：* 世界 *
指定 UCS 的原点或［面（F）/ 命名（NA）/ 对象（OB）/ 上一个（P）/ 视图（V）/ 世界（W）/X/Y/Z/Z 轴（ZA）］<世界>： // 指定用户坐标系原点
指定 X 轴上的点或 <接受>： // 指定 *X* 轴正方向上的点
指定 XY 平面上的点或 <接受>： // 指定 *Y* 轴正方向上的点

（3）“UCS”命令常用选项的功能

1）指定 UCS 的原点：使用一点、两点或三点定义一个新的 UCS。

◇ 如果指定单个点，则以指定点为新建用户坐标系原点，*X* 轴、*Y* 轴和 *Z* 轴的方向保持不变。

◇ 如果指定第二个点，则以指定的第一点为坐标系原点、第二点为 *X* 轴正方向上的点建立新用户坐标系。

◇ 如果指定第三个点，则以指定的第一点为坐标系原点、第二点为 *X* 轴正方向上的点、第三点为 *Y* 轴正方向上的点建立新用户坐标系。

【提示】

可以直接选择并拖动 UCS 图标原点夹点到一个新位置，或单击原点，弹出快捷菜单，选择“仅移动原点”。

2）面（F）：将 UCS 动态对齐到三维对象的面。启动该选项，系统给出如下提示。

选择实体面、曲面或网格： // 选择面，按回车键
输入选项［下一个（N）/X 轴反向（X）/Y 轴反向（Y）］<接受>：

3）命名（NA）：用于恢复其他坐标系为当前坐标系，或将当前坐标系命名并保存，以及删除不需要的坐标系。

4）对象（OB）：将 UCS 与选定的二维或三维对象对齐。UCS 可与任何对象类型对齐（除了参照线和三维多段线）。

5）上一个（P）：恢复上一个 UCS。可以在当前任务中逐步返回最后 10 个 UCS 设置。对于模型空间和图纸空间，UCS 设置单独存储。

6）视图（V）：将 UCS 的 *XY* 平面与垂直于观察方向的平面对齐。原点保持不变，但 *X* 轴和 *Y* 轴分别变为水平和垂直。

7）世界（W）：将 UCS 与世界坐标系（WCS）对齐。也可以单击 UCS 图标并从原点夹点菜单选择“世界”。

8）*X*、*Y*、*Z*：原坐标系坐标平面分别绕 *X*、*Y*、*Z* 轴旋转而形成新的坐标系。将右手拇指指向 *X*（或 *Y* 或 *Z*）轴的正向，卷曲其余四指，其余四指所指的方向即绕 *X* 轴的正旋转方向。通过指定原点和一个或多个绕 *X*、*Y* 或 *Z* 轴的旋转，可以定义任意的 UCS，如图 9–5 所示。

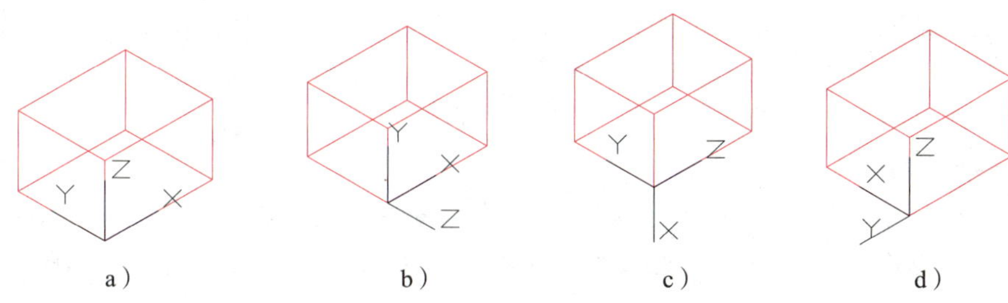

图 9–5　用户坐标系绕 *X*、*Y*、*Z* 轴旋转 90°

a）用户坐标系　b）用户坐标系绕 *X* 轴旋转 90°

c）用户坐标系绕 *Y* 轴旋转 90°　d）用户坐标系绕 *Z* 轴旋转 90°

9）*Z* 轴（ZA）：将 UCS 与指定的 *Z* 轴正向对齐。UCS 原点移动到第一个点，其 *Z* 轴正向通过第二个点。

3. 恢复世界坐标系

若当前为 UCS 坐标系，要想恢复为 WCS 坐标系，其方法是单击 UCS 原点夹点，然后在弹出的快捷菜单中单击“世界”。

三、三维模型的类型

根据三维模型创建方法的不同，可将三维模型分为线框模型、曲面模型和实体模型三种类型。

1. 线框模型

线框模型是通过线对象（直线和曲线）来表达三维形体的模型（图 9–6），它是对三维形体最简单的描述。在创建线框模型时，必须对模型中的每个线对象单独进行定位和绘制，建模过程耗时较大。另外，它包含的信息很少，只有线的信息，不包含面和体的信息，实际中较少使用。

2. 曲面模型

曲面模型又称为网格模型，它是通过多边形网格来定义小平面，众多小平面组合在一起就近似构成曲面，由曲面构成曲面模型，如图 9–7 所示。该类模型中含有面的信息，具有一定的立体感，可以对曲面进行着色等外观处理，还可以用线框的形式进行显示，主要应用于服装设计、建筑设计等领域。

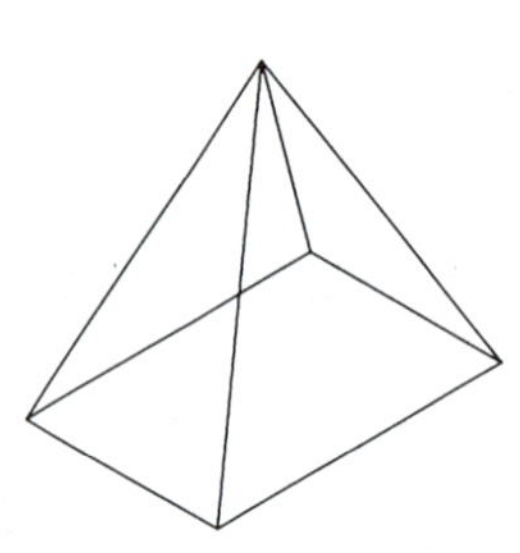

图 9-6　线框模型

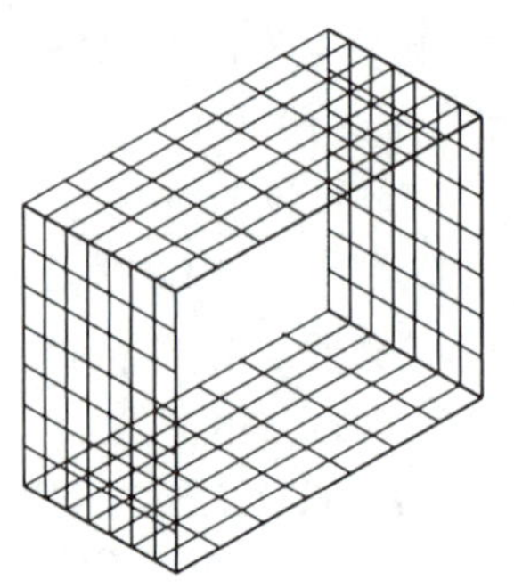

图 9-7　曲面模型

3. 实体模型

实体模型是模型中最高级的一种模型类型。它是由多个面围成的一个密闭的三维形体，可以把实体模型想象为一个充满某种材料的封闭曲面模型，如图 9-8 所示。它不仅具备曲面模型的所有特征，还具有体积和质量等属性特征。它也可以用线框的形式进行显示，在实际应用中非常广泛，本章将重点介绍该模型的创建方法。

四、观察三维模型

三维建模过程中，常需从不同方向观察模型。观察模型的方向称为视点，AutoCAD 提供了视点预设（也称标准视点）、视点命令等多种方法来设置视点。这里介绍用标准视点进行观察。

1. 视图的标准视点

AutoCAD 预设视点里提供了俯视、仰视、左视、右视、前视、后视、西南等轴测、东南等轴测、东北等轴测和西北等轴测等 10 种标准视点，如图 9-9 所示为同一形体分别在西南等轴测与东南等轴测两个不同视点所看到的效果。

图 9-8　实体模型

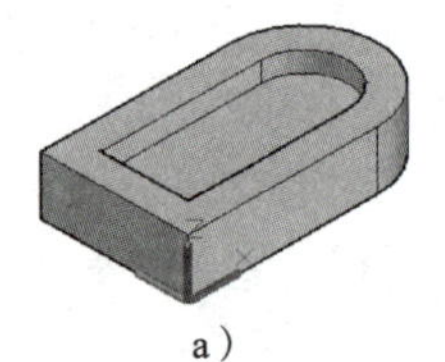

a）

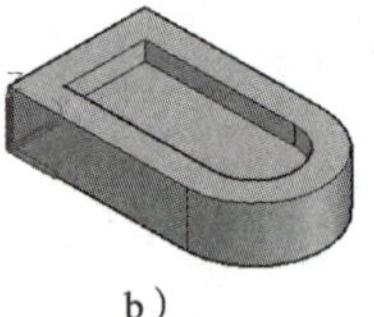

b）

图 9-9　同一形体不同视点

a）西南等轴测　b）东南等轴测

※ 源文件：计算机制图——AutoCAD 2018 源文件 \ 第九章 \ 同一形体不同视点

2. 上机训练——观察形体不同视点下的显示效果

观察如图 9-12 所示形体在不同视点下的显示效果。

3. 设置标准视点的方式

◇ 功能区：单击“常用”→“视图”→“三维导航”下拉菜单中的按钮，如图 9-10 所示。

◇ 菜单栏：选择“视图”→“三维视图（D）”→各种标准视点命令，如图 9-11 所示。

西南等轴测视点与正等轴测图的视觉方向是一致的，本书默认实体图的视点为西南等轴测。

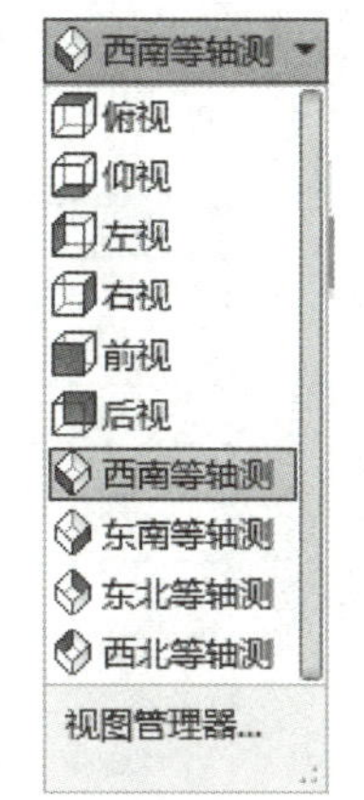

图 9-10　视图列表框

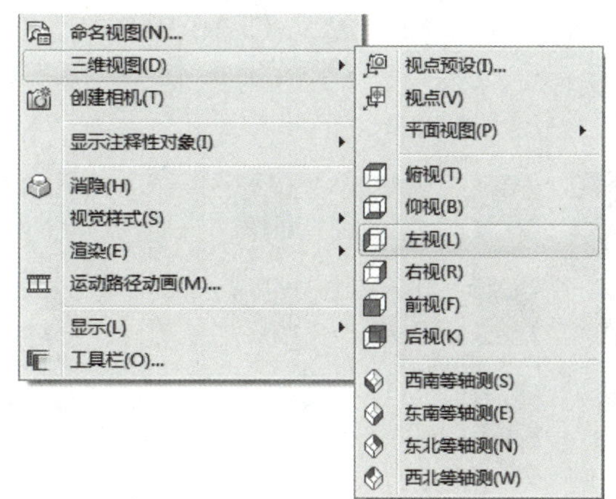

图 9-11　三维视图菜单

4. 动态观察

在 AutoCAD 2018 中，动态观察有 3 个选项，即受约束的动态观察、自由动态观察和连续动态观察。

（1）启动“动态观察”命令的方法

◇ 导航栏：单击导航栏“动态观察”按钮下方的箭头，可以选择各种“动态观察”命令。

◇ 菜单栏：选择“视图”→“动态观察”→各种“动态观察”命令。

（2）动态观察的类型及功能

1）受约束的动态观察。沿 *XY* 平面或 *Z* 轴约束三维动态观察。

2）自由动态观察。不参照平面，在任意方向上进行动态观察。沿 *XY* 平面和 *Z* 轴进行动态观察时，视点不受约束。

3）连续动态观察。连续地进行动态观察。在要使连续动态观察移动的方向上单击并拖动，然后松开鼠标按钮。轨道沿该方向继续移动。

5. 上机训练——观察形体显示效果

如图 9-12 所示，用“自由动态观察”命令观察形体，拖动鼠标改变观察方向。

※ 源文件：计算机制图——AutoCAD 2018 源文件 \ 第九章 \ 自由动态观察

五、视觉样式

视觉样式是指三维实体在 AutoCAD 中的显示形式。在默认状态下，系统是以线框形式显示对象的。如果绘制的图形比较复杂，则众多的线条交织在一起，使用户很难清晰地观察对象的结构形状。为了获得较好的显示效果，AutoCAD 2018 系统提供了多种控制模型外观的显示效果工具。

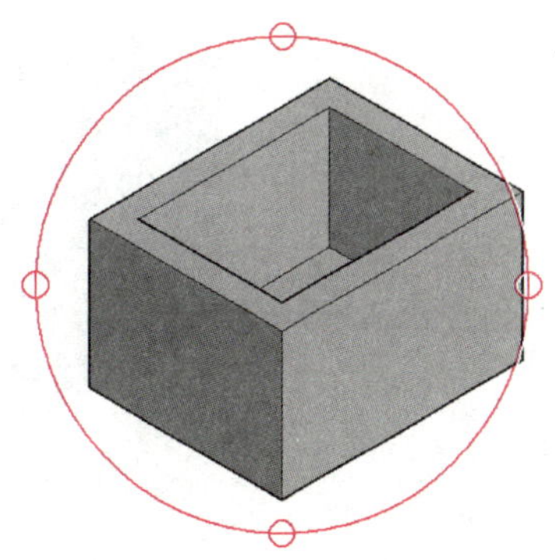

图 9-12　自由动态观察

1. 调用视觉样式工具的方法

◇ 功能区：“常用”→“视图”→“视觉样式”列表框，在下拉列表框（图 9-13）中单击相应的按钮。

◇ 菜单栏：“视图”→“视觉样式”→在子菜单（图 9-14）中选择相应的命令。

◇ 命令行："VS（或 VSCURRENT)"，在弹出的快捷菜单中选择相应的选项，如图 9-15 所示。

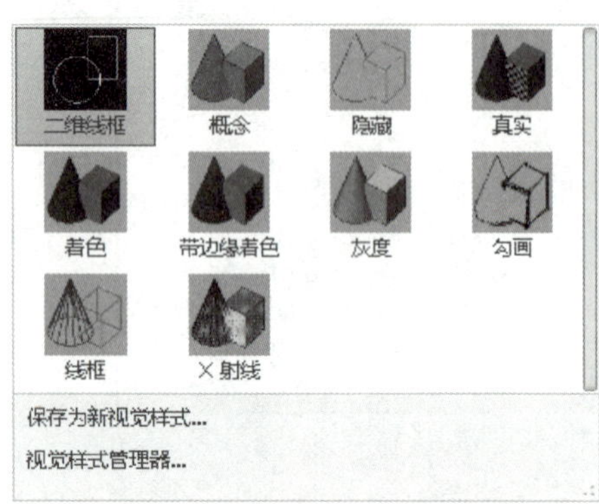

图 9-13 "视觉样式"列表框

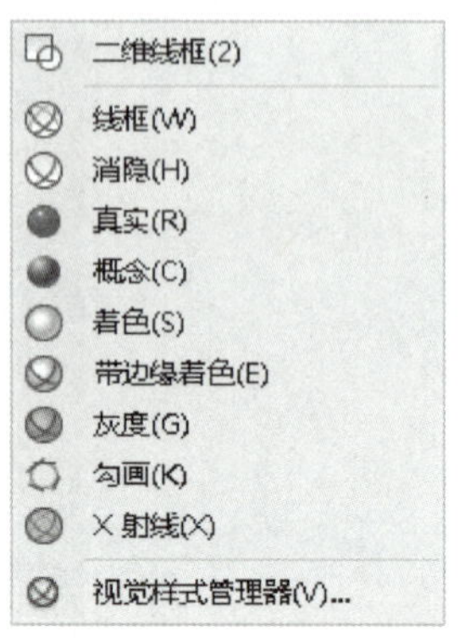

图 9-14 "视觉样式"菜单

图 9-15 "视觉样式"快捷菜单

2. 常用视觉样式的功能

◇ 二维线框（2）：用直线和曲线显示对象的边界，对象的线型与线框都是可见的，如图 9-16a 所示。

◇ 线框（W）：用直线和曲线显示对象的边缘轮廓。与二维线框不同的是，表示坐标系的图标会显示成三维着色形式，如图 9-16b 所示。

◇ 隐藏（H）：将三维对象中观察不到的线隐藏起来，只显示前面无遮挡的对象，如图 9-16c 所示。

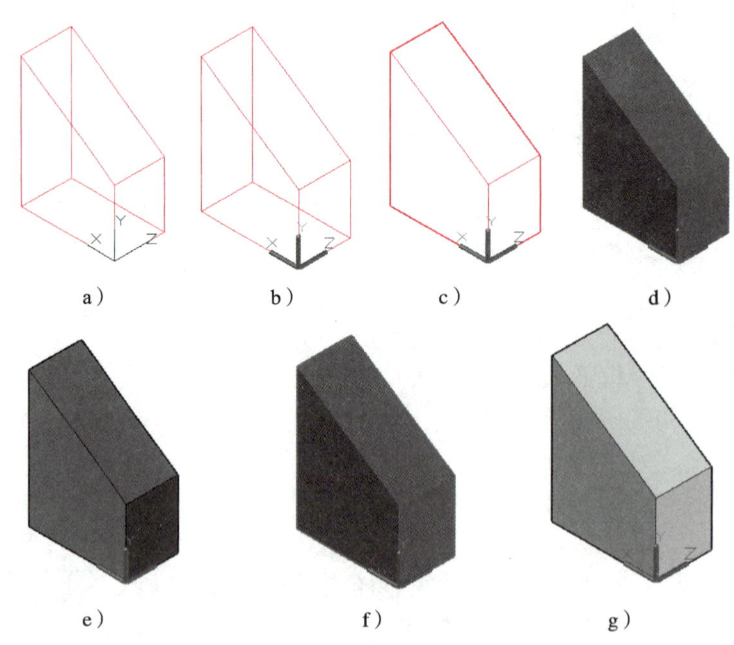

图 9-16 各种视觉样式的显示效果

a）二维线框 b）线框 c）隐藏 d）真实 e）概念 f）带边缘着色 g）灰度

◇ 真实（R）：可使对象实现平面着色，它只对各多边形的面着色，不对面边界做光滑处理，如图 9-16d 所示。

◇ 概念（C）：也可以使对象实现平面着色，它不仅可以对各多边形的面着色，还可以对面边界做光滑处理，如图 9-16e 所示。

◇ 带边缘着色（E）：用于将对象的可见边平滑着色，如图 9-16f 所示。

◇ 灰度（G）：用于将对象以单色面颜色模式着色，以产生灰色效果，如图 9-16g 所示。

3. 上机训练——用各种视觉显示效果

用各种视觉样式显示如图 9-16 所示形体。

※ 源文件：计算机制图——AutoCAD 2018 源文件 \ 第九章 \ 视觉命令显示效果

§9-2 创建基本三维实体

AutoCAD 2018 能生成圆柱体、圆锥体、长方体、球体、楔形体、棱锥体及圆环体等基本三维实体，建模工具栏中包含了创建这些基本三维实体的命令按钮。表 9-1 列出了基本三维实体命令按钮的功能及操作主要参数。

表 9-1　基本三维实体命令按钮的功能及操作主要参数

按钮	功能	操作主要参数
	创建圆柱体	指定圆柱体底面中心点、圆柱体半径及高度
	创建圆锥体	指定圆锥体底面中心点、圆锥体底面半径及锥体高度
	创建球体	指定球心、球半径
	创建长方体	指定长方体的一个角点、另一对角点及长方体高度
	创建棱锥体	指定棱锥体侧面数、底面中心、底面半径及锥体的高度
	创建楔体	指定楔体的一个角点、另一对角点及楔体高度
	创建圆环体	指定圆环中心点，输入圆环半径及圆管半径
	创建多段体	指定多段体的高度、宽度，然后输入多段体的起点和下一点

一、创建圆柱体

1. 启动“圆柱体”命令的方法

◇ 功能区：单击“常用”→“建模”→“圆柱体”按钮。

◇ 菜单栏：选择“绘图”→“建模”→“圆柱体”命令。

◇ 命令行：“CY（或 CYLINDER）”。

2. 上机训练——创建圆柱体

创建底面半径为 80 mm、高为 300 mm 的圆柱体，并通过设置实体表面网格线数量和“消隐”显示，观察图形变化情况。

（1）选择“视图”菜单→“三维视图”→“西南等轴测”命令，将三维视图视点设置为西南等轴测方向。

（2）启动“圆柱体”命令，系统给出如下提示。

```
命令：_cylinder
指定底面的中心点或[三点（3P）/ 两点（2P）/ 切点、切点、半径（T）/ 椭圆（E）]:
0，0，0                                                  // 指定圆柱体底面中心的坐标
指定底面半径或［直径（D）]：80                              // 指定底面半径值
指定高度或［两点（2P）/ 轴端点（A）] < 80.0000 >：300           // 指定圆柱体高度
```

进行上述操作，创建出如图 9-17 所示圆柱体。

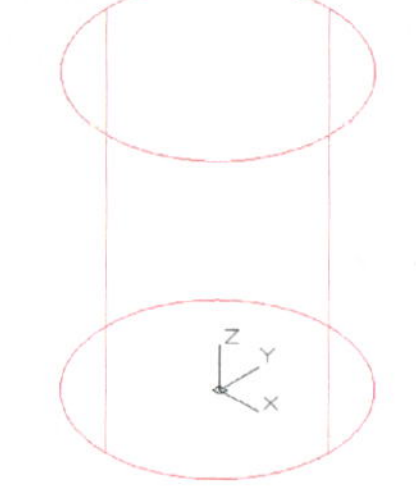

图 9-17 创建圆柱体

二、创建圆锥体

1. 启动“圆锥体”命令的方法

◇ 功能区：单击“常用”→“建模”→“圆锥体”按钮。

◇ 菜单栏：选择“绘图”→“建模”→“圆锥体”命令。

◇ 命令行：“CONE”。

2. 上机训练 1——创建圆锥体

创建底面半径为 10 mm、高为 12 mm 的圆锥体。

将三维视图视点设置为西南等轴测方向，启动“圆锥体”命令，系统给出如下提示。

```
命令：_cone
指定底面的中心点或［三点（3P）/ 两点（2P）/ 切点、切点、半径（T）/ 椭圆
（E）]：0，0                                              // 指定底面中心坐标
指定底面半径或［直径（D）] < 80.0000 >：10                    // 指定底面半径
指定高度或［两点（2P）/ 轴端点（A）/ 顶面半径（T）] < 300.0000 >：12
                                                           // 指定圆锥体高度
```

进行上述操作，创建出如图 9-18 所示圆锥体。

3.“圆锥体”命令常用选项说明

（1）出现“指定底面的中心点或［三点（3P）/ 两点（2P）/ 切点、切点、半径（T）/ 椭圆（E）]：”提示时，如果选择“椭圆（E）”，则可以创建椭圆锥体。

（2）出现“指定高度或[两点（2P）/轴端点（A）/顶面半径（T）]：”提示时，如果选择“顶面半径（T）”，当输入的数值与底面半径相同时，则为圆柱；如是一个非零的半径，则为圆锥台。

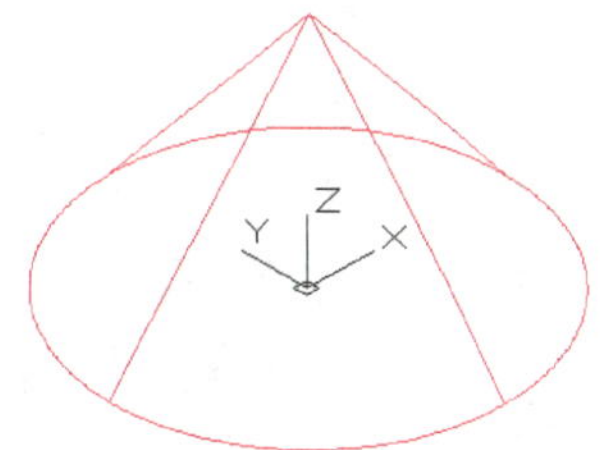

图 9-18　创建圆锥体

【提示】

（1）在创建基本实体过程中，可以通过拖动鼠标来实现尺寸的输入，特别适用于可通过捕捉获得尺寸的实体创建。

（2）利用夹点可对实体进行拉伸等操作，如图 9-19 所示。

（3）基本实体创建完成后，可通过特性面板（图 9-20）修改参数来控制现有对象的常规、三维效果、几何图形等特性。选中实体后，在绘图区域中单击鼠标右键，在快捷菜单中选择“特性”，打开特性面板。

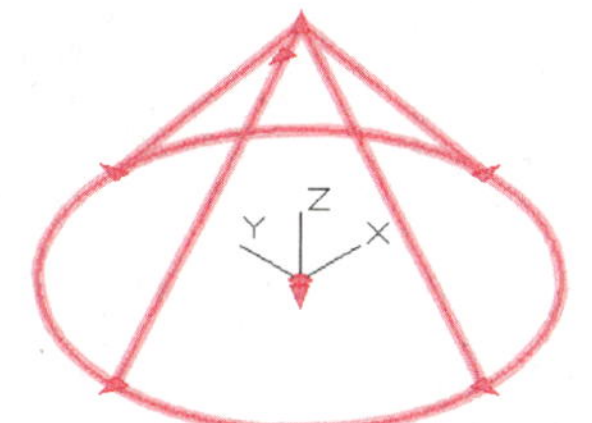

图 9-19　利用夹点拉伸实体

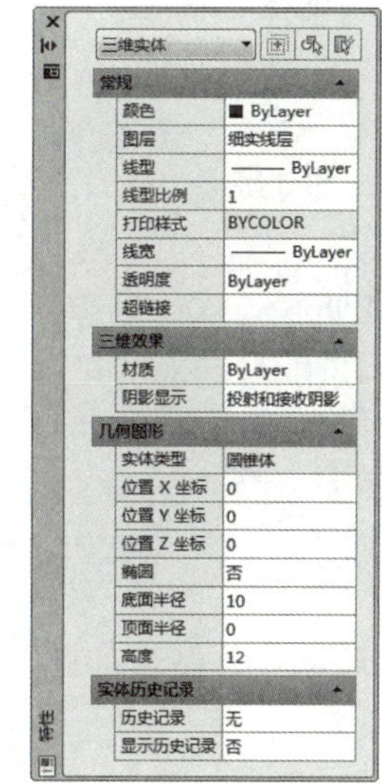

图 9-20　特性面板

4. 上机训练 2——创建圆锥台

根据如图 9-21a 所示圆锥台的图形及尺寸，应用“圆锥体”命令创建圆锥台，如图 9-21b 所示。

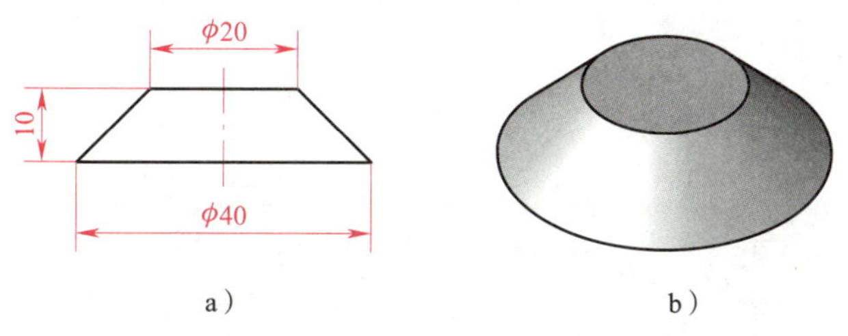

图 9-21　圆锥台

a）视图及尺寸　b）实体

（1）启动 AutoCAD 2018

启动 AutoCAD 2018，单击"文件"→"新建"按钮，打开"选择样板文件"对话框。选择"acadiso"样板后单击"打开"按钮。

（2）选择标准视点

为便于观察，单击"常用"→"视图"→"三维导航"下拉菜单中的"西南等轴测"按钮，选择"西南等轴测"视点。

（3）选择视图样式

单击"常用"→"视图"→"视觉样式"下拉菜单中的"二维线框"按钮，选择"二维线框"视觉样式。

（4）设置图层

设置粗实线、细实线两个图层。

（5）创建圆锥体

启动"圆锥体"命令，系统给出如下提示。

```
命令：_cone
指定底面的中心点或［三点（3P）/ 两点（2P）/ 切点、切点、半径（T）/ 椭圆（E）］：0，0
指定底面半径或［直径（D）］< 10.0000 >：20                    // 指定底面半径
指定高度或［两点（2P）/ 轴端点（A）/ 顶面半径（T）］< 12.0000 >：T
                                                            // 选择"顶面半径"选项
指定顶面半径 < 0.0000 >：10                                  // 指定顶面半径
指定高度或［两点（2P）/ 轴端点（A）］< 12.0000 >：10            // 指定高度
```

进行上述操作，结果如图 9-22a 所示。"消隐"显示和"概念"显示结果如图 9-22b、c 所示。

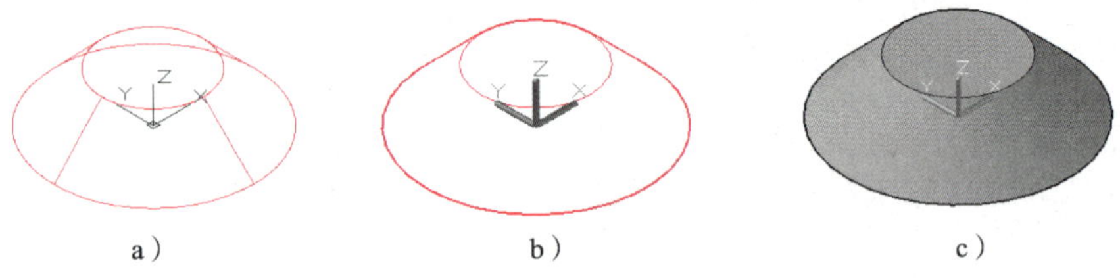

a） b） c）

图 9-22 创建圆锥台

a）"二维线框"显示 b）"消隐"显示 c）"概念"显示

三、创建六棱台

1. 启动"棱锥体"命令的方式

◇ 菜单栏：选择"绘图"→"建模"→"棱锥体"命令。

◇ 功能区：单击"常用"→"建模"→"棱锥体"按钮。

◇ 命令行："PYR（或 PYRAMID）"。

2. 上机训练——创建六棱台

创建如图 9-23 所示的六棱台。

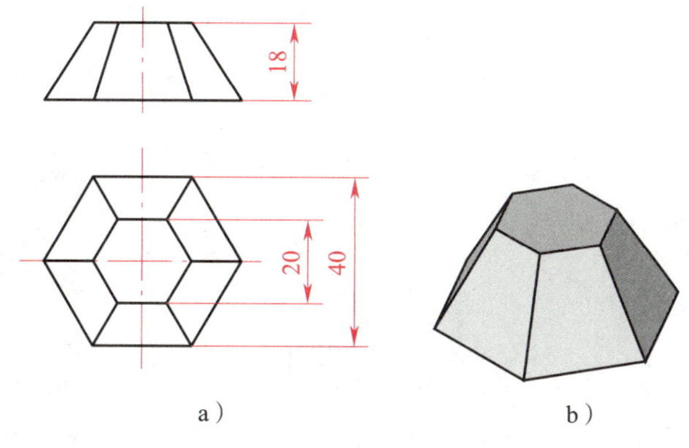

a）　　b）

图 9-23　六棱台
a）视图　b）实体

六棱台可由棱锥体命令生成。将三维视图视点设置为西南等轴测方向，启动“棱锥体”命令，系统给出如下提示。

```
命令：_pyramid
4 个侧面 外切
指定底面的中心点或［边（E）/ 侧面（S）］：S                // 选择“侧面”选项
输入侧面数 < 4 >：6                                        // 指定侧面数目
指定底面的中心点或［边（E）/ 侧面（S）］：0，0，0         // 指定棱锥体底面中心点
指定底面半径或［内接（I）］：I                     // 启动“内接”或“外切”选项
指定底面半径或［外切（C）］：C                             // 选择“外切”方式
指定底面半径或［内接（I）］：20
                    // 沿 Y 轴方向移动光标，输入正六边形内切圆半径，按回车键
指定高度或［两点（2P）/ 轴端点（A）/ 顶面半径（T）］：T
                                                       // 选择“顶面半径”方式
指定顶面半径 < 0.0000 >：10                            // 指定顶面内切圆半径
指定高度或［两点（2P）/ 轴端点（A）］：18
                                // 向上移动光标，输入六棱台高度，按回车键
```

六棱台创建结果如图 9-24 所示。

【提示】

圆锥台与棱锥台都可以通过选择“工具选项板”→“建模”→“平截面圆锥体”与“平截头棱锥体”（图 9-25）命令，按提示输入数据获得。工具选项板可以通过选择“工具”→“选项板”→“工具选项板”添加到绘图区。

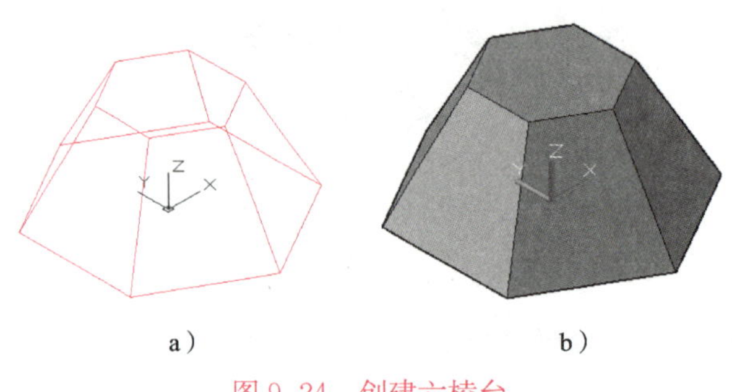

图 9-24　创建六棱台

a）“二维线框”显示　b）“概念”显示

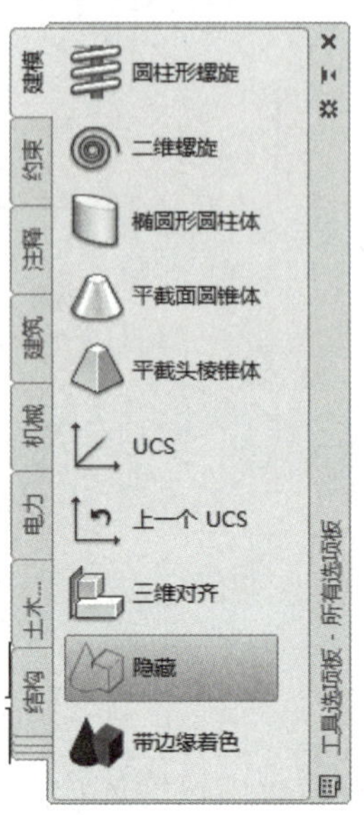

图 9-25　工具选项板

长方体、球体、楔形体及圆环体等基本三维实体，可参照上述基本三维实体的创建过程，并根据系统提示进行创建，本书不再赘述。

§9-3　面域和旋转

在 AutoCAD 中，除了可以通过基本体命令创建三维实体外，还可以通过旋转、拉伸、扫掠等方法将二维对象创建为三维实体或曲面。

一、面域

面域是具有物理特性（例如质心）的二维封闭区域。它是有边界的平面区域，具有面积、周长等几何特征，可以对它进行复制、移动等编辑操作，也可以将它拉伸或旋转形成三维实体，此外面域还可进行布尔运算。

1. 启动“面域”命令的方法

◇ 菜单栏：选择“绘图”→“面域”命令。

◇ 功能区：单击“常用”→“绘图”→“”按钮。

◇ 命令行：“REG（或 REGION）”。

【提示】

通过“边界”命令也可创建面域。启动“边界”命令，系统弹出“边界创建”对话框，将“对象类型”项设置为“面域”即可，有关操作将在后面相关知识里介绍。

2. 上机训练——创建面域

将如图 9-26a 所示的图形转换为面域。

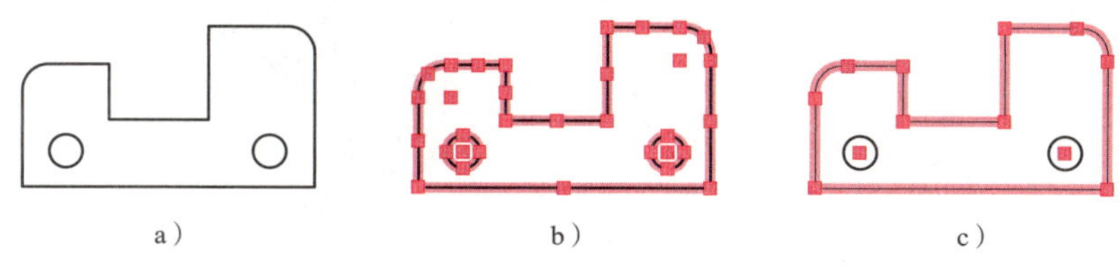

图 9-26　创建面域

a）创建前　b）创建前选择图形　c）创建后选择图形

※ 源文件：计算机制图——AutoCAD 2018 源文件 \ 第九章 \ 创建面域

单击“绘图”工具栏中的“面域”按钮，系统给出如下提示。

```
命令：_region
选择对象：指定对角点：找到 12 个
                        // 选择图形中的所有对象（图 9-26b）
选择对象：                                        // 按回车键
已提取 3 个环。
已创建 3 个面域。
```

面域创建后的选中状态如图 9-29c 所示，它由三个对象组成，显然与图 9-29b 所示状态存在差别。

【提示】

创建面域之前，应对二维图上部分多余的线进行删除、修剪等编辑，应保证相邻对象间连接端点的共享性，使之成为一个封闭的二维图，否则将不能创建面域。如图 9-27 所示的图形就无法创建面域，只有将左边长出的直线修剪后才可创建面域。

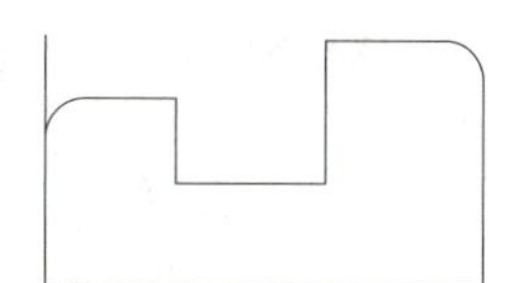

图 9-27　无法创建面域的图形

二、旋转

旋转是指通过绕轴旋转封闭或不封闭的对象来创建实体或曲面。如果旋转对象是封闭的，则生成三维实体；如果旋转对象是不封闭的，则生成曲面。

1. 启动“旋转”命令的方法

◇ 功能区：单击“常用”→“建模”→“旋转”按钮。

◇ 菜单栏：选择“绘图”→“建模”→“旋转”命令。

◇ 命令行：“REV（或 REVOLVE）”。

2. 上机训练——创建旋转实体

将如图 9-28a 所示面域，绕直线旋转 360°，创建成实体。

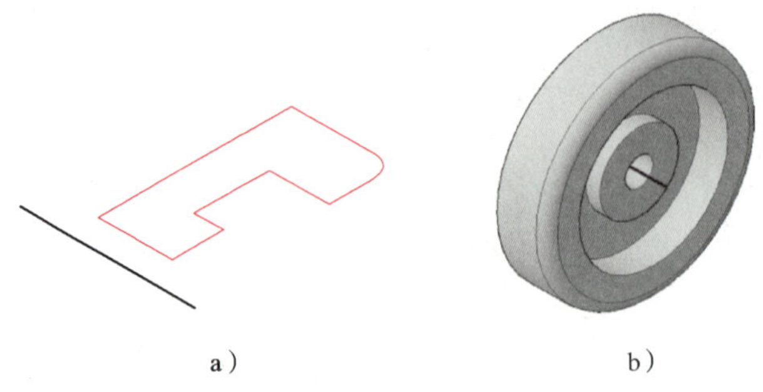

图 9-28 旋转

a）旋转面域 b）旋转结果

※ 源文件：计算机制图——AutoCAD 2018 源文件 \ 第九章 \ 旋转

打开源文件，启动“旋转”命令，系统给出如下提示。

```
命令：_revolve
当前线框密度：ISOLINES = 4，闭合轮廓创建模式 = 实体
选择要旋转的对象或[模式（MO）]：_MO
闭合轮廓创建模式［实体（SO）/ 曲面（SU）］<实体>：_SO
选择要旋转的对象或[模式（MO）]：指定对角点：找到 1 个
                                        // 选择已形成面域的平面图形
选择要旋转的对象或［模式（MO）]：                      // 按回车键
指定轴起点或根据以下选项之一定义轴［对象（O）/X/Y/Z］<对象>：
                                                // 指定旋转轴的起点
指定轴端点：                                     // 指定旋转轴的端点
指定旋转角度或［起点角度（ST）/ 反转（R）/ 表达式（EX）]< 360 >：// 按回车键
```

进行上述操作，结果如图 9-28b 所示。

三、综合实训

创建如图 9-29 所示台阶轴的实体。

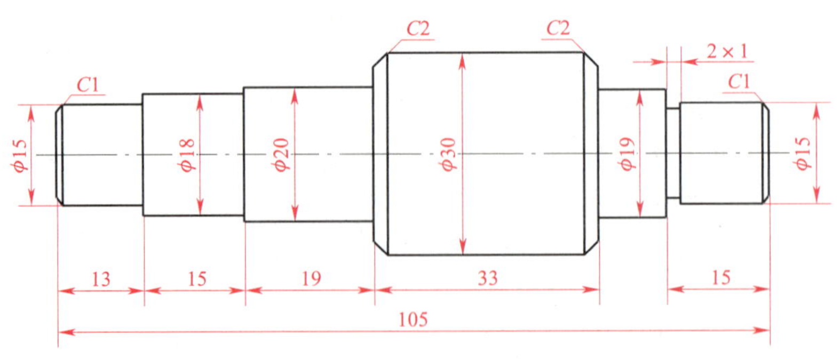

图 9-29 台阶轴

轴类零件为旋转体零件，创建实体时，将视点设置为俯视，绘制半个与零件轮廓形状相同的平面图，并将平面图创建为面域，然后将面域绕其对称轴旋转 360° 即可创建出其实体。

其创建步骤如下。

1. 创建面域

（1）切换视点

启动 AutoCAD 2018，将视点切换到俯视。

（2）绘制多段线

启动“多段线”命令，依次按尺寸指定多段线起点坐标和各端点的坐标，即（0，0）、（@0，6.5）、（@1，1）、（@12，0）、（@0，1.5）、（@15，0）、（@0，1）、（@19，0）、（@0，3）、（@2，2）、（@29，0）、（@2，−2）、（@0，−3.5）、（@10，0）、（@0，−3）、（@2，0）、（@0，1）、（@12，0）、（@1，−1）、（@0，−6.5）、（0，0），最终闭合成为封闭的多段线，如图 9-30 所示。

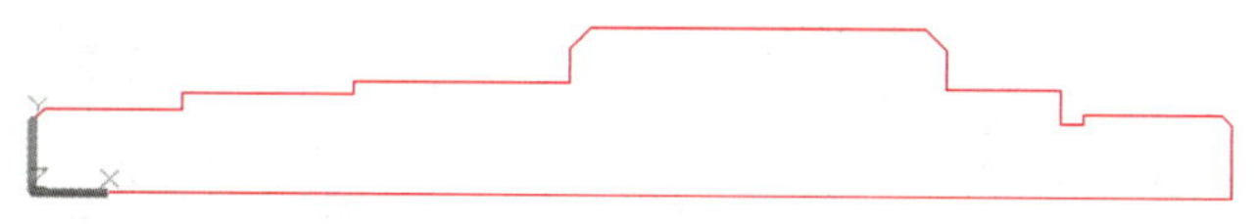

图 9-30　俯视图下的多段线

（3）生成面域

启动“面域”命令，系统给出如下提示。

```
命令：_region
选择对象：找到 1 个                    //拾取多段线
选择对象：                             //按回车键
已提取 1 个环。
已创建 1 个面域。
```

2. 生成三维实体

（1）将视图切换至西南等轴测视图，如图 9-31 所示。

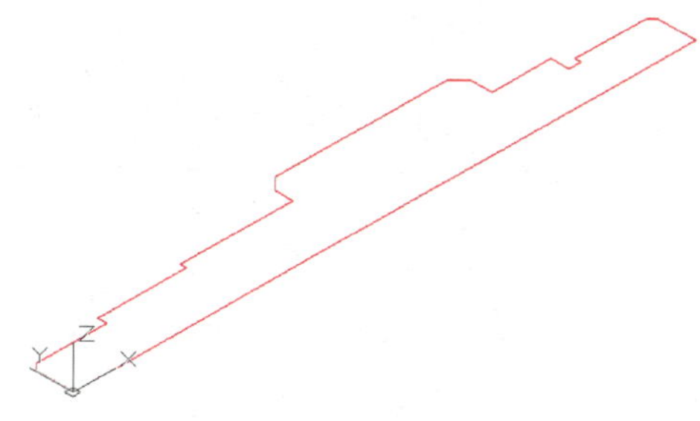

图 9-31　西南等轴测视图下的面域

（2）单击“建模”→“旋转”按钮，系统给出如下提示。

```
命令：_revolve（启动旋转建模命令）
当前线框密度：ISOLINES=4，闭合轮廓创建模式 = 实体
选择要旋转的对象或［模式（MO）］：_MO
```

```
闭合轮廓创建模式 [实体(SO)/曲面(SU)] <实体>: _SO
选择要旋转的对象或 [模式(MO)]: 找到1个            //拾取面域，按回车键
选择要旋转的对象或 [模式(MO)]:
指定轴起点或根据以下选项之一定义轴 [对象(O)/X/Y/Z] <对象>: X
                                                  //指定旋转轴
指定旋转角度或 [起点角度(ST)/反转(R)/表达式(EX)] <360>:
                                                  //按回车键
```

旋转创建实体的结果如图 9-32 所示。

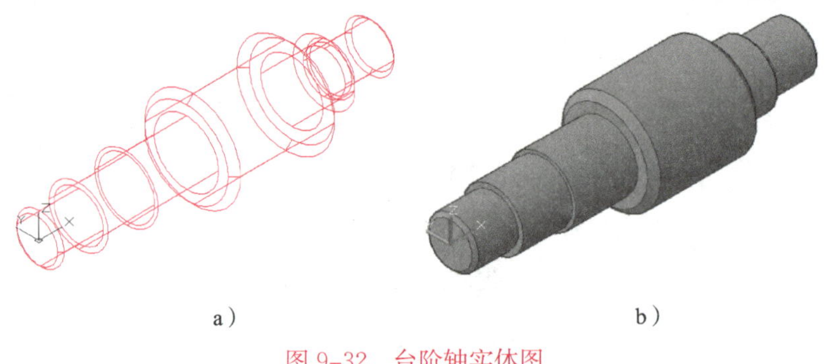

a)　　　　　　　　　　b)

图 9-32　台阶轴实体图

a)"二维线框"显示　b)"概念"显示

【提示】

如旋转中心线不是位于原点上，则不能选择 *X* 轴、*Y* 轴或 *Z* 轴作为旋转轴。此时，可以直接捕捉多段线上作为转旋轴线的两个端点，作为旋转轴的起点和端点。

§9-4　布尔运算与三维阵列

一、布尔运算

布尔运算通过对两个以上的物体进行并集、差集、交集的运算，从而得到新的物体形态。AutoCAD 2018 系统提供了三种布尔运算方式：并集、交集和差集。下面将对如图 9-33 所示的两个圆柱体进行布尔运算。

※ 源文件：计算机制图——AutoCAD 2018 源文件 \ 第九章 \ 布尔运算源文件

1. 并集（UNION）

并集是指将两个或多个实体合并为一个新的复合实体。

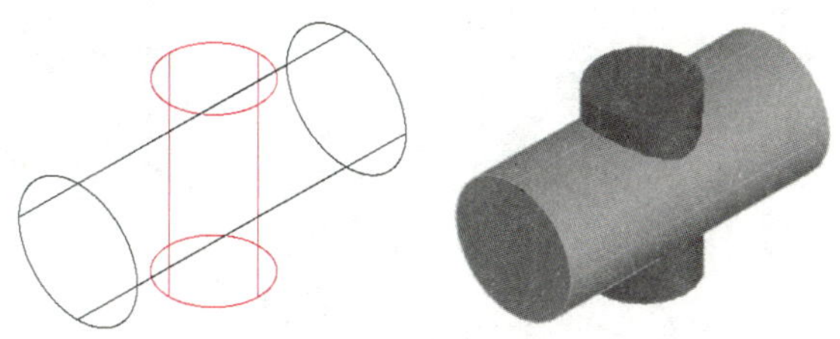

图 9-33　布尔运算源文件

（1）启动“并集”命令的方法

◇ 功能区：单击“常用”→“实体编辑”→“并集”按钮。

◇ 菜单栏：选择“修改”→“实体编辑”→“并集”命令。

◇ 命令行：“UNI（或 UNION）”。

（2）上机训练——并集运算

对如图 9-33 所示两个圆柱体进行并集运算。

打开源文件，启动“并集”命令，系统给出如下提示。

```
命令：_union
选择对象：找到 2 个                    // 选择两圆柱体
选择对象：                            // 按回车键
```

并集运算的结果如图 9-34 所示。

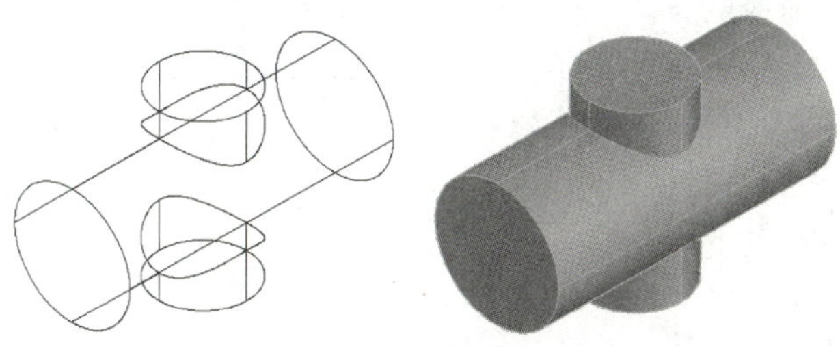

图 9-34　并集运算

2. 差集（SUBTRACT）

差集是指从选定的实体中减去一部分实体，从而得到一个新的实体。

（1）启动“差集”命令的方法

◇ 功能区：单击“常用”→“实体编辑”→“差集”按钮。

◇ 菜单栏：选择“修改”→“实体编辑”→“差集”命令。

◇ 命令行：“SU（或 SUBTRACT）”。

（2）上机训练——差集运算

对如图 9-33 所示图形使用“差集”运算命令，以获得如图 9-35 所示图形。

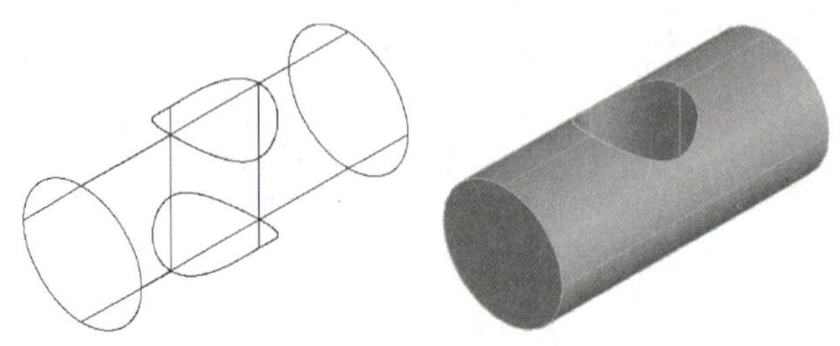

图 9-35　差集运算

打开源文件，启动“差集”命令，系统给出如下提示。

```
命令：_subtract
选择要从中减去的实体、曲面和面域...                    //选择大圆柱体
选择对象：找到 1 个
选择对象：                                              //按回车键
选择要减去的实体、曲面和面域...                        //选择小圆柱体
选择对象：找到 1 个
选择对象：                                              //按回车键
```

完成上述操作，结果如图 9-35 所示。

3. 交集（INTERSECT）

交集是指将两个或多个实体的公共部分创建为新实体。

（1）启动“交集”命令的方法

◇ 功能区：单击“常用”→“实体编辑”→“交集”按钮。

◇ 菜单栏：选择“修改”→“实体编辑”→“交集”命令。

◇ 命令行：“IN（或 INTERSECT）”。

（2）上机训练——交集运算

对如图 9-33 所示图形使用“交集”运算命令，以获得如图 9-36 所示图形。

打开源文件，启动“交集”命令，系统给出如下提示。

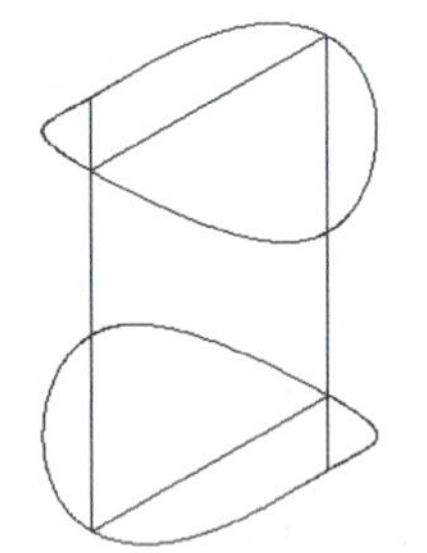

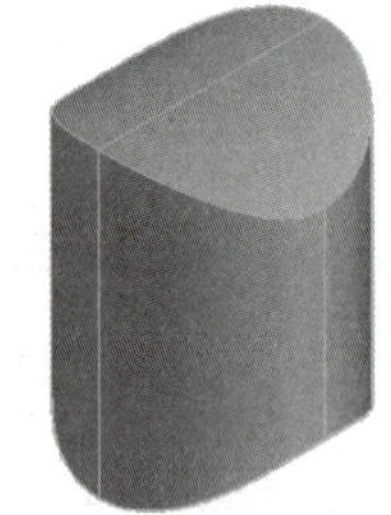

图 9-36　交集运算

```
命令：_intersect
选择对象：找到 2 个                                     //选择两个圆柱体
选择对象：                                              //按回车键
```

交集运算结果如图 9-36 所示。

二、三维阵列

三维阵列（3DARRAY）是二维阵列（ARRAY）的三维版本，通过该命令可以在三维空间创建对象的矩形、环形阵列。

1. 启动“三维阵列”命令的方法

◇ 功能区：单击“常用”→“修改”→各种阵列按钮。

◇ 菜单栏：选择“修改”→“三维操作”→“三维阵列”命令。

◇ 命令行：“3A（或 3DARRAY）”。

2. 上机训练 1——矩形阵列

对于三维矩形阵列，除行数和列数外，用户还可以指定 Z 方向的层数。在行（X 轴）、列（Y 轴）和层（Z 轴）矩形阵列中复制对象。

创建一个长方体，尺寸如图 9-37a 所示，用“矩形阵列”命令将长方体编辑成如图 9-37b 所示两行、四列、两层的矩形阵列图形。

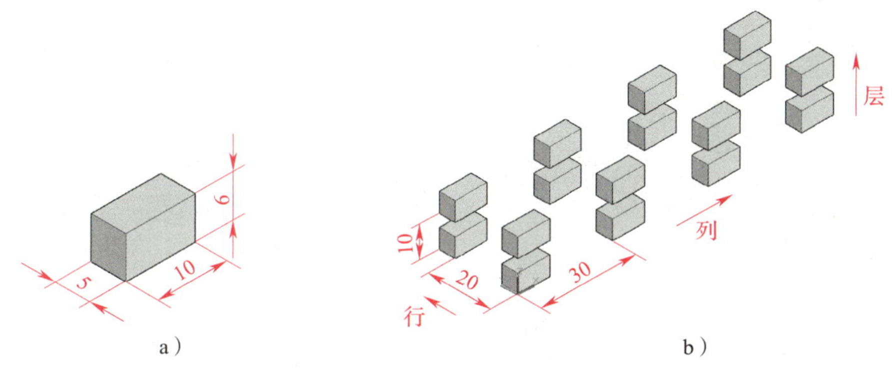

图 9-37　矩形阵列

a）阵列前　b）阵列后

（1）创建一个长方体，如图 9-37a 所示。

（2）单击“常用”→“修改”→“矩形阵列”按钮，启动“矩形阵列”命令。

（3）选择长方体，按回车键，图形显示如图 9-38 所示。同时，在功能区弹出“阵列创建”对话框，如图 9-39 所示。

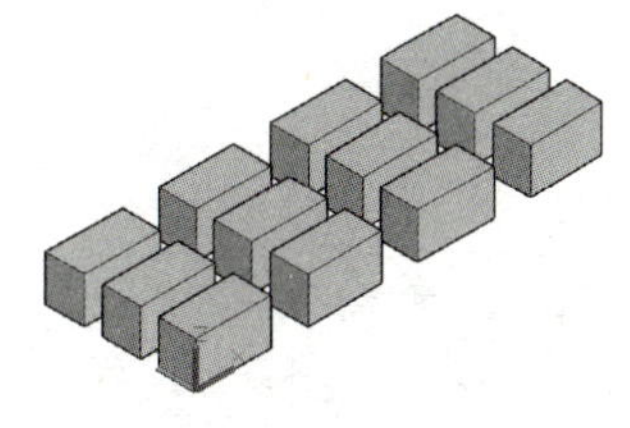

图 9-38　启动“矩形阵列”命令后

默认　可视化　插入　视图　管理　输出　附加模块　A360　精选应用　阵列

类型	列		行		层级		特性	选项			关闭
矩形	列数:	4	行数:	2	级别:	2	基点	编辑来源	替换项目	重置矩阵	关闭阵列
	介于:	30	介于:	20	介于:	10					
	总计:	90	总计:	20	总计:	10					

图 9-39　矩形阵列“阵列创建”对话框

（4）在对话框的“列”区域的“列数”文本框填写“4”，“介于”文本框填写列间距“30”；在“行”区域的“行数”文本框填写“2”，“介于”填写行间距“20”；“层级”区域的“级别”文本框填写“2”，“介于”填写层间距“10”。

（5）参数设置完毕后，单击“关闭阵列”按钮，矩形阵列结果如图 9-40 所示。

【提示】

在“阵列创建”对话框中的“介于”文本框中输入的列间距或行间距是指实体间对应面之间的距离（如第一个实体的前面和第二个实体的前面之间的距离），不是实体间的间隔距离。

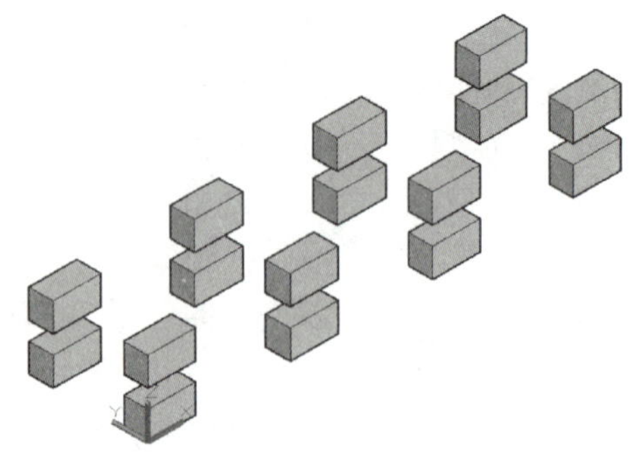

图 9-40 矩形阵列结果

3. 上机训练 2——环形阵列

用“环形阵列”命令将圆柱体（图 9-41a）绕轴线阵列成如图 9-41b 所示图形。

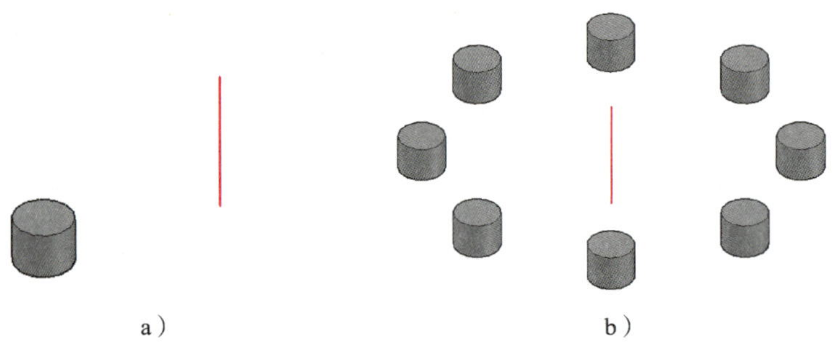

a） b）

图 9-41 环形阵列

a）对象 b）环形阵列图

※ 源文件：计算机制图——AutoCAD 2018 源文件 \ 第九章 \ 环形阵列

（1）打开源文件，单击“常用”→“修改”→“环形阵列”按钮，启动“环形阵列”命令，系统给出如下提示。

```
命令：_arraypolar
选择对象：找到 1 个                                    // 选择要阵列的对象
选择对象：                                             // 按回车键
类型 = 极轴  关联 = 是
指定阵列的中心点或［基点（B）/ 旋转轴（A）］：          // 单击轴线上的某一点
```

（2）系统自动弹出“阵列创建”对话框（图 9-42），在对话框“项目数”的文本框中输入“8”。

（3）单击“阵列创建”对话框中的“关闭阵列”按钮。

环形阵列结果如图 9-41b 所示。

对于三维环形阵列，用户可以通过空间中的任意两点指定旋转轴。

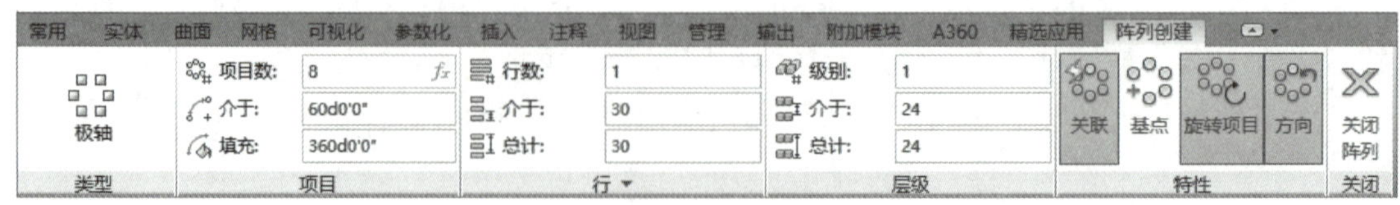

图 9-42 环形阵列“阵列创建”对话框

三、综合实训

创建如图 9–43 所示深沟球轴承。

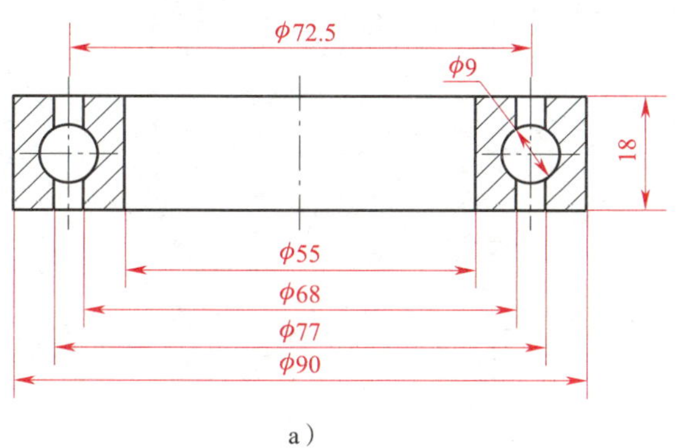

a）

b）

图 9–43　深沟球轴承

a）视图　b）三维实体

通过观察得知，该轴承由几个回转体组成，在创建过程中，可先创建轴承的内圈和外圈，然后利用“球”命令和“三维阵列”命令创建轴承内的滚珠。

1. 创建轴承的内、外圈

启动 AutoCAD 2018，将视觉方向转换为俯视。

（1）绘制轴承内、外圈轮廓线

根据如图 9–43a 所示尺寸，以世界坐标系原点为基准，绘制轴承内、外圈轮廓线，如图 9–44a 所示。

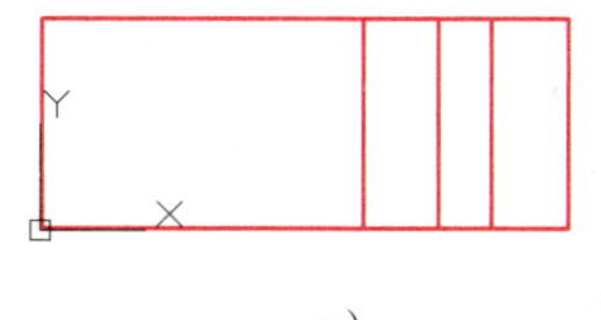

a）

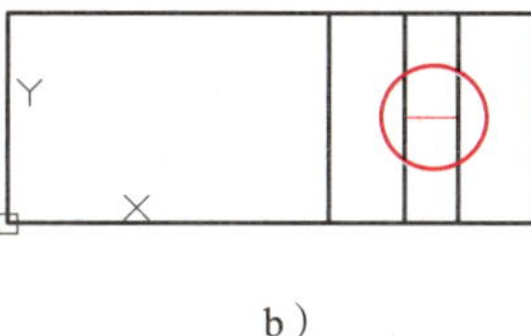

b）

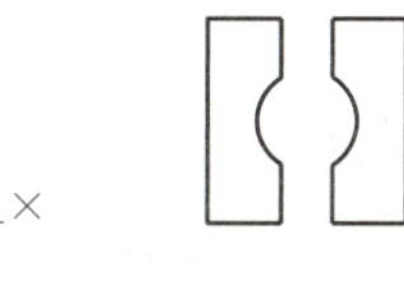

c）

图 9–44　绘制轴承内、外圈

a）绘制轮廓线　b）绘制滚珠凹槽圆弧　c）修剪处理

（2）绘制滚珠凹槽圆弧

根据如图 9–43a 所示尺寸，应用“圆”命令绘制滚珠凹槽，如图 9–44b 所示。图中圆中间的短横线用于捕捉圆心，绘制完成圆后应删除。

（3）修剪处理

启动“修剪”命令，对图形进行修剪，结果如图 9–44c 所示。

（4）将封闭轮廓线创建成面域

启动“面域”命令，分别将轴承的两组轮廓线创建为两个面域。

（5）将面域旋转成三维实体

启动“旋转 ”命令，以 *Y* 轴为旋转轴，同时旋转两个面域，系统给出如下提示。

```
命令：_revolve
当前线框密度：ISOLINES=4，闭合轮廓创建模式 = 实体
选择要旋转的对象或［模式（MO）］：_MO 闭合轮廓创建模式［实体（SO）/ 曲面（SU）］<实体>：_SO
选择要旋转的对象：找到 2 个                                        // 拾取 2 个面域
选择要旋转的对象：                                                  // 按回车键
指定轴起点或根据以下选项之一定义轴［对象（O）/X/Y/Z］<对象>：Y
                                                                    // 绕 Y 轴旋转
指定旋转角度或［起点角度（ST）］< 360 >：                           // 按回车键
```

旋转操作结果如图 9-45 所示。

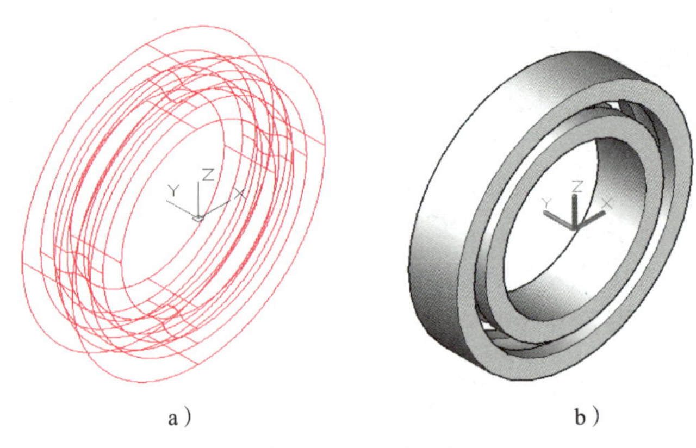

a）　　　　b）

图 9-45　旋转结果

a）"二维线框"显示　b）"灰度"显示

2. 创建滚珠

（1）创建单个滚珠

单击"常用"→"视图"→"三维导航"中的"前视"按钮，将视点设置为前视。单击"常用"→"建模"→"球体"按钮，系统给出如下提示。

```
命令：_sphere
指定中心点或［三点（3P）/ 两点（2P）/ 切点、切点、半径（T）］：36.25，0，−9
                              // 输入球中心的坐标（36.25，0，−9），按回车键
指定半径或［直径（D）］< 2.5000 >：4.5          // 输入球的半径"4.5"，按回车键
```

滚珠创建结果如图 9-46 所示。

【提示】

滚珠中心坐标会因当前坐标系的不同而不同。在创建过程中，坐标系未做改变，从图 9-43 的相关尺寸可得出其中一个球体的中心点坐标为：

$$X=72.5/2=36.25，Y=0，Z=-9$$

坐标表达式为：（36.25，0，−9）。

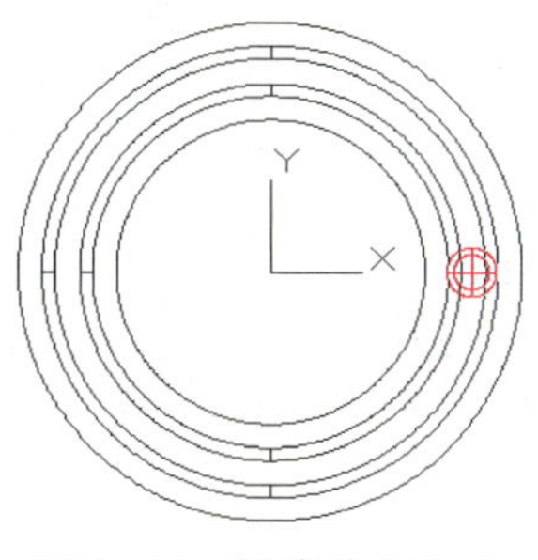

图 9-46　创建单个滚珠

（2）三维阵列

单击“常用”→“修改”→“环形阵列”按钮，启动“环形阵列”命令，系统给出如下提示。

```
命令：_arraypolar
选择对象：找到 1 个                                    // 选择滚珠
选择对象：                                             // 按回车键
类型 = 极轴　关联 = 是
指定阵列的中心点或[基点（B）/ 旋转轴（A）]：           // 单击坐标原点
```

系统自动弹出“阵列创建”对话框（图 9-47），在对话框“项目数”的文本框中输入“12”。设置完成后，单击“阵列创建”对话框中的“关闭阵列”按钮。环形阵列结果如图 9-48 所示。

常用　实体　曲面　网格　可视化　参数化　插入　注释　视图　管理　输出　附加模块　A360　精选应用　阵列创建

类型	项目		行		层级		特性	关闭
极轴	项目数:	12	行数:	1	级别:	1	关联　基点　旋转项目　方向	关闭阵列
	介于:	30d0'0"	介于:	13.5	介于:	13.5		
	填充:	360d0'0"	总计:	13.5	总计:	13.5		

图 9-47　滚珠环形阵列“阵列创建”对话框

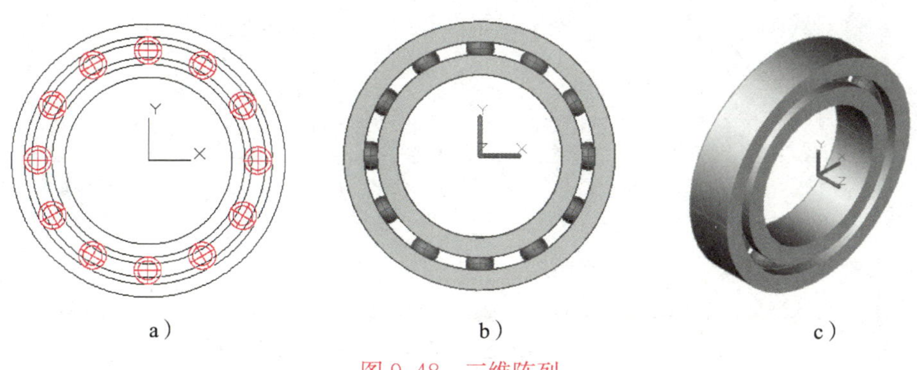

a）　　　　b）　　　　c）

图 9-48　三维阵列

a）“二维线框”视觉样式图　b）“概念”视觉样式图　c）西南等轴测视图

§9-5　拉伸、螺旋、扫掠

一、拉伸

“拉伸”命令将曲线拉伸到三维空间可创建三维实体或曲面。拉伸对象为开放曲线时，可创建曲面；拉伸对象为闭合曲线时，可创建实体或曲面。

1. 启动“拉伸”命令的方法

◇ 功能区：单击“常用”→“建模”→“拉伸”按钮。

◇ 菜单栏：选择“绘图”→“建模”→“拉伸”命令。

◇ 命令行：“EXT（或 EXTRUDE）”。

2. 上机训练——拉伸正六棱柱

利用“拉伸”命令将如图 9-49a 所示的正六边形拉伸成高度为 25 mm 的正六棱柱，如图 9-49b 所示。

※ 源文件：计算机制图——AutoCAD 2018 源文件 \ 第九章 \ 拉伸正六棱柱

打开源文件，启动“拉伸”命令，系统给出如下提示。

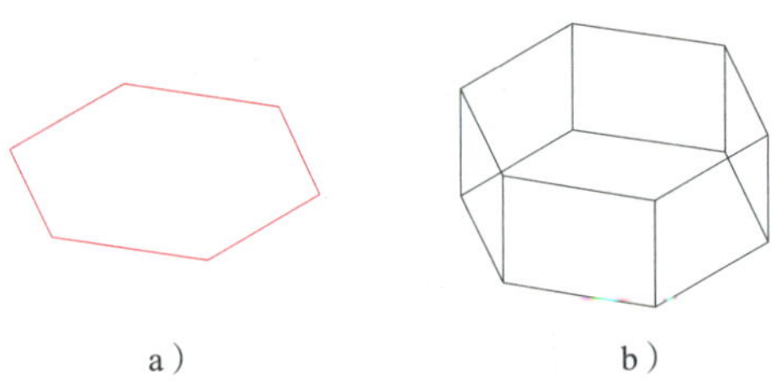

图 9-49　拉伸正六棱柱

a）正六边形　b）正六棱柱

```
命令：_extrude
当前线框密度：ISOLINES=4，闭合轮廓创建模式 = 实体
选择要拉伸的对象或［模式（MO）］：_MO
闭合轮廓创建模式［实体（SO）/ 曲面（SU）］<实体>：_SO
选择要拉伸的对象或［模式（MO）］：找到 1 个                    // 拾取正六边形
选择要拉伸的对象或［模式（MO）］：                              // 按回车键
指定拉伸的高度或［方向（D）/ 路径（P）/ 倾斜角（T）/ 表达式（E）］< 10.00 >：25
                                                                // 指定拉伸高度
```

完成上述操作，结果如图 9-49b 所示。

3. “拉伸”命令常用选项的功能

◇ 模式（MO）：控制拉伸对象是实体还是曲面。曲面会被拉伸为 NURBS 曲面或程序曲面，具体取决于 SURFACE MODELING MODE 系统变量。

◇ 拉伸高度：沿正或负 Z 轴拉伸选定对象。方向基于创建对象时的 UCS，或（对于多个选择）基于最近创建的对象的原始 UCS。

◇ 方向（D）：用两个指定点指定拉伸的长度和方向。方向不能与拉伸创建的扫掠曲线所在的平面平行。

◇ 倾斜角（T）：指定拉伸的倾斜角。倾斜角范围为 −90° ~ +90°。正角度表示从基准对象逐渐变细地拉伸，而负角度则表示从基准对象逐渐变粗地拉伸，如图 9–50 所示。默认角度 0° 表示在与二维对象所在平面垂直的方向上进行拉伸。

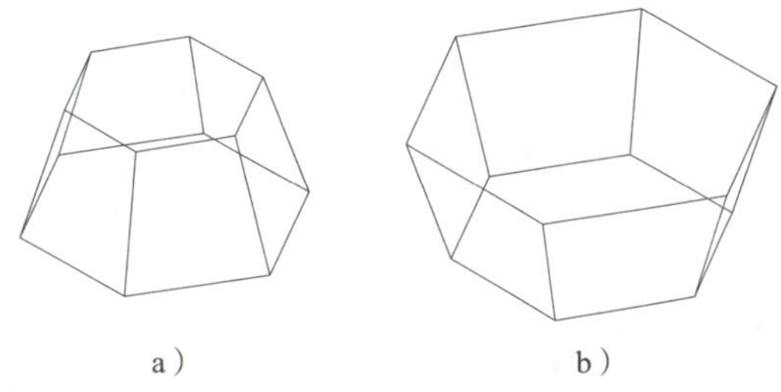

图 9–50 拉伸正六边形

a）以倾斜角 15° 拉伸 b）以倾斜角 −15° 拉伸

二、螺旋

应用“螺旋”命令可创建螺旋线，然后将螺旋线用作扫掠的路径以创建弹簧和螺纹等。

1. 启动“螺旋”命令的方法

◇ 功能区：单击“常用”→“绘图”→“螺旋”按钮。

◇ 菜单栏：选择“绘图”→“螺旋”命令。

◇ 命令行：“HELIX”。

2. 上机训练——绘制螺旋线

绘制一条底面中心坐标为（0，0）、底面半径为 15 mm、顶面半径为 15 mm、高度为 21 mm、顺时针旋转 7 圈的螺旋线。

启动“螺旋”命令，系统给出如下提示。

```
命令：_Helix
圈数 =3.00　　扭曲 =CCW
指定底面的中心点：0，0　　//输入中心点的坐标
指定底面半径或［直径（D）］< 1.00 >：15　　//指定底面半径“15”
指定顶面半径或［直径（D）］< 15.00 >：　　//按回车键，默认顶面半径“15”
指定螺旋高度或［轴端点（A）/ 圈数（T）/ 圈高（H）/ 扭曲（W）］< 1.00 >：W
　　//输入“W”，按回车键，激活“扭曲”选项
输入螺旋的扭曲方向［顺时针（CW）/ 逆时针（CCW）］< CCW >：CW
　　//输入“CW”，按回车键，指定螺旋线顺时针旋转（左旋）
指定螺旋高度或［轴端点（A）/ 圈数（T）/ 圈高（H）/ 扭曲（W）］< 1.00 >：T
　　//输入“T”，按回车键，激活“圈数”选项
输入圈数 < 3.00 >：7　　//指定圈数
指定螺旋高度或［轴端点（A）/ 圈数（T）/ 圈高（H）/ 扭曲（W）］< 1.00 >：21
　　//输入高度“21”，按回车键
```

操作结果如图 9–51 所示。上述参数也可以在螺旋线绘制之后，在其“特性”面板里修改，如图 9–52 所示，其中的圈高在创建螺纹时可作为螺距进行调整，如果底面半径与顶面半径不相等，则为圆锥螺旋。

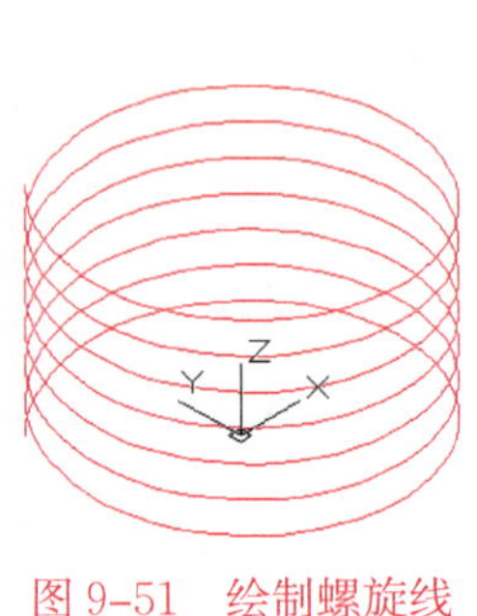

图 9-51　绘制螺旋线

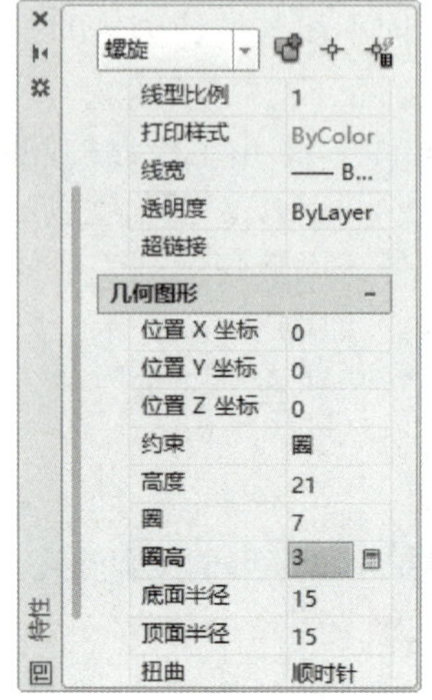

图 9-52　螺旋线“特性”面板

三、扫掠

通过沿开放或闭合路径扫掠二维对象或子对象来创建三维实体或三维曲面。开口对象可以创建三维曲面，而封闭区域的对象可以设置为创建三维实体或三维曲面。

1. 启动“扫掠”命令的方法

◇ 功能区：单击“常用”→“建模”→“扫掠”按钮。

◇ 菜单栏：选择“绘图”→“建模”→“扫掠”命令。

◇ 命令行：“SWEEP”。

2. 上机训练——创建弹簧

对图 9-53a 中的圆面域，沿螺旋线扫掠成弹簧，如图 9-53b 所示。

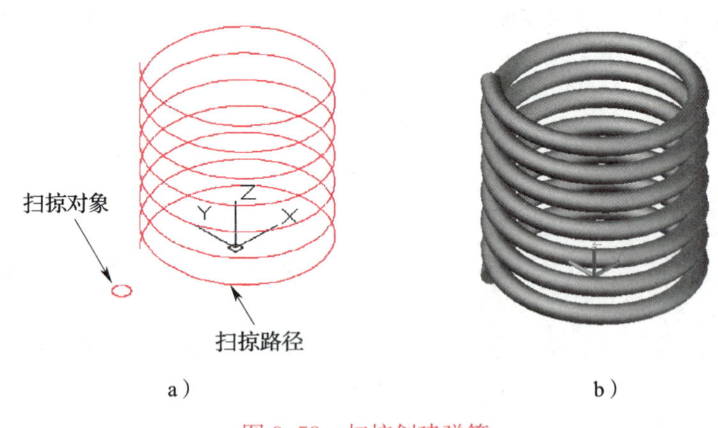

图 9-53　扫掠创建弹簧

a）扫掠前　b）扫掠后的实体

※ 源文件：计算机制图——AutoCAD 2018 源文件 \ 第九章 \ 扫掠创建弹簧

启动“扫掠”命令，系统给出如下提示。

```
命令：_sweep
当前线框密度：ISOLINES=4，闭合轮廓创建模式 = 实体
选择要扫掠的对象或[模式（MO）]：_MO
闭合轮廓创建模式［实体（SO）/ 曲面（SU）］<实体>：_SO
选择要扫掠的对象或［模式（MO）］：找到 1 个            // 拾取小圆作为扫掠对象
选择要扫掠的对象或［模式（MO）］：
选择扫掠路径或［对齐（A）/ 基点（B）/ 比例（S）/ 扭曲（T）］：
                                                    // 拾取螺旋线作为扫掠路径
```

扫掠结果如图 9–53b 所示（真实视觉样式）。

3.“扫掠”命令常用选项的功能

◇ 要扫掠的对象：指定要用作扫掠截面轮廓的对象。要扫掠的对象可以是样条曲线、多段线、三维实体、三维实体面子对象、圆弧、圆、椭圆、椭圆弧、直线、面域、宽线等。

◇ 扫掠路径：基于选择的对象指定扫掠路径。可以用作扫掠路径的对象有样条曲线、多段线、螺旋线、圆弧、圆、椭圆、椭圆弧、直线，以及实体、曲面和网格边子对象。

◇ 模式（MO）：控制扫掠动作是创建实体还是创建曲面。

◇ 对齐（A）：指定是否对齐轮廓以使其作为扫掠路径切向的法向。注意：如果轮廓与路径起点的切向不垂直（法线未指向路径起点的切向），则轮廓将自动对齐。出现对齐提示时输入“N”，以避免该情况的发生。

◇ 基点（B）：指定要扫掠对象的基点。

§9–6 剖切、三维镜像、按住并拖动

一、剖切

通过剖切现有对象，可以创建新的三维实体和曲面。可以剖切的对象有三维实体和曲面；可以用作剖切平面的对象有平面、曲面、圆、椭圆、圆弧或椭圆弧、二维样条曲线和二维多段线。剖切实体时，可以保留剖切三维实体的一个或两个侧面，如图 9–54 所示。剖切对象将保留原始对象的图层和颜色特性，但是生成的实体或曲面对象不会保留原始对象的历史记录。

※ 源文件：计算机制图——AutoCAD 2018 源文件 \ 第九章 \ 剖切

1. 启动“剖切”命令的方法

◇ 功能区：单击“常用”→“实体编辑”→“剖切”按钮。

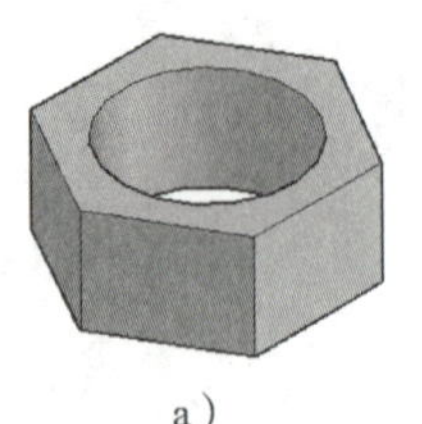

a)

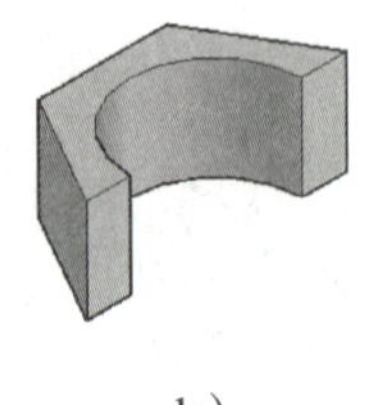

b)

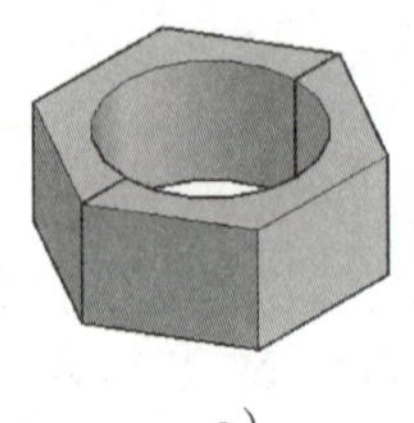

c)

图 9-54　剖切

a)原实体　b)保留对象的一半　c)两半都保留

◇ 菜单栏：选择“修改”→“三维操作”→“剖切”命令。

◇ 命令行：“SL(或 SLICE)”。

2. 上机训练——剖切形体

如图 9-54a 所示，对形体进行剖切。

启动“剖切”命令，系统给出如下提示。

```
命令：_slice
选择要剖切的对象：找到 1 个                                      // 选择要剖切的实体
选择要剖切的对象：                                                // 按回车键
指定切面的起点或[平面对象(O)/曲面(S)/z 轴(Z)/视图(V)/xy(XY)/
yz(YZ)/zx(ZX)/三点(3)]<三点>：                  // 捕捉正六棱柱上端面左侧端点
正在检查 780 个交点...
指定平面上的第二个点：                          // 捕捉正六棱柱上端面右侧端点
在所需的侧面上指定点或[保留两个侧面(B)]<保留两个侧面>：
                                    // 在需要保留的形体后半部分上单击鼠标左键
```

剖切后的结果如图 9-54b 所示。如选择保留两侧面，结果如图 9-54c 所示。

剖切实体的默认方法是指定两个点，定义垂直于当前 UCS 的剪切平面，然后选择要保留的部分。也可以通过指定三个点、使用曲面、平面对象、当前视图、*Z* 轴，或 *XY* 平面、*YZ* 平面或 *ZX* 平面来定义剖切平面。

二、三维镜像

“三维镜像”命令用于在三维空间内按照指定的对称面镜像立体模型。

1. 启动“三维镜像”命令的方法

◇ 功能区：单击“常用”→“修改”→“三维镜像”按钮。

◇ 菜单栏：选择“修改”→“三维操作”→“三维镜像”命令。

◇ 命令行：“MIRROR3D”。

2. 上机训练——镜像实体

将图 9-55a 所示形体编辑成如图 9-55b 所示哑铃。

※ 源文件：计算机制图——AutoCAD 2018 源文件\第九章\哑铃

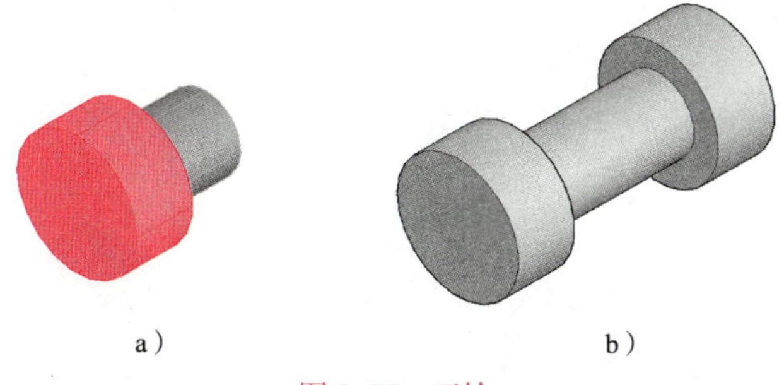

图 9-55　哑铃

a）镜像前　b）镜像后

（1）打开源文件，启动“三维镜像”命令，系统给出如下提示。

命令：_mirror3d
选择对象：指定对角点：找到 2 个　　　　　　　　　　　　　　　// 选择两个圆柱
选择对象：　　　　　　　　　　　　　　　　　　　　　　　　　　// 按回车键
指定镜像平面（三点）的第一个点或［对象（O）/ 最近的（L）/Z 轴（Z）/ 视图（V）/ XY 平面（XY）/YZ 平面（YZ）/ZX 平面（ZX）/ 三点（3）］<三点>：YZ
　　　　　　　　　　　　　　　　　　　　　　　　　　　　　　// 指定 *YZ* 坐标面
指定 YZ 平面上的点 <0，0，0>：　　　　　　　　　　// 捕捉小圆柱右端面上的一点
正在检查 666 个交点...
是否删除源对象？［是（Y）/ 否（N）］<否>：　　　　　　　// 按回车键

三维镜像操作结果如图 9-56 所示。

（2）启动“并集”命令，将 4 个实体合并成一个实体，如图 9-55b 所示。

3.“三维镜像”命令常用选项的功能

◇ 选择对象：选择要镜像的对象，然后按回车键确认。

◇ 对象（O）：使用选定平面对象的平面作为镜像平面。

◇ 删除源对象：如果输入“Y”，镜像后的对象将保留，而原始对象被删除。如果输入“N”或按回车键，镜像后的对象将置于图形中并保留原始对象。

◇ 上一个：相对于最后定义的镜像平面对选定的对象进行镜像处理。

◇ 视图（V）：将镜像平面与当前视口中通过指定点的视图平面对齐。

◇ *XY*/*YZ*/*ZX*：将镜像平面与一个通过指定点的标准平面（*XY*、*YZ* 或 *ZX*）对齐。

◇ 三点（3）：通过三个点定义镜像平面。如果通过指定点来选择此选项，将不显示“在镜像平面上指定第一点”的提示。

三、按住并拖动

执行“按住并拖动”命令，可以通过拖动有边界的区域，创建孔和实体。

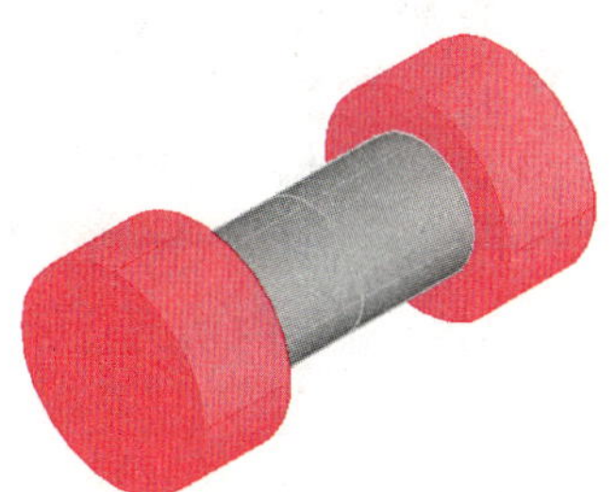

图 9-56　三维镜像操作

1. 启动“按住并拖动”命令的方法

◇ 功能区：单击“常用”→“建模”→“按住并拖动”按钮。

◇ 命令行：“PRESSPULL”。

2. 上机训练——“按住并拖动”操作

对图 9-57a 中的 *A* 面执行“按住并拖动”命令，使右侧平面向上拉伸 50 mm，如图 9-57b 所示。

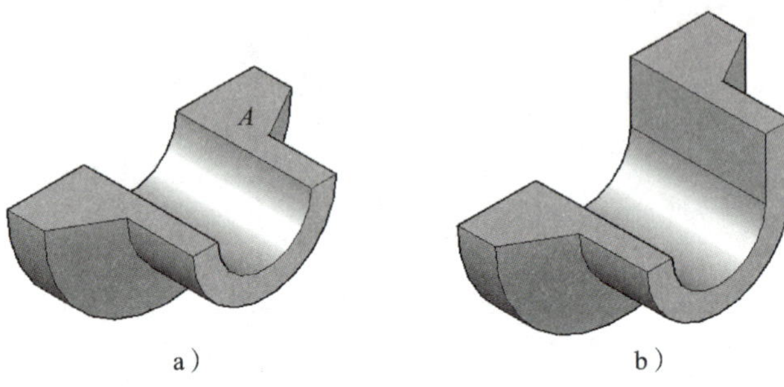

图 9-57 “按住并拖动”操作

a）操作前 b）操作后

※ 源文件：计算机制图——AutoCAD 2018 源文件 \ 第九章 \ “按住并拖动”操作

打开源文件，启动“按住并拖动”命令，系统给出如下提示。

```
命令：_presspull
选择对象或边界区域：                              // 选择右侧平面
指定拉伸高度或［多个（M）］：
指定拉伸高度或［多个（M）］：50                  // 指定拉伸高度（图 9-58）
已创建 1 个拉伸
```

执行“按住并拖动”命令的结果如图 9-57b 所示。

3.“按住并拖动”命令选项的功能

◇ 对象或边界区域：选择要修改的三维实体的面或有边界的区域。

◇ 多个（M）：指定要进行多个选择。

◇ 拉伸高度：通过移动光标或输入距离指定拉伸高度。

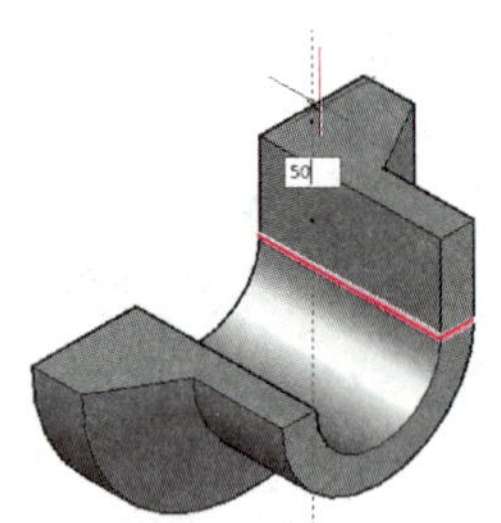

图 9-58 指定拉伸高度

四、综合实训

根据如图 9-59a 所示六角螺母的视图及尺寸创建实体，如图 9-59b 所示。

※ 源文件：计算机制图——AutoCAD 2018 源文件 \ 第九章 \ 六角螺母两视图

1. 绘制螺母顶部轮廓

启动 AutoCAD 2018，并将视图切换到西南等轴测。

（1）绘制正六边形及其外接圆

M12 螺母内切圆直径为 18 mm，根据该尺寸可以绘制如图 9-60 所示正六边形及其外接圆。

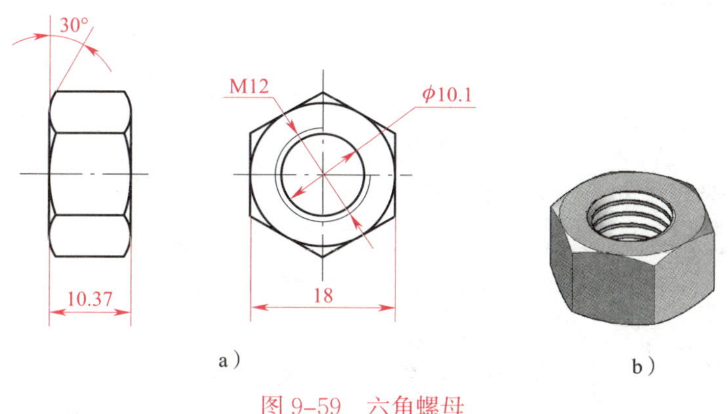

图 9-59　六角螺母

a）两视图　b）实体图

1）启动“正多边形”命令，系统给出如下提示。

```
命令：_polygon
输入侧面数 < 4 >：6                                    // 输入侧面数“6”，按回车键
指定正多边形的中心点或［边（E）］0，0，0              // 指定正六边形的中心坐标值
输入选项［内接于圆（I）/ 外切于圆（C）］< C >：C
                                                         // 选择“外切于圆”方式
指定圆的半径：9                                          // 指定圆的半径值
```

绘制结果如图 9-60a 所示。

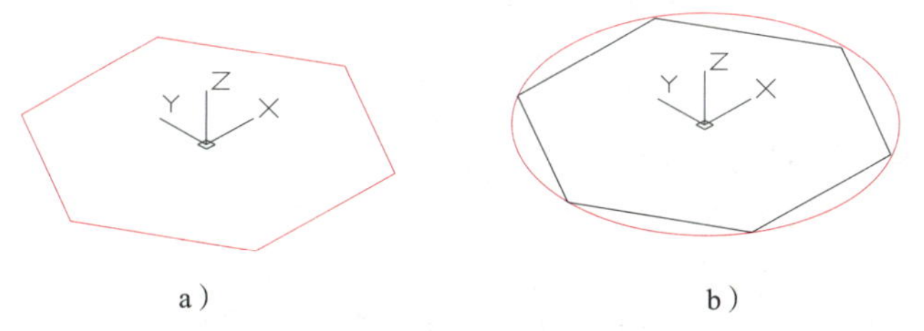

图 9-60　绘制正六边形和外接圆

a）绘制正六边形　b）绘制正六边形的外接圆

2）启动“圆”命令，系统给出如下提示。

```
命令：_circle
指定圆的圆心或［三点（3P）/ 两点（2P）/ 切点、切点、半径（T）］：0，0，0
                                                         // 指定圆心坐标
指定圆的半径或［直径（D）］< 10.3923 >：
                                  // 拾取正六边形的一个端点确定圆的半径
```

绘制结果如图 9-60b 所示。

（2）拉伸正六边形

单击“建模”→“拉伸”按钮，系统给出如下提示。

```
命令：_extrude
当前线框密度：ISOLINES=4，闭合轮廓创建模式 = 实体
选择要拉伸的对象或 [ 模式（MO）]：_MO
闭合轮廓创建模式 [ 实体（SO）/ 曲面（SU）] < 实体 >：_SO
选择要拉伸的对象或 [ 模式（MO）]：找到 1 个                //拾取正六边形
选择要拉伸的对象或 [ 模式（MO）]：                          //按回车键
指定拉伸的高度或 [ 方向（D）/ 路径（P）/ 倾斜角（T）/ 表达式（E）] < 2.0000 >：5
                                                //向上移动光标，指定拉伸高度
```

拉伸结果如图 9-61 所示。

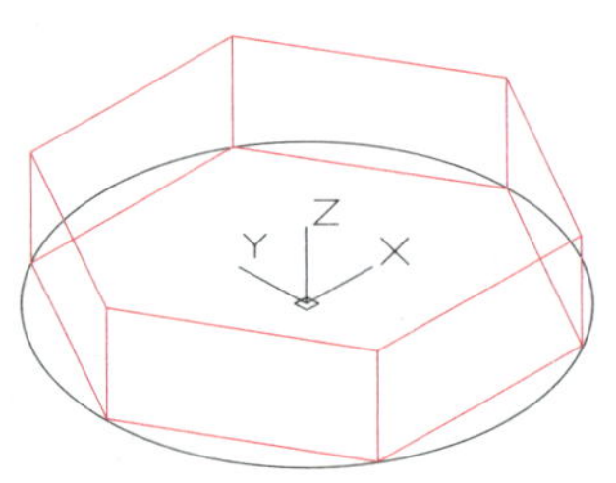

图 9-61　拉伸正六边形

（3）创建倾斜角为 60° 的圆锥台

启动“拉伸”命令，系统给出如下提示。

```
命令：_extrude
当前线框密度：ISOLINES=4，闭合轮廓创建模式 = 实体
选择要拉伸的对象或[ 模式（MO）]：_MO
闭合轮廓创建模式[ 实体（SO）/ 曲面（SU）] < 实体 > _SO
选择要拉伸的对象或[ 模式（MO）]：找到 1 个           //拾取正六边形外接圆
选择要拉伸的对象或 [ 模式（MO）]：                       //按回车键
指定拉伸的高度或 [ 方向（D）/ 路径（P）/ 倾斜角（T）/ 表达式（E）] < 5.0000 >：T
                                                        //指定拉伸方式
指定拉伸的倾斜角度或 [ 表达式（E）] < 60 >：60              //指定拉伸倾斜角
指定拉伸的高度或 [ 方向（D）/ 路径（P）/ 倾斜角（T）/ 表达式（E）] < 5.0000 >：5
                                                //向上移动光标，指定拉伸高度
```

进行上述操作，结果如图 9-62 所示。

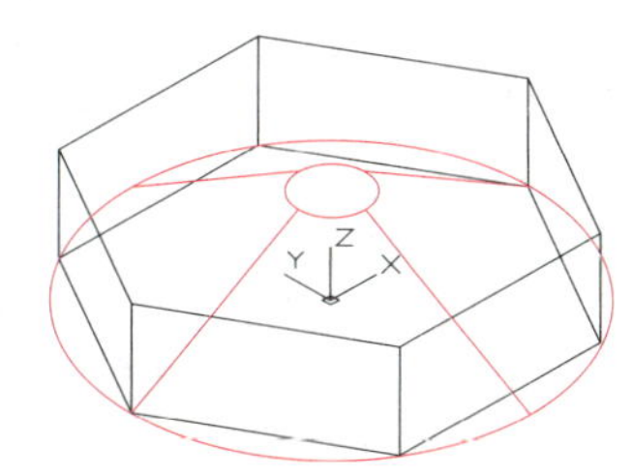

图 9-62　创建倾斜角为 60°的圆锥台

(4) 交集运算

单击“实体编辑”→“交集”按钮，系统给出如下提示。

命令：_intersec
选择对象：指定对角点：找到 2 个　　　　//拾取六棱柱与圆锥台
选择对象：　　　　//按回车键

编辑结果如图 9-63 所示。

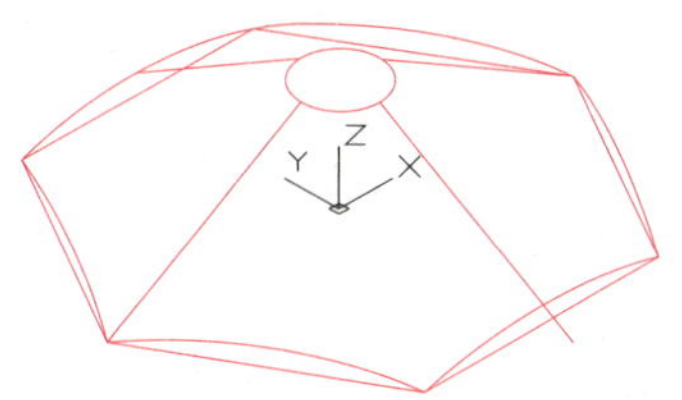

图 9-63　交集运算

(5) 对形成的实体进行剖切

单击“实体编辑”功能区中“剖切”按钮，系统给出如下提示。

命令：_slice
选择要剖切的对象：找到 1 个　　　　//选取交集后的实体
选择要剖切的对象：　　　　//按回车键
指定切面的起点或 [平面对象 (O) / 曲面 (S) /Z 轴 (Z) / 视图 (V) /XY (XY) / YZ (YZ) /ZX (ZX) / 三点 (3)] <三点>：xy　　　　//剖切面平行于 *XY* 平面
指定 XY 平面上的点 < 0，0，0 >：
　　　　//拾取曲线的中点（图 9-64）作为剖切平面上的点
在所需的侧面上指定点或 [保留两个侧面 (B)] <保留两个侧面>：　　//在形体下侧单击鼠标左键

进行上述操作，结果如图 9-65 所示。

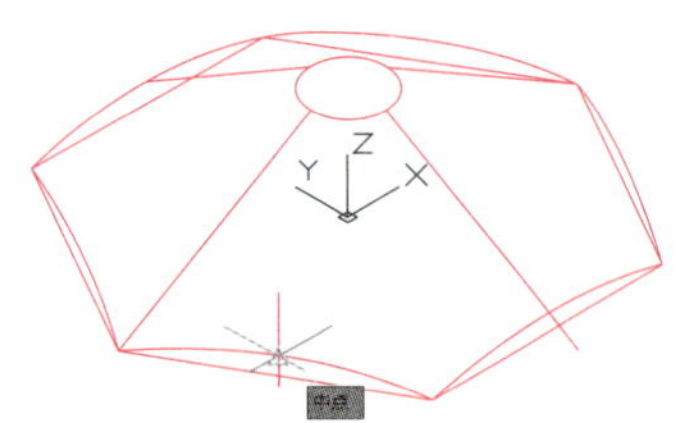

图 9-64　捕捉曲线中点

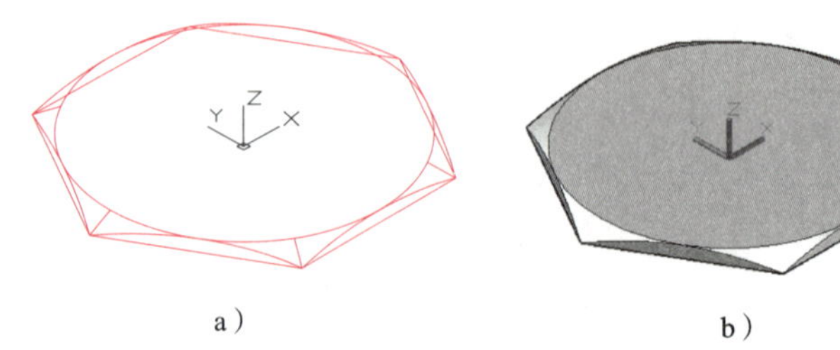

图 9-65　剖切后的实体

a）“二维线框”显示　b）“灰度”显示

2. 创建螺母整体轮廓

（1）按住并拖动实体底面

单击“建模”→“按住并拖动”按钮，系统给出如下提示。

```
命令：_presspull
选择对象或边界区域：                        // 选择实体底平面（图 9-65）
指定拉伸高度或［多个（M）］：4.38
        // 向下移动光标，输入拉伸高度（数据可在源文件中测量），按回车键
已创建 1 个拉伸
```

拉伸结果如图 9-66 所示。

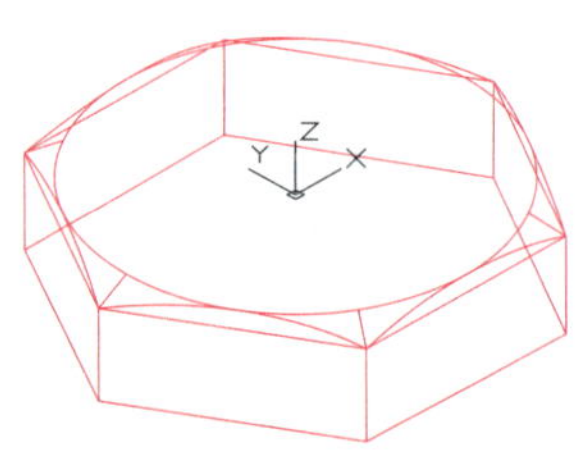

图 9-66　拉伸结果

（2）镜像实体

单击“常用”→“修改”→“三维镜像”按钮，系统给出如下提示。

```
命令：_mirror3d
选择对象：指定对角点：找到 2 个              // 从右往左框选拾取所有实体
选择对象：                                  // 按回车键
指定镜像平面（三点）的第一个点或［对象（O）/ 最近的（L）/Z 轴（Z）/ 视图（V）/
XY 平面（XY）/YZ 平面（YZ）/ZX 平面（ZX）/ 三点（3）］<三点>：xy
                                            // 指定 XY 平面为镜像平面
指定 XY 平面上的点 <0，0，0>：       // 指定实体最底面六边形的任意一个顶点
是否删除源对象？［是（Y）/ 否（N）］<否>：N         // 不删除源对象
```

镜像结果如图 9-67 所示。

（3）布尔并集运算

单击“实体编辑”功能区的“并集”按钮，完成 4 个实体的并集运算，结果如图 9-68 所示。

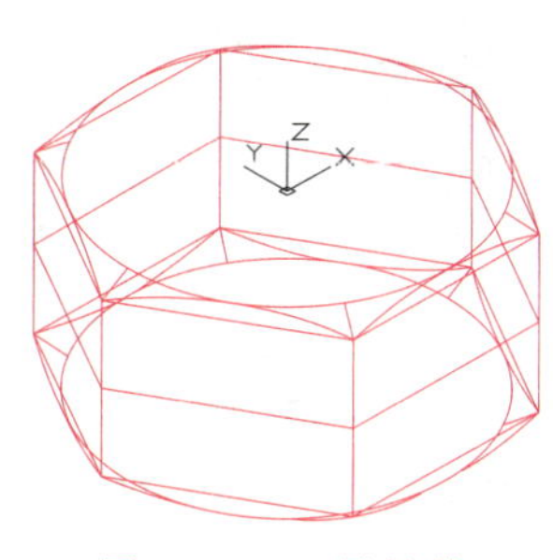

图 9-67　三维镜像

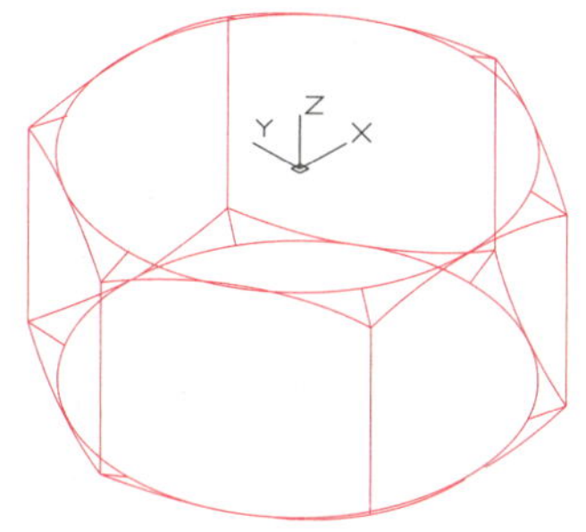

图 9-68　布尔并集运算

3. 创建螺母内螺纹

（1）创建 ϕ10.1 mm 的圆柱

以点（0，0，5）为圆心，绘制直径为 10.1 mm 的圆，然后向下拉伸 15 mm，如图 9-69 所示。

（2）差集运算

启动“差集”运算命令，系统给出如下提示。

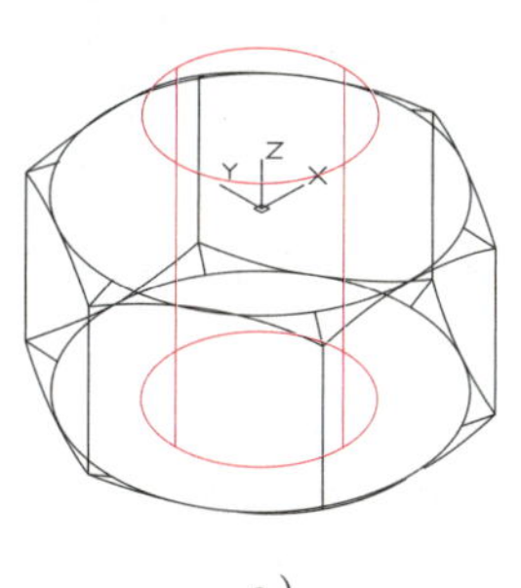

a）

b）

图 9-69　创建圆柱

a）“二维线框”显示　b）“带边缘着色”显示

```
命令：_subtract
选择要从中减去的实体、曲面和面域...
选择对象：找到 1 个                    // 选择螺母实体
选择对象：                              // 按回车键
选择要减去的实体、曲面和面域...
选择对象：找到 1 个                    // 选择 φ10.1mm 的圆柱
```

差集运算结果如图 9-70 所示。

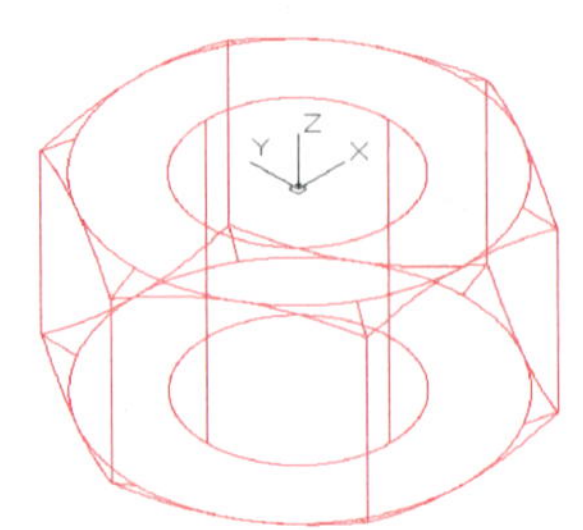
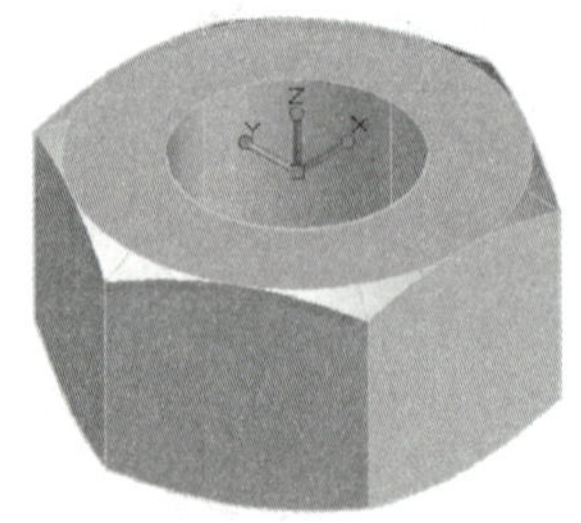

图 9-70 差集运算

（3）绘制螺旋线

单击“绘图”→“螺旋”按钮，系统给出如下提示。

```
命令：_Helix
圈数 =3.0000      扭曲 =CCW
指定底面的中心点：0，0，-15                              // 指定螺旋线底面的中心点
指定底面半径或［直径（D）］< 1.0000 >：5.05                // 指定螺旋线底面半径
指定顶面半径或［直径（D）］< 5.0500 >：                    // 按回车键
指定螺旋高度或［轴端点（A）/ 圈数（T）/ 圈高（H）/ 扭曲（W）］< 1.0000 >：H
                                                        // 选择“圈高”选项
指定圈间距 < 0.2500 >：1.75                               // 指定圈高为 1.75
指定螺旋高度或［轴端点（A）/ 圈数（T）/ 圈高（H）/ 扭曲（W）］< 1.0000 >：T
                                                        // 选择“圈数”选项
输入圈数 < 3.0000 >：15                                   // 输入圈数，按回车键
```

螺旋线绘制结果如图 9-71 所示。

【提示】

M12 为粗牙螺纹，螺距为 1.75 mm，所以绘制的螺旋线圈高应为“1.75”。

（4）绘制扫掠对象

将视图切换到俯视图，参照如图 9-72 所示尺寸，用“直线”命令绘制截面，并转化为面域，如图 9-73 所示。

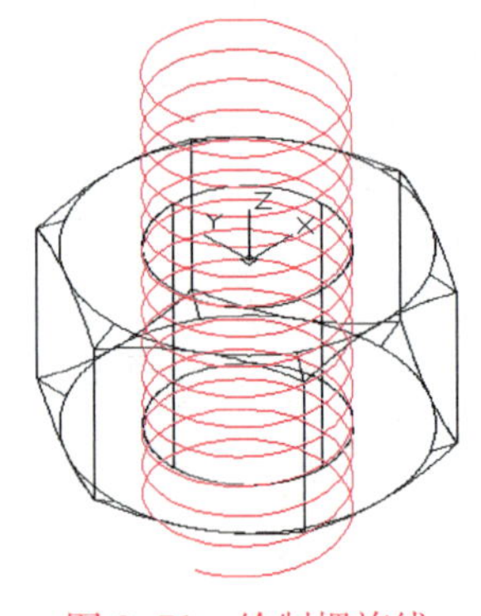

图 9-71 绘制螺旋线

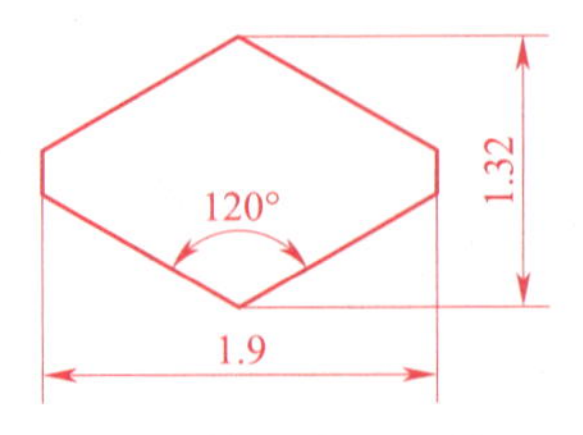

图 9-72 扫掠对象的形状及尺寸

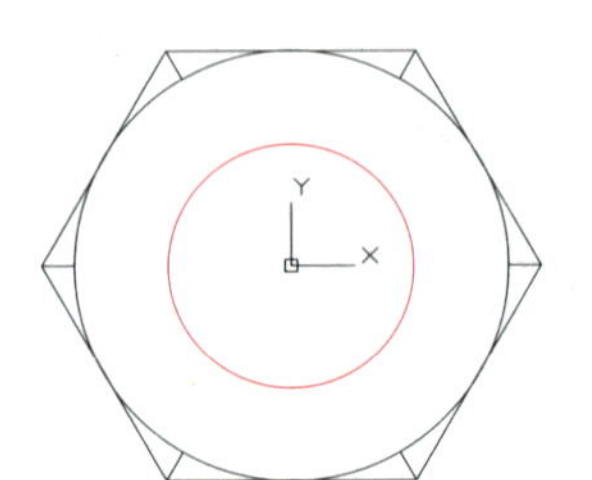

图 9-73 创建扫掠对象

【提示】

如图 9-72 所示图形的形状和尺寸是根据螺纹相关的国家标准计算得到的。

（5）扫掠

单击“建模”功能区中“扫掠”按钮，以菱形面域为扫掠对象，以螺旋线为路径进行扫掠，生成螺纹，系统给出如下提示。

```
命令：_sweep
当前线框密度：ISOLINES=4，闭合轮廓创建模式 = 实体
选择要扫掠的对象或［模式（MO）］：_MO
闭合轮廓创建模式［实体（SO）/ 曲面（SU）］<实体> _SO
选择要扫掠的对象或［模式（MO）］：找到 1 个                    // 拾取菱形面域
选择要扫掠的对象或［模式（MO）］：                              // 按回车键
选择扫掠路径或［对齐（A）/ 基点（B）/ 比例（S）/ 扭曲（T）］：  // 拾取螺旋线
```

扫掠结果如图 9-74 所示。

（6）布尔差集运算

单击“实体编辑”→“差集”按钮，系统给出如下提示。

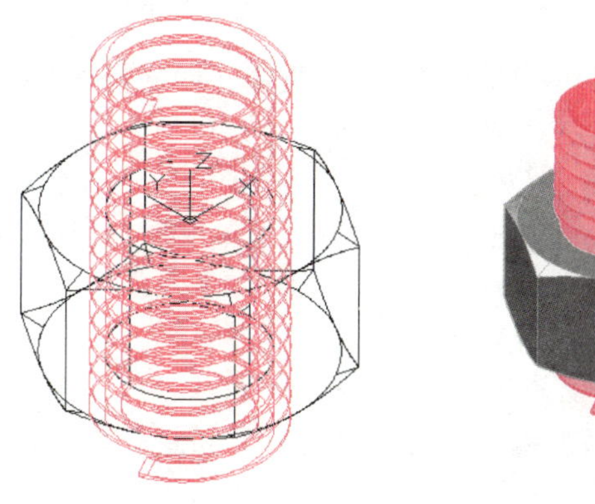

图 9-74　扫掠生成的螺纹

```
命令：_subtract 选择要从中减去的实体或面域...
选择对象：找到 1 个                    // 拾取螺母坯体
选择对象：                              // 按回车键
选择要减去的实体或面域...
选择对象：找到 1 个                    // 拾取扫掠而成的螺纹
选择对象：                              // 按回车键
```

完成上述操作，结果如图 9-75 所示。

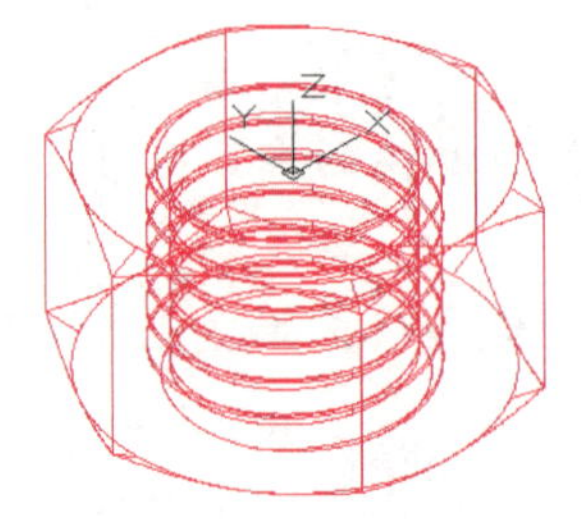

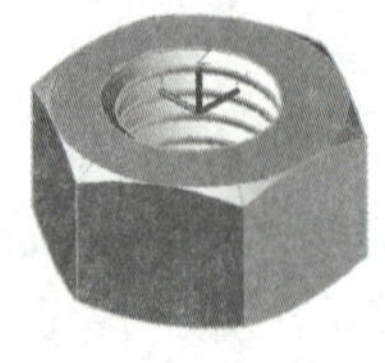

图 9-75　差集后得到的六角螺母

如图 9-75 所示的螺母的内螺纹没有倒角，读者可以在学习了下一节后创建一个螺孔带倒角的螺母。

§9-7　圆角、倒角和边界

一、三维实体倒圆角

三维实体倒圆角是指为实体的棱边创建圆角，使相邻面之间生成一个圆滑过渡的圆柱曲面。AutoCAD 2018 系统提供了直接倒圆角的命令。

1. 启动三维实体“圆角”命令的方法

◇ 功能区：单击“常用”→“修改”→“圆角”按钮。

◇ 菜单栏：选择“修改”→“圆角”命令。

◇ 命令行：“F（或 FILLET）”。

2. 上机训练——长方体倒圆角

按照如图 9-76 所示图形和尺寸创建长方体，并利用“圆角”命令对形体进行倒圆角操作。

（1）创建长方体

将视觉样式设置为“二维线框”，坐标系设置为世界坐标系，视觉方向设置为“西南等轴测”。启动“长方体”命令创建长方体，如图 9-77 所示。

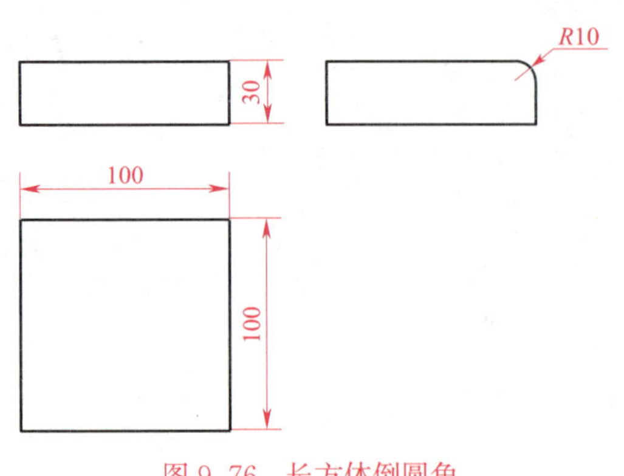

图 9-76　长方体倒圆角

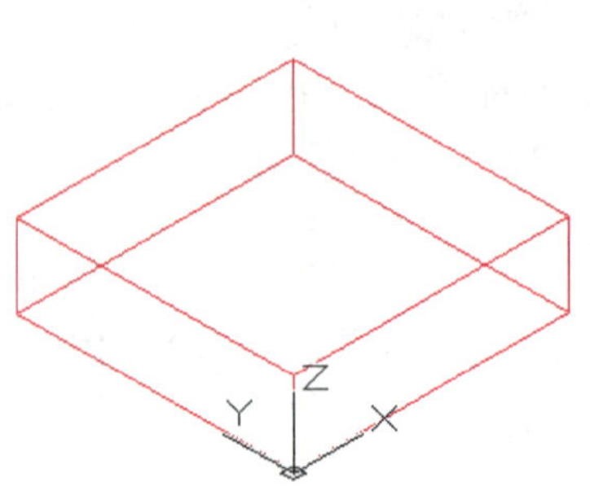

图 9-77　创建长方体

（2）倒圆角

单击“常用”→“修改”→“圆角”按钮，启动“圆角”命令，系统给出如下提示。

```
命令：_fillet
当前设置：模式 = 修剪，半径 =0.0000
选择第一个对象或［放弃（U）/ 多段线（P）/ 半径（R）/ 修剪（T）/ 多个（M）]：
                                        //选择长方体上需要倒圆角的边（图 9-78）
输入圆角半径或［表达式（E）]：10                  //输入半径值“10”，按回车键
选择边或［链（C）/ 环（L）/ 半径（R）]：                          //按回车键
已选定 1 个边用于圆角。                                  //完成“圆角”命令
```

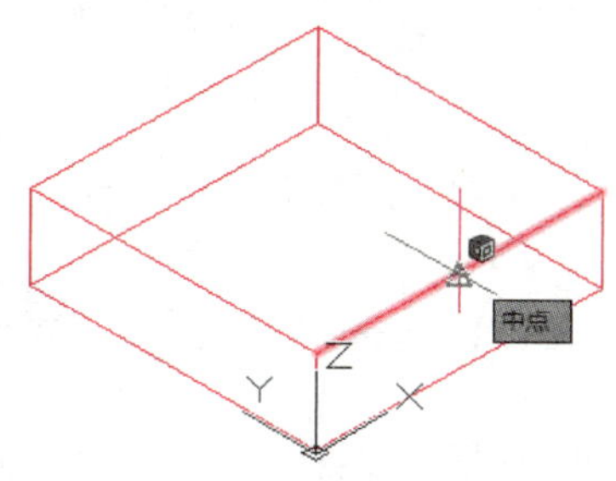

图 9-78　选择倒圆角的边

倒圆角的结果如图 9-79 所示。

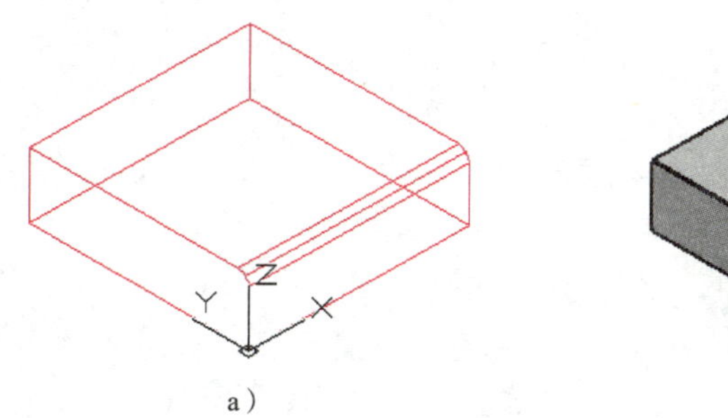

a）　　b）

图 9-79　倒圆角

a）“二维线框”显示　b）“灰度”显示

二、三维实体倒角

倒角操作是指对三维实体的棱边修倒角，使两相邻表面之间生成一个平坦的过渡面。AutoCAD 2018 系统提供了直接进行倒角操作的“倒角”命令。

1. 启动三维实体“倒角”命令的方法

◇ 功能区：单击“常用”→“修改”→“倒角”按钮。

◇ 菜单栏：选择“修改”→“倒角”命令。

◇ 命令行：“CHA（或 CHAMFER）”。

2. 上机训练——长方体倒角

按照如图 9–80 所示图形创建长方体，并利用“倒角”命令对实体进行倒角操作。

（1）绘制长方体

启动“长方体”命令创建长方体，如图 9–81 所示。

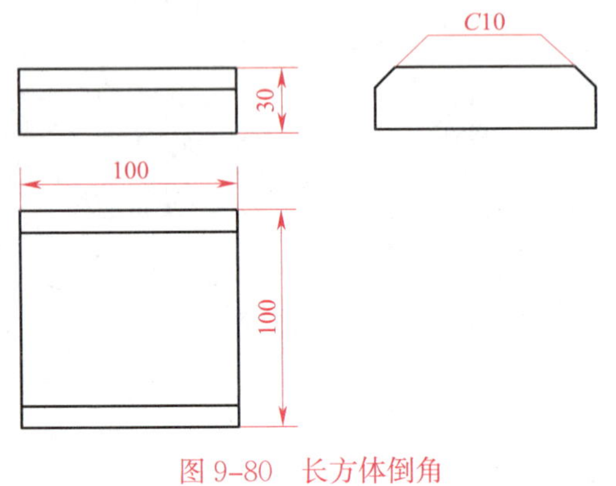

图 9–80　长方体倒角

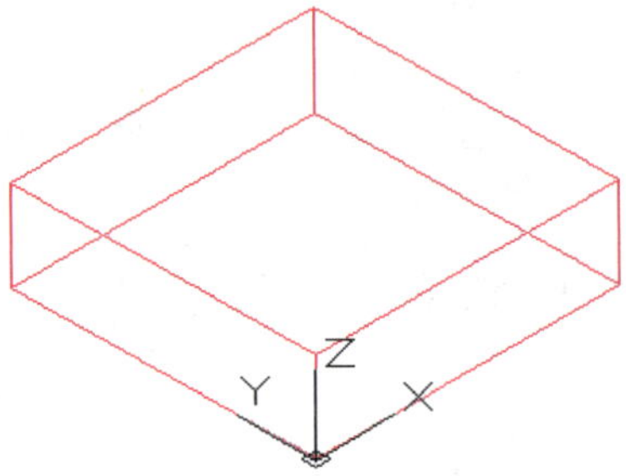

图 9–81　创建长方体

（2）倒角

单击“常用”→“修改”→“倒角”按钮，启动“倒角”命令，系统给出如下提示。

命令：_chamfer

（“修剪”模式）当前倒角距离 1=5.0000，距离 2=5.0000

选择第一条直线或［放弃（U）/ 多段线（P）/ 距离（D）/ 角度（A）/ 修剪（T）/ 方式（E）/ 多个（M）］:　　// 单击前上方的棱边（图 9–82a）

基面选择...　　// 长方体的前面高亮显示（图 9–82a）

输入曲面选择选项［下一个（N）/ 当前（OK）］< 当前（OK）>：N

// 输入“N”，按回车键，切换到下一个基准平面，此时长方体的上面高亮显示（图 9–82b）

输入曲面选择选项［下一个（N）/ 当前（OK）］< 当前（OK）>：

// 按回车键，确定长方体的上面为基准平面

指定基面的倒角距离：10　　// 输入倒角距离“10”，按回车键

指定其他曲面的倒角距离 < 10.0000 >：　　// 按回车键，采用系统默认值“10”

选择边或［环（L）］：　　// 选择前上方的棱边

选择边或［环（L）］：　　// 选择后上方的棱边

选择边或［环（L）］：　　// 按回车键

倒角结果如图 9–83 所示。

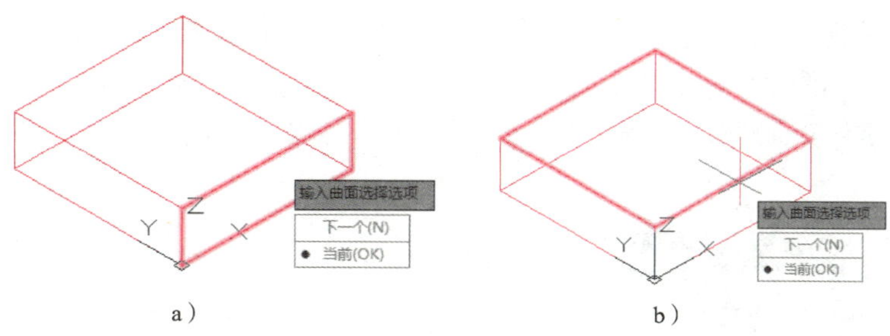

图 9-82　选择基准面

a）长方体的前面作为第一基准面　b）长方体的上面作为第二基准面

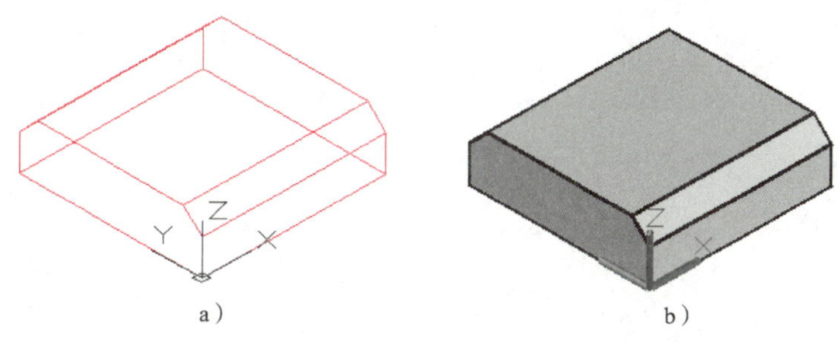

图 9-83　长方体倒角后的结果

a）"二维线框"显示　b）"灰度"显示

【提示】

实体的棱边是两个面的交线，当第一次选择棱边时，系统会高亮显示其中一个面，这个面代表倒角基准面，用户可通过"下一个"选项使另一个表面为倒角的基准面。此外，当命令行中提示"选择边或[环（L）]："时，只有基准面内的棱边才能被选择倒角。

三、边界

利用"边界"命令可以将封闭区域自动生成面域，也可以将封闭区域的边界自动生成一条多段线。因此在创建实体时，可用边界生成面域或多段线，然后对其进行拉伸、旋转等操作，从而生成三维实体。

1. 启动"边界"命令的方法

◇ 功能区：单击"常用"→"绘图"→"边界"按钮 。

◇ 菜单栏：选择"绘图"→"边界"命令。

◇ 命令行："BO（或 BOUNDARY）"。

2. 上机训练——创建边界

将图 9-84 中由直线、圆弧、长方体棱边所组成的封闭区域 *A* 创建为边界。

※ 源文件：计算机制图——AutoCAD 2018 源文件 \ 第九章 \ 待创建边界的区域

（1）启动"边界"命令，系统弹出"边界创建"对话框，如图 9-85 所示。

（2）"对象类型（O）"选择"多段线"，单击"确定"按钮。

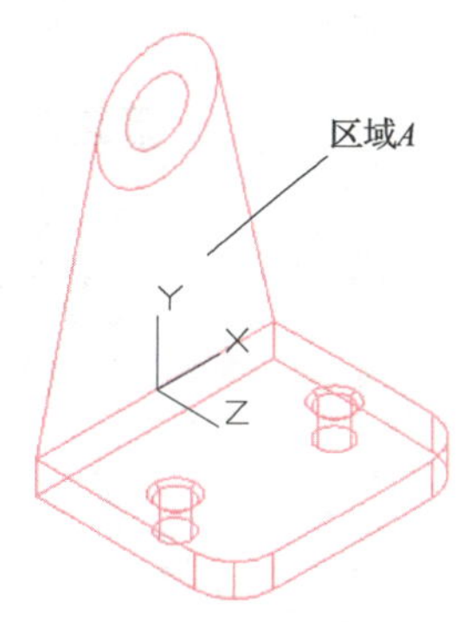

图 9-84　待创建边界的区域

（3）拾取封闭区域 *A*（图 9-84）中的任意一点，封闭区域 *A* 的边界变为蓝色（图中为红色）亮显状态，如图 9-86a 所示。

（4）按空格键结束操作。如图 9-86b 所示为该区域被选中时的显示状态。

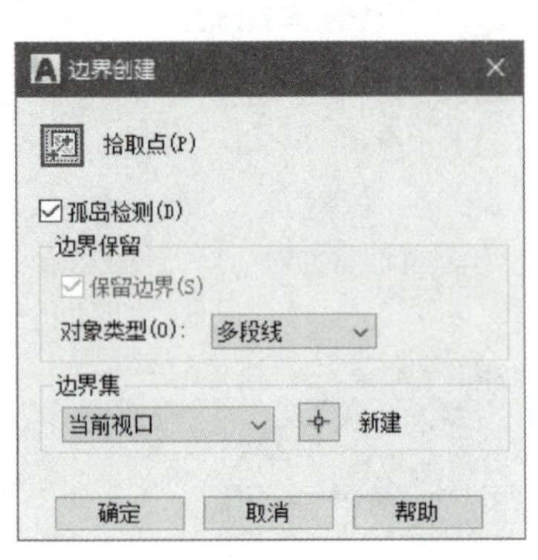

图 9-85 “边界创建”对话框

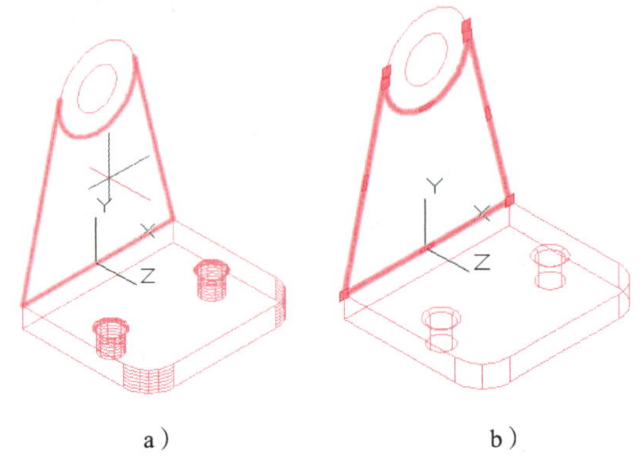

图 9-86 创建边界

a）拾取封闭区域内一点时的状态

b）完成边界创建（多段线类型）

【提示】

创建边界应在 *XY* 平面内，否则需要用 UCS 将 *XY* 平面设在应创建为边界的封闭区域上。

四、综合实训

按照如图 9-87a 所示轴承支座的图形及尺寸，创建如图 9-87b 所示三维实体。

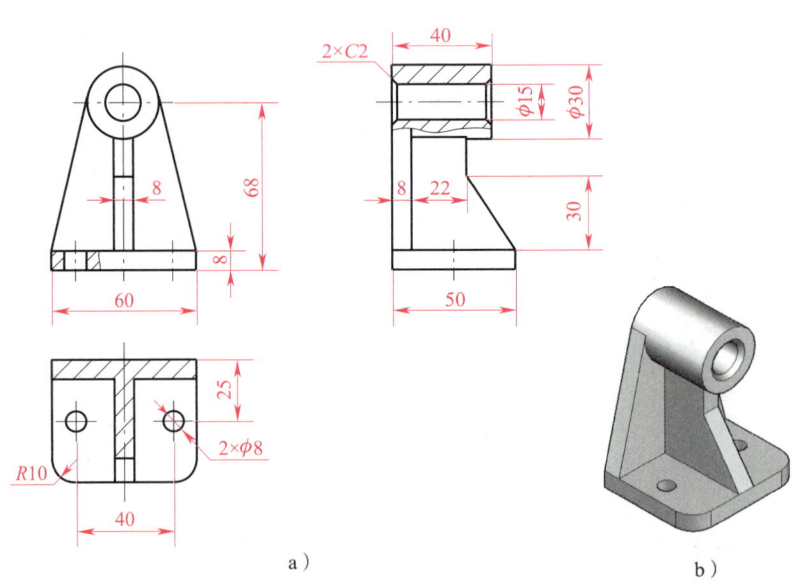

图 9-87 轴承支座

a）三视图 b）实体

轴承支座主要由底板、支架、圆柱及肋板组成。作图时，可先创建底板，然后创建圆筒和支架，再创建肋板，最后通过布尔运算完成该轴承支架的创建。创建步骤如下。

1. 创建轴承支座底板

（1）绘制轴承支座底板平面图

将视点设置为俯视，根据轴承支座底板尺寸，绘制如图 9-88 所示轴承支座底板平面图。

（2）创建轴承支座底板实体

将如图 9-88 所示平面图创建为 3 个面域，并对 3 个面域进行拉伸（拉伸高度为 8 mm），形成 3 个实体。对 3 个实体进行差集运算（大实体减去两个小圆柱体），创建出轴承支座底板实体，如图 9-89 所示。

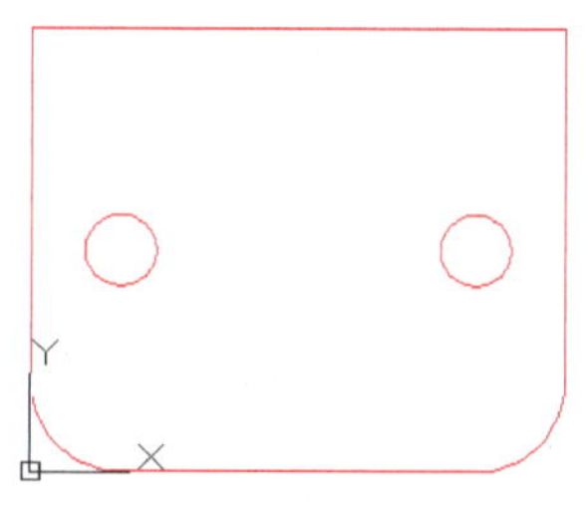

图 9-88　底板平面图

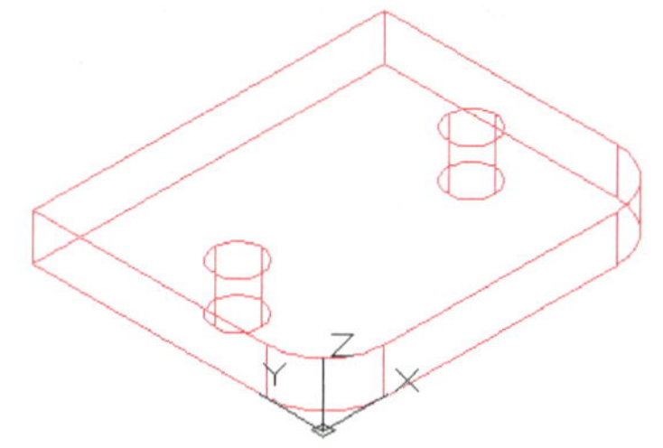

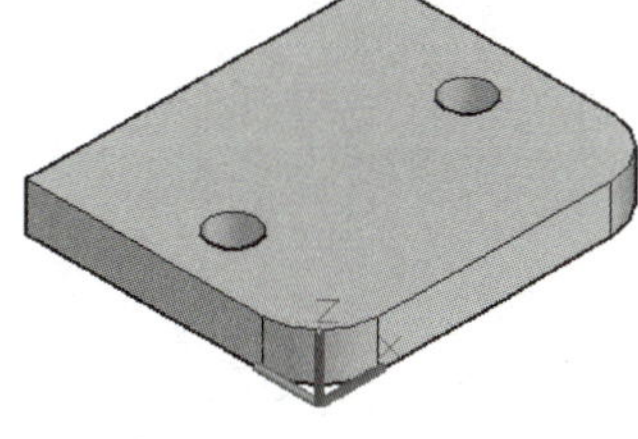

图 9-89　底板实体

2. 创建圆筒和支架

（1）设置 UCS 原点

在命令行输入 UCS 后按回车键，启动“UCS”命令，系统给出如下提示。

```
命令：UCS
当前 UCS 名称：* 俯视 *
指定 UCS 的原点或［面（F）/ 命名（NA）/ 对象（OB）/ 上一个（P）/ 视图（V）/
世界（W）/X/Y/Z/Z 轴（ZA）］<世界>：          // 拾取底板上面与后面交线的中点
指定 X 轴上的点或 <接受>：                      // 拾取板上面与后面交线的右端点
指定 XY 平面上的点或 <接受>：                  // 竖直向上移动光标，拾取任意一点
```

UCS 设置结果如图 9-90 所示。

（2）绘制两同心圆

在新建立的 UCS 坐标系中的 *XY* 平面上，绘制 ϕ15 mm、ϕ30 mm 的圆，圆心坐标为（0，60），绘制方法与二维绘圆完全一样。

启动“圆”命令，系统给出如下提示。

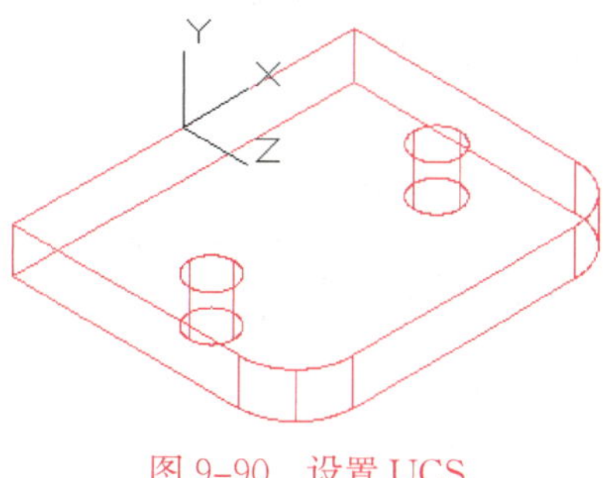

图 9-90　设置 UCS

```
命令：_circle
指定圆的圆心或［三点（3P）/两点（2P）/切点、切点、半径（T）］：0，60
                                              //输入轴承孔的圆心坐标
指定圆的半径或［直径（D）］：15              //输入外圆半径“15”，按回车键
命令：CIRCLE                                  //按回车键
指定圆的圆心或［三点（3P）/两点（2P）/切点、切点、半径（T）］：
                                              //拾取“R15”圆的圆心
指定圆的半径或［直径（D）］< 15.0000 >：7.5  //输入内孔半径“7.5”，按回车键
```

圆的绘制结果如图 9-91 所示。

（3）绘制支架两条边线

应用直线命令绘制支架两条边线，如图 9-92 所示。

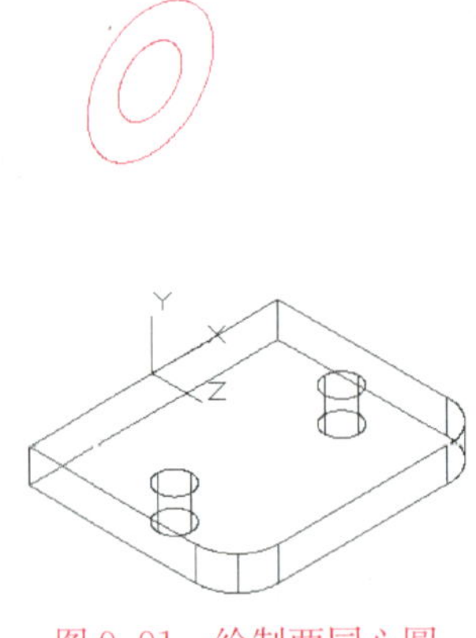

图 9-91　绘制两同心圆

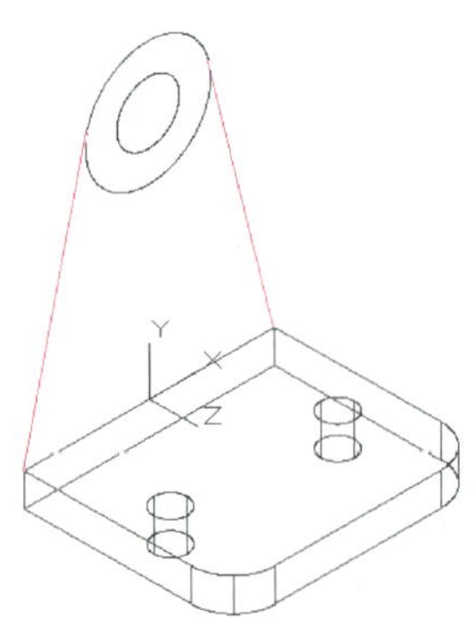

图 9-92　绘制支架边线

（4）生成支架边界

单击“绘图”→“边界”按钮，启动“边界”命令，拾取支架边框内部一点，生成封闭边界，如图 9-93 所示。

（5）生成圆筒和支架

分别对支架边界及两同心圆进行拉伸，并对两圆柱进行布尔差集运算，生成支架及圆筒实体，结果如图 9-94 所示。

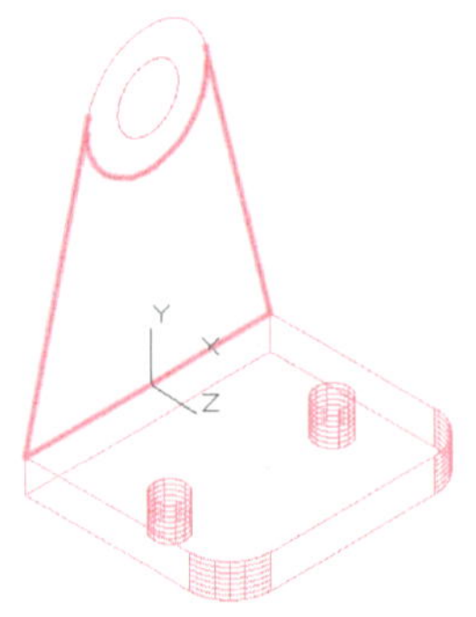

图 9-93　生成支架边界

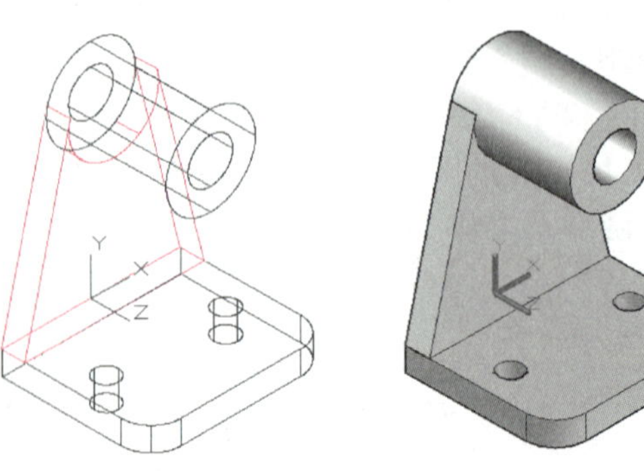

图 9-94　生成轴承孔和支架

3. 创建肋板

（1）新建 UCS 坐标系

启动“UCS”命令，新建 UCS 坐标系，使其 *XY* 坐标面与零件左右对称面重合，原点与底板的前上棱线的中点重合，如图 9–95 所示。

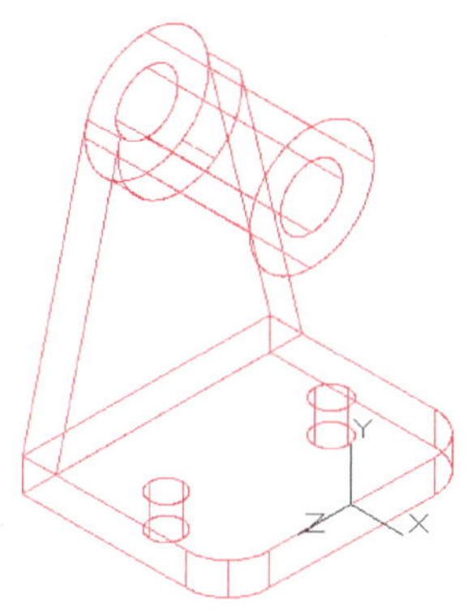

图 9–95　新建 UCS 坐标系

（2）绘制肋板轮廓线

启动“多段线”命令，系统给出如下提示。

命令：_pline

指定起点：　　//拾取坐标原点（或输入坐标“0，0”，按回车键）

当前线宽为 0.0000

指定下一个点或［圆弧（A）/ 半宽（H）/ 长度（L）/ 放弃（U）/ 宽度（W）］：　　//沿 *X* 轴负向移动光标，拾取底板上面与支架前面交线的中点

指定下一点或［圆弧（A）/ 闭合（C）/ 半宽（H）/ 长度（L）/ 放弃（U）/ 宽度（W）］：50　　//沿 *Y* 轴正向移动光标，输入“50”，按回车键

指定下一点或［圆弧（A）/ 闭合（C）/ 半宽（H）/ 长度（L）/ 放弃（U）/ 宽度（W）］：22　　//沿 *X* 轴正向移动光标，输入“22”，按回车键

指定下一点或［圆弧（A）/ 闭合（C）/ 半宽（H）/ 长度（L）/ 放弃（U）/ 宽度（W）］：20　　//沿 *Y* 轴反方向移动光标，输入“20”，按回车键

指定下一点或［圆弧（A）/ 闭合（C）/ 半宽（H）/ 长度（L）/ 放弃（U）/ 宽度（W）］：　　//拾取坐标原点

指定下一点或［圆弧（A）/ 闭合（C）/ 半宽（H）/ 长度（L）/ 放弃（U）/ 宽度（W）］：　　//按回车键

多段线绘制结果如图 9–96 所示。

底板上面到圆筒中心的尺寸为 60 mm，内孔直径为 15 mm，这里取肋板总高为“50”，该尺寸略大于肋板的高度，以便于进行并集运算。

（3）生成肋板

对肋板轮廓线进行拉伸，高度为“8”，结果如图 9–97 所示。

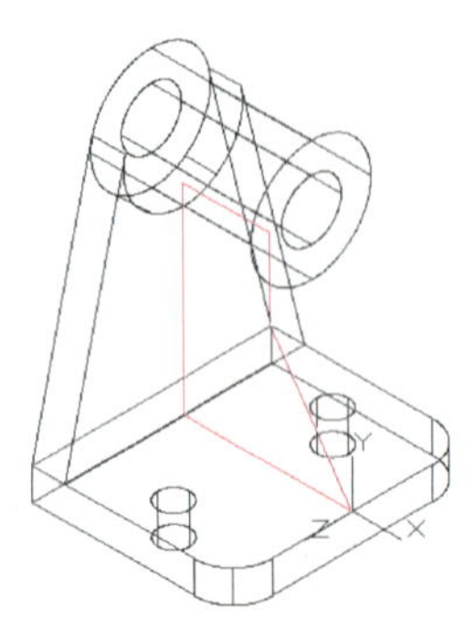

图 9-96　绘制肋板轮廓线

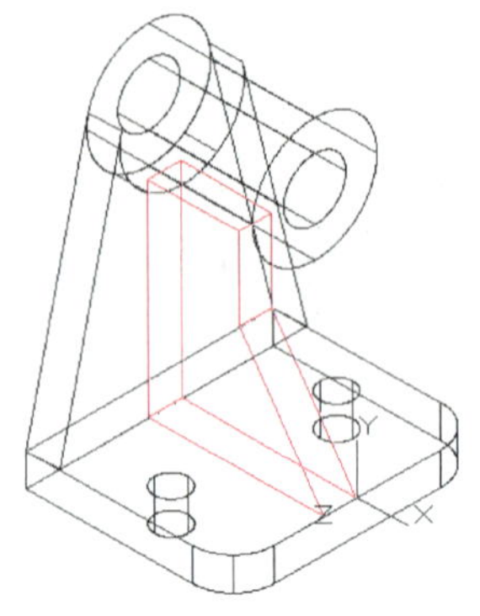

图 9-97　拉伸肋板

（4）移动肋板

将肋板沿 *Z* 轴负向移动 4 mm，使其对称于零件的左右对称面，如图 9-98 所示。

4. 布尔运算

对上述创建的轴承支架的底板、支架、圆筒及肋板进行布尔并集运算，使其形成一个整体，结果如图 9-99 所示。

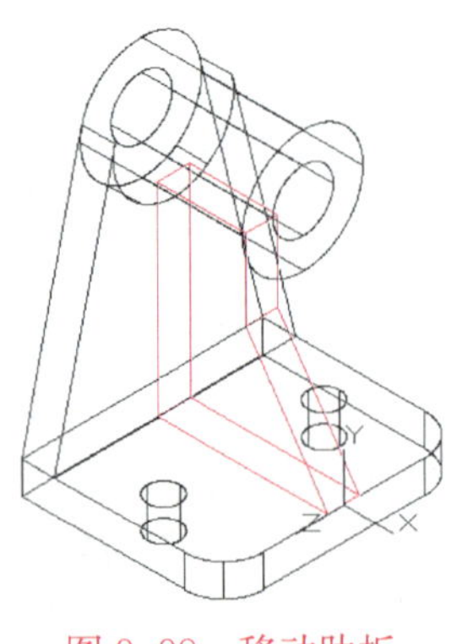

图 9-98　移动肋板

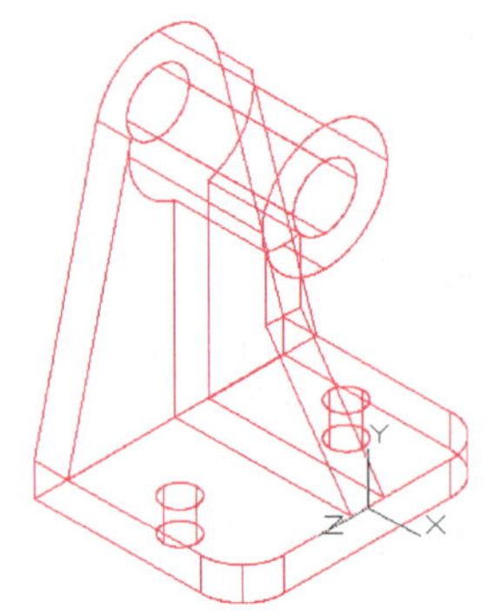

图 9-99　并集运算

5. 对圆筒进行倒角

启动“倒角”命令，系统给出如下提示。

```
命令：_chamfer
（“修剪”模式）当前倒角距离 1=0.0000，距离 2=0.0000
选择第一条直线或［放弃（U）/ 多段线（P）/ 距离（D）/ 角度（A）/ 修剪（T）/ 方式（E）/ 多个（M）］：        // 拾取圆筒前面的轮廓圆
基面选择...
输入曲面选择选项［下一个（N）/ 当前（OK）］<当前（OK）>：N
                                   // 输入“N”，激活“下一个”选项
输入曲面选择选项［下一个（N）/ 当前（OK）］<当前（OK）>：    // 按回车键
指定基面倒角距离或［表达式（E）］：2  // 输入基面上的倒角距离“2”，按回车键
```

指定其他曲面倒角距离或［表达式（E）］< 2.0000 >：
//按回车键，默认另一个倒角距离为“2”
选择边或［环（L）］：//拾取圆筒前面的轮廓线
选择边或［环（L）］：//拾取圆筒后面的轮廓线
选择边或［环（L）］：//按回车键

倒角结果如图 9–100 所示。

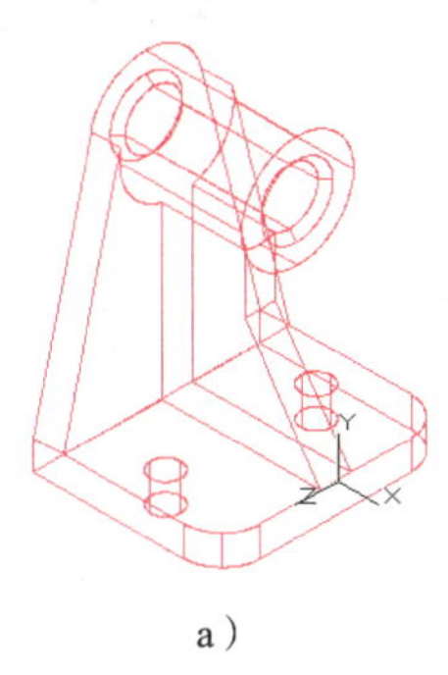
a）

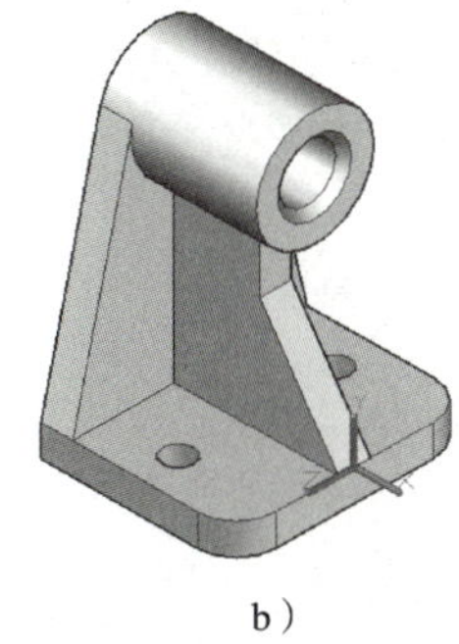
b）

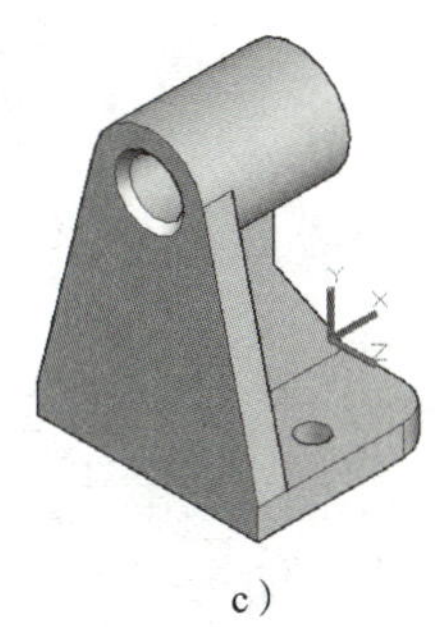
c）

图 9–100　圆筒倒角

a）西南等轴测（二维线框） b）西南等轴测（灰度） c）西北等轴测（灰度）

§9–8　抽　　壳

一、抽壳

抽壳命令可以将三维实体转换为中空薄壁或壳体。

1. 启动“抽壳”命令的方法

◇ 功能区：单击“常用”→“实体编辑”→“抽壳”按钮（图 9–101）。

◇ 菜单栏：选择“修改”→“实体编辑”→“抽壳”命令。

◇ 命令行：“SOLIDEDIT”。

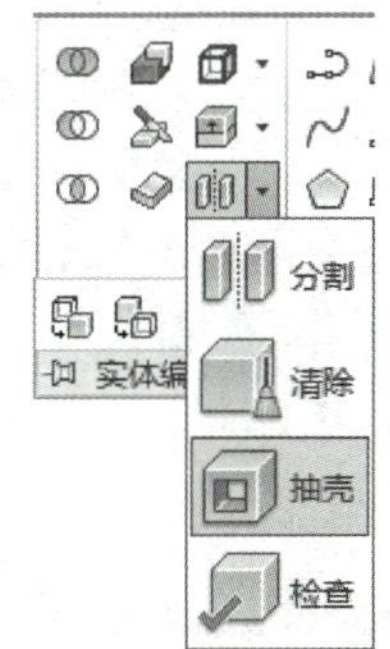

图 9–101　“抽壳”按钮位置

2. 上机训练——抽壳操作

创建一个 60 mm × 50 mm × 40 mm 的长方体，如图 9–102a 所示。然后对长方体进行抽壳，使形成箱体的壁厚为 5 mm，如图 9–102b、c 所示。

（1）创建长方体

启动“长方体”命令，创建 60 mm × 50 mm × 40 mm 的长方体，如图 9–102a 所示。

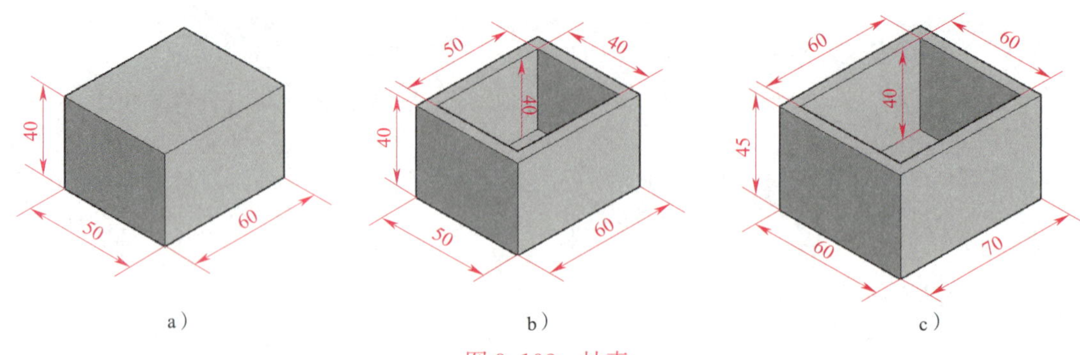

图 9-102　抽壳

a）抽壳前　b）从实体向内抽壳　c）从实体向外抽壳

（2）抽壳

【提示】

抽壳建议在“灰度”等显示实体的状态下操作，这样操作效果比较明显，不建议在“二维线框”显示状态下操作。

启动“抽壳”命令，系统给出如下提示。

命令：_solidedit
实体编辑自动检查：SOLIDCHECK=1
输入实体编辑选项［面（F）/ 边（E）/ 体（B）/ 放弃（U）/ 退出（X）］< 退出 >：_body
输入体编辑选项
［压印（I）/ 分割实体（P）/ 抽壳（S）/ 清除（L）/ 检查（C）/ 放弃（U）/ 退出（X）］< 退出 >：_shell
选择三维实体：　　// 拾取长方体
删除面或［放弃（U）/ 添加（A）/ 全部（ALL）］：找到一个面，已删除 1 个。　　// 拾取长方体的上表面
删除面或［放弃（U）/ 添加（A）/ 全部（ALL）］：　　// 按回车键
输入抽壳偏移距离：5　　// 输入抽壳偏移距离
已开始实体校验。
已完成实体校验。
输入体编辑选项
［压印（I）/ 分割实体（P）/ 抽壳（S）/ 清除（L）/ 检查（C）/ 放弃（U）/ 退出（X）］< 退出 >：　　// 按回车键
实体编辑自动检查：SOLIDCHECK=1
输入实体编辑选项［面（F）/ 边（E）/ 体（B）/ 放弃（U）/ 退出（X）］< 退出 >：　　// 按回车键

抽壳结果如图 9-102b 所示。进行抽壳操作时，若输入的偏移距离为正值，表示从实体外向内抽壳；如为负值，则表示从实体内向外抽壳，如图 9-102c 所示。

二、综合实训

根据如图 9-103a 所示箱体的图形及尺寸，创建箱体三维实体，如图 9-103b 所示。

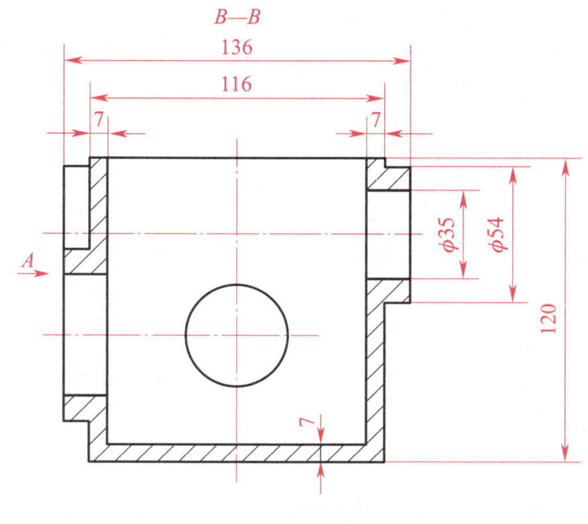

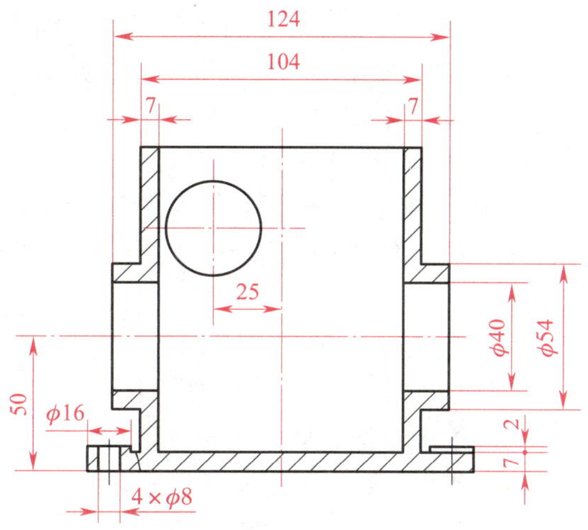

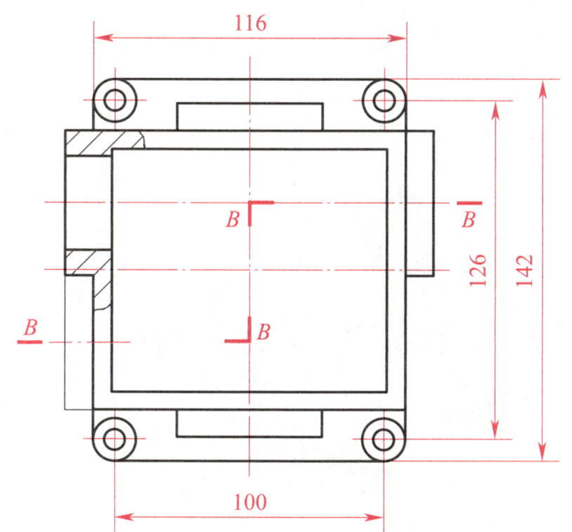

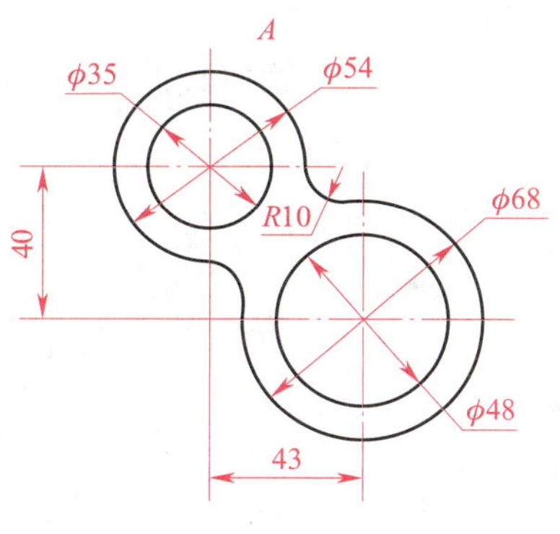

a）

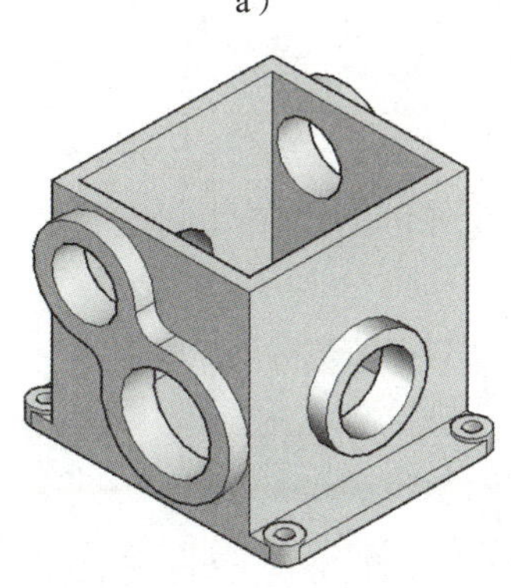

b）

图 9-103　箱体

a）视图　b）三维实体

分析图样可知，创建箱体可先创建箱体底板，其次创建箱壁，再创建前、后、左、右箱壁上的凸台及内孔，最后通过布尔运算完成箱体的创建。在创建过程中要灵活运用 UCS 命令，尽量用熟悉的命令在 *XY* 平面上绘成二维图，之后经过拉伸形成三维实体，箱壁可使用“抽壳”命令创建。

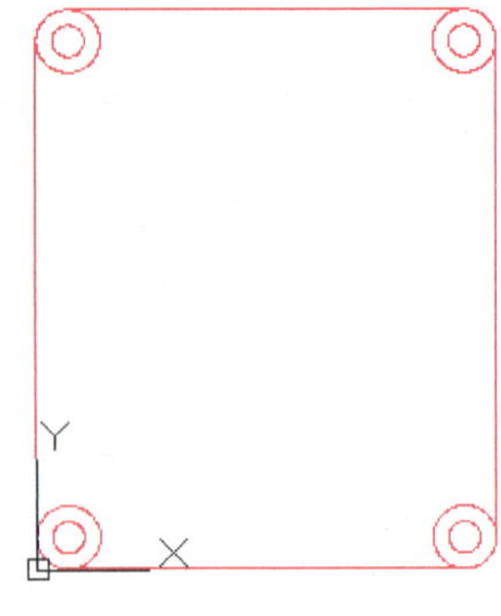

图 9-104　绘制底板平面图

1. 创建箱体底板

（1）绘制箱体底板平面图

在俯视图上，根据如图 9-103a 所示尺寸，绘制如图 9-104 所示底板平面图外框必须包括四个角上的四段圆弧，否则无法创建面域。

（2）创建底板三维实体

1）将如图 9-104 所示平面图创建为 9 个面域（一个外边框、四个小圆和四个大圆）。

2）将外边框拉伸，高度为 7 mm。

3）将 8 个圆拉伸，高度为 9 mm。

4）对外边框拉伸的实体和 4 个大圆柱进行交集运算，创建出箱体底板及四个圆形凸台。

5）将进行了交集运算的实体与四个小圆柱进行差集运算，在大实体上减去 4 个小圆柱体。

通过以上操作创建出箱体底板的实体，如图 9-105 所示。

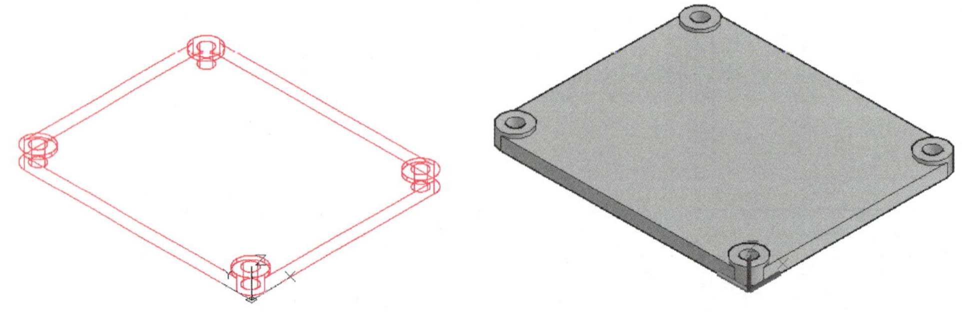
图 9-105　箱体底板实体（西南等轴测视图）

2. 创建箱壁

（1）创建长方体

根据如图 9-103a 所示尺寸，在屏幕的空白处创建长、宽、高分别为 116 mm、104 mm、113 mm 的长方体。

启动“长方体”命令，系统给出如下提示。

```
命令：_box
指定第一个角点或［中心（C）］：                    // 在 XY 平面内任意指定一点
指定其他角点或［立方体（C）/ 长度（L）］：@116，104   // 输入对角点相对坐标
指定高度或［两点（2P）］：113
                    // 指定高度（高度的尺寸应减去底板的厚度，即 Z=120—7=113）
```

长方体创建结果如图 9-106 所示。

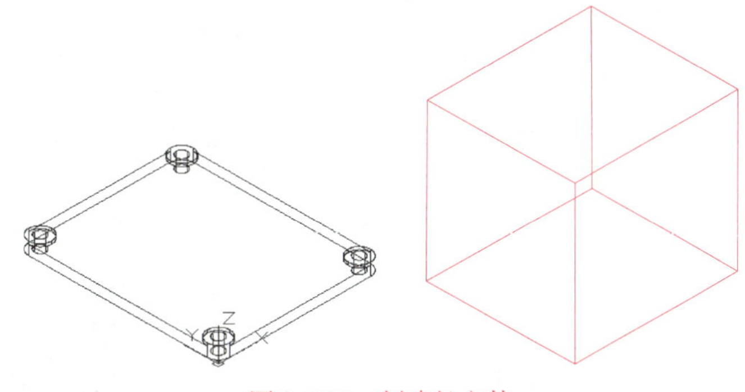

图 9-106　创建长方体

（2）抽壳

应用“抽壳”命令对长方体进行抽壳，其中上、下表面排除在抽壳之外。

启动“抽壳”命令，系统给出如下提示。

命令：_solidedit

实体编辑自动检查：SOLIDCHECK=1

输入实体编辑选项［面（F）/ 边（E）/ 体（B）/ 放弃（U）/ 退出（X）］<退出>：_body

输入体编辑选项

［压印（I）/ 分割实体（P）/ 抽壳（S）/ 清除（L）/ 检查（C）/ 放弃（U）/ 退出（X）］<退出>：_shell

选择三维实体：　　// 拾取长方体

删除面或［放弃（U）/ 添加（A）/ 全部（ALL）］：找到一个面，已删除 1 个。　　// 拾取上表面

删除面或［放弃（U）/ 添加（A）/ 全部（ALL）］：　　// 单击导航栏的“动态观察”按钮，启动“动态观察”

按 Esc 或 Enter 键退出，或者单击鼠标右键显示快捷菜单。　　// 旋转长方体后，按回车键

正在恢复执行 SOLIDEDIT 命令。

删除面或［放弃（U）/ 添加（A）/ 全部（ALL）］：找到一个面，已删除 1 个。　　// 拾取下表面

删除面或［放弃（U）/ 添加（A）/ 全部（ALL）］：　　// 按回车键

输入抽壳偏移距离：7　　// 输入抽壳距离

已开始实体校验。

已完成实体校验。

输入体编辑选项

［压印（I）/ 分割实体（P）/ 抽壳（S）/ 清除（L）/ 检查（C）/ 放弃（U）/ 退出（X）］

```
<退出>:                                                          //按回车键
实体编辑自动检查: SOLIDCHECK=1
输入实体编辑选项 [面(F)/边(E)/体(B)/放弃(U)/退出(X)] <退出>:
                                                                  //按回车键
```

抽壳结果如图 9-107 所示。

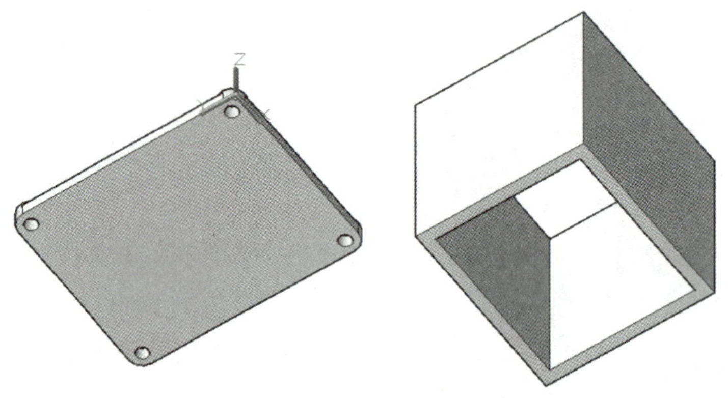

图 9-107 抽壳（动态观察效果）

（3）合并

应用"移动"命令，将抽壳后的壳体移至底板上。启动"并集"命令，合并箱体。如图 9-108 所示为箱壁与底板合并后的视图。

3. 创建前后凸台及通孔

（1）新建 UCS 坐标系

新建 UCS 坐标系，UCS 坐标系原点设置在前箱壁左下角顶点上，并将 *XY* 平面设置在前箱壁上，如图 9-109 所示。

（2）创建前凸台

启动"圆柱"命令，系统给出如下提示。

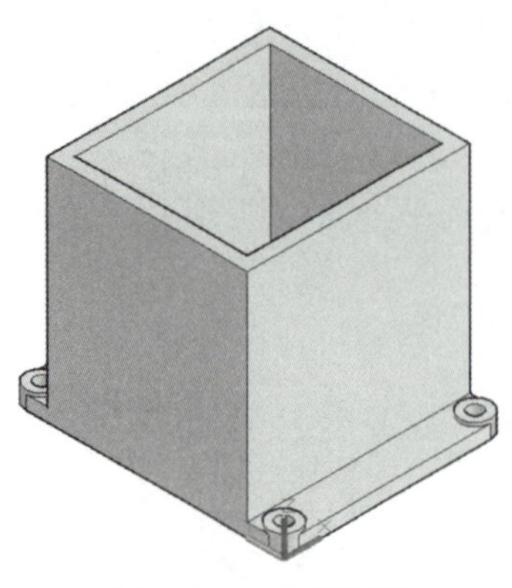

图 9-108 创建箱壁

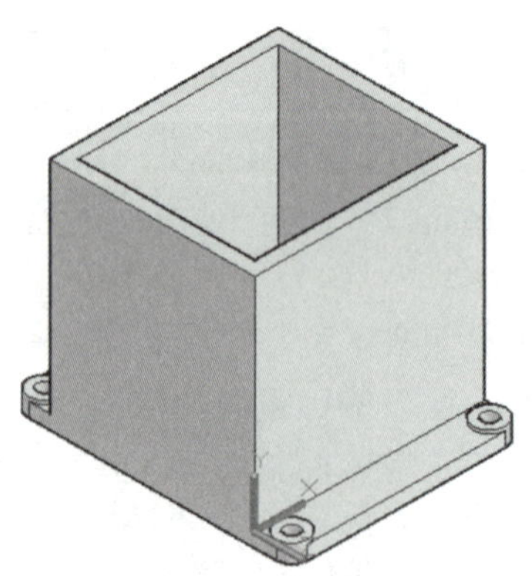

图 9-109 在前箱壁新建 UCS 坐标系

命令：_cylinder

指定底面的中心点或［三点（3P）/ 两点（2P）/ 切点、切点、半径（T）/ 椭圆（E）]：58，43// 输入圆柱中心点坐标（由图 9-103a 可知 X=116/2=58，Y=50−7=43）

指定底面半径或［直径（D）]：27 // 输入前凸台半径，按回车键

指定高度或［两点（2P）/ 轴端点（A）] < 90.0000 >：10

// 输入凸台高度，按回车键

圆柱凸台的创建结果如图 9-110 所示。

（3）创建后凸台

用“三维镜像”命令创建后凸台，然后对箱体及前后凸台进行并集运算，结果如图 9-111 所示。

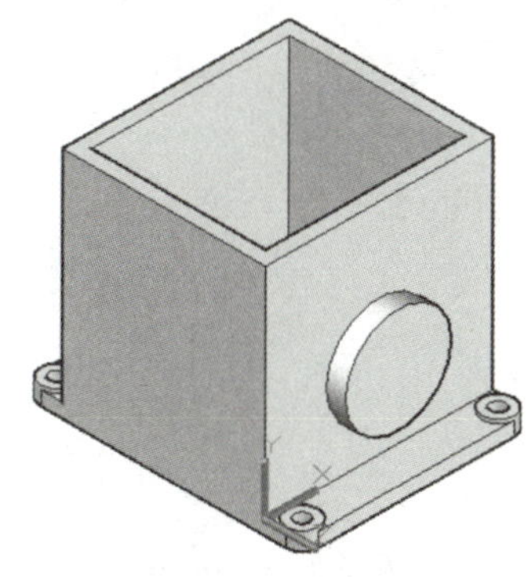

图 9-110 创建前凸台

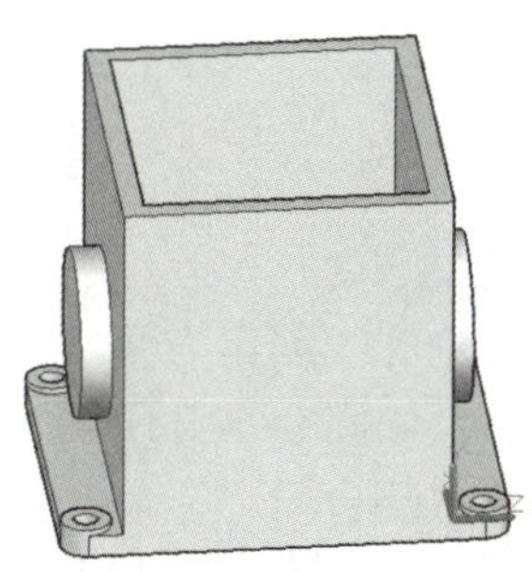

图 9-111 创建后凸台（动态观察效果）

（4）创建通孔

应用“圆柱”命令，创建直径为 40 mm、长度大于 124 mm 的圆柱，如图 9-112a 所示。进行差集运算，创建出通孔，结果如图 9-112b 所示。

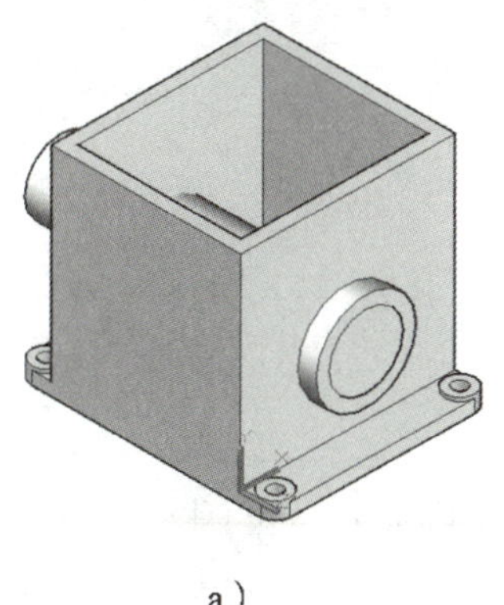

a）

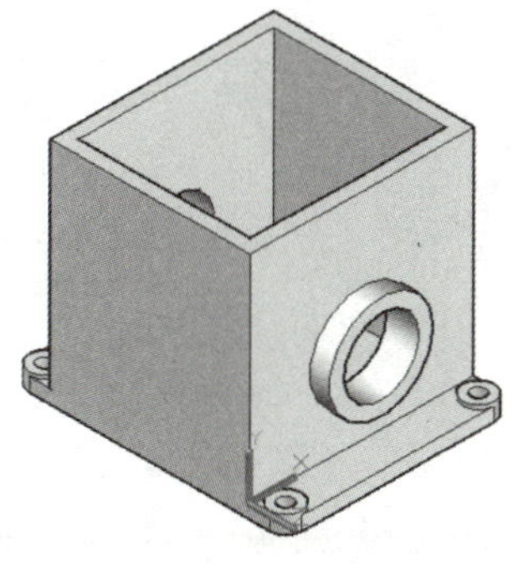

b）

图 9-112 创建通孔

a）创建圆柱 b）差集运算

4. 创建左右凸台及通孔

（1）新建 UCS 坐标系

新建 UCS 坐标系，将 UCS 坐标系原点设置在左箱壁左下角顶点上，并将 *XY* 平面设置在左箱壁上，如图 9-113 所示。

（2）绘制左凸台的轮廓线

根据如图 9-103a 所示尺寸，绘制左凸台的轮廓线，如图 9-114 所示（红色线）。

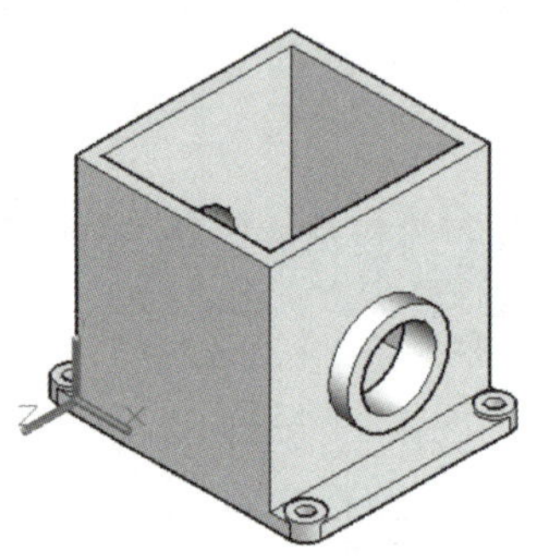

图 9-113 在左箱壁新建 UCS 坐标系

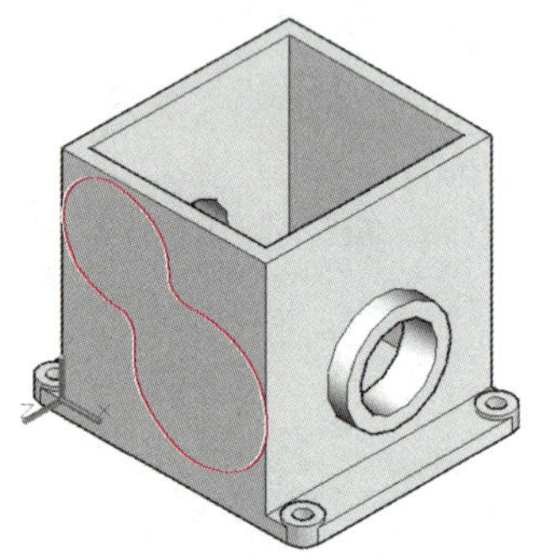

图 9-114 绘制左凸台的轮廓线

（3）创建左凸台

将左凸台轮廓线创建为面域，并对其进行拉伸，拉伸高度为 10 mm，创建出左凸台，并进行并集运算，如图 9-115 所示。

（4）创建右凸台

将视图切换至东南等轴测视图，按照创建左凸台的方法创建右凸台，并进行布尔并集运算，如图 9-116 所示。

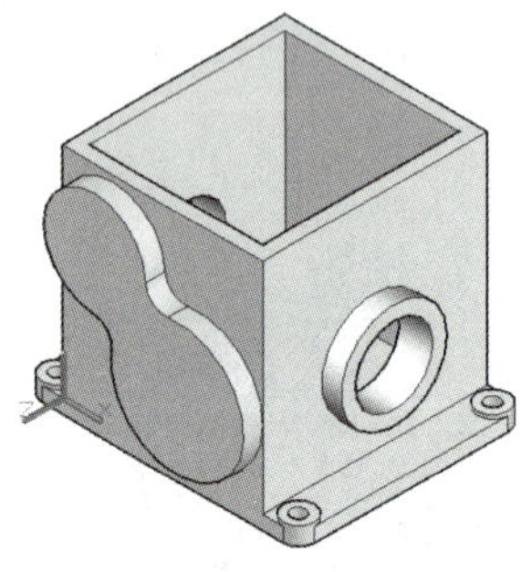

图 9-115 创建左凸台

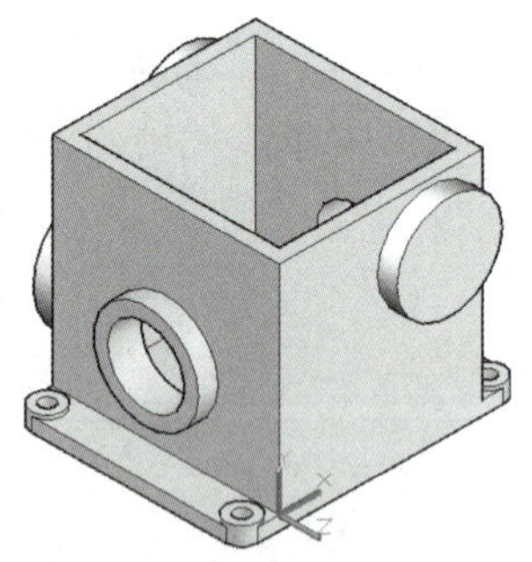

图 9-116 创建右凸台

（5）创建通孔

1）将视图切换至西南等轴测视图，创建两圆柱。长圆柱直径为 35 mm，长度大于 136 mm；短圆柱直径为 48 mm，长度在 17 ~ 119 mm，如图 9-117 所示。

2）进行差集运算，结果如图 9-118 所示。至此，箱体创建完毕。

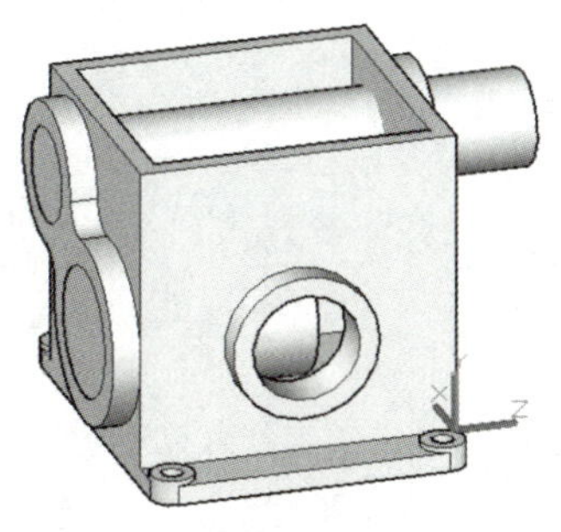

图 9-117　创建两圆柱（动态观察效果）

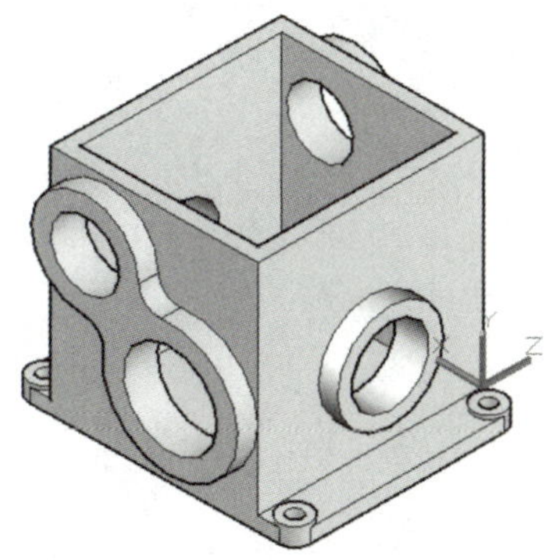

图 9-118　差集运算